Konstanze Rasch

PROBLEMlos EISENlos

Wege zum Barhuf

Müller Rüschlikon

Einbandgestaltung: Kornelia Erlewein

Umschlagbilder: Konstanze Rasch, außer mittleres Titelfoto: Clarissa Bigus

Bildnachweis: Alle Bilder im Innenteil stammen von Konstanze Rasch, wenn nicht anders gekennzeichnet.

ISBN 978-3-275-01903-8

Postfach 103743, 70032 Stuttgart
Ein Unternehmen der Paul Pietsch Verlage GmbH & Co. KG

3. Auflage 2024

Sie finden uns im Internet unter www.mueller-rueschlikon-verlag.de

Gesamtleitung: Claudia König
Lektorat: Claudia König/Steffi Gaede
Innengestaltung: grafik + design Erlewein, Stuttgart-Freiberg
Druck und Bindung: Graspo CZ, 76302 Zlin
Printed in Czech Republic

Für Tomtom ...

... unseren Außerirdischen

1 Der Pferdehuf 7

1.1 Der Hornschuh 10
1.1.1 Die Hornwand des Hufes 13
1.1.2 Das Saum- und Ballenhorn 14
1.1.3 Der Hornstrahl 14
1.1.4 Die Hufsohle 14
1.1.5 Die Blättchenschicht und die weiße Linie 15
1.1.6 Hufhorn und Feuchtigkeit 16
1.1.7 Hornqualität und Hornwachstum 20

1.2 Das Innenleben des Pferdehufs 23
1.2.1 Die Knochen-, Gelenks- und Knorpelstrukturen der Pferdezehe 24
1.2.2 Die Sehnen- und Bandstrukturen der Pferdezehe 29
1.2.3 Lederhäute und Unterhautpolster 33
1.2.4 Das Blut- und Nervensystem 41
1.3 Das »Eigenleben« des Pferdehufes oder die Sache mit dem Hufmechanismus 46
1.4. Die Hufbiomechanik und die Konsequenzen für die Hufbearbeitung 59

2 Der beschlagene Huf 72

2.1 Hufe und Hufbeschlag – eine lange Geschichte 73
2.2 Die Wirkungen des Eisenbeschlages auf den Pferdehuf
1. Wirkung: Der Hornabrieb wird gestoppt 82
2. Wirkung: Ein ungleichmäßiger Abrieb der Hufwände findet statt 82
3. Wirkung: Nachträgliche Stellungskorrekturen sind immer wieder notwendig 85
4. Wirkung: Die Hufe sind weniger empfindlich 86
5. Wirkung: Die Hufbiomechanik verändert sich 88
6. Wirkung: Eingeschränkte Durchblutung, geringeres Hornwachstum und verminderte Hornqualität? 88
7. Wirkung: »Klirrfaktor« und Gewichtsbelastung 90

3 Braucht mein Pferd einen Beschlag? 92

3.1 Mein Pferd braucht einen Abriebschutz 94
3.1.1 Alternativen zum eisernen Hufschutz 97
3.2 Spezielle Einsatzzwecke des Pferdes 101
3.3 Hufprobleme und Erkrankungen 107
3.3.1 Mein Pferd geht fühlig 107
3.3.2 Die Hufe brechen aus 109
3.3.3 Die Hufe werden schief 114
3.3.4 Der Huf reißt ein – Hornspalt 119
3.3.5 Hufgeschwür und Hufabszess 132
3.3.6 Schutz vor Steinen: Steingallen und Steinchen in der »weißen Linie« 138

3.3.7 Strahlfäulnis und Trachtenzwang 141
3.3.8 Hufkrebs 151
3.3.9 Hufrollenerkrankungen 157
3.3.10 Sehnenerkrankung 164
Der Fall Zandor 166
3.3.11 Hufrehe – Rettungsanker Hufeisen 168
Der Fall Rosalie 174
3.3.12 Eisen zur Fehlstellungskorrektur beim Fohlen und beim erwachsenen Pferd 179

4 Mein Pferd braucht seinen Beschlag! 186

4.1 »Es geht einfach nicht ohne« 189
4.2 Der (Einsatz-)Zweck »heiligt« die Mittel 193
4.3 Lebenslänglich orthopädischer Beschlag? 197
4.3.1 Der Hufrollenpatient 198
Der Fall Tex 202
4.3.2 Schutz der Sehnen 204
4.3.3 Der Rehebeschlag 207
4.3.4 Beschlag wegen Arthrose 210
Der Fall Willi 214

5. Die Entscheidung ist gefallen: Die Eisen werden abgenommen 216

5.1 Vorbereitung und Voraussetzungen für eine Barhufumstellung 218
Der Fall Speedy 224
5.2 Die Durchführung 229
5.2.1 Was der Pferdebesitzer tun muss 229
5.2.2 Was der Hufbearbeiter tun muss 232
5.2.3 Wenn Probleme auftreten ... 234
Der Fall Jackomo 237

6 Vom Eisen zum Barhuf – Fallgeschichten und Erfahrungsberichte 242

6.1 Wintertraum – Diagnosen Hufrolle und Hufgelenksentzündung 243
6.2 Ganymedes – Barhufumstellung wegen blutigem Kronrandspalt 255
6.3 Skadi – Empfindsame Füßchen lernen barhuf gehen 266
6.4 Warren – lässt sich einfach nicht mehr beschlagen 273
6.5 Stählern – Barhuf trotz Fehlstellung? 279
6.6 Desi – mit Sehnenschaden, Spat und Arthrose barhuf? 286
6.7 Derwisch – Ohne geht niemals! 299
6.8 Sultan – als Schulpferd barhuf? 310
6.9 Larissa – Überbeine und gefährliches Stolpern 315
6.10 Draco – 100%ige Verbesserung durch Barhufumstellung 320
6.11 Lady – Barhufumstellung eines Distanzpferdes 326
6.12 Nahim – Barhufumstellung wegen Hufkrebs 332
6.13 Arabella – Barhufumstellung nach Hufrehe mit Hufbeindurchbruch und Zehenwandresektion 338
6.14 Lenny – Barhufumstellung wegen ungeklärter einseitiger Lahmheit 346

Danksagung 354
Sachwortverzeichnis 356
Literatur/Internetquellen 362/367

Eine wahre Geschichte

Es war im November 2008, als ich mit meinem Pferd zu einer kleinen Seeumrundung aufgebrochen bin. Es war ein herrlicher Tag. Auf halber Strecke begegnete uns ein älteres Ehepaar, wir grüßten uns freundlich. Im Vorbeigehen dreht sich der Mann verwundert um: »Das Pferd hat ja gar keine Eisen.«
Ich: »Nein, hat es nicht.«
Er darauf leicht entrüstet: »Ja muss das denn sein?«
Ich nun amüsiert: »Müssen denn Eisen sein? Pferde kommen doch nicht mit Eisen auf die Welt.«
Er erwiderte nun etwas verunsichert: »Naja, ich hab einfach noch kein Pferd gesehen, das keine Eisen hat.«
Ich hörte die Frau dann beim Weggehen noch zu ihrem Mann sagen: »Das klingt so gemütlich, dieses Klack-Klack ...«

1 Der Pferdehuf

Wenn ein Pferd geboren wird, so ist es bereits gut beschuht. Vier vollständig ausgebildete Miniaturhufe ermöglichen es dem neugeborenen Fohlen, vom ersten Tag an zu laufen.
Die anfangs noch kleinen und im Tragrand engen Hufe entwickeln sich gemeinsam mit dem heranwachsenden Fohlen, welches seinen Kinderschuhen also nicht entwächst, sondern diese in den Jahren des Aufwachsens zu seiner Erwachsenengröße ausbildet. Hufe sind sozusagen die mitwachsenden »Schuhe«, die das Pferd sein Leben lang trägt.

Abb. 1.1: Die Fotos zeigen den Huf eines 7 Monate alten Fetus (Shetlandpony-Mix). Die bereits ausgebildete, dunkel pigmentierte Hornkapsel des totgeborenen Fohlens ist an ihrem unteren Ende von einer derb-elastischen Hornmasse bedeckt (rechtes Bild). Diese Schutzkapsel dient dazu, die Fruchthüllen sowie die Gebärmutterwand und die Geburtswege der Mutter zu schützen. (Präparat und rechtes Foto: Astrid Arnold)

Die Hufe von neugeborenen Fohlen sind zum Schutz der Mutter von einer hinfälligen Hufkapsel bedeckt. Diese hinfällige Hufkapsel besteht aus unvollständig verhornter Epidermis. Sie ist von einer derb-elastischen Konsistenz und enthält sehr viel Wasser. Nach der Geburt trocknet diese Schutzkapsel, die ihren Dienst nun erfüllt hat, sehr schnell ein und wird in den ersten Lebenstagen durch die Bewegung des Fohlens beim Laufen von der eigentlichen Hornkapsel abgelöst (BUDRAS et al. 2009: S. 627 f).

Die Fotoreihe rechts zeigt die mitwachsenden Hufe des Araberfohlens Cazim vom Tag seiner Geburt bis heute. Die Hufe von neugeborenen Fohlen sind zunächst symmetrisch und an allen vier Gliedmaßen gleich geformt. Erst im Laufe der Zeit bildet sich in Abhängigkeit von Gebäude und individueller Lastverteilung die eigene, charakteristische Hufform heraus.

Wie diese Hufform später einmal aussieht, ist in starkem Maße durch die genetischen Anlagen vorbestimmt, die ein Pferd besitzt. Aber auch die Aufwuchsbedingungen haben einen wesentlichen Einfluss auf die spätere Hufsituation.

So haben Fohlen, die mit pferdegerechter Bewegung und auf abwechslungsreichen Böden aufwachsen, viel größere Chancen, gesunde und kräftige Hufe zu entwickeln als Fohlen in Boxenhaltung, die nur ein paar Stunden am Tag nach draußen kommen und ansonsten die meiste Zeit des Tages stehend in weicher und mehr oder weniger sauberer Einstreu verbringen.

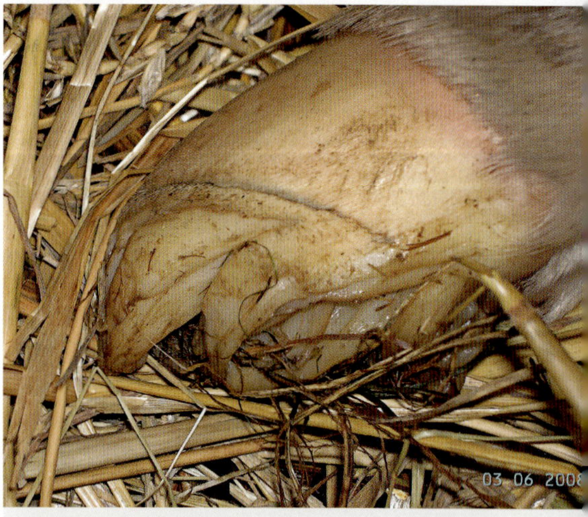

Abb. 1.2a–d: Cazims linker Hinterhuf am Tag seiner Geburt (03.06.2008). Gut zu erkennen sind die noch feuchten, weichen Hornmassen der hinfälligen Schutzhufkapsel.

Durch die Gestaltung dieser Aufwuchsbedingungen haben wir Menschen die Möglichkeit, die späteren »Erwachsenenschuhe« mitzugestalten. Darüber hinaus stellt die regelmäßige Kontrolle durch den Menschen und die – wenn nötig – rechtzeitige Hufbearbeitung die Weichen, ob ein Pferd später einmal unproblematische Hufe haben wird oder ob es dauerhaft mit einer anfälligen Huf- und Gliedmaßensituation leben muss, die dann steter, besonderer Betreuung durch Pferdebesitzer und Hufbearbeiter bedarf. Man muss sich klarmachen, dass sich die Gliedmaßen und damit das gesamte Gebäude nur so gut und gerade ausrichten und entwickeln können, so gut und gerade die Fundamente unter diesen Gliedmaßen sind. Schiefe Hufe machen schiefe Gliedmaßen und damit schiefe Pferde.

Der Zusammenhang gilt natürlich auch umgekehrt, weshalb angeborene oder erworbene Stellungsfehler die anfangs symmetrischen Fohlenhufe schnell schief werden lassen können. Hier ist der Mensch gefordert, der solche Entwicklungen durch frühzeitiges und kluges Eingreifen zum Besseren wenden kann. Nicht alles, aber doch sehr vieles kann im Fohlenalter noch in die richtigen Bahnen gelenkt werden. Wir werden im Laufe des Buches einige Pferde kennenlernen, bei denen diese Gelegenheit leider verpasst wurde und die aus diesem Grund ihr Leben auf mehr oder weniger problematischen Hufen meistern müssen.

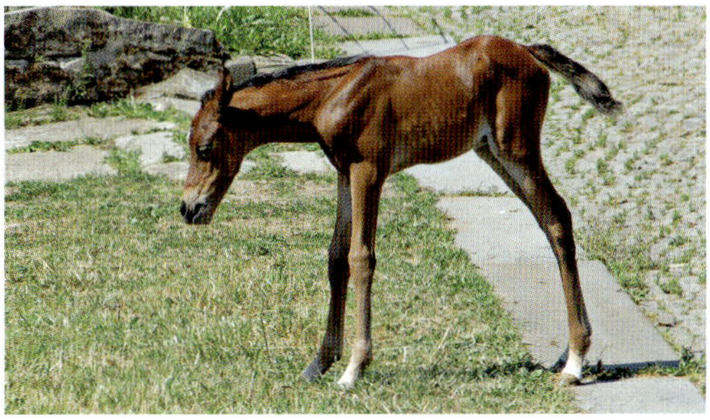

Cazim als Fohlen und als Vierjähriger.

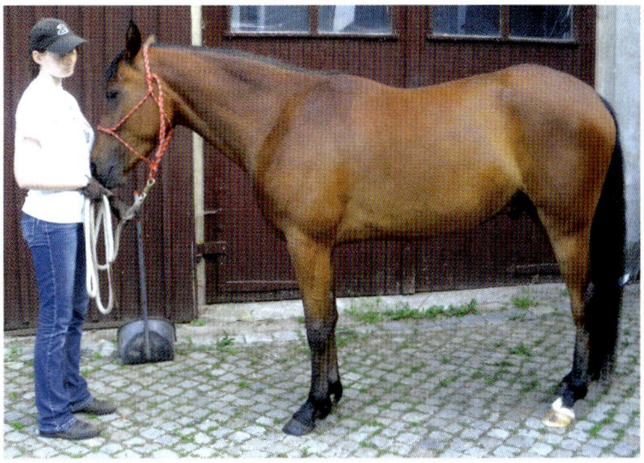

Cazims Hufe sechs Wochen später: Oberhalb der umlaufenden tiefen Rille zeigt sich das seither gewachsene neue Hufhorn.

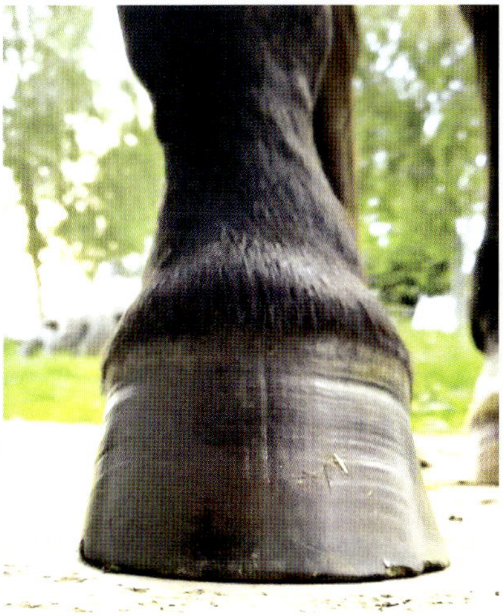

Derselbe Huf (links vorne) nach einem Jahr. Zu diesem Zeitpunkt wurden die Hufe zum ersten Mal bearbeitet.

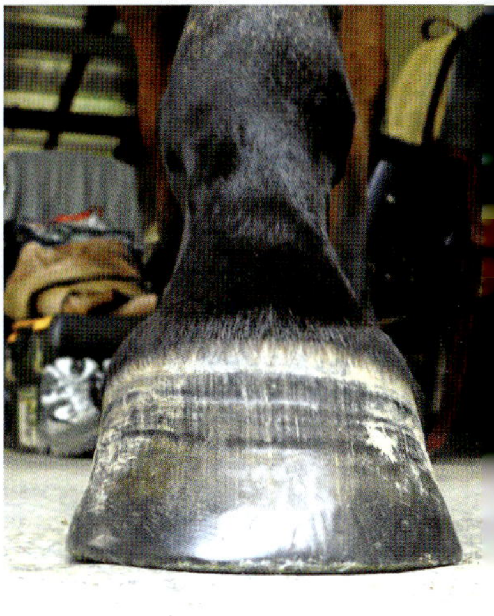

Und Cazims ausgewachsener Huf im Sommer 2012. Er ist jetzt vier Jahre alt.

(Fotos: Jeannine Marbach)

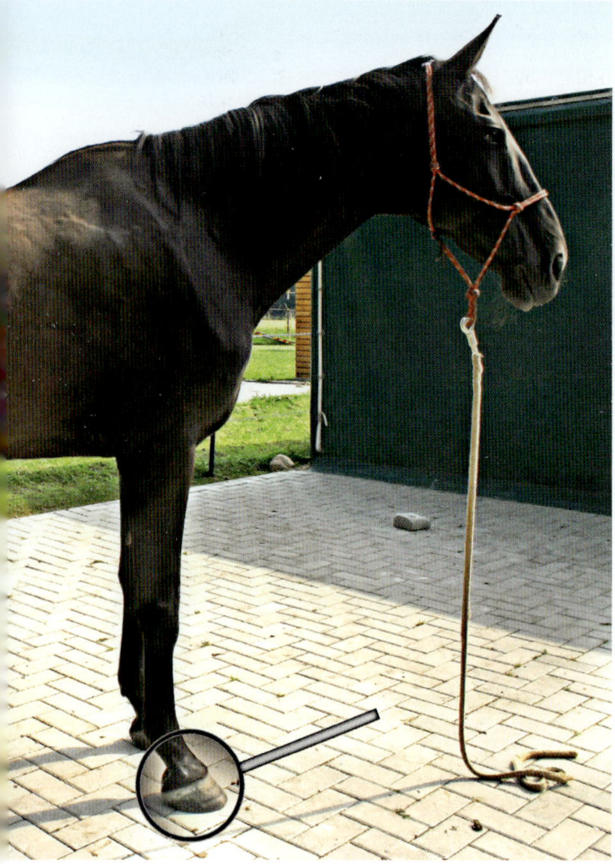

Der Hornschuh bildet eine robuste und widerstandsfähige Hülle um die Zehenenden des Pferdes. Er ermöglicht es dem Lauftier Pferd, sich auf den verschiedensten Untergründen sicher, schnell und ausdauernd zu bewegen. Die Benennung als Hornschuh erfolgt in Anlehnung an den menschlichen Verwendungszweck von Schuhwerk und verweist auf den schützenden Charakter der Hornstruktur.

Wie der (moderne) Mensch den Schuh braucht, so benötigt das Pferd seinen Huf. Und ähnlich wie sich der Mensch seine Schuhe einläuft, läuft sich auch das Pferd seine Hufe ganz individuell zurecht. Aber hier enden die Parallelen auch schon. Anders als das menschliche Bekleidungsmittel ist der Hornschuh ein organischer Bestandteil des Pferdefußes und kann nicht wie ein Sicherheitsschuh nach getaner Arbeit abgelegt oder gegen bequeme Pantoffeln ausgetauscht werden. Die Unversehrtheit und Funktionalität des Hornschuhes ist für das Pferd tatsächlich essentiell.

Der Hornschuh setzt sich aus verschiedenen Segmenten von recht unterschiedlicher Hornbeschaffenheit zusammen. Harte Hornstrukturen sorgen für die nötige Robustheit, Stabilität und Tragkraft, darüber und dazwischen gelagerte weiche Hornstrukturen schaffen Übergänge, sorgen für Elastizität und Dämpfung und verleihen zusätzlichen Schutz. Die segmentspezifischen strukturellen Besonderheiten führen zu unterschiedlichen mechanisch-physikalischen Materialeigenschaften und machen damit die funktionellen Unterschiede zwischen den einzelnen Hornschuhbestandteilen aus (PATAN; BUDRAS 2003: S. 183).

Am stehenden Pferd lassen sich zunächst folgende Hornstrukturen des Hufes unterscheiden: Die Hornwand (auch Hornplatte oder Kronhorn genannt), das Saumhorn und die Hornballen.

1.1 Der Hornschuh

»Wenn man den Huf mit einem Schuh vergleicht, so würde die Wand das Oberleder desselben, aber mit dem Unterschied vorstellen, daß sie bis an den Boden herabreicht und die Sohle zwischen sich nimmt.« (LEISERING; HARTMANN 1893: 91 f)

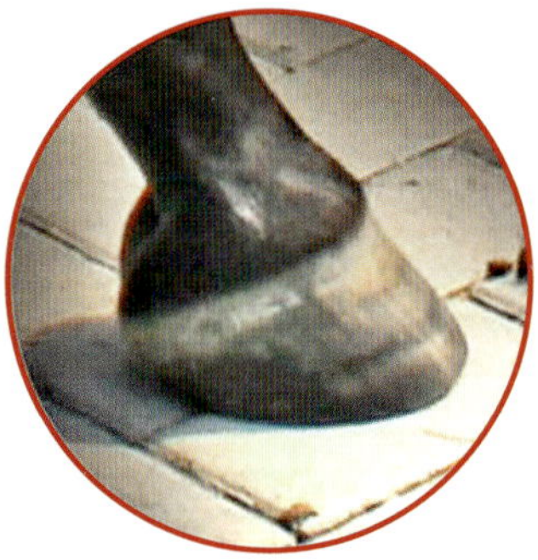

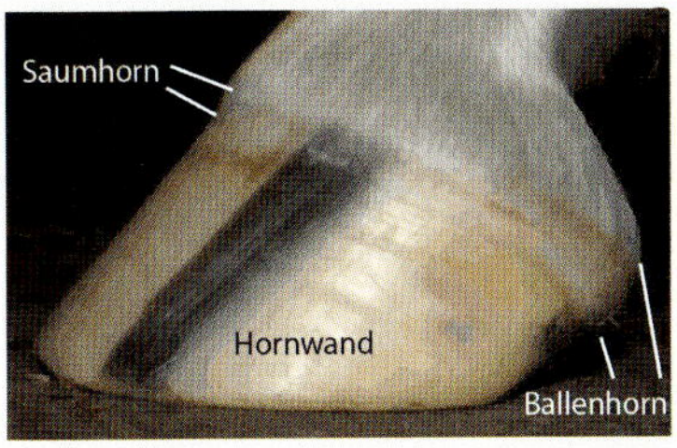

Saumhorn und Ballenhorn sind weichere Hornstrukturen und vermitteln den Übergang von der behaarten Haut zur Hornkapsel. Das *Saumhorn* liegt dabei wie ein Schutzgürtel über dem empfindlich schmalen Rand der Hornwand und bewahrt diesen vor Austrocknung und Verletzungen. Das Saumhorn geht nahtlos in das *Ballenhorn* über, welches die flexiblen Hufknorpel bedeckt und für die Beweglichkeit des hinteren Hufbereiches sorgt. Das *Wandhorn* stellt die härteste Struktur des Hornschuhs dar. Es trägt das Pferdegewicht und schützt die lebendigen Strukturen im Inneren vor mechanischen und mikrobieller Schädigungen.

Der *Kronsaum* markiert die Grenze zwischen Haar und Horn. Die *Hornkapsel* selbst läßt sich in Zehenwand, Seiten- und Trachtenwände unterteilen. Den bodenseitigen Abschluß der Hornkapsel bezeichnet man als *Tragrand*.

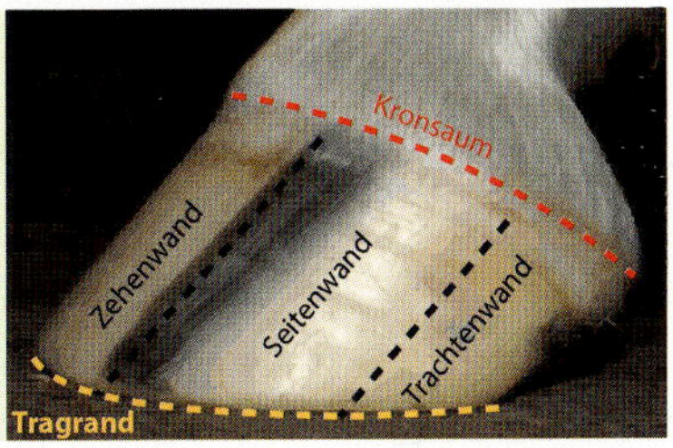

Schön zu erkennen ist die Röhrchenstruktur der Hornwand. Die *Hornröhrchen* reichen vom Kronrand, wo sie entstehen, bis zum Tragrand, wo sie abgerieben werden. Die Wachstumsgeschwindigkeit des Wandhornes beträgt 7–12 mm pro Monat (siehe Abschnitt Hornqualität und Hornwachstum). Die Hornröhrchen sind durch Zwischenröhrchenhorn verbunden. Auch das Saum- und Ballenhorn besteht aus Röhrchen- und Zwischenröhrchenhorn, ist durch seine spezielle Architektur aber von anderer Beschaffenheit (siehe S. 14).

Dieser Huf zeigt Farbe:
Der Großteil der Hornwand dieses Hufs ist unpigmentiert. Aber ein Streifen dunklen Hornes erstreckt sich in Wachstumsrichtung des Hornes vom Kronsaum bis zum Tragrand. Hierfür verantwortlich sind die an der entsprechenden Stelle in der Basalzellschicht der Kronlederhaut aktiven Pigmentzellen. Sie geben Pigment in die umgebenden Hornzellen ab und färben das Horn auf diese Weise dunkel. Prinzipiell ist die *Pigmentierung* des Hufes immer die gleiche, es gibt jedoch auch Fälle, in denen sie sich verändert.

Die fleckförmigen roten und violetten *Einfärbungen* sind »Hämoglobinfärbungen« (POLLITT 1999: S. 42 u. 119) und verweisen darauf, dass die Kronlederhaut über diesem Wandabschnitt 3–4 Monate zuvor einem unphysiologischen Druck oder Zug ausgesetzt war. Die etwa einen Zentimeter unterhalb des Kronsaumes und zu diesem parallel verlaufende bandförmige gelbe Einfärbung der Hornkapsel steht ebenfalls im Zusammenhang mit »Aus-nahmezuständen« der Kronlederhaut. Diese können durch außergewöhnliche Belastungen der Hufe, starke Umstellungen oder auch Erkrankungen des Pferdes hervorgerufen werden und zeigen eine leichte »Entzün-dungsreak-tion« der Kronlederhaut an.

In der Vergrößerung sind in der Kronrinne die *Hornröhrchen* gut zu erkennen. Sie haben hier ihre Geburtsstätte. Zu Lebzeiten ragt in jedes dieser Röhrchen eine Papille der Kronlederhaut. Über letzterer werden die Hornzellen der Wand produziert. Direkt unterhalb entstehen die *Hornblättchen*. Diese bilden gemeinsam mit der Wandlederhaut den Hufbeinträger.

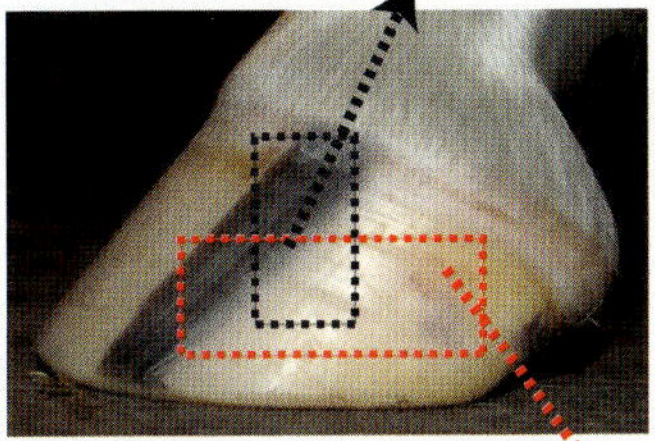

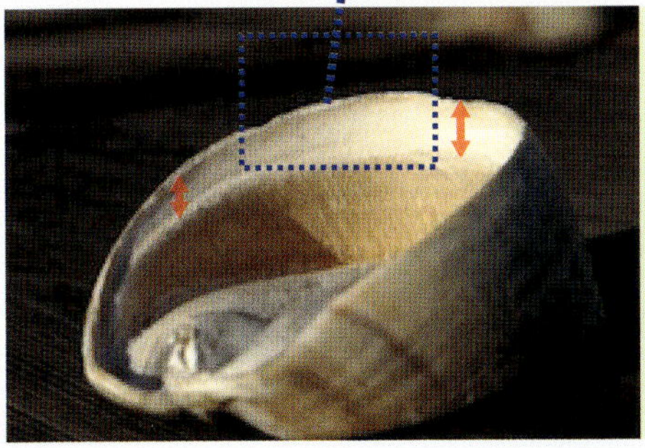

Das Innere der Hornkapsel ist mit Blättchenhorn ausgekleidet, welches zur Herstellung einer festen Verbindung mit dem Hufbeinknochen beiträgt. Die *feinen Hornblättchen* erstrecken sich vom unteren Rand der Kronrinne in Röhrchenrichtung verlaufend bis zur Hufsohle . Der schmale obere Grat der Hornkapsel ist verletzlich und wird am lebenden Huf vom Saumhorn geschützt. Die *Kronrinne* ↕, in der in vivo die Kronlederhaut liegt, ist im Bereich der Zehe breiter bemessen und wird über die Seitenwände zu den Trachten hin langsam schmaler. Aus diesem Grund nimmt die Dicke der Hornwand von der Zehe zu den Trachtenwänden hin stets ab.

Das *Ballenhorn* geht nahtlos in das ebenfalls weichhornige Strahlhorn über, welches als elastischer Keil in die Sohle hineinragt. Das radiergummiartige *Strahlhorn* schafft eine gute Dämpfung beim Auffußen, sorgt für Gleitschutz und ermöglicht dem Hornschuh eine vertikale Verwindungsfähigkeit . Das harte *Wandhorn* schlägt im hinteren Hufteil nach innen um und läuft dort als *Eckstrebenwand* in der Sohle aus. Die hierdurch gebildete Verstrebung gibt der Hornkapsel Halt und Festigkeit und begrenzt die horizontale Flexibilität des hinteren Hufbereichs, verhindert also gleichermaßen ein übermäßiges Aufspreizen wie ein zu starkes Verengen dieses Bereiches. Das harte Sohlenhorn schützt den Fuß des Pferdes von unten. *Blättchen-, Terminallagen und Kappenhorn* schaffen eine elastische, weiche Verbindung zwischen den beiden Harthornstrukturen Wand und Sohle.

Die Umschlagstellen der Hornwand in die Eckstreben werden als *Trachtenendkanten* bezeichnet. Sie grenzen nach oben an die seitlichen *Strahlfurchen*, die Strahl und Eckstreben bzw. Sohle teilen. Wie die mittlere Strahlfurche sind diese Furchen je nach Hufform und Fäulnisbesatz sehr unterschiedlich stark ausgeprägt.
Bodenseitig bildet die Hornwand den sogenannten *Tragrand*. Die Bezeichnung verweist auf die Funktion des Wandhornes als Träger der Hauptlast des Pferdegewichtes. Bei hohem Hornabrieb verschwindet der Tragrand und das Pferd läuft auf der Sohle, was bei harten Böden und als Dauerzustand zu Problemen führen kann. Bei fehlendem Hornabrieb entsteht ein überlanger Tragrand, was ebenfalls oft Probleme mit sich bringt. Neben Wandausbrüchen und Einreißungen leidet hierunter vor allem die *Blättchenschicht*. Sie wird dann zumeist aufgerissen und in der Folge durch Fäulnisbakterien besetzt und beschädigt.

Kürzt man einen Huf sehr stark, so wie diesen hier, so kann man die einzelnen Hornstrukturen besonders gut sichtbar machen. Einem lebenden Pferd sollte man dies allerdings in keinem Fall antun!

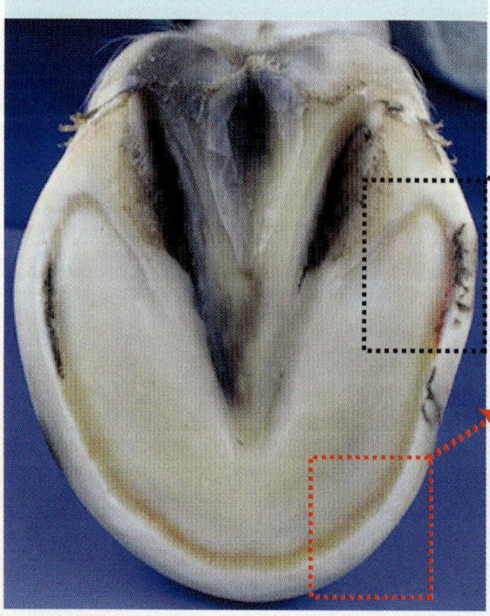

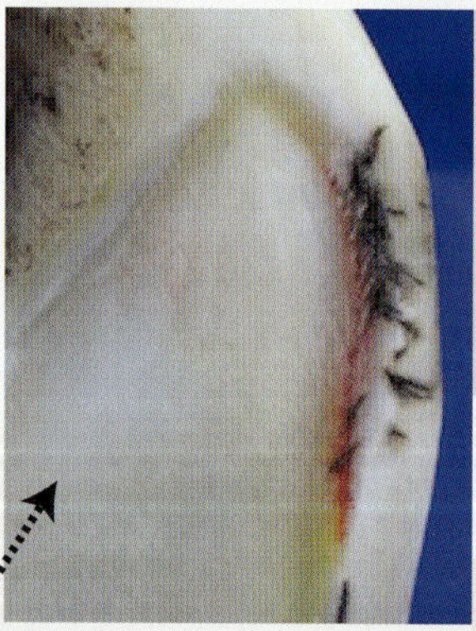

In diesem Bereich der Blättchenschicht sind starke *Einblutungen* vorhanden. Hier hatte sich zu Lebzeiten des Pferdes die Hufwand stark herausgebeult,was zum einen dazu geführt hat, dass Wand- und Blättchenhorn zerstört wurde, Fäulnis hinter den Wand einziehen konnte und schließlich die angrenzende Lederhaut entzündlich reagierte und Hämoglobin an das Horn abgab.

Schön zu erkennen, ist der schräge Verlauf der *Sohlenhornröhrchen*. Sie stehen nicht senkrecht, sondern in einem Winkel von 45° zum Boden. Das verweist neben anderem darauf, dass die Sohle keine gewichtstragende Funktion besitzt. Sie trägt im weichen Boden mit, ist aber nicht für starke Dauerdruckbelastung ausgelegt.
Die *Blättchenschicht* ist etwas eingefärbt und mit roten Einsprengseln versehen, was auf eine zu Lebzeiten bestehende starke *Zugbelastung* durch die Zehen- und Seitenwände hinweist. Ein solcher Zug kommt in erster Linie durch schräge, hebelnde Hufwände und stark überständige Tragränder zustande .

1.1.1 Die Hornwand des Hufes

Die Hornwand besteht aus Tausenden harter Hornröhrchen, die von ihrer Geburtsstätte, den Papillen der Kronlederhaut, durchgängig bis zum Tragrand reichen. Die parallel angeordneten Röhrchen sind miteinander durch Zwischenröhrchenhorn verbunden. Die Wandhornröhrchen sind eine sehr druck- und biegefeste Konstruktion und ihre Rinde stellt den wichtigsten tragenden Teil des Hufhornes dar (BOLLINGER 1992: S. 270). Die Form und Struktur der Wandröhrchen unterscheidet sich, je nachdem, ob sie sich eher außen oder innen, also näher der äußeren Wandoberfläche oder näher an den lebenden Strukturen, befinden. Auf Grundlage dieser Strukturunterschiede kann man die Hornwand in eine äußere, eine mittlere und eine innere Zone unterteilen. In der Außenzone der Hornwand ist die Röhrchendichte mit bis zu 19 Hornröhrchen pro mm^2 am höchsten. Die Röhrchen besitzen hier einen kleineren Durchmesser und einen ovalen Querschnitt. In der mittleren Zone werden die noch immer ovalen Hornröhrchen größer und besitzen nunmehr einen rundlichen Markraum. Es finden sich hier ca. 11 Röhrchen auf einem mm^2. Die anschließende Innenzone ist mit recht großen Hornröhrchen von rundem Querschnitt ausgestattet. Hier kommen etwa 7–8 Röhrchen auf einen mm^2 Horn. Der Anteil des Zwischenröhrchenhorns ist in diesem inneren Bereich der Hornwand relativ hoch.

Unterschiede bestehen auch im Bau der Hornröhrchenrinden. Während die Rindenzellen der Mittel- und Außenzone eine platte, pfannkuchenähnliche Form besitzen und zwiebelschalenförmig um das Röhrchenmark angeordnet sind, besteht die Rinde der Röhrchen der Innenzone eher aus spindelförmigen Zellen, die längs zum Röhrchenmark ausgerichtet sind (steilspiralig gewickelt) – (NICKEL 1939, BOLLINGER 1992, KÖNIG 2001, PÜTZ 2006).

Dem unterschiedlichen Bau entsprechend ergeben sich funktionelle Unterschiede der einzelnen Zonen des Wandhornes: Das äußere Wandhorn bildet aufgrund seiner enormen Härte die eigentliche Schutzschicht, ist aber auch besonders zur Aufnahme und Verteilung horizontaler Druck- und Zugkräfte geeignet. Das innere Wandhorn fungiert dagegen vor allem als eine elastisch abfedernde Verankerungsschicht für den Hufbeinträger und dient in erster Linie dazu, die auf die Hornkapsel einwirkenden vertikalen Kräfte abzufangen. Die Mittelzone des Wandhorns, die strukturell eine Mittelstellung einnimmt, fungiert auch in funktioneller Hinsicht als Mittler. Sie unterstützt die Außenzone bei der Verspannung gegen die einwirkenden radiären Kräfte, ist aber auch geeignet, um vertikale Druck- und Zugkräften aufzunehmen und zu verteilen (NICKEL 1939, PELLMANN 1995, KÖNIG 2001, PÜTZ 2006). Zur Hornwand des Hufes gehören die Eckstreben. Sie sorgen als kleine Innenwände für eine ausreichende Stabilität des hinteren Hufbereiches. Durch ihre Verbindung mit dem Hufbeinast stellen sie sicher, dass sich der Huf im hinteren Bereich trotz der dort vorhandenen weicheren und flexiblen Hornstrukturen nicht übermäßig bewegt. Sie wirken sowohl der Ausweitung als auch dem Zusammenziehen der Hornkapsel entgegen.

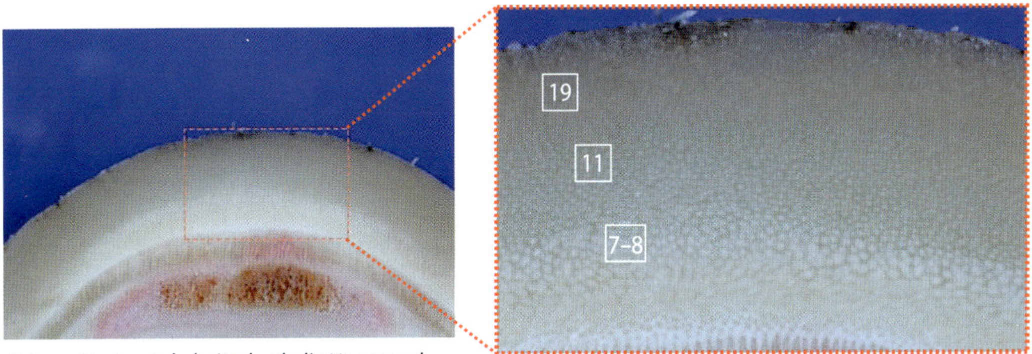

Abb. 1.3: Horizontalschnitt durch die Hornwand. (Foto: Astrid Arnold)

1.1.2 Das Saum- und Ballenhorn

Das ebenfalls aus Röhrchenhorn bestehende Saum- und Ballenhorn unterscheidet sich deutlich vom Wandhorn. Das **Saumhorn** besitzt neben zarten und eher unscheinbaren Röhrchen mit geringem Markanteil einen sehr hohen Anteil an Zwischenröhrchenhorn. Dies und die geringe mechanische Stabilität der hier vorkommenden Hornzellen lässt das Saumhorn sehr schnell zerfallen.[1] Bereits einen Zentimeter unterhalb des Kronsaumes hat sich das Saumhorn deshalb zumeist bereits von der Hornkapsel abgelöst. Da es seinen Dienst, Übergang zu schaffen und den empfindlichen Kronrand zu schützen, erfüllt hat, ist das Saumhorn im Unterschied zum Wandhorn auf eine sehr schnelle Alterung programmiert.

Das **Ballenhorn** ähnelt dem Saumhorn im Aufbau. Beide entstehen auf dem Weg der weichen Verhornung. Auch im Ballenhorn finden sich eher dünne Röhrchen mit verhältnismäßig schmaler Rinde und ein relativ hoher Anteil an Zwischenröhrchenhorn.

Der Querschnitt der Hornröhrchen des Ballenhorns ist oval, allerdings mit rundem Markraum, dessen Markzellen schnell zerfallen. Die Hornröhrchen des Ballens verlaufen gebogen zum Boden. Sie sind dabei mit ihrer breiteren Front zur Oberfläche des Ballenhorns ausgerichtet (FROHNES; BUDRAS 2001: S. 432 f). Die Anordnung und der Bau des Ballenhorns bietet eine wesentlich geringere Festigkeit als beispielsweise das Wandhorn. Aber im Gegenzug hierfür besitzt das Ballenhorn eine deutlich höhere Flexibilität. Eine weitere Besonderheit dieses Hornes, die es mit dem sich nach unten unmittelbar anschließenden Strahlhorn teilt, ist der hohe Anteil an Lipidtröpfchen, die in und zwischen den Zellen eingelagert sind. Diese fungieren zusätzlich als elastizitätsgebender Faktor (ebenda: S. 242).

1.1.3 Der Hornstrahl

Zwischen Ballen- und Strahlhorn besteht keine klar definierte Grenzlinie, beide gehen nahtlos ineinander über. Obwohl das **Strahlhorn** von ganz ähnlicher gummiartiger Beschaffenheit ist, wie das Ballenhorn, wird es nach dem Modus der harten Verhornung gebildet. Lediglich das Horn in den Strahlfurchen geht wie das Ballenhorn den Weg der weichen Verhornung.[2] Die Hornröhrchen des Strahles sind oval mit ebenfalls ovalem Markraum und verlaufen nicht gerade, sondern geschlängelt. Dies und das Vorkommen zahlreicher Lipidtröpfchen, die wie elastische Kissen in und zwischen den Zellen liegen, sorgen für die federnd nachgiebige Qualität des Strahlhornes. Es ist hervorragend geeignet, die aus allen Richtungen einwirkenden Druck- und Zugkräfte aufzufangen und bildet so eine wichtige tragende und dämpfende Einrichtung des Pferdehufes.

1.1.4 Die Hufsohle

Im **Sohlenhorn** kommen Lipidtröpfchen nur ganz vereinzelt vor. Das ist ein Grund für die sprödere und härtere Konsistenz dieses Hornes. Die im Querschnitt runden Röhrchen mit rundem Markraum sind in Reihen angeordnet und verlaufen gestreckt bodenwärts. Ihre Verlaufsrichtung ist dabei nicht senkrecht zur Bodenfläche, sondern sie sind schräg in einem Winkel von etwa 45° in Richtung des Zehentragrandes, im Bereich der Sohlenschenkel auch zum Teil in Richtung der vorderen Seitenwände, ausgerichtet. Diese Ausrichtung der Hornröhrchen deutet auf eine »äußerst geringe proximodistale Druckbelastbarkeit« der Sohle hin. Aufgrund dieser strukturellen Besonderheit und angesichts der Tatsache, dass die Sohle keine klassische (polsternde) Unterhaut besitzt, muss laut FROHNES und BUDRAS davon ausgegangen werden,

[1] Die geringe mechanische Festigkeit ist zurückzuführen auf einen Mangel an Keratinfilamenten (feinste Hornhärchen) und deren assoziierten Proteinen, welche als Teil des Zytoskeletts die mechanische Stabilität der Hornzellen gewährleisten (BUDRAS et al. 2002: S. 119). Keratinfilamente und Keratinfilament assoziierte Proteine (die Hornhärchen ummantelnde Proteine) bilden das Rohmaterial für die Hornbildung (ebenda: S. 79).

[2] Der weiche und der harte Verhornungstyp werden histologisch (unterm Mikroskop) unterschieden. Während die Hornzellen bei der weichen Verhornung ein stratum granulosum (Körnerschicht) durchlaufen, fehlt diese Schicht bei der harten Verhornung. Biochemisch unterscheidet sich das Hornprodukt der weichen Verhornung von dem des harten Typs durch den geringeren Gehalt an schwefelhaltigen Aminosäuren. Diese tragen wesentlich zur Bildung einer stabilen und festen Hornzellstruktur bei, machen das Horn also härter (NEBEL 2005: 19; PATAN/BUDRAS 2003: S. 182).

»dass das Sohlensegment eher einen Schutz vor mechanischen, chemischen und mikrobiellen Noxen bietet, als eine gewichtstragende Funktion besitzt« (2001: S. 435).

1.1.5 Die Blättchenschicht und die weiße Linie

Die **Blättchenschicht** (allgemein »weiße Linie« genannt), welche die Sohle mit der Hornwand verbindet, setzt sich aus mehreren verschiedenen Hornstrukturen zusammen. Zum einen aus den Hornblättchen, die bereits circa ein Jahr zuvor (je nach individueller Wachstumsgeschwindigkeit) gebildet wurden und hiernach zusammen mit der Hornwand zum Tragrand hinunter gewachsen sind. Zum anderen aus Füllhornröhrchen, die wiederum aus Terminallagenhorn und Kappenhorn bestehen und die etwa 1–2 Monate zuvor knapp unterhalb des Hufbeinsohlenrandes entstanden sind und dort zwischen die von oben kommenden Hornblättchen geschoben wurden. Die Blättchenschicht bildet eine zäh-elastische Verbindung zwischen den weniger flexiblen, eher harten Hornstrukturen von Sohle und Wand und verschließt die Hornkapsel gewissermaßen wie eine Gummidichtung. Sie bietet, wenn sie intakt ist, einen guten Schutz vor Keiminvasion und auch gegen das Eindringen von Fremdkörpern (bspw. Steinen).

Die weiße Linie

Die radiär gestreifte Verbindungsschicht zwischen Hufsohle und Tragrand wird im Allgemeinen stets als die weiße Linie des Hufes bezeichnet. Ich selbst benutze diesen Terminus nicht, da ich ihn für unpräzise und missverständlich halte. Auch anatomische Lehrwerke kommen zu dieser Einschätzung: »Die Bezeichnung ›weiße Linie‹ ist irreführend, da sie weder weiß noch schmal wie eine Linie ist« (WISSDORF et al. 2002: S. 370). Sie ist vielmehr eine ca. 4–5 mm breite Zone von gelblich wächserner Farbe und lamellenartiger Streifung. Die Benennung als weiße Linie liegt also nicht wirklich nahe. Vergrößert wird die Begriffsverwirrung zudem durch den Umstand, dass die als weiße Linie benannte Blättchenschicht ja tatsächlich außen von einer reinweißen, bleistiftstrichdicken Linie begrenzt wird. Hierauf würde der Terminus eindeutig und um einiges besser zutreffen. Es gab in der Vergangenheit immer wieder Vorstöße, hier eine bessere Sprachregelung zu finden. Diese Vorschläge haben sich gegen das Beharrungsvermögen der gewohnheitsmäßigen Begriffsverwendung jedoch leider nicht durchsetzen können. Dabei wäre es wirklich deutlich sinnvoller, die lamellenartig gestreifte Verbindungsschicht, wie von WISSDORF und WILKENS (1982) empfohlen, zona lamellata, also Blättchenschicht oder Blättchenzone, zu nennen und für die reinweiße Linie am Rande der Blättchenschicht den Begriff weiße Linie oder zona alba vorzubehalten.[3] Dann wäre bspw. Missverständnissen, wie sie in Bezug auf die Huferkrankung white line disease herrschen, vorgebaut. Von der white line disease betroffen, ist das innere, unpigmentierte Kronhorn, also die reinweiße Grenzlinie am Rande der Blättchenschicht. Durch die irreführende, gewohnheitsmäßige Begriffsverwendung kommt es nun aber nicht selten zu falschen Diagnosen bzw. herrscht eine weit verbreitete Unsicherheit, mitunter sogar explizite Unwissenheit, bezüglich der Ursachen und Folgen der Erkrankung. Selbst in der ***Nomina Anatomica Veterinaria*** *muss man lesen »White line = Linea alba ungulae is commonly accepted by veterinarians (see white line diseases)« (NAV 2005: S. 164). Nur leider steht die* ***Linea alba ungulae*** *hier für die Blättchenschicht und diese ist* ***nicht*** *die im Falle einer* ***white line disease*** *zerstörte Struktur. Diese Verwechslung ist bei weitem kein Einzelfall und findet sich auch in zahlreichen anderen Standardwerken zum Pferdehuf, bspw. in Pollitt (1999: S. 117 f); RIEGEL, HAKOLA (1999: S. 139) oder BUDRAS (2012: S. 96). Eine Differenzierung zwischen den Prozessen, die zu einer hohlen Wand und im anderen Fall zu einer losen Wand führen, ist so nicht möglich. Es ist wenig hilfreich, wenn solche Unklarheiten in Bezug auf mögliche und notwendigerweise zu unterscheidende Erkrankungen am Huf herrschen. Mit einer Benutzung von Termini, die weniger missverständlich sind, wäre viel erreicht.*

[3] *Noch passender hierfür wäre der Terminus linea alba, den man zur Unterscheidung von der linea alba der Bauchwand allerdings mit dem Zusatz ungulae (des Hufes) versehen müsste (NAV 2005: S. 161 u. 164; ZADOW 2008: S. 96). Auch die Unterscheidung in linea alba (für die reinweiße Linie) und zona alba (für die Blättchenschicht) wie bereits 1915 von Kroon vorgeschlagen, wäre sinnvoller, als die jetzt aus Gewohnheit herrschende und selbst in den anatomischen Standardwerken stets verwendete und dadurch für alle Zukunft fortgeschriebene Begriffsverwendung.*

1.1.6 Hufhorn und Feuchtigkeit

Der Hornschuh ist eine komplexe anatomische Struktur, in welcher die verschiedenen Hornbestandteile eine jeweils spezifische Funktion übernehmen. Die strukturellen und funktionellen Unterschiede gründen dabei auf die jeweilige zelluläre Architektur sowie auf die damit im Zusammenhang stehenden Fähigkeiten, Wasser aufzunehmen und dieses zu speichern. Ein höherer **Feuchtigkeitsgehalt** lässt jedes Horn prinzipiell weicher und elastischer werden (wir kennen dies von unseren Fingernägeln oder von der Hornhaut an unseren Händen und Füßen). Die einzelnen Bestandteile der Hornkapsel besitzen einen recht unterschiedlich hohen physiologischen Feuchtigkeitsgehalt und unterscheiden sich auch stark in Bezug auf ihre Speicherfähigkeit und die maximale Kapazität und Schnelligkeit der Wasseraufnahme.

Spitzenreiter ist das Saumhorn, welches sowohl den höchsten physiologischen Wasseranteil (48 %) als auch die größte Wasseraufnahmekapazität und die höchste Schwankungsbreite – zwischen max. 71 % und min. 7 % – besitzt (PATAN; BUDRAS 2003: S. 179). Bedingt ist dies durch eine spezielle Form der Wasseraufnahme. Durch blasige Erweiterungen in den Zellzwischenräumen (dem Interzellularspalt) können ganze Wassertröpfchen eingebettet werden. Unter nassen Bedingungen bspw. bei stark durchfeuchteten Wiesen oder in Matschausläufen kann sich das **Saumhorn** deshalb in kurzer Zeit sehr stark vollsaugen. Es erscheint dann als auffälliger, dicker, weißer Ring unterhalb des Kronsaums. Auch das Ballenhorn kann recht viel Wasser aufnehmen (bis zu 61 % maximal). Wie das Strahlhorn verfügt es über schwammartige Hornzellen (Spongiokorneozyten) und kann das Wasser so in den Zellen in hierfür vorgeformten Hohlräumen speichern (BUDRAS; PATAN 2003: S. 63). Diese Form der Wasserspeicherung nutzen auch das **Blättchenhorn** und das Horn der **Innenzone der Hornwand**. Ein ausreichender Feuchtigkeitsgehalt dieser beiden letzteren Hornstrukturen ist durch ihre Nähe zum lebenden Gewebe unbedingt erforderlich, denn schließlich verzahnen sich die Hornblättchen direkt mit den sensiblen und verletzlichen Wandlederhautblättchen und müssen zu diesem Zweck notwendigerweise selbst eine weiche und nachgiebige Konsistenz aufweisen. Die direkt an die Hornblättchen anschließende Innenzone der Hornwand dient durch ihren relativ hohen Wassergehalt bestens als elastisch abfedernde Verankerung des Hufbeinträgers.

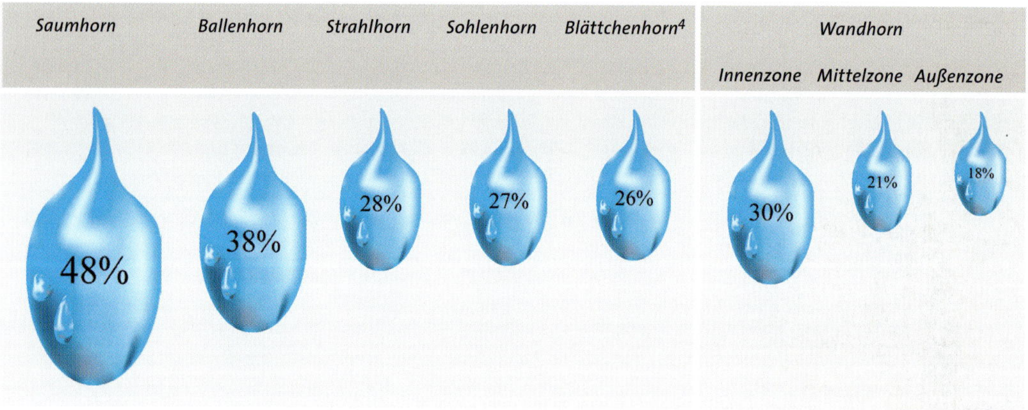

Abb. 1.4: Nach Angaben von PATAN und BUDRAS (2003: S. 179).

[4] *Die Probenentnahme für die Messung des Feuchtigkeitsgehalts des Blättchenhorns erfolgte unterhalb des Hufbeinrandes. Dort besitzt das Blättchenhorn einen physiologischen Wasseranteil von 26 % (PATAN; BUDRAS 2003: S. 178). Weiter oben im Bereich des Hufbeinträgers liegt der Wasseranteil noch deutlich darüber.*

Die Feuchtigkeitsversorgung dieser beiden Hornstrukturen ist durch ihre Nähe zur Wandlederhaut vollständig gesichert. Das gilt zumindest so lange, wie die äußere Hornwand beide vor Wasserverlust schützt. Werden die äußeren Schutzschichten der Hornwand allerdings entfernt, so trocknen Innenzone und Blättchenhorn in kürzester Zeit aus. Bereits innerhalb von 4–5 Stunden verlieren beide die Hälfte ihres gespeicherten Wassers (PATAN; BUDRAS 2003: S. 180). Das ist unbedingt zu bedenken und spricht dagegen, Hornwände aus kosmetischen Gründen stark zu bearbeiten oder wie es im Falle von Hufrehe häufig vorgenommen wird, Wandanteile bis auf die Blättchenschicht abzutragen (Zehenwandresektion).

Im ausgetrockneten Zustand wird das Blättchenhorn unverzüglich sehr hart und spröde und die empfindlichen Wandlederhautblättchen werden durch ihren innigen Kontakt mit diesen Hornblättchen immens geschädigt.

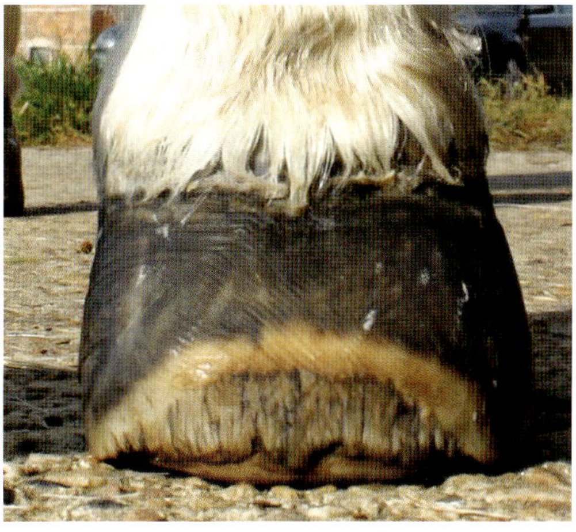

***Abb. 1.5:** Die Schutzschicht über dem Blättchenhorn wurde entfernt. Das Horn ist hart und spröde und die Verletzungsgefahr für die empfindlichen Wandlederhautblättchen steigt.*

Das **äußere Wandhorn** dient mit seiner Härte und Robustheit als Schutzhülle und als Gewichtsträger. Von der Außen- und Mittelzone dieser Wand ist also eine sehr hohe Widerstandsfähigkeit gefordert. Im Vergleich mit den anderen Hornstrukturen ist die Wasseraufnahmekapazität und -geschwindigkeit des äußeren Kronhorns deshalb auch die geringste. Das Wasser wird im Wandhorn ausschließlich chemisch gebunden, das heißt es erfolgt eine Bindung der Wassermoleküle an die Strukturproteine der Hornzellen. Diese stabilere Aufnahme des Wassers im Horn bedeutet, dass die Hornwand in ihrem Feuchtigkeitsgehalt nicht so starken Schwankungen unterworfen ist. Wasser wird in diesem Bereich des Hornschuhs langsamer aufgenommen und auch nur langsam wieder abgegeben, also recht erfolgreich gespeichert (ebenda: S. 182). Das Gleiche gilt auch für das Sohlenhorn. Der Feuchtigkeitsgehalt des Sohlenhorns ist dabei allerdings um einiges höher als derjenige der äußeren Wand. Dieser Umstand verdankt sich in erster Linie der Nähe der Sohlenhornzellen zu ihrer Lederhaut und verweist darauf, dass die Feuchtigkeitsversorgung des Hornschuhs von innen her stattfindet. Die stark wasserhaltige Sohlenlederhaut (BUDRAS 2012: S. 89) sorgt für einen relativ hohen Wassergehalt des Sohlenhorns. Nur der äußerste Bereich des Sohlenhornes ist bei trockenen Witterungs- und Bodenbedingungen ausgetrocknet und hart. Entfernt man diese Schicht, so wird das Sohlenhorn sehr schnell weich und elastisch.[5] Der Wassergehalt der Hornsohle nimmt zum Inneren hin zu.

Das Horn von **Ballen** und **Strahl** hat neben seiner Schutzfunktion vor allem auch eine wichtige Funktion als elastische und dämpfende Struktur. Diesen Aufgaben wird es gerecht, indem es durch die schwammartige Speicherung (in Spongiokorneozyten) zum einen recht viel und schnell Wasser aufnehmen kann, gleichzeitig aber auch durch die zusätzliche chemische Bindung von Wassermolekülen an die Strukturproteine eine effektive Speicherfähigkeit besitzt. So verfügt es lange über die nötige Elastizität. Bei sehr trockenen Witterungs- und Umgebungsbedingungen kann es allerdings auch hart und trocken werden. Unter diesen Bedingungen wird

[5] Die Probenentnahme für die Messung des Feuchtigkeitsgehaltes des Sohlenhorns erfolgte direkt vor der Strahlspitze und damit an der im Regelfall dünnsten Stelle der Sohle. Zudem bestand die Hornprobe aus der gesamten Sohlendicke; die gemessenen 28 % stellen insofern also einen Durchschnitt aus den ganz feuchten Innen- und den je nach Umgebungsbedingungen trockneren Außenbereichen der Sohle dar (PATAN; BUDRAS 2003: S. 178).

Abb. 1.6: Die Feuchtigkeitsversorgung des Hornschuhs wird von innen heraus gewährleistet.

der gesamte Hornschuh härter und trockener, was auch durchaus sinnvoll ist, da unter diesen Bedingungen die Robustheit des Hornes umso wichtiger wird und gegenüber der Hornelastizität eindeutig an Bedeutung gewinnt.

Pferde stammen ursprünglich aus semiariden Gebieten und kommen bestens mit trockenen Umgebungsbedingungen zurecht. Man liest häufig, dass Hufe vor dem Austrocknen bewahrt werden müssten. So soll man in trockenen Monaten die Hufe regelmäßig wässern, insbesondere dann, wenn die Hufe Probleme wie Wandausbrüche und Hornspalten aufweisen.[6] Ganz abgesehen davon, dass die Ursachen für das Ausbrechen und Einreißen der Hufe woanders liegen (siehe Seite 109 und 119), benötigt der Pferdehuf keine Wasserzufuhr von außen. Auch bei extremen Trockenperioden erfolgt stets die kontinuierliche Feuchtigkeitsversorgung des Hufhorns von innen heraus.

Durch die innige Verbindung des Hornes mit den gut durchbluteten Lederhäuten gelangt ständig Feuchtigkeit ins Horn. In der Nähe der Lederhäute ist der Wassergehalt des Hornes sehr hoch, nach außen hin nimmt er ab und das Horn wird mit zunehmendem Abstand zur Lederhaut trockener. Das ist wichtig, vor allem wenn das Pferd in trockenen Gebieten lebt, die unter natürlichen Bedingungen hart und abriebintensiv sind.[7] Nur ein trockenes, hartes Horn bietet unter solchen Lebensbedingungen ausreichend Abriebfestigkeit und Schutz. Aufgeweichtes Horn ist nachgiebig und elastisch, das heißt, es lässt auch mehr Bewegung zu. Das macht Pferdehufe empfindlicher und Pferde feinfühliger, da jeder Stein und jede Bodenunebenheit nun intensiver gespürt wird. Hält man sein Pferd bspw. auf einer feuchten Wiese, muss beim Ausritt jedoch über steinige, harte Wege reiten, so macht sich das nachteilig bemerkbar. Auch der Hornabrieb wird gesteigert.

Es macht also keinen Sinn, Hufe in den trockenen Sommermonaten ausgiebig zu wässern, da sie hierdurch letztlich womöglich nur weniger gut mit den harten Umgebungsbedingungen zurechtkommen. Ein kurzzeitiges Baden oder Einweichen hat dagegen auf den äußerlich abgetrockneten Huf kaum einen Effekt, d. h. eine Flussdurchquerung oder das tägliche Tränken aus dem Bach ist nichts, was man fürchten muss. Meine Kollegen und ich leiden manchmal unter diesem Umstand, dass die Hufe nach längeren Regenpausen eine enorme Härte besitzen und mit den üblichen Werkzeugen kaum oder gar nicht bearbeitbar sind. Zu diesem Zweck, dem der Bearbeitbarkeit beim Huftermin, macht das Einweichen der Hufe ausnahmsweise tatsächlich Sinn.[8] Je länger die trockene Witterung bereits anhält und je sauberer und trockener die Stallbedingungen sind, desto länger benötigt aber auch das Horn, um durch Einweichen eine bearbeitbare Konsistenz zu erreichen. Hierbei reagiert die Sohle und die Blättchenschicht wie auch der Strahl schneller als die Hornwand. HAMPSON et al. (2012) fanden nach zweistündigem Einweichen keinen

[6] *Auch Fans des Hufmechanismus (siehe Seite 46 ff) raten dazu, die Hufe stets mit ausreichender Feuchtigkeit zu versorgen.*

[7] *Unter künstlichen Haltungsbedingungen trifft das nicht unbedingt zu, bspw. wenn Pferde in trockenen Hobelspänen oder nicht abrasiven Sandausläufen stehen.*

[8] *Dabei geht es nicht nur darum, dem Hufbearbeiter die Arbeit zu erleichtern (aber auch das ist kein verkehrtes Anliegen), sondern nur so wird es dem Bearbeiter überhaupt ermöglicht, die für den Huf nötigen Bearbeitungsschritte durchführen zu können. Wer einmal versucht hat, einen steinharten Strahl zu beschneiden, weiß, wovon die Rede ist. Selbst das schärfste Messer kapituliert in dieser Situation und der hohe Kraftaufwand macht jeden Schnitt ungezielt und letztlich zur Gefahr für den Huf.*

Unterschied im Tragrandhorn von intensiv gewässerten und nicht gewässerten Hufen. Ein signifikanter Unterschied zeigte sich dagegen im Sohlenhorn.[9]

Hufe sind – mit Ausnahme der eben besprochenen sinnvollen Vorbereitung des Huftermins – nicht von einer externen Wasserversorgung abhängig. Pferde, die heute unter wüstenähnlichen Bedingungen leben (Kings Canyon in Australien, Namib-Wüste in Namibia), haben die gleiche Chance auf gesunde Hufe wie andere Pferde auch. Ein Vergleich der Hufe von Wildpferden, die in dauerfeuchten (Kaimanawa), wechselfeuchten (Palparara) und trockenen (Kings Canyon) Gebieten Australiens leben, weist darauf hin, dass sich der Feuchtigkeitsgehalt in der Mitte der Hornwand nicht unterscheidet (HAMPSON et al. 2012). Das heißt, dass in den oberen Bereichen des Hornschuhs die Feuchtigkeit allein durch die durchbluteten Lederhäute bestimmt wird. Eine Ausnahme bilden die Weichhornstrukturen Saum und Ballen. Davon abgesehen nehmen nur die bodenseitigen Anteile der Hornkapsel externe Feuchtigkeit auf, wenn Witterung und Bodenbedingungen dies nahelegen.

Genauso wenig wie den Hufen zur Gesunderhaltung extern Feuchtigkeit zugeführt werden muss, so wenig benötigen sie pflegende Fette, Proteine, Vitamine usw. Hufpflegeprodukte wie Emulsionen, Gele, Fluids, Sprays und Conditioner nutzen die Parallele zur menschlichen Haut- und Haarpflege und versprechen mit atmungsaktiver Barriere und aktiven, wertvollen Inhaltsstoffen eine ausreichende Feuchtigkeitsversorgung und Ernährung des Hornes mit lebenswichtigen Nährstoffen. Der Trend geht dabei zu Natur- und Bioprodukten ... ein Schelm, der Übles dabei denkt.

Während von Dauertrockenheit für die Hufe in der Tat keine Gefahr ausgeht, ist eine dauerfeuchte Umgebung für Pferdehufe außerordentlich ungünstig. Beständige Feuchtigkeit schädigt das Hufhorn, da es seine strukturelle Desintegration fördert. Das Horn altert gewissermaßen vorzeitig. Manche Pferde leiden unter diesem Umstand mehr als andere. Das kann durch genetische Anlagen oder durch die konkrete Hufsituation begründet sein. Es gibt Pferde, deren Strahlhorn sich unter diesen Bedingungen regelrecht auflöst, auch die Blättchenschicht und das Sohlenhorn büßen ihre Funktion als antimikrobielle Barriere sehr stark ein. Kommen noch unhygienische Verhältnisse hinzu, bspw. weil die Koppel oder der Matschauslauf nicht abgemistet werden, so wird die Hornqualität stark beeinträchtigt. Die Zugfestigkeit wie auch die Härte des Hufhorns werden durch Urin und Kot um bis zu 20 % herabgesetzt (PÜTZ 2006: S. 32). Der Harnstoff löst die Keratinproteine aus den Hornzellen, Röhrchenmark und Interzellularkitt werden zerstört und es entstehen mehr und mehr Eintrittspforten für die hornzersetzenden Keime, die im Kot enthalten sind. Ein Pferd äppelt durchschnittlich 12,7 mal am Tag und setzt eine Harnmenge von 6–12 Litern ab (SAMBRAUS et al. 2003). Das ist eine recht beachtliche Menge und man kann sich ausrechnen, wie es um einen Daueraufenthaltsboden von Pferden bestellt ist, wenn diese Mengen sich dort ansammeln. Auf diese Weise ergibt sich schnell ein hoher Keimdruck. Bei der Gestaltung von Ausläufen für Pferde sollte man also auch im Interesse der Hufgesundheit einiges bedenken.[10] Erschwerend hinzu kommt, dass zu große Druck- und Zugspannungen auf die Hornstrukturen einwirken, wenn die Hufsituationen selbst so beschaffen sind. Die unphysiologische Belastung des Hornes führt zur stärkeren Beanspruchung und Ermüdung des Zusammenhalts der Hornzellen, es kommt zum Einreißen des Hornes. Bereits fürs normale Auge noch unsichtbare Mikrorisse bieten eine Eintrittspforte für aufsteigende Fäulnis und Infektionen, wobei die Dauerfeuchtigkeit das Keimwachstum

[9] Nicht selten kommt man in den trockenen Sommermonaten zum Huftermin und der Pferdebesitzer hat nur eine Viertelstunde vorher begonnen, die Hufe zu weichen. Die Arbeit wird zwangsläufig schlechter ausfallen und dabei länger dauern. Und bestimmte Dinge, die am Huf getan werden müssten, um ihn gesund zu halten, können unter Umständen einfach nicht getan werden. Da kann sich der Hufbearbeiter mühen, wie er will.

[10] Siehe hierzu ausführlich RASCH (2012).

im Boden wie im Huf begünstigt. Auch Hufe, die sich schlecht von selbst reinigen, bei denen sich also Dreck und Erde in Nischen und Furchen regelrecht festhängen kann, sind in ihrer Hornsubstanz in dauerfeuchter Umgebung gefährdeter als andere Hufe.

1.1.7 Hornqualität und Hornwachstum

Neben den äußeren Einflussfaktoren wie Umgebungsfeuchte, Bodenverhältnisse und hygienischen Bedingungen gibt es auch endogene Faktoren, die die Hornqualität beeinflussen können. Bereits durch genetische Festlegung bestehen Unterschiede in Bau und Struktur des Hornes. Es gibt Pferde, die ruhen auf dicken, stabilen Hornkapseln und es gibt Pferde mit dünnschaligen, zerbrechlich wirkenden Hornwänden und Hornsohlen. Wenn es sich bei letzteren um leichte, feingliedrige Pferde handelt, ist die Welt in Ordnung, wenn das nicht der Fall ist, dann gibt es hufseitig fast immer Probleme. Nicht nur die Dickenverhältnisse des Hornes unterscheiden sich, es gibt auch Unterschiede im Bau und in der Struktur desselben. So differiert in der Hornwand bspw. das Verhältnis von Röhrchenmark und Röhrchenrinde wie auch die absolute Größe und die Dichte der Hornröhrchen. Und zwar im Vergleich von Pferd zu Pferd (Erbanlage und Aufwuchs) wie auch im jahreszeitlichen Verlauf beim einzelnen Individuum. Nachweise hierfür gibt es zum Beispiel beim Przewalskipferd. Die Hufe dieser Urwildpferde besitzen im Kronhorn mehr Hornröhrchen pro Flächeneinheit sowie im Durchmesser kleinere und damit stabilere Hornröhrchen, als die zum Vergleich herangezogenen Hauspferde. Die Hufe der Wildpferde sind hierdurch qualitativ hochwertiger. Auch sind **jahreszeitliche Schwankungen** in der Hornqualität nachgewiesen. Im Winter sorgt die Kälte durch Gefäßverengung (Vasokonstriktion) für die Verkleinerung und das Zusammenrücken der Lederhautpapillen der Kronlederhaut und in der Folge werden kleinere und enger stehende Hornröhrchen und damit ein festeres Horn gebildet. Dieser Effekt ist bei den untersuchten Wildpferden besonders ausgeprägt (PATAN 2001).

Unterschiede findet man auch zwischen Pferden mit weiten, schrägen Hufen einerseits und Pferden mit engen, steilen Hufen andererseits. Die Hornwand genetisch veranlagter schrägwandiger Hufe besitzt einen höheren Anteil von Zwischenröhrchenhorn (ca. 64 %) im Vergleich zu den steilwandigen Hufen der Artgenossen (ca. 58 %). Das betrifft vor allem die Außenzone des Kronhorns. Auch die Rinde der Hornröhrchen selbst ist an dieser Stelle dünner, der Markraum dafür im Verhältnis weiter, als dies bei den steilen Hufen der Fall ist. Während sich die dickere Rinde der steilwandigen Hufe eindeutig vom umgebenden Zwischenröhrchenhorn abgrenzt, verschmilzt die dünne Rinde der weiten Hufe teilweise mit letzterem. Dies alles sorgt für eine tendenziell geringere Härte und größere Elastizität der genetisch weiten Hufe. (RÖSSNER 1940)
Nachgewiesen ist auch, dass die Hufe schwerer Pferderassen eine bauliche Besonderheit aufweisen. In der Innenzone der Hornwände dieser Hufe befinden sich zusätzlich zu den für diese Zone typischen, steilspiralig gewickelten Röhrchen auch solche Hornröhrchen, wie sie normalerweise nur in der Außen- und Mittelzone vorkommen (KÖNIG 2001: S. 17). Die durch das höhere Gewicht dieser Pferde größer ausfallenden Druck- und Zugkräfte werden von der Hornwand vermutlich auf diese Weise besser aufgefangen.

Sind dunkle Hufe besser als helle Hufe?

Es gibt viele Pferdebesitzer, die davon überzeugt sind, dass helle Hufe weniger widerstandsfähig sind und deshalb häufiger unter Problemen leiden als dunkle Hufe. Untersuchungen, die der Überprüfung dieser Aussage dienten, haben jedoch keine derartigen Ergebnisse erbracht. Es ergaben sich keine Unterschiede in Widerstandsfähigkeit (RUPPERT 1941), Härte (PÜTZ 2006), Elastizität (BONGARTZ 2001), anorganischer Zusammensetzung (NAUMANN 1984 und NAUMANN et al. 1987 zit. nach VILSMEIER 2002) oder Wachstum (FISCHER 1933, LUNGWITZ 1940 zit. nach VILSMEIER 2002).
Wie kommt die Farbe überhaupt in den Huf? Hierfür sind pigmentproduzierende Zellen (Melanozyten) verantwortlich, die unmittelbar an der Basalzellschicht sitzen und den Farbstoff in die Hornzellen abgeben.

Weitere endogene Faktoren für die Hornqualität stellen der reibungslose Ablauf des Hornbildungsprozesses und die Hochwertigkeit der produzierten Hornstrukturen dar. Hierfür können die Fütterung, aber auch Stoffwechselerkrankungen der Pferde eine Rolle spielen. Bspw. kann das »dauerhafte Fehlen von Baustoffen der Hornbildung zu reduzierter Keratinbildung und der Ausformung nicht hinreichend tragfähigen Hufhorns« führen. Die Gefahr eines solchen Defizits besteht »unter schlechten Fütterungsbedingungen«, wie sie bei Vernachlässigung vorkommen können, »aber auch bei starker Restriktion der Energie und Nährstoffversorgung von Kleinpferden und Ponies zur Vermeidung oder Korrektur von Übergewicht«. (COENEN 2010: S. 15) Auch eine Beeinträchtigung der internen Nährstoffverwertung durch schwere Krankheiten oder latente Stoffwechselprobleme kann zur Produktion qualitativ minderwertigen Hufhornes führen.

Der Hornschuh ist ein lebenslang nachwachsender Schuh und so kann sich die Hornsubstanz natürlich im Verlauf der Zeit durch verschiedene Umstände verändern. Das trifft nicht nur auf fütterungsbedingte Aspekte oder etwaige Erkrankungen zu, sondern kann auch jahreszeitlich bedingt sein. Auf den Zusammenhang zwischen Kälte und festerem Winterhorn habe ich bereits hingewiesen. Neben der qualitativen Änderung kommt es im Winter auch zu einer quantitativen Veränderung. Im (kalten) Winter wächst das Hufhorn um einiges langsamer als in den warmen Monaten des Jahres. Bei eisigen Temperaturen scheint das Wachstum der Hufe beinahe zu stagnieren. Ein besonders schnelles Hornwachstum findet dagegen in unseren Breitengraden stets in den Monaten Mai bis Juli statt. Das schnelle Wachstum, wie es für den Frühsommer und Sommer typisch ist oder wie es auch unabhängig von der Jahreszeit durch eine besonders eiweißreiche Fütterung angestoßen werden kann, führt dabei eher zu einer minderen Hornqualität (COENEN 2010; BUDRAS 2012).

Das Wachstum der Hufwand wird im Schnitt mit monatlichen 7–8 mm angegeben (BOLLINGER; GEYER 1992: S. 283), es schwankt jedoch stark je nach Individuum und Jahreszeit. Insgesamt wurden bisher in den verschiedensten Untersuchungen Werte zwischen 4 mm und 1,7 cm gemessen (PÜTZ 2006: S. 58). Insofern es sich hierbei tatsächlich um individuelle Unterschiede handelt, benötigt der Huf des einen Pferdes also weniger als ein Jahr, der eines anderen Pferdes dagegen unter Umständen deutlich mehr als ein Jahr, um sich zu erneuern. Das Wachstum des Sohlenhornes geht dabei um einiges langsamer vonstatten; mit 4,5 mm pro Monat beträgt es nur etwas mehr als die Hälfte des durchschnittlichen Kronhornwachstums (BOLLINGER; GEYER 1992: S. 283).

Hufabschnitt	Erneuerungszeit
Zehenwand	5,8[11] –20[12] Monate
Seitenwand	6–9 Monate
Trachtenwand	3–6 Monate
Hufsohle	2–3 Monate
Strahl	2 Monate

Abb. 1.7: Nach den Angaben von VILSMEIER (2002: S. 23) und PÜTZ (2006: S. 58).

Lässt man die Extremwerte unberücksichtigt, so kann man davon ausgehen, dass der Tragrand bei einem Hauspferd in einem Monat zwischen 0,7 und 1,2 cm an Höhe gewinnt. Wird dieser Überstand nicht abgerieben, was bei bestimmten Haltungsbedingungen leicht vorkommen kann (24 Stunden Weide, Boxenhaltung, Holzhäckselpaddock, keine Nutzung), geraten die Hufe in Bedrängnis. Die Hufwände verbiegen, die Hufe werden in die eine oder andere Richtung schief und es kommt zu Rissen im Wandhorn wie in der Blättchenschicht. Probleme sind dann vorprogrammiert. Es liegt in der Verantwortung des Besitzers für einen ausreichenden Abrieb oder, wenn das nicht möglich ist, für eine monatliche Bearbeitung zu sorgen, damit die Füße der Pferde trotz des fehlenden Abriebs gesund bleiben können. Gerade in der Weidezeit ist das Hufwachstum forciert und wenn das

[11] beim Przewalskipferd
[12] beim Islandpony

Pferd die meiste Zeit oder ausschließlich auf der Koppel steht und nicht täglich bzw. intensiv genutzt wird, werden die Hufe zu lang. In diesem Fall nur alle 8 bis 12 Wochen einen Hufbearbeiter zu bestellen, ist unvernünftig.

Umgekehrt muss man aber auch sagen, es steht zum Abreiten auch nur dieser monatlich wachsende Zentimeter zur Verfügung. Bei entsprechender Nutzung oder unter abrasiven Haltungsbedingungen (Betonböden, scharfer Sand, viel Bewegung in der Herde) kann das auch durchaus zu wenig Hornnachschub sein. In der Folge kürzt sich der Tragrand auf Sohlenniveau und es ist möglich, dass die Hufe mangels Tragrand empfindlich werden. In solchen Fällen ist ein Hufschutz nötig, der die Hufe vor dem Mehrabrieb schützt. Hornabrieb und Hornwachstum haben nicht automatisch eine Entsprechung, das ist eine Mär, die sich allerdings hartnäckig hält. Sie gilt aber weder für die heute noch wildlebenden Pferde noch für die Pferde in menschlicher Obhut. In beiden Fällen kann der Hornabrieb das Wachstum übersteigen oder der Huf überständig und problematisch werden.

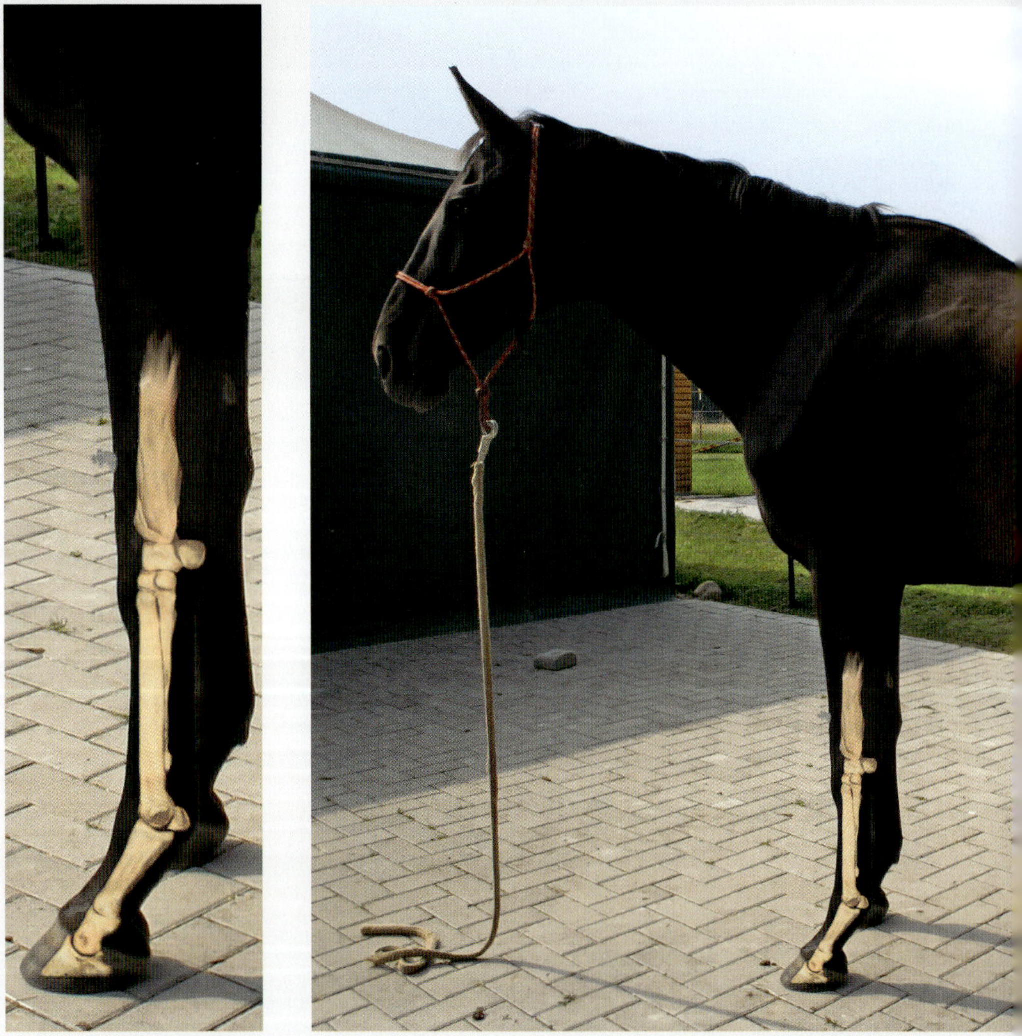

1.2 Das Innenleben des Pferdehufs

»Viele Fuß- beziehungsweise Hufkrankheiten können vermieden werden, wenn man den Pferdefuß nicht als eine leblose, todte Masse, sondern als ein lebendiges, zweckmäßig gebautes Organ betrachtete, das sich unangemessene Eingriffe und naturwidrige Behandlung nicht ungestraft gefallen lässt.« (LEISERING; HARTMANN 1893: S. 33f)

Der Hornschuh beinhaltet ein reichhaltiges Innenleben: Er schützt und trägt Knochen-, Gelenks- und Knorpelstrukturen, Sehnen- und Bandstrukturen, Schleimbeutel, Lederhäute und Unterhautpolster, Arterien-, Venen- und Lymphgefäße sowie Nerven.

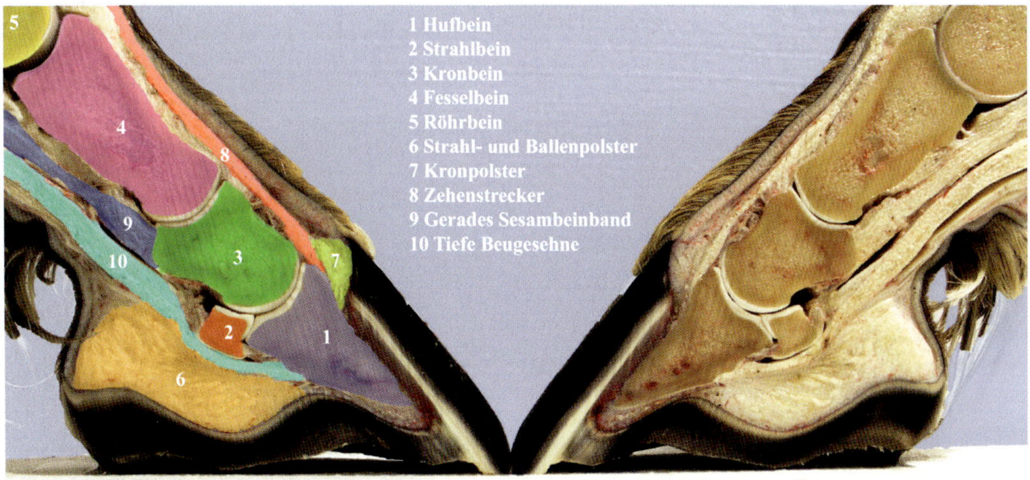

Abb. 1.8a,b: Überblick über die Anordnung von Knochen, Gelenken, Sehnen und polsternden Einrichtungen. (Präparat und Fotos: Astrid Arnold)

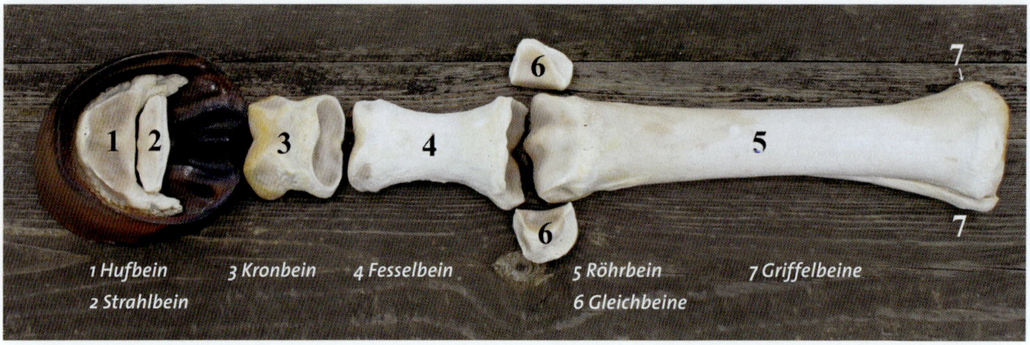

Abb. 1.9: Überblick über die Knochen der unteren Pferdegliedmaße unterhalb des Karpal- bzw. Sprunggelenkes.

1.2.1 Die Knochen-, Gelenks- und Knorpelstrukturen der Pferdezehe

Zwei der Zehenknochen des Pferdes verschwinden vollständig in der Hornkapsel bzw. sind von dieser ganz und gar umgeben: Das sind das Hufbein und das Strahlbein.

Abb. 1.10: Hufbein und Strahlbein im Hornschuh.

Das **Hufbein** gibt der umgebenden Hornkapsel ihre Form,[13] es besitzt eine Wandfläche, die von außen durch die Hornwand bedeckt wird, eine Sohlenfläche, die durch die Hornsohle geschützt ist sowie nach oben eine Gelenkfläche. Gemeinsam mit dem Strahlbein, welches sich nach hinten an das Hufbein anschließt, dient diese Gelenkfläche dem Kronbein zur Auflage.
Auf den beiden Hufbeinästen und mit diesen fest verwachsen befinden sich die **Hufknorpel**, die ein ganzes Stück über die Hornkapsel hinausragen. Sie können am Pferd oberhalb des Kronsaums gut ertastet werden. Die Hufknorpel füllen den hinteren Hufbereich aus, umschließen dabei das Hufpolster von den Seiten und etwas von hinten, indem sie sich selbst einander annähern. Die nach außen gewölbten Flächen sind von zahlreichen Blutgefäßen bedeckt und im unteren und hinteren Teil sind viele Durchlässe für Gefäße vorhanden.

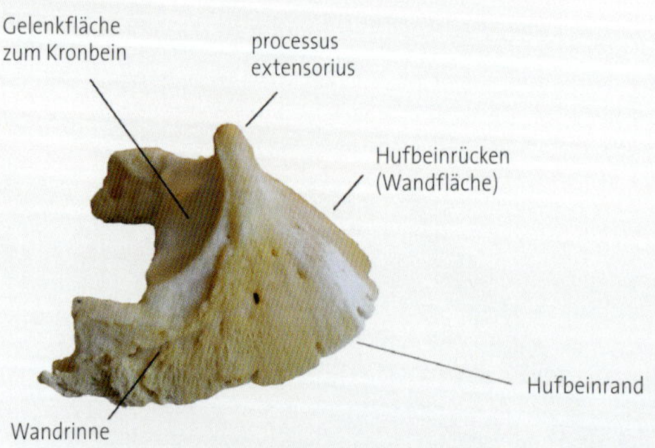

Abb. 1.11a: Das Hufbein in der seitlichen Ansicht.

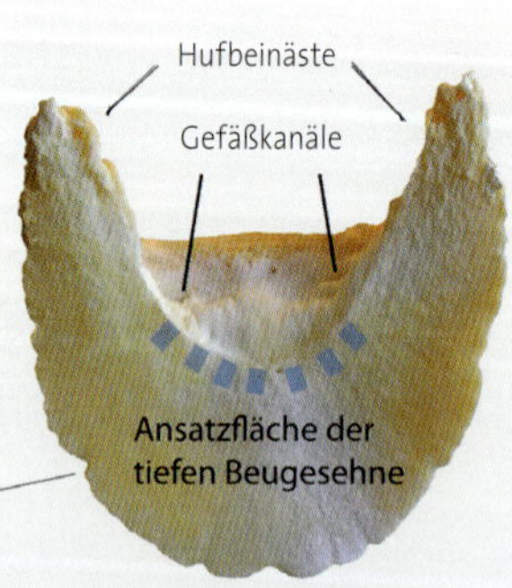

Abb. 1.11b: Das Hufbein von unten gesehen.

[13] *Wir werden später sehen, wie auch umgekehrt der Hornschuh mit seiner Biomechanik auf den Hufbeinknochen zurückwirkt und diesen beständig weiter formt (siehe Seite 59 ff).*

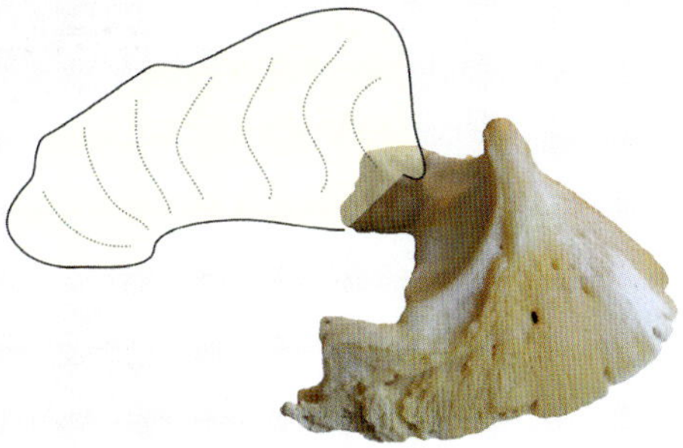

Abb. 1.12: Hufbein mit einem skizzierten Hufknorpel aus Sicht der gehöhlten Innenseite.

Die Hufknorpel sorgen für eine elastische Stütze im hinteren Hufbereich des Pferdehufes. Ursprünglich aus hyalinem Knorpel bestehend, findet im Verlauf des Pferdelebens eine zunehmende Umwandlung in Faserknorpel statt. Darüber hinaus neigen die Hufknorpel mit dem Älterwerden dazu, den Knorpel durch Knochen zu ersetzen, was als Reaktion auf die lebenslange Belastung zu sehen ist. Die Hufbeinäste älterer Tiere nehmen hierdurch an Ausdehnung nach hinten zu. In Abhängigkeit vom Ausmaß der individuellen Belastung (unphysiologische Hufsituation, harte Arbeit, hohes Körpergewicht) kommt es bei manchen Pferden zu pathologischen Hufknorpelverknöcherungen. Die Elastizität der Hornkapsel wird dadurch zum Teil erheblich eingeschränkt (siehe Seite 212).

Das **Strahlbein** ist ein kleiner, halbmondförmiger Knochen. Er hat die Funktion eines Sesambeins und vergrößert die Artikulationsfläche des Hufgelenks, indem es zwischen den Huf-

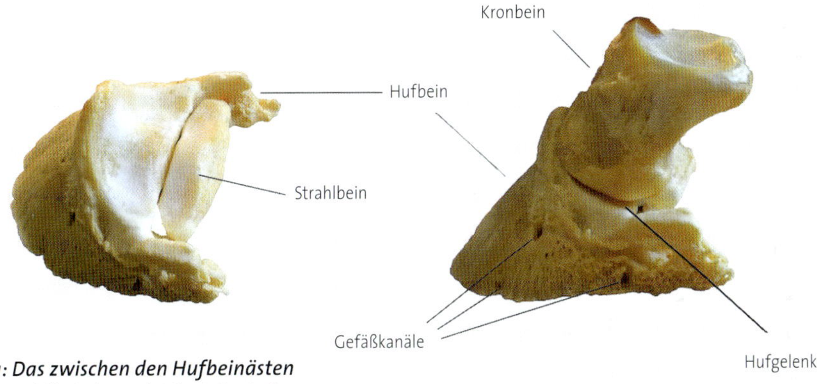

Abb. 1.12a: Das zwischen den Hufbeinästen liegende Strahlbein komplettiert die Auflagefläche für das Kronbein.

Abb. 1.12b: Kronbein, Hufbein und Strahlbein sind verbunden durch das Hufgelenk.

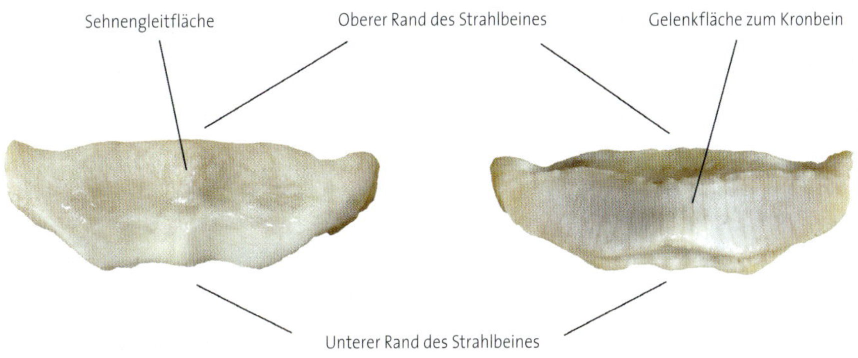

Abb. 1.13a: Das Strahlbein aus der rückwärtigen Ansicht. Die Sehnengleitfläche ist von Faserknorpel bedeckt.

Abb. 1.13b: Das Strahlbein von vorn oben gesehen. Die Gelenkfläche zum Kronbein ist von hyalinem Knorpel bedeckt.

beinästen liegt. Mit seiner rückwärtigen, nach hinten-unten gerichteten Fläche dient es der tiefen Beugesehne als eine Gleitfläche. Ein dazwischen befindlicher Schleimbeutel, der Hufrollenschleimbeutel, sorgt für eine reibungslose Bewegung der Sehne über dem Strahlbein. Beides bildet einen Teil des Hufrollenkomplexes (siehe Kasten Hufrolle S. 32).

An den Rändern des Strahlbeines greifen aus allen Richtungen kräftige Haltebänder an und befestigen den kleinen Knochen an den übrigen Zehenknochen sowie an den Hufknorpeln.

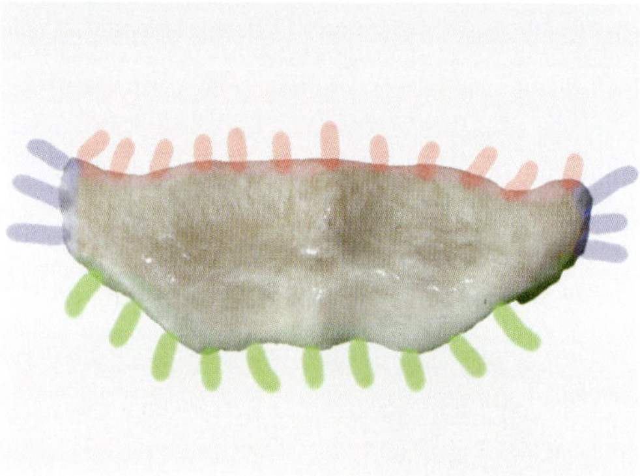

***Abb. 1.14:** Nach oben ist das Strahlbein über das Fesselbein-Strahlbein-Hufbeinband aufgehängt, ein kräftiges paariges Band, das bis zum unteren Rand des Fesselbeins zu den Hufknorpeln und dem Hufbein zieht (rot). Seitlich setzen die Hufknorpel-Strahlbeinbänder an (blau). Nach unten bildet das breite, kurze Hufbein-Strahlbeinband eine straffe Verbindung zum Hufbein (grün).*

Hufbein und Strahlbein bilden zusammen mit dem sich nach oben anschließenden Kronbein das Hufgelenk. Dieses Gelenk befindet sich gänzlich innerhalb der Hufkapsel und sorgt für die Beweglichkeit des Hufes vom Auffußen bis zum Abfußen. Die aktive Bewegungsrichtung des Hufgelenkes ist eine Vor-Rück-Bewegung (Beugen und Strecken), wobei hierfür ein großer Bewegungsspielraum besteht. Neben der Bewegung in dieser Richtung lässt das Hufgelenk auch in begrenztem Maße passive Seitwärts- und Torsionsbewegungen zum Ausgleich von Bodenunebenheiten oder beim Durchlaufen von engen Wendungen zu.

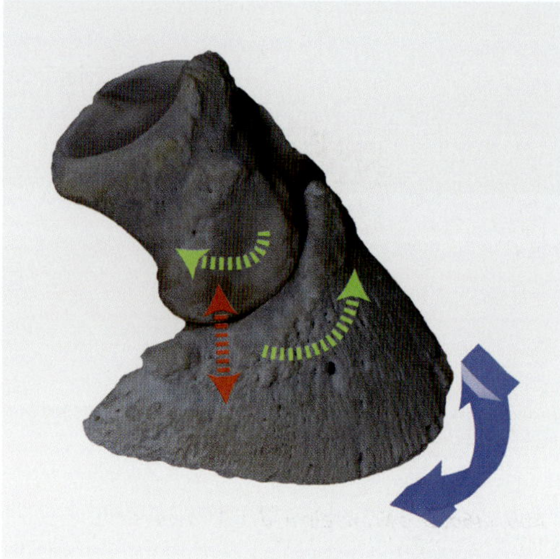

***Abb. 1.15:** Die aktive Bewegungsrichtung des Hufgelenkes (blau) ist eine Bewegung in der Sagittalebene, der physiologische Aktionsradius beträgt dabei um die 50°.*

Das Hufgelenk ist außerdem in kleinerem Ausmaß auch zu passiven – also durch Krafteinwirkung von außen verursachten – Seitwärtsbewegungen (rot) und Torsionsbewegungen (gelb) in der Lage. Diese werden in bestimmten Grenzen erduldet. Die Fähigkeit zur Torsion beträgt beim Hufgelenk des Vorderfußes bis zu 15° und ist beim Hinterfuß mit bis zu 18° etwas höher (GIRTLER 2001: S. 357). Allerdings ist die Torsionsfähigkeit in dem Augenblick eingeschränkt, in dem das Hufgelenk gebeugt oder gestreckt wird. Dafür sorgt die in diesem Moment vorhandene erhöhte Spannung der Seitenbänder (BOSECKERT 2004: S. 20).

Die Gelenkflächen der drei zum Hufgelenk gehörigen Knochen sind mit Gelenkknorpel bedeckt, dem die Aufgabe zukommt, die Kräfte auf den Knochen abzumildern und in Gemeinschaft mit der Gelenkflüssigkeit (Synovia) die Reibungswiderstände bei der Bewegung des Gelenks zu vermindern. Der Knorpel des Hufgelenks ist entsprechend der höheren Beweglichkeit des Gelenks um einiges dicker (bis zu 3,4 mm) als der Gelenkknorpel des Krongelenks (AHLERS 1949: S. 8). Die Gelenkflüssigkeit wird von der Gelenkinnenhaut (Synovialschicht) der Gelenkkapsel produziert, die die drei beteiligten Knochenenden umschließt. Der Synovia kommt eine dreifach Aufgabe zu: Sie dient als Stoßdämpfung, als Gleitmittel und zur Ernährung der Knorpelzellen. Bei der Gelenksbewegung wird die Flüssigkeit durch den Gelenkknorpel gepumpt. Sie ernährt die Zellen und transportiert Stoffwech-

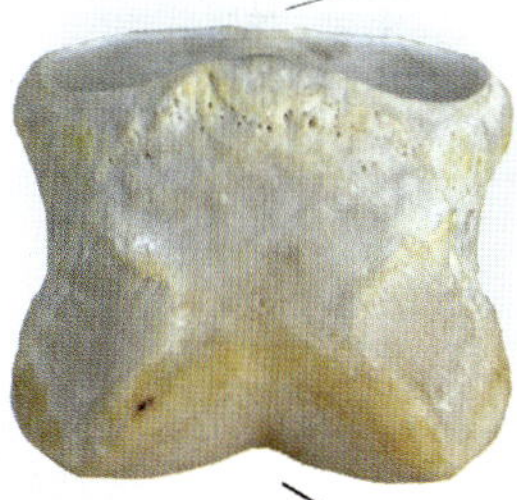

Abb. 1.16a: Das Kronbein in der Vorderansicht.

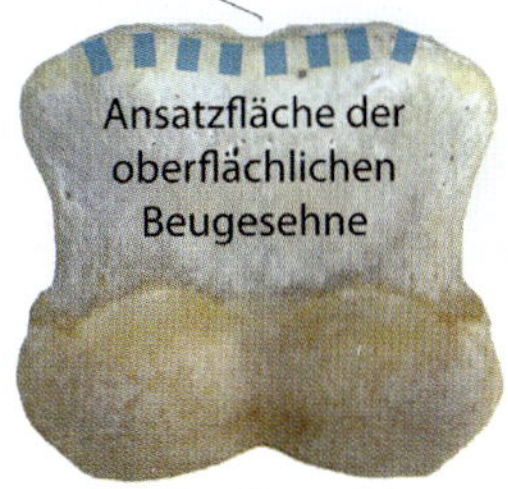

Abb. 1.16b: Das Kronbein von hinten gesehen. An seinem oberen Rand setzt die oberflächliche Beugesehne an.

selendprodukte ab. Der wechselnde Druck, der durch die Beugung und Streckung wie durch die Unebenheiten beim Fußen regelmäßig auf das Hufgelenk einwirkt, sorgt für rhythmisches Herauspressen und anschließendes Zurückdiffundieren der Synovia in den Knorpel. Unter physiologischen Bedingungen kann das Knorpelgewebe dabei um mehr als die Hälfte, nämlich auf bis zu 40 % seiner ursprünglichen Höhe zusammengepresst werden (BOSECKERT 2004: S. 13). Wichtig ist aber, dass auf den Druck stets Entlastung folgt. Ein Dauerdruck im Gelenk, wie er beispielsweise bei einer unphysiologischen Gelenkssituation eintreten kann, schädigt den Knorpel und führt zur Gelenkserkrankung.
Das Gesagte gilt natürlich gleichermaßen für das sich weiter oben anschließende Krongelenk und das Fesselgelenk.

Das **Krongelenk** wird vom Kronbein und vom Fesselbein gebildet. Das **Kronbein** ist ein kurzer, würfelförmiger Knochen. Aufgrund seiner Kompaktheit findet die individuelle Belastung des Pferdes hier viel weniger ihren Niederschlag als dies beim darunter befindlichen Hufbein der Fall ist. Das in der Hornkapsel steckende Hufbein

Abb. 1.17a: Das Fesselbein in der Vorderansicht. Es ist deutlich tailliert und wird am oberen Ende breit ausladend, um dem Röhrbein Auflage zu bieten.

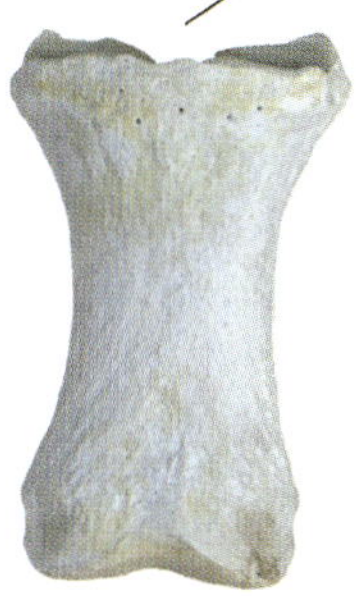

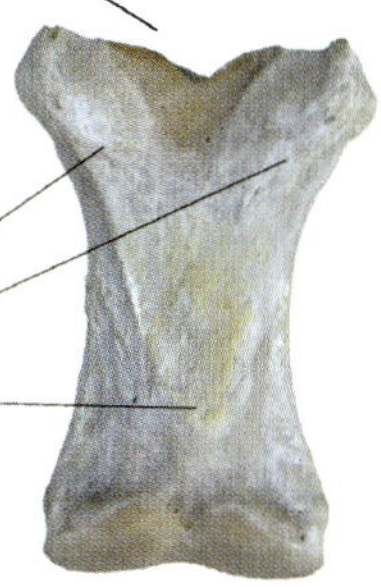

Abb. 1.17b: Das Fesselbein von hinten gesehen. Die Rückseite des Fesselbeins weist ein deutlich markiertes, raues Dreieck auf, welches sich oben beginnend nahezu über die ganze Länge nach unten erstreckt. Hier finden zahlreiche Bänder Halt.

hat gar keine andere Möglichkeit, als sich dieser äußeren Hülle anzupassen, weshalb es zu den verschiedensten individuellen Ausformungen kommt. Das Kronbein ist dagegen recht formstabil. Auch Verdrehungen der Gelenkflächen, wie sie beim Fesselbein sehr häufig zu finden sind, weist das Kronbein kaum auf. Das Krongelenk ist wie das Hufgelenk seiner Art nach ein Sattelgelenk und funktionell ein unvollständiges Wechselgelenk. Das heißt, die aktive Bewegungsrichtung ist ebenfalls die Beugung und Streckung; wobei der Aktionsradius aber gering ist, d. h. durch die straffen umgebenden Bänder findet nur sehr wenig Bewegung im Krongelenk statt. Passiv erduldet es wie das Hufgelenk auch Seit- und Torsionsbewegung, dies aber auch in stark verminderter Form. Die Torsionsfähigkeit des Krongelenks wird mit 4° angegeben (GIRTLER 2001: S. 357).

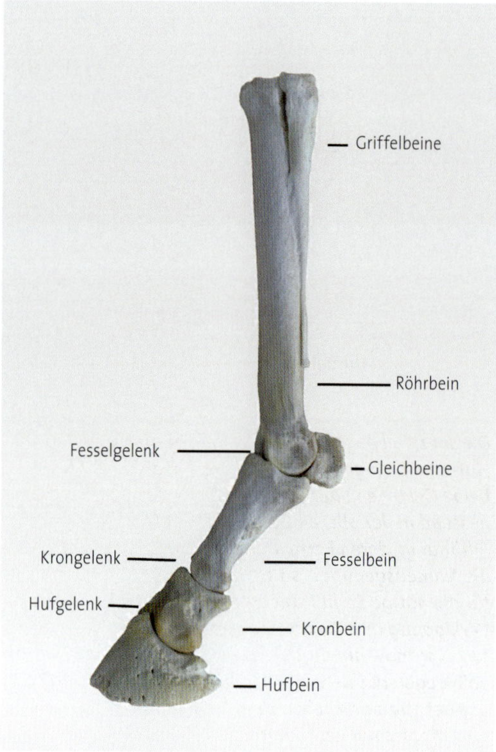

Abb. 1.18: Überblick über die Knochen und Gelenke der unteren Pferdegliedmaße.

Das **Fesselbein** ist ein länglicher Knochen, der mit seinem unteren Ende mit dem Kronbein artikuliert und nach oben mit dem Röhrbein und den beiden Gleichbeinen das Fesselgelenk bildet.

Das **Fesselgelenk** ist ein Scharniergelenk. Wie das Hufgelenk, ist es ein zusammengesetztes Gelenk, denn an seiner Bildung sind mehr als zwei Knochen beteiligt – neben Fesselbein und Röhrbein gehören die beiden Gleichbeine zu diesem Gelenk. Anders als das Huf- und Krongelenk gestattet es Bewegung ausschließlich in einer Ebene, es kann nur gebeugt und gestreckt werden. Damit ist es funktionell ein einachsiges oder vollständiges Wechselgelenk. Lediglich in extremer Beugestellung, an der aufgehobenen Gliedmaße, ist eine sehr geringe passive Seitwärtsbewegung möglich. Im Stand befindet sich das Fesselgelenk in einer starken Hyperextension (Dorsalflexion) und bildet zum darüber befindlichen Röhrbein in etwa einen Winkel zwischen 130 und 150°.

Wenn man die Ausformung der einzelnen Gelenkflächen der Zehe näher betrachtet, wird deutlich, weshalb das Huf- und Krongelenk neben dem Beugen und Strecken auch in geringem Maße seitliche und rotierende Bewegung zulassen, während das Fesselgelenk hierzu nicht in der Lage ist, sondern vielmehr in der Hauptbewegungsrichtung fixiert ist.

Der Gesamtbewegungsspielraum gesunder Gelenke beträgt an der Vordergliedmaße in der Dorsalflexion (bergauf) 30–45° – wobei ein Warmblut hier eher im oberen Bereich angesiedelt ist, ein Quarter Horse eher im unteren Bereich (32°). Auch bei Bockhufen ist der Bewegungsspielraum natürlich geringer. Wird die Gliedmaße in der Querachse geneigt, der Huf außen oder innen angehoben (das Pferd quert einen Hang oder befindet sich in einer Wendung), so liegt der Spielraum bei 18–19°. Bergab ist der Bewegungsspielraum an der Vordergliedmaße mit 25° geringer als an der Hintergliedmaße, wo 35° normal sind. (CASTELIJNS 2012)

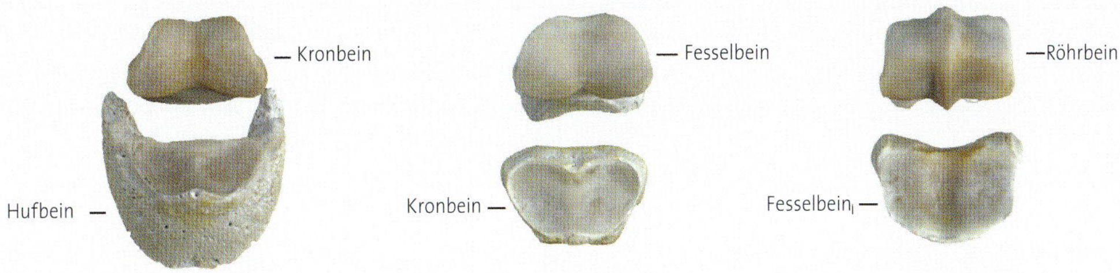

Hufgelenk | **Krongelenk** | **Fesselgelenk**

Die spezielle Ausformung der knöchernen Gelenkpartner sorgt beim Huf- und Krongelenk für geringere Stabilität. Als Sattelgelenke besitzen beide Gelenke in der unteren Fläche eine sanfte Erhöhung und dazu passend in der oberen Gelenkfläche eine entsprechende Vertiefung. Die Erhöhung, deren Form an die Sitzfläche eines Sattels erinnert, sorgt für die Namensgebung. Es sind hauptsächlich die festen Seitenbänder, die für die nötige Stabilität sorgen. In gestrafftem Zustand sind seitliche Verkippung und Torsionsbewegungen deutlich reduziert. Im entspannten Zustand – am aufgehobenen Bein – lassen sich Hornkapsel und Hufbein gegen das Kronbein verschieben und verdrehen. Das gilt natürlich nur bei physiologischen Verhältnissen am Hufgelenk, wenn also keine pathologischen Veränderungen vorliegen.

Das Fesselgelenk besitzt als Scharniergelenk einen sehr stark ausgeprägten, mittigen Führungskamm (Sagittalkamm des Röhrbeines) und eine entsprechende knöcherne Führungsrinne im Fesselbein. Dieses lässt keine seitliche Bewegung oder Verdrehung zu.

Beugen und Strecken: Der gemeinsame physiologische Aktionsradius von Huf- und Krongelenk beträgt am Vorderbein im Schritt ca. 42°. Im Trab erhöht er sich auf 51° (Vorderbein) bzw. 49° (Hinterbein) – (GIRTLER 2001).

Beugen und Strecken: Der physiologische Aktionsradius des Fesselgelenkes ist höher und misst im Schritt 60° (Vorderbein) bzw. 72° (Hinterbein). Im Galopp (Kanter) erreicht er 88° (Vorderbein) bzw. 98° (Hinterbein).

Verkippung: ja, Ausmaß unbekannt
Torsion: max. 15° (vorne) bzw. 18° (hinten)

Verkippung: ja, Ausmaß unbekannt
Torsion: max. 4°

Verkippung: nein
Torsion: nein

1.2.2 Die Sehnen- und Bandstrukturen der Pferdezehe

Bei dem hier betrachteten Teil der Pferdegliedmaße spielen nur passive Zug- und Haltevorrichtungen in Form von Bändern und Sehnen eine Rolle. Die dazugehörigen Muskeln enden allesamt oberhalb des Karpal- bzw. Sprunggelenkes und bleiben deshalb an dieser Stelle außerhalb der Betrachtung.

Die Bandstrukturen haben bereits im vorhergehenden Abschnitt Erwähnung gefunden. Sie umschließen und festigen die Gelenke. Das sind zum einen die **Gelenkkapseln** und zum anderen die **Gelenkseitenbänder** (Kollateralbänder). Die Gelenkkapseln sind bindegewebige Umhüllungen der im Gelenk vereinten Knochenenden. Sie gehen aus der Knochenhaut der beteiligten Knochen hervor und umschließen das jeweilige Gelenk großzügig, indem sie zur Gewährleistung der Beweglichkeit des Gelenkes entsprechende Aussackungen bilden. Die Gelenkkapsel beherbergt die Gelenkschmiere, die für eine reibungslose Beweglichkeit und für die Ernährung des gefäßfreien Gelenkknorpels wichtig ist. Die Kapselbänder selbst bestehen aus zwei Schichten, einer inneren Synovialschicht, welche die Gelenksflüssigkeit produziert (siehe Seite 26), und die äußere Faserschicht, die Schutz und Stabilität des Gelenks gewährleistet.

Die **Seitenbänder der Gelenke** sind starke, derb-elastische Bandstrukturen an der Innen- und Außenseite der Gelenke. Sie schützen das Gelenk, insbesondere wenn sie angespannt sind, vor seitlichen und rotierenden Bewegungen und schränken die Bewegungsachse auf die aktiven Beuge- und Streckbewegungen ein.

Abb. 1.20: Einige Haltebänder der unteren Pferdegliedmaße: Die äußeren Seitenbänder (Kollateralbänder) des Huf-, Kron- und Fesselgelenkes von unten nach oben (gelb). Oberes Aufhängeband des Strahlbeines bzw. äußerer Schenkel des Fesselbein-Strahlbein-Hufbeinbandes (rot). Oberes Gleichbeinband (blau) und Seitengleichbeinband (grün).

Unzählige Bänder und Faserzüge, die sich untereinander verweben und stärken, stützen und schützen den Fuß des Pferdes. Sie verbinden die einzelnen Knochen miteinander und geben den Hufknorpeln Halt. Durch ihre straffe Elastizität sorgen Sie einerseits für physiologische Beweglichkeit, andererseits für Stabilität beim Auffußen, Stützen, Stemmen und Abfußen. Traumatische Ereignisse und dauerhafte Über- bzw. Fehlbelastungen können diese Bandstrukturen schädigen, was letztlich zu ihrer Verfestigung (Reparatur durch Umbau der Bandzellen in Knorpel- und Knochenzellen) und zum Verlust ihrer elastischen Eigenschaft führt. Solcherart vorgeschädigte Bänder sind in der Folge anfälliger für neue Schädigungen und die Bewegungsfreiheit der Gliedmaße sinkt. Die Bandstrukturen adaptieren sich, wie auch die Knochen und Gelenke an die jeweilige individuelle Belastungssituation – so unterscheiden sich bspw. die Seitenbänder der inneren und äußeren Seite einer Gliedmaße durch ihre Breite und Dicke sowie durch ihre genaue Lage und ihren inneren Bau und es gibt zum Teil beträchtliche Unterschiede zwischen den Kollateralbändern der mehrbelasteten und der weniger belasteten Hufseiten (MÜLLER 1913). Sehr komplex ist auch der stabile Apparat aus Sehnen und Bändern, der das Fesselgelenk umgibt. Die Winkelkonstruktion – anders als beim Kron- und Hufgelenk stehen die Knochen im Fesselgelenk nicht in einer Geraden übereinander, sondern bilden einen nach vorne offenen Winkel – verlangt einen speziellen Aufwand. Der Druck der Körperlast bewirkt die Senkung des Fesselgelenks nach unten und rückwärts. Der **Fesseltrageapparat** – hier insbesondere der sehnige Fesselträger (Musculus interosseus medius) – verhindert dieses Niedersinken und wirkt auch in der Bewegung einer übermäßigen Hyperextension des Gelenks entgegen. Das Gelenk wird elastisch ohne Muskelkraft getragen.

Ist der Fesseltrageapparat schwach, so kommt es infolge der Überstreckung des Fesselgelenks zu einer sehr schrägen Stellung des Fesselbeins und zur sogenannten »weichen Fessel« mit flachen, spitzwinkeligen Hufen. Kommt durch

Anlage, Verletzung oder Bearbeitungsfehler im Fohlenalter[14] eine Flexion im Hufgelenk hinzu, so kommt es auch zur Bärenfüßigkeit mit schräger Fesselung und stumpfgewinkelten Hufen.

Zum Fesseltrageapparat zählen folgende Sehnen und Bänder:

- der Musculus interosseus medius mit seinen beiden Endschenkeln zu den Gleichbeinen,
- dessen beide Unterstützungsbänder, die ihn mit der gemeinsamen Strecksehne auf der Vorderseite des Fußes verbinden,
- das die beiden Gleichbeine fest verbindende faserknorpelige Zwischengleichbeinband, welches gleichzeitig ein Gleitlager für die tiefe Beugesehne bildet,
- das gerade Gleichbeinband, welches von den Gleichbeinen abwärts zu Fessel- und Kronbein zieht,
- die schiefen Gleichbeinbänder, die v-förmig zur Fessel führen und
- die unter diesen Bändern verdeckt liegenden kurzen und gekreuzten Gleichbeinbänder.

Außerdem erhält der Fesseltrageapparat Unterstützung durch **die oberflächliche und die tiefe Beugesehne**. Wie der Name verrät, dienen diese beiden Sehnen darüber hinaus der Beugung der Gliedmaße. Beide Sehnen verlaufen auf der Rückseite der Gliedmaße und reichen vom unteren Ende des Oberarmes (Vorderbein) bis zu den Zehenknochen. Im oberen Bereich bestehen sie aus Muskeln, im Falle der oberflächlichen Beugesehne aus dem oberflächlichen Zehenbeugemuskel und im Falle der tiefen Beugesehne aus dem tiefen Zehenbeuger, der sich aus drei Muskelbäuchen zusammensetzt. Die oberflächliche Beugesehne liegt direkt unter der Haut und man kann sie am Pferd leicht ertasten. Sie ist flacher als die unter ihr liegende tiefe Beugesehne und verläuft, letztere unter sich schützend überlagernd, bis über das Fesselgelenk, um sich dann in zwei Schenkel zu teilen und am oberen Rand des Kronbeines anzusetzen.[15]

Die vom Querschnitt her eher rundliche tiefe Beugesehne verläuft mit ihrem sehnigen Anteil unter der oberflächlichen Beugesehne und tritt oberhalb des Krongelenks durch diese hindurch. Die Schenkel der oberflächlichen Beugesehne bilden hier, bevor sie sich am Kronbein festheften, eine Art Manschette (manica flexoria). Nach dem Durchtritt durch die oberflächliche Beugesehne führt die tiefe Beugesehne weiter nach unten über das Strahlbein hinweg, um sich direkt oberhalb des Hufbein-Strahlbeinbandes

Abb. 1.20: Sehnenstrukturen an der Vordergliedmaße.

(rot) oberflächliche Beugesehne und ihr Unterstützungsband

(blau) tiefe Beugesehne und ihr Unterstützungsband

(grün) Fesselträger (Musculus interosseus medius)

(türkis) Unterstützungsband des Fesselträgers zum gemeinsamen Zehenstrecker

(gelb) gemeinsame Strecksehne

[14] *Mitunter wird versucht, über Manipulationen am Huf (Zehe kürzen; Aufkeilen) bei jungen Pferden eine weiche Fessel zu korrigieren, was aber nicht zur Anhebung der Fessel, sondern lediglich zur Verkürzung der tiefen Beugesehne und damit zur Brechung der Zehenachse im Hufgelenk führt. Der ersten »Schwachstelle« wird auf diese Weise eine zweite hinzugefügt.*

[15] *Ob sie zusätzlich mit schwächeren Ästen am Fesselbein ansetzt, scheint strittig. Bei den aufgefundenen Verbindungen könnte es sich um Anteile der vierzipfligen Fesselplatte handeln, die an dieser Stelle nicht von der oberflächlichen Beugesehne zu trennen sind (DAVIES et al. 2009: S. 22).*

breitflächig an der Hufbeinsohle (facies flexoria) anzuheften (siehe Abb. 1.11b, S. 24).
Beide Beugesehnen besitzen Unterstützungsbänder, mit denen sie noch einmal auf ihrem langen Weg bis hinunter zur Zehe mit den Gliedmaßenknochen verbunden sind. Diese zusätzliche Anheftung entlastet die Sehnen und unterstützt sie bei ihrer Arbeit. Das vom Unterarmknochen (Radius) kommende sehnige Unterstützungsband der oberflächlichen Beugesehne nimmt das Pferdegewicht ohne Muskelanstrengung auf, gemeinsam mit der Sehne speichert es die bei der Dehnung entstehende elastische Energie, so dass Kron- und Fesselgelenk fast ohne Muskelarbeit gebeugt werden. Der oberflächliche Zehenbeugemuskel dient quasi ausschließlich der Aufrechterhaltung der Sehnen- und Bandspannung, er hilft beim Tragen der Fessel und stabilisiert das Krongelenk. Anders die tiefe Beugesehne, die eine eher aktive Rolle übernimmt und die Zehenbeugung in höheren Gangarten durch die Arbeit der Muskeln ausführt (ZIERMANN 2006: S. 82). Auch sie wird unterstützt durch ein Unterstützungsband, das sie vom Karpalgelenk bzw. Sprunggelenk erhält.

Die gegenteilige Bewegung, also die Streckung des Hufgelenks, erfolgt mit Hilfe des gemeinsamen (Vordergliedmaße) oder langen (Hintergliedmaße) Zehenstreckers, der stark verbreitert am Streckfortsatz des Hufbeins (Pro-

Die Hufrolle

Dieser Begriff wird umgangssprachlich für den Hufrollenkomplex (Podotrochlea) verwendet, dem eine wichtige Bedeutung bei der Gesunderhaltung der Gliedmaße zukommt. Dieser Komplex wird gebildet aus dem Strahlbein, dessen Bandapparat, dem Hufrollenschleimbeutel und dem Endabschnitt der tiefen Beugesehne. Das Strahlbein (siehe auch S. 25) dient durch seine Lage als eine Art »Umlenkrolle« für die tiefe Beugesehne. Zum Schutz beider ist ein Schleimbeutel dazwischen gelagert. Dieser Hufrollenschleimbeutel (Bursa podotrochlearis)ermöglicht einerseits der Sehne ein reibungsloses Gleiten und vermindert andererseits deren Kompressionskräfte auf das Strahlbein. Die Bursa, die das Strahlbein großzügig überragt, ist wie die Gelenkkapseln oder auch die Sehnenscheiden aufgebaut aus einer straffen, äußeren Faserschicht und einer innen liegenden Synovialschicht. Letztere übernimmt auch hier die Produktion der Synovia. Die äußere Faserschicht verschmilzt zum Teil mit den Haltebändern des Strahlbeines (siehe S. 26), wobei letztere den Schleimbeutel von außen begrenzen.

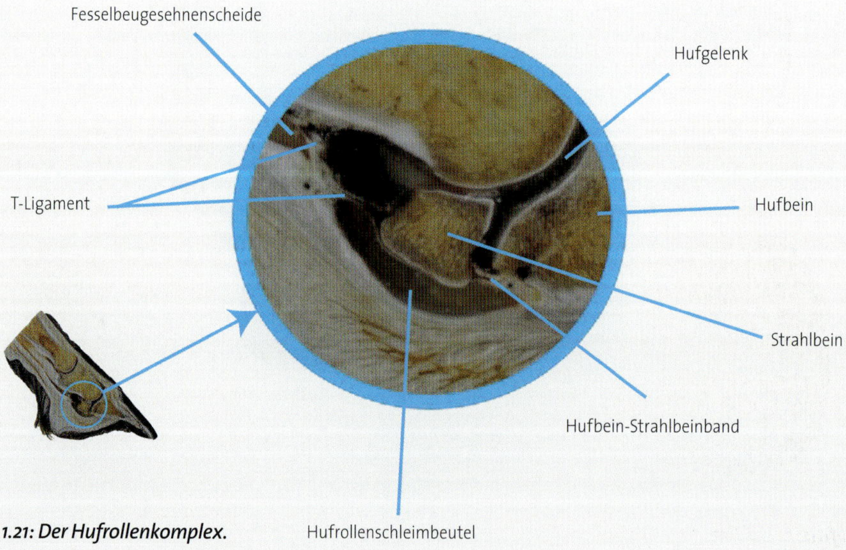

Abb. 1.21: Der Hufrollenkomplex.

cessus extensorius) ansetzt. Vorher nimmt er beidseits die Unterstützungsbänder des Fesselträgers auf und unterstützt so auch die Arbeit des Fesseltrageapparates. Durch bindegewebsartige Verbindungen mit dem Kronbein, dessen Gelenkkapsel, den vorderen Rändern der Hufknorpel und den Seitenbändern des Hufgelenks fungiert die Strecksehne als Zehenspitzenheber, das heißt sie veranlasst bei der Streckung des Beines vor der Landung ein leichtes Anheben der Zehenspitze. Dadurch wird das Risiko einer vorzeitigen Bodenberührung der Hufzehe und in der Folge die Gefahr eines Stolperns vermindert.

1.2.3 Lederhäute und Unterhautpolster

Eine funktionale Unterstützung der Hufrolle wie auch des Krongelenks, welches bei Belastung nach hinten unten rotiert, stellt das **Hufkissen** dar, welches sich in ein Strahl- und ein Ballenpolster unterteilen lässt. Beide lassen sich nicht wirklich scharf voneinander abgrenzen, sondern gehen vielmehr fließend ineinander über.

Das Hufkissen ist eine Bildung der Unterhaut und durch seinen Bau perfekt dafür geeignet, den Aufprall des Hufs auf den Boden zu dämpfen und die Zehenknochen polsternd zu unterstützen. Es ist mit den umliegenden Strukturen durch Hufknorpel-Hufkissenbänder und fingerförmige Fortsätze des Hufknorpels, die in das

Halteapparat an der Pferdezehe

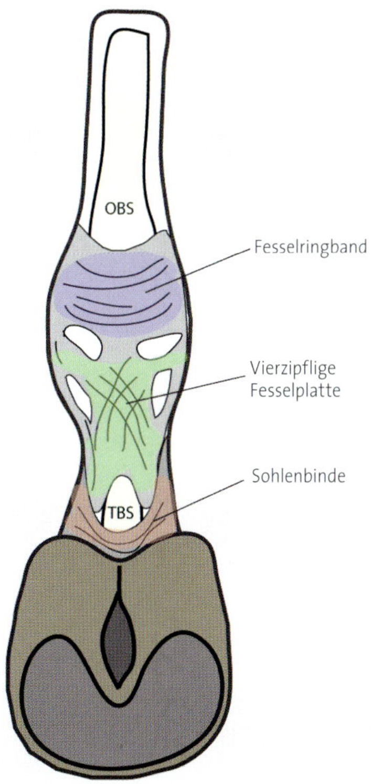

Damit die Sehnen des Fußes in ihrer regulären Lage bleiben, werden sie durch dazugehörende Haltestrukturen umspannt. Von oben nach unten umschließt zunächst das Fesselringband, dann die vierzipflige Fesselplatte und schließlich die Sohlenbinde die oberflächliche (OBS) und die tiefe Beugesehne (TBS) von hinten und bilden für diese einen entsprechenden Halteapparat.

Abb. 1.22: Modifizierte Nachzeichnung einer Abbildung aus BUDRAS; RÖCK (1994: S. 8).

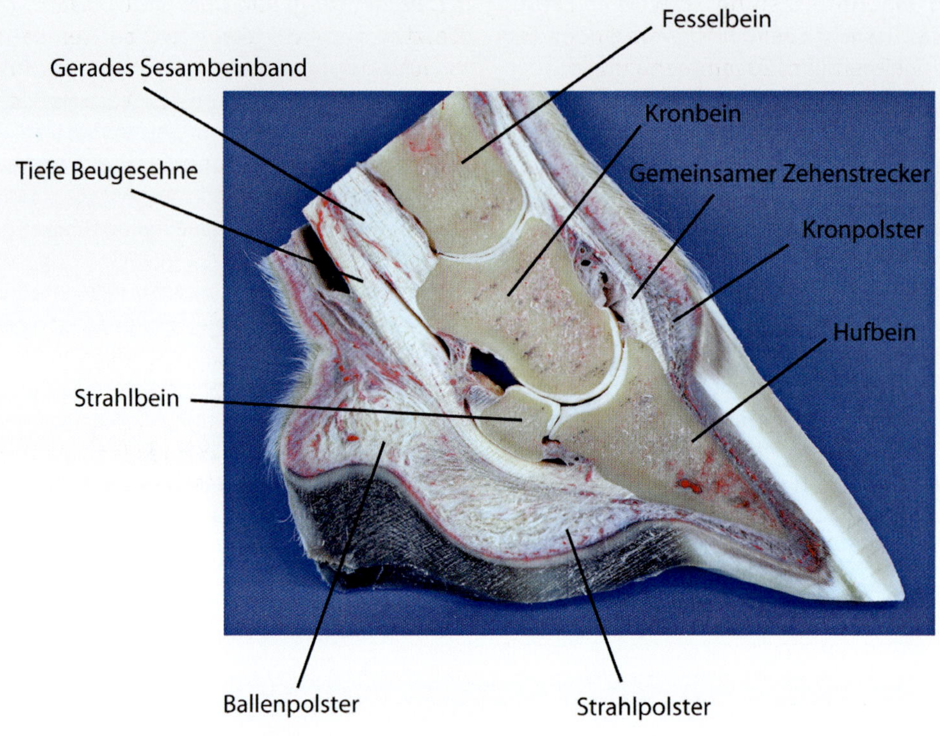

Abb. 1.23: Scheibenpräparat in sagittaler Schnittführung. Strahl- und Ballenpolster bilden das Hufkissen und schützen gemeinsam mit dem gut ausgebildeten Strahlkörper den Bereich der Hufrolle.

(Präparat und Foto: Astrid Arnold)

Ballenpolster hineinreichen, fest verbunden sowie im Bereich der Spitze des Strahlpolsters mit der tiefen Beugesehne verschmolzen. Das Gewebe des Strahlpolsters ist fester und derber als das des Ballenpolsters, das im Verhältnis weicher, schwammartig und elastischer ist. Der Unterschied ist bedingt durch die Gewebszusammensetzung. Insgesamt setzt sich das Hufkissen aus straffem, geflechtartigem Bindegewebe, einer hyaluronsäurereichen, wasserbindenden Grundsubstanz und elastischen Fasern zusammen, dazwischen finden sich einzelne Knorpelinseln und einige wenige Fettzellen.[16] Im Strahlpolster überwiegt jedoch das straffe, kollagene Bindegewebe, während der Anteil elastischer Fasern und der wasserbindenden Gewebekomponenten deutlich geringer ist. In verschiedenen Untersuchungen hat man festgestellt, dass die Gewebszusammensetzung bei den einzelnen Pferden deutlich variiert. Es wird vermutet, dass sich das Hufkissen der konkreten mechanischen Beanspruchung anpasst und seine variierende Zusammensetzung letztlich ein Ergebnis der unterschiedlich starken Hufbelastung ist (BOWKER et al. 1998 zit. nach GRÜN (2005: S. 25) und WILHELM et al. 2005). Das trifft allerdings nicht für die Größe des Hufkissens zu, wie eine neuere Studie belegt. Die Größe des Polsters kann hiernach nicht

[16] *Beim Fohlen enthält das Hufkissen noch deutlich mehr Fettgewebe – durchschnittlich 20,6 % des Gewebes besteht aus Fettzellen; beim erwachsenen Pferd sind dies noch 2,5 % (WILHELM et al. 2005: S. 536).*

durch die Hufbelastung oder ein entsprechendes Training beeinflusst werden, sondern steht vielmehr im Zusammenhang mit der Knochengröße und ist insofern letztlich eine Frage der Rasse und genetischen Veranlagung (HAMPSON 2013).

Eine weitere Polstereinrichtung befindet sich hinter dem Kronrand. Dort geht das straffe, noch wenig auftragende **Saumpolster** nach unten kontinuierlich in das nun deutlich vorgewölbte, dickere **Kronpolster** über. Durch das Saumpolster, das eine Modifikation der Saumunterhaut darstellt, wird ein sanfter Übergang von der eher weich-elastischen und leicht verschiebbaren Unterhaut der Haarhaut zum festeren, unverschiebbaren Kronpolster geschaffen (MÜLLING 2013). Letzteres hat vor allem eine polsternde und schützende Funktion. Dabei muss es in jedem Fall eine stabile mechanische Verbindung zur aufliegenden Lederhaut gewährleisten. Verschiebungen der Gewebe gegeneinander, wie sie im Bereich der behaarten Haut für Unterhaut und Lederhaut durchaus funktional sind, sind im Bereich des gewichtstragenden Hufes unerwünscht. Im Bereich der Hufzehe schützt das Kronpolster die unter ihm liegende gemeinsame Strecksehne und den Strecksehnenfortsatz (processus extensorius) des Hufbeins (siehe Abb. 1.11a, S. 24). Das Kronpolster unterlagert die **Kronlederhaut**, die sie auf diese Weise schützt. Angesichts der Lage

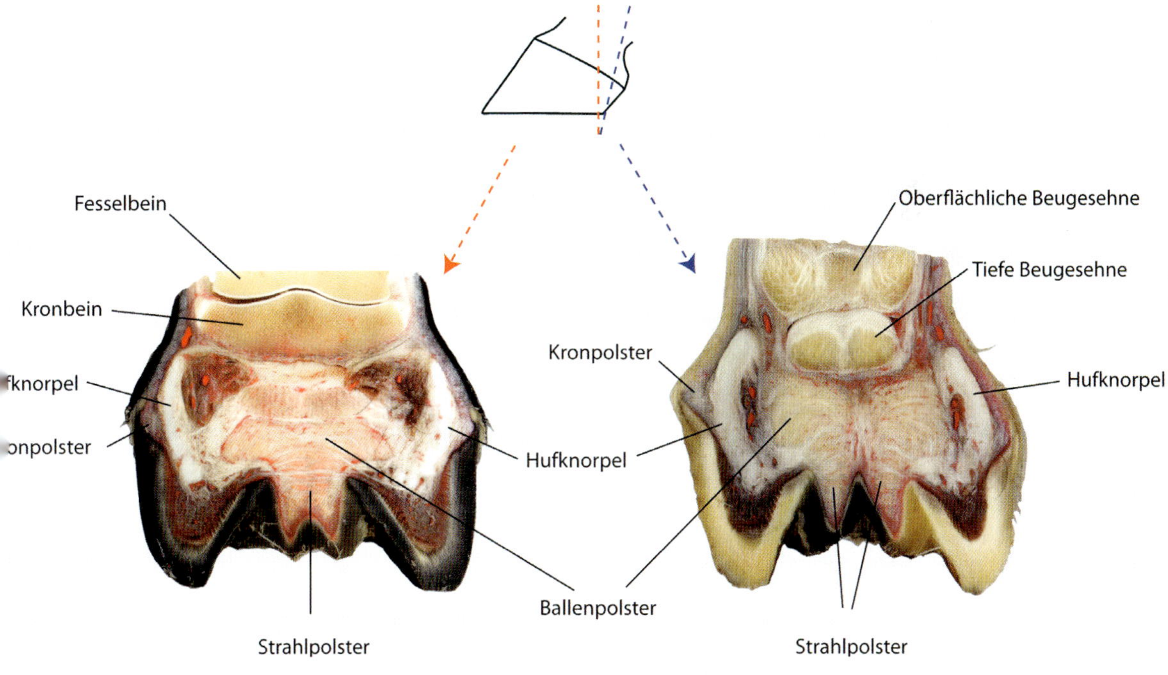

Abb. 1.24: Zwei Präparate des hinteren Hufbereiches in frontaler Schnittführung. Das Hufkissen ist mit den Hufknorpeln durch Faserzüge und Bänder fest verbunden. Zwischen beiden befindet sich ein dichtes Gefäßnetz.

(Präparate und Fotos: Astrid Arnold)

und der wichtigen Funktion der Kronlederhaut ist das ein kluger Schachzug der Natur. Verletzungen der Kronlederhaut, die am oberen Rand der Hornwand in der Kronrinne liegt und demzufolge von einer zum Teil noch dünnen Hornwand bedeckt ist (siehe S. 11), können zu Problemen bei der Bildung einer intakten Hufwand führen. Auf der Kronlederhaut befinden sich die Basalzellen der Hornwand. Diese Basalzellen, sozusagen die Stammzellen der Hornzellen der Wand, teilen sich fortwährend und sorgen so für steten Nachwuchs und damit für das ständige Wachstum der Hornwand.

Zwischen der Kronlederhaut und dem Horn liegt die Basalmembran, ein hauchfeines Gitterwerk aus Kollagen und Glykoproteinen. Sie bildet die Grenze zwischen der durchbluteten Lederhaut und dem Horn. Sie ist halbdurchlässig und sorgt durch den Austausch von Nährstoffen für die Ernährung der Basalzellschicht. Bei der Basalzellschicht handelt es sich um lebende Hornzellen, die sich durch Teilung vermehren und so für neue Hornbildung sorgen. Dieses Prinzip findet sich an allen Huflederhäuten. Unterschiede bestehen durch die konkrete Ausformung der Lederhaut in den verschiedenen Bereichen des Hufes. Besitzt die Lederhaut Papillen – das trifft für die Kron-, Saum-, Ballen-, Strahl- und Sohlenlederhaut zu – so werden Hornröhrchen gebildet. Die Hornrinde entsteht über den Papillen, wobei die Basalzellschicht auf der Papillenspitze die Markzellräume der Hornröhrchen formt. In den Zwischenräumen, zwischen den einzelnen Papillen, entsteht das Zwischenröhrchenhorn welches die Röhrchen wie Mörtel miteinander verbindet.

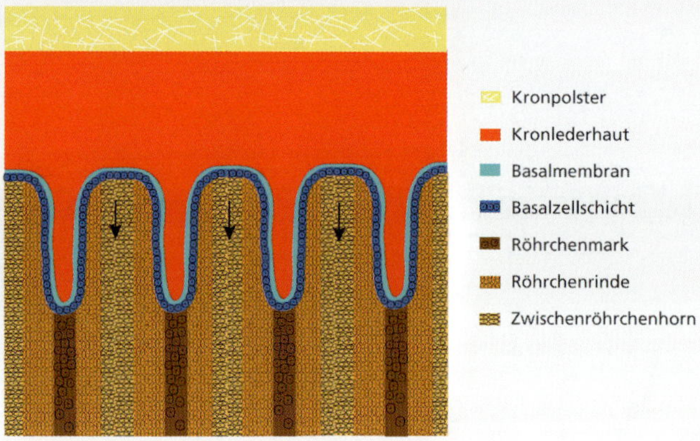

Abb. 1.25: Schematische Darstellung der Hornproduktion über den Papillen der Kronlederhaut. Stellvertretend für die Hornbildung über den Papillen der Saum-, Ballen-, Strahl- und Sohlenlederhaut, die in gleicher Weise stattfindet.

Eine Huflederhaut, die keine Papillen, sondern vielmehr Blättchen aufweist, ist die Wandlederhaut. Sie ist Bestandteil des **Hufbeinträgers**, der die Aufgabe hat, das Hufbein fest mit der Hornwand zu verbinden und so das Gewicht des Pferdes aufzufangen. Das Pferd steht nicht in seinen Hornschuhen, wie es der Mensch in seinen Turnschuhen tut (hier hinkt der Schuhvergleich spätestens gewaltig), das würde die Sohle des Hufbeins und vor allem die zwischen diesem Knochen und dem Boden befindliche Lederhaut überhaupt nicht aushalten. Ein Dauerdruck von hundert und mehr Kilo würde nicht nur den Hufbeinknochen verformen, er würde auch in kürzester Zeit großen Schaden an der Sohlenlederhaut und deren Basalzellschicht anrichten, was die Hornproduktion zum Erliegen bringen würde.[17]

Die **Wandlederhaut**, die fest am Rücken des Hufbeins anliegt, besitzt zwischen ca. 500 bis 700 kleine Blättchen (Falten nach außen), die vom oberen Anfang der Wandlederhaut direkt unterhalb der Kronlederhaut in gerader Linie

[17] Diese Folgen kann man besichtigen, wenn infolge einer Hufrehe die Hufbeinaufhängung in ihrer Funktion beeinträchtigt ist und das Pferdegewicht zwangsläufig auf der Sohle lastet.

bis zum unteren Ende der Lederhaut am Hufbeinrand verlaufen. Von jedem dieser Blättchen gehen noch einmal ca. 100 bis 150 weitere kleine Blättchen aus (siehe Abb. 1.26). Die größeren Blättchen, die im Zehenbereich in etwa eine Länge von 3 mm besitzen, werden Primärblättchen genannt, die wesentlich kleineren, von diesen abgehenden Blättchen, werden Sekundärblättchen genannt. Die Länge, Form und Ausrichtung dieser Lederhautblättchen unterscheidet sich in den einzelnen Hufbereichen und ist auch abhängig von der individuellen Belastungssituation des Hufes wie von der lebenslangen Beanspruchung der Hufe durch das Pferd.

Die Wandlederhautblättchen verzahnen sich mit den von oben stetig herabwachsenden Hornblättchen, die wiederum fest mit der Hornwand verwachsen sind. Diese Aufhängung ist überaus stabil und in der Lage, kurzzeitig selbst das Vielfache des Pferdegewichtes zu tragen.[18] Durch die Auffaltung der Wandlederhaut in die zahlreichen Primär- und Sekundärblättchen vergrößert sich die Kontaktfläche zwischen Horn und Lederhaut um ein Vielfaches. Bemisst der Hufbeinrücken selbst je nach Hufgröße nur ca. 30 bis 90 cm^2, so vergrößert sich die Aufhängefläche durch die besondere Ausbildung der Wandlederhaut auf eine Fläche von 1 bis 2 m^2.[19] Das Hufbein ist durch diese Konstruktion sicher und fest aufgehängt. Selbst nach einer vollständigen Entfernung der Hufsohle bleibt das Hufbein ohne wesentliche Ortsveränderung in seiner Lage erhalten (SCHMIDT-RIESE 1951: S. 16).

Wo das Hufbein endet, verbindet sich die Wandlederhaut mit den Hufknorpeln und schlägt – wie die Kronlederhaut auch – an deren Ende nach innen um und läuft dann in der Sohle aus. Die Verbindung der Wandlederhaut mit den Hufknorpeln ist deutlich lockerer als im Bereich des Hufbeins, weshalb man auch hier nicht mehr von einem Hufknorpelträger sprechen kann (HENKE 1997: S. 83). Hier übernimmt zunehmend das Hufpolster eine gewichtstragende Funktion und die Aufhängung verliert im selben Maß an Bedeutung.

Die an der Wandlederhaut stattfindende Hornbildung geht nach dem oben für die Kronlederhaut dargestellten Prinzip vonstatten. Auf der Oberfläche der Lederhautblättchen liegt, getrennt durch die Basalmembran, die Basalzellschicht auf, die durch Zellteilung neues Horn entstehen lässt. Entsprechend der Blättchen-Architektur werden hier keine Hornröhrchen produziert, sondern Hornblättchen – genau genommen die Sekundärhornblättchen. Sie heften sich an die Primärhornblättchen an, die zusammen mit der Hornwand von oben herab und an den Wandlederhautblättchen vorbeischieben. Im Verhältnis, quantitativ gesehen, wird über der Wandlederhaut nur sehr wenig Horn produziert.[20] Es sind dies lediglich die kleinen Sekundärhornblättchen, die als »Gleithorn« oder Verbindungshorn aber eine ungemein wichtige Funktion erfüllen. Ohne sie käme die feste Verbindung zwischen Hufbein und Hornkapsel nicht zustande.

Am unteren Hufbeinrand schlägt die Wandlederhaut in die Sohlenlederhaut um, die Wandlederhautblättchen enden somit hier. Um die hinterlassenen Lücken zwischen den Hornblättchen zu schließen, befinden sich am Ende eines jeden Primärblättchens der Wandlederhaut mehrere kleine Papillen, die Terminalpapillen. Über diesen werden, wieder nach Manier der Kronlederhautpapillen, Hornröhrchen und Zwischenröhrchenhorn gebildet, welche in der Blättchenschicht der Hufsohle zwischen den Hornblättchen sichtbar werden.

[18] *Wirken allerdings langfristig zu starke Belastungen auf den Hufbeinträger ein, bspw. weil ein Pferd ein verletztes Bein schont und hierdurch den Partnerhuf dauerhaft belastet, dann kann die Aufhängung beschädigt werden (Belastungsrehe).*

[19] *Die Angaben der Untersucher schwanken zwischen 0,75 bis 2,4 m^2 (ZADOW 2008: S. 20 f).*

[20] *Das ändert sich nur im Falle einer Zerreißung des Hufbeinträgers, wie sie infolge eine Hufrehe auftreten kann. Hat eine solche Zerreißung des Hufbeinträgers und Separierung von Hufbein und Hornwand stattgefunden, wird die Hornproduktion über der Wandlederhaut intensiviert und es bildet sich der sogenannte Narbenhornkeil und eine verbreiterte Blättchenschicht aus.*

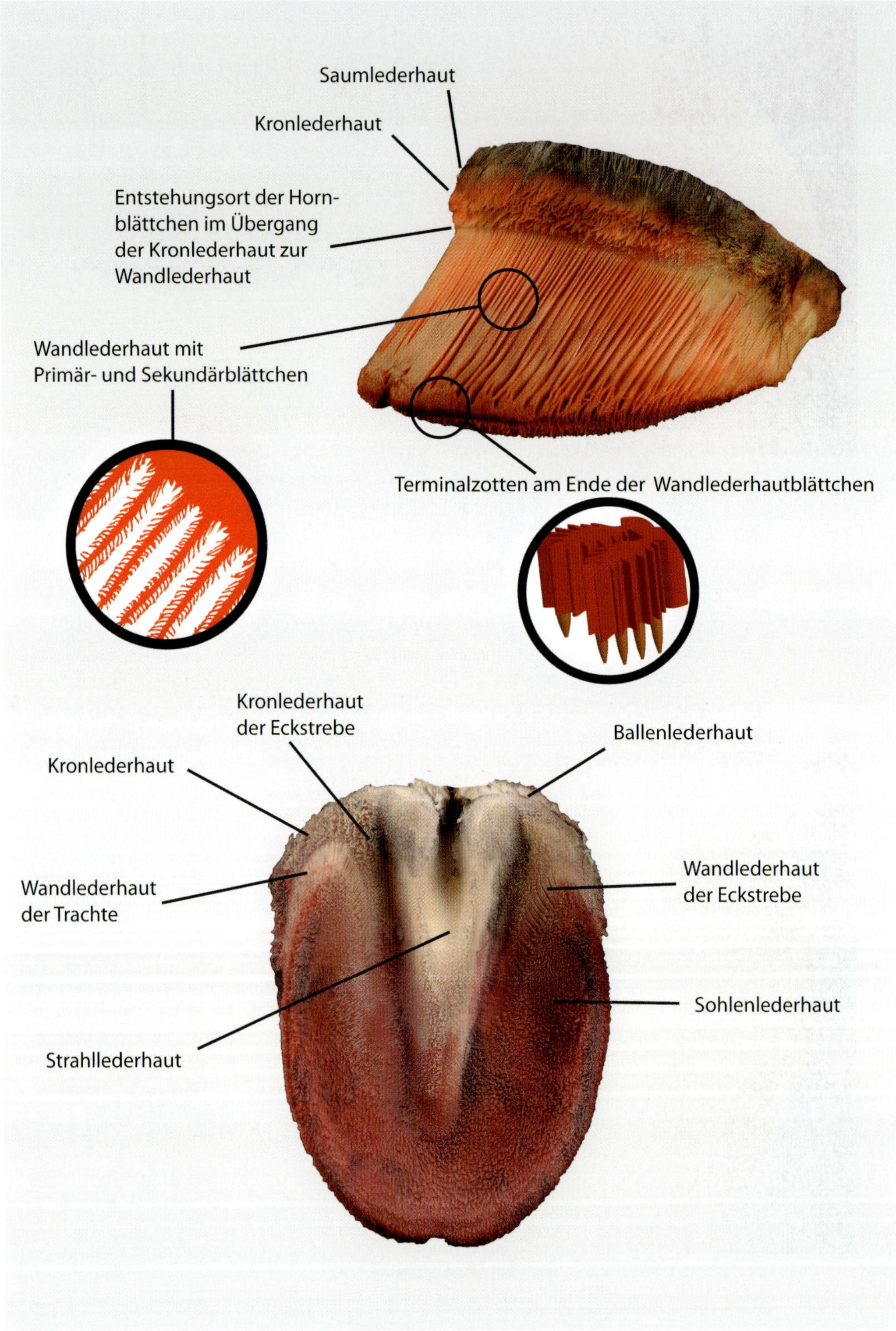

Abb. 1.26: Die Lederhäute des Pferdehufes. (Fotos: Prof. Dr. Christoph Mülling)

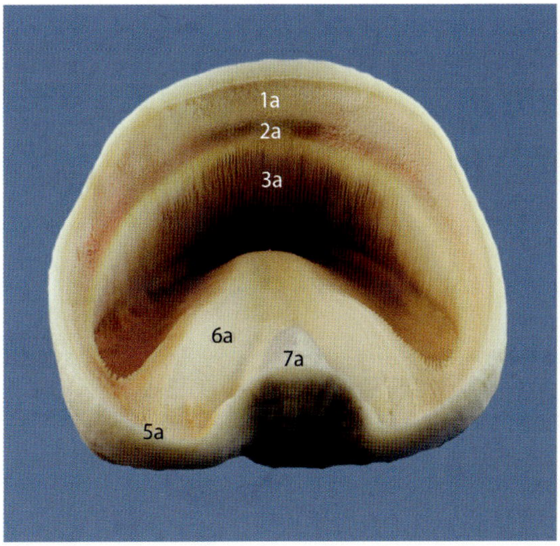

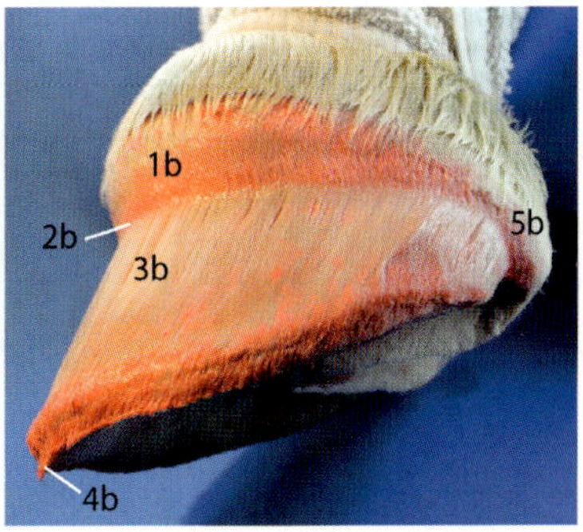

1a Geburtsort der Hornwand , Kronrinne
1b Kronlederhaut
2a Geburtsort des Blättchenhornes
2b schmale Lederhautzone im Übergang von der Kron- zur Wandlederhaut
3a Blättchenhorn, Teil des Hufbeinträgers
3b Wandlederhautblättchen, Teil des Hufbeinträgers
4a Terminallagenhorn (Teil der Blättchenschicht)
4b Terminalzotten
5a Ballenhorn 5b Ballenlederhaut
6a Strahlhorn 6b Strahllederhaut
7a, b Hahnenkamm, Horn und Lederhaut
8a Eckstrebe
8b Wandlederhaut der Eckstrebe
8c Kronlederhaut der Eckstrebe
9a Sohlenhorn 9b Sohlenlederhaut

Der Fuß und sein Schuh

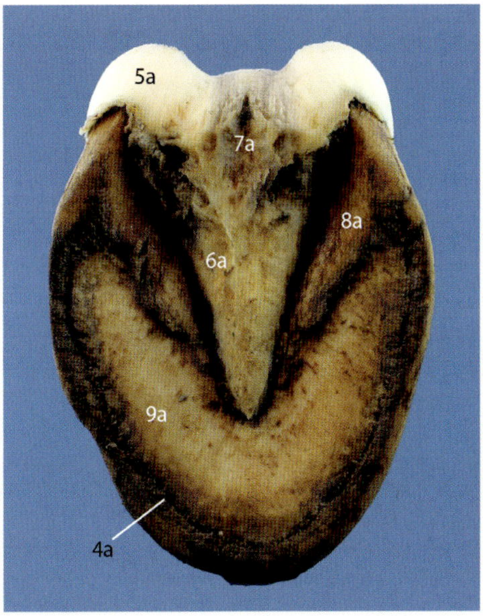

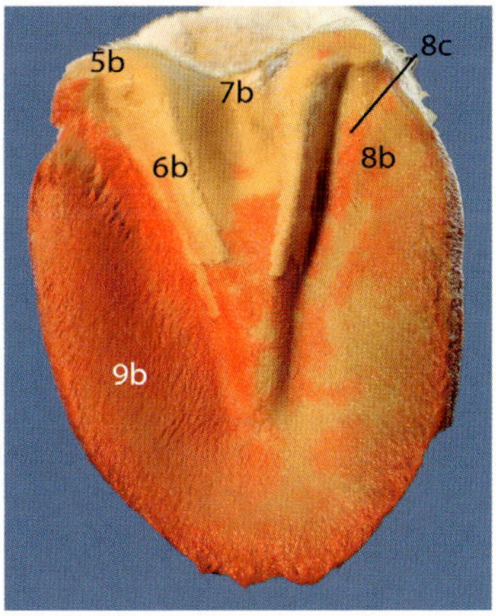

Abb. 1.27: Der Fuß und sein Schuh. (Präparate und Fotos: Astrid Arnold)

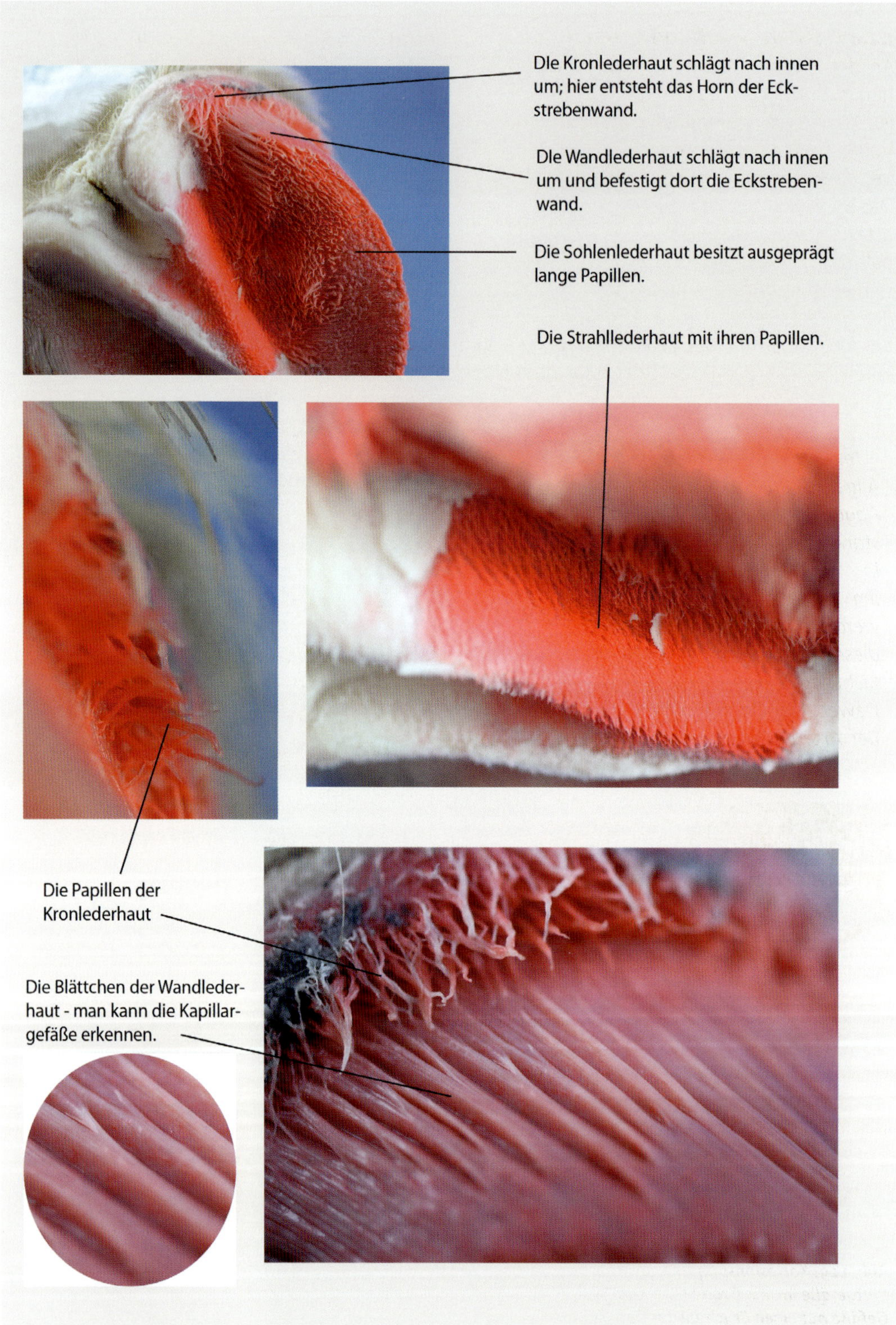

Abb. 1.28: Nahaufnahmen der Huflederhäute. (Präparate und Fotos: Astrid Arnold)

1.2.4 Das Blut- und Nervensystem

An den Huflederhäuten hat man schon gesehen, dass der Fuß des Pferdes stark durchblutet ist. Auch weiß man, dass es bei tiefgehenden Verletzungen der Hornkapsel zu starken Blutungen aus dem Inneren des Hornschuhs kommt. Das Blut gelangt durch die beiden **Zehenseitenarterien** oder auch Digitalarterien (A. digitalis palmaris/plantaris lateralis und medialis), die sich im rückwärtigen Teil der Gliedmaße befinden, in den Huf. Sie gehen am Vorderbein aus der großen Schienbeinarterie hervor, die sich kurz oberhalb des Fesselgelenks in die beiden Zehenseitenarterien aufspaltet.

> *»Über das Verhalten der Blutgefäße ist im Allgemeinen Folgendes zu merken: Bei ihrem Abgange vom Herzen sind die Arterien große, starkwandige Röhrenstämme, welche sich auf ihrem Wege nach den einzelnen Körpertheilen immer mehr theilen und dünnwandiger werden, größere Aeste spalten sich in kleine, diese geben Zweige ab, die sich nach allen Richtungen hin ausbreiten und sich endlich im Gewebe der Organe auflösen. Dieses Verhalten der Arterien kann man am besten mit einem Baum vergleichen, dessen Stamm sich erst in stärkere dann in schwächere Aeste theilt, die sich ihrerseits dann wieder in Zweige, Reiser etc. auflösen und bis ins unendliche verkleinern.« (LEISERING; HARTMANN 1893: S. 70)*

Schöner kann man das nicht sagen, als mit dem Bild von LEISERING und HARTMANN. Dieses Prinzip der baumähnlichen Aufteilung und Verästelung lässt sich an der Pferdezehe in vollkommener Weise beobachten.

Ausgehend von den beiden Zehenseitenarterien strahlen zunächst Äste zur Versorgung des Fesselgelenks, der Streck- und Beugesehnen, der gemeinsamen Sehnenscheide, der Bänder, Faszie und oberflächlichen Haut ab. Auf halber Höhe der Fessel bilden neu abstrahlende Äste einen arteriellen Ring. Die Zehenseitenarterien verlaufen innen und außen rückseitig der Gliedmaße weiter nach unten und senden weitere Versorgungsäste ab, auf der Höhe des Kronegelenks wird auf jeder Seite je ein Ast für die Versorgung des Ballens (Ramus tori digitalis) entlassen. Dieser selbst verzweigt sich wiederum in Versorgungsäste für die Haut, das Strahlpolster und die Strahl- und Ballenlederhaut. Auf

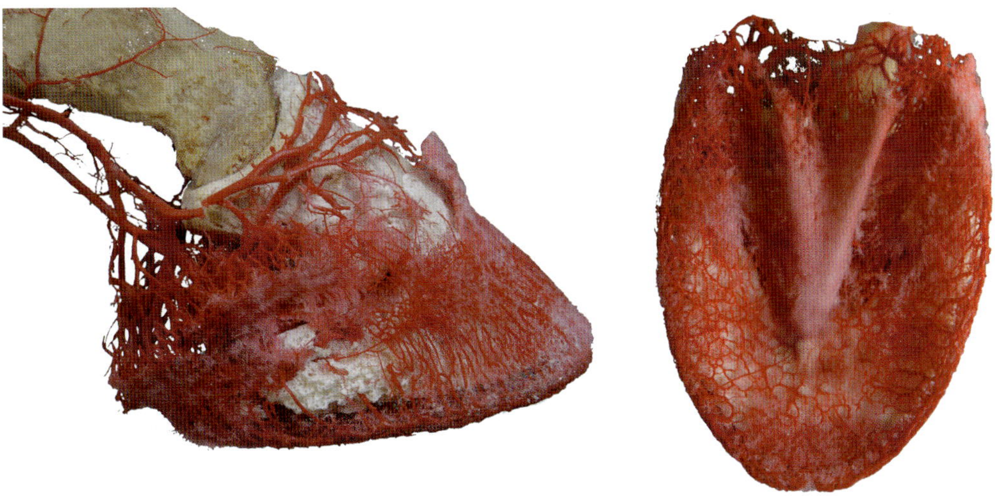

Abb. 1.29: Korrosionspräparat der Pferdezehe (leider vom Zahn der Zeit schon stark angenagt): Die Auflösung der Blutgefäße in dem Organ Lederhaut ist gut zu erahnen, wobei man sich gewahr sein muss, dass die hier sichtbaren Gefäße nur einen Bruchteil des Gefäßnetzes darstellen. Die kleinen Haargefäße sind nur mikroskopisch sichtbar zu machen. (Präparat: Walter Keil)

ihrem weiteren Weg nach unten entlassen die Zehenseitenarterien nun die Kronpolsterarterie (A. coronalis), die Saum- und Kronbereich versorgt, die Rami dorsales, die wiederum einen arteriellen Ring bilden, der unter der Strecksehne hindurchführt und mit neuen Seitenästen das Hufgelenk, die gemeinsame Strecksehne, die Saum- und Kronlederhaut sowie die Faszie und Haarhaut in diesem Bereich versorgt. Weitere Äste, die auf dem Weg nach unten abzweigen, versorgen das Strahlbein und alle Bereiche des Saum-, Kron- und Ballen-Strahl-Segments des Hufs.

Die beiden Endäste der Zehenseitenarterien ziehen seitlich am Strahlbein vorbei zur Ansatzstelle der tiefen Beugesehne, wo sie in den Huf eintreten, um sich miteinander im Hufbeinkanal zu verbinden und den sogenannten Terminalbogen zu bilden (Arcus terminalis). Vom Terminalbogen aus durchziehen abzweigende Äste das Hufbein. Zum Teil versorgen diese die Wandlederhaut mit ihren Primär- und Sekundärblättchen, in denen sie sich dann zu feinsten Kapillargefäßen verzweigen, zum Teil ziehen sie auch nach unten zur Sohlenrandarterie (A. marginis solearis), mit der sie sich ebenfalls verbinden.

Vor dem Eintreten in das Hufbein zweigt von den Zehenseitenarterien jeweils noch ein kräftiger Ast ab, der zunächst eine Strahlarterie abspaltet und sich wenig später in eine Trachtenarterie und eine Wandarterie aufspaltet. Letztere tritt durch eine Öffnung im Hufknorpel in die Wandrinne des Hufbeins, um in dieser auf dem Hufbeinrücken entlang bis zum Beginn der Zehenwand zu verlaufen und dort wieder durch ein entsprechendes Wandloch in das Hufbein einzutreten und sich mit dem Terminalbogen zu verbinden.[21]

Mit dem Blut gelangen Nährstoffe, aber auch Botenstoffe des Hormonsystems in die Lederhäute des Hufes. Diese transportierten Stoffe gelangen über die Basalmembran in die Basalzellschicht und sorgen so für die Ernährung der lebenden Hornzellen und für die Steuerung der diffizilen Wachstumsprozesse des Horns. Dieser Stoffaustausch (Mikrovaskularisation) besitzt eine grundlegende funktionelle Rolle sowohl unter physiologischen als auch unter pathologischen Gesichtspunkten. Entgleisungen des Hormonsystems und entsprechende Hormonausschüttungen wie auch Toxinbelastungen, die über das Blut in die Huflederhäute gelangen, können zu massiven Funktionsstörungen im Hufbeinträger und damit zur gefürchteten Hufrehe führen.

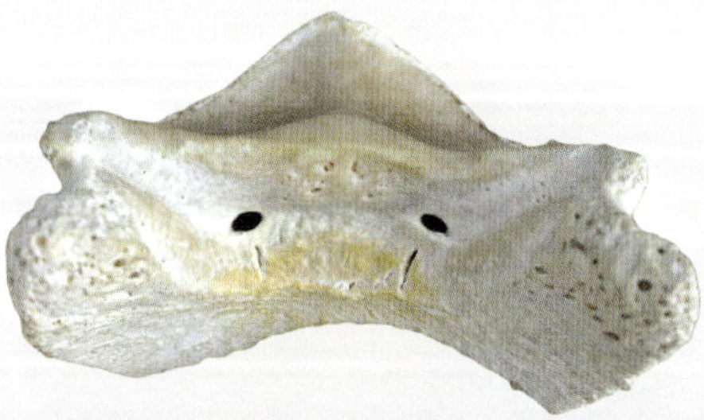

Abb. 1.30a: Die beiden Gefäßkanäle (Foramen soleare), die zum Eintritt der Arterie in das Hufbein dienen. Dort bildet sich durch die Vereinigung beider Arterien der Terminalbogen.

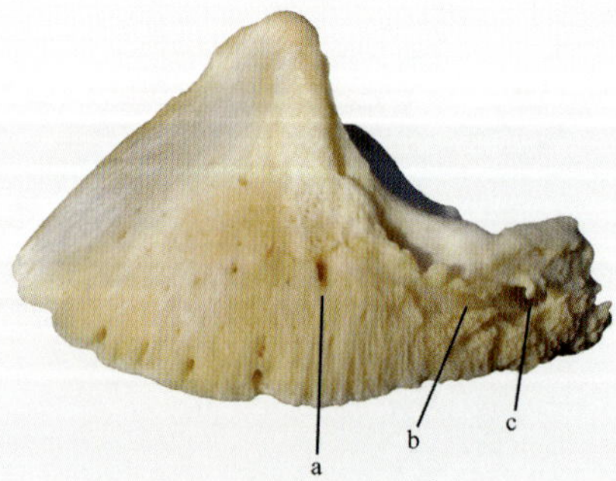

Abb. 1.30b: Durch das Gefäßloch (c) im (hier verknöcherten) Hufknorpel tritt die Wandarterie nach außen, um auf der Hufbeinwand in der Wandrinne (b) bis zum gut sichtbaren Gefäßloch (a) zu verlaufen und wieder in das Hufbein einzutreten.

[21] *Man möge mir verzeihen, wenn ich nicht allen Ästen des Baumes bis ins Detail gefolgt bin. Meine Absicht war es hauptsächlich, die Komplexität der Durchblutung des Pferdehufes aufzuzeigen und ich denke, dieses Vorhaben ist mir gelungen.*

Abb. 1.31: Zahlreiche Blutgefäße verästeln sich und versorgen alle lebenden Strukturen der Pferdezehe. Gut zu erkennen ist der ins Hufbein ziehende Terminalbogen der digitalen Zehenarterien. Bei dem Präparat handelt es sich um das Bein eines Jährlings, die Epiphysenfugen in Kronbein, Fesselbein und Röhrbein sind noch nicht geschlossen.
(Scheibenplastinat: Astrid Arnold)

Der Rücktransport des Blutes, inklusive der nun darin befindlichen Abbaustoffe und Abfallprodukte des Hufstoffwechsels, wird durch das Venensystem geleistet. Aus dem dichten Kapillarnetz, zu dem sich die Arterien über die Arteriolen verzweigt haben, führen zunächst Venulen und dann Venen das Blut ab. Es werden dabei an verschiedenen Stellen des Hufes dichte Venennetze (Plexus) ausgebildet.

> *»Diese (rückführenden Gefäße) bilden mehrere Schichten übereinander liegender Netze und stehen in so vielfacher Verbindung mit einander, daß der Rückfluß des Blutes, wenn er aus irgend einem Grunde an einer Stelle unterbrochen sein sollten [sic], dennoch nach jeder anderen beliebigen Richtung erfolgen kann.« (LEISERING; HARTMANN 1893: S. 74)*

Die venösen Vernetzungen des Hufes sammeln sich in größere Venen (Coronarvene, Ballenvene) die zu den beiden Zehenseitenvenen (Vv. digitales palmares bzw. plantares) ziehen, welche dann, stets parallel zu den großen Zehenseitenarterien verlaufend, das Blut hinauf Richtung Herz führen. Venen und Arterien verlaufen im Bereich der Pferdezehe meist parallel und führen die gleichen Namen. Die Arterie des Terminalbogens, die in einem Kanal (canalis solearis) im Inneren des Hufbeinknochens verläuft, wird gleich von zwei Venen begleitet, welche die Arterie zwischen sich einschließen.

Abb. 1.32a: Die Arterie des Terminalbogens wird im Knochenkanal von zwei Satellitenvenen begleitet.

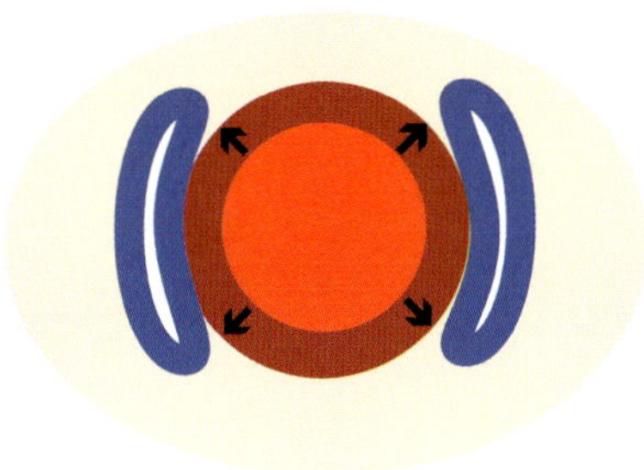

Abb. 1.32b: Die Pulswelle der Arterie komprimiert die Venen, die im Knochenkanal nicht ausweichen können. Auf diese Weise wird der Transport des venösen Blutes sichergestellt. (Nachzeichnung der Abb. 2c aus KÖNIG et al. 2003: S. 460)

Im Knochenkanal des Terminalbogens können keine elastischen Strukturen den Blutfluss unterstützen. Hier sorgt der arterielle Puls »als permanenter Motor« für den Weitertransport des venösen Blutes, das durch den Druck in Richtung Sohlenlöcher (Foramen soleare) gepresst wird. Zwischen den Pulswellen strömt Venenblut aus den zur Hufbeinoberfläche und zum Hufbeinrand reichenden Seitenästen nach (KÖNIG et al. 2003: S. 461). Außerhalb des Knochenkanals verhindern Venenklappen das Zurückfließen des Blutes in den venösen Terminalbogen und die elastischen Strukturen, welche die Venen von nun an umgeben, sorgen für den Weitertransport des Blutes. Das wird besonders gefördert durch die wechselnde Belastung des Hufes, wenn das Pferd sich bewegt. Hier erlangen vor allem auch die Venennetze der Hufknorpel eine große Bedeutung: Der über den Hufknorpeln liegende Koronarplexus und der sogenannte innere Venenplexus, welcher an den Innenseiten der Hufknorpel zwischen diesen und dem Hufkissen liegt.

Die stetige Kompression und Dekompression der elastischen Strukturen bei der Bewegung des Pferdes massiert die venösen Gefäße und sorgt so dafür, dass das Blut in die großen Venen zurückbefördert wird.

Zusätzlich besitzt der Huf im Bereich der Lederhäute weitere spezielle Einrichtungen, welche dazu dienen, den Blutkreislauf zu regulieren. Das sind insbesondere Anastomosen – arteriovenöse Kurzverbindungen, die gezielt geöffnet oder geschlossen werden, um Blut auf kurzem Weg von arteriellen Gefäßen in venöse Gefäße abzuleiten – und vaskuläre Sphinkteren (Ringmuskeln), die helfen, den Blutstrom gezielt zu steuern. Körpereigene Botenstoffe regulieren die Mikrozirkulation, indem sie die Gefäßmuskulatur der Kapillaren zusammenziehen (Vasokonstriktion) oder weit stellen (Vasodilatation). Auch gibt es entsprechende Einrichtungen des vegetativen **Nervensystems** zur Regulierung dieser Gefäße.

Abb. 1.33: Zwischen den Seitenflächen des Hufkissens und den Hufknorpeln liegen starke Venengeflechte (innerer Venenplexus). In diesem Bereich gibt es ausnahmsweise keine arteriellen Begleitgefäße. (Scheibenplastinat: Astrid Arnold)

»Innerhalb der Nervenfasern scheint es eine Vielzahl von Neurotransmittern zu geben, genauso wie zirkulierende vasoaktive Substanzen, die sowohl direkten als auch indirekten Einfluss auf den Gefäßdurchmesser im Huf haben.« (BOWKER 2009: S. 52)

Neurotransmitter, also biochemische Botenstoffe, die Reize einer Nervenzelle auf andere Zellen übertragen können, kontrollieren gemeinsam mit neuroaktiven Wirkstoffen den Blutfluss im Huf. Die Überwachung und Regulierung der Durchblutung ist jedoch nicht die einzige wichtige Aufgabe des Nervensystems. Die Nerven des Pferdefußes sorgen für die Eigenwahrnehmung (Propriozeption) und für die Wahrnehmung der Umwelt. Das Pferd ist hierdurch in der Lage, die Bodenbeschaffenheit wahrzunehmen und auf diese angemessen zu reagieren. Die sensorische Empfindung ermöglicht es dem Pferd im Zusammenhang mit entsprechenden neuromuskulären Reflexen, seine Bewegungen zu koordinieren und sich der jeweiligen Situation anzupassen. Die sensorischen Rezeptoren, über die der Pferdehuf verfügt, sind zum einen Mechanorezeptoren zum anderen Nozirezeptoren. Erstere reagieren auf Druckanstieg und -abfall in den Hufgeweben, registrieren also die Druck- und Zugverhältnisse an der Hornkapsel und informieren das Pferd damit über die Bodenverhältnisse und steuern die lokomotorischen Reflexe bei der Bewegung über diesen Boden. Des Weiteren sind es Schmerzrezeptoren, die schmerzhafte Reize empfangen und die Information über Schäden und Verletzungen weiterleiten.

»Immer wenn ein schädlicher Stimulus auf das Hufgewebe einwirkt, wird die Nervenaktivität in Richtung Rückenmark weitergeleitet und dann durch multisynaptische Verschaltungen dem Gehirn zur Wahrnehmung des schädlichen Stimulus zugeführt.« (BOWKER 2009: S. 54)

Funktioniert diese Schmerzempfindung nicht, bspw. weil ein Nervenschnitt durchgeführt wurde, kann das Pferd nicht reagieren und der Schaden wird in der Regel fortschreiten. Die Nerven verästeln sich in der Art der Blutgefäße und reichen bis in die äußersten Bereiche der Huflederhäute. Zusätzlich verfügt der Huf über Tastrezeptoren – Pacini-Körperchen, die im Ballen- und hinteren Strahlbereich nachgewiesen wurden, und Ruffini-Körperchen, die im Sohlenbereich vorkommen. Sie verleihen dem Huf zusätzlichen Tastsinn, wobei dieser nicht auf die Hufsohle und den Strahl beschränkt ist, sondern gleichermaßen über die Lederhäute der Wand und der Krone funktioniert. Auch die Bänder, Sehnen und Knochen der unteren Gliedmaße sind stark innerviert und verfügen so über die zur Erhaltung ihrer Gesundheit notwendige Empfindung. Alle Nerven der Zehe werden gespeist aus den seitlichen großen Zehennerven (Nn. digitales palmares bzw. plantares) die gemeinsam mit den Zehenseitarterien und -venen an der inneren und äußeren Rückseite der Zehengliedmaße verlaufen.

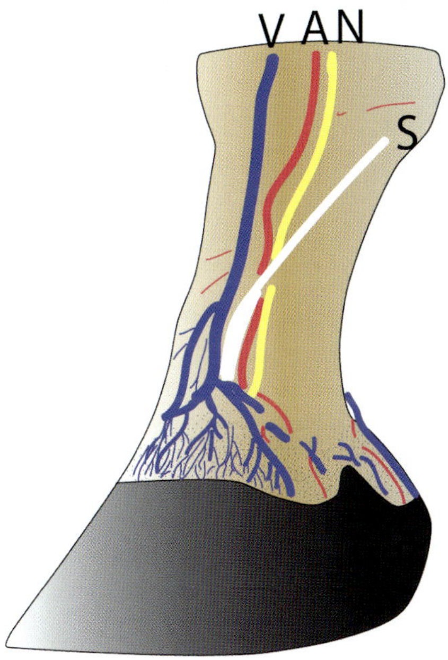

***Abb. 1.34:** Die großen Blut- und Nervengefäße der Zehe: Mediale Zehenseitenvene (V), Mediale Zehenseitenarterie (A), Medialer großer Zehennerv (N), Spornsehne (S).*

(Nachzeichnung des Fotos eines Präparates aus POLLITT 1999: S. 12)

1.3 Das »Eigenleben« des Pferdehufes oder die Sache mit dem Hufmechanismus

> *»Jeder Huf ist in seiner Form das Ergebnis der auf ihn und in ihm wirkenden Kräfte.« (RUPPERT 1941: S. 7)*

Bei aller Härte und Festigkeit, die der Huf besitzt, ist er doch bei weitem kein statisches Gebilde. Die Konstruktion des Hufbeinträgers und die oben dargestellten »elastischen Organe« des Hufes, sprich Hufknorpel und Hufpolster, sorgen für eine gewisse innere Elastizität des Hufes. Hinzu kommt die äußere Elastizität des Pferdehufes. Denn bedingt durch den Bau der Hornkapsel, welche sich aus härteren und weicheren Hornanteilen zusammensetzt, und aufgrund der Architektur des Hornmaterials selbst, besitzt auch der Hornschuh für sich eine eigene elastische Qualität.

Diese Gesamt-Beweglichkeit des Hufes wird bislang fast ausschließlich als Hufmechanik bzw. Hufmechanismus betrachtet und beschrieben. Seit zweieinhalb Jahrhunderten (LAFOSSE 1754) beschäftigen sich zahlreiche theoretische und praktische Untersuchungen mit der Messung und Erkundung des Hufmechanismus, wobei man hierbei stets nach einem möglichst genau definierten und allen Hufen gleichermaßen innewohnenden Bewegungsmuster fahndet. Hufektasimeter, Mechanoungulographen, Dehnungsmessstreifen und heute auch die Computertomographie wurden und werden eingesetzt, um dem Pferdehuf sein Bewegungsgeheimnis zu entlocken.[22] Man konzentriert sich bei dieser Suche auf ein dem Huf an und für sich immanentes Muster, eine Art inneren Bewegungsautomatismus des Pferdehufes und verpasst dabei ein Stück weit die eigentliche Bewegungsqualität des Pferdehufes. Als Quintessenz der Beweglichkeit des Hufes wird eine Hufmechanik bzw. ein Hufmechanismus festgehalten. Unter diesen Begriffen werden die Bewegungen des Hufes auf die Verengung und Erweiterung bestimmter definierter Hufabschnitte während der Be- und Entlastung des Hufes reduziert.

Eine Zeit lang war man sich dabei nicht einig, ob der Hufmechanismus in einer Erweiterung oder in einer Verengung der hinteren Hufbereiche besteht. Mit verschiedenen und eigens hierfür entwickelten Apparaturen wurden die Erweiterungen und Verengungen der Hornkapsel bei der Belastung durch das Pferdegewicht gemessen. Die Messungen erfolgten an toten wie lebenden Hufen, im Stand und in der Bewegung, in verschiedenen Tempi, mit und ohne Reiter, auf verschiedenen Böden, an beschlagenen und unbeschlagenen Hufen. Die Ergebnisse waren widersprüchlich, was nur zum Teil durch den Einsatz der verschiedenen Messmethoden und Untersuchungsbedingungen erklärt werden konnte. So kamen GIERTH (1882) und DOMINIK (1889 und 1890) sowie EBERLEIN (1903) in ihren Messreihen zu dem Ergebnis, dass sich die Trachtentragränder bei Belastung verengen, eine Verengung des Tragrandes und eine Erweiterung des Kronrandes im Trachtenbereich also den Bewegungsmechanismus des Hufes beschreibt. Korpsstabsveterinär Walther bekräftigte dies auf der Grundlage seiner praktischen Erfahrungen und stellte überdies die Behauptung auf, dass der Zwanghuf letztlich die Folge eines »übergroßen Hufmechanismus« sei (WALTHER 1906: S. 489).

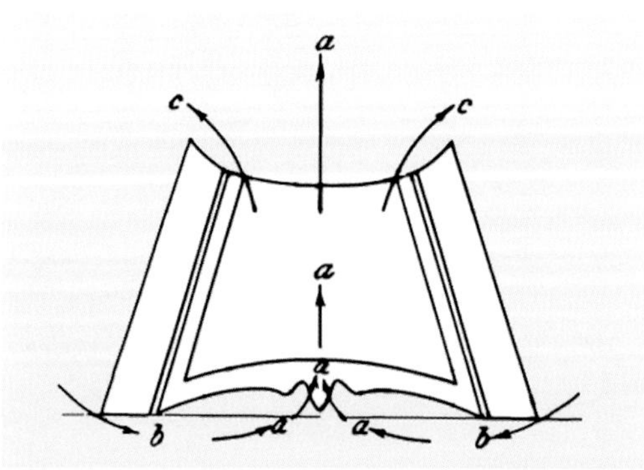

***Abb. 1.35:** Der Hufmechanismus nach WALTHER. Durch den Zug der tiefen Beugesehne (a) am Hufbein verengt sich bei Belastung der Tragrand (b) und der Kronrand erfährt eine Erweiterung (c). Skizze entnommen aus WALTHER (1906: S. 483).*

[22] *Einen historischen Überblick über die eingesetzten Messapparaturen bieten HARDERS (1985) und RASCH (2013).*

Genau umgekehrt betrachteten LUNGWITZ (1890), GUTENÄCKER (1890), SCHWENTSKY (1890) und LUNGWITZ (1917) gerade das Fehlen oder die Einschränkung des Hufmechanismus als die Ursache der Entstehung von Zwanghufen. Sie berufen sich auf ihre Untersuchungsergebnisse, die belegen, dass der Huf bei seiner Belastung keine Verengung, sondern vielmehr regelmäßig eine Erweiterung der Tragränder der Trachtenwände erfährt. Aus Sicht dieser Forscher muss der Hufmechanismus als Erweiterung des hinteren Hufbereiches definiert werden. Diese Sicht des Hufmechanismus findet daraufhin im Laufe der Zeit viele Anhänger. Man ist sich darin einig, dass sich der Hufmechanismus durch eine Erweiterung im hinteren Hufbereich auszeichnet und teilt gemeinsam die Überzeugung, dass diese Formveränderung, die der Huf bei seiner Be- und Entlastung erfährt, nützlich ist. In anderen Punkten kommt man zu unterschiedlichen Ansichten, bspw. was die Bewegung des Kronrandes in den verschiedenen Hufbereichen, die Bewegung der Zehenwand, die Frage der Sohlensenkung, der Einfluss des Beschlags, Unterschiede zwischen Vorder- und Hinterhufen oder auch das Vorhandensein einer indifferenten Linie[23] anbetrifft.

Heute hat sich bezüglich des Hufmechanismus die folgende Ansicht durchgesetzt:

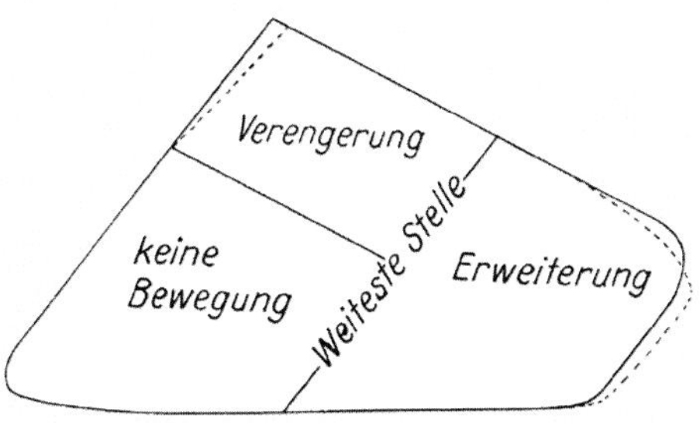

Abb. 1.36: Die übliche Reduktion der Bewegungsvorgänge am Huf zusammengefasst in den Begriffen Hufmechanik oder Hufmechanismus (Schema übernommen aus RUTHE 1997: S. 33).

Reduziert man die Bewegungsmechanik des Hufes auf diese wenigen Punkte, so verschließt man sich meines Erachtens der Möglichkeit, hinter die wirklichen Leistungen der flexiblen Seite des Pferdehufes zu kommen. Und folgt man dieser verkürzten Sicht auf die Hufbewegung, kommt man mitunter auch zu falschen Schlüssen und man vermag in keinem Fall zu verstehen, weshalb Hufe letztlich so verschiedene Formen besitzen und weshalb sie so unterschiedlich auf die äußeren Einflüsse wie Bodenverhältnisse, Nutzung und Hufbearbeitung reagieren.

Die Begriffe Hufmechanik und Hufmechanismus erfassen in ihrer heute gültigen Definition nur einen Ausschnitt der Realität. Die Hufe der einzelnen Pferde zeigen die im Hufmechanismus herausgestellten Bewegungen – heute namentlich die Erweiterung im Bereich der Trachtenwände, die Absenkung von Sohle und Strahl im hinteren Hufbereich[24] und die Verengerung der Zehenwand im oberen Drittel – nur als ein Moment neben vielfältigen anderen Bewegungen, welche für die Ausbildung der Hufform und für die Gesundheit der Hufe tatsächlich nicht weniger entscheidend sind. Und es gibt durchaus Hufe, die kaum oder gar keinen Hufmechanismus im oben beschriebenen Sinne aufweisen. Dennoch sind letztere keineswegs statisch und starr. Jeder Huf bewegt sich und verändert seine Form im Augenblick der Belastung durch das Pferdegewicht; er tut dies aber nicht in ewig gleicher (mechanistischer), sondern vielmehr in sehr individueller Art und Weise.

Das ist beileibe keine neue Entdeckung, allerdings hat sich diese wichtige Erkenntnis bisher nicht wirklich Bahn gebrochen; sie verkümmert gewissermaßen bis heute im Schatten des einprägsamen und mächtigen Begriffes vom Hufmechanismus. Dabei sind allein die gänzlich widersprechenden Ergebnisse der vielfältigen Experimente zur Erforschung der Hufmechanik ein recht eindeutiger Fingerzeig, dass es eine einheitliche Hufbewegung in der Form nicht

[23] Als indifferente Linie bezeichneten verschiedene Forscher einen bewegungslosen Bereich in der weitesten Stelle der Hufseitenwände.
[24] Dem widerspricht HINTERHOFER et al. (1997).

gibt. Das erkannte bspw. Militär-Obertierarzt Isidor HEIZER, der Anfang des 20. Jahrhunderts zu diesem Thema einen ausführlichen Artikel verfasste. Er forderte in diesem dazu auf, darüber nachzudenken, warum die verschiedenen Forschungsresultate mit schöner Regelmäßigkeit zu so unterschiedlichen, ja geradezu widersprechenden Ergebnissen führten (HEIZER 1903: S. 289). Er selbst war über seine langjährige praktische Tätigkeit in der Hufbearbeitung mittlerweile zu dem Schluss gelangt, dass die Ergebnisse der oben genannten Experimente insofern falsch sind, als sie eine Allgemeingültigkeit ihrer Ergebnisse für den Pferdehuf an sich behaupten wollen.

> *»Die Hufe der Pferde sind ja so verschieden, daß man sie schon aus diesem Grunde nicht gleich beurteilen kann; und wenn wir noch die verschiedenen Stellungen der Füße in Betracht ziehen, mit welchen der Mechanismus der Hufe im engen Zusammenhang steht, so versteht es sich beinahe von selbst, daß in der Hufbewegung auch Unterschiede bestehen. ... Ich kam nicht mittels mechanischer Instrumente, sondern während einer 14-jährigen Übung des orthopädischen Hufbeschlages und Formen des Hufes durch Beschneiden zu dem Resultat, daß es Hufe gibt, die sich während der Belastung ausdehnen (erweitern) und solche, die sich zusammenziehen (verengern). Ferner gibt es Hufe, die sich auf der einen Seite ausdehnen, auf der anderen Seite dagegen zusammenziehen.« (HEIZER 1903: S. 292 f.)*

Es gibt auch Forscher, die auf experimentellem Wege zu dieser Ansicht gelangten. AKERBLOM begann seine Arbeit ursprünglich mit dem Ziel des Nachweises und der Erkundung des Hufmechanismus, um dann im Ergebnis zu konstatieren, dass es richtiger sei von den »Hufbewegungen« anstatt von einem »Hufmechanismus« zu sprechen. Denn »eine einheitliche Form der Hufbewegung gibt es nicht, sie wechselt individuell in hohem Grade« (1930: S. 114).

Die verkürzte Sicht auf die Hufeigenbewegung prägt die Hufbeschlaglehre dennoch bis heute und wird darüber hinaus von Teilen der Barhufbewegung als Argument gegen das Beschlagen überhaupt gewendet. Da dem Hufmechanismus positive Wirkungen zugeschrieben werden, bemüht man sich darum, die Fähigkeit des Hufes zur Ausdehnung im Trachtenbereich durch das Beschlagen so wenig wie möglich einzuschränken. In der Schmiedelehre geschieht dies durch entsprechende Vorschriften zum Beschlag, in den oben genannten Teilen der Barhufbewegung durch die Ächtung und prinzipielle Ablehnung des Beschlagens.

> *»Der Nutzen des Hufmechanismus ist ein mehrseitiger. 1. wird durch ihn der Stoß gebrochen, der Rumpf sonach gegen die üblen Folgen der Prellungen und Erschütterungen geschützt. 2. Befördert der Hufmechanismus die Schnellkraft des ganzen Schenkels und trägt demnach viel zu dem leichten und eleganten Gange des Pferdes bei. 3. Wird durch den Hufmechanismus der Blutkreislauf in den Gefäßen der Huflederhaut lebhaft unterhalten, was wiederum ein reges Wachsthum des Hufhornes zur Folge hat.« (LUNGWITZ 1883: S. 5)*

Auch heute gelten Stoßdämpfung, verbesserte Durchblutung und damit einhergehend eine optimale Ernährungssituation für gutes Hornwachstum als die positiven Leistungen des Hufmechanismus (siehe bspw. RUTHE 1997: S. 35). Unter diesem Blickwinkel kam der Beschlag im 19. Jahrhundert als »Behinderungsmittel der Elastizität« des Pferdehufes in den Blick (LUNGWITZ 1883: S. 20). Diesem Umstand wurden in der damaligen Zeit innerhalb des Hufbeschlagwesens und der Tierarzneischulen viele Diskussionen gewidmet und es entstand die auch noch heute gebräuchliche Rede vom Beschlag als notwendigem Übel.

> *»Am allermeisten aber wird die Erweiterung des Hufes durch den Beschlag behindert, ja in vielen Fällen ganz aufgehoben. Der Beschlag*

wird somit zum größten Uebel, allein er ist unentbehrlich, wenn die Pferde nutzbringend auf harten, künstlichen Straßen gebraucht werden sollen; es ist daher von diesem Standpunkte aus betrachtet vollkommen gerechtfertigt, wenn er von vielen als ein nothwendiges Uebel hingestellt wird.« (ebenda)

An den Tierarzneischulen und Lehrschmieden wurden in der Folge deshalb entsprechende Schlussfolgerungen für das gesundheitserhaltende Beschlagen der Pferdehufe formuliert. So hielten LEISERING und HARTMANN[25] in ihrem 1861 gemeinsam verfassten Lehrbuch als Weisung für den praktischen Hufbeschlag fest:

»Der Kernpunkt, auf den es beim Hufbeschlag ankommt, ist, alles zu vermeiden, was den Hufmechanismus schwächt oder aufhebt.« (1893: S. 157)

Das einzige Hufeisen, welches dieser Forderung wirklich vollends Genüge zu tun vermag, ist nach Meinung von Anton LUNGWITZ[26] der Beschlag mit dem halbmondförmigen Eisen, welches nur die Zehe des Hufes bedeckt. Dieser Beschlag, so konstatiert er, ist jedoch bei der Gebrauchsweise der meisten Pferde seiner Zeit unmöglich. Um den Hufmechanismus dennoch so wenig wie möglich zu hemmen, stellt er zumindest zwei Bedingungen an den Beschlag. Er fordert eine »waagerechte Tragefläche der Eisen-Schenkel« und einen Beschlag, »der den Strahl dem Druck des Bodens aussetzt« (LUNGWITZ 1883: S. 20).
Um die »Trachtentrageranderweiterung« durch den Beschlag nicht zu hemmen, sollten so LEISERING und HARTMANN zudem möglichst »stollenlose Eisen« eingesetzt werden. Was aus heutiger Sicht selbstverständlich zu sein scheint, war zu dieser Zeit ein Novum, denn der bis zur Mitte des 19. Jahrhunderts in Deutschland ausgeführte Hufbeschlag war durchweg ein Stollenbeschlag (1893: S. 17). Zusätzlich sollte auf eine »gleichmäßige Auflage« des gesamten Tragrandes des Hufes auf dem Eisen geachtet werden und es sollte ausschließlich im vorderen Hufbereich genagelt werden (1893: S. 157). Als vorteilhaft für den Hufmechanismus galt allen drei genannten Autoren das geschlossene Eisen:

»Es weckt den Hufmechanismus da wo er ruht, regelt ihn wo er unrichtig vor sich geht, und verdirbt bei richtiger Anwendung nie die Hufe, sondern bessert sie, wenn sie krank oder fehlerhaft sind.« (ebenda: S. 157 f)

Bereits seit der Entdeckung der Elastizität des Pferdehufes suchte man nach Beschlagsformen, die der Beweglichkeit des Hufes Rechnung zollten und sie möglichst wenig behindern sollten. Die Publikationen und Studien des Engländers Bracy CLARK zum Hufmechanismus befruchteten das deutsche Hufbeschlagwesen. Im Rahmen seiner Beschlagsversuche konstruierte CLARK 1836 auch ein besonderes Eisen. Dieses »Stahltabletteisen« war so beschaffen, dass es im Zehenteil durch Nietnägel beweglich gehalten wurde. Durch diese scharnierartige Gestaltung des Eisens, konnten die Eisenschenkel den Auswärtsbewegungen der Hufwände folgen. Allerdings bewährte sich dieses Eisen in der Praxis nicht, da sich die Nieten am Zehenteil stets lockerten und die Hornwände der so beschlagenen Hufe unter der Instabilität des Eisens letztlich so stark litten, dass sie brachen (LEISERING;HARTMANN 1893: S. 17 f.; LINGENS 2008: S. 27).
Es gibt darüber hinaus eine Reihe von Maßnahmen, die seit jener Zeit entwickelt wurden, um den geschwächten Hufmechanismus »kranker« Hufe wieder zu erwecken. So versuchte man durch das Schneiden von Rinnen im Trachten- oder auch im Eckstrebenbereich, durch das Dünnraspeln der Trachtenwände oder auch durch das Ausdünnen der Hufsohlen, den Hufmechanismus zu aktivieren. Oder man fertigte Beschläge mit Eckstrebenaufzügen, um den

[25] Die beiden Tierärzte verfassten gemeinsam das Lehrbuch »Der Fuß des Pferdes in Rücksicht auf Bau, Verrichtungen und Hufbeschlag«, welches ins Englische und Italienische übersetzt wurde und 14 Auflagen erreichte. August Gottlob Theodor LEISERING war von 1857 bis 1886 als Professor für theoretische Tierheilkunde an der Dresdner Tierarzneischule tätig. Heinrich Moritz HARTMANN war von 1850 bis zu seinem Tode 1865 der Vorstand der Dresdner Beschlagsschmiede.

[26] Anton LUNGWITZ ist ein Nachfolger von HARTMANN und übernahm 1879 die Leitung der Dresdner Beschlagsschmiede.

Huf im hinteren Bereich auseinander zu zwingen. Es gab zahlreiche, speziell für diesen Zweck entwickelte Erweiterungseisen und auch einige andere unschöne Methoden, wie bspw. Dilatoren (Erweiterungsschrauben), um Hufe, die für zu eng befunden wurden, gewaltsam zu erweitern. Einige dieser Maßnahmen waren schon damals stark umstritten und sind heute als nicht empfehlenswert mehr oder weniger zu den Akten gelegt. Bis heute gehalten haben sich in erster Linie die Anwendung von Eisen mit nach außen abfallenden Trageflächen sowie die Verwendung von geschlossenen Eisen mit Einlagen zur Erzeugung eines Bodendrucks auf den Hornstrahl. Und auch in der heutigen Zeit gilt allgemein die Ansicht, dass der Beschlag den Hufmechanismus nicht behindern soll – von bestimmten Ausnahmen im Erkrankungsfall einmal abgesehen (bspw. bei Hufbeinfraktur, Hufknorpelverknöcherung, Hornspalt).

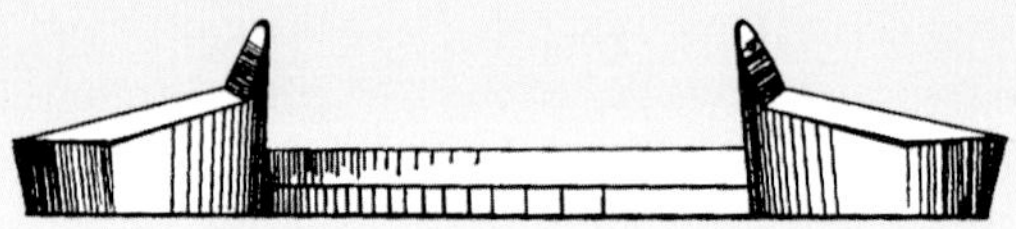

Abb. 1.37: Eisen mit nach außen abfallenden Schenkeln und Eckstrebenaufzügen. Die Aufzüge sollen verhindern, dass sich die Trachten über ein bestimmtes Maß hinaus verengen können. Die schräg nach außen abfallenden Trageflächen der Eisenschenkel sollen die Trachtenwände nach außen gleiten lassen. Zeichnung entnommen aus STASHAK (1989: S. 827).

Einige Barhufbearbeiter, die ebenfalls der Erweiterungstheorie anhängen, machen genau diese Hufmechanismus-Theorie zum Argument gegen das Beschlagen. Man beruft sich auf die beiderseits geteilte Anerkennung der Nützlichkeit der Trachtenerweiterung und verweist darauf, dass diese auch beim besten Beschlag nicht in dem Maße stattfinden kann, wie beim Barhuf. Von der beschlagenden Gegenseite wird dieses Argument mit Verweis auf die vorschriftsmäßige Ausführung (die Nägel sitzen nur im vorderen Hufbereich), auf die eigenen Beobachtungen (Scheuerstellen auf dem Eisen) und auf jahrelange praktische Erfahrungen (es ist nicht so, das alle Hufe enger werden, wenn sie längere Zeit beschlagen sind) zurückgewiesen.

Bei einigen strikten Gegnern des Eisenbeschlages hat sich die Idee der nutzbringenden Trachtenerweiterung indes derart verselbständigt, dass die Hufbearbeitung völlig in den Dienst dieser Aufgabe gestellt wird. Der Huf wird von diesen Barhufbearbeitern explizit mit dem Ziel beschnitten, eine möglichst maximale Trachtenerweiterung zu erreichen. Maßnahmen, die hierzu dienen sollen, sind das Kürzen der Hufe im hinteren Hufbereich auf eine definierte Höhe, die Entfernung der Trachtenendkanten (Trachten öffnen) und das starke Beschneiden der Eckstrebenwände und der Hufsohlen im hinteren Hufbereich. Man tut dies, weil man die positiven Wirkungen des Hufmechanismus – Stoßdämpfung, Durchblutung, Hornwachstum und Hornqualität – möglichst umfänglich herstellen möchte. Umso mehr Hufmechanismus, so die Sichtweise, umso mehr Gesundheit für den Huf. Für alle Hufe, die dem Idealbild eines trachtenweiten, ballenniedrigen Hufes nicht bereits entsprechen, ist diese Bearbeitung eine sehr schmerzhafte Erfahrung. Die starke Beschneidung des Hufes, mit dem Ziel der Herstellung und Verstärkung des Hufmechanismus, hinterlässt deshalb sehr häufig lahmende Pferde.
Diese Erfahrung, dass Pferde schlecht laufen, wenn man versucht ihnen einen Hufmechanismus aufzuzwingen – sei es mit speziellen Beschlagtechniken oder durch spezielle Ausschneidmethoden – mögen dazu beigetragen haben, dass sich stellenweise auch eine gewisse »Gegnerschaft« zum Hufmechanismus ausgebildet hat. So wendete sich schon in den Dreißigerjahren des vergangenen Jahrhunderts Prof. Alois HANSLIAN gegen die aus seiner Sicht übergroße Bedeutung, die dem Hufmechanismus für die Gesunderhaltung der Hufe zugesprochen wird. Er verweist auf seine Un-

tersuchungen und Beschlagsversuche, in denen er unter anderem Pferde zwei Jahr lang beschlagen ließ, wobei bis in die Trachtenpartien genagelt wurde. Laut HANSLIAN traten an den Hufen keine Veränderungen durch diese gezielt vorgenommene »Störung des Hufmechanismus« auf (1932: S. 175). TULETZKI-GERSTENBERG geht noch einen Schritt weiter. Für ihn stellt der erweiternde Hufmechanismus keine positive und natürlich vorkommende Eigenschaft des Pferdehufes dar, sondern hat vielmehr die Qualität einer »Hufdeformation«, die bei geschädigten Hufen auftritt. Er beobachtete, dass der Hufmechanismus sprich die Sohlenabsenkung und Trachtenweitung bei Hufen »umso stärker ausgeprägt ist, je schwächer die Hornkapsel ist«. Er stellte sich daraufhin die Frage, ob tatsächlich »ein ausgeprägter Hufmechanismus nützlich und wünschenswert sein (kann), wenn er bei einer gesunden und stabilen Hornkapsel geringer ausgeprägt ist als bei einer geschwächten« (2005: S. 15). Diese Frage ist in meinen Augen berechtigt. In der Tat ist es nicht leicht einsichtig, dass es der Gesundheit des Pferdehufes dienlich ist, einen Hufmechanismus zu fördern, der die Schwäche der Hornkapsel voraussetzt. Immer wieder finden sich in der Geschichte der Hufbearbeitung Vorschriften zum Beschneiden der Sohle mit dem Ziel, die Sohle elastisch zu machen und ein Sohlengewölbe herzustellen, um hierdurch den Hufmechanismus zu fördern. Messungen zur Bewegung der Hornsohle bei der Belastung zeigen, dass es neben anderem sehr stark von der Dicke und Festigkeit der Sohle abhängt, ob und in welchem Maße sich diese bei der Belastung durch das auf ihr lastende Pferdegewicht senkt (RUDERT 1921). Stabsveterinär STARK und Oberfahnenschmied GUTHER, die 1917 in ihrer Schrift »Neue Bahnen im Hufbeschlag« die Forderung aufstellten, die Sohle beim Beschlagen des Pferdes nicht mehr zu beschneiden und die Sohle stark und kräftig zu belassen, handelten sich deshalb von allen Seiten den Vorwurf ein, mit ihrer Methode den Hufmechanismus zu schwächen. Der Entgegnung von STARK, dass der Hufmechanismus im hinteren Hufbereich hierbei mitnichten behindert werde, entnehmen seine Kritiker: »Er gibt also indirekt zu, daß dies in den vorderen Teilen der Fall ist« (RUDERT 1921: S. 59). Der STARKschen Entgegnung kann man im Weiteren aber auch entnehmen, dass auch er selbst letztlich ein Anhänger des Hufmechanismus war. Mehr Sohlenbewegung wird im Zusammenhang mit und letztlich wegen des positiv besetzten Begriffes Hufmechanismus für nützlich und erstrebenswert gehalten. Und da der Hornreichtum der Sohle deren Bewegungen augenscheinlich einschränkt, schränkt dieser Hornreichtum natürlich den als Trachtenerweiterung und Sohlenabsenkung definierten Hufmechanismus ein. Einen Huf jedoch so zu bearbeiten, dass die Sohle beweglicher wird, macht ihn um einiges empfindlicher und es schwächt den Fuß des Pferdes, statt ihn zu stärken. Gleiches gilt für die Bearbeitung der Trachten- und hinteren Seitenwände. Sie mit dem Vorsatz einer möglichst großen Erweiterungsfähigkeit zu verkürzen oder instabil zu gestalten, heißt die Hornkapsel in ihrer Schutz und Tragefunktion zu schwächen und den Fuß des Pferdes damit zu schädigen.

Ich sehe diese aus dem Götzen »Hufmechanismus« geborenen Bearbeitungsvorschriften am Pferdehuf sehr kritisch. In diesem Punkt stimme ich mit TULETZKI-GERSTENBERG überein. Wenig hilfreich ist es in meinen Augen allerdings, den einen Götzen durch einen anderen zu ersetzen. TULETZKI-GERSTENBERG entdeckt schließlich am Huf von Wildpferden den eigentlichen Hufmechanismus, den er an Stelle des durchgesetzten Erweiterungsmechanismus setzt und der all die positiven Funktionen übernimmt, die letzterem bis heute zugeschrieben werden. Für die optimale Durchblutung und Stoßdämpfung sorgt seiner Meinung nach nicht, wie sonst behauptet, die Erweiterung des hinteren Hufbereiches inklusive Sohlenabsenkung, sondern der Pressdruck des Bodens auf Sohle, Strahl und Hufpolster. Nach seiner Vorstellung wird allein durch das seitliche Auseinanderpressen des Hufpolsters gegen die Hufknorpel das venöse Blut aus dem inneren Venenplexus aufwärts gepumpt (ebenda: S. 37 f). Dafür ist eine volle, tragende Sohle und ein kräftiger Strahl nötig und wenn der Huf durch einen Beschlag auf den Tragrand verpflichtet sein sollte, dann sind spezielle Einlagen zu verwenden. Anstatt in der Hornkapsel zu hängen, sollte das Hufbein vielmehr von unten getragen werden (ebenda: S. 36). Mit dieser Ansicht befindet sich TULETZKI-GERSTENBERG in komplettem Widerspruch zur heute allgemein geltenden Aussage, dass die naturgemäße Aufbewahrung des Hufbeins die hängende ist. Wie im Kapitel zur Anatomie des Pferdehufes bereits dargelegt wurde, steht das Pferd mit seiner Knochensäule nicht in der Hufkapsel, sondern ist über den Hufbeinträger hierin aufgehängt. Wäre dies nicht der Fall, so würde der Dauerdruck durch das hohe Gewicht sowohl den Hufbeinknochen als auch die diesen Knochen von unten bedeckende Sohlenlederhaut massiv schädigen. Diese Folgen kann man begutachten, wenn der Hufbeinträger bei der Hufrehe in seiner Funktion gestört ist. In diesem Fall entstehen schwere Schäden an Hufbein, Lederhaut und Hornsohle. Dass die Sohle nicht dazu geeignet ist, einem dauerhaften Bodengegendruck ausgesetzt zu sein, bestätigen auch die neueren Untersuchungen von Brian HAMPSON. Sie zeigen, dass Hufe von Wildpferden, die durch hohen Abrieb in steinigem Gelände tragrandlos zum Laufen auf der Sohle gezwungen sind, massive Schäden an Hufbein und Lederhäuten davontragen. Die aufgefundenen pathologischen Veränderungen entsprechen denen einer Belastungsrehe (HAMPSON 2011). Auch eine Studie aus den 80ern verweist bereits auf einen solchen Zusammenhang. In dieser Studie wurden die Auswirkungen einer Hufbearbeitung untersucht, die den Pferden den Tragrand raubt. Die untersuchten Pferde erhielten über einen Zeitraum von vier Monaten eine unterschiedliche Hufbearbeitung auf beiden Vorderhufen, wobei bei einem Vorderhuf stets der Tragrand entfernt wurde, so dass die Pferde mit diesem Huf auf der Sohle liefen. Das führte bei allen Pferden auf dem so beschnittenen Huf zur Lahmheit. Alle diese Pferde entwickelten eine Belastungsrehe (LINFORD 1987).

Der Fehler liegt, wie ich meine, im einen (Trachtenerweiterung) wie im anderen Fall (Sohlendruck und Hufpolsterkompression) in der Verabsolutierung **einer** Bewegung des Hufes zu **der** Bewegung des Hufes. Und immer ist es dann »der Hufmechanismus«, welche Lesart man ihm auch gibt, der die Vorschriften dafür erlässt, wie man bei der Hufbearbei-

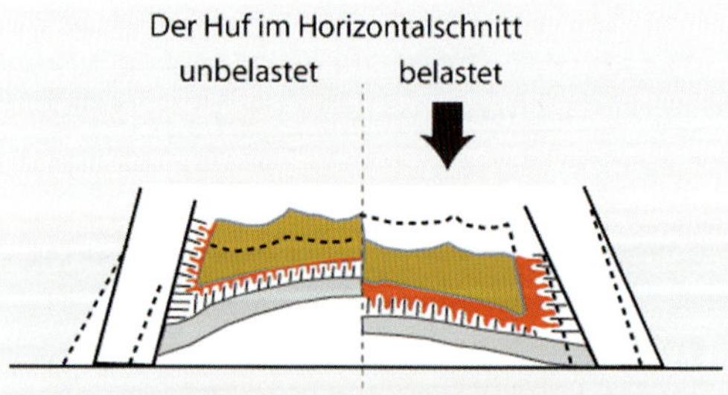

Abb. 1.38a: Der Hufmechanismus nach STRASSER. (Eigene Nachzeichnung der Abb. 32 in STRASSER 2004: S. 32.)

Die Spreizung der Hornwände wie das Absinken und Flachziehen des Sohlengewölbes lassen Blut in die Lederhäute einströmen, im unbelasteten Zustand wird es sodann wieder herausgepresst und auf diese Weise nach oben gepumpt (Hufpumpe).

Abb. 1.38b: Der Hufmechanismus nach TULETZKI-GERSTENBERG.
(Eigene Nachzeichnung der Abb. 3.15 in TULETZKI-GERSTENBERG 2005: S. 37.)

Eine volle Sohle (oder ersatzweise hier in gelb eine Silikoneinlage) presst das Hufpolster (grün) bei Belastung gegen die Hufknorpel (grau), wodurch das venöse Blut aufwärts gedrückt wird.

tung mit dem Pferdehuf umzugehen hat. Oder schlimmer, wie man ihn zu korrigieren und umzugestalten hat. Meines Erachtens sollte man dringend damit aufhören, die Hufe von Pferden umgestalten zu wollen. Man sollte stattdessen zum Wohle der Huf- und Pferdegesundheit akzeptieren, dass es verschiedene (Lebens-)Formen und Facetten des Pferdehufes gibt. Je nach den konkreten Bedingungen, die das Pferd mitbringt und in welchen es lebt, sind die Momente der Beweglichkeit in der Hornkapsel verteilt und infolgedessen gestalten sich die Hufbewegungen des einzelnen Pferdehufes.

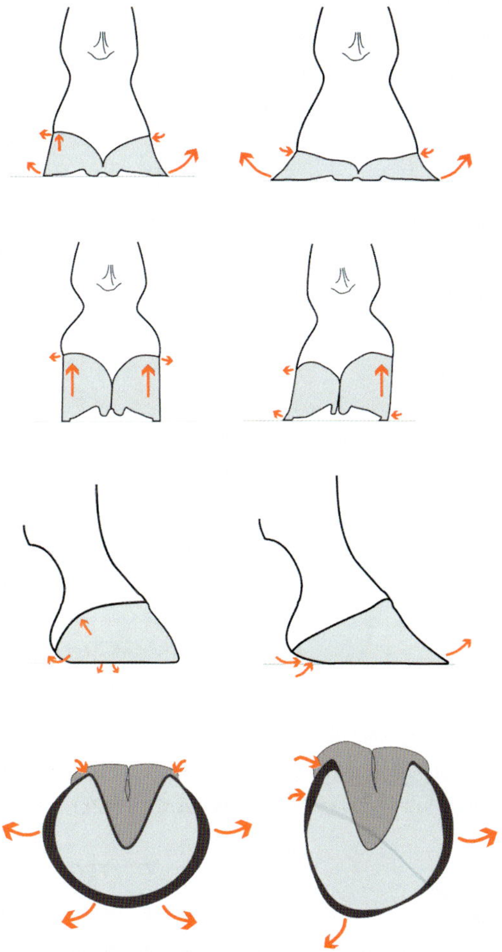

Abb. 1.39: Hufbiomechanik und Hufform (die Pfeile stehen nicht für ausladende, große Bewegungen, sondern für stetige Bewegungsimpulse im µm-Bereich).

Einen Huf in eine bestimmte Form zu schneiden, damit er eine »ideale« Bewegung ausführen kann oder besser ausführen muss, heißt in keinem Fall, seiner individuellen Biomechanik gerecht zu werden.
Anstatt ein einziges Moment der Hufbewegung herauszugreifen, muss man das Zusammenspiel der (an den verschiedenen Hufen unterschiedlich stark ausgeprägten) Momente begreifen, dann kann man auch zum Wohle des betreffenden Hufes handeln und seiner individuellen Biomechanik mit der Hufbearbeitung Rechnung tragen.

Die Skizzen zeigen beispielhaft, wie Hufe zwischen dem Pferdegewicht und dem Boden bewegt werden können. Der Fokus liegt dabei auf den Bewegungen der Hornkapsel (äußere Elastizität), die immer auch mit einem individuellen Bewegungsmuster im Inneren vergesellschaftet ist (innere Elastizität des Pferdehufes). Die Skizzen sind nicht nur in dieser Hinsicht selbst schon wieder Abstraktionen. Die Komplexität und Vielfalt der Hufbiomechanik kann mit ihnen nicht wirklich dargestellt werden. Aber obwohl hier lediglich bestimmte, einzelne Bewegungen der Hornkapsel herausgestellt werden können, machen die Zeichnungen doch deutlich, dass die Hufbewegungen wesentlich vielfältiger sind, als sie mit den Begriffen Hufmechanismus und Hufmechanik bis heute erfasst wurden. Man darf dennoch nicht vergessen, dass auch hier bezüglich der Hornwandbewegungen notwendigerweise von vielen entscheidenden Dingen abstrahiert ist, angefangen von der Gesamtheit des Hufes, der Stellung der Zehenknochen, der Hornlänge und Horndicke der einzelnen Anteile der Hornkapsel, der Beschaffenheit und Qualität des Horns, vom Feuchtigkeitszustand, von der Bodenbeschaffenheit, von der Gangmechanik ... All dies und noch ungezählt mehr beeinflusst letztlich die konkreten Bewegungen, die der einzelne Pferdehuf unter Belastung vollzieht.

Die vielgestaltigen Bewegungen des Hufes sorgen für eine stetige »Massage« der Lederhäute, hierdurch wird die **Durchblutung** angeregt und damit die **Nährstoffversorgung** im Huf positiv beeinflusst. Die wechselnde Be- und Entlastung des Hufes lässt die Gefäßdurchmesser der Kapillaren im ständigen Wechsel größer und wieder kleiner werden, Blut strömt ein und wird wieder herausgepresst, je nachdem ob ein Zug oder Druck die Lederhautblättchen und -zöttchen in diese oder jene Richtung bewegt, sie weitet oder komprimiert. Durch die horizontalen und vertikalen Bewegungsimpulse der Hornwände und durch die Bewegungen der flexiblen Hufknorpel, werden die Venen beim Rücktransport des Blutes unterstützt. Die in den tiefen Schichten der Wand- und Sohlenlederhaut sowie beidseits der Hufknorpel befindliche Venengeflechte werden durch die ständigen Formbewegungen des Hufes beim Auf- und Abfußen stimuliert, so dass das venöse Blut, unterstützt durch die (nach neuen Erkenntnissen auch in den Lederhäuten) regelmäßig verteilten Venenklappen, aufwärts gedrückt wird.[27] Diese Eigenschaft des Hufes, durch seine Bewegungen die innere Durchblutung des Pferdefußes anzuregen, hat wenig mit der oft zitierten »Hufpumpe« zu tun. Diese beruht auf der Vorstellung einer stetigen rhythmischen Trachtenweitung und ist immer der Auftakt zu den oben erwähnten, massiven Eingriffen und Hufkorrekturen. Auch die Überhöhung des Hufes zu einem »Hufherz« gründet auf dieser falschen Vorstellung und spätestens wenn der Huf die Funktion eines Herzschrittmachers zugesprochen bekommt und die Behauptung aufgestellt wird, die mangelnde Hufherzfähigkeit (Fähigkeit zur Trachtenweitung) verursache beim Pferd Herzerkrankungen, wird das Ganze zur rein propagandistischen Rede.

Es ist keineswegs so, dass eine gute Durchblutung und Nährstoffversorgung des Hufes nur bei einer Weitung der hinteren Hufwände stattfinden kann – Wie kommen die steilen engen Hufe dann eigentlich zu ihrem mitunter sagenhaft harten Horn? Aber auch das Gegenteil entspricht nicht der Wahrheit, dass nur eine möglichst geringe Wandbeweglichkeit ein Herauspressen des Blutes ermöglicht, wie bei HANSLIAN (1932: S. 176) oder TULETZKI-GERSTENBERG (2005) ausgeführt. Jeder Huf hat seine eigene individuelle Biomechanik und sorgt mit dieser für die wechselnde Komprimierung und Weitstellung der Blutgefäße. Was er dazu braucht, ist die Möglichkeit zur Bewegung. Deshalb kommt, und das gilt umstandslos für alle Hufe aller Formen, viel Bewegung auf unterschiedlichen Böden dem Hufhorn in Qualität und Wachstum zugute. Hufe von Pferden, die viel oder auch ausschließlich stehen müssen, bleiben in ihrer Entwicklung und Qualität zurück.

Im besten Falle haben Pferde also die Möglichkeit, sich auf unterschiedlichen Böden ausreichend zu bewegen. Die Hufbiomechanik hilft den Pferden auch dabei, diese Böden zu erkunden und damit auf den verschiedenen Untergründen auch sicher unterwegs zu sein. Die Biomechanik verleiht dem Pferdehuf einen **Tastsinn**. Wie im Kapitel Anatomie (S. 44 f.) bereits besprochen, befinden sich im Inneren des Pferdehufes neben den Blutgefäßen auch ausgedehnte Nervenstrukturen. Neben den Fasern des autonomen Nervensystems, welche die Weite der Blutgefäße regulieren und die Durchblutung steuern, sorgen sensorische Nervenfasern für die Tast- und Schmerzempfindungen des Hufes. Dass der Pferdehuf empfindlich ist, findet meist nur in der negativen Konnotation Beachtung, nämlich als Fühligkeit oder Lahmheit. Dabei hat die Fähigkeit zur Empfindung auch beim Huf vor allem zunächst einmal eine grundlegend positive Bedeutung. Die sensorischen Rezeptoren im Huf ermöglichen es dem Pferd, sich über den Boden »mit seiner Umgebung zu beschäftigen und sowohl vorübergehend als auch dauerhaft mit ihr zu interagieren« (BOWKER 2007: S. 57). Mechanorezeptoren registrieren durch Druck und Zug verursachte physikalische Gewebsveränderungen und sorgen für die propriozeptive Wahrnehmung (Eigenwahrnehmung) im Stand und in der Bewegung, sowie durch die sekundenschnelle

[27] *Laut Untersuchungen von HIRSCHBERG; BRAGULLA können entgegen mancher Angaben in der Literatur zweizipflige Taschenklappen in den Venen bis an die Grenze zwischen tiefer und oberflächlicher Schicht der Lederhäute nachgewiesen werden. Hierdurch wird der Blutabfluss aus dem Huf gefördert (2007: S. 34).*

Signalübermittlung zum Rückenmark für eine entsprechende Reaktion des Pferdes. Nozirezeptoren übermitteln Schmerzreize. Beide Rezeptorsysteme schützen den Huf und damit das Pferd vor potentiellen Gefahren. Sie erhalten die angemessenen Huffunktionen, geben dem Pferd Orientierung und Aufschluss über die Bodenbeschaffenheit und tragen über die lokomotorischen Reflexmechanismen zum fließenden Gang des Pferdes bei (ebenda: S. 48). Da die Lederhäute des Hufes stark innerviert sind, leisten sie einen großen Beitrag zur Wahrnehmung der genannten Funktionen. Die Hufbiomechanik lässt die Pferde die unterschiedlichen Untergründe unter ihren Füßen spüren und entsprechend fußen. Tastrezeptoren, wie die im Ballen- und hinteren Strahlbereich vorkommenden Pacini-Körperchen oder die im Sohlenbereich vorkommenden Ruffini-Körperchen, sind bei der Erforschung des Pferdehufes bereits identifiziert worden. Für die übrigen Hufareale stehen die Ergebnisse noch aus. In meinen Augen ist es sehr wahrscheinlich, dass auch hier ähnliche Mechanismen der Reizwahrnehmung gefunden werden. In jedem Fall ist der hufeigene Tastsinn nicht auf die Hufunterseite, Sohle und Strahl, beschränkt. Auch die Bewegungen der Hornwand informieren das Pferd über die aktuelle Bodenbeschaffenheit wie über den gegenwärtigen Zustand der schützenden Hornkapsel (trocken vs. feucht und elastisch, geschlossen vs. eingerissen, dünn vs. dick, ...). Die über das Hufhorn vermittelten direkten sensorischen Empfindungen tragen zum Schutz der Gliedmaßen bei, indem sie unmittelbar entsprechende unwillkürliche, muskuläre Reaktionen auslösen sowie mittelbar und willentlich gesteuert für einen schonenden Umgang mit den Gliedmaßen sorgen.

Die Hufbiomechanik stellt also eine wichtige Schutzfunktion dar. Dies umso mehr, als es dem Pferdehuf durch die ihm eigene Elastizität und Verwindungsfähigkeit auch bis zu einem gewissen Grade möglich ist, Unebenheiten und Verwerfungen des Bodens zu schlucken. Das bedeutet eine zusätzliche Entlastung für die Gelenke. Das Pferd spürt nicht nur, wo es hintritt, sondern die Biegung, Stauchung und Dehnung der Hornwände im Zusammenhang mit der vertikalen Verwindungsfähigkeit des Hufes im hinteren Hufbereich ermöglichen es dem

Abb. 1.40: Der Huf erkundet den Boden – die unmittelbare Reizweiterleitung an Rückenmark und Gehirn sorgt für die Wahrnehmung der Bodenbeschaffenheit und entsprechende Reaktionen des Pferdes.

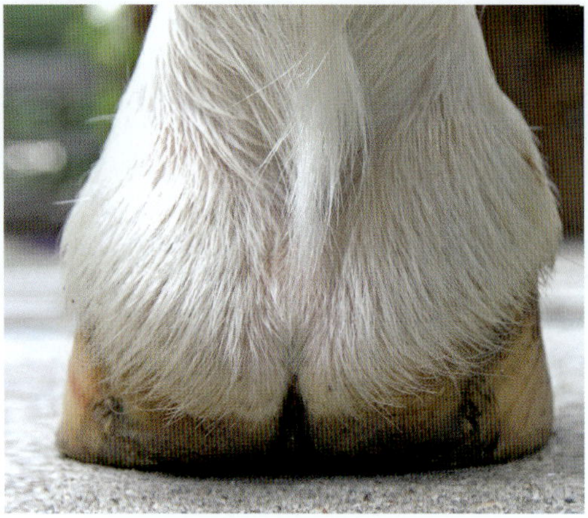 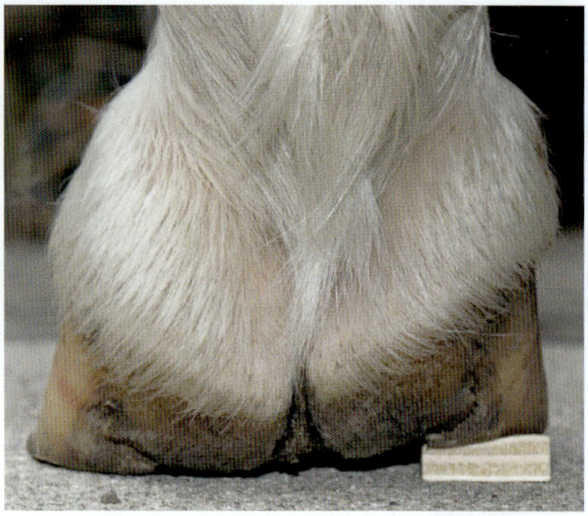

***Abb. 1.41:** Demonstration der vertikalen Verwindungsfähigkeit des Hufes im Trachten-Ballen-Bereich. Bei diesem 24-jährigen Pferd führt die Keilhöhe von 5 mm aber auch bereits zu einer zusätzlichen Verkippung im Hufgelenk.*

Pferdehuf ebenso, sich ein Stück weit an den unter ihm befindlichen Boden **»anschmiegen«** zu können. Hierdurch werden Stöße des Untergrunds gemildert und einseitige Kraftspitzen auf Knochen, Gelenke und Bindegewebsstrukturen der Gliedmaßen abgeschwächt. Diese beiden Momente der Hufbiomechanik – Fühlen und Anschmiegen – tragen maßgeblich zur Gesunderhaltung der Pferdegliedmaßen bei. Das entlastende Potential der Biomechanik des Hufes kommt so auch bspw. in engen Wendungen zum Tragen, wo die Gliedmaße stets eine starke einseitige Belastung erfährt (HERTSCH et al. 1996: S. 29 f).

Der Huf besitzt im hinteren Bereich eine etwas größere Beweglichkeit als in seinem Vorderteil, wo der Hufbeinknochen den Hornschuh ausfüllt und dadurch seine Elastizität beschränkt. Im hinteren Hufbereich, wo der Hufbeinknochen durch die beweglicheren Hufknorpel und das leicht verformbare Hufpolster abgelöst wird, nimmt die Elastizität zu. Das gilt vor allem für junge Pferde, bei denen die Hufbeinäste noch nicht so stark ausgebildet sind. Dabei ist nicht nur eine etwaige horizontale Nachgiebigkeit nach innen und außen gegeben, sondern die Trachtenwände des Hufes können den vom Boden her einwirkenden Kräften in bestimmten Grenzen auch in vertikaler Richtung folgen. Durch die weniger feste Verbindung zwischen Hufwand und Hufknorpel können sich die Trachtenwände zudem ein Stück weit vorbei an den inneren Strukturen nach oben schieben.[28] Dies alles sorgt dafür, dass unebenes Fußen vom Pferdehuf recht gut kompensiert werden kann. »Diese Funktion ist optimal für ein barfuß gehendes Pferd, weil die Hufkapsel sich durch die Trachten immer an die Unebenheiten anpassen kann« (CASTELIJN 2007: s. o.).

Da die Biomechanik des Hufes wie oben schon besprochen eine sehr individuelle Ausprägung besitzt, überrascht es nicht, dass auch in Bezug auf diese beiden Momente – Sensitivität und vertikale Mobilität der Trachten – große individuelle Unterschiede herrschen. Dass Pferde, die unter einer mehr oder weniger ausgedehnten Hufknorpelverknöcherung leiden, nur eine eingeschränkte Trachtenbeweglichkeit besitzen, liegt auf der Hand. Aber auch Pferde, die unter schiefen Hufsituationen leiden, insbesondere wenn diese mit einer starken Ballenverschiebung einhergehen, besitzen einen geringeren Spielraum in Bezug auf die Kompensation von Unebenheiten im Boden. Alle Prozesse, die mit einer Zunahme der Steifigkeit der elastischen Hufknorpel und der sie umgebenden Haltebänder einhergehen (normale Alterungsprozesse,

[28] Anders als im Bereich des Hufbeins, wo die feste Verbindung zwischen Knochen und Wandlederhaut dafür sorgt, dass das Pferdegewicht in der Hornkapsel aufgehängt ist (Hufbeinträger), ist die Verbindung zwischen Wandlederhaut und Hufknorpel eher locker. Es kann in diesem Bereich deshalb nicht synonym von einem Hufknorpelträger gesprochen werden (HENKE 1997: S. 83 und S. 97) siehe auch im Kapitel zur Anatomie (S. 37).

Entzündungsprozesse, Adaptionsleistungen bei Fehlbelastungen) schränken die Beweglichkeit der Trachten-Ballen-Region letztlich mehr ein. Umgekehrt ist es aber auch nicht wünschenswert, dass eine übergroße Mobilität in diesem Bereich besteht. Die ist häufig anzutreffen, wenn Pferde unter starker Strahlfäulnis leiden und die mittlere Strahlfurche bis hoch in die Ballen gespalten ist. Die durch die Zerstörung des Zusammenhaltes hergestellte Hyperbeweglichkeit in vertikaler Richtung bringt dem Pferd keine Vorteile, sondern macht den Fußungsvorgang auf unebenem Boden schmerzhaft. Das ist einer der Faktoren, der bei einem Pferd eine höhere Empfindlichkeit der Hufe hervorrufen kann. Auch andere Schädigungen der Hornkapsel wie Spalten, Zerreißungen der Blättchenschicht, hohle Wände können Hufe empfindlicher werden lassen. Letztlich trägt die individuelle Hufsituation entscheidend dazu bei, ob Hufe eher mehr oder eher wenig empfindlich sind. Für mehr Empfindung sorgt bspw. zumeist eine besondere »Dünnschaligkeit« des Hornschuhs, eine geringe Bodenfreiheit der Sohle sowie starke Wandverbiegungen nach außen, aber auch nach innen unter den Huf. Darüber hinaus gibt es nach meiner Erfahrung aber auch eine ganz grundlegende und unterschiedlich verteilte Huf-Sensitivität, die nicht direkt und allein durch die konkrete Beschaffenheit der Hornkapsel, sondern durch genetische Faktoren bestimmt ist. Jeder weiß, dass Pferde bspw. völlig unterschiedlich auf fliegende Plagegeister reagieren. Manche stehen übersät von Fliegen und Bremsen, ohne hiervon irgendein Aufhebens zu machen. Bei anderen führt eine lästige Fliege zu massiven Abwehrreaktionen und echtem Ärger. Wenn man ein fremdes Pferd anschaut und für sich abzuschätzen versucht, ob es eines ist, das eher empfindlich oder eher nicht empfindlich in Bezug auf Stechtiere ist, so liegt man häufig richtig – und nicht selten falsch. Man kennt die stoischen und die eher sensiblen Typen, wird dann aber doch immer wieder überrascht von dem Kaltblut, das jede einzelne Fliege spürt und schier unerträglich findet oder umgekehrt vom dünnhäutigen hibbeligen Reitpony, das die Plagegeister gar nicht wahrzunehmen scheint. Ähnliches kann einem auch bei der Einschätzung der Hufe passieren. Da gibt es Pferde, die den Boden stets mehr zu spüren scheinen als ihre Stallkumpane, obwohl ihre Hufe überhaupt nicht empfindlich aussehen. Und da gibt es Pferde, die man nach dem Zustand ihrer Hufe eher als fühlige Kandidaten einschätzen würde und diese Vermutung erweist sich dann nicht nur als falsch, sie sind sogar noch ausgesprochene »Indianer an den Hufen«. Es ist bislang nicht bekannt, ob Hufe tatsächlich eine individuell unterschiedliche nervale Ausstattung besitzen. Dies ist meiner Ansicht nach jedoch eine recht nahe liegende Erklärung für die zu beobachtende grundlegende Sensitivität vs. Desensibilität mancher Hufe. Vor allem, wenn sich diese nicht durch die Hufsituation selbst, durch Gewöhnungseffekte und Aufwuchsbedingungen erklärt.[29]

Die Biomechanik des Pferdehufes ist also tatsächlich ein wesentlich komplexerer Prozess, als er mit den bisherigen Definitionen und Modellen von Hufmechanik und Hufmechanismus erfasst wurde. Das Körpergewicht des Pferdes und die dynamischen Kräfte, die in der Fortbewegung entstehen, lasten auf dem Huf, der durch seinen funktionellen Bau bestens dazu geeignet ist, diese Belastung dauerhaft auszuhalten. Neben der besprochenen Elastizität ist hierfür natürlich auch eine ausreichende Widerstandskraft und Steifigkeit des Hornmaterials notwendig. Messungen zur Bruchfestigkeit und Dehnungsfähigkeit von Hufhorn haben ergeben, dass der Huf diesbezüglich sogar noch weitaus mehr Belastung aushalten könnte, als ihm während der normalen Benutzung durch das Pferd zugemutet wird. Erst eine 15-fache Vergrößerung der an den Hufen von Pferden bisher gemessenen Spitzenbelastungen würde

[29] *Eine merkwürdige Beobachtung, die ich in diesem Zusammenhang gemacht habe, ist die, dass »Indianer an den Hufen« sehr oft hypersensibel in punkto Fliegen, Bremsen und Co sind. Als Hufbearbeiter bekommt man da (leider) einen ganz guten Einblick. Da schafft es schließlich eine einzige Fliege, das sonst so kooperative und brave Pferd zum anstrengenden Termin werden zu lassen. Und ungekehrt steht die »Mimose am Huf« völlig ungerührt, obwohl sich die gesamte Fliegenwelt auf ihr tummelt.*

bspw. die Dehnungsfähigkeit des Hornmaterials überschreiten und so zur ernsthaften Gefahr für den Huf werden (THOMASON 2007: S. 6 f). Es gibt also eine recht große »Sicherheitsspanne« in Bezug auf die Belastbarkeit des Hornmaterials. Warum Hufe dennoch einreißen, begründet sich auch weit häufiger aus einer beständigen Belastung durch Miss-Spannungen und daraus folgender Materialermüdung als aus einer einmaligen, übergroßen Spitzenbelastung des Hornmaterials.

Diese bruchsichere und dabei zähelastische Beschaffenheit des Hufhorns führt dazu, dass die Hornkapsel neben den genannten Eigenschaften auch eine ausgeprägte Plastizität besitzt. Das heißt, die Hornkapsel verändert sich unter der Einwirkung der Kräfte dauerhaft in der Gestalt oder anders gesagt, sie verformt sich plastisch. Im Zusammenspiel zwischen einfallender Körperlast – die vermittelt über das Hufinnenleben von innen auf den Hornschuh einwirkt – und Bodenreaktionskraft – die über die Hufunterseite Druck und Zug auf die Hornwände ausübt – wird der Huf des Pferdes in spezifischer Weise bewegt und hierdurch letztlich geformt. Die individuelle Biomechanik des Hufs erschafft so seine individuelle Hufform. Diese Hufform wiederum bestimmt im Folgenden, wie nun weiterhin die konkrete Biomechanik ausfällt. Es handelt sich hierbei um einen klassischen Feedbackmechanismus (THOMASON 2007: S. 9), der in einem ungünstigen Fall auch die Form eines circulus vitiosus einnehmen kann.

Die Biomechanik und die Form eines Hufes sind untrennbar miteinander verbunden und wirken beständig aufeinander ein. Jeder Huf ist ein Spiegel der Belastung, die das betreffende Pferd beim Gebrauch seiner Gliedmaßen auf ihn legt. Der Huf wird also zum einen zwischen dem Pferd und dem Boden geformt, wirkt dann aber im gleichen Maße auch über seine Biomechanik zurück auf die Bewegungen des Pferdes und auf die konkrete Belastung der Gliedmaßen.

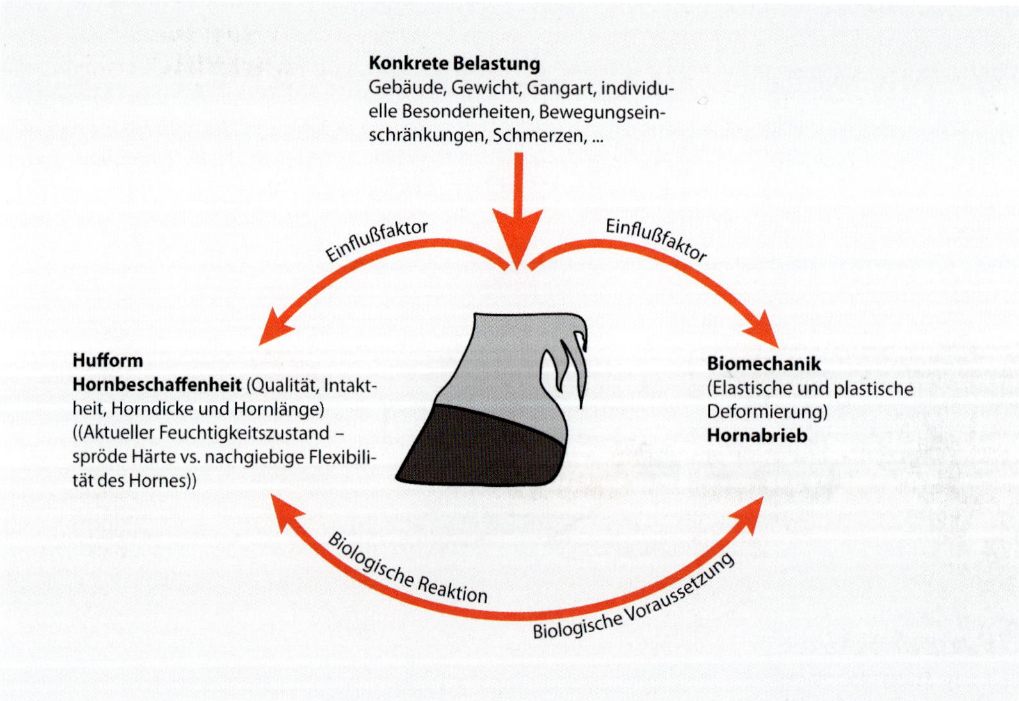

Abb. 1.42

1.4. Die Hufbiomechanik und die Konsequenzen für die Hufbearbeitung

»Wenn man bedenkt, welchen Belastungseinwirkungen das Zehenendorgan durch die einfallende Körperlast und durch den Gegendruck des Erdbodens ausgesetzt ist, so ist es nur natürlich, daß dieses Organ seiner Funktion entsprechend seine Struktur ausrichtet. Ihre Beachtung erscheint mir als dringendste Forderung; denn eine Änderung der Belastungsverhältnisse hat eine Änderung der Struktur zur Folge, in deren Zuge pathologische Prozesse auftreten.« (FRITZENWANKER 1945: S. 2)

Jedes Pferd besitzt aus diesem Grund individuell geformte Hufe. Hat man sich diese Tatsache vor Augen geführt, ist es nicht mehr einfach nahe liegend und erst recht nicht selbstverständlich, dass man sich bei der Hufbearbeitung an bestimmten »Idealmaßen für Pferdehufe« orientiert. Es nützt dem jeweiligen Huf wirklich wenig, wenn man ihm »vorschreibt«, in den Trachten niedriger, in den Ballen auf gleicher Höhe, insgesamt ovaler oder runder, mit mittiger Zehenrichtung, mit Schweben in den Seitenwänden, mustang roll oder ohne Tragrandüberstand ausgestattet zu sein. Die Hufbearbeitung sollte sich stattdessen klugerweise in die Wechselwirkungen zwischen der individuellen Hufform, der dazugehörigen Hufbiomechanik und dem Pferd (als die Hufe benutzender Gesamtheit) einschalten, indem sie sich die spezifischen Abnutzungsvorgänge und die konkreten Bodenreaktionskräfte am jeweiligen Huf erschließt und sie als Basis nutzt, die vorfindliche Situation zu optimieren oder im günstigen Fall auch einfach zu erhalten. Der positive Input der Hufbearbeitung besteht in der Nutzung oder besser in dem gezielten Einsatz der tatsächlich vorliegenden Abnutzungs- und Bodenreaktionskräfte, nicht in der Umgestaltung des Hufes nach wie auch immer gearteten idealen Maßstäben.

Letzteres kann der individuellen Situation auch deshalb nicht gerecht werden, weil die Besonderheiten sich nicht auf den Hornschuh allein beschränken. Wie der Hornschuh, so hat sich auch die Gliedmaße mit ihren Knochen und Gelenken und mit ihren Sehnen- und Bandstrukturen an die konkrete Benutzung durch das Pferd angepasst. So vielgestaltig wie die Hornkapseln, sind deshalb auch die Formen der Knochen und Gelenke sowie die Strukturen des Bindegewebes der Pferdegliedmaße. Das betrifft in ganz besonderer Weise die Hufbeinknochen, die in der Regel ein genaues Abbild der Hornkapsel darstellen. Das Hufbein ist von der Hornkapsel allein durch die Wandlederhaut getrennt. Bei normalen Verhältnissen, sprich, wenn sich die Hornwand nicht von ihrer Unterlage gelöst hat (lose Wand, hohle Wand, Huf-

Abb. 1.43: Schiefe Hornkapseln und ihre gleichermaßen schiefen Hufbeine.

rehe), ist der Huf »also praktisch lediglich eine Vergrößerung des Hufbeins« (FRITZENWANKER 1945: S. 13).

Die Vielgestaltigkeit der Hufformen findet sich deshalb in einer großen Vielfalt individuell geformter Hufbeine wieder.

> *»Bei keinem Knochen des Pferdeskelettes kommt eine so grosse Mannigfaltigkeit der Form und Beschaffenheit, sowohl in anatomischer als auch in pathologischer Beziehung vor, wie beim Hufbein.«* (SCHWYTER 1906: S. 22)

Die Kräfte zwischen Pferd und Boden formen also nicht nur die Hornkapsel, sondern führen auch zu einer individuellen Ausformung des Hufbeins. Dieser Umstand findet bei der Hufbearbeitung eher wenig Beachtung und ich glaube, dass sich in der Tat viele Fachleute dessen einfach überhaupt nicht bewusst sind. Ein Huf mit ungleich großen Hufhälften oder unterschiedlich hohen und steilen Wänden weist fast immer ein ebensolches Hufbein auf. Die Herstellung einer äußeren Hufsymmetrie, wie sie bei der Hufbearbeitung häufig angestrebt wird, genügt deshalb auch mehr optischen Maßstäben, als dass sie hilft, die Funktionalität der Gliedmaße zu verbessern. Letzteres gilt umso mehr, als sich die individuelle Ausformung gar nicht nur auf das Hufbein beschränkt. Auch die übrigen Knochen der Gliedmaße passen sich funktional an ihren individuellen Gebrauch an. Das heißt beispielsweise auch, dass die Gelenkflächen höchst individuell ausgestaltet sind.

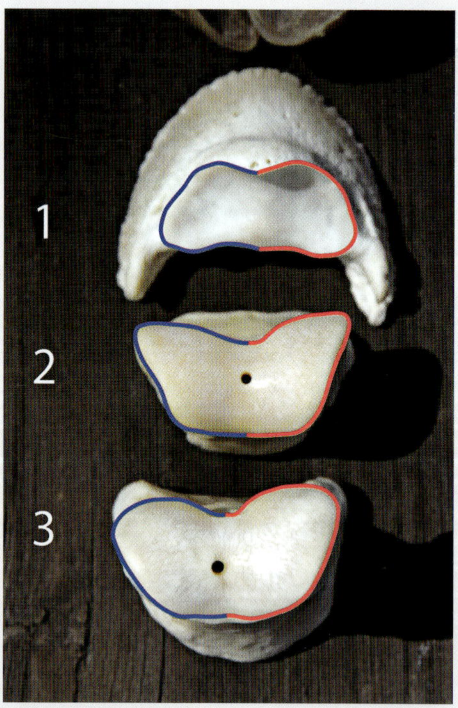

***Abb. 1.44a:** Hier sehen wir die individuell ausgeprägten und dabei keineswegs symmetrischen Gelenkflächen von Huf- und Krongelenk. (1) Hufgelenksfläche am Hufbein (2) Hufgelenksfläche des Kronbeins, (3) Krongelenksfläche des Fesselbeins. (Präparat: Beate Naumann)*

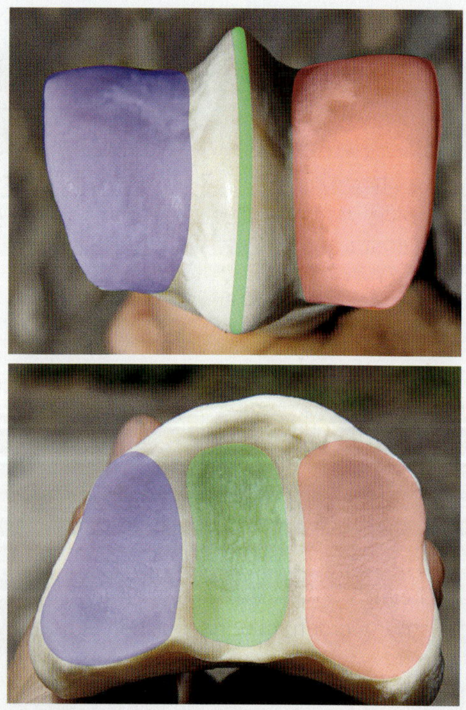

***Abb. 1.44b:** Und hier ein Blick in das dazugehörige Fesselgelenk. Auch dieses hat sich entsprechend der individuellen Belastungssituation des Pferdes ausgeformt. Oberes Bild: Fesselgelenksfläche des Röhrbeins, unteres Bild: Fesselgelenksfläche des Fesselbeins.*

Die Gelenkflächen der Pferdegliedmaße sind also durch ihre knöcherne Ausformung passend zueinander ausgerichtet. Das ermöglicht es, den Gelenkpartnern ökonomisch miteinander zu artikulieren. Auch die Weichteilstrukturen haben sich der jeweiligen individuellen Belastungssituation angepasst. Das betrifft die Knorpeldicke innerhalb der Gelenke wie auch die Dicke, Breite, Länge und genaue Lage der Kollateralbänder. Diese seitlichen Haltebänder der Zehengelenke formen sich je nach Ausmaß und Form der Beanspruchung und besitzen deshalb auf der Innen- und Außenseite der Gliedmaße mitunter recht unterschiedliches Aussehen und unterschiedliche Qualitäten.[30] Sie sind in ihrem Bau der vorliegenden Belastungssituation angepasst. Gleiches gilt für den Knorpel der die Gelenkflächen bedeckt. Er nimmt an den Stellen höherer Belastung an Dicke zu, so dass die stärker belasteten Gelenkseiten in der Regel über einen dickeren Gelenkknorpel verfügen.
Diese durch den Gewichtsdruck sowie durch die Gelenkbewegung stärker in Anspruch genommenen Flächen der Gelenke sind durch die beschriebene physiologisch-hyperplastische Anpassungsleistung besser geschützt und können so der stärkeren Beanspruchung natürlich auch besser standhalten (AHLERS 1940: S. 25 f).

Wie wirkt es sich nun aber aus, wenn der Mensch – wohlgemerkt in bester Absicht – eingreift und den nicht ganz regelmäßigen oder vielleicht auch schon arg aus der Form geratenen Huf bei der nächsten Hufbearbeitung so symmetrisch wie möglich schneidet. Verbessert dies tatsächlich die Situation der Gliedmaße? Angesichts des oben Gesagten ist das eher unwahrscheinlich. Die Anpassungsleistungen des Organismus werden mit einer solchen Hufbearbeitung für obsolet erklärt. Mehr noch, sie sind nun im schlimmsten Fall ein »Störfaktor«, da sie die Gliedmaße nicht für das Laufen auf dem neuen »verbesserten« Fundament tauglich machen.

Die Gelenkkongruenz, die eine wesentliche Grundlage für die »reibungslose« Beweglichkeit eines Gelenks ist[31], ist zunächst einmal grundlegend gestört, denn schließlich beruht sie auf der höchst speziellen Ausformung der Gelenkflächen. Letzterer aber wird man durch ein Geradeschneiden des Hufes in keiner Weise gerecht. Die Artikulationsflächen der Gelenke werden von einer Minute auf die andere mehr oder weniger inkongruent gestellt. Die Band- und Knorpelstrukturen werden durch die an der Fußungsfläche vorgenommene Veränderung plötzlich ebenfalls anders belastet, als dies in den Wochen (bis Monaten) zuvor der Fall war. Auch die Gliedmaßenknochen selbst haben sich in ihrer Form und Architektur an die dauerhafte, statische und dynamische Belastung angepasst. Dieser Vorgang der funktionalen Anpassung der Knochen an die konkrete Belastungssituation beruht, wie beim Menschen, auf der Eigenschaft der Knochen, auf eine hohe Beanspruchung mit einer Aktivitätshypertrophie (Anbau) und auf anhaltende geringe Beanspruchung mit Inaktivitätsatrophie (Abbau) zu reagieren (BOSECKERT 2004: S. 4).

Mit Ausnahme des Hufbeins erhalten alle Knochen der Pferdegliedmaße auf diese Weise ihre spezifische Ausformung; sie verstärken und vergrößern sich an den mehr beanspruchten Seiten der Gliedmaße und schwinden an den Stellen geringerer Belastung. Nur der Knochen des Hufbeins, der vom Hornschuh umgeben und maßgeblich durch diesen geformt wird, reagiert auf die ungleichmäßige Belastung genau umgekehrt. Das Hufbein wird kleiner, verengt sich genauer gesagt auf der Seite der höheren Belastung und wird weiter und größer auf der Seite, auf welcher ihm der Hornschuh mehr Raum bietet.

Die Knochen des Pferdebeins passen sich an die konkrete Stellung und Belastung nicht nur ihrer Form, sondern auch ihrer Struktur nach an. Die Feinarchitektur der Knochen entspricht des-

[30] MÜLLER (1913) findet bei seinen Untersuchungen an schiefen Hufen ausgeprägte Unterschiede zwischen den Kollateralbändern der mehrbelasteten und der weniger belasteten Hufseiten.

[31] Siehe KRÜGER-FRANKE 2010.

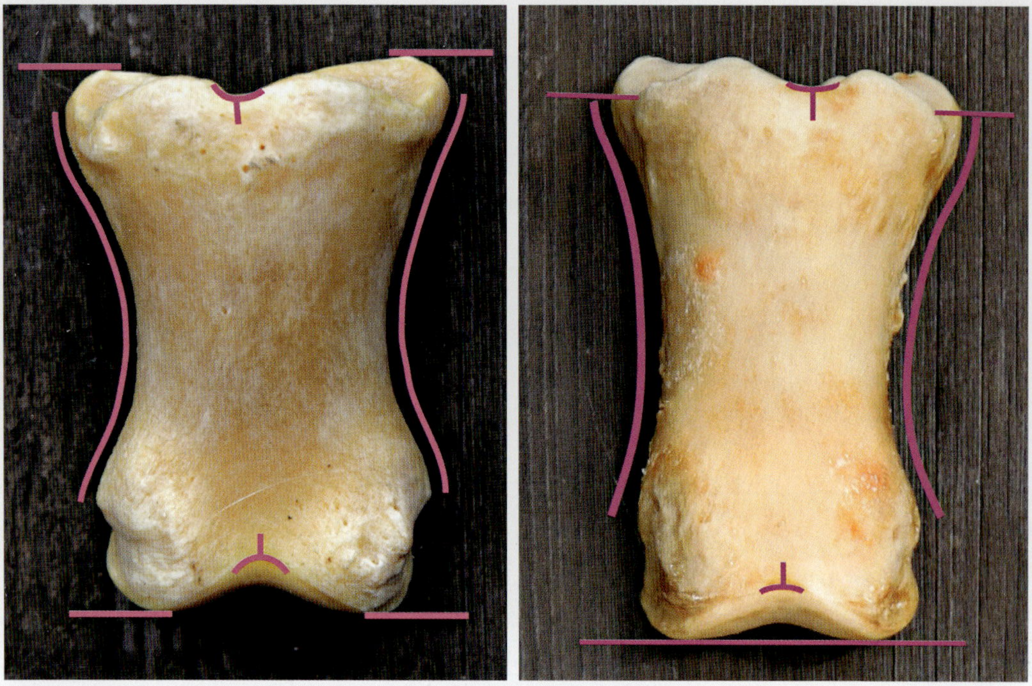

Abb. 1.45: Knochenumbau entsprechend der Belastungssituation hier am Beispiel dreier Fesselbeine. Die Fesselbeinknochen formen sich neben dem Hufbein am stärksten um. Der kurze Kronbeinknochen zeigt in der Regel die geringsten Höhen- und Breitenverschiebungen. Bei seiner Untersuchung von 50 präparierten Zehengliedmaßen findet SCHWYTER nicht ein einziges Fesselbein welches in Form und Maß ebenmäßig ist. Bei der Vermessung der Zehenknochen ergeben sich bei allen Fesselbeinen mehr oder weniger deutliche Höhen- und Breitenunterschiede zwischen medialer und lateraler Partie. Gleiches gilt für das Hufbein. Bei den Kronbeinen finden sich dagegen immerhin 19 unveränderte symmetrische Knochen (SCHWYTER 1906: Tabelle IV).

halb ihrer dauerhaften statisch mechanischen Beanspruchung:

> *»Die feinen Spongiosabälkchen legen sich so an, daß sie zu den Flächen des größten Zuges oder Druckes jeweils senkrecht stehen und somit in der Lage sind, in vollem Umfange als Stütze zu wirken. Außerdem stabilisieren sie sich noch durch gegenseitiges Kreuzen.« (AHLERS 1940: S. 7 f)*

Eine plötzliche Stellungsveränderung, wie sie dem Pferd bei der Hufbearbeitung oft gutmeinend zugemutet wird, macht die Funktionsanpassung der Gliedmaßenknochen an die bisherige Stellung nicht nur überflüssig, sondern mehr oder weniger untauglich. Eigentlich besteht das Ziel der Hufbearbeitung doch darin, die Situation der Gliedmaße zu verbessern und eine Belastungssituation herzustellen, die das Pferd und seine Gliedmaßen gesund erhält. Aber:

> *»Umgekehrt wird, wenn sich die Einwirkungsrichtung der maximalen Zug- und Druckbeanspruchung eines Knochens aus irgendeinem Grunde ändert, seine der ursprünglichen normalen Beanspruchung angepasste Struktur unzweckmässig.« (SCHWYTER 1906: S. 31)*

Das Vorgehen bei der Hufbearbeitung muss aus meiner Sicht aus diesen Gründen überdacht werden. Ein Geradeschneiden des Hufes, um unterschiedlich hohe Wände anzugleichen, um eine gerade Zehenachse herzustellen, um den Huf zum Fesselstand passend zu machen

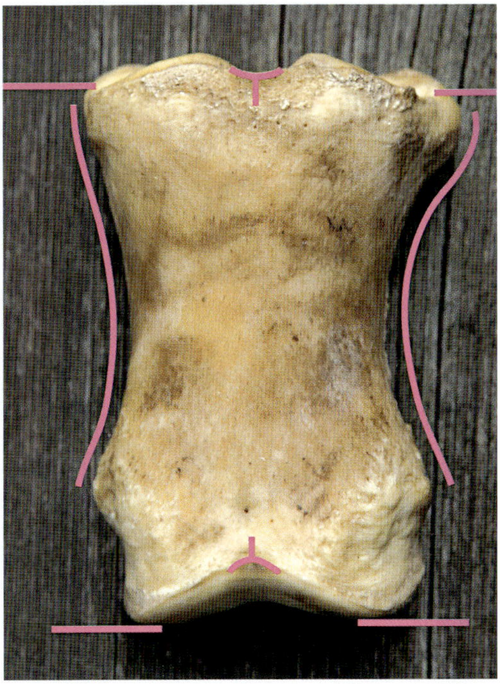

oder einen bestimmten Hufwinkel zu erzeugen, sorgt für eine veränderte Belastung der Knochen wie auch der Weichteilstrukturen, die dieser veränderten Belastung zunächst nicht angepasst sind.

> *»Ein solcher Knochen wird erst dann wieder seinem Zwecke vollständig genügen können, wenn seine durch die Änderung der Beanspruchung statisch wertlos gewordenen Bälkchen geschwunden und dafür andere Zug- und Druckelemente sich in der neuen Beanspruchungsrichtung angelagert haben.« (SCHWYTER 1906: S. 31)*

Die Gliedmaße wird also durch die Hufbearbeitung häufig in eine Situation versetzt, in welcher sie sich in der nachfolgenden Zeit erst wieder einrichten muss. Da die Fähigkeit der funktionalen Anpassung bis ins Alter fortbesteht, ist diese neuerliche Anpassung ja auch durchaus möglich. Dann ist aber alles auch nicht so schlimm, oder? Schließlich können sich die Knochen, Gelenke, Sehnen und Bänder an die neu hergestellte Beanspruchung anpassen und auf diese Weise die Unzweckmäßigkeit und Schädlichkeit der kurzfristig zugemuteten Situation irgendwann beenden. So lautet im eigentlichen auch der Plan, den die traditionelle Hufbearbeitung verfolgt. Wo er aufgeht, hat sie Berechtigung. In der Praxis sieht es allerdings leider meist so aus, dass die Stellungskorrektur am Huf zu jeder Bearbeitung erneuert werden muss. Der Huf wird einfach immer wieder einseitig zu hoch, weicht am Ende des Bearbeitungsintervalls stets wieder vom Fesselstand ab, wird in den Trachten immer aufs Neue zu niedrig oder zu hoch, fußt nicht plan etc. pp. Der traditionell arbeitende Hufbearbeiter sieht sich deshalb bei der Bearbeitung gezwungen, seine Korrekturmaßnahmen stets zu wiederholen. Das in der Folge immer wieder durch Menschenhand veränderte Huffundament stellt die Gliedmaße und das Pferd (innerhalb von Minuten) regelmäßig vor dieselbe Aufgabe, wie schon vor 4, 8 oder 12 Wochen.

Müssten dann aber nicht alle Pferde lahm gehen nach der Hufbearbeitung? Warum reagieren die Pferde hierauf nicht stets mit einer Verschlechterung ihres Befindens?[32] Das liegt zum einen an der vorhandenen Kompensationsfähigkeit sowie an der ausgeprägten Leidensfähigkeit dieser Tiere. Das Pferd benutzt bspw. seine Muskulatur, um die Veränderungen, die am Huf vorgenommen worden sind, zu kompensieren. Es ändert die Aufstellung seiner Gliedmaßen, verlagert unmerklich sein Gewicht, stellt seine Beine nach Möglichkeit etwas mehr nach außen oder innen, nach hinten oder vorn, dreht die Beine aus oder ein, benutzt letztlich seine gesamte Muskulatur beim Stehen wie auch beim Gehen dazu, mit dieser veränderten Situation schmerzfrei zurecht- und aus ihr möglichst schadlos herauszukommen. Wir Menschen bemerken diese Dinge in der Regel nur dann, wenn sie im großen Stil stattfinden. Es gibt allerdings auch Pferdebesitzer, die einen

[32] Wir Menschen würden dies sofort mit schlechtem Laufen (und schlechter Laune) quittieren. Jeder Leser, der es genau wissen will, kann hierzu sofort die Probe aufs Exempel machen: Legen Sie sich einfach einmal einen kleinen Keil (4–5 mm sind völlig ausreichend) einseitig unter die Ferse Ihres Schuhs! Nun, wie fühlt sich das an? Was meinen Sie, wie lange bräuchten Sie, um sich an dieses veränderte Fundament zu gewöhnen? Und was hätte das dann möglicherweise für Folgen für Ihr Fußgelenk, Ihr Knie, Ihre Hüfte, Ihre Wirbelsäule?

(Foto: Beate Naumann)

sehr guten »Draht« zu ihrem Vierbeiner haben, und die Bemühungen ihres Pferdes, mit der neuen Situation zurechtzukommen, durchaus bemerken. Mitunter ist die »Umstellungsproblematik« aber auch unübersehbar und es gibt nicht wenige Pferde, die sich nach jeder Hufbearbeitung immer erst wieder einlaufen müssen. Leider wird zumeist nicht einmal daraus der Schluss gezogen, dass die Hufbearbeitung dem Pferd doch ganz offensichtlich **nicht** guttut. Es gilt als ausgemacht (weil es ja auch schon immer so war), dass ein Pferd sich stets erst einmal wieder an seine neuen Schuhe gewöhnen muss.

Es ist natürlich immer auch eine Frage des Grades der Umstellung, die einem Pferd zugemutet wird. Pferde, deren Hufe aufgrund ihrer fast regelmäßigen Beinstellung, ihres korrekten Gebäudes und ihres ungestörten Bewegungsablaufes nur wenig vom angelegten Idealmaßstab abweichen, stecken die kleineren Stellungskorrekturen nach dem oben beschriebenen Muster verhältnismäßig einfach weg. Pferde, bei denen die Voraussetzungen nicht so günstig sind, leiden in der Regel mehr. Letzteres gilt auch für Pferde, deren Gliedmaßen bereits kleinere oder größere pathologische Veränderung aufweisen. Prinzipiell sind Pferde in der Lage, durch den zweckmäßigen anatomischen Bau ihrer Gliedmaßen, willkürliche Veränderungen der Bodenfläche ein Stück weit auszugleichen. Hufgelenk und Krongelenk besitzen als unvollständige Wechselgelenke einen gewissen seitlichen Bewegungsspielraum sowie die Fähigkeit, in begrenztem Rahmen Torsionsbewegungen mitvollziehen zu können (siehe hierzu die Ausführungen im Kapitel Anatomie S. 28 f). Diese Fähigkeit der beiden unteren Zehengelenke, sich passiv auch überschaubaren Seit- und Drehbewegungen anpassen zu können, ist eine wichtige Eigenschaft, die das Pferd dazu benötigt, um auch auf unebenen Böden gut zurechtkommen zu können. Wird diese Fähigkeit für die Hufkorrektur ausgenutzt, indem man den Huf einseitig kürzt, so steht sie hiernach für den Ausgleich der Bodenunebenheiten nur noch in verminderter Form oder im schlimmsten Fall auch überhaupt nicht mehr zur Verfügung. Auch bestimmte pathologische Veränderung wie Randexostosen, Schale, Hufknorpelverknöcherung, Arthrosen, Veränderungen von Gelenkkapsel- oder Bandstrukturen sowie Sehnenschäden schränken die Toleranz des Pferdes gegenüber willkürlichen Veränderungen seiner Fußungsfläche ein. Der vernünftige Hufbearbeiter weiß, dass er die individuellen Toleranzgrenzen des Pferdes bei der Korrektur des Hufes nicht überschreiten darf, im anderen Fall hinterließe er ein lahmendes Pferd. Bleibt man innerhalb dieser Grenzen und das Pferd lahmfrei, scheint alles in Ordnung. Dabei ändert es jedoch nichts am Prinzip des korrektiven Eingriffs. Die Folge für die Pferdegliedmaße ist im einen wie im anderen Fall biomechanischer Stress; je nach Stärke der Korrektur fällt dieser letztlich lediglich moderater oder heftiger aus. Ursache hierfür sind die oben beschriebenen, bereits vorausgegangenen Anpassungsleistungen der Knochen-, Knorpel- und Bandstrukturen, die durch die wohlmeinende Hufkorrektur im Nachhinein zur »Fehlanpassung« erklärt werden. Die Umformungen und Strukturveränderungen sind den neu geschaffenen Tatsachen ab diesem Moment und bis auf weiteres nicht mehr angepasst.

Heißt das nun, schiefe Hufe und Gliedmaßen können und sollten nicht mehr korrigiert werden? Müssen Fehlstellungen beim erwachsenen Pferd als unabänderlich akzeptiert werden?
Knochen werden entsprechend ihrer Belastung lebenslang umgeformt, d. h. auch beim erwachsenen Pferd finden weiterhin Umgestaltungs- und Anpassungsvorgänge statt. Hierin steckt die dauerhafte Potenz zur künftigen Verbesserung auch einer bereits eingerichteten Gliedmaßensituation. Allerdings kann diese Verbesserung nicht erreicht werden, indem man die individuell ausgeformten Gelenkflächen durch ein In-Form-Schneiden des Hufes inkongruent setzt und das Pferd zwingt, eine andere Stellung einzunehmen, um die veränderte Hufsituation auszuhalten. Weit Erfolg versprechender ist es, statt eines solchen negativen Stimulus, mit der Hufbearbeitung jeweils einen positiven Stimulus zu setzen, einen der den Bewegungsspielraum der Gliedmaße erhöht, anstatt ihn auf eine ideale »Vorschrift« einzugrenzen. Wenn ein Pferd durch die ihm eigene schiefe Lastverteilung oder Gangeigentümlichkeit seinen Hornschuh ungünstig formt, so muss die Hufbearbeitung in diesen Formungsprozess eingreifen. Nicht als stete nachträgliche Formkorrektur, sondern als rechtzeitige vorausschauende »Aufbau- und Erziehungsmaßnahme«. Das ist möglich, man muss sich hierzu nur einmal klar vor Augen führen, was es ist, was die Hornkapsel tagaus tagein formt. Das ist zum einen der Hornabrieb und zum anderen der Bodengegendruck. In beide Momente kann die Hufbearbeitung steuernd eingreifen. Am Anfang steht hierbei die Analyse der Huf- und Gliedmaßensituation, d. h. die Identifizierung der Hufbereiche, die zu viel, und der Hufbereiche, die zu wenig abgerieben werden. Außerdem muss analysiert werden, wie die individuell vorliegende Hufform, genauer die gegenwärtige Ausrichtung und Stellung sowie die momentane Konstitution der einzelnen Bereiche der Hornkapsel den Bodengegendruck auffängt.
Die im Kapitel Biomechanik besprochene Plastizität des Horns – seine Eigenschaft, »sich unter Druckeinwirkung dauernd gestaltlich zu verändern, ohne zu brechen« (SCHWYTER 1906: S. 19) – lässt die Bodenreaktionskräfte formend auf den Pferdehuf einwirken. Der Hufbearbeiter muss diese unabhängig von ihm stattfindenden Formgebungsprozesse durchschauen, um sich in sie einschalten zu können. Sich einzuschalten bedeutet dabei nicht einfach nachträglich das Resultat der Prozesse zu korrigieren, indem der Huf möglichst symmetrisch und gerade geschnitten und geraspelt wird, sondern es bedeutet, Veränderungen am Horn vorzunehmen, die es zukünftig anders auf die Kraft des Bodengegendrucks und den Abrieb reagieren lassen.

Ich möchte versuchen, dies einmal an einem Beispiel zu erläutern.

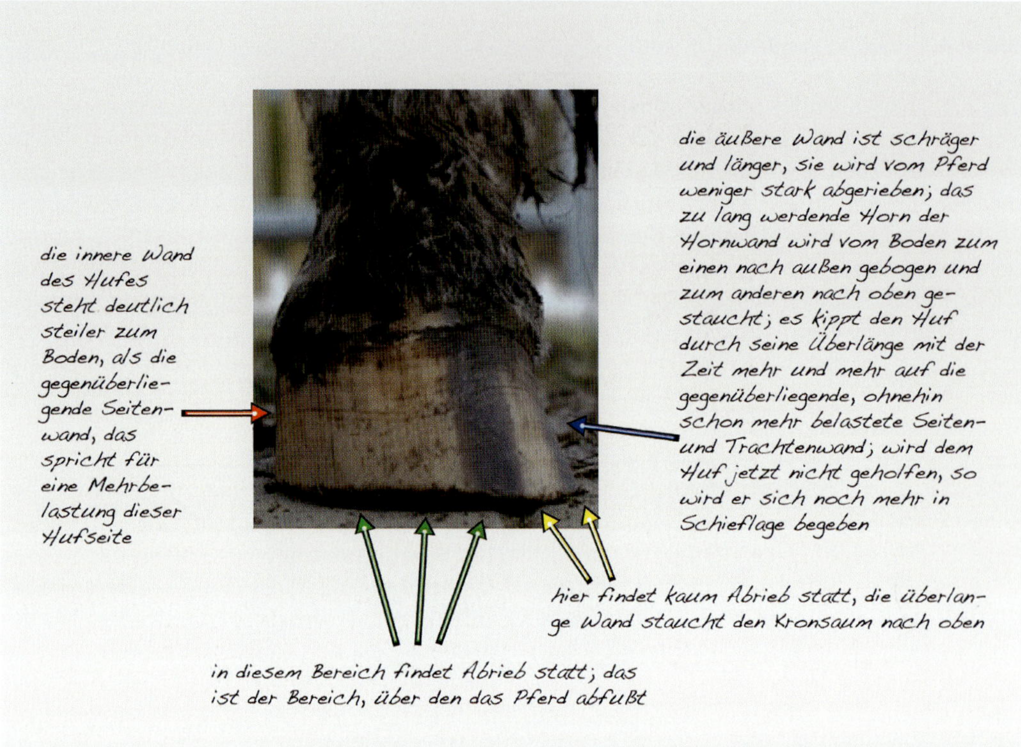
die innere Wand des Hufes steht deutlich steiler zum Boden, als die gegenüberliegende Seitenwand, das spricht für eine Mehrbelastung dieser Hufseite
die äußere Wand ist schräger und länger, sie wird vom Pferd weniger stark abgerieben; das zu lang werdende Horn der Hornwand wird vom Boden zum einen nach außen gebogen und zum anderen nach oben gestaucht; es kippt den Huf durch seine Überlänge mit der Zeit mehr und mehr auf die gegenüberliegende, ohnehin schon mehr belastete Seiten- und Trachtenwand; wird dem Huf jetzt nicht geholfen, so wird er sich noch mehr in Schieflage begeben
hier findet kaum Abrieb statt, die überlange Wand staucht den Kronsaum nach oben
in diesem Bereich findet Abrieb statt; das ist der Bereich, über den das Pferd abfußt

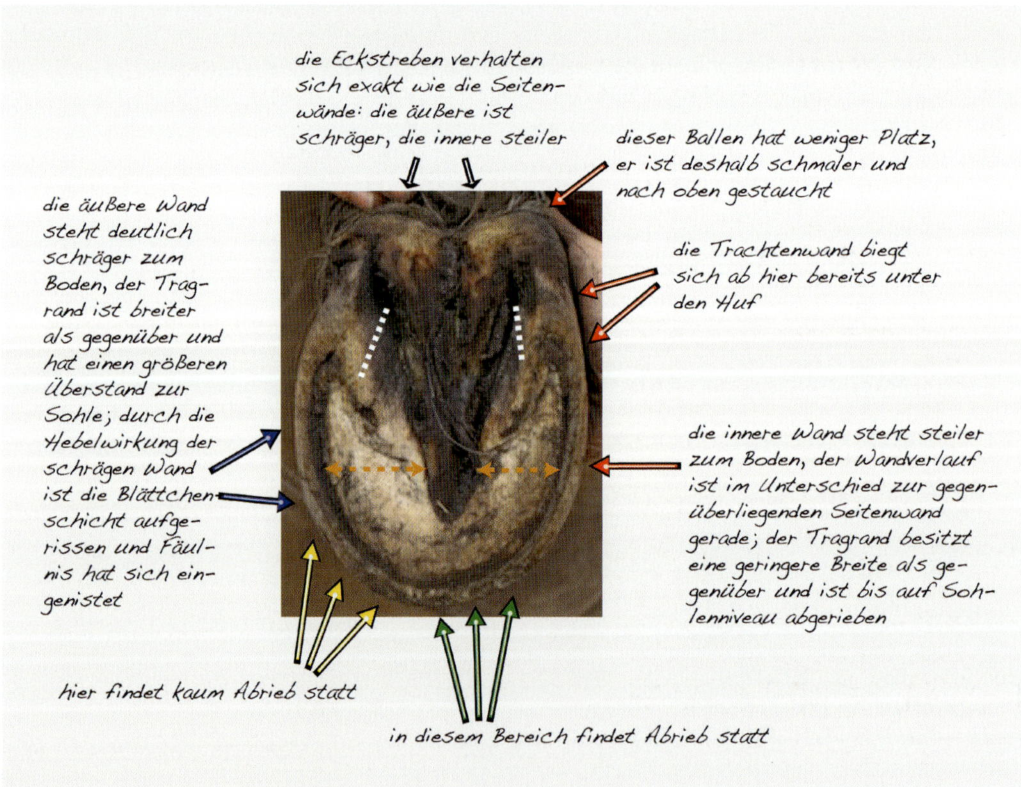
die Eckstreben verhalten sich exakt wie die Seitenwände: die äußere ist schräger, die innere steiler
dieser Ballen hat weniger Platz, er ist deshalb schmaler und nach oben gestaucht
die äußere Wand steht deutlich schräger zum Boden, der Tragrand ist breiter als gegenüber und hat einen größeren Überstand zur Sohle; durch die Hebelwirkung der schrägen Wand ist die Blättchenschicht aufgerissen und Fäulnis hat sich eingenistet
die Trachtenwand biegt sich ab hier bereits unter den Huf
die innere Wand steht steiler zum Boden, der Wandverlauf ist im Unterschied zur gegenüberliegenden Seitenwand gerade; der Tragrand besitzt eine geringere Breite als gegenüber und ist bis auf Sohlenniveau abgerieben
hier findet kaum Abrieb statt
in diesem Bereich findet Abrieb statt

die innere Wand des Hufes steht noch immer steiler zum Boden; sie wurde von der Hufraspel gänzlich verschont

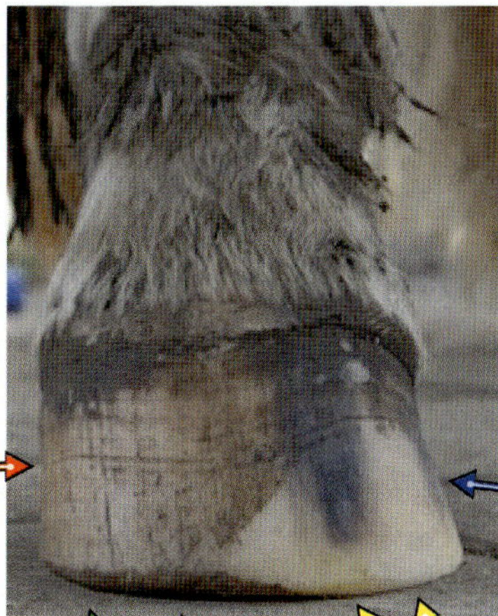

die äußere Wand ist noch immer länger und schräger, aber sie kann sich von nun an stärker abreiben, da ihr Tragrand ausgedünnt wurde; durch das hohe Ausschleichen mit der Raspel hält diese Maßnahme zum einen länger vor, zum anderen ist die Hebelwirkung der Wandschräge ab sofort geringer; dadurch kann die Wand in Zukunft gerader nachwachsen

hier findet kaum Abrieb statt, deshalb wurde hier der Tragrand ausgedünnt und die Wand auf Abrieb gesetzt

hier fußt das Pferd ab, das darf es auch weiterhin tun, aber es ist (momentan) nicht nötig, den Abrieb in diesem Zehenbereich zu unterstützen

die Eckstreben stehen noch immer unterschiedlich zum Boden (so wie sie gewachsen sind); die schrägere Eckstrebe wurde vermehrt gekürzt, damit sie a) den Abrieb auf der Hufaußenseite nicht aufhält und b) weniger an der Trachtenendkante zieht

die Breite des äußeren Tragrands wurde mit der Raspel reduziert; der Tragrand ist jetzt, nach der Bearbeitung, nun dünner als der Tragrand auf der anderen Seite; er wurde nicht gekürzt und steht genauso viel über die Sohle wie vorher; da er jetzt dünner ist, kann er sich in Zukunft jedoch schneller abreiben und ist dadurch kürzer

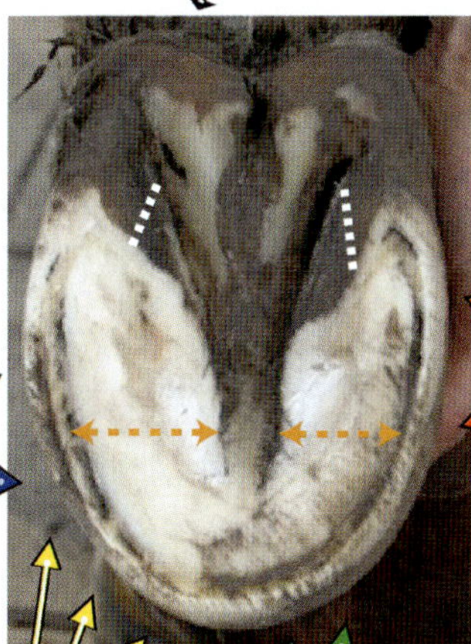

hier ist im Verhältnis in der nächsten Zeit erst einmal weniger Abrieb gewünscht, deshalb wird der Tragrand in seiner ursprünglichen Breite belassen; das Pferd wird ihn weiterhin stärker belasten, Stellung und Gang bleiben gleich, aber der andere Tragrand kann dennoch aufholen, weil dort der Abrieb forciert ist; der Huf wird auf diese Weise Schritt für Schritt gerader

da sich das Pferd in diesem Bereich den Huf eher weniger abreibt, wurde auch hier die Wand etwas ausgedünnt

der Gang des Pferdes sorgt hier selbst für Abrieb, deshalb bleibt die Wand dick

Dieser Huf wurde in seiner Stellung zum Boden nicht verändert, d. h. er bietet dem Pferd nach der Bearbeitung dasselbe Fundament wie vor der Bearbeitung. Das Pferd behält dabei seine Brechung der Zehenachse und seine schief zum Boden geneigten Gelenkflächen. Damit behält es in jedem Fall auch seinen gewohnten Bewegungsspielraum. Die individuell geformten Gelenke bleiben passgenau und werden nicht durch einseitiges Kürzen des Hufhorns inkongruent gesetzt. Der Huf wird sich von nun an jedoch anders ablaufen, das Horn wird sich anders formen können. Das bedeutet, dass die Knochen-, Knorpel- und Bandstrukturen diese Veränderungen mit vollziehen können. Dabei wird am Huf nur das passieren, was gliedmaßentechnisch auch möglich ist. Hier haben jüngere Tiere zumeist mehr Spielraum als ältere und Situationen, bei denen die Schiefe des Hufes die Schiefe der Gliedmaße übersteigt, werden schneller eine Verbesserung erfahren, als passend schief eingerichtete Gliedmaßen und Hufverhältnisse. Die zukünftige Veränderung des Fundaments und der Gliedmaßenstrukturen wird durch eine solche Hufbearbeitung nicht erzwungen. Das Pferd muss sich nach der Bearbeitung weder anders aufstellen noch muss es anders fußen; ihm wird kein menschlicher Verbesserungsvorschlag an den Huf gearbeitet, sondern ihm wird die Möglichkeit eröffnet, seine Huf- und Gliedmaßensituation zu ändern.

Der Vorteil einer solchen Vorgehensweise im Umgang mit der Hufbearbeitung liegt auf der Hand. Die regelmäßige Herausforderung durch abrupte Stellungskorrekturen entfällt. Die Gliedmaßenstrukturen können sich Schritt für Schritt in eine neue Belastungssituation einfinden, letztere wird ihnen dabei aber nicht aufgezwungen. Mit dieser nicht die Stellung manipulierenden Hufbearbeitung werden letztlich und nach und nach nur solche Stellungsveränderungen erreicht, welche die Gliedmaßenstrukturen mit vollziehen können, zu denen sie also auch wirklich in der Lage sind. Das heißt, die Hufe dürfen, wenn erforderlich, angemessen schief bleiben, ohne je (wieder) so schief zu werden, dass sie die Gelenke, Sehnen und Bänder in eine Zwangslage bringen. Der positive Stimulus der Hufbearbeitung muss deshalb stets rechtzeitig erneuert werden, wobei rechtzeitig bedeutet, dass der Hufbearbeiter wieder an den Huf kommt, bevor sein hufbearbeiterischer Input der letzten Bearbeitung erlischt, also bevor der positive Stimulus aufgehört hat zu wirken. Es liegt in der Natur der Sache, dass die oben beschriebenen Maßnahmen nach einer gewissen Zeit ihre Wirkung verlieren. Die Wand, die ausgedünnt wurde, um sich schneller abzureiben, wird durch das nachwachsende Horn und den Abrieb nach einiger Zeit wieder dicker auf dem Boden stehen; die gerade nachwachsende Wand wird sich, sobald sie zu lang wird, wieder langsam verbiegen. Greift man ein, bevor diese negative Verformung von Neuem einsetzt, können sich die Hufe nicht nur in guter Form halten, sondern sie können ihre Form potentiell auch weiter verbessern. Antizipative, nicht nachträgliche Hufbearbeitung, darauf kommt es an.

Welcher Zeitraum zwischen den Hufbearbeitungen angemessen ist, entscheidet sich nach der konkreten Situation des einzelnen Pferdes. Die individuellen anatomischen Gegebenheiten, die aktuellen Haltungs- und Nutzungsbedingungen, jahreszeitlich bedingte und subjektiv unterschiedliche Wachstumsraten des Hornes und einiges mehr spielen hierbei eine Rolle. Es gibt Pferde, deren Hufe gut mit einem 8-Wochen-Rhythmus leben können und es gibt Pferde, bei denen ein 3-Wochen-Abstand nötig ist, aber beides ist eher die Ausnahme denn die Regel. Das Gros der Pferdehufe in deutschen Landen benötigt ein Intervall von 4–5 Wochen in den Sommermonaten bzw. 6–7 Wochen in den Wintermonaten (letzteres allerdings nur, wenn diese wirklich kalt sind). Auf diese Weise beseitigt man nicht stets nachträglich die am Huf entstandenen Hindernisse, sondern man verhindert von vornherein ihre Entstehung. So kann auch die Wachstumsrichtung und damit die zukünftige Stellung der Hornröhrchen zum Boden beeinflusst werden.

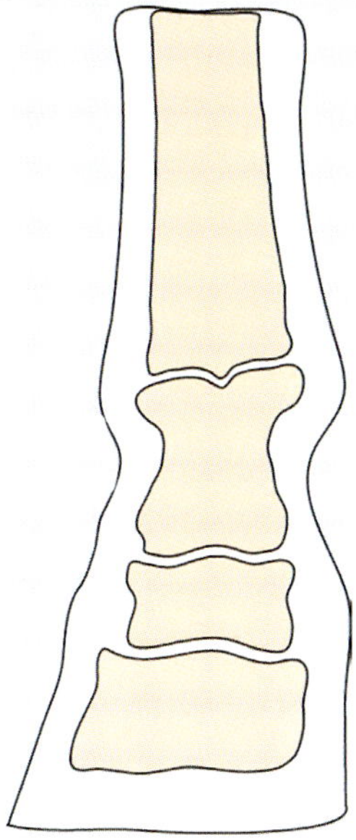

***Abb. 1.46a:** Funktionale Anpassung der Gliedmaßenstrukturen an die (schiefe) Hufsituation.*

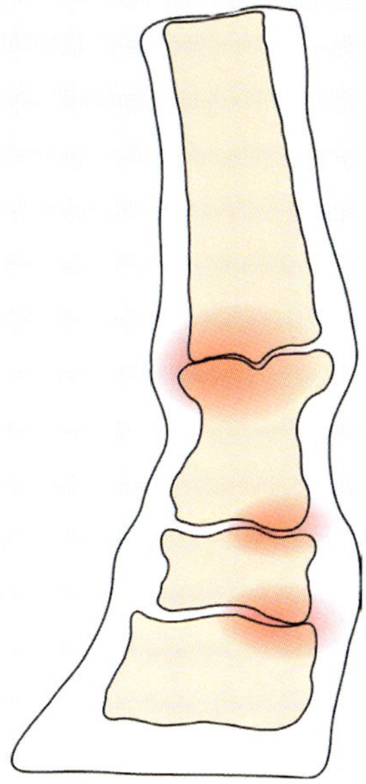

***Abb. 1.46b:** Der Huf ist so schief geworden, dass er die Gliedmaße in eine Zwangslage bringt. Die Gelenke können Schaden nehmen.*

Ein Grund, weshalb ich dieser Art und Weise der Hufbearbeitung gegenüber den traditionellen Methoden den Vorzug gebe, ist die funktionale Anpassung der Gliedmaßenstrukturen, wie ich sie oben für die Knochen und Gelenke beschrieben habe.

Was aber, wenn die Anpassungsleistung der Gliedmaße durch die zunehmende Schiefe des Hufes überschritten wird. Die Proportionalität von Knochenbau und Knochenbeanspruchung besteht nicht bis zu beliebig hohen Beanspruchungen. Wird die physiologische Grenze überschritten, dann wird der Knochen geschädigt. Das Gleiche gilt für den Knorpel und für die Bänder- und Sehnenstrukturen.

Bringt der Huf durch seine übermäßige Schiefe die darüber befindliche Gliedmaße in eine solche Zwangslage, so reagiert das Pferd in der Regel mit Schmerz und Lahmheit. In diesem Fall müssen alle Mittel ergriffen werden, um das Pferd aus der schmerzhaften wie schadensträchtigen Situation so schnell als möglich zu befreien. Wenn es dafür hilfreich ist, den Huf einseitig stärker zu kürzen, so ist dies zu tun. Hier in dieser Ausnahmesituation allein auf den zukünftigen Abrieb zu setzen, hieße die Leidenszeit fürs Pferd zu verlängern und seine Gesundheit aufs Spiel zu setzen. Im Anschluss an die prompte Entlastung durch gezieltes Verkürzen der zu lang gewordenen Wandanteile sollte dann aber wieder alles Nötige dafür getan werden, dass sich eine solche Differenz in den Hufwänden in Zukunft nicht wieder einstellt. Das heißt, man forciert zusätzlich den Abrieb in den Bereichen, deren Länge man diesmal wegen der vorgefundenen Ausnahmesituation ad hoc verkürzen musste.

Auf den vorangegangen Seiten habe ich dargelegt, wie die individuelle Situation und die Umgebungsbedingungen des Pferdes die Gliedmaßen und ihre Hornschuhe formt. Ich habe dargelegt und eingefordert, dass diesen individuellen Zuständen mit der Hufbearbeitung unbedingt Rechnung getragen werden muss. Ich möchte aber auch auf die andere Seite verweisen. Wenn von funktionaler Anpassung der Knochen, Gelenkflächen und Bindegewebsstrukturen die Rede ist, darf nicht vergessen werden, dass der Übergang zur pathologischen Veränderung ein fließender ist. Es ist mitunter gar nicht leicht zu entscheiden, wo die funktionale Anpassung endet und die Pathologie beginnt. Hinsichtlich der Hufbearbeitung gilt für beides jedoch das Gleiche, nämlich Akzeptanz. Sie sind als Ausgangslage zu akzeptieren, nicht einfach neu zu besohlen. Noch besser wäre natürlich die Verhinderung. Die beste Chance und Lösung aller Bein- und Hufprobleme liegt in der frühen Intervention, also darin, beim Fohlen alles dafür zu tun, dass Gliedmaßen und Hufe sich möglichst gerade und gleichmäßig belastet ausbilden können. Das beginnt mit der Zucht und endet mit Abschluss der Wachstumsphase. Hier das Augenmerk zu erhöhen, wäre eine lohnende Investition in die zukünftige Pferdegesundheit.

Auch beim erwachsenen Pferd sollten schädliche Einflüsse wie schmerzende Rücken, Zahnprobleme, Blockaden durch Unfälle oder Fehlhaltungen sowie schlecht passende Sättel konsequent Beachtung finden und beseitigt werden, bevor sie zu »funktionaler« Anpassung der Gliedmaßen an die schief gelaufenen Hufe führen. Wenn ein Pferd sich in Schon- oder Fehlhaltungen begibt, weil der Sattel nicht passt oder es ständig in falscher Haltung geritten wird, so hat dies unmittelbare Folgen für die Hufe und hierüber vermittelt auch langfristige Folgen für die knöchernen, knorpeligen und bindegewebsartigen Gliedmaßenstrukturen. Geht man der Sache frühzeitig auf den Grund und stellt die Ursache ab, so kann man diese Verformungs- und Umbauprozesse verhindern. Wenn diese Tatsachen mehr Beachtung finden würde, so gäbe es weit weniger Pferde mit schiefen Hufen.

Einmal eingerichtet, verselbständigt sich die ehemalige Anpassungsleistung der Gliedmaße an die schiefe Hornkapsel zum nunmehr mitbestimmenden Faktor und die ursprüngliche Folgewirkung wird jetzt zur Mitursache für die ab diesem Zeitpunkt schief bleibenden Hufe.

Dass ungleichmäßige Belastungen auf die Hornkapsel, die Tendenz zur Verschlechterung in sich bergen, liegt zum einen an der Formbarkeit, also der Plastizität der Hornkapsel und zum anderen an der Tatsache, dass Horn durch Abrieb abgetragen wird – und dies eben unter ungleichmäßiger Belastung auch durchaus sehr ungleichmäßig. Um die Hufe in gesunder Form zu halten, ist unter diesen Bedingungen menschliches Eingreifen gefragt. Jahrhundertelang schien das nur möglich durch die nachträgliche »künstliche Regulation der Wandlängen« (SCHWYTER 1906: S. 101). Bleiben Wandbereiche im Abrieb zurück, so werden sie im Nachhinein durch den Hufbearbeiter gekürzt. So war es schon immer und nach Meinung vieler Pferdebesitzer und -Fachleute wird es deshalb auch in aller Zukunft so sein ... Ich hoffe, dass sich die Zukunft anders entwickelt. Die Gründe hierfür habe ich oben dargelegt. Regulation der Wandlängen, ja, aber bitte prophylaktisch, also geplant, auf dass die Wände, die im Abrieb zurückbleiben würden, dies eben ab sofort nicht mehr tun!

Dass der Umgang mit dem Huf seit Jahrhunderten durch stetes, nachheriges Geradeschneiden geprägt ist, hat seine Ursache im Hufbeschlag. Sobald und solange ein Huf beschlagen ist, ist es nicht anders möglich, regulativ auf die Hufform einzuwirken (siehe folgendes Kapitel). Im heutigen Zeitalter der Barhufnutzung jedoch ist ein Umdenken möglich und nötig. Es gibt keinen Grund, die traditionelle, eigens für den beschlagenen Huf entwickelte Vorgehensweise der Hufkorrektur auch auf den Barhuf anzuwenden.

Die traditionelle Hufbearbeitung und die moderne Barhufbearbeitung im Vergleich:

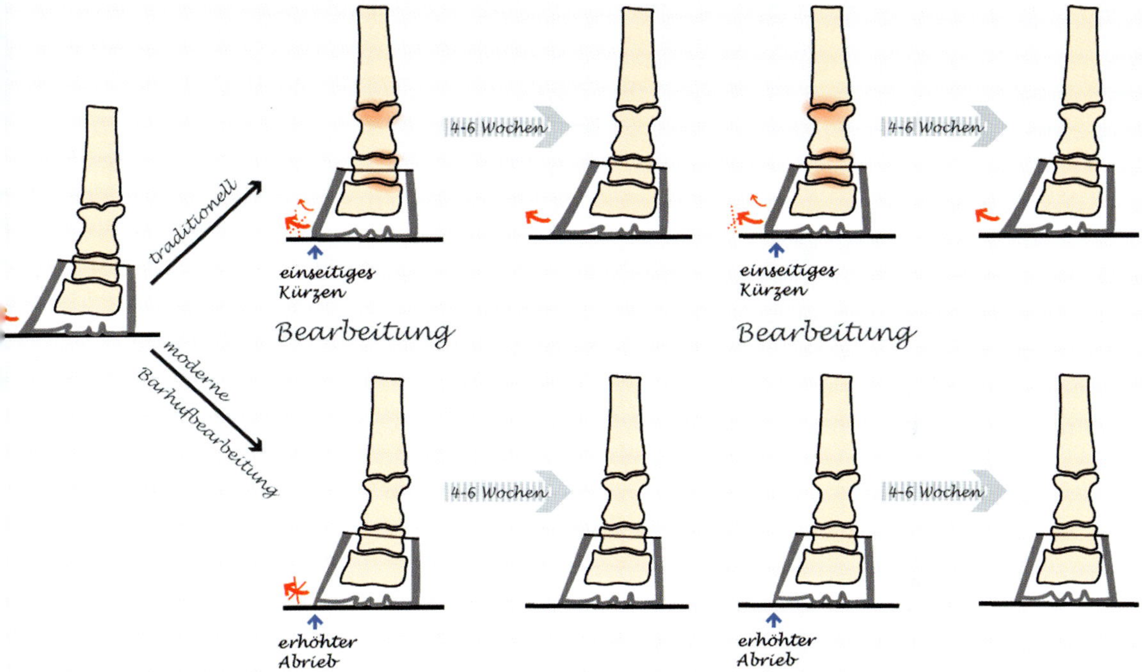

Die obere Bildreihe zeigt das Prinzip der traditionellen Hufbearbeitung. Die zu lang bzw. zu hoch gewordenen Wandbereiche werden gekürzt. Für das Pferd bedeutet dies eine sehr abrupte Stellungsveränderung, die sich negativ auf die eingerichteten Verhältnisse in Huf und Gliedmaße auswirken kann. Der Huf wird in der bestmöglichen Form zurückgelassen und entwickelt sich in den folgenden 4–6 Wochen zur alten Form zurück. Die schräg nach außen gestellten Wandbereiche werden bullnasig beraspelt, was kurzfristig für eine gewisse Einschränkung der Hebelwirkung dieser Wandbereiche sorgen kann. Nach Ablauf des 4–6-wöchigen Zeitraumes wird der Huf wieder einseitig gekürzt und in die »beste« Form gebracht.
Die untere Bildreihe zeigt das Prinzip der modernen Barhufbearbeitung. Die im Abrieb zurückbleibenden Wandanteile werden so bearbeitet, dass sie sich in Zukunft stärker abreiben können. In den folgenden Wochen kann sich die so bearbeitete Wand schneller verkürzen und der Huf kann gerader werden. Die Veränderung des Huffundaments findet nach und nach und nur in dem Maße statt, wie die Gliedmaße und der Gang des Pferdes dies zulässt. Durch höher ausschleichendes Beraspeln der schrägen Wandanteile wird die Hebelkraft langfristig eingeschränkt. Die Wirkung zeigt sich bis unterhalb des Kronrandes, wo die neugebildeten Hornröhrchen in geraderer Ausrichtung zum Boden nachwachsen können. Die Entwicklung zwischen den Hufbearbeitungen ist nicht wie oben eine Entwicklung von der bearbeiteten Bestform zurück zur alten Form, sondern sie ist (so sie aufgeht[33]) eine positive Entwicklung von der vorgefundenen zu einer für das Pferd bequemeren Hufform. Der Huf wird sukzessive gerader, in dem Maße, in dem die Gliedmaße dies verträgt. Ist die Hufform bereits rundum bequem (nach pferdischen nicht nach menschlichen Gesichtspunkten) dann findet in den Wochen nach dieser Art der Hufbearbeitung keine explizite Änderung der Form mehr statt.
Die Bearbeitung sorgt dann aber dafür, dass diese bestmögliche Form erhalten wird und die individuellen Eigenarten des Gangs oder Körperbaus des Pferdes keine regelmäßige Verschlechterung verursachen, die dann zum nächsten Termin erst wieder bereinigt werden muss.

[33] Natürlich gibt es immer wieder auch Fälle, in denen der Plan nicht aufgeht. Man kommt zum Huftermin und der Huf hat sich anders entwickelt, als man es mit seiner Bearbeitung beabsichtigt hat. Dann muss man herausfinden, woran dies liegt: Hat man die Situation von Huf und Pferd falsch eingeschätzt, am Huf falsche Arbeit vorgenommen oder gibt es Dinge in der Haltung, Nutzung, Umwelt, Gesundheit des Pferdes, die sich geändert haben oder auch einfach unbedacht geblieben sind?

2 Der beschlagene Huf[34]

»Der Hufbeschlag mit Hufeisen und Nägeln ist ebenso genial wie alt und einfach ...« (KRATZ 2001: S. 99)

Wir haben in den vorhergehenden Kapiteln gelernt, wie der Pferdehuf aufgebaut ist, welche biomechanischen Eigenheiten er besitzt und welche Funktionen er für das Lauftier Pferd erfüllt. Was bedeutet es nun für diese komplexe anatomische Struktur, wenn ein Hufeisen aufgebracht wird. Welche Unterschiede bzw. Wirkungen ergeben sich hieraus für den Huf wie auch für das Pferd insgesamt? Bevor wir uns diesen Fragen zuwenden, sei noch ein kurzer Ausflug in die Geschichte gestattet, der sich damit beschäftigt, wie das Hufeisen überhaupt auf die Welt kam.

[34] *In diesem Kapitel geht es ausschließlich um die Wirkungen des Eisenbeschlags auf den Pferdehuf. Alternative Beschläge werden im Kapitel 3.1.1 behandelt.*

2.1 Hufe und Hufbeschlag – eine lange Geschichte

»Es hat nicht in der Absicht der Alten gelegen, als sie die auf langen Märschen abgeschliffenen Hufe ihrer Pferde mit Sandalen oder Schuhen versahen, die Hufe zu verbessern, den Gliedmaassen [sic] andere Richtungen, den Hufen andere Formen zu geben, sondern sie wollten die Hufe nur gesund und die Pferde brauchbar erhalten, indem sie die Hufe schützten vor zu grosser [sic] Abreibung.« (DOMINIK 18702: S. 138)

Für die meisten Menschen ist es eine völlige Selbstverständlichkeit, dass Pferde Eisen tragen. Jeder Besitzer eines Barhufpferdes hat deshalb in seinem Leben schon mindestens einmal den Ausspruch gehört »Aber das Pferd hat ja gar keine Hufe!«. Wie der Mensch scheint das Pferd ganz selbstverständlich Schuhe zu benötigen und gerade Menschen, die gar nichts mit Pferden zu tun haben und diese nur aus dem Fernsehen oder von ihren Spaziergängen kennen, sind der festen Überzeugung, dass Pferde in menschlicher Obhut stets Eisen tragen.

Der Eisenbeschlag besitzt, das merkt man hieran sofort, eine sehr lange Geschichte und Tradition. Wie lang diese Tradition genau ist, darüber streiten sich die Gelehrten zwar noch, aber es schmälert die Bedeutsamkeit des Gedankens in meinen Augen kaum, ob wir dabei auf eine Epoche von 2.000 oder »doch nur« von 1.000 Jahren zurückblicken.[35]

Mit der Domestizierung des Pferdes, seiner Wandlung vom Lebens- und Bekleidungsmittel zu einem Transport- und Fortbewegungsmittel, entstand im Laufe der Zeit auch die Notwendigkeit eines Hufschutzes für das Pferd. Die intensive Nutzung des Pferdes führte laut LINGENS (2008: S. 8) notwendigerweise schnell zu Problemen »mit wundgelaufenen Hufen«. Bereits in den Schriften von Aristoteles aus dem 3. Jahrhundert vor Christus finden sich Berichte

35 »Die Angaben des Zeitpunkts, wann der genagelte Hufbeschlag das erste Mal zur Anwendung kam und durch wen er entwickelt wurde, variieren je nach Autor von der Antike bis in das 10. Jahrhundert hinein.« (LINGENS 2008: S. 9)

über abnutzungsbedingte Ausfälle bei den Kavalleriepferden (IMHOF 2010: S. 22). In dieser Zeit schien das Problem der zu hohen Abnutzung der Hufe in erster Linie die Armeepferde zu betreffen, »die auf den langen Kriegszügen viel zu leiden hatten ... die Hufe der Pferde (nutzten sich) dermaßen ab, dass sie verdarben« (LEISERING; HARTMANN 1893: S. 6).

Um diesen Problemen zu begegnen und die Hufe vor übermäßigem Abrieb zu bewahren, sann man fortan auf Mittel und Methoden, um die Füße der im Einsatz befindlichen Pferde zu schützen. Zunächst benutzte man hierfür aus Pflanzenfasern geflochtene Hufschuhe (solea spartea), die man später, zur Erzielung einer längeren Haltbarkeit, mit Metallplatten verstärkte. Während der Zeit der Römer kamen schließlich »Hipposandalen« zum Einsatz, eine Art metallener Sandalen (solea ferreae), die mit Riemen oder Stricken an Huf und Fessel befestigt wurden (LINGENS 2008: S. 9). Zum Dauergebrauch waren diese Schuhe und Sandalen jedoch allesamt nicht geeignet. Sie konnten nur vorübergehend angelegt werden und brachten durch die Art ihrer Befestigung sicher auch nicht selten Probleme mit sich. Das bedeutete, dass die Nutzung der Pferde durch diesen zeitweiligen Hufschutz zwar durchaus etwas ausgeweitet werden konnte, letztlich blieb der Einsatz der Pferde als Arbeits- und Fortbewegungsmittel jedoch weiter durch die Hufe und ihr Wachstum limitiert. Der Grundstein der Entschränkung der Pferdenutzung vom Huf und seinem Wachstum wurde erst mit der Entwicklung des genagelten Hufschutzes gelegt. Wann und wem diese zivilisatorische Meisterleistung gelang, ist strittig. Laut IMHOF war es vermutlich ein skythischer Schmied des 4. oder 5. Jahrhunderts nach Christus, der auf die Idee kam, die bei den Skythen bereits gebräuchlichen Gleitschutznägel mit den griechischen Hufplatten zu kombinieren.[36] Von der Erfindung des genagelten Hufeisens zu diesem Zeitpunkt bis zu seiner allgemeinen Verwendung vergingen jedoch noch einige Jahrhunderte. Zunächst schien die dauerhafte Befestigung noch nicht befriedigend gelöst. Es wird vermutet, dass die Nägel anfangs lediglich

[36] Das Reitervolk der Skythen war aller Wahrscheinlichkeit nach bewandert in der Anatomie des Pferdefußes und konnte dank der Verwendung von spitzköpfigen Eisnägeln, die in das Hufhorn eingeschlagen wurden, und sehr zum Erstaunen der Römer, sogar über das Eis gefrorener Seen galoppieren (IMHOF 2010: S. 26 f).

im Wandverlauf eingeschlagen wurden, ohne die Hornwand nach außen zu durchdringen. Das hatte zur Folge, dass sich die Nägel in relativ kurzer Zeit lockerten und die Eisen verloren wurden. Erst vier- bis fünfhundert Jahre später, im 9. Jahrhundert, wurde die heutige Form der Nagelung erfunden, bei welcher der Hufnagel auf einer bestimmten Höhe durch die Hornwand getrieben wird und dort früher aufgerollt und heute vernietet wird (ebenda: S. 27). Ein weiterer Grund für die zunächst lediglich exklusive und nicht verbreitete Anwendung des Eisenbeschlags lag wohl zudem darin, dass es kaum Fachleute für den Beschlag gab. Der Reiter oder sein Pferdeknecht mussten den Beschlag oft selbst vornehmen und die berechtigte Sorge, den Fuß des Pferdes dabei zu verletzen, ließ die Mehrheit hier wohl eher Zurückhaltung üben (ebenda: S. 28). Auch war das Beschlagenlassen der Hufe ein kostspieliges Unterfangen, welches sich hauptsächlich Ritter, Adel und Geistliche leisteten. Schmiede, die des Hufbeschlags kundig waren, genossen ein hohes Ansehen und wurden für ihre Dienste fürstlich entlohnt. Häufig wurden diese Schmiede im Gegenzug gegen das regelmäßige Verrichten des Beschlags sogar mit Landbesitztümern ausgestattet (MEYER 1941: S. 27 f).

Mit der Zunahme von Handel und Verkehr im 14. Jahrhundert nahm auch die Verwendung des Beschlags zu, aber es dauerte noch weitere drei Jahrhunderte, bis das Beschlagen aus den Händen des Pferdebesitzers endgültig in die Hände des Dorfschmiedes wechselte (IMHOF 2010: S. 27; LINGENS 2008: S. 16). Aus der Literatur geht hervor, dass sich die Pferde des 17. und 18. Jahrhunderts allerdings auch mit dieser Betreuung durch den nun verfügbaren Fachmann Schmied noch nicht wirklich glücklich schätzen konnten. So war es bei der Meisterprüfung der Schmiede während dieser Zeit Standard, dass vier Hufeisen für ein Pferd angefertigt wurden, ohne hierfür an den Hufen Maß zu nehmen. Das Pferd wurde an dem Schmied einige Male vorbei geritten und im Anschluss daran, hatte dieser die Eisen für das betreffende Pferd zu fertigen. Laut MEYER »verabscheute« man es regelrecht, »während

der Anfertigung des Eisens dieses mit dem Huf in Vergleich zu bringen« (1941: S. 42). Es wurde hauptsächlich Wert auf die handwerkliche Ausführung, nicht aber auf die individuellen Gegebenheiten der Tiere gelegt. Die verwendeten Hufeisen entsprachen der aktuellen »Mode« und nicht der Beurteilung der Hufe oder Gliedmaßen und Einsatzzwecke der Pferde. Die Eisen wurden nicht den Hufen, sondern die Hufe den Eisen angepasst. Der Pferdehuf war lediglich die Unterlage, das Material, an dem man seine Schmiedekunst kunstfertig anbrachte. Der Huf wurde genau genommen »einem Stück Holz gleich behandelt« (MÜLLER 1885: S. 2).
Der Grund der Misere lag in erster Linie in der Unkenntnis aller beteiligten Personen:

> *»Über die Funktion des Hufes herrschen geradezu märchenhafte Vorstellungen. Was dem Huf oft zugemutet wird, ist ungeheuerlich.« VOLLBACH 1954: S. 7)*

Laut LEISERING;HARTMANN beschlug man während der gesamten Zeit mehr oder weniger »auf gut Glück« (1893: S. 17).

Es erschienen erste Bücher, die sich mit dem Missstand auseinandersetzten und in denen gefordert wurde, dass die Schmiede nicht nur handwerkliches Geschick, sondern eine genaue Kenntnis der inneren Strukturen der Hufe aufweisen müssten, um sich so auch der Konsequenzen ihre Handelns bewusst werden zu können (bspw. KERSTING 1760 oder CLARK 1810).
Nach Ansicht von LEISERING;HARTMANN verdienen insbesondere die zu dieser Zeit veröffentlichten Arbeiten englischer Veterinäre »den Dank und die Anerkennung aller Völker«, da sie dazu beitrugen, die mangelhafte anatomische und vollständig fehlende physiologische Basis des Hufbeschlags zumindest theoretisch hinter sich zu lassen. Diese Schriften formulierten erstmals eine wissenschaftliche Grundlage, indem sie Aufbau und Funktionen des Pferdefußes detailliert darlegten. Auch die in der zweiten Hälfte des 18. Jahrhunderts gegründeten Tierarzneischulen[37] sorgten für einen Aufschwung der Forschung zur Physiologie des Pferdes und des Hufes und legten den Grundstein für den Ausbau einer allgemeinen wissenschaftlichen Grundlage des Hufbeschlags. Allerdings blieb die praktische Ausführung des Hufbeschlags hiervon zunächst weitgehend unberührt. Die an die Tierarzneischulen angeschlossenen Lehrschmieden standen lediglich den Studierenden der Tiermedizin offen. Es fehlte in der Folge schlicht und einfach an der Umsetzung der neuen theoretischen Erkenntnisse in die Praxis und an der hierzu notwendigen praktischen Anleitung der Hufschmiede (1893: S. 16 ff).

Oberrossarzt MÜLLER schreibt über die noch bis zur Mitte des 19. Jahrhunderts herrschenden Sitten:

> *»Kam damals ein Pferd in die Schmiede so riß man mit roher Gewalt die Eisen ab, die Hufe wurden nun in unverantwortlicher Weise mit Hauklinge und Wirkmesser bearbeitet. Diese Arbeit, die meistens den Anfängern (Lehrlingen) überlassen war, wurde von denselben in der Regel so ausgeführt, daß sie nur dort schnitten, wo es sich überhaupt am besten schnitt«. Die Hufe wurden dabei bis zum Blutaustritt beschnitten »weil nach Ansicht der Schmiede ein kleiner Aderlaß am Hufe für die Pferde nur vorteilhaft sei. Diesen, durch Wirkmesser und Hauklinge geschwächten Hufen legte man nun breite, hohlgerichtete Eisen, ohne Tragrand und Abdachung, mit hohem Griff und Stollen versehen auf. Wenn die Pferde nach dieser barbarischen Behandlung der Hufe die Schmiede klamm- oder lahmgehend verließen, so war dies keine auffällige Erscheinung. Den Schmieden wurde kein Vorwurf daraus gemacht, ›das Pferd mußte sich nur erst an den neuen Beschlag gewöhnen‹.« (MÜLLER, 1885: S. 2)*

Eine Mischung aus weitreichender Unkenntnis, tief verwurzelten Vorurteilen, lebensnotwen-

[37] Die Gründung der ersten Tierarzneischule erfolgte 1768 in Lyon. Drei Jahre später entstand die erste deutsche Tierarzneischule in Göttingen, der bis 1790 weitere Schulen in Dresden, Hannover, Freiburg, Karlsruhe, Marburg, Berlin und München folgten.

digen Kostengesichtspunkten und teilweise sicher auch einer guten Portion Gewissenlosigkeit führte bei den Pferden dieser Zeit somit zu einer »Menge Leiden an den Gliedmaßen, die nur durch den schlechten Hufbeschlag hervorgerufen waren« (ebenda). Man kann sich vorstellen, dass die Eigentümer der Pferde mit zunehmender Diskrepanz zwischen wachsendem veterinärmedizinischem Wissensstand und veralteter, beständig Schaden verursachender Hufbeschlagpraxis mehr und mehr unzufrieden wurden. Es entstand ein allgemeines Verlangen der Pferdebesitzer und Landwirte nach einer grundlegenden Besserung der Hufversorgung. Dieses Verlangen blieb bspw. in Sachsen nicht ohne Gehör, wo eine im Januar 1858 gültig werdende Verordnung erlassen wurde, die jedem selbständig arbeitenden Hufschmied eine Prüfung vor der Tierarzneischule auferlegte.

Ein wichtiger Schritt zur Verbesserung des Hufbeschlagwesens war die Gründung von Hufbeschlagschulen[38] und die Öffnung der an den Tierarzneischulen ansässigen Lehrschmieden auch für die Schmiede. Wie schon in den Anfängen der Geschichte des Hufbeschlags hatte vor allem das Militär ein enormes Interesse an funktionierenden und stets einsatzbereiten Pferden und man war deshalb von dieser Seite sehr bestrebt, gut ausgebildete fähige Hufschmiede im Dienst zu haben. So erfolgten die Impulse zur Gründung von Lehrbeschlagschmieden hauptsächlich auch von Seiten des Militärs (VOLLBACH 1954: S. 9). Zudem wurden Militärpersonen, die gelernte Schmiede waren, zu Kursen an die Tierarzneischulen beordert, um dort die entsprechenden Kenntnisse und Fertigkeiten vermittelt zu bekommen. Beginnend mit der Tierarzneischule Hannover wurden ab 1853 nach und nach auch Zivilschmiede zu Beschlagkursen an den Lehrschmieden zugelassen. Der Startschuss zur grundlegenden Verbesserung des Hufbeschlages und zur Entwicklung einer wahren Hufschmiedekunst ward damit gelegt. Die akademischen Erkenntnisse und Neuerungen des Beschlages konnten nun auf die in der Praxis tätigen Hufschmiede übertragen werden (LEISERING;HARTMANN 1893: S. 16).
Doch trotz der aufstrebenden Bemühungen und positiven Entwicklungen konstatierte man auch noch zum Ende des 19. Jahrhunderts keinen wirklich zufriedenstellenden Zustand des Hufbeschlagwesens:

> *»Diesen Uebelständen aber Einhalt zu thun, ist es erforderlich, daß unter den Pferdebesitzern ein größeres Interesse am Hufbeschlage Platz greift, es müssten unter denselben Kenntnisse über den rationellen Hufbeschlag größere Verbreitung finden; hierdurch werden sich dieselben vor großem Schaden schützen können und die guten Beschlagschmiede werden der ihnen so sehr zu gönnenden Anerkennung theilhaftig werden.« (MÜLLER 1885: S. 21)*

Dieser Aufruf an die Besitzer der Pferde gründet auf dem Tatbestand, dass ein Besitzer, der sich schlau gemacht hat und selbst weiß, worauf an den Hufen seines Pferdes und bei deren Bearbeitung zu achten ist, mangelhafte Arbeit nicht mehr tolerieren wird. Er wird zukünftig auf einem besseren Fachmann bestehen. Obwohl die Hufbearbeitungslandschaft heute mit der unbefriedigenden Situation von damals keineswegs zu vergleichen ist, bleibt dieser Aufruf aktuell. Sich als Pferdebesitzer über Hufe und Hufbearbeitung zu informieren, ist noch immer die beste Voraussetzung dafür, dass die Hufe des eigenen Pferdes gesund bleiben und vom Bearbeiter der Hufe keine ungenügende Arbeit am Huf hinterlassen werden kann.

Die theoretische Auseinandersetzung um den »rationellen Hufbeschlag« wurde in den folgenden Jahrzehnten weiter vorangetrieben. Einen nicht unbeträchtlichen Beitrag leistete hierzu die Zeitschrift »Der Hufschmied«, die 1883 gegründet wurde und sich als Fachzeitschrift und Informationsportal für Hufschmiede, Tierärzte und interessierte Pferdebesitzer verstand. Gründer und leitender Redakteur der Zeitschrift war Anton LUNGWITZ, der bereits

[38] *Die erste deutsche Hufbeschlagschule war die Lehrschmiede zu Gottesaue bei Karlsruhe, die im Jahr 1847 gegründet wurde.*

seit vier Jahren als Vorstand der Lehrschmiede und Dozent für Hufkunde der Dresdner Tierarzneischule tätig war und der in seiner Person die Berufe des Hufschmieds und Tierarztes vereinte.[39] Man begann sich über das Beschlagen hinaus zunehmend Gedanken zur Hufzubereitung zu machen. Das geschah vor allem im Zusammenhang mit dem Hufmechanismus (siehe hierzu auch Abschnitt 1.3, S. 48 ff). Die Entdeckung der Elastizität der Hornkapsel hatte im 19. Jahrhundert nicht nur zu zahlreichen Untersuchungen und Theorien Anlass gegeben, sondern den Fokus auch mehr auf den Huf als lebendes und schützenswertes Bewegungsorgan des Pferdes gerichtet. Man stellte sich jetzt die Frage, wie der Huf vor dem Beschlagen ausgeschnitten werden müsse, um seine Funktion möglichst gut erfüllen zu können und das Pferd gesund zu erhalten. In der Folge entstanden im 19. und 20. Jahrhundert in lebhaften und mitunter unerbittlich geführten Diskussionen verschiedene Hufbearbeitungstheorien, die durchaus unterschiedliche und teilweise sogar gegensätzliche Korrekturmaßnahmen zum Erreichen der Hufbalance empfahlen. Bedeutung erlangten insbesondere folgende Theorien zur Hufzubereitung:

Jede dieser Theorien behauptete von sich, dass die Befolgung der in ihr aufgestellten Bearbeitungsregeln der beste und sicherste Weg sei, die Huf- und Gliedmaßengesundheit aller Pferde zu bewahren. Diese Behauptung wurde von den Urvätern und Anhängern ausführlich theoretisch begründet und durch praktische Erfolge belegt. Die Vertreter der übrigen Theorien widerlegten diese Ausführungen und verwiesen auf die Misserfolge der anderen. Für beides, Erfolge wie Misserfolge, gab es stets ausreichend Material. Es wurde zum Teil erbittert gestritten, ohne dass man zu einer Einigung fand. Letztlich wurde die Sache hoheitlich entschieden, sprich die Standards wurden durch die Militärlehrschmieden und später die staatlichen Hufbeschlagschmieden gesetzt. Dabei kam es durchaus zu widersprüchlichen Vorschriften an den unterschiedlichen Instituten.

So favorisierte Berlin die Fesselstandstheorie und bildete entsprechend aus, die zivilen Lehrschmieden in Dresden, München und Wien wendeten dagegen die Zehenachsentheorie an und in Hannover vertrat man die Theorie des Trachtenlängenverhältnisses.

Hufbearbeitungstheorie	Forderung: Der Huf muss so zubereitet werden, ...
Fußungstheorie (Dominik 1870)	*dass er beim Auftreten mit allen Teilen des Tragrandes (Hufeisens) gleichzeitig den Boden berührt, also plan auffußt.*
Zehenachsentheorie (Fambach 1887)	*dass die Zehenachse – eine gedachte Mittellinie durch Huf-, Kron,- und Fesselbein – gerade verläuft und zwar von vorn und von der Seite betrachtet.*
Theorie des plantaren Parallelismus (Watrin 1887)	*dass sich der Hufbeinsohlenrand parallel zum Boden befindet.*
Theorie des Sohlenrandstrahlebenenverfahrens (Friedrich 1931)	*dass der Huftragrand sich mit der natürlichen Sohlenrandstrahlebene deckt.*
Fesselstandstheorie (Bauer 1942)	*dass er von allen Seiten zum Stand der Fessel passt, d. h. deren Richtung zum Boden ungebrochen fortsetzt.*
Theorie des Trachtenlängenverhältnisses (Zschocke 1942)	*dass beide Trachten die gleiche Länge aufweisen.*

(WOLFER 1948; VOLLBACH 1954; MÜLLER 1999)

[39] *»Die wesentlichen Fortschritte in der Entwicklung des Hufbeschlags fielen in den Zeitraum, in dem die Zeitschrift ›Der Hufschmied‹ herausgegeben wurde (1883–1944)« (KRATZ 2001: S. 5). Im September 1944 wurde das Erscheinen der Zeitschrift kriegsbedingt eingestellt.*

Heute finden die traditionellen Hufzubereitungstheorien noch immer ihre Anwendung und man hat sich praktisch darauf geeinigt, dass man immer klug abwägen müsse, welche der Theorien bei welchem Pferd zum Einsatz kommen solle. Man spricht sich dafür aus, das Beste aus allen Theorien zu nutzen und ignoriert hierbei die Widersprüche, die sich aus den verschiedenen Zubereitungsidealen ergeben. Der folgende Satz könnte problemlos in der heutigen Zeit geschrieben worden sein:

»In den meisten Hufbeschlagbüchern ist zu lesen – und es wird vielfach heute noch gelehrt! – daß ein Huf nur dann richtig zubereitet ist, wenn die Fussung [sic] plan und die Zehenachse gerade ist.« (WOLFER 1948: S. 276)

Das Problem ist nur, wenn man sich zum Ziel setzt, den Huf plan fußen zu lassen und ihn in dieser Weise kürzt, so wird in einer relevanten Zahl der Fälle die Zehenachse nach der Hufbearbeitung gebrochen sein; in jedem Fall immer dann, wenn sie vorher gerade war, häufig aber auch in den anderen Fällen. Und umgekehrt verhält es sich ganz genauso, bearbeitet man den Huf so, dass die Zehenachse gerade gestellt wird und kürzt den Huf hierfür auf der inneren oder äußeren Hufwand, so ist nicht ausgemacht, wie hiernach die Fußung ausfällt ... Und wie soll man erst damit umgehen, wenn ein Huf es fußungstheoretisch erfordert, innen gekürzt zu werden, die Zehenachse aber nur gerade gerichtet werden kann, wenn man ihn außen verkürzt?

»Die Aufstellung dieser Doppelforderung, die ... in den meisten Fällen unerfüllbar ist, sehe ich als die Hauptursache an, daß der größte Teil unserer Beschlagschmiede zu keiner Zubereitungssicherheit gelangt. Bringt man aber noch eine Drittforderung dazu, nämlich die waagerechte Kronlage, dann ist die Verwirrung noch größer, denn es dürfte nur in Ausnahmefällen gelingen, alle diese drei Punkte in die geforderte Uebereinstimmung zu bringen.« (ebenda)

Aber diese Forderung hat Tradition ...

»Nach Beendigung der Hufzubereitung sollen die Hufe wieder passend, also frei von Fehlern sein. Dies ist im allgemeinen erreicht, wenn die Fußung jetzt eine möglichst gleichmäßige ist, die Zehenachse von der Seite und auch von vorne gerade ist und die Krone waagerecht liegt.« (JÖCHLE 1937, zit. nach ALBRECHT 2006: S. 163)

... und sie gilt ungebrochen bis heute:

»Stanek[40] ... legt bei der Hufzubereitung Wert auf eine ungebrochene Zehenachse und strebt an, ›dass der Huf zum Fesselstand passt‹. Generell empfiehlt er eine möglichst ›korrekte Gliedmaßen- und Zehenstellung bei planer Fußung‹. Die Trennungen der Begriffe sind in der neueren Literatur nicht mehr so streng. ›Gerade Zehenachse‹ und ›zum Fesselstand passend‹ werden eher synonym verwendet.« (ebenda: S. 108)

Ein schönes Vorhaben! Jedoch, wie von zahlreichen Autoren in den letzten beiden Jahrhunderten beschrieben, praktisch undurchführbar. Nichtsdestotrotz findet der Leser in der aktuellen Hufliteratur sowie im größten Hufbuch der Welt, dem Internet, dieses Vorhaben auf beinahe jedermanns Fahnen geschrieben.

Man nimmt heutzutage einfach nicht mehr ernst, worum man sich mehr als einhundert Jahre lang gestritten hat, und pflegt stattdessen den Kompromiss. Der Inhalt der Debatten wird negiert und die (sich widersprechenden) Ziele der einzelnen Theorien als gleichermaßen brauchbare hehre Ideale hochgehalten. Praktisch ist das ein ziemliches Armutszeugnis. Die Ideale, die der Huf und die Gliedmaße erfüllen soll und auf die der Hufbearbeiter hinarbeitet, schließen sich nicht nur häufig gegenseitig aus, sie richten sich zudem an eine ideale Gliedmaße, die in der praktischen Pferdewelt nur sehr selten vorkommt.

[40] Christian Stanek war zu dieser Zeit (2006) als Professor für Orthopädie bei Huf- und Klauentieren an der Veterinärmedizinischen Universität Wien tätig.

Rudolf WOLFER findet, »unter hundert Pferden sind keine fünf regelmäßig gestellt« (1948: S. 274). WISSDORF et al. (1987) stellen fest, dass bei ihren Untersuchungen an über 2000 Hufen das Idealbild des regelmäßigen Hufes nicht vorkommt (zit. nach HENKE 1987: S. 88). Isabelle CORBIN findet weder in ihrer 28-köpfigen Untersuchungsgruppe, noch in der zum Vergleich herangezogenen vierfach größeren Kontrollgruppe, ein Pferd mit einer vollständig regelmäßigen Gliedmaßenstellung. »Dieses war ein unerwartetes Ergebnis« (2004: S. 141). Ähnlich ergeht es Claudia LANGE, die hieraus den Schluss zieht, das die verbreitet anzutreffenden Gliedmaßenabweichungen wohl als »anatomische Variationen eines in der Natur nicht zu erreichenden Ideals akzeptiert« werden müssen (2001: S. 143).

Wenn dem so ist, sollte man diese Variationen aber auch bei der Hufbearbeitung akzeptieren lernen und die Hufe weder dem einen theoretisch begründeten und deshalb einleuchtenden Ideal noch einer Kombination von Idealen unterwerfen wollen. Der Praktiker tut dies ohnehin bereits, sozusagen gezwungenermaßen. Im praktischen Umgang mit dem Huf kommt ein Hufbearbeiter, welcher das Pferd nicht verletzen will, nicht umhin, die Grenzen der Umsetzung seines Ideals bzw. seiner Ideale zu akzeptieren. Dennoch werden die Ideale zumeist weiter vor sich her getragen und dem Huf immer wieder bei jedem Bearbeitungstermin in kleinen Dosen auferlegt – er soll möglichst: plan fußen, die Zehenachse und den Fesselstand ungebrochen fortsetzen, gleich hohe Trachten und einen parallelen Hufbeinsohlenrand aufweisen etc. pp.

Eine Untersuchung im Jahr 1999 hat die Frage näher untersucht, welche der traditionellen und noch heute gültigen Hufzubereitungstheorien bei Pferden mit abweichender Gliedmaßenstellung (zehenweit/zeheneng) zu einer gleichmäßigen Belastung der Zehengelenkspalten verhilft. Hierzu wurden Röntgenaufnahmen verwendet. Die Studie ergab, dass keine der untersuchten Bearbeitungstheorien eine positive Wirkung garantiert. In der Mehrzahl der Fälle verschlechterte die Anwendung der Theorien sogar die Gelenksituation (MÜLLER 1999: S. 67 ff).

Für alle Pferde mit abweichenden Gliedmaßenstellungen – und das ist wie wir gesehen haben die übergroße Mehrheit – bleibt an der theoretischen wie praktischen Front also noch ei-

***Abb. 2.1:** Diagramm erstellt nach Tabellen 5–11 sowie Tabelle 14 in MÜLLER (1999: S. 72 ff).*

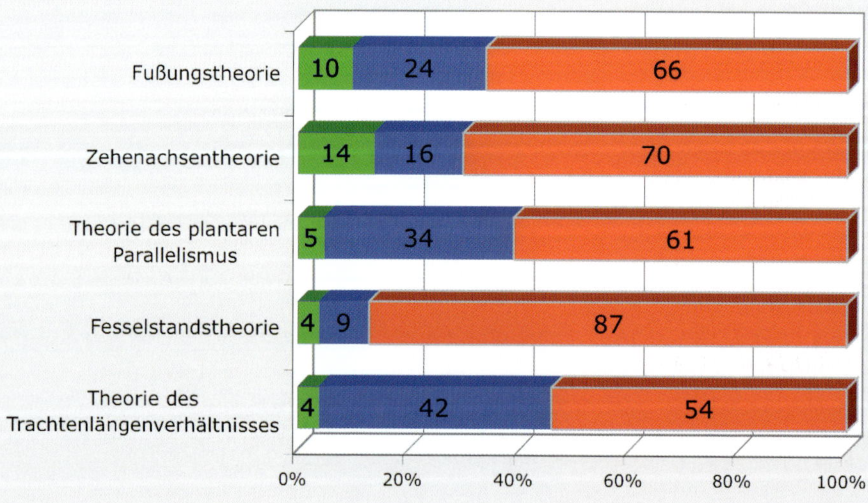

niges zu tun. Hierzu muss man sich aber von den traditionellen Vorstellungen lösen, statt sie ihrer Widersprüche und ihres Inhaltes beraubt, einfach immer weiter als Ideal vor sich her zu tragen.

Das ist nicht allein ein Problem des Hufbeschlags, dem das Zubereiten der Hufe – wenn auch in den letzten 200 Jahren zunehmend in seiner Bedeutung erkannt – seit Jahrhunderten untergeordnet ist. Auch die gerade einmal 40 Jahre junge Barhufbearbeitung hat sich von den oben genannten traditionellen Vorstellungen noch kaum gelöst. Auch wenn durchaus neue Barhufaspekte hinzugekommen sind, gelten ungebremst die Ideale der ungebrochenen Zehenachse, der planen Fußung und so weiter und so fort. Dabei sind diese idealen Vorgaben nur entscheidend für einen Hufbearbeiter, der einen Huf von einem Moment auf den anderen in Form bringen muss, wie das beim Beschlagen der Fall ist. Der Hufschmied muss den Huf in eine bestmögliche Form bringen, bevor er ihn beschlägt. Und für die Entscheidung, was das Bestmöglichste ist, braucht er ein Maß (gleich hohe Trachten, passend zum Fesselstand ...).

Sobald der Beschlag aufgebracht ist, ist der Huf einigermaßen sich selbst überlassen. Der Barhufbearbeiter hat hingegen die Möglichkeit, diese Zeit **nach** der Hufbearbeitung für den Huf arbeiten zu lassen, da er mit dem Hornabrieb planen und diesen steuern kann. Er ist nicht gezwungen, den Huf **mit** seiner Bearbeitungsaktion in Form zu bringen – was sich wie oben gesehen womöglich negativ auf die Gelenksituation auswirken kann –, sondern er kann auf den zukünftigen Abrieb setzen (siehe hierzu S. 65 ff).

Eine solche moderne Form der Barhufbearbeitung hat sich noch nicht wirklich durchgesetzt. Es wäre zu wünschen, dass auf diesem Gebiet die Tradition ein Stück weit der Zukunft weicht. Auch wenn der Hufbeschlag der Natur der Sache nach auch beim Zubereiten der Hufe anderen Gesetzmäßigkeiten folgen muss, bin ich sicher, dass ein modernes Hufbeschlagwesen von den Erkenntnissen und Fortschritte eines modernen Barhufwesens profitieren kann.

Nach diesem Ausflug in die Geschichte des Hufeisens und der Hufbeschlagkunde sowie ihrer Theorien zur Hufzubereitung steht die Frage an, was sich für den Huf des Pferdes und für seine Gliedmaße eigentlich verändert, wenn das Pferd mit Eisen beschlagen wird.

Die Huf- und Gliedmaßensituation entspricht der Theorie. Bspw. das Pferd verfügt über eine ungebrochene Zehenachse und das Pferd besitzt dabei gleichzeitig eine gleichmäßige Gelenkspaltenweite (für die Zehenachsentheorie sind dies 14 %).

Das Kürzen des Hufes entsprechend der Theorie kann zu einer Verbesserung der Gelenksituation führen. Der Wert bezeichnet den Maximalwert, zu dem die jeweilige Theorie überhaupt erfolgreich sein kann! Bspw. das Kürzen der äußeren Hufwand führt zu planer Fußung und stellt Symmetrie der Gelenkspalten her (für die Fußungstheorie sind dies 24 %).

Das Kürzen des Hufes entsprechend der Theorie führt zu einer Verschlechterung der Gelenksituation. Bspw. das Angleichen der vorher ungleichen Trachten führt zu ungleichmäßiger Gelenksbelastung (für die Theorie des Trachtenlängenverhältnisses sind dies 54 %).

2.2 Die Wirkungen des Eisenbeschlages auf den Pferdehuf[41]

»Es (gibt) keinen wissenschaftlichen Hinweis darauf, dass die routinemäßige Verwendung von gut angepassten, aufgenagelten Hufeisen schädlich wäre.« (BALCH 2009: S. 408)

1. Wirkung: Der Hornabrieb wird gestoppt

Das Hufeisen wurde erfunden, um die Hufe vor übermäßigem Abrieb zu schützen und um sich bei der Nutzung der Pferde vom tatsächlich nachwachsenden Horn unabhängig machen zu können. Die erste und auch gewollte Veränderung, die sich also aus dem Beschlag für den Huf ergibt, ist die, dass sich das Horn des Pferdehufes nun nicht mehr abreibt. Das bedeutet, dass bei einem angenommenen Hornwachstum von ca. einem Zentimeter pro Monat der Huf um ebendiesen Zentimeter an Höhe oder besser an Länge zunimmt. Die Hornwände werden infolge der Aussetzung des Abriebes länger und müssen aus diesem Grund nach einem Zeitraum von ungefähr 4–6 Wochen verkürzt werden, damit hieraus für den Huf kein Schaden entsteht.[42]

2. Wirkung: Ein ungleichmäßiger Abrieb der Hufwände findet statt

a) hinten mehr als vorn

Gerade war noch gesagt worden, dass das Hufeisen den Huf vor Abrieb schützt, und nun ist doch plötzlich von einem Abrieb die Rede? Leider muss man sagen, dass das Ziel der Verhinderung des Hornabriebs durch das Hufeisen nicht vollständig erreicht wird. Zwar sind die Zehen- und Seitenwände durch das Eisen nahezu gänzlich vor Abrieb geschützt also von diesem verschont, gleiches gilt jedoch nicht für die Trachten. Die Trachtenwände erfahren, durch die beim vorschriftsmäßig angebrachten Eisen möglich bleibende Bewegung der hinteren Hufabschnitte einen mehr oder weniger starken Abrieb. Wie hoch dieser Abrieb ist, hängt von verschiedenen Faktoren ab. Hier spielt die Qualität des Hufhorns, die spezifische Stellung und Belastung der Gliedmaße durch das Pferd, die Wandstellung der Trachtenwände wie auch die gesamte Hufform eine Rolle. Auch die Art der Pferdenutzung, die Böden auf denen sich das Pferd bewegt sowie die konkrete Ausführung des Beschlags haben einen Einfluss auf das Ausmaß des Trachtenabriebs. In verschiedenen hierzu angestellten Untersuchungen ergaben sich Werte zwischen 2,3 und 10 mm Trachtenabrieb innerhalb einer Beschlagsperiode (VILSMEIER 2002: S. 25). In der Regel entsteht beim beschlagenen Huf also eine mehr oder weniger große Abriebdifferenz zwischen den vorderen und hinteren Hufwandabschnitten. Dieser Umstand wirkt sich einigermaßen nachteilig auf die Hufform und die Gliedmaßenstellung aus.

Diese verformende Wirkung des Eisenbeschlags muss bedacht werden. In der Konsequenz ist es unbedingt erforderlich, ausreichend kurze Beschlagsintervalle einzuhalten. Bei manchen Hufsituationen sollte darüber hinaus auf einen Eisenbeschlag besser so lange verzichtet werden, bis die Hufform optimiert ist.

b) hüben mehr als drüben

Wenn unter dem Eisenbeschlag auf den Trachtenwänden Abrieb stattfindet, dann trifft dies die mehr belastete Hufseite zumeist mehr als die weniger belastete Hufseite. Das bedeutet, dass sich die Trachtenwände von ungleichmäßig belasteten Hufen auf dem Eisen unterschiedlich stark abreiben. Solche Hufe werden dann innerhalb einer Beschlagsperiode notwendigerweise schiefer. Laut den Aussagen von RUPPERT, der im vergangenen Jahrhundert hierzu Messungen vorgenommen hat, weichen die Abnutzungswerte der inneren und der äußeren Tragrandabschnitte umso mehr voneinander ab, je größer die Differenz der Seitenwandwinkel des Hufes ist. Er weist nach, dass sich die steiler stehende Wand beschlagener Hufe im Allgemeinen mehr

[41] Besprochen werden die unmittelbaren und prinzipiellen Wirkungen des Eisens auf den Pferdehuf an sich. Die genannten Wirkungen können je nach Pferd und dessen individueller Huf- und Gliedmaßensituation und ebenso je nach konkreter Ausführung des Beschlags unterschiedlich stark ins Gewicht fallen.

[42] Vernünftig wäre es, die Eisen nach dieser Zeit zunächst abzulassen und den entstandenen Hornüberstand barhuf ablaufen zu lassen bzw. abzureiten. In der Praxis ist das jedoch zumeist nicht der Fall. Der Tragrandüberstand wird stattdessen bei der Hufbearbeitung immer wieder entfernt und im Anschluss daran wird der Huf neu mit einem Beschlag vor Abrieb geschützt.

A

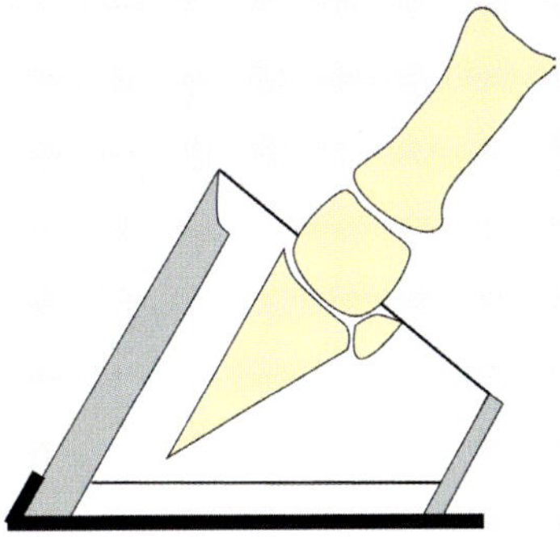

Abb. 2.2a

A) Der Anfang der Beschlagsperiode:

Ein gesunder Huf mit ausgewogenem Zehen-Trachtenlängen-Verhältnis und ungebrochener, gerader Zehenachse wird beschlagen.

B

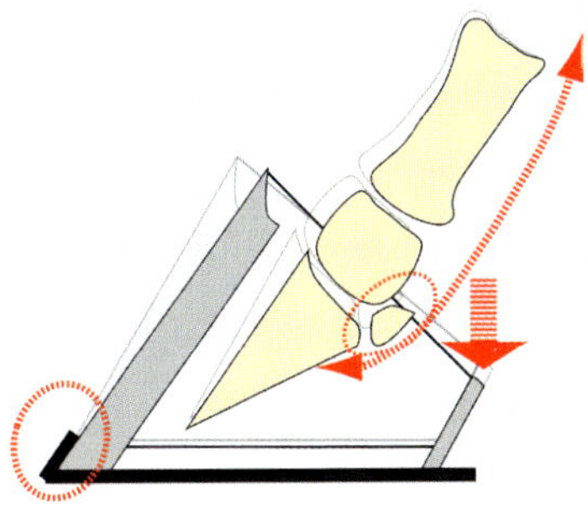

Abb. 2.2b

B) Das Ende der Beschlagsperiode:

Je nach den im Einzelnen vorliegenden individuellen Gegebenheiten reiben sich die Trachten des Hufes auf dem Eisen mehr oder weniger stark ab. Der Huf wird im hinteren Hufbereich niedriger, die Zehenwand wird im Verhältnis dazu länger und stellt sich in der Folge schräger zum Boden. Die auf der Trachtenregion liegende Belastung wird hierdurch sukzessive erhöht. Ebenfalls erhöht sich der zum Abfußen nötige Kraftaufwand. Zudem wird die Spannung der tiefen Beugesehne erhöht und die Region der Hufrolle stärker beansprucht. Jetzt ist höchste Zeit zum Umbeschlagen, damit die negativen Effekte auf die Huf- und Gliedmaßenstellung durch das Ausschneiden und Bearbeiten der Hufe rückgängig gemacht werden können. Der Huf muss wieder in den Zustand A versetzt werden, um neu beschlagen werden zu können.

C

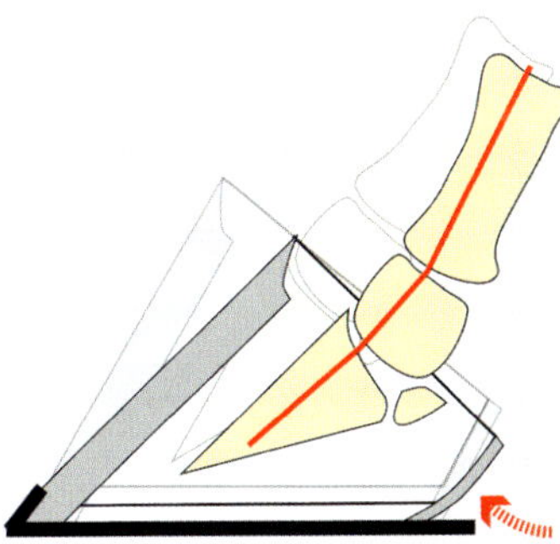

Abb. 2.2c

C) Verlängerte Beschlagsperiode und ungünstige Hufformen:

Wird die Beschlagsperiode allerdings über diesen Zeitraum hin verlängert, so schreitet die negative Entwicklung voran.

Das Gleiche gilt auch für den Fall, dass ein Huf beschlagen wird, der von vornherein bereits ein ungünstiges Verhältnis von Zehen- und Trachtenwandlänge aufweist.

In beiden Fällen verlagert sich das Problem jetzt immer mehr von einem Problem der Abriebdifferenz zu einem Problem der Wandwinkel. Das macht die Rückführung in gesunde Hufverhältnisse mit der Zeit immer schwieriger. Mit fortschreitender Verformung der Hornkapsel wird aus der ursprünglichen Längendifferenz eine zunehmende Winkelfrage. Die immer schräger werdenden Trachten, reiben sich durch ihre Stellung nunmehr kaum noch ab. Unter Umständen findet im hinteren Hufbereich jetzt gar kein Abrieb mehr statt. Nichtsdestotrotz gewinnen die Hufe nicht wieder an Trachtenhöhe. Im Gegenteil: Je länger die verbogenen Hornröhrchen der Trachten werden, umso mehr werden sie unter den Huf gehebelt. Die unter B genannten negativen Effekte potenzieren sich und die Zehenachse ist nach hinten gebrochen (Hyperextension). Beim Umbeschlagen kann die Situation nicht mehr bereinigt werden, da die zu schräg gewordenen Hufwände – zur untergeschobenen Trachte kommen die schrägen, langen Zehen bzw. die verbogenen Seitenwände hinzu – nicht mehr einfach über das Beschneiden in einen Normal-Zustand A zurückgeführt werden können.

A

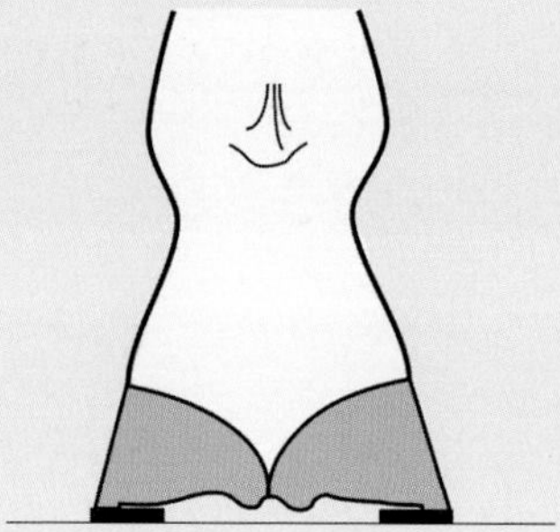

Abb. 2.3a

A) Der Anfang der Beschlagsperiode:

Ein gesunder, leicht schiefer Huf, der auf der linken (leicht steileren Seite) etwas mehr belastet wird.

B

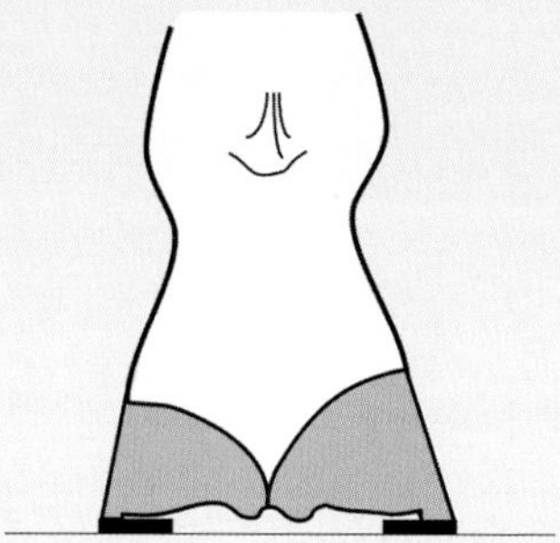

Abb. 2.3b

B) Das Ende der Beschlagsperiode:

Die hinteren Hufwandabschnitte reiben sich auf der steileren, mehr belasteten Seite in der Regel mehr ab, als dies auf der gegenüberliegenden schrägeren Seite der Fall ist. Im Verlauf der Beschlagsperiode verstärkt sich deshalb die Schiefe des Hufes.

C

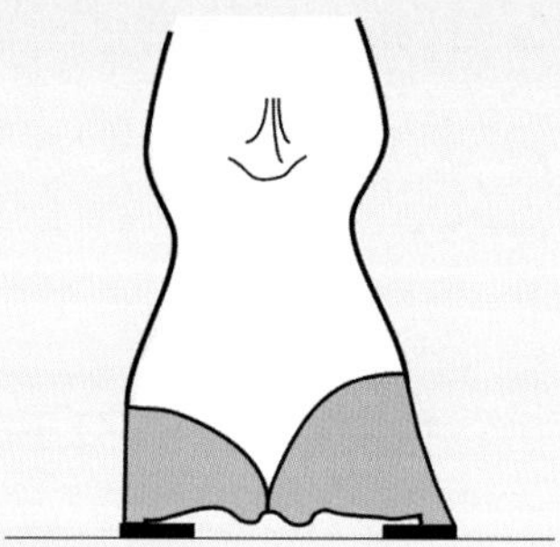

Abb. 2.3c

C) Verlängerte Beschlagsperiode und ungünstige Hufformen:

Bleibt das Eisen zu lange auf dem Huf oder besitzt das Pferd im Vorhinein bereits eine sehr schiefe Hufsituation, so kann sich der Huf auf dem Eisen so nachhaltig verformen, dass die Korrektur beim Umbeschlagen nicht mehr gelingt. Das liegt zum einen an der Verlagerung und Anpassung der lebenden Strukturen und zum anderen an der fehlenden Möglichkeit, auf dem Beschlag den Abrieb und Bodengegendruck gezielt positiv beeinflussen zu können.

D

Abb. 2.3d

D)

Die Biomechanik des Hufes tut das ihrige dazu und nicht selten entwickelt sich auf diesem Wege aus einer einfachen Schiefe des Hufes eine nicht mehr korrigierbare Ballenverschiebung.

abnutzt, als die gegenüberliegende, schrägere Trachtenwand (RUPPERT 1941: S. 73).

Der Umstand, dass schiefe Hufe auf dem Eisenbeschlag durch ungleichen Abrieb und durch die fehlende Möglichkeit der abriebsteuernden Einflussnahme noch schiefer werden, stellt ein weiteres Mal die Forderung auf, dass der Beschlag regelmäßig und in genügend kurzen Abständen erneuert werden muss. Darüber hinaus muss das Umbeschlagen dazu genutzt werden, die in den letzten Wochen auf dem Beschlag entstandene Schiefe des Hufes zu korrigieren, auch wenn dies mit einer abrupten Stellungsveränderung einhergeht.

3. Wirkung: Nachträgliche Stellungskorrekturen sind immer wieder notwendig

Aus dem ungleichmäßigen Abrieb, der an beschlagenen Hufen in der Regel stattfindet, folgt notwendig, dass der Huf beim Umbeschlagen gerade geschnitten werden muss. Die Hufwandabschnitte, die sich im Verhältnis weniger oder nicht abgerieben haben, müssen verkürzt werden, um den Normalzustand A möglichst wiederherzustellen. Andernfalls würde der neue Beschlag den Huf in eine sehr üble Lage bringen (siehe C und D). Die nachträgliche Korrektur des ungleichmäßigen Abriebs ist also unerlässlich, obwohl sie wirklich nicht unproblematisch für das Innenleben des Hufes wie auch für die gesamte Gliedmaße ist. Denn die sukzessive Veränderung der Hufform und Hufstellung, wie sie im Verlauf einer Beschlagsperiode stattgefunden hat, geht wie im Kapitel 1 ausgeführt, immer auch mit Veränderungen in den Ebenen und Haltestrukturen der Gelenke einher. Die auf dem Beschlag stattfindenden Veränderungen des Huffundaments führen zu Änderungen in der statischen wie dynamischen Belastung der gesamten Gliedmaße, worauf diese mit Anpassung reagiert. An den Bändern, Sehnen, Gelenken und nicht zuletzt auch den Knochen finden in der Folge adaptive Umgestaltungsvorgänge statt. Da die durch den ungleichen Abrieb verursachten Formveränderungen am Huf langsam und gemächlich vonstatten gehen, können die Gliedmaßenstrukturen, indem sie sich funktio-

Die Schmiedsche Unruhe am Beispiel einer vorbildlichen 5-wöchigen-Beschlagsperiode (Fotos: Frank Vicent):

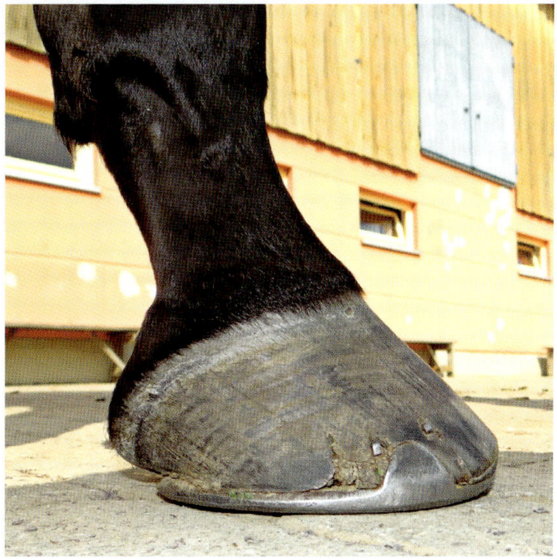

Abb. 2.4a: Dieser Huf weist nach 5 Wochen Eisenbeschlag ein deutliches Missverhältnis zwischen Zehenwandlänge und Trachtenhöhe auf. Die Gliedmaße befindet sich in ungemütlicher Hyperextensionsstellung und muss jetzt dringend korrigiert werden.

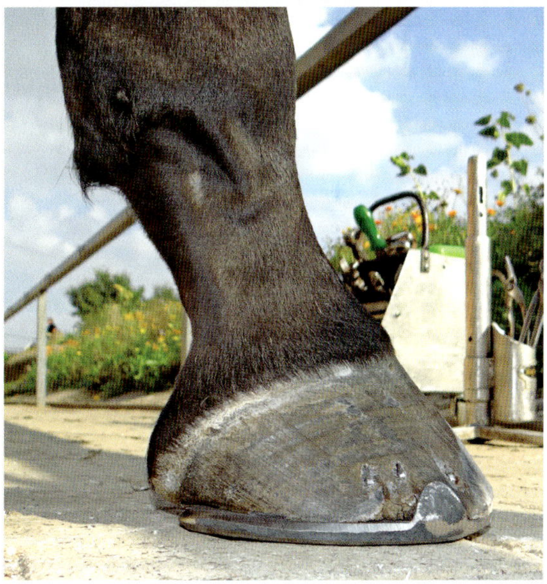

Abb. 2.4b: Der Huf wurde vor dem Neubeschlagen korrigiert und hierzu vor allem in der Zehe gekürzt. Er befindet sich jetzt in seiner besten Façon und wird ab diesem Zeitpunkt wieder schlechter werden, um dann in fünf Wochen wieder aus der negativen Situation befreit zu werden …

nell anpassen, diese Änderungen bis zu einem gewissen Grad ohne Schaden für sich selbst mitvollziehen.
Die Gliedmaße richtet sich auf diese Weise in der neuen Belastungssituation ein. Mit dem Umbeschlagen und der notwendigen Korrektur des schief gewordenen Hufes erfolgt nun eine sehr plötzliche Umstellung der Belastungssituation. Für die bereits an die neuen Bedingungen adaptierten Gliedmaßenstrukturen stellt dies in erster Linie erst einmal eine Zumutung dar. Deshalb ist es denn auch häufig so, dass sich Pferde nach der Erneuerung ihres Beschlages erst wieder einlaufen müssen. Der gute Hufschmied weiß dies und bedenkt, wie viel er einem Pferd an Korrektur zumuten kann. Er ist darüber hinaus bemüht, das Ausmaß der fälligen Korrektur durch ein Kurzhalten der Beschlagsabstände möglichst klein zu halten. Dies ist auch die einzige Möglichkeit, den Schaden zu begrenzen. Dass sich dieser abrupte Wechsel in der Belastungssituation jedoch problematischer auswirkt als der vorangegangene, langsame, von Umbau- und Anpassungsprozessen begleitete Wechsel, liegt auf der Hand. Dennoch gibt es keine andere Möglichkeit der Hufkorrektur, wenn der Huf hiernach wieder beschlagen werden muss. Die besondere Härte dieser Geschichte liegt vor allem in ihrer Wiederholung. Denn es handelt sich dabei ja nicht um eine einmalige und außergewöhnliche Maßnahme, sondern um ein Dauerprogramm. Die von mir so getaufte Schmiedsche Unruhe ist ein unvermeidbarer Faktor, der mit dem Beschlagen des Hufes einhergeht. Es gibt auf dem Eisenbeschlag schlicht keine andere Möglichkeit, um die Hufe in einer physiologischen Form zu halten.

4. Wirkung: Die Hufe sind weniger empfindlich

Dieser Umstand der Unempfindlichkeit der Hufe ist neben der gewünschten Verhinderung des Abriebs der häufigste Grund, weshalb Hufe überhaupt beschlagen werden. Gehen Pferde fühlig oder lahmen sie gar, wenn sie über steinige Böden oder in härterem Gelände gehen, so schafft ein Beschlag häufig Abhilfe. Woran liegt das eigentlich? Weshalb können Pferde mit dem Eisenbeschlag Wege problemlos beschreiten, welche sie Barhuf viel lieber umgehen? Man spricht davon, dass das Eisen dem Huf Schutz bietet. Wie sieht dieser Schutz aus? Die allgemeine Vorstellung, die sich damit verbindet, ist die, dass das Eisen gleich einem Schuh die Sohle des Pferdes schützt. Das stimmt auch, zumindest zum Teil: Je nach Ausführung des Beschlages und vorliegender Hufsituation, ist die Sohle durch das Material bodenseitig vor Druck durch Steine geschützt. Bei bestimmten Hufsituationen und empfindlichen Pferden werden mitunter aber auch zusätzliche Einlagen benötigt, weil dieser sohlenseitige Schutzeffekt des Beschlags allein nicht ausreicht.

Es gibt allerdings noch ein weiteres wesentliches Moment, welches für die herabgesetzte Empfindlichkeit des Hufes verantwortlich ist. Letzteres ist jedoch weit weniger bekannt und findet deshalb in diesem Zusammenhang nur selten Beachtung: Die Starre des Eisenbeschlages sorgt für eine völlige Aufhebung der vertikalen Hornwandbewegungen und damit auch für die Einschränkung der punktuell auf die Hornkapsel einwirkenden Stauch- und Hebelkräfte. Wir erinnern uns, nicht nur die Hornsohle ist von einer sensiblen Lederhaut unterlegt, auch die Hornwände haben eine innige Verbindung zu den Lederhäuten – nach oben zur Kronlederhaut und nach innen zur Wandlederhaut (siehe Kapitel 1 zur Anatomie des Hufes). Jede Bewegung der Hornwand teilt sich so den darunter liegenden Lederhäuten mit und wird vom Pferd als mehr oder weniger intensiver Bewegungsreiz empfunden. Es ist vor allem auch diese Verminderung der Hornwandbewegungen, die den Huf unempfindlicher gegen die Besonderheiten des Bodens werden lässt.

Man sollte sich bewusst machen, dass dieser Umstand der verminderten Empfindlichkeit eisenbeschlagener Hufe sowohl ein positives als auch negatives Moment in sich trägt. Der vom Boden über die Hornwände auf die Lederhäute übertragene Bewegungsreiz kann in seiner Intensität vom sanften Druck oder Zug bis zum starken Schmerz reichen. Je nachdem in

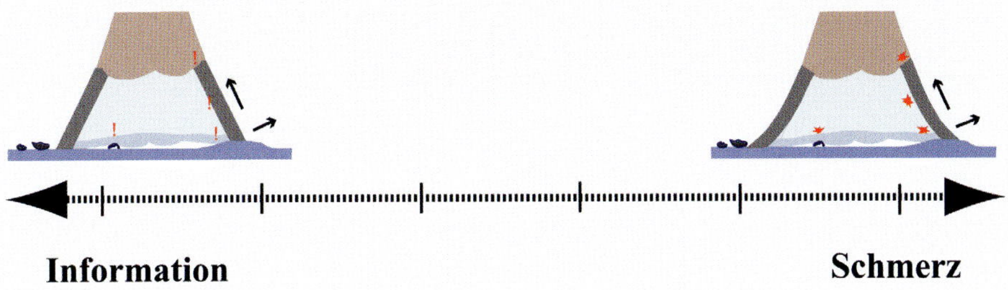

Abb. 2.5

welchem Bereich der Skala der Reiz angesiedelt ist, gibt er dem Pferd lediglich die notwendigen Informationen über den Boden oder aber er verursacht ihm Schmerzen. Ersteres ist erwünscht und für die Gesunderhaltung der Gliedmaßen sehr wichtig, also positiv, zweiteres lässt das Pferd die Freude am Laufen verlieren und gefährdet seine Gesundheit, muss also eindeutig als negativ eingestuft werden.

Von welcher Intensität bzw. Qualität die Bewegungsreize auf die Hornkapsel sind, hängt natürlich grundsätzlich erst einmal von der Bodenbeschaffenheit ab. Unebenes, hartes Gelände lässt jedes Barhuf-Pferd vorsichtig werden – so es nicht gerade unter dem Einfluss von Adrenalin oder menschlichem Ehrgeiz sämtliche Vorsicht sausen lässt. Und diese Vorsicht ist auch ganz vernünftig und im Sinne des Pferdes gedacht und gehandelt. Das Pferd bewahrt sich selbst so vor möglichem Schaden.
Nun gibt es Pferde, die laufen problemlos über den kopfsteingepflasterten Hof oder den mit Steinen übersäten Treibweg, wieder andere, die sind zwar nicht begeistert, aber wenn die Richtung stimmt, dann können sie das schwierige Gelände ebenfalls recht zügig meistern und dann gibt es Pferde, die zeigen ganz deutlich, dass diese Höfe und Wege ihnen bitte erspart werden möchten, weil es für sie wirklich schmerzhaft ist, auf diesen Böden zu laufen. Woran liegt diese unterschiedliche Wahrnehmung derselben Böden? In erster Linie ist hierfür die Hufsituation verantwortlich, mit der das jeweilige Pferd ausgestattet ist. Der Boden bietet zwar den Reiz, aber die Hornkapsel nimmt diesen Reiz in unterschiedlicher Weise auf. Ungünstig schräg gestellte Wände entfalten auf unebenem Boden viel leichter starke Hebelkräfte als Hufe mit physiologischen Wänden, schiefe Hufe, können sich sehr unangenehm verwinden, lose oder hohle Wände verursachen unter diesen Bedingungen einen schmerzhaften Zug an den Lederhäuten. Es kommt also sehr darauf an, in welcher aktuellen Verfassung die Hufe sind. Aber auch die grundlegende Hufform und genetische Anlage spielt eine nicht zu unterschätzende Rolle. Vor allem Pferde mit starken Hufkapseln sind gegenüber dünnschaligen Pferden natürlich im Vorteil. Hinzu kommt der Einfluss der Haltungsbedingungen. Hufe, die nur selten und ausnahmsweise mit hartem Boden in Berührung kommen, weil sie diesen nur auf dem Weg von der eingestreuten Box auf die weiche Wiese überqueren, müssen hierauf empfindsamer reagieren, als Hufe, bei denen diese Böden das tägliche Geläuf darstellen. Im letzteren Fall wird das Horn, aber auch die Empfindung trainiert. Sprich, neben einem kräftigeren Horn und Wachstum desselben, gibt es einen Gewöhnungseffekt. Jeder Mensch, der schon einmal seinen Sommerurlaub an einem Kiesstrand verbracht hat, kennt diesen Effekt. Anfangs weiß man nicht, wie man über diese unangenehmen Steine überhaupt ins Wasser kommen soll, am Ende des Urlaubs beobachtet man genüsslich, wie die Neuankömmlinge mit lustigen Verrenkungen ins Wasser balancieren. Eine solche Gewöhnung oder Abhärtung der Hufe ist besonders wirksam während der Wachstumsphase. Fohlen, die auf abwechslungsreichen Böden groß werden, haben deutlich bessere Chancen auf kräftige und unempfindliche Hufe, als ihre in ihren Jugendjahren aus-

schließlich auf weichen Böden lebenden Artgenossen.
Hinzu kommt immer auch noch eine – sicherlich auch bereits genetisch vorprogrammierte – individuell unterschiedliche Schmerzempfindlichkeit bzw. Feinfühligkeit der Hufe.
Pferde mit sehr empfindlichen Hufen können von einem Beschlag mit starrem Material profitieren. Weniger Empfindlichkeit ist in solchen Fällen durchaus erwünscht, insbesondere, wenn diese Pferde nicht lediglich nach gusto laufen sollen, sondern in reiterlicher oder anderer Nutzung sind. Andererseits muss man sich aber auch immer klar vor Augen halten, dass ein Eisenbeschlag dem Huf eben auch die Information über den Boden nimmt. Das heißt, dem eisenbeschlagenen Huf geht der wertvolle Tastsinn verloren. Ich bin im Kapitel zum Eigenleben des Hufes bereits darauf eingegangen. Die dem Huf eigene Sensibilität ermöglicht es dem Pferd, auf alle Böden stets angemessen reagieren zu können und seine Gliedmaßen dabei effektiv zu schonen. Die Desensibilisierung durch einen starren Beschlag bringt es mit sich, dass die Besonderheiten des Bodens, bspw. die Bodenunebenheiten, nicht mehr mit dem Huf entdeckt werden können, sondern sich erst in den darüber liegenden Gliedmaßenstrukturen bemerkbar machen. Das hat aber zur Folge, dass so mancher Stoß das ein oder andere Gelenk kalt erwischt. Das schützende »sich darauf einstellen« – als zum Teil willkürliche, zum Teil auch unwillkürliche Reaktion des Organismus – kann so immer erst ein wenig später erfolgen und dann mitunter auch zu spät kommen. Ohne Tastsinn besteht einfach eine höhere Wahrscheinlichkeit, dass der Stoß im Gelenk angekommen ist, bevor der Körper sich schützend darauf einstellen kann.

5. Wirkung: Die Hufbiomechanik verändert sich

Wir haben hierzu bereits im Abschnitt »Eigenleben des Hufes« die entscheidenden Informationen erhalten. Die Starre des Eisenbeschlags sorgt dafür, dass die Hufeigenbewegungen verändert werden. Insbesondere die vertikale Verwindung der Hornkapsel wird durch das Eisen ausgeschaltet. Die Biomechanik der Hufe ändert sich. Das Gesagte ist keineswegs gleichbedeutend damit, dass (wie oft behauptet wird) der Hufmechanismus (Aufweiten der Trachten) ausgeschaltet ist. Letzteres ist weder zwingend der Fall, noch ist es in seinem Effekt so gewaltig, wie die Einschränkung der Biomechanik der Hornkapsel in ihrer vertikalen und horizontalen Gänze.
Die positive Fähigkeit der individuellen Verwindungsfähigkeit in vertikaler Dimension büßt der Huf ein, sobald er mit einem starren Material (Eisen, Alu) beschlagen wird. Das »Anschmiegen« an den Boden, wie es dem Barhuf möglich ist, wird durch das unelastische Material gänzlich verhindert. Man muss sich klar machen, dass die Gelenke des Pferdebeins den Unebenheiten des Bodens damit relativ schutzlos ausgeliefert sind. Vor allem, da hinzukommt, dass der Huf durch einen starren Hufschutz (egal ob genagelt, geklebt oder als Hufschuh angeschnallt) wie oben ausgeführt seinen Tastsinn mehr oder weniger einbüßt. Die elastische Beweglichkeit des Barhufs sorgt schließlich nicht nur dafür, dass ein nicht planes Auffußen zu einem Teil im Huf selbst kompensiert wird, sondern »informiert« das Pferd auch über die Bodenunebenheiten und sorgt so für die entsprechende gelenkschonende muskuläre Reaktion.[43]

6. Wirkung: Eingeschränkte Durchblutung, geringeres Hornwachstum und verminderte Hornqualität?

In der alten wie neuen Literatur zum Huf wird problematisiert, dass sich der Beschlag mindernd auf die Durchblutungssituation im Huf und damit mindernd auf das Wachstum und die Qualität des Horns auswirken kann. Erklärte Aufgabe des Hufschmieds ist es deshalb, beim Aufbringen des Beschlags darauf zu achten, dass dieser die Blutversorgung des Pferdehufs

[43] Hinterhofer et al. vergleichen die Bewegungen von Hornkapseln unbeschlagener und beschlagener Hufe und kommen zu dem Ergebnis, »dass der Hufbeschlag im Bereich der gemessenen Hornkapselteile eine deutliche Bewegungsrestriktion zur Folge hat« (2006: S. 314). Letzteres kann in bestimmten Fällen nötig bzw. erwünscht sein, sollte aber bei der Abwägung Barhuf oder Beschlag stets mitbedacht werden.

in keiner Weise einschränkt. Der Beschlag soll den natürlichen Verhältnissen des Hufs Rechnung tragen (LUNGWITZ 1917: S. 4).
Da die Durchblutung im Huf eng mit den Formveränderungen der Hornkapsel verbunden ist, besteht die Forderung an den Hufschmied, dass er die Elastizität der Hornkapsel auch unter dem Beschlag zu erhalten hat (LEISERING;HARTMANN 1893: S. 18). Fasst man hierbei lediglich die aufweitende Bewegung der Trachten ins Auge, wie es die Abstraktion Hufmechanismus nahelegt, so ist die gestellte Forderung für den Hufschmied bei Beachtung und Einhaltung entsprechender Bearbeitungsmaximen prinzipiell erfüllbar. Vergegenwärtigt man sich jedoch, dass die Bewegungen des Hufs weit vielgestaltiger sind und sich die individuelle Biomechanik der Hufe nicht auf einen Hufmechanismus beschränkt, so muss man diese Aufgabe als unlösbar einschätzen. Auch der gewissenhafteste und ordentlichste Beschlag schränkt die Bewegungen der Hornkapsel ein.[44] Das ist ja auch durchaus erwünscht – nämlich in Bezug auf die Herabsetzung der Empfindlichkeit und in Bezug auf den Schutz des Hufs vor punktueller Krafteinwirkung. Es hat aber eben auch die ganz und gar unerwünschte Wirkung, dass die Blutzirkulation durch die herabgesetzte Hufeigenbewegung unweigerlich in Mitleidenschaft gezogen wird. Der Beschlag schränkt – und das auch in seiner besten Ausführung – allein durch die Starrheit des verwendeten Materials die Elastizität des Pferdehufes ein und bleibt so leider nicht ohne Auswirkung auf Durchblutungssituation des Hufes. Letzteres beeinflusst die Qualität und Quantität der Hornproduktion und ist ein Grund dafür, dass bei unbeschlagenen Hufen in der Regel ein besseres Hornwachstum festgestellt werden kann, als bei Hufen, die mit Eisen beschlagen sind.[45]
Nun ist es ja aber nicht so, dass beschlagene Hufe stets von schlechterer Hornqualität sind als unbeschlagene und umgekehrt gibt es auch ausreichend Barhufe, deren Hornsubstanz und Hornwachstum zu wünschen übrig lassen. Die hufeigene Elastizität ist zwar ein wichtiger, aber natürlich nicht der einzige Faktor, der die Quantität und Qualität des Hornwachstums beeinflusst. Andere Faktoren, die eine ebenso wichtige Rolle spielen, sind die Nährstoffversorgung und Stoffwechsellage des Pferdes, die genetische Disposition, die konkrete Hufsituation, der Status der Hufpflege und Hufbearbeitung sowie die allgemeinen Lebensbedingungen des Pferdes. Es ist entscheidend für die Hornsubstanz, unter welchen Bedingungen die Hufe stehen und gehen. Das betrifft sowohl den hygienischen Aspekt, wie auch das Moment der vorhandenen wie der womöglich fehlenden Bewegungsreize und -angebote für das Pferd und seine Hufe. Pferdehufe, die 23 Stunden in der weichen Strohbox oder dem handtuchgroßen Betonpaddock geparkt sind, erfahren wenig Anreiz zur Hornproduktion. Deshalb besitzt ein eisenbeschlagenes Pferd mit täglicher Arbeit und viel Bewegung im Ergebnis mitunter auch ein wesentlich besseres Horn und Wachstum desselben als ein vernachlässigtes Barhufpferd ohne Chance auf Bewegung.[46]
Schlussendlich muss jedoch festgehalten werden, dass das Barhufgehen gegenüber dem Eisenbeschlag, zusätzlich zu allen anderen Einfluss nehmenden Faktoren, einen Vorteil für die Durchblutungssituation wie für die Nährstoffversorgung des Hufes bietet. Daraus kann man zwei Schlüsse ziehen: 1. sollte auch diese (unerwünschte) Wirkung des Beschlages in die Überlegung, lasse ich mein Pferd beschlagen oder nicht, mit einbezogen werden. 2. können beschlagene Hufe, die sich durch mangelhafte Hornqualität und schlechtes Wachstum auszeichnen, vom Barhufgehen aller Wahrscheinlichkeit nach sehr profitieren.
Ein starres Hufeisen ist und bleibt, um mit Anton LUNGWITZ zu sprechen, ein »Behinderungsmittel der Elastizität« (1883: S. 20). Das gilt umso mehr in dem Moment, in dem das Wissen um die dreidimensionale Biomechanik den

[44] Siehe die in der vorhergehenden Fußnote zitierten Ergebnisse der Forschungen von HINTERHOFER et al. (2006). Anders ist die beim flexiblen Kunststoffbeschlag.
[45] Siehe SCHREYER (1997: S. 15), SCHROTH (2000: S. 15), VILSMEIER (2002: S. 20) und PÜTZ (2006: S. 57).
[46] Dass Arbeit und Bewegung der Pferde die Wachstumsraten des Hufhorns fördert und mangelnde Bewegung sich umgekehrt negativ auf das Hornwachstum auswirkt, in diese Richtung weisen auch die Ergebnisse der Untersuchungen von WINTZER (1986) und MÖLLER (1922) – (zit. n. VILSMEIER 2002: S. 22).

tradierten Begriff des Hufmechanismus ablöst. Solange »die mechanischen Verrichtungen des gesunden unbeschlagenen Hufes in der Hauptsache eigentlich weiter nichts darstellen, als abwechselnde Erweiterung und Verengung der Trachtenwände« ist es durchaus möglich, die Hufelastizität, also das »Spiel der Trachten auch unter dem Beschlage möglichst zu erhalten« (LUNGWITZ 1883: S. 20). Eine Hufelastizität von der Qualität einer individuellen dreidimensionalen Hufmechanik kann allerdings mit einem starren Beschlag auch beim besten Willen nicht mehr eingelöst werden.

7. Wirkung: »Klirrfaktor« und Gewichtsbelastung

Die bevorzugte Gangart des Pferdes ist Schritt. Ist es ihnen vergönnt, so bewegen sich Pferde die meiste Zeit des Tages grasend und im langsamen Tempo einen Schritt vor den anderen setzend. Aber wenn es sein muss – bei der Arbeit, in Fluchtsituationen oder beim Spaß und Spiel mit Artgenossen – können Pferde recht hohe Geschwindigkeiten entwickeln, bei denen das Körpergewicht dann mit enormer Kraft auf die Hufe »geworfen« wird. Die Kräfte die unter solchen Umständen auf Hufe und Gliedmaßen einwirken, erreichen teilweise das Zwei- bis Vierfache des Körpergewichts (PREUSCHOFT 1989 zit. nach HENKE 1997: S. 32). Das Pferd besitzt zum Schutz seiner Gliedmaßen effektive Mechanismen, die in der Lage sind, den heftigen Aufprallstoß auch in solchen Situationen zu dämpfen. Zu diesen stoßdämpfenden Einrichtungen gehören die rein muskuläre Verbindung (Synsarkose) der Schultergliedmaße mit dem Rumpf, die mehrfache, teils starke Winkelung der unteren Gliedmaßen, die langen elastischen Sehnen, das aus vielen Einzelknochen bestehende Karpal- und Sprunggelenk, der Fesseltrageapparat und nicht zuletzt der Huf mit seiner oben beschriebenen Biomechanik (ZIERMANN 2006: S. 109).

Trabt bspw. ein 550 kg schweres Pferd mit einer Geschwindigkeit von 35 Stundenkilometern, so wirkt die Gewichtskraft einer Tonne auf die Hufe der Vordergliedmaßen ein. Dabei wiederholen sich diese Belastungszyklen (von 0 auf 1.000 kg und zurück auf 0) ca. zweimal pro Sekunde (CHATEAU et al. 2012: S. 70). Die Gliedmaßen der Pferde sind also zeitweise sehr hohen Kräften ausgesetzt und es ist in diesen Fällen eine möglichst wirksame Stoßdämpfung gefragt. Die Schockabsorption erfolgt dabei zu einem sehr großen Teil, bereits im Huf.[47] Sind Hufe mit Eisen beschlagen, so erfahren sie eine deutlich höhere Belastung durch den Aufprall auf dem Boden, vor allem dann, wenn dieser Boden hart ist. Über diese Tatsache sind sich alle Forscher einig, auch wenn Uneinigkeit in Bezug darauf herrscht, welche Auswirkungen das letztlich auf die Gesundheit des Pferdes hat. Man hat beim Lesen der einschlägigen Literatur manchmal das Gefühl, dass nicht sein kann, was nicht sein darf: Die Auftrittserschütterungen und Beschleunigungswerte sind höher, ja, aber das ist doch in erster Linie eine Frage des Bodens und die Bewegung und Arbeit auf hartem Boden ist doch eher die Ausnahme, denn die Regel. Zudem ist bislang unbewiesen, ob die beim beschlagenen Huf gemessenen, höheren Vibrationen sich tatsächlich schädigend auf die Pferdegliedmaße auswirken. Man verweist auf das leistungsfähige »Schockabsorptionssystem« des Hufes, das auch unter dem Eisenbeschlag funktioniert und beim beschlagenen Huf nicht wesentlich mehr Aufprallvibrationen im Fessel- und Röhrbein ankommen lässt, als beim unbeschlagenen Huf (ZIERMANN 2006; WANDRUSZKA 2011). Letzterem kann man aber auch entnehmen, dass die Leistung, die dem eisenbeschlagenen Huf als »Schockabsorptionssystem« abverlangt wird, eine sehr viel höhere sein muss, als dies beim unbeschlagenen Huf der Fall ist. Wie die Hufstrukturen diese Zusatzleistung verkraften, bleibt offen.

Eine andere Position vertreten SMEDEGARD und VINDRIIS (1995), die im Ergebnis ihrer Untersuchungen zu dem Schluss kommen, dass

[47] *WILLEMEN et al. (1999) kamen in ihren Untersuchungen zu dem Ergebnis, dass 67 % der Auftrittserschütterung zwischen Hufwand und Hufbein und weitere 6 % im Hufgelenk absorbiert werden (zit. nach ZIERMANN 2006: S. 46).*

der Eisenbeschlag das »stoßdämpfende Abfederungssystem des Hufes« außer Kraft setzt und hierdurch Huf und Gliedmaße wesentlich stärker belastet werden. Nach ihren Messungen wird das Bewegungssystem bei einem mit acht Stundenkilometern trabenden Pferd doppelt so stark belastet, wenn dieses mit Eisen beschlagen ist. Das gilt für die Stoßkräfte (m/s^2) wie für die Schwingungen (Hz), denen die Gliedmaße ausgesetzt ist und die sie am Fesselbein gemessen haben. Sie verweisen auf die in der Humanmedizin bekannte Tatsache, dass hohe Schwingungen negative Auswirkungen auf den menschlichen Organismus haben.

Relativ unstrittig ist, dass der Beschlag das Pferdebein mit einem zusätzlichen Gewicht belastet. Dieses Gewicht ist meist gar nicht unbeträchtlich. Der Hufschmied und Tierarzt Hans CASTELIJNS warnt davor, dass manche Sportbeschläge Gewichte von mehr als einem Kilogramm pro Fuß erreichen können.[48] Er rechnet vor, dass dies dem Pferd in der Fortbewegung einen zusätzlichen, hohen Energieaufwand abverlangt und der Zweck, beim Rennen, als erster einzulaufen, konterkariert wird. Er verweist auch auf die Auswirkungen des Eisengewichts in Bezug auf die Beugung und Streckung der Gliedmaßgelenke in der Hangbeinphase, was bei der Dressur durchaus als größere Ausdrucksfähigkeit beklatscht wird, in anderen Disziplinen, wo es um Schnelligkeit oder das Zurücklegen von Distanzen geht, aber oft auch Ursache von »internen Läsionen des Beines« ist (2010: S. 54).

Das zusätzliche Gewicht der Hufeisen beeinflusst die Bewegung der Gliedmaßen sehr deutlich. Bei jungen Pferden lässt sich nach dem ersten Beschlag eine sofortige »Verbesserung der Gangart« beobachten. Die Hufe werden höher gehoben, auch die Führungshöhe von Fesselkopf und Karpus vergrößert sich. Zusätzlich werden das Karpal- und das Fesselgelenk stärker gebeugt (CORBIN 2004: S. 68). Der Mensch sieht solche Veränderungen des Gangbildes offensichtlich gern. Inwieweit dieser gewollte oder auch ungewollte Eingriff in die Gliedmaßenführung die Pferdegesundheit beeinträchtigt oder gefährdet, darüber wird seitens der Forschung derzeit noch wenig reflektiert.

[48] *Seine Tabelle zu Vorderbeschlägen (Nr. 2, holländisches Maß) weist Gewichte zwischen 564 g und 277 g für Eisenbeschläge aus (CASTELIJNS 2010: S. 54).*

3 Braucht mein Pferd einen Beschlag?

Diese Frage ist keine Glaubensfrage und sie sollte auch nicht zu einer solchen gemacht werden. Leider ist genau das aber doch recht häufig der Fall. Dabei gibt es sie auf beiden Seiten, die Menschen, die diese Frage mit Glaubenssätzen anstatt mit sachlichen Argumenten beantworten. Falsche Argumente und Vorurteile kursieren im Lager der Barhufbefürworter, wie auch im Lager der Eisenbefürworter und man ist nicht gut beraten, sich bei den Menschen Rat zu holen, die ein Eisen aus Gewissensgründen ganz prinzipiell ablehnen oder ganz umstandslos befürworten. Immer wenn die moralische Keule geschwungen wird, ist Vorsicht geboten und die Argumente, die einem das Eisen nahe legen oder von diesem abraten wollen, sollten stets kritisch geprüft werden. Argumente wie »natürlich vs. unnatürlich« oder die Beschwörung von Zwanghufen und Herzerkrankungen beim Pferd sind genauso wenig richtig, wie es richtig ist, dass Hufe von Reitpferden zum Schutz einfach immer beschlagen werden müssen und dass man andernfalls, wenn man sein Pferd barhuf nutzt, die Gesundheit seines Pferdes aufs Spiel setzt.

Zunächst muss man sich einmal klar machen, dass die Entscheidung für den Beschlag oder für den Barhuf jeweils eine höchst individuelle Entscheidung ist. Man fällt eine (möglichst sachgerechte) Entscheidung für dieses spezielle Pferd und in diesem konkreten Moment. Ein Pferd braucht weder automatisch Eisen, nur weil es nun ins Erwachsenenleben eintritt und angeritten werden soll, noch braucht es fraglos Eisen, weil man es schon so gekauft hat, es einfach schon immer welche hatte oder früher einmal an der Sehne oder der Hufrolle erkrankt war. Aber auch andersherum ist ein Barhuf-Pferd, auch wenn es die tollsten und kräftigsten Hufe hat, nicht ohne Limit und unter allen Umständen ohne Hufschutz nutzbar. Das muss nicht in jedem Fall ein Eisenbeschlag sein, mitunter ist dieser aber auch für das Pferd in dieser Situation einfach die beste Lösung. Also weg vom globalen Entschluss hin zur gründlich durchdachten und situationsabhängigen Entscheidung.

3.1 Mein Pferd braucht einen Abriebschutz

> *»Das Hufeisen ist nichts anderes als ein Ersatz für das abgenutzte oder sonst verloren gegangene Horn.« (BRÜCHER 1876: S. 28)*

Beginnen wir mit dem ganz klassischen Fall und dem ursprünglichen Daseinsgrund des Beschlags: Der Huf reibt sich aufgrund der Nutzung stärker ab, als er nachwächst.

Wenn der Pferdebesitzer merkt, dass sein sonst problemlos laufendes Barhufpferd beginnt fühliger zu werden, plötzlich auf den Grünstreifen ausweicht, nicht mehr locker vorwärts läuft, sobald der Boden etwas härter wird, dann sind die Hufe unter Umständen zu stark abgelaufen. Ich sage unter Umständen, weil dies nicht der einzig mögliche Grund dafür ist, dass ein Pferd eine solche Fühligkeit entwickelt. Wenn der Grund im zu starken Abrieb liegt, wird man in der Regel feststellen, dass sich das Pferd die Zehen sehr stark abgelaufen hat.

Abb. 3.1: ***Stark abgelaufener Huf – der Tragrand ist über das Niveau der Sohle hinweg abgerieben.***

Jetzt hat der Pferdebesitzer genau zwei Möglichkeiten – er kann die Nutzung vorübergehend einstellen bzw. einschränken oder er kann die Hufe mit einem Abriebschutz versehen. Neben dem Hufeisen gibt es noch andere Hufschutzvarianten und je nach Pferd- und Hufbedingungen, entsprechend den konkreten Umständen der Verwendung des Pferdes und den Gegebenheiten in der Pferdehaltung ist der eine oder andere Hufschutz derjenige, der am besten geeignet ist.

Wer jetzt sagt, aber mein Pferd tut das doch schon immer, es weicht immer auf den Grünstreifen aus und reagiert empfindlich, sobald es auf einen Stein tritt, heißt das denn dann, dass es ebenfalls einen Beschlag braucht? Nun, das kommt darauf an. Die Frage, die hierfür geklärt werden muss, ist die, ob die Hufe unter einem zu **hohen Abrieb** oder unter einem **anderen Problem** leiden. Nicht jedes fühlig gehende Pferd – genau genommen sind das eher die wenigsten – leidet unter einem zu hohen Abrieb und zu kurzen Hufen. Meist liegen die Ursachen für die Fühligkeit woanders. Am häufigsten sind es ungemütliche Hufsituationen, welche die Pferde mit härteren Böden schlechter zurechtkommen lassen. Diese Hufsituationen sind oft dadurch gekennzeichnet, dass in bestimmten Hufsegmenten, mitunter auch insgesamt, ein **Zuwenig** an Abrieb stattfindet. Die Hufe geraten aus dem Lot, weil eine Seitenwand oder die Zehe im Abrieb zurückbleibt und dieses Ungleichgewicht die Hornkapsel negativ verformt. Hier wäre es also kontraproduktiv, zu einem Hufschutz zu greifen.

Mitunter ergibt sich die Frage nach der Notwendigkeit eines Beschlages aber auch ganz umgekehrt. Das Pferd läuft nach wie vor völlig problemlos, aber ein guter Bekannter weist den Pferdebesitzer darauf hin, dass die Hufe doch viel zu kurz seien und dass das Pferd doch nun aber dringend Eisen bräuchte. Wenn man nicht gerade einen Wanderritt oder eine andere Auswärtsveranstaltung geplant hat, bei der man nicht plötzlich und unvorbereitet mit einem fühligen Pferd dastehen möchte, so kann man den Hinweis gut im Hinterkopf behalten, sollte aber keinesfalls überstürzt und verunsichert handeln. Denn eines ist sicher: Wenn das Pferd keine Probleme zeigt, dann sind die Hufe für sein Befinden nicht zu kurz! Ebenfalls sicher ist, viele Pferdeleute sind den Anblick eines gut genutz-

ten Barhufes (noch) nicht gewohnt. Kurze Hufe werden deshalb häufig, ungeachtet dessen wie das Pferd damit läuft, als platt und damit beschlagsbedürftig bezeichnet. Das ist unsinnig. Maßstab ist die Lauffreude des Pferdes. Ist diese wegen der Kürze des Hufes eingeschränkt, dann ist ein Abriebschutz nötig, nicht aber wenn das Pferd mit seinen kurzen Hufen problemlos zurechtkommt. Man sollte sich und seinem Pferd allein auf Grundlage der Optik keinen Beschlag aufdrängen lassen, wenn es diesen offensichtlich beim Laufen gar nicht benötigt. Es spricht aber nichts dagegen und sehr viel dafür, sich in dieser Situation – **kurze, unempfindliche Hufe** – vorsorglich mit dem Thema Hufschutz zu beschäftigen, um ausreichend vorbereitet zu sein, falls die kurzen Hufe dann doch einmal zu kurz werden.
Problematisch ist es, wenn die Hufe zu kurz werden, weil die Haltungsbedingungen so abriebintensiv sind. Sehr häufig findet man dies in modernen Offenstallanlagen, die im Bereich der Futterplätze betoniert und auch darüber hinaus in großen Bereichen pflegeleicht befestigt sind. Das bringt sicher Pluspunkte in Sachen Hygiene, kann aber manch ein Pferd auch an die Grenze seiner Barhufleistungsfähigkeit bringen. In diesen Fällen wird ein dauerhafter Hufschutz unabdingbar, wobei der klassische Eisenbeschlag wegen der mit ihm verbundenen erhöhten Verletzungsgefahr nicht in Frage kommt. Die meisten Betreiber von Offenställen verweisen explizit darauf, dass Eisen in ihren Ställen tabu sind. Aber auch ohne den ausdrücklichen Hinweis, sollte es für einen verantwortungsbewussten Pferdebesitzer selbstverständlich sein, dass Pferde in Gruppenhaltung keine Eisen an den Hufen tragen sollten. Das gilt auch, wenn nur die Vorderhufe beschlagen werden müssen. Eine Alternative bietet in dem Fall der Beschlag mit Kunststoff.

Mitunter liegt es allerdings auch einfach nur an der Hufbearbeitung, dass Hufe nicht über ausreichendes Horn verfügen, um komfortabel über alle Böden zu laufen. Gerade dann, wenn Pferde viel gearbeitet werden oder wenn sie wie oben beschrieben auf abrasiven Böden leben, muss der Grundsatz, dass die Hufbearbeitung der **Materialerhaltung** (und nicht der Hornbeseitigung) dient, berücksichtigt werden. Wird bei der Hufbearbeitung zuviel Horn entfernt, so fehlt dieses zukünftig und der Huf hat dem Abrieb dem er ausgesetzt ist weniger entgegenzusetzen. Ganz offensichtlich ist das in den Fällen, wo das Pferd die Hufbearbeitung jedes Mal damit quittiert, dass es in den nächsten Tagen oder Wochen erst einmal fühliger läuft. Hier sollte man als Pferdebesitzer dringend nachfragen. Ein verantwortungsbewusster Hufbearbeiter muss sich die Frage gefallen lassen und zeichnet sich dadurch aus, dass er selbst bestrebt ist, herauszufinden, warum sich das Pferd nach seiner Hufbearbeitung stets erst wieder »einlaufen« muss. Es kann hierfür verschiedene Gründe geben, aber der naheliegende ist noch immer der, dass zuviel schützendes Horn entfernt wurde. Gar nicht so selten erledigt sich mit einer Umstellung der Bearbeitung die Notwendigkeit eines Hufschutzes. Auch in den Fällen, in denen das Pferd durchgängig stachlig läuft, auch wenn die Bearbeitung schon länger zurückliegt, oder in Fällen, wo plötzlich ohne Hufschuhe nichts mehr geht, obwohl das vorher bei gleicher Haltung und Nutzung problemlos möglich war, schadet es nicht, die Bearbeitung einmal einer Überprüfung zu unterziehen.

Manchmal ergibt sich die Notwendigkeit eines Abriebschutzes aus einem ungünstigen Bewegungsablauf des Pferdes, weil dieser zu einem übermäßig hohen Abrieb in einem Teil des Hufes führt. Ich plädiere in solchen Fällen unbedingt dafür, zunächst die Ursache der veränderten Motorik zu suchen, um herauszufinden, ob und wie das Problem behoben werden kann. Ist es der unpassende neue Sattel, der den Rücken schmerzen lässt oder das Pferd in seiner Schulterfreiheit behindert, dann liegt die Problemlösung auf der Hand. Nicht die Zehen müssen geschützt werden, sondern der Sattel darf nicht mehr aufs Pferd. Häufig, nicht immer, findet man lösbare Probleme und das Pferd dankt es mit anhaltender Gesundheit und Arbeitsfreude. Schützt man stattdessen, ohne Prüfung der Ursache, die Zehen oder die vermehrt

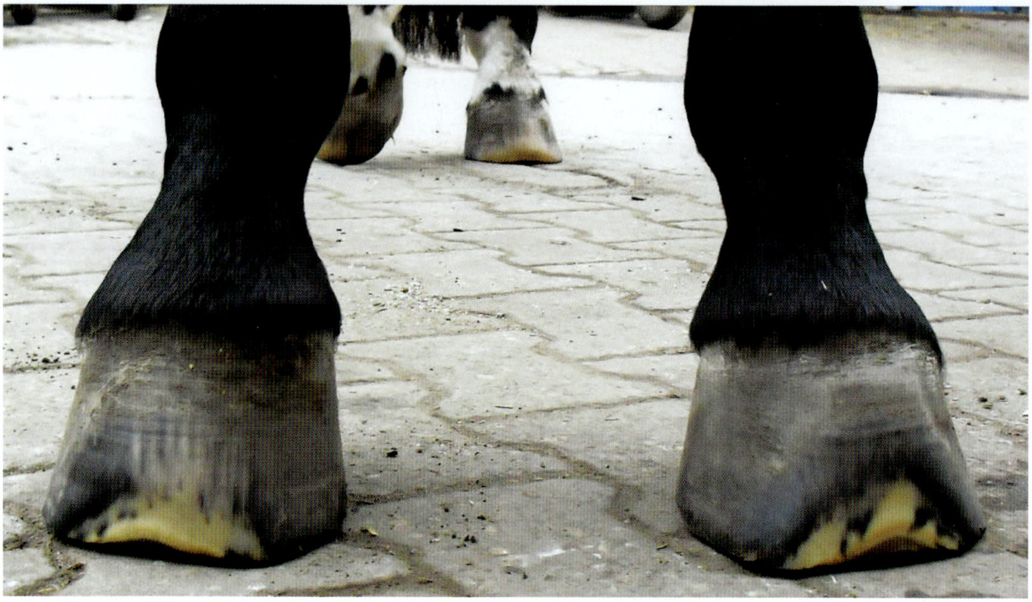

Abb. 3.2: Man kann die Zehen vor Abrieb schützen oder herausfinden, warum das Pferd die Zehen durch den Reithallensand zieht. (Foto: Corinna Meißner)

abgelaufenen Seitenwände, so kaschiert man ein möglicherweise behebbares Problem. Die Folgen am Huf kann man auf diese Weise zwar erfolgreich eindämmen, aber das eigentliche handicap bleibt bestehen und die Gesundheit des Pferdes ist damit grundlegend gefährdet.

Nicht selten werden Pferde beschlagen, wenn für sie der Ernst des Arbeitslebens beginnt. Der Beschlag markiert sozusagen den Übergang in ihr Erwachsenenleben und es scheint für manche Pferdebesitzer noch immer undenkbar, dass ein Pferd eingeritten werden könnte, ohne vorher beschlagen worden zu sein. Ein Reitpferd braucht einen Beschlag! Das war schon immer so. Dabei wäre es so einfach, dies zu überprüfen und die Entscheidung, ob ein Hufschutz nötig ist oder nicht, davon abhängig zu machen, wie das Pferd mit der neuen Arbeit und dem Abrieb zurecht kommt. Es liegt ja ohnehin in der Natur des Anreitens, dass man das junge Pferd nicht überfällt, sondern das Arbeitspensum gemächlich steigert, damit Lern- und Trainingsfortschritte möglich sind. Es ist nicht nötig, prophylaktisch zu beschlagen, da man jederzeit, wenn es sich als nötig erweisen sollte, nachrüsten kann. Nur auf diese Weise kann man die Notwendigkeit eines Beschlages für das entsprechende Pferd überhaupt feststellen. Wie viele Pferde aber sind ihr Leben lang beschlagen, weil sie mit vier Jahren ohne Not erstmals beschlagen wurden? Und obwohl sie dann als Reitpferd ein sehr überschaubares Arbeitspensum und recht wenig Abrieb haben, bleibt ihnen der Beschlag erhalten, weil die Umstellung auf Barhuf vermeintliche oder tatsächliche Probleme aufwirft.

Das andere Extrem ist die prinzipielle Ablehnung des Hufschutzes, auch wenn dem Pferd eine Leistung zugemutet wird, die es barhuf schlicht und einfach nicht bewältigen kann. Will man bspw. größere Distanzen zurücklegen, muss man sich vorher Gedanken über den Hufschutz machen. Es ist kein Argument, dass Pferde in freier Wildbahn ganz ohne Hufschutz über ihre teilweise beträchtlichen Runden kommen. Das ist für diese Wildpferde alles andere als ein Zuckerschlecken und ich erinnere mich beim Schreiben dieser Sätze an die Filmszenen aus dem australischen Busch, die Brian Hampson anlässlich der 5. DHG-Huftagung 2011 in Leipzig zeigte. Im Film war eine Herde Wildpferde auf dem Weg zurück vom 30 Meilen entfernten Wasserloch, unter ihnen ein schwer lahmes, erst wenige Tage altes Fohlen. Dieses kleine Pferd überlebte seine wunden Füße entweder oder nicht, das lag in keines Menschen Hand. Bei unseren eigenen Pferden wollen wir das ganz entschieden nicht der Natur überlassen. Deswegen ist das Argument, Hufschutz sei unnatürlich und gehöre deswegen in keinem Fall ans Pferd, kein einleuchtendes Argument für jemanden, der sich auch zwischen sein Pferd und den Wolf stellen würde. Und die Verlängerung der Argumentationsschiene natürlich versus unnatürlich: Die Natur sorge schon für das entsprechende Nachwachsen des Hornes auf dem Wanderritt und ein Hufschutz wäre deshalb gar nicht nötig, ist schlicht und einfach falsch. Der Huf ist keine intelligente Struktur derart, dass er hohe Hornverluste mit hohen Wachstumsraten ausgleichen würde. Stimulation durch Bewegung regt das Hornwachstum an, soweit richtig, aber ein **geplanter** Ersatz des momentanen Abriebs findet nicht statt. Ist der Abrieb höher als der zeitgleiche Nachschub, und das kommt genauso vor wie das Gegenteil, dann hilft nur ein Hufschutz, wenn man die Nutzung seines Pferdes nicht aussetzen oder es in seiner Bewegung beschränken möchte.

Und man ist kein schlechter Mensch, weil man sein Pferd nutzen möchte und diese intensive oder in anderer Hinsicht besondere Nutzung einen Beschlag erfordert. Den moralischen Zeigefinger mancher Zeitgenossen sollte man einfach ignorieren. Wichtig ist, dass man sich klarmacht, dass die Entscheidung für oder gegen das Beschlagen der Hufe eine individuelle Entscheidung ist. Sie sollte immer von dem Willen getragen sein, dass man die verträglichste Lösung für alle Seiten – Pferd und Mensch – findet.

Wenn man zu dem Schluss gekommen ist, dass das betreffende Pferd in der gegenwärtigen Situation einen Abriebschutz benötigt, so gibt es neben dem klassischen Eisenbeschlag mittlerweile auch andere Lösungen unter denen man wählen kann. Die gegenwärtig existierenden Alternativen zum Eisen sind vielleicht nicht in jedem Fall die bessere Lösung. Sie besitzen aber einige Eigenschaften, die dem Eisen gegenüber von Vorteil sind.

3.1.1 Alternativen zum eisernen Hufschutz

> *»Offensichtlich können sich weder Pferdebesitzer noch Tierärzte noch Hufschmiede mit dem herkömmlichen Hufbeschlag abfinden, stellen seine Nachteile heraus und sind ständig auf der Suche nach Ersatzmethoden. Es ist aber doch sehr bezeichnend, daß trotz der intensiven Suche nach Alternativen und seiner vielfach schlechten Ausführung der Hufbeschlag nach wie vor das Mittel der Wahl ist.« (KRATZ 2001: 99)*

Beinahe meint man, eine gewisse Häme zu vernehmen ... In der Tat suchen Fachleute wie Pferdebesitzer seit geraumer Zeit nach Alternativen zum klassischen Hufbeschlag mit Eisen. Dass sie dies tun verdankt sich keinen Kostengesichtspunkten und keinem Bestreben nach Vereinfachung, sondern einzig und allein den nachteiligen Wirkungen, die der Eisenbeschlag auf die Huf- und Gliedmaßengesundheit der Pferde hat. Es geht bei der Suche nicht darum, einen kostengünstigeren, leichter anwendbaren, praktischeren Hufschutz zu finden, sondern es geht darum einen gesünderen Hufschutz zu entwickeln. In punkto Kostengünstigkeit und Praktikabilität ist das Hufeisen ungeschlagen und bleibt es vielleicht auch bis in alle Zeiten. Das könnte auch ein Grund dafür sein, dass der herkömmliche Hufbeschlag heute einfach nach wie vor für viele »das Mittel der Wahl« ist.

Die nachteiligen Wirkungen, die der klassische Eisenbeschlag auf die Gesundheit von Huf und Pferd hat, verdanken sich nicht seiner – mit Sicherheit auch einmal vorkommenden – schlechten Ausführung, sie verdanken sich in erster Linie dem verwendeten Material und in zweiter Linie der Art der Befestigung. Eine schlechte Ausführung des Beschlages durch mangelndes Wissen und Können oder fehlende Sorgfalt des Hufschmiedes kann natürlich leicht zusätzliche negative Wirkungen entfalten. Aber nicht von diesen ist hier die Rede. Schlechte Ausführung eines Handwerks ist immer von Nachteil. Das gilt für die übrigen Hufhandwerker genauso. Das heißt, auch beim Anbringen von alternativem Hufschutz wie bei der Barhufbearbeitung wirkt sich der Mangel an Wissen und Können sowie schlampiges Arbeiten negativ auf Huf- und Pferdegesundheit aus. Von diesen unnötigen, vermeidbaren Negativwirkungen muss abgesehen werden, möchte man die Hufschutzvarianten hinsichtlich ihrer prinzipiellen Eignung für den Einsatz als gesunden Hufschutz vergleichen.

Die gesundheitsbeeinträchtigenden Nachteile des Hufeisens, die als Gründe für die Suche nach Alternativen benannt werden, sind folgende:

Dies sind die negativen Wirkungen des Eisenbeschlages an und für sich. Sie fallen je nach (korrekter) Ausführung des Beschlages (Art des verwendeten Eisens, Anzahl der nötigen Nägel), vorliegender Hufform, Pferdetyp, konkreter Nutzung und Haltungsform stärker oder weniger stark ins Gewicht. Die sorgfältige Arbeit des Hufschmieds richtet sich darauf, diese Negativeffekte nicht unnötig ausfallen zu lassen. Der Beschlag wird nicht schwerer gewählt, als er sein muss, nicht mehr Nägel gesetzt, als die Haltbarkeit es erfordert, der negativen Hufform wird so gut es geht am Huf und mit dem Beschlag entgegengewirkt. Mit kurzen Bearbeitungsabständen wird dafür gesorgt, dass ungünstige Huf- und Gliedmaßensituationen

Negative Wirkungen des Eisenbeschlages, die zur Suche nach Alternativen veranlasst haben.	**→ Die nachteiligen gesundheitlichen Folgen hieraus sind:**
1. Die Starrheit des Materials und die daraus folgende veränderte Hufbiomechanik	• eingeschränkter Tastsinn • vermindertes »Anschmiegen« an Bodenunebenheiten • verminderte Durchblutung • mit eventuellen Auswirkungen auf Hornwachstum und Hornqualität
2. Die Befestigung durch Nägel	• Beschädigung der Hornkapsel (Fäulnisgefahr, Gefahr des Einreißens) • Auswirkung auf die Hufbiomechanik
3. Die Auswirkung auf die Hufform und die »Schmiedsche Unruhe«	• durch fehlende Möglichkeiten zur Abriebsteuerung können sich negative Hufzustände leicht verstärken (Hyperextension, Trachtenzwang, Schiefhuf) • dem kann nur durch nachträgliches Geraderichten und verkürzte Bearbeitungsintervalle entgegengesteuert werden, was für die Gliedmaße aber regelmäßig eine mehr oder weniger starke abrupte Umstellung bedeutet
4. Das Gewicht des Hufeisens	• mehr Hebearbeit für alle Gliedmaßenstrukturen • erzwungene Gangveränderung (Fliehkraft)
5. Die Glätte des Eisens	• erhöhte Unfallgefahr auf allen glatten Böden • erzwungene Gangveränderung (Gleiten)
6. Der »Klirrfaktor«	• Belastung der Gliedmaße auf harten Böden durch Stoßkräfte und Schwingungen

Siehe hierzu auch Abschnitt 2.2, S. 82.

sich möglichst nicht ausweiten können und die Stellungskorrekturen nicht so heftig ausfallen müssen. Pferde die viel auf harten Böden arbeiten müssen, erhalten stoßdämpfende Einlagen oder kunststoffummantelte Eisen, Spring- und Militarypferde bekommen Schraubstollen, damit sie am Sprung und in der Wendung nicht hinschlagen. Jeder verantwortungsbewusste Hufschmied bemüht sich, die negativen Effekte so gering wie möglich zu halten. Aufheben kann er sie im Regelfall nicht. Aus diesem Grund wird seit geraumer Zeit nach Alternativen zum Hufeisen gesucht.[49]

Eine Alternative zum Eisenbeschlag besteht im **Beschlag mit Kunststoff**. Kunststoffbeschläge schränken durch ihre Flexibilität die Eigenbewegungen des Hufes nicht ein. Das ist in vieler Hinsicht ein Vorteil. Der Tastsinn bleibt nahezu vollumfänglich erhalten, Bodenunebenheiten können erspürt und durch das erhalten gebliebene »Anschmiegen« des Hufes auch etwas ausgeglichen werden. Die dreidimensionale Hufbiomechanik kommt der Durchblutung der Lederhäute zugute, was sich auf die Hornsynthese positiv auswirken kann. In einigen Fällen ist die fehlende Starrheit der Kunststoffbeschläge allerdings auch von Nachteil. Schiefe Hufe und Hufe mit schrägen weiten Wänden erfahren durch die erhalten gebliebene Beweglichkeit und den fehlenden Abrieb auf dem Kunststoff oft eine schnellere Verschlechterung als auf dem Eisen. Wenn solche Hufe nicht barhuf bleiben können, ist der Eisenbeschlag dem Kunststoffbeschlag in der Regel vorzuziehen.
Prinzipiell von Vorteil sind das geringere Gewicht des Kunststoffbeschlages, der dem Barhuf vergleichbare Grip am Boden sowie die zusätzliche Stoßdämpfung und der Wegfall des »Klirrfaktors« auf harten Böden. Hiervon können Pferde nur profitieren. Unter bestimmten Bedingungen sind Kunststoffbeschläge leider nicht einsetzbar. Bspw. wenn dem Pferd Leistungen abverlangt werden, die starke Dreh- und Verschiebekräfte auf die Hufe und damit den Beschlag einwirken lassen (Springsport, Military, Barrel Race, schwere Zuglasten) oder einen enormen Hornabrieb verursachen (Kutschpferde im Arbeitsverhältnis).
Wie beim Hufeisen erfolgt die Befestigung des Kunststoffbeschlages mit Nägeln. Auch kann die Hufkorrektur wie beim Eisenbeschlag nur über das nachträgliche Geraderichten des Hufes erfolgen. Die Hufbearbeitung ist also ebenfalls immer mit abrupten Stellungsveränderungen verbunden.[50]

Diesen beiden Nachteilen des Beschlages wird mit Hufschuhen eine Alternative entgegengesetzt. **Anschnallbare Hufschuhe** umgehen den Zwang zum Nageln, nicht aber den zur Befestigung. In den letzten Jahren gab es hier einiges an Innovation, dennoch liegt bei der sicheren, nicht das Horn oder Pferdebein verletzenden Befestigung die Hauptschwierigkeit dieser Art des Hufschutzes. Insgesamt ist es von Vorteil, dass der Hufschuh nur für die Zeit angelegt wird, in der er als Schutz nötig ist. Die meisten Pferde werden maximal einige Stunden des Tages genutzt, benötigen deshalb genaugenommen auch nur stundenweise einen Hufschutz. Dem tragen Hufschuhe sehr gut Rechnung. Die meiste Zeit kann das Pferd so die Vorteile des Barhuflaufens genießen. Die Hufe können über Abriebsteuerung und Gestaltung der Hebelkräfte in Form gehalten werden und müssen nicht nachträglich korrigiert werden.[51]
Der Vorteil der Hufschuhe gegenüber dem Kunststoffbeschlag schwindet, wenn der Hufschutz viele Stunden des Tages oder auch dauerhaft am Huf verbleiben muss. Die meisten Hufschuhe reichen über die Hornkapsel hinaus und finden am empfindlichen Pferdebein selbst Halt. Das birgt bei Langzeitanwendungen das

[49] Keine regelrechte Alternative zum klassischen Eisenbeschlag, aber doch eine innovative Weiterentwicklung, ist der deutlich leichtere Aluminiumbeschlag. Er wurde entwickelt, um die Gewichtsbelastung zu reduzieren. Gleiches gilt für den Öllöv-Beschlag, der durch die Materialkombination (Kunststoffummantelung) die negativen Hufeisen-Effekte Klirrfaktor, Gleiten und Trachtenabrieb ins Auge fasst und zu vermeiden sucht.
[50] Letzterem kann man aus dem Weg gehen, wenn man auf jede Beschlagsphase eine Barhufphase folgen lässt. Das auf dem Kunststoffbeschlag gut nachwachsende Horn bietet meist ausreichend Material und wenn man dieses Hornmaterial nicht entfernt, um neu zu beschlagen, so kann man es gut nutzen und so gestalten, dass der Huf barhuflaufend wieder an Form gewinnt.
[51] Siehe hierzu ausführlich Abschnitt 1.4.

Problem von Scheuer- und Druckwunden. Es gibt Modelle für den Krankheitsfall (z. B. Easyboot RX), die auch für längere Zeit am Huf verbleiben können, diese sind aber wiederum nicht für die Arbeit mit dem Pferd geeignet.
Ein Nachteil der Hufschuhe gegenüber dem Kunststoff ist der etwas geringere Tastsinn der mit den Schuhen verbunden ist (Ausnahme: der extrem flexible Equine Fusion Jogging Shoe). Das ist insbesondere deshalb nachteilig, da die Hufschuhe ja gerade auch beim Reiten und bevorzugt im Gelände Anwendung finden, also in den Momenten, wo der Tastsinn für das Pferd von besonderer Wichtigkeit ist. Auch das zumeist höhere Gewicht der Hufschuhe und das am Fuß mitunter arg auftragende Material stellt einen Nachteil gegenüber dem Kunststoffbeschlag dar. Der Bewegungsablauf des Pferdes kann hierdurch teilweise beträchtlich beeinflusst werden.

Als weitere Alternative zum Eisenbeschlag werden **Klebeschuhe** angeboten. Der Vorteil gegenüber dem Beschlag besteht in der Anbringung mittels Klebstoff und der Vermeidung von Nägeln im Horn und der für das Nageln notwendigen Hammerschläge. Vor allem in der Fohlenorthopädie finden spezielle Klebeschuhe eine breite Anwendung. Ansonsten greift man auch gern auf Klebeschuhe zurück, wenn Pferde unter Hufrehe leiden (damit die schmerzenden Füße nicht noch zusätzlich unter den Hammerschlägen leiden müssen) oder wenn die Hornsubstanz aus irgendeinem Grund ein Nageln nicht mehr gestattet, also entsprechende Hornschäden vorliegen. In beiden Fällen stellen aber auch gerade die Klebeschuhe eine gewisse Gefahr für den Huf dar. Da die Hornkapseln in diesen Fällen nicht intakt sind, ist das Risiko recht groß, dass sich bereits Fäulniserreger oder auch andere Keime im Horn eingenistet haben. Unter dem Klebeschuh gedeihen diese nun prächtig und Hufgeschwüre und -abszesse sind deshalb unter diesen Bedingungen nicht selten. Ebenso wie bei der Verwendung von Kunsthorn muss der Huf an und für sich klinisch keimfrei zubereitet werden, um diese Gefahr auszuschließen. Das ist bei rehegeschädigten Hufen oder brüchiger Hornsubstand praktisch kaum in die Tat umzusetzen. Bei intakten Hufen besteht diese Gefahr aufsteigender Infektionen nicht bzw. kaum.
Klebeschuhe sind zum Teil mit einem Metallkern oder einer metallenen Lauffläche ausgestattet und weisen die gleiche Starrheit wie der Eisenbeschlag auf – in dem Fall bieten solche starren Klebeschuhe in Sachen Tastsinn, Anschmiegen, dreidimensionale Hufbiomechanik keinen Vorteil gegenüber dem Eisen.
Eine recht neue Entwicklung ist der Hufschutz mittels **7-Nail-Prinzip**. Mit Hilfe spezieller Nägel soll das Hufhorn punktuell vor Abrieb geschützt werden, ohne dass die Nachteile eines starren Beschlages zum Tragen kommen. An den Stellen, die einer hohen Abnutzung unterliegen, werden die eigens für diesen Zweck entwickelten Nägel eingeschlagen. Durch ihr härteres Material sollen sie den Abrieb verlangsamen. Das kann im eigentlichen nur gelingen, wenn die Nägel an diesen Stellen ausreichend dicht gesetzt werden. Andernfalls muss jeder einsinkbare abrasive Boden letztlich zur Brückenbildung führen, weil das Hornmaterial zwischen den Nägeln schneller schwindet als das Metall. Welche Auswirkungen diese Form des Hornabriebschutzes auf die Hufbiomechanik hat, ist offen. Die Erfahrungen aus einzelnen Versuche meiner Kollegen sind widersprüchlich. Ich selbst habe leider noch keine sinnvolle Anwendung des 7-Nail-Systems gesehen, denn die veröffentlichten Test- und Erfahrungsberichte bebildern ausschließlich Fehlanwendungen, die zumeist auf der Ineinssetzung von Überlastung und Abrieb beruhen. Man kann sicher zu starken Hornabrieb mildern, aber keine Überbelastung von Hufbereichen verhindern.

Die nachfolgende Übersicht zeigt die Vor- und Nachteile der gängigen klassischen und alternativen Hufschutzvarianten im Vergleich. Die Betrachtung erfolgt dabei ausschließlich aus dem Blickwinkel der Huf- und Pferdegesundheit.
Es ist unübersehbar, dass die alternativen Hufschutzformen ebenfalls mit bestimmten Nachteilen für Huf und Pferd verbunden sind. Diese können im einen Fall mehr, im anderen weni-

Vorteile / Nachteile	*Eisenbeschlag*	*Kunststoffbeschlag*	*Hufschuhe*	*Klebeschuhe*
verglichen mit Eisenbeschlag		+ Flexibilität, dadurch Tastsinn, Anschmiegen, nahezu unveränderte Hufbiomechanik, gut für Durchblutung + zusätzliche Stoßdämpfung + leichter +Grip - nicht für weite und schiefe Hufe geeignet - nicht einsetzbar bei sehr starker Beanspruchung durch Torsionskräfte - nicht geeig. b. drehender Fußung	+ temporär, deshalb bleiben d. meiste Zeit alle Barhufvorteile erhalten + Abriebsteuerung möglich + auch bei Anwendung kaum Einschränkung d. Hufbiomechanik - kaum Langzeitschutz mögl. - trägt mehr oder weniger auf, evtl. veränderter Gang - bei bestimmten Nutzungsarten nicht einsetzbar, Verletzungsgefahr	+ gut einsetzbar in der Fohlenorthopädie + kein Nageln + geringeres Gewicht + kein Klirrfaktor + ohne Metall alle Flexibilitätsvorteile - bei bereits geschädigten Hornstrukturen erhöhtes Risiko von aufsteigenden Infektionen (Hufgeschwüre, Hufabszesse)
verglichen mit Kunststoffbeschlag	+ besseres Management bestimmter Hufformen + besser geeignet bei starken Krafteinwirkungen (Springen, Military, schwerer Zug) + sliding stops - Starres Material (Tastsinn herabgesetzt, »Anschmiegen« unmöglich ...) - höheres Gewicht - Klirrfaktor - Ausrutschgefahr - Waffe am Fuß		+ nur am Huf, wenn nötig + Abriebsteuerung möglich, deshalb können abrupte Stellungskorrekturen vermieden werden + kein Nageln - siehe Vgl. zum Eisen - Tastsinn etwas herabgesetzt (je nach Modell)	+ kein Nageln + gut einsetzbar in der Fohlenorthopädie - bei Verwend. v. Metall veränderte Hufbiomechanik (Tastsinn ... s.o.) - Gefahr von Hufgeschwüre/abszessen
verglichen mit Hufschuhen	+ ermöglicht ununterbrochenen Schutz + besser geeignet bei starken Krafteinwirkungen (Springen, Military, schwerer Zug) + sliding stops - dauerhaft neg. Auswirkungen d. starren Materials (Tastsinn bis Durchblutung ...) - Nageln - Klirrfaktor - Waffe am Fuß - abrupte Stellungskorrekturen nötig	+ ermöglicht ununterbrochenen Schutz + besserer Tastsinn + auch bei tiefen Böden sicher + weniger auftragend + mehr Grip - Nageln - abrupte Stellungskorrekturen sind nötig - tendenziell Verschlechterung weiter und schiefer Hufe		+ ermöglicht ununterbrochenen Schutz + geringes Gewicht + weniger auftragend - siehe Vgl. mit Kunststoffbeschlag - abrupte Stellungskorrekturen sind nötig
verglichen mit Klebeschuhen	***[52] - Nageln - höheres Gewicht - Klirrfaktor - stets starres Material (Tastsinn herabgesetzt, »Anschmiegen« unmöglich ...)	+ stets flexibles Material, dadurch Tastsinn, Anschmiegen, nahezu unveränderte Hufbiomechanik, gut für Durchblutung + zusätzliche Stoßdämpfung + Grip - Nageln - nicht für weite, schiefe, drehende Hufe geeignet - nicht einsetzbar bei sehr starker Beanspruchung durch Torsionskräfte	+ temporär, deshalb bleiben d. meiste Zeit alle Barhufvorteile erhalten + Abriebsteuerung möglich + auch bei Anwendung kaum Einschränkung d. Hufbiomechanik - kaum Langzeitschutz mögl. - auftragend und höheres Gewicht - bei bestimmten Nutzungsarten nicht einsetzbar, Verletzungsgefahr	

Abb. 3.3[52]

ger ins Gewicht fallen. Die Kunst besteht darin, den passenden Hufschutz im individuellen Fall zu finden. Das heißt, den Hufschutz zu finden, der unter den gegebenen Bedingungen mit den geringsten Nachteilen für das Pferd verbunden ist. Hierbei kann auch durchaus der klassische Beschlag das Rennen machen.

In der Praxis spielen natürlich immer auch die rein menschlichen Gesichtspunkte eine Rolle, allen voran die Kosten des Hufschutzes, seine einfache oder schwierige Händelbarkeit sowie der mit ihm verbundene Arbeitsaufwand für den Menschen. Es wäre unrealistisch anzunehmen, dass diese Faktoren bei der Wahl eines Hufschutzes außer Kraft bleiben könnten. Ich finde es dennoch wichtig, sich die Hufschutzmöglichkeiten zunächst rein unter dem Aspekt der Erhaltung der Pferdegesundheit zu betrachten und nicht wie üblich, die Betrachtungsebenen von vornherein zu vermischen.

3.2 Spezielle Einsatzzwecke des Pferdes

»Das Pferd ist ja darum Pferd, daß es die Arbeit, die man von ihm erwartet, auch leistet.« (HEIZER 1903: S. 298)

Der Mensch nimmt das Pferd aus einem bestimmten Grund in seinen Besitz. Er möchte

[52] Lässt man die Gesichtspunkte Kosten und die Einfachheit der Ausführung außen vor, nach denen der Klebebeschlag deutlich schlechter abschneidet, so besitzt der Eisenbeschlag keine ausgesprochenen Vorteile gegenüber den Klebeschuhen. Selbst Extrembelastungen für Huf und Hufschutz ist der Klebeschuh gewachsen. (Da auf Rehehufe oder brüchige Hornsubstanz auch kein Eisenbeschlag gehört, sondern die Sanierung der Hornkapsel ansteht, gibt es auch keinen Vorteilspunkt in Sachen Hufgeschwür- und Hufabszessrisiko.)

es nach Gusto reiten, fahren, sich mit ihm auf Sportveranstaltungen messen, mit seiner Nutzung Geld verdienen oder sich einfach an seiner Gegenwart erfreuen. Je nachdem, welchem Zweck das Pferd dienen soll, wird ein Hufschutz nötig oder bleibt überflüssig. Bestimmte Einsatzzwecke sind ohne Hufschutz schlicht nicht möglich. Hierzu gehören in jedem Falle alle Nutzungen des Pferdes, die mit einem zu hohen Hornabrieb einhergehen: Wanderreitpferde, Distanzreitpferde, intensiv genutzte Kutschpferde und Touristikpferde aber auch wirklich intensiv genutzte Freizeitpferde benötigen zur Vermeidung von Hufschäden und Lahmheiten sehr häufig einen Hufschutz. Andernfalls leidet das Pferd und seine Nutzung. Der Hufschutz hat unter diesen Bedingungen durchaus einen gesundheitserhaltenden Effekt.

Die Behauptung, dass Pferdehufe zum unbeschränkten Gebrauch auf jedem Boden trainiert werden könnten, ist in meinen Augen absurd. Das Wachstum des Pferdehufes hat einfach seine Grenzen. Der Abrieb kann diese nun einmal überschreiten. Sicher stimulieren Reize und Bewegung die Hornproduktion, aber immer nur auf Basis der dem Pferd mitgegebenen, natürlichen Voraussetzungen. Da gibt es Pferde, die bessere Voraussetzungen mitbringen, als andere. Mit letzteren wird man sich auch unter optimalen Haltungs- und Hufbedingungen naturgegeben schwerer tun, bei starker Nutzung ein ausreichendes Hornmaterial zu behalten. Und auch die ersteren, gut bestückten Pferde können bei Übernutzung der Hufe leiden. Das Hornwachstum ist keine planerische Angelegenheit in dem Sinne, dass es in einer Reaktion auf den Abrieb entstünde oder etwa durch diesen Abrieb (»Huch, ich muss nachproduzieren«) angefacht würde.

Auch die Abhärtung der Hufe gegen besondere Unbilden des Bodens – Steine, Unebenheiten, Härte – kann durch die Gestaltung der Haltungsbedingungen und die Verbesserung der Hufsituation bei dem einen Pferd ein Stück weit gelingen, bei dem anderen alle Probleme lösen und beim dritten nichts wesentliches bewirken.[53] Es gibt keine Sicherheit nur die Chance darauf, dass sich empfindliche Hufe ein Stück weit abhärten können. Es ist in jedem Fall sinnvoll, bei fühligen Hufen stets auch die Hufsituation ins Auge zu fassen. Kann sie optimiert werden, erhöhen sich die Aussichten auf unempfindliche Barhufe (siehe Abschnitt 3.3.1). Je nach Fall – Verhältnis Abrieb und Wachstum sowie Verhältnis Empfindsamkeit der Füße und reguläre Bodenbedingungen – wird ein Hufschutz nötig oder nicht.

Auch Pferde, die auf glatten Straßen sowie bergauf und bergab sehr **schwere Zuglasten** befördern müssen, benötigen fast immer einen Hufschutz. Ohne Gleitschutz an den Hufeisen besteht Rutsch- und damit Unfallgefahr. Dass bei diesen Pferden Hufeisen verwendet werden, verdankt sich in diesem Fall zumeist bereits dem hohen Abrieb, der mit der anstrengenden Arbeit auf befestigten Böden verbunden ist. Aber auch ohne einen Zwang zum Abriebschutz kann der Barhuf seinen Dienst in punkto Bodenhaftung versagen – insbesondere der trockene, harte Barhuf – wenn die Lasten zu hoch und die Straßenbedingungen entsprechend sind. Die Arbeit kann dann nur ohne Unfälle und Verletzungen des Pferdes verrichtet werden, wenn ein Hufschutz mit zusätzlichem Gleitschutz angebracht wird.[54] Bei leichteren Pferden und Lasten werden Hartmetallstifte benutzt, um den Eisen mehr Bodenhaftung zu verleihen. Bei schweren Pferden kommen heute wie früher Stollen und Griffe zum Einsatz.

[53] Pferde, die ganztags auf weichen Wiesen-, Paddock- oder eingestreuten Boxenböden stehen, um dann in hartem, unebenem, steinigem Gelände genutzt zu werden, sind sehr oft empfindlicher, als Pferde, die haltungsmäßig an härtere Bodenbedingungen gewöhnt sind. Es ist deshalb nicht unklug, gewisse Bodenreize in der Haltung einzubauen, um die Füße ein wenig abzuhärten.

[54] Andererseits kann man sich natürlich auch auf den Standpunkt des Grafen von Einsiedel stellen und sagen, »was Pferde nur mittelst Stollen und Griffen fortzubringen vermögen, ist Überbürdung« (EINSIEDEL 1883 zit. nach KRATZ 2001: S. 59).

Stollen und Griffe

Stollen- wie auch Griffbeschläge sind für das Pferd mit großen Nachteilen verbunden, da sie sich auf Hufe und Gliedmaßen sehr negativ auswirken. Sie sind nachteilig »für die Hufe, weil sie diese in hohem Maße vom Erdboden entfernen, für die Gelenke, weil sie der Gliedmaße keine ausgiebige Stützfläche verschaffen« (LUNGWITZ 1901 zit. nach KRATZ 2001: S. 60). Auch die Sehnen und Bänder sind einer großen Belastung ausgesetzt und es besteht das erhöhte Risiko zu Zerrungen und Verletzungen der Sehnen- und Bandstrukturen.

Im 19. und 20. Jahrhundert widmeten sich zahlreiche Hufgelehrte der Bekämpfung des »Stollencultus« (LEISERING; HARTMANN 1893: S. 176), denn in Deutschland und Österreich wurden Stollen- und Griffeisen zu dieser Zeit massenhaft und ganz selbstverständlich verwendet. Man verwies auf die offensichtlichen Schäden an Hufen und Beinen der Pferde und auf die Hufbeschlaggepflogenheiten in England und Frankreich, wo die Pferde ganz ohne Stolleneisen denselben Dienst taten.

Ebenfalls wies man auf die wahren Gründe des ständigen Gebrauches von Griffen und Stollen hin: »Der Grund des Gleitschutzes war meistens vorgeschoben. Der wirkliche Grund war die längere Haltbarkeit der Eisen und somit nichts anderes als Sparsamkeit der Besitzer« (KRATZ 2001: S. 61).

Neben zu langen Beschlagsintervallen und »zu starkem Ausschneiden der Hufe aus Sparsamkeitsgründen« beklagten Veterinäre noch im 20. Jhd. »den ständigen Gebrauch von Griffen und Stollen, um die Hufeisen – auf Kosten der Pferdebeine – zu schonen« (JÖCHLE 1936 zit. nach ALBRECHT 2006: S. 130).

»Trotz der erheblichen und seit mehr als hundert Jahren bekannten Nachteile des Beschlages mit Griffen und Stollen werden auch heute noch Zug- und Fahrpferde auf diese Art beschlagen. Und dies aus denselben Gründen wie vor mehr als hundert Jahren: Gleitschutz und längere Haltbarkeit der Eisen.« (KRATZ 2001: S. 92)

Es ist dabei gar nicht einmal so, dass ein solcher Gleitschutz auf den glatten, befestigten Straßen einen wirklichen Schutz vor dem Ausrutschen und Stürzen bieten würde. Das gilt auf den modernisierten Stollen der Jetztzeit und den modernen Beton- und Asphaltbelägen ebenso wie auf den aufs Nachschärfen angewiesenen Stollen und harten Kopfsteinpflasterstraßen der alten Zeit.

»Das sicherste Mittel um Pferde besser davor (vorm Stürzen, K. R.) zu bewahren, bleibt, abgesehen von der Überbürdung, ein guter Kutscher, der die Aufmerksamkeit nicht von seinen Pferden ablenkt, nicht ohne Zügel fährt und beim Umbiegen um die Straßenecken das Tempo mäßigt.« (LEISERING; HARTMANN 1893: S 176)

Heutzutage versucht man die nachteilige Wirkung der Stollen zumindest zeitlich zu beschränken, indem man zum Teil Schraubstollen verwendet, welche nach dem »Dienst« wieder entfernt werden können. Erhalten bleibt die Tatsache, dass die Stollen gerade in den Momenten der stärksten Beanspruchung des Pferdes ihre ungünstige Wirkung entfalten können.

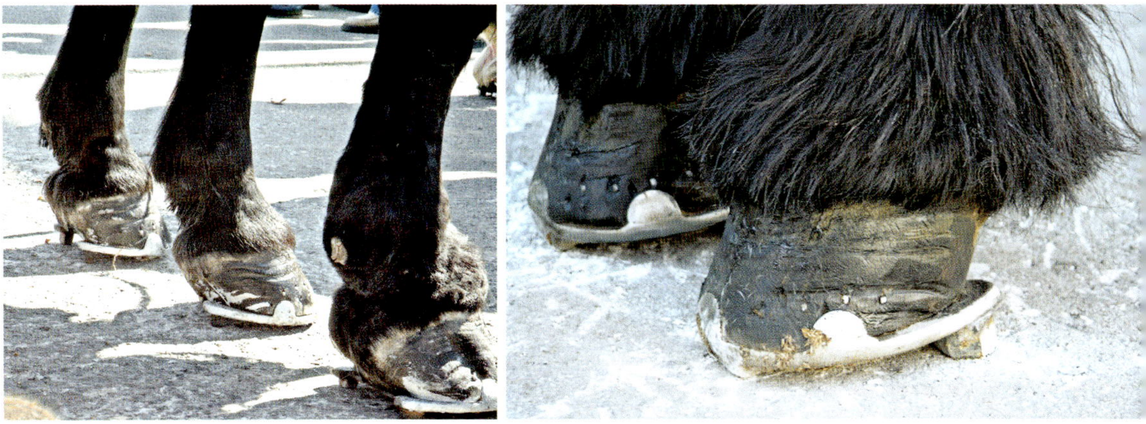

Abb. 3.4 a, b: Schwere Braurösser im Zug brauchen Eisen! Und Gleitschutz! Auch wenn sie, wie hier auf dem Münchner Oktoberfest, nur wenige Tage im Jahr mit ihren Vorführungen – dabei heißt es wenig Gehen und viel Stehen – verbringen? Geben diese Beschläge Sicherheit? Bieten sie diesen Hufen Schutz?

Auch beim **Springpferd**, beim **Geländefahrpferd** oder bei Pferden, die in den Disziplinen **Military** oder **Barrel Race** eingesetzt werden, kommt in der Regel ein Gleitschutz zum Einsatz. Die Stollen dienen hier dazu, dass das Pferd in den engen Wendungen und an den Sprüngen nicht stürzt (oder vorwegnehmend verweigert). Sie können aus dieser Betrachtung und in diesem Einsatz also ebenfalls erst einmal progesundheitlich gewertet werden. Allerdings wird der erwünschte Effekt, die Pferdegesundheit durch Vermeidung von Ausrutschen und Stürzen zu bewahren, zeitgleich massiv konterkariert durch die negativen Wirkungen, die diese Stollen gerade in den geforderten Sprüngen und Wendungen auf die Pferdegliedmaße entfalten. Ein im Boden »verankerter« Huf ist ein denkbar schlechtes Fundament für das sich mit starker Kraft und Schnelligkeit über Hindernisse und um enge Kurven bewegende Pferd. Ehrlicherweise muss man wohl zugeben, dass der Einsatz des Gleitschutz-Hufschutzes in erster Linie dem Bezwingen des Parcours dient und die Pferdegesundheit nicht der treibende Gedanke bei der Anbringung des Hufschutzes ist.

Ohne die Notwendigkeit des Gleitschutzes kämen viele Sportpferde – gerade in den höheren Klassen mit ihren hochwertigen gepflegten Reit- und Springplätzen – an und für sich ganz gut ohne Hufschutz aus.

Das gilt auch für viele **Dressurpferde**. Häufig werden diese nur auf weichen Böden gearbeitet, leben zudem in Boxenhaltung mit mehr oder weniger ausgedehntem Koppelgang im Sommer. Wenn der Reithallensand nicht abrasiv ist, was bei schlechten Plätzen vorkommen kann, haben die so genutzten und gehaltenen Pferde kaum Hornabrieb. Das stetig nachwachsende Horn wird unter diesen Bedingungen sogar eher überständig, wenn nicht zusätzlich regelmäßige Geländeritte zum Bewegungsprogramm des Pferdes gehören.

> *»Häufig kommen Dressurpferde vom Standpunkt der Hornabnutzung her völlig ohne Hufschutz aus. Ein Hufschutz ist aber häufig dennoch notwendig, um die Bewegung des Pferdes möglichst fehlerfrei zu erhalten bzw. noch zu verbessern.« (RAU; RAU 2001: S. 115 f)*

Mit Sicherheit gibt es auch Dressurpferde, die anders genutzt und gehalten werden und im Unterschied zu den vorgenannten einen Abriebschutz benötigen. Sie scheinen hierzulande aber eher in der Minderheit zu sein. Dennoch sieht man auf den Turnierveranstaltungen kaum jemals ein unbeschlagenes Dressurpferd. Der Hufschutz wird von vielen dazu genutzt, die Bewegung des Pferdes zu »verbessern«. Das Hufeisen soll dem Dressurpferd zu »größerer Ausdrucksfähigkeit« (CASTELIJNS 2010: S. 54) verhelfen. Durch die Schwere des Hufeisens ist das Pferd zu einer exaltierteren Bewegung veranlasst. Die erhöhte Fliehkraft des beschlagenen Fußes lässt das Pferd die Hufe höher heben, die Gelenke werden stärker gebeugt, Länge und Dauer des Bewegungszyklus nehmen zu, bei relativer Verkürzung der Stützbeinphase (CORBIN 2004: S. 68). Möchte man die Bewegung seines Pferdes in dieser Richtung »verbessern«, weil es – ansonsten ganz der ökonomische Typ – leider nur flache und »zu sparsame« Bewegungen zeigt, dann hilft man sich gern mit Dressureisen.

> *»Das **Gewicht des Hufeisens** ist für den Beschlag des Dressurpferds von großer Bedeutung. Ein sich ausbalanciert und harmonisch bewegendes Pferd wird vorrangig mit einem möglichst leichten Eisen beschlagen werden können. Der Einsatz eines 10-mm-Eisens kann jedoch dazu beitragen, die Bewegung des Pferdes harmonischer, taktreiner und ausdrucksvoller werden zu lassen.« [Hervorh. im Original] (RAU et al. 2012: S. 187)*[55]

Der Beschlag dient in diesem Fall nicht dem Hufschutz, sondern der Erzielung einer bestimmten Gangqualität. Es ist aber nicht zu erwarten, dass diese mit dem Beschlag herbeigeführte Gangveränderung einen ge-

[55] *Ein 10-mm-MUSTAD-Industrie-Eisen hat bspw. ein Gewicht zwischen 470 und 520 Gramm.*

sundheitlichen Vorteil für das Pferd und der Beschlag in diesem Sinne einen Hufschutz darstellt.[56]

Ähnlichen Zwecken dient der Beschlag in der **Gangpferdereiterei**. Allerdings ergibt sich die Notwendigkeit des Beschlages hier nicht selten auch aus der Unerlässlichkeit des Schutzes vor übermäßigem Hornabrieb. Gangpferde werden zum Teil in hohem Tempo und auf festen und in starkem Maße hornabtragenden Böden geritten. Um die Hufe bei dieser Nutzung zu schützen, ist oft ein Hufschutz nötig. Dass die Wahl bei turnierambitionierten Reitern dann zumeist auf das Eisen fällt, liegt an der bereits von den Dressurreitern begrüßten Wirkung des Gewichtes auf den Gang des Pferdes. Als Gangpferdereiter in der Islandszene gerät so mancher in einen Konflikt zwischen dem Wunsch nach Platzierung und dem Wunsch das Beste für die Pferdegesundheit zu tun. Die folgenden Worte zweier Nutzer eines Internetforums geben dem unverfälscht Ausdruck:

> *»Ich für mich habe vor Jahren entschieden, obwohl es mich öfters ›gejuckt‹ hat, keine Turniere mit zu machen, da mir mein Pony mit seinen ... ›flachwuselnden‹ aber taktklaren und lockeren Bewegungen lieber ist, als eine durch Zwang erreichte Aktion. Wer allerdings Turniere mitgehen und auch mal eine Schleife mitnehmen möchte, befindet sich, solange ... mehr nach Aktion als korrektem Reiten gerichtet wird (genau wie in der Dressurszene), in einem Interessenskonflikt, den jeder für sich persönlich austragen muss.« (ANONYM 2012a)*

»Gerade in der Islandszene (ebenso wie in der Dressurszene, fürchte ich) hat man bei Turnierambitionen nur die Wahl zwischen Erfolg und Pferdegesundheit. Beides ist leider kaum zu vereinbaren, weil die Richter nicht nach natürlichen, lockeren, ökonomischen Bewegungen schauen, sondern nach spektakulären Bewegungen.« (ANONYM 2012b)
Wie in der Dressurreiterei verlässt man sich nicht (allein) auf sein eigenes Können und das Können des Pferdes, sondern man hilft der »Qualität« des reinen Ganges nach, indem man die Füße der Gangpferde mit Gewichten »austariert«. Mehr Gewicht an den Hinter- bzw. an den Vorderhufen soll verhindern, dass das Pferd trabt bzw. im Pass geht, anstatt wie gefordert zu tölten. Hierbei scheint es nicht selten auch zu einem missbräuchlichen Einsatz von Gewichten am Islandpferdehuf zu kommen – darauf lassen zumindest die eigens diesem Thema gewidmeten Regelungen der Islandpferde-Prüfungsordung für nationale und internationale Wettkämpfe schließen. Der Übergang von der kleinen Hilfe zur Ausbildung und Festigung der Gänge hin zur gesundheitsschädlichen Manipulation ist fließend.

> *»Die Bewegung und Belastung der Gliedmassen [sic] kann massgeblich [sic] durch den Beschlag beeinflusst werden. ... Zusätzlich angebrachte Gewichte am Huf in Form von Gewichtsglocken, Gewichtsgamaschen oder hochgewachsene Hufe mit schweren Hufeisen kombiniert mit Kunststoffplatten und einer Polsterung verstärken die Gliedmassenaktion [sic] ..., verlängern die Abrolldauer ... und erhöhen die Gliedmassenimpulse [sic]. Im Islandpferdesport sind deshalb die Länge der dorsalen Zehenwand, die Hufeisenstärke und das Gewicht der Ballenboots reglementiert.« (WEISHAUPT et al. 2012: S. 141)*

Zusätzlich wurde in den letzten Jahren auch die Verwendung von Füllmaterialien beschränkt, da ehrgeizige Turnierteilnehmer, die angesichts der bereits bestehenden Reglementierungen dennoch auf ihr »Gewicht am Fuß« kommen wollten, zunehmend hierauf ausgewichen sind. Bei Pferden, deren Einsatzzweck darin besteht, im Rennen als erster durchs Ziel zu gehen, spielt das Gewicht des Hufschutzes ebenfalls eine Rolle, allerdings in erster Linie eine negative. Der Hufschutz der **Rennpferde** soll so leicht wie möglich sein, damit die Pferde in ihrer schnellen Bewegung möglichst nicht behindert

[56] Dass man sich nicht darauf verlässt, die Ausdrucksfähigkeit des Pferdes in der Dressur durch das Können und die Begeisterung des Pferdes zu erzielen, macht diesen Sport heute in meinen Augen reichlich unansehnlich. Aber die Geschmäcker sind ja bekanntlich verschieden.

werden und der Gang möglichst kräftesparend und ökonomisch bleibt. Da Trabrennen und die dazugehörigen Trainingsstunden auf festen und durchaus abrasiven Bahnen stattfinden und die enorme Kraftanstrengung die Hufe hornmäßig verschleißt, benötigen diese Pferde einen Hufschutz. Dass man dabei an Gewicht sparen möchte, bringt die Pferde in den Genuss sehr leichter Eisen und auch alternative Hufschutzformen wie Kunststoffbeschläge und Klebeschuhe finden Anwendung. Nicht selten wird den Pferden auch vor dem Rennen der Beschlag abgenommen und sie werden Barhuf ins Rennen geschickt. Wegen des hohen Abriebs ist das allerdings nur begrenzt möglich. Zur Gangerhaltung und zur Vermeidung von Bewegungsstörungen und Verletzungen wird allerdings auch bei den Trabern mit der Gewichtsverteilung zwischen den Füßen manipuliert. So gibt es bspw. zusätzlich zum insgesamt möglichst niedrig gehaltenen Gewicht des verwendeten Hufschutzes dann auch wieder extra Zehengewichte oder Seitengewichtseisen, um die gleichmäßige Trabbewegung und den idealen raumgreifenden Gang auch bei unsicheren Kandidaten sicherzustellen.
Galopprennen finden im Unterschied zu Trabrennen auf nicht abrasiven Böden statt, zumeist bestehen die Bahnen aus Rasen, seltener auch aus Sand. Ein Hornabriebschutz in dem Sinne ist deshalb in der Regel nicht erforderlich.

> *»Eigentlich würde der Galopprennsport an und für sich gar keinen Hufschutz erfordern, aber in der Realität ist es so, dass die große Mehrzahl der englischen Vollblüter sehr dünne und empfindliche Hufwände hat.« (RAU; RAU 2001: S. 118)*

Man beschlägt also, um Schäden am Huf zu verhindern. Ob das wirklich aufgeht, steht auf einem anderen Blatt (siehe die Abschnitte zu Ausbrüchen S. 109 ff und Hornspalten S. 119 ff).

Eine Reitsportart die ohne Eisen nicht auskommt, ist die Westerndisziplin Reining. Zu den Anforderungen dieser Disziplin gehört der **Sliding Stop**, bei dem das Pferd aus dem Galopp mit weit unter den Körper gestreckten, auf dem Boden entlangrutschenden Hinterbeinen stoppt. Die Hufe müssen hierbei gleiten können, sonst kann das Manöver nicht wirklich gelingen. Es sind deshalb sehr glatte Spezialeisen erforderlich, die ein ausreichendes Rutschen bis zum endgültigen Halt ermöglichen.

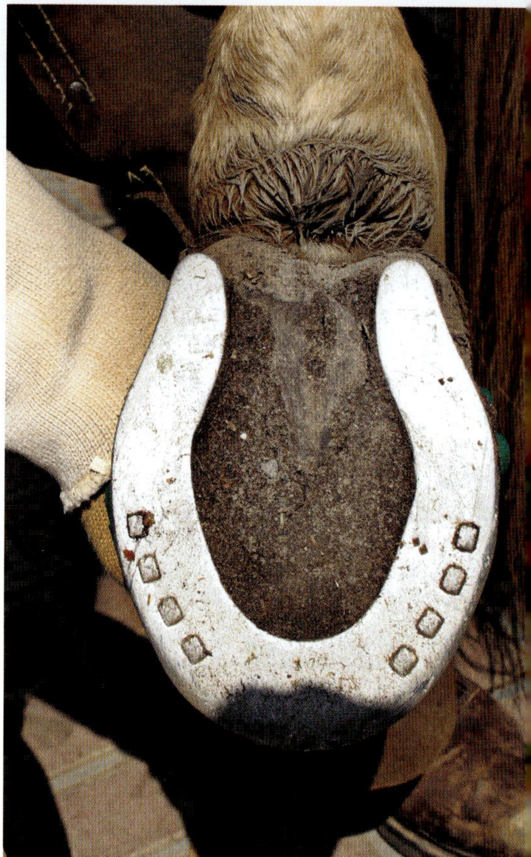

Abb. 3.5: Slidingeisen am Hinterhuf zum Gleiten der Hinterbeine beim Sliding-Stop.

Da Pferde mit diesen Eisen sehr instabil auf der Hinterhand sind, weil sie sehr leicht ins Rutschen kommen, werden sie kaum auf anderen Böden als auf den nachgiebigen, weichen Reitplätzen geritten. Geländeritte sind mit diesen Eisen gefährlich. Ein übermäßiger Hornabrieb ist insofern kaum ein Thema, weshalb die Reiningpferde auch nicht selten vorne barhuf gehen.
Ein Pferdebesitzer der eine der obengenannten Sportdisziplinen oder Nutzungsarten rein frei-

zeitmäßig betreibt, ohne den expliziten Ehrgeiz einer Sportkarriere oder den Zwang des Geldverdienens, kann in den meisten Fällen recht leicht die Waage halten zwischen den Erfordernissen für einen gesunden Huf und den für bestimmte Leistungen des Pferdes notwendigen Huf-Hilfsmitteln. Im großen Sport und im Geschäft mit dem Pferd kann das dagegen kaum noch gelingen. Während im Freizeit- und im Arbeitssektor der Hufschutz seine sinnvolle Verwendung zum Großteil aus seiner Funktion als Abriebschutz schöpft, tritt dieses Moment in der Sportreiterei deutlich hinter das Moment zurück, ein Hilfsmittel für bestimmte, eng definierte Hochleistungen zu sein. In den Zeiten des Schneller, Höher, Weiter muss nicht nur der Leistungssportler, sondern auch das Pferd im »athletischen Wettkampf« immer größere Leistungen vollbringen. Der Huf wird für diesen Zweck behandelt wie ein Schuh, den man durch seine Gestaltung und die Anbringung zusätzlicher Materialien so modellieren kann, dass der Träger in der Folge die geforderten Leistungen noch besser (als andere) vollbringen kann.[57]

Dabei geht es auch immer um den **Wettbewerbsvorteil**, den man einheimsen möchte, weshalb Innovation und technische Neuerungen auf dem Gebiet des großen Sports im Menschen- wie im Pferdebereich an der Tagesordnung sind. Auch Dopingskandale erschüttern regelmäßig die Öffentlichkeit und man diskutiert heutzutage eifrig die Erweiterung des Dopingbegriffes auch auf den Einsatz mechanischer Hilfsmittel (HighTech-Doping). Aber auch im Humanbereich fällt es dabei scheinbar nicht leicht, die Grenze zu finden – bis wohin handelt es sich um eine begrüßenswerte, leistungssteigernde Innovation und ab wann um eine zu verurteilende unberechtigte Vorteilsnahme unter Inkaufnahme von Gesundheitsschäden beim Athleten. Der Übergang scheint beim Menschen- wie Pferdesport prinzipiell fließend.

3.3 Hufprobleme und Erkrankungen

»Der Hufbeschlag erweist sich nicht nur als ein hervorragendes Vorbeugungsmittel gegen Bein- und Hufleiden, sondern auch als eines der besten Heilmittel, das oft schnelleren Erfolg zeitigt, als die üblichen Arzneimittel, weil es das Uebel an der Wurzel angreift.« (VAETH 1930 zit. n. KRATZ 2001: S. 34f.)

3.3.1 Mein Pferd geht fühlig

Wenn ein Pferd Probleme hat, die Böden auf denen es regelmäßig unterwegs ist zu meistern, dann ist menschliches Eingreifen gefragt. Dem Eingreifen vorausgehen, sollte dabei natürlich stets eine Ursachensuche. Was so selbstverständlich scheint, wird in der Pferdepraxis allerdings recht häufig anders gehandhabt. In sehr vielen Fällen steht mit der Wahrnehmung des Problems auch die Lösung schon fest: Das Pferd braucht Eisen.

Das ist bedauerlich, denn in vielen Fällen könnte die genauere Diagnose zu anderen Lösungswegen führen und Pferd und Besitzer blieben die Folgen des Beschlages erspart. Und nicht nur das, es ist selbstredend ein entscheidender Unterschied, ob ein Problem erkannt und behoben wird oder ob man mit Hilfe eines Beschlages ein Pferd mit weiterhin problembehafteten Hufen zum Laufen bringt. Die Frage ist, ob der Hufbeschlag im konkreten Fall wirklich »das Übel an der Wurzel greift« oder ob er nur die Oberfläche bedeckt.

Man sollte also zunächst prüfen, warum das Pferd überhaupt fühlig läuft. Liegt die Ursache im übermäßigen Abrieb, so benötigen die Hufe einen Abriebschutz (siehe Abschnitt 3.1). Ist das nicht der Fall, so findet man die Ursache der Fühligkeit oft in der spezifischen Hufform. Zu lang und schräg gewordene Wandbereiche (das Gegenteil von Abrieb!) zerren schmerzhaft an

[57] Wie im Leistungssport auch stören von Zeit zu Zeit Skandale die traute und faire Wettkämpferei zwischen den Pferdesportlern. Einer der besonders hässlichen betraf das Tennessee-Walker-Soring im Land der unbegrenzten Möglichkeiten. 2012 hatte dort eine Tierschutzorganisation heimlich die Praktiken berühmter Trainer gefilmt, mit denen diese Showpferde zu ihrem extremen Gang (Big Lick) gebracht werden (ABC-NEWS 2012).

den Lederhäuten und lassen jeden Schritt auf unebenem Boden zur Qual werden. Eingerollte oder untergeschobene (= lange!) Trachten quetschen die Wand- und Sohlenlederhäute, auf der Sohle liegende Eckstreben drücken wie Steine im Schuh, überbelastete steile Seitenwände stauchen schmerzhaft nach oben, verbogene oder bereits ausgebrochene Tragränder, geben dem Huf kaum Sohlenfreiheit und das Pferd spürt jeden einzelnen Stein, auf den es tritt ...
Natürlich kann auch ein Beschlag in diesen Fällen sofort Abhilfe schaffen, insoweit er die schmerzende Bewegung der Hornwände zuverlässig minimiert. Die verbogenen, überlangen Hebel werden bei der Zubereitung zum Beschlag ohnehin beseitigt, die Sohle wird durch den Beschlag (und evtl. Einlagen) vor Steindruck geschützt und durch die starre Unterlage bleibt die dreidimensionale Bewegung der Hornwände nahezu ausgeschaltet. Den Lederhäuten bleiben die schmerzhaften Bodeninformationen ab sofort erspart. Das Hufeisen ist also auf jeden Fall **ein** Mittel, die Fühligkeit zu beheben. Der Haken daran ist, dass die Hufe hiernach auf das Hilfsmittel Eisen verwiesen bleiben. Das Übel tatsächlich an der Wurzel gepackt zu haben wäre dann gelungen, wenn man nach ein, zwei oder auch drei Beschlagsperioden die Hufe zu einer nun wieder unfühligen Form gebracht hätte und das Pferd mit gebesserter Hufsituation sodann barhuf bleiben könnte. Das gelingt in der Regel nicht. Der Grund hierfür liegt nicht in der Unfähigkeit oder Unwilligkeit des Schmiedes, sondern in der Natur des Hufbeschlages (siehe S. 82 ff). Gelingt es nun aber nicht, das Pferd wieder barhuf laufen zu lassen, so kann man auch nicht wirklich von einer Behebung des Problems sprechen. Zur bleibend hilfsbedürftigen Hufsituation hinzu kommen nun noch die unerwünschten Wirkungen des Beschlages. Letztere führen nicht selten dazu, dass sich die Situation der Hufe im Laufe der Zeit eher noch verschlechtert denn bessert.

Eine wirkliche Lösung des Problems besteht in der Optimierung der Hufsituation. Dieses Vorhaben ist am Barhuf wesentlich leichter zu bewerkstelligen und es hat den Vorzug, dass die Ursache der Fühligkeit tatsächlich behoben wird und dem Pferd die Vorteile des Barhufs weiter erhalten werden.

Geht man bei einer Fühligkeit des Pferdes in der vorgeschlagenen Weise vor – zunächst Ursachensuche und anschließende gezielte Behebung der Ursache – läuft man auch nicht Gefahr, ein völlig anderes, tiefer liegendes Problem zu übersehen. Eine zeitweise auftretende Fühligkeit kann auch nicht zuletzt die Rehegefährdung eines Pferdes anzeigen. Der Hufbeinträger ist in dieser Situation empfindlicher und die Verwindungen der Hornkapsel, die dasselbe Pferd sonst problemlos erträgt, bekommen plötzlich eine schmerzhafte Qualität. Auch in diesen Fällen kann ein Beschlag durch das Eindämmen der Hornbewegungen die Fühligkeit minimieren, was den Pferdebesitzer schlussendlich in falscher Sicherheit wiegt. Denn die Rehegefahr ist durch das Eisen in keiner Weise gebannt, sie zeigt sich einfach nicht mehr so deutlich. Viel besser wäre es an dieser Stelle, die Fühligkeit im Auge zu behalten und so den Erfolg der Maßnahmen bei der Eindämmung der Reheursachen zu prüfen. Reicht das Futter- und Bewegungsmanagement nicht aus, die gefährliche Stoffwechselsituation zu beheben, dann zeigt uns das Barhufpferd diesen Umstand deutlich an und die Bemühungen können intensiviert werden, so dass es nicht zum drohenden Hufreheschub kommt.

Nicht verschwiegen werden darf, dass Pferde sehr unterschiedlich empfindlich sind, was die Wahrnehmung des Bodens durch ihre Hufe betrifft. Das gründet zum Großteil auf ihrer durch Erbe und Aufwuchsbedingungen geprägten Beschaffenheit der Hufe, hat aber auch mit den aktuellen Haltungsbedingungen zu tun, in denen sie leben (siehe hierzu auch S. 87 f). Im ungünstigen Fall kann es also durchaus auch sein, dass ein Pferd mit seinen prinzipiell empfindsameren Hufen für die vorgesehene Verwendung auf härteren Böden einfach nicht geeignet ist und letztere dann nur mit einem Beschlag oder einem anderen Hufschutz möglich ist.

3.3.2 Die Hufe brechen aus

»Im Gegensatz zu der empirischen Wahrnehmung zum Wachstum des Hufhorns nach bewussten Veränderungen in der Fütterung, ist die experimentelle Bestätigung positiver Effekte von Nährstoffen zur Korrektur von Hufhornschäden selten.« (COENEN 2010:S. 16)

Relativ häufig lassen Pferdebesitzer ihr Pferd einzig und allein aus dem Grund beschlagen, weil die Hufe ausbrechen. Das Hufeisen soll die Hornwände vor den Ausbrüchen bewahren und das gelingt auch in der Mehrzahl der Fälle. Der Erfolg des Eisens beruht darauf, dass es die Hornwände vor punktueller Krafteinwirkung schützt und die Verwindungskräfte in der Hornkapsel herabsetzt. Allerdings ist das ein wenig, wie mit Kanonen auf Spatzen zu schießen, denn Ausbrüche lassen sich (in der Regel) leicht verhindern, wenn man die Hufe entsprechend in Form und Funktion hält. Dazu gehört, dass man Hufe nicht zu lang werden lässt. Pferde, die nur auf der Weide stehen oder in der Box geparkt sind ohne Chance auf Abrieb, entwickeln häufig überständige Hufe. Das heißt der Tragrand wird überlang und bietet dem Boden eine Angriffsfläche, so dass die unabgeriebenen Hornröhrchen beständig in die eine oder andere Richtung gehebelt werden. Das führt zuerst zu kleineren und mit der Zeit zu immer größeren Zerreißungen, was die Hebelkraft noch zusätzlich potenziert, da die überständigen Wandanteile durch die Zusammenhangstrennungen immer beweglicher werden. Irgendwann sorgt ein Stein oder eine Bodenwelle für einen besonders kräftigen Zug oder Druck und die vorgeschädigte Wand bricht aus. Bei den Naturliebhabern unter den Pferdebesitzern wird dieses Ausbrechen als Selbstkorrekturmechanismus der Natur gefeiert. Eine kluge Maßnahme sieht anders aus.

Es ist nicht vernünftig, es soweit kommen zu lassen. Auf diese Weise leiden auch die nachwachsenden, noch nicht überständigen Hornanteile und es besteht auch stets die reale Gefahr, dass es zu größeren Schäden und in der Folge auch zu Verletzungen an den lebenden Strukturen des Hufes kommt.

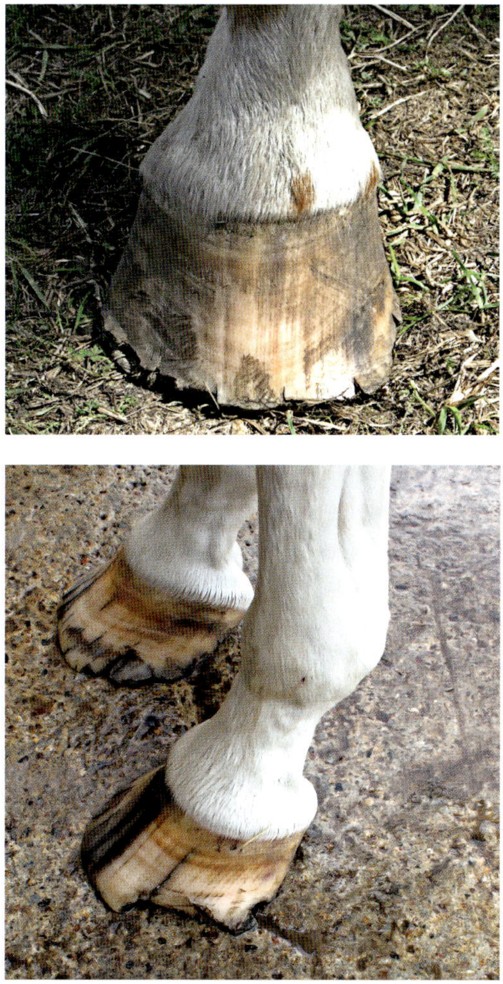

Abb. 3.6: ***Ausbrüche an Hufen – kluger Schachzug der Natur?***

Auch wenn letzteres glücklicherweise seltener passiert, ist doch die lebenswichtige **Integrität** der Hornkapsel aufgehoben, was dem Eindringen von Keimen und Fremdkörpern den Weg hinein eröffnet. Als Folge der ungünstigen Situation stellen sich häufig Hufgeschwüre und Hufabszesse ein, es entstehen Hornrisse oder auch Hornspalten und es können sich, vor allem bei jungen Pferden, Fehlstellungen entwickeln, die diese dann ihr ganzes Erwachsenenleben begleiten.

Dass es widersinnig ist, solche Hufe zu beschlagen, ist einigermaßen offensichtlich. Besser ist es hier für den ausreichenden Abrieb zu sorgen und diesen Abrieb durch überlegte Bearbeitung auch zu steuern oder, wenn der entsprechende Abrieb aufgrund der Haltungs- und Nutzungsbedingungen nicht möglich ist, die Hufe durch regelmäßige Pediküre gleichmäßig manuell zu verkürzen.

Wie steht das aber mit Hufen, die nicht überlang sind und dennoch dazu neigen, beständig auszubrechen. Bietet hier nicht der Beschlag die einzige Möglichkeit des Schutzes? Nach meiner Erfahrung nicht. In der Mehrzahl der Fälle genügt eine Optimierung der Hufsituation, um die Ausbruchneigung der Hufe zu beenden. Man muss sich überlegen, dass dem Ausbrechen stets die »Ermüdung« bzw. Unterminierung der Festigkeit des Hornmaterials vorausgeht. Betroffen davon sind in erster Linie sowohl sehr schräge als auch sehr steile Wandbereiche der Hornkapsel.

Das einfachste Rezept ist, die Hufsituation zu verbessern. Je besser das gelingt, desto weniger Horn wird durch Hebelei oder Überlastung zerstört und Ausbrüche gehören der Vergangenheit an. Brechen die Hufe aus, denken die meisten Pferdebesitzer zuallererst an die **Hornqualität** und im Zusammenhang damit an eine **Zufütterung**. Die Hersteller von Futtermittel suggerieren in ihren Werbeprospekten ja auch, dass die Lösung für Hufprobleme wie Hornausbrüche und Hornspalten in ihrer ganz speziellen Huf-Futtermittelformel liegt. In Wahrheit sind die Pferde, deren Hufe aufgrund einer mangelhaften Hornqualität ausbrechen und einreißen, eher in der Minderheit und nur bei einem Teil dieser Pferde steht die mäßige Hornqualität dann überhaupt im Zusammenhang mit einer Unterversorgung bzw. einem Mangel an bestimmten Nährstoffen. Ich werde von Pferdebesitzern mit Hufproblemen beim ersten Termin sehr häufig danach gefragt, ob ich nicht einen Tipp für sie hätte, was sie zufüttern könnten, um die Hufsituation zu verbessern.

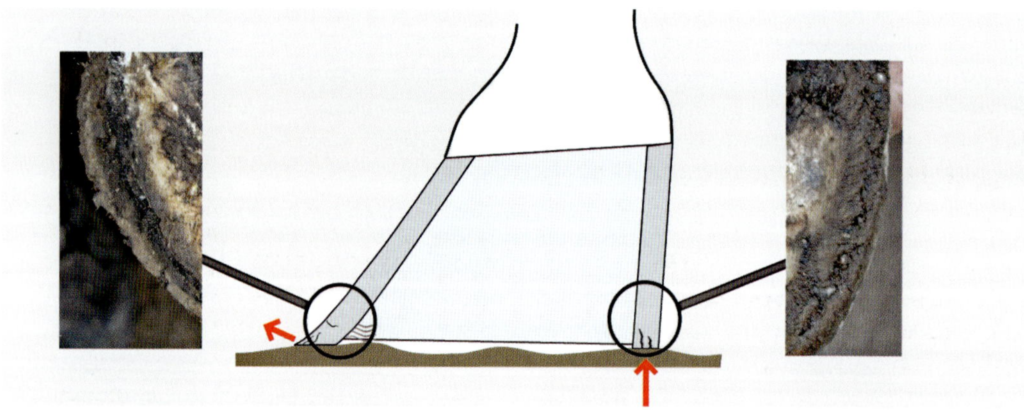

Abb. 3. 7: Nehmen wir bspw. ungleichmäßig belastete und schiefe Hufe: Hier wirkt der Bodengegendruck auf die schrägen Wände ungünstig ein, da er sie beständig mehr oder weniger nach außen hebelt. Es kommt zur Materialermüdung und in der Folge zu Zerreißungen im Horn. Zunächst noch feine Längs- und Querrisse weiten sich aus, machen das Material noch angreifbarer, finden zueinander und brechen letztendlich aus. Hinzu kommt, dass die beständige Hebelwirkung an den Hornröhrchen der Wand die Blättchenschicht aufreißen lässt. Hierdurch löst sich die Verbindung zwischen Wand und Sohle zunehmend, Fäulnis kann eindringen, was den Zusammenhalt zusätzlich unterminiert und die Hebelwirkung noch einmal vergrößert. Wenn letzteres passiert, kommt es häufig auch zum Ausbrechen empfindlich großer Wandpartien. Die steilen Wände dieser schiefen Hufe leiden auch und zwar unter der ungebrochen vertikal einwirkenden Kraft des Bodens. Eine steile Hufwand kann den Bodenunebenheiten überhaupt nicht mehr elastisch »ausweichen«. Was die zu schräge Wand zu viel tut, federndes Nachgeben, fehlt der steilen Wand gänzlich. Ist der Untergrund hart und noch dazu uneben, wird das Hornmaterial der steilen Wände aufgrund seiner Starrheit sehr stark in Mitleidenschaft gezogen. Jedes Steinchen, jede vertikale Kraftspitze trägt dazu bei, das wenig nachgiebige Horn zu zermürben. Die Zerreißungen im Tragrand werden schnell von Schmutz und Steinchen besetzt. Diese entwickeln eine zusätzliche »Sprengkraft« und über kurz oder lang kommt es in diesen Wandbereichen ebenfalls zu Ausbrüchen.

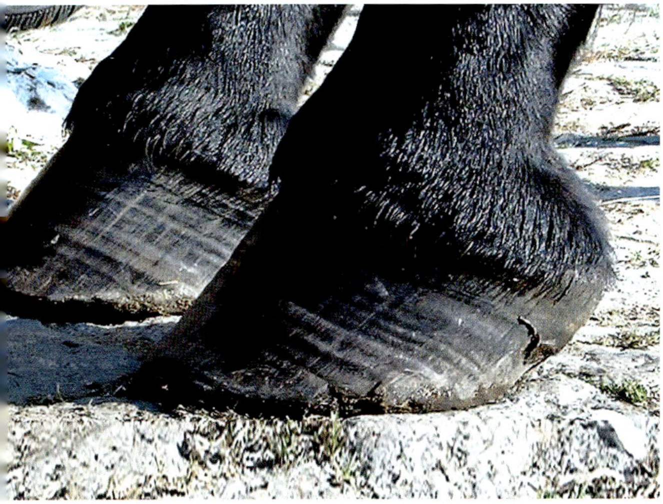

Abb. 3.8: Falten im Horn sorgen für eine weniger belastbare Hornstruktur, was zu einem brüchigen Tragrand und vielen Ausplatzungen führt.

Wenn nicht tatsächlich offensichtliche Mangelerscheinungen oder Stoffwechselprobleme bei dem betreffenden Pferd vorliegen, sondern lediglich die Hufe in desolatem Zustand sind, rate ich stets dazu, getrost zunächst einmal auf den Erfolg meiner Arbeit an den Hufen zu setzen. Und die Zeit gibt mir ein aufs andere Mal recht: In dem Maße in dem es mir gelingt, die Hufe in eine bessere Form zu bringen, verbessert sich auch zielsicher die Hornqualität. Aus meiner bisherigen praktischen Erfahrung muss ich den Schluss ziehen, dass ungünstige Hufsituationen nicht nur geeignet sind, die bereits fertigen Hornstrukturen zu beschädigen und so für Hufhornschäden und Hufprobleme zu sorgen, sondern dass sie ab einer bestimmten Qualität auch die Hornsynthese selbst beeinflussen. So wichtig die ständige Stimulation der Lederhäute durch Bewegungsreize für die Produktion eines guten Hornes ist, so fatal scheinen sich ungünstige Belastungen auf die Lederhäute und die Versorgung der lebenden Epidermis auszuwirken. Häufig steht die Ausbruchsneigung von Hufen deshalb im Zusammenhang mit unruhigen Hornstrukturen.

Wenn Hufe mit **Rillen und Falten** übersät sind, so ist der Tragrand in der Regel weniger belastbar, als dies bei Hufen mit glatten Hornwänden der Fall ist.

Es gibt verschiedene Ursachen für die Ausbildung von Rillen und Falten im Horn, wobei sich dieses Phänomen aber vor allem bei Hornkapseln mit hebelnden und stauchenden Wänden zeigt. Es scheint so zu sein, dass die Papillen der Kronlederhaut, über denen das Horn der Wände entsteht, durch die Druck- und Zugverhältnisse in Mitleidenschaft gezogen sind und es zu lokalen Durchblutungsschwankungen kommt. Bei besonders starken unphysiologischen Kräften kann es sogar zu Quetschungen, Zerreißungen oder Abknickungen der Lederhautpapillen kommen und in der Folge können zeitweise beträchtliche Hornwachstumsstörungen oder auch Verlagerungen in der Wachstumsrichtung des Hornes entstehen. Erreichen diese Hornbereiche nach ca. einem Jahr den Boden so kommt es regelmäßig zu Hornausbrüchen. Und auch schon auf dem Weg nach unten sorgen diese veränderten Strukturen in den Hornwänden nicht selten für Probleme, da sie die geschlossene Stabilität der Hornwand unterbrechen. Schräge Wände lassen sich vom Boden unterhalb einer tiefen Falte einfach leichter nach außen verbiegen; bei gerundeten, steilen Wänden staucht sich ein mit Falten besetzter Wandbereich umso intensiver und die Falten werden durch diese Stauchung nicht selten noch um einiges vertieft.

Abb. 3.9a: Je näher die Falte zum Boden kommt, desto stärker wird die Verbiegewirkung auf den Wandbereich darunter. Ohne hufbearbeiterisches Eingreifen, kommt es in 1–2 cm Höhe fast immer zum Ausbruch der Wand.

Abb. 3.9b: Die nach oben stauchende Wand trifft auf die Schwachstelle und vertieft sie.

Optimiert man die Hufbiomechanik solcher Hufe, so wachsen die Wände häufig gänzlich faltenfrei, stets aber zumindest mit deutlich geminderter Faltenbildung nach (siehe Fallbeispiele in Kapitel 6).
Durch mechanische Einwirkung auf die Lederhäute verursachte Rillenbildung ist die am häufigsten anzutreffende. Daneben gibt es natürlich auch andere Faktoren, die für derartige Schwankungen in der Hornsynthese verantwortlich sein können. Bekannt sind bspw. die so genannten **Futterringe**, die durch einen plötzlichen Wechsel im Futterangebot verursacht werden können. Pferde sind ausgeprägte Gewohnheitstiere. Das gilt nicht nur insgesamt was ihre Einstellung zum Leben und Arbeiten betrifft, sondern auch ganz besonders für ihren Magen- und Darmtrakt. Krasse Umstellungen in der Fütterung werden von Pferden nicht gut vertragen und ziehen oft eine mehr oder weniger starke Irritation ihres Verdauungssystems nach sich. Bei manchen Pferden mündet dies sogar in eine Futterrehe. Umso weniger gut der Futterwechsel vom Pferd vertragen wird, umso stärker zeigt sich dies in den Hufen. Tiefe Futterringe sprechen also auch dafür, dass ein Futterwechsel eine durchaus riskante Situation dargestellt hat(te); entweder verursacht durch seine absolute Größe oder durch den besonders niedrigen Schwellenwert des betreffenden Pferdes. Aber nicht nur das Futter, auch Erkrankungen, Medikamente, Impfungen oder besondere Stresssituationen können sich auf diese Weise im Huf niederschlagen. Bei allen auf diese Art verursachten Unregelmäßigkeiten in der Hornbildung kann man von **stoffwechselbedingten** Rillen (Vertiefungen) und Ringen (Erhebungen) sprechen. Sie unterscheiden sich also in ihrer Verursachung von den vorher besprochenen biomechanisch bedingten Hornrillen. Ein eindeutiges Indiz dafür, dass es sich um Stoffwechselrillen handelt, ist ihr zeitgleiches Vorkommen auf allen vier Hufen.

Darüber hinaus gibt es noch eine dritte Gruppe von **entzündungsbedingten** Hornwandveränderungen, die bspw. durch Hufgeschwüre oder Hufabszesse, durch Strahlfäulnis, Hufkrebs, Saumbandentzündungen oder auch durch Hufrehe verursacht werden.

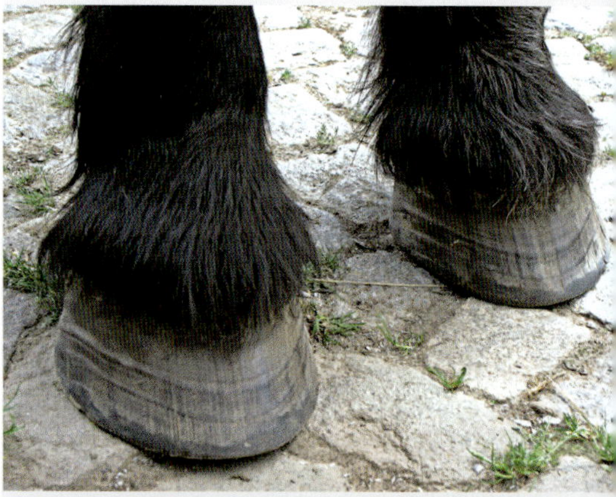

Abb. 3.10a: Dieses Pferd litt seit einer Zahnbehandlung, bei der die Schneidezähne übermäßig stark gekürzt wurden, unter massiven Verdauungsproblemen mit immer wiederkehrenden Koliken. Die vormals glatten Hufwände wiesen in der Folge zahlreiche Rillen und Ringe auf.

So schnell und mitunter heftig Pferde auf Veränderungen in der Futterzusammensetzung reagieren können – mit Entgleisungen ihres Stoffwechsels und dem entsprechenden Niederschlag in den Hufen – so träge ist die hufseitige Reaktion des Pferdes auf positive wie negative Einflüsse der Ernährung im Gesamten. Es ist auch nicht unklug, dass Änderungen in der Versorgung des Pferdes, wie sie auch und allein durch die natürliche Variation der Nahrungsinhaltsstoffe vorkommen, keine nachhaltigen Auswirkungen auf das Hufhorn haben. (COENEN 2010: 15) Pferde sind in dieser Beziehung perfekte Verwalter des Mangels. Bevor sich eine **Unterversorgung** mit einem oder mehreren Mineralstoffen, Vitaminen oder Spurenelementen in den Hufen niederschlägt geht viel Zeit ins Land und die Unterversorgung muss beständig und eklatant sein. Gerade bei Pferden, die weder Leistungssportler sind noch schwer arbeiten müssen, ist es viel eher die Überversorgung, die zu Problemen führt, als der Mangel. Das gilt für die Gesamtenergiebilanz wie für die »spekulative **Überversorgung** mit Mineralstoffen und Vitaminen« (ebenda: S. 17). Es gilt an dieser Stelle ganz und gar nicht: »Viel hilft viel«. »Unreflektierte Fütterungsmaßnahmen bergen vielmehr die Gefahr, dass überschüssige Nährstoffe Transportsysteme blockieren und ›Entsorgungssysteme‹ einfordern« (ebenda). Das kann sich sehr wohl in den Hufen niederschlagen, dann allerdings negativ.

Abb. 3.10b: Dieses Pferd litt am rechten Vorderhuf unter schwerer Strahlfäulnis, die nicht nur der Strahllederhaut zusetzte, sondern zweimal auch zu einer Kronsaumentzündung führte.

Dennoch gibt es Pferde, die unter einer grundsätzlich und durchgängig schlechten Hornsubstanz aufgrund von Störungen im Prozess der Hornbildung leiden. Sie sind die Ausnahme, dürfen deswegen jedoch nicht ignoriert werden. Infolge des qualitativ minderwertigen Hornmaterials nehmen die Hufe dieser Pferde bereits ohne besondere Beanspruchung Schaden, geschweige denn, dass sie eine ernsthafte Nutzung des Pferdes zulassen. Auch hier ist weder das Hufeisen, noch das patentierte Hufmineralfutter das Mittel der Wahl, sondern die Suche nach der Ursache der gestörten Hornproduktion. Zu prüfen ist zum einen die Ausgewogenheit des Futterangebotes, zum anderen, ob eine Grunderkrankung des Pferdes vorliegt, die womöglich die interne Nährstoffverwertung beeinträchtigt. Was die Fütterung betrifft, ist in allererster Linie die Qualität des Grundfutters von Interesse. Eine Futterprobe vom Grundfuttermittel Heu oder Gras bringt Klarheit darüber, ob im Futtereintrag Mängel oder Belastungen enthalten sind. Sollte das der Fall sein, so ist der naheliegende und erste Schritt zur Verbesserung der Hufhornqualität ein Wechsel des Futters oder, nur im Fall von ausgewiesenen Nährstoffmängeln, eine gezielte Nährstoffergänzung. Ein Rundumschlag-(Breitband)-Ergänzungsfuttermittel kann die gezielte Supplementierung der im Futter fehlenden Nährstoffe nicht leisten und birgt die Gefahr, den Organismus zusätzlich zu belasten.

Laut Prof. Coenen, Leiter des Instituts für Tierernährung, Ernährungsschäden und Diätetik der Veterinärmedizinischen Fakultät der Universität Leipzig, gelingt die experimentelle Bestätigung von positiven Effekten bestimmter Nährstoffe zur Korrektur von Hufhornschäden nur selten. Das steht im Gegensatz zur empirischen Wahrnehmung der Besitzer, die häufig von verbessertem Hornwachstum nach spezieller Zufütterung oder bewussten Änderungen des Futtermanagements berichten. Bestätigt ist die positive Wirkung des Vitamins Biotin (5–10mg/100 Körpermasse pro Tag) auf die Zellreifung der Hornzellen. (COENEN 2010: S. 16) Erforderlich ist dabei eine lange Anwendungsdauer, denn der Effekt der Zufütterung erreicht den Tragrand mit dem nachwachsenden Horn erst nach ca. 10–12 Monaten und es ist in der Regel eine dauerhafte Anwendung erforderlich. Wird die Biotinfütterung abgesetzt, kommt es in Abhängigkeit zur Huferneuerungszeit wieder zu einer Verschlechterung der Hornqualität (MUNZINGER 2005).

Ein Schlüsselelement im Zusammenhang mit guter oder schlechter Hufsubstanz scheint das Spurenelement Zink zu sein, wobei die genauen Wirkmechanismen bislang nicht aufgeklärt sind. Bekannt ist, dass Zink für fast alle Stoffwechselprozesse notwendig und überlebenswichtig ist. Es ist Co-Faktor von mehr als 300 Enzymen, ist also an deren Wirkung beteiligt bzw. stabilisiert den Aufbau dieser Enzyme. Darüber hinaus ist Zink Bestandteil DNA-bildender Proteine und es ist essentiell für das Funktionieren des Immunsystems (KREYENBERG 2003: S. 3). COENEN und SPITZLEI (1996) fanden heraus, dass sich der Zinkgehalt von Hufen mit schlechter Hornqualität und Hufen mit guter Qualität deutlich unterscheidet. Der schlechtere Zinkstatus von Pferden mit minderwertigem Hufhorn wird dabei im Allgemeinen nicht verursacht durch eine Zinkmangel-Ernährung, sondern durch eine Beeinträchtigung der individuellen Zinkverwertung. Was die Ursache dieser Stoffwechselfehlleistung ist, ist derzeit unbekannt. Dennoch profitieren diese Pferde aller Wahrscheinlichkeit nach von einer Zinkzulage (100 mg/100 kg Körpermasse pro Tag, bevorzugt als Zink-Methionin – COENEN 2010: S. 16).[58]

Einen großen Einfluss auf die Qualität der Hufe haben die Haltungsbedingungen. Kot und Harn schädigen das Hufhorn, wobei sich dies bei bereits vorgeschädigten Hufen besonders stark bemerkbar macht. Das bedeutet, dass bei Hufsituationen mit ungünstiger Biomechanik und bei Pferden mit Hornbildungsstörungen besonderes Augenmerk auf die Stallhygiene gelegt werden muss. Das gleiche gilt, wenn Hufe dauerfeuchten Bodenbedingungen ausgesetzt sind. Beachtet man diese Dinge und bemüht sich, die mechanischen, stoffwechselbedingten oder auch nutritiven Ursachen der schlechten Hufqualität gezielt zu beheben, so erübrigt sich der besondere Schutz dieser Hufe durch einen Beschlag. Umgekehrt, beschlägt man Hufe mit minderwertiger Hornqualität, ohne die Ursachen dieser unzureichenden Qualität abzustellen, so stellt sich in der Regel leider zumeist eine weitere Verschlechterung der Hufsubstanz ein.

3.3.3 Die Hufe werden schief

»Von circa 100 von mir untersuchten Hufbeinen war auch nicht ein einziges, das absolute Symmetrie im Bau seiner Hälften aufwies«. (SCHWYTER 1906: S. 27)

Pferdehufe sind kaum jemals völlig regelmäßig und gerade. Sie werden im individuellen Gebrauch zwischen Pferd und Boden beständig geformt und weisen – jeder Huf für sich – ihre eigenen charakteristischen Formen auf. Manche dieser Hufformen erweisen sich als günstiger, andere als ungünstiger. Erstere zeichnen sich dadurch aus, dass sie im Zusammenhang mit der konkreten Benutzung durchs Pferd prinzipiell die Fähigkeit zur Selbsterhaltung haben. Das heißt, die Biomechanik wirkt bei diesen Hufen unter optimalen Bedingungen formerhaltend. Es gibt aber auch Hufformen, die diesbezüglich weniger gut aufgestellt sind, da sie aufgrund ihrer biomechanischen Spezifik selbst unter optimalen Bedingungen die Tendenz zur Verschlechterung besitzen. Dazu gehören zum Beispiel solche Hufe, die vom Pferd stellungsmäßig sehr einseitig innen oder außen belastet oder/und sehr einseitig abgelaufen werden. Diese Hufe benötigen zur Gesunderhaltung regelmäßig Hilfe, was aber nicht gleichbedeutend damit ist, dass sie einen schützenden Beschlag benötigen. Sind die Hufe eines

[58] *Siehe hierzu auch S. 150 f (Strahlmilchtaschen).*

Pferdes sehr schief, sucht man jedoch häufig die Rettung im Hufbeschlag. Der Gedanke ist hierbei zumeist, dass man den Huf vor einem zu hohen einseitigen Hornverlust schützen möchte. Man nimmt an, der schiefe Huf reibe sich auf der medialen oder lateralen Seite mehr ab und der Hufschutz soll das in Zukunft verhindern.

Ich möchte dem Leser, der vor einer solchen Entscheidung steht, ans Herz legen, zu prüfen, ob das Gesagte im Fall seines Pferdes zutrifft oder nicht. Wer meiner Aufforderung nachkommt, wird nicht selten feststellen, dass zwar eine **Abriebdifferenz** vorhanden ist, aber gar kein bedenklich starker Hornverlust auf einer Seite vorliegt. In diesem Fall braucht der schiefe Huf aber auch keinen Schutz vor dem Hornabrieb, sondern stattdessen einen ausgeglicheneren Abrieb. Der Beschlag ist dafür kein geeignetes Mittel, da sich hier, wenn überhaupt, Abrieb ausschließlich in den Trachtenwänden einstellt, wobei dann auch die mehrbelastete Seite stets den höheren Hornverlust erleidet. Einen ausgeglichenen Hornabrieb kann man am Barhuf dagegen mit relativ einfachen Mitteln herstellen (siehe Abschnitt 1.4, auf S. 66/67); insofern ist der Barhuf dem Beschlag bei schiefen Hufen eindeutig vorzuziehen.

Selbst in den (selteneren) Fällen, wo der Hornverlust einer Hufseite bedenklich hoch ist, so dass man berechtigt über den Schutz dieses Hornabschnittes nachdenkt, sollte bedacht werden, dass das Eisen nicht nur die zu kurz gewordene Seite, sondern auch die im Verhältnis zu lang gebliebene Hufwand schützt. Um die Längendifferenz – die man unter dem Beschlag keinem gezielten Abrieb mehr aussetzen kann – dennoch zu beheben, wird der Huf vor dem Beschlagen einseitig gekürzt. Diese unvermittelte Form- und Stellungsänderung muss das Pferd verkraften; dass und warum dies nicht ganz unproblematisch ist, habe ich im Abschnitt 1.4, S. 59 ff ausgeführt.

> *»Hat sich das Nervensystem einmal an eine bestimmte Hufform und -größe gewöhnt, wird jede Veränderung daran zu Problemen bei der Balance und Koordination des Pferdes führen. Dies kommt daher, dass selbst kleinste Veränderungen der Länge der Muskeln in Ruhe und der Stellung aller Strukturen des Bewegungsapparates beim Auf- und Abfußen den sensorischen Input verändern und somit die Feinabstimmung der automatischen Kontrolle des Gleichgewichts, des Tempos und der Muskelbewegungen.« (DAVIES et al. 2009: S. 45)*

Kritisch wird es vor allem dann, wenn diese einseitige Verkürzung immer wieder vorgenommen werden muss, sprich regelmäßig zu jedem Beschlagstermin erfolgt. Wenn dem so ist, dann ist der Plan, den Huf mit dem Eisen vor dem erneuten Schiefwerden zu bewahren, augenscheinlich **nicht** aufgegangen.

Auch in diesen Fällen – enormer Hornverlust einer Hufseite – kann das Pferd oft vom Barhufgehen profitieren. Und zwar immer dann, wenn der zu starke einseitige Hornverlust durch ein Zuwenig des Abriebs an anderer Stelle des Hufes verursacht wird. Wird der Huf bspw. durch zu lang und/oder zu schräg gewordene Wandbereiche auf die leidtragende Seite gekippt oder verändern diese unabgeriebenen Hornbereiche das Bewegungsmuster der Gliedmaße, dann führt das mitunter überhaupt erst zu dem übermäßig hohen Abrieb. Sorgt man nun dafür, dass sich das Pferd diese **Hindernisse zukünftig besser ablaufen** kann, entspannt sich die Situation und der Hornverlust auf der mehrbelasteten Seite mäßigt sich. Das Schöne an dieser Art und Weise der Problembeseitigung ist, dass das Pferd die Vorteile des Barhufgehens weiter nutzen kann und ihm die regelmäßigen Stellungswechsel durchs Geradeschneiden erspart bleiben.

Jetzt gibt es aber auch Hufe, die schief sind und bei denen die Ursache nicht in einem unterschiedlichen Abrieb der beiden Hufhälften liegt. Die Ursache der Schiefe ist in diesen Fällen die Art und Weise, in der das Pferd seinen Fuß zu Boden stellt. Ist hier dann evtl. ein Beschlag angebracht?

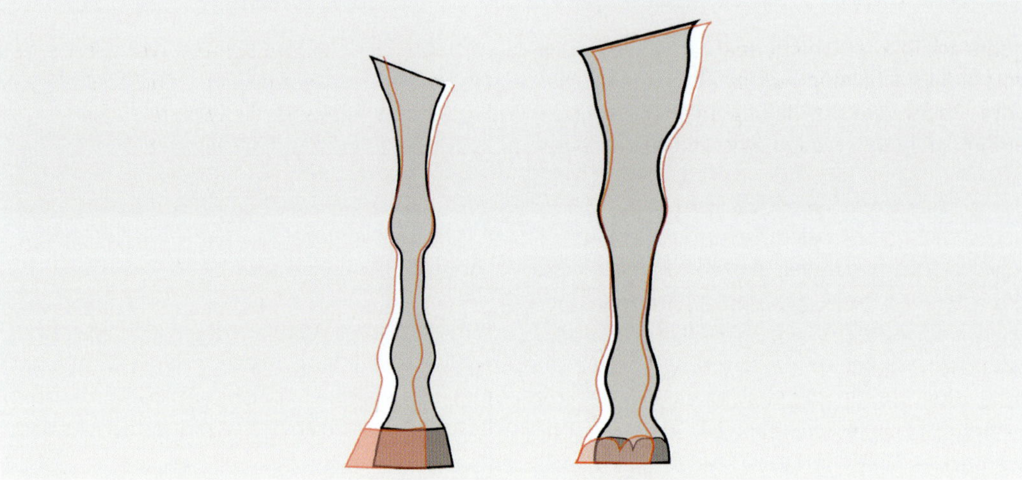

Abb. 3.11: Zwei Beispiele, wie Hufe durch die Gliedmaßenaufstellung eine schiefe Form annehmen (müssen).

Rechtes Vorderbein von vorn: Ist die Aufstellung des Beines bspw. nach außen versetzt, so wird die Innenwand des Hufes steiler, die Außenwand schräger auf den Boden gestellt.

Rechtes Hinterbein von hinten: Stellt das Pferd sein Bein bevorzugt nach innen unter den Körper, so richtet es seinen Huf mit der äußeren Wand steil zum Boden aus, die Innenwand wird schräg aufgestellt.

Die **Aufstellung des Hufes zum Boden** ist durch die verschiedensten Faktoren bestimmt. Im Idealfall befinden sich die Füße lotrecht unter dem Körper. Rasse- oder familiär bedingte Besonderheiten im Körperbau, ererbte oder als Fohlen erworbene gebrochene Gliedmaßenachsen, Schonhaltungen, diverse Verletzungen, Blockaden und Probleme an ganz anderer Stelle können die Ursache dafür sein, dass ein oder mehrere Hufe vom Pferd stets etwas mehr nach innen oder außen, eingedreht oder ausgedreht, nach vorn oder nach hinten gestellt werden. Diese abweichende Grundausrichtung der Hornkapsel zum Boden zieht eine unregelmäßige Form derselben nach sich und diese unregelmäßige Form wird durch den Bodenge-

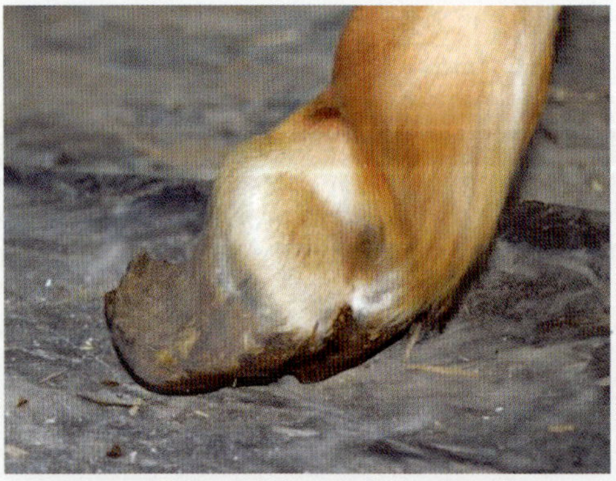

Abb. 3.12a: Ein schiefer Huf der unter dem Gewicht herausgewachsen ist. Die Gliedmaße wird durch den Huf verstellt, eine schadensträchtige (und schmerzhafte) Situation.

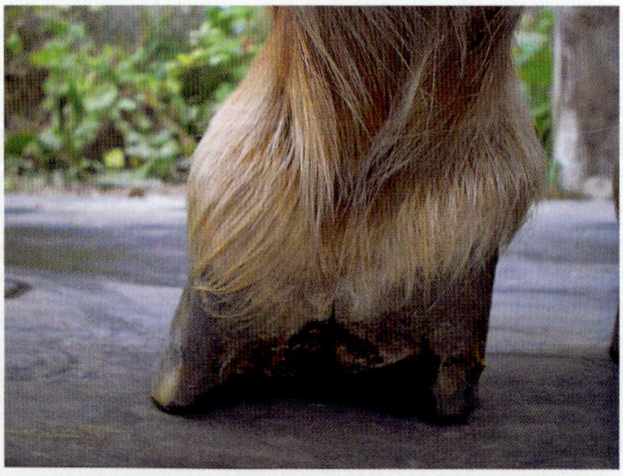

Abb. 3.12b: Derselbe schiefe Huf als taugliches Fundament zwei Jahre später. (Fotos: Markus Gemeinhardt)

gendruck in ihrer Unregelmäßigkeit tendenziell verstärkt. Die schräg aufgestellte Wand erhält vom Boden stetige Bewegungsimpulse nach außen, neigt also dazu, vor dem Gewicht zu flüchten. Die steile Wand des Hufes wird dagegen vom Bodengegendruck unter den Huf gedrängt. Hat der Huf nun ein bestimmtes Ausmaß an Ungleichgewicht erreicht, gerät auch die Gliedmaße in Bedrängnis. Hatte das Pferd vorher seinen Huf einfach der Gliedmaßenausrichtung folgend auf den Boden gestellt, so muss nun die Gliedmaße dem Huf folgen, das heißt, das Bein muss weiter aus- oder eingestellt werden als vorher oder es kommt zu zusätzlichen Achsbrechungen oder Verdrehungen, weil das Fundament unter dem Gewicht herausgewachsen ist (siehe Abb. 3.12a).

In diesen Fällen greift man oft hilfesuchend zum Beschlag. Dieser soll helfen, den Huf und damit die Gliedmaße wieder in eine gesündere Form zu bringen. Da es hierbei nicht um den Schutz vor einem übermäßigen Abrieb geht, stellt sich die Frage, welche Wirkung des Beschlages an dieser Stelle beabsichtigt ist? In erster Linie geht es um die Herstellung einer gleichmäßigen Unterstützungsfläche. Durch die Hufverformung gestaltet sich die Fußungsfläche des Hufes mehr oder weniger ungleich, besitzt innen eine schmalere Hufhälfte als außen oder umgekehrt. Diese Auftrittsfläche wird durch ein Weiterlegen des Eisens an der schmaleren (mehrbelasteten) Hufhälfte vergrößert, die weitere Hufseite wird durch Beschneiden und Beraspeln verkleinert und das Eisen wird auf dieser Seite knapp gelegt.

Das Ziel beim Beschlagen des schiefen Hufes ist die »Umverteilung der Belastung an der Bodenfläche des Eisens« (ebenda). Ob die auf dem Eisen lastende Fußungsfläche der Hornkapsel hiervon ebenfalls profitiert, ist fraglich. Der Bodengegendruck wirkt nun über das Eisen vermittelt auf die Hornkapsel ein. Die Kraftrichtung bleibt dabei prinzipiell die gleiche. Solange die mehrbelastete Wand steil oder gar übersteil auf dem Boden steht, wird sie bei Belastung – mit und ohne Eisen – in Richtung Medianebene unter den Huf bewegt. Das kann sich beim weiter gelegten Eisen unter Umständen (Bodenverhältnisse, Gang und Bewegungsmuster des Pferdes) noch unangenehmer bemerkbar machen, da mit dem außen überstehenden Eisenschenkel nun noch ein zusätzlicher Angriffshebel geschaffen ist. Die Wand ist vor dem Bodendruck, aber nicht vor dem Druck des Eisens geschützt und ihre aktuelle Stellung definiert die Richtung der Krafteinwirkung und gibt damit die formenden Impulse an das nachwachsende Horn. Da sich ein guter Hufschmied dessen bewusst ist, bemüht er sich, den Huf

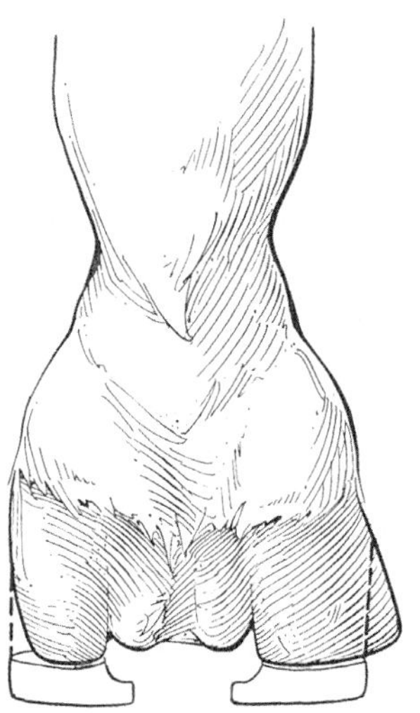

Der schiefe Huf wird in der Regel so beschlagen, dass das Eisen der erwünschten, regelmäßigen Hufform entspricht. »Im Grundsatz berührt dabei der Beschlag nicht da den Boden, wo der Tragrand des Hufes ist, sondern dort, wo er sein sollte« (STASHAK 1989: S. 818).

Das Eisen wird, wie in der Abbildung veranschaulicht, auf der steilen, engen Hufseite weiter gelegt, »um den betroffenen Bereich unterstützen zu helfen und das Wachstum zu fördern« (ebenda: S. 819). Auf der schrägen, weiten Hufseite wird das Eisen so angebracht, dass es mit der Hufwand abschließt. Die schräge Hufwand wird zudem beraspelt, mit dem Ziel eine annähernd regelmäßige Hufform herzustellen.

Abb. 3.13: Zeichnung entnommen aus STASHAK (1989: S. 819, Abb. 12.9).

vor dem Anbringen des Beschlages selbst in eine möglichst regelmäßige Form zu bringen. Hierzu bleibt als Mittel nur das einseitige Verkürzen (Abrieb nachholen!) des Hufes, meist auf der weniger belasteten, schrägeren Seite; mitunter wird aber auch die steilere Wand stärker gekürzt, wenn sich der Huf auf dieser Seite bereits nach oben staucht. Letztlich sind die Möglichkeiten des Geraderichtens sehr begrenzt, da sie limitiert werden durch die inneren Strukturen (schiefes Hufbein, schiefe Gelenkebenen, angepasste Kollateralbänder, etc pp).

Es ist ganz die Frage ob der Huf überhaupt soweit beraspelt werden kann, wie in der Abb. 3.13 auf S. 117 vorgeschlagen wird. Wenn man nicht Lederhäute oder gar Knochen freilegen möchte, muss man sich in den meisten Fällen sehr beschränken; das bedeutet aber auch, dass der Huf noch immer mehr oder weniger schief bleibt und in dieser schiefen Form beschlagen werden muss. Da die Entwicklung des beschlagenen Hufes in der Zeit bis zur nächsten Korrektur und dem neuen Beschlag stets eine unerwünschte ist – das lässt sich nicht verhindern, da die Hornlänge ab diesem Zeitpunkt ja fortwährend zunimmt – ist der korrigierte Zustand vor dem Aufbringen des Beschlages in den meisten Fällen der beste Zustand, der mit dem Beschlagen für diese schiefe Hufsituation überhaupt erreicht werden kann. Dafür zahlt man dann den Preis, der ein aufs andere Mal wieder nötig werdenden abrupten Stellungswechsel und heimst sich zudem alle Nachteile des Eisens ein. Das ist reiflich zu überlegen.

Das gilt ganz besonders, wenn man sich noch einmal klar macht, welche Möglichkeiten der Einflussnahme am Barhuf bestehen. Ein Huf der unter dem Gewicht herausgewachsen ist, lässt sich durch Eindämmung der negativen Hebel und durch gezielte Erhöhung des Abriebs in bestimmten Bereichen sehr gut in ein tragfähiges Fundament zurückverwandeln (siehe Abbildung 3.12). Dabei ist nicht die Herstellung einer regelmäßigen Hufform das Ziel, sondern die Funktionserhaltung der gesamten Hornstrukturen. Eine übersteile (konvexe) Wand wird sich über das Blättchenhorn legen und für Fäulnis und in der Folge für Zusammenhangstrennungen (hohle Wand, Hufgeschwüre) zwischen Wand und Sohle sorgen, was die Stabilität dieser Hufseite weiter unterminiert. Eine verbogene Wand wird sich bei der Belastung vom Huf weg verbiegen, die Blättchenschicht hinter sich aufreißen, dadurch noch beweglicher werden, Fäulnis einladen, selbst einreißen und, solange sie nicht ausbricht, immer länger werden, da die breite Auflage und die dem Druck (aus-)weichende Bewegung den Abrieb vermindert. Dies alles nicht zuzulassen ist Aufgabe der Hufbearbeitung; umso besser die Hufbearbeitung diese Aufgabe erfüllt, umso weniger bieten die Hufe dem Pferd Grund für eine unbequeme und gesundheitsschädliche Verstellung der Gliedmaßen. Ausreichender Hornabrieb ist hierfür die Grundvoraussetzung, gezielte Steuerung desselben ist die notwendige Ergänzung. Und beides ist nur am Barhuf möglich.

Man muss grundsätzlich unterscheiden, zwischen dem Wunsch, das Pferd auf gerade Hufe zu stellen und dem Bestreben, den Huf nicht zur Belastung für die Gliedmaße und das Pferd werden zu lassen. Ersteres macht Sinn beim Fohlen und kann unter günstigen Umständen evtl. auch noch beim jungen Pferd gelingen.[59] Beim erwachsenen Pferd hat der individuelle Gebrauch der Hufe und Gliedmaßen bereits zu einer funktionellen Anpassung der Knochenstruktur geführt, die nun ihrerseits das Stehen und Gehen des Pferdes und damit die Hufform mit bestimmt. Es geht bei der Hufbearbeitung deshalb nicht darum, einem Pferd »neue« Schuhe zu verpassen, sondern ihm dabei zu helfen, seine stets nachwachsenden Schuhe so funktional wie möglich zu halten.

»Die schiefen Hufe ... sind, solange dieselben der Gliedmassenstellung entsprechen, d. h. solange die Hufe nicht schiefer als die Schenkel selbst stehen, als regelmässig (Normalschiefhufe) zu betrachten und in ihrer Form zu be-

[59] *Siehe Abschnitt 3.3.12, S. 179 ff.*

lassen ... Schiefe Hufe sind für schief gestellte Beine nothwendig, und deshalb auch nicht nachtheilig ...« (GUTENÄCKER 1901: S. 407)

Blickt man sich in der realen Pferdewelt um, so bekommt man nicht weniger schiefe beschlagene Hufe zu Gesicht, als schiefe Barhufe. Das sollte nicht sein, wenn der Hufbeschlag ein erfolgreiches Mittel zur Verhinderung oder Beseitigung von fehlgestellten Hufen und Gliedmaßen wäre. Das Verhältnis ließe sich meines Erachtens allerdings leicht zugunsten der Barhufe verschieben, wenn man bei der Bearbeitung der unbeschlagenen Hufe zukünftig anders vorginge. Wenn man grundsätzlich dazu übergehen würde, den Abrieb zu steuern, anstatt ihn durch Kürzen des Hufes auf dieser oder jener Seite stets nachträglich herzustellen, dann gäbe es, davon bin ich überzeugt, weniger häufig fehlgestellte Barhufe als beschlagene Schiefhufe.

3.3.4 Der Huf reißt ein – Hornspalt

»Nimm den Kopf eines Ziegenbockes, öffne ihn und gib das Hirn in eine grün lackierte Schüssel. Rühre es mit Deinen Händen bis es sich aufgelöst hat und streue darüber soviel Lingusterpulver [sic], dass es davon bedeckt ist. Knete dies zu einer festen Masse und trage es auf die Spalten auf.« (HEMPRICH 1999, zit. nach SCHMID 2004: S. 8)

So lautete die Empfehlung von Hippokrates, dem berühmten Arzt und Tierarzt der Antike, zur Behandlung chronischer Hornspalten. Hunderte von Jahren wurden zahlreiche solcher Rezepturen entwickelt und an Pferdehufen angewandt – Pasten und Salben aus Hundeschmalz, Hammeltalg, Kuh-Knochenmark, Regenwürmern, zerkauten Nüssen, Weihrauch, Pech, Terpentin, Schwefel, in Öl zerkochtem Schlangenfleisch, Kalk, Holzteer und altem Wein wurden eingesetzt, um Hornspalten zu heilen. Noch im 19. Jahrhundert gab es die merkwürdige Empfehlung einen solchen Huf »mit Kuhmist einzubinden« (WAGENFELD 1843, zit. nach SCHMID 2004: S. 8). Einem modernen Menschen muten diese Rezeptvorschläge reichlich skurril an. Heutzutage würde niemand mehr auf Heilung durch Einreibungen und Salben setzen, dagegen sind die überlieferten Techniken wie das Ausschneiden der Spalten, das Schneiden von Querrinnen oder das Ausbrennen der oberen Spaltenden, das Feststellen der Spaltränder durch Tapes und Schrauben, das Anbringen von Schweben und das Ruhigstellen des »Hufmechanismus« auch heute noch umfassend in Gebrauch.

Leidet ein Huf unter einer Hornspalte, so erhält der ratsuchende Besitzer in der Regel den Hinweis, der Huf müsse beschlagen werden, um die Spalte erfolgreich therapieren zu können. Das scheint den meisten Menschen auf den ersten Blick gar nicht so unlogisch, denn das Eisen vermittelt die Vorstellung, es könne den Huf zusammenhalten. Wenn ein Huf auseinanderreißt, ist es dann nicht tatsächlich naheliegend, ihn durch ein Hilfsmittel wie den Beschlag am weiteren Einreißen zu hindern? Um diese Frage beantworten zu können, muss man die Ursache der Hornspalten ins Auge fassen. Wir haben im Abschnitt 1.3 erfahren, dass die Hornkapsel in Sachen Bruchfestigkeit und Dehnungsfähigkeit weit höhere Belastungen auszuhalten vermag, als ihr vom Pferd im normalen Gebrauch wirklich zugemutet werden.

Wenn das Hornmaterial erst bei 15-facher Überschreitung der bisher am Huf gemessenen Kraftspitzen nachgibt (THOMASON 2007: S. 6 f), kann der Grund für das Einreißen der Hornkapsel kaum ausschließlich in außergewöhnlicher Belastung zu suchen sein. Es ist eher der stete Tropfen, der auch hier den Stein höhlt. Vertikale Zusammenhangstrennungen der Hornwände entstehen, weil die Biomechanik der betreffenden Hufe das Horn an einer bestimmten Stelle der Kapsel ermüden lässt. Die mikroskopisch kleinen Veränderungen in der Hornstruktur, die das Pferd im täglichen Gebrauch seiner Hufe erleidet, werden meist auch schon mit bloßem Auge erkennbar, bevor der Huf letztlich an dieser Stelle seinen Zusammenhalt verliert. Von wenigen Ausnahmen abgesehen, wo ein Unfall oder eine anders verursachte traumatische oder entzündungsbedingte Verletzung zu einer Hornspalte führt oder die Bruchfestigkeit und Dehnungsfähigkeit des Hufhorns bereits produktionsbedingt massiv herabgesetzt ist, liegt die Ursache der Spaltenbildung in der individuellen Hufbiomechanik begründet. Ob ein Eisenbeschlag geeignet ist, eine Hornspalte zu therapieren, entscheidet sich deshalb in aller Regel allein daran, wie erfolgreich er die Biomechanik des betroffenen Hufes verbessert.

Da es stets von den konkreten biomechanischen Gegebenheiten des Hufes abhängt, an welcher Stelle das Hufhorn schließlich nachgibt, sind die Lokalisationen von Hornspalten so zahlreich, wie die individuellen Hufsituationen der Pferde. Dennoch gibt es aber durchaus typische Entstehungsorte. Drei dieser typischen Situationen sollen stellvertretend an dieser Stelle einmal näher betrachtet werden, um zu prüfen, wie eine erfolgreiche Therapie aussehen könnte bzw. inwiefern das Hufeisen in diesen Fällen eine Hilfestellung bieten kann.

Typische Situation Nummer 1: Tragrandspalte in der Zehenmitte

Abb. 3.14: Linker Vorderhuf mit Tragrandspalte in der Zehenmitte.

Relativ viele Pferde, die unter Hornspalten leiden, weisen diese in der Zehe auf. Häufig ist dabei die Hornwand von unten nach oben eingerissen und zwar genau mittig der angelaufenen Zehenrichtung.

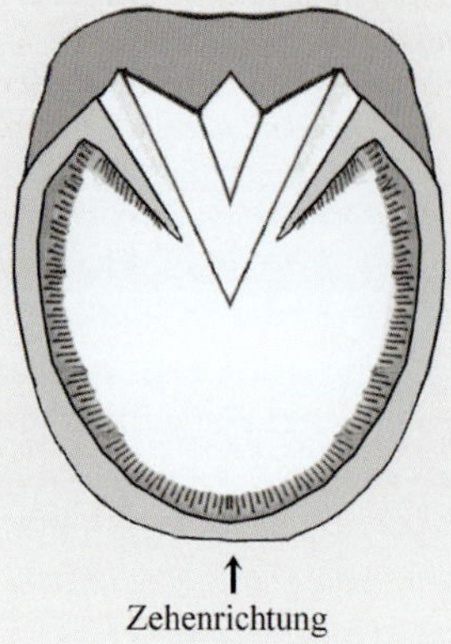

Abb. 3.15a

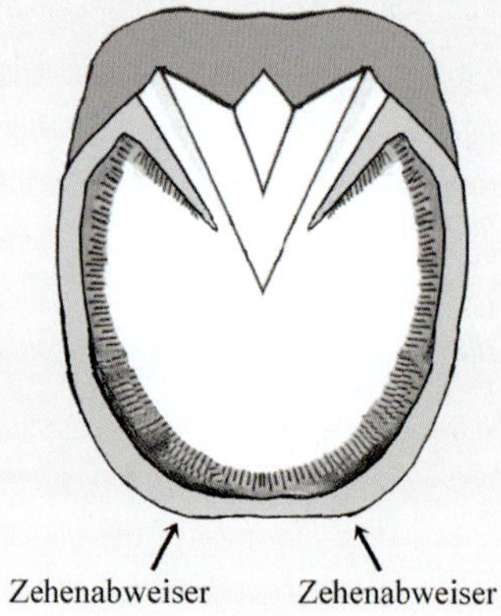

Abb. 3.15b

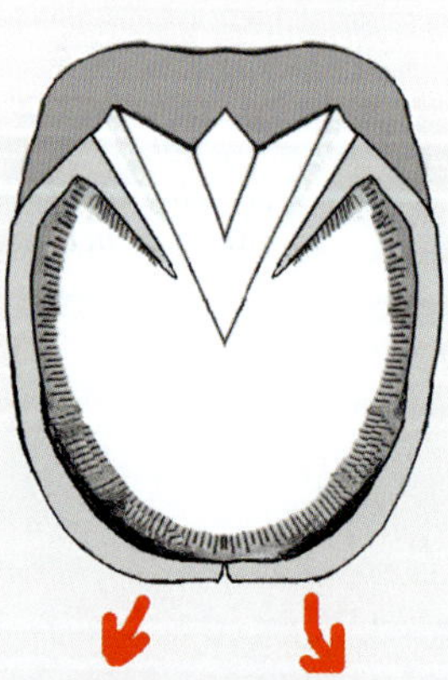

Abb. 3.15c

Jedes Pferd besitzt aufgrund seiner individuellen Gliedmaßenkonstruktion eine bevorzugte Abfußrichtung. Diese kann mittig liegen, aber auch leicht nach außen oder innen versetzt sein, d. h. das Pferd fußt in dem Fall über die äußere oder innere Zehe ab. Aufgrund dieser bevorzugten Abfußrichtung läuft sich das Pferd an jedem Huf mit der Zeit eine individuelle Zehenrichtung an. Diese Zehenrichtung kommt dadurch zustande, dass in dem Bereich der Hornkapsel über den bevorzugt abgefußt wird, ein vermehrter Hornabrieb stattfindet.

In unserem Beispiel fußt das Pferd bevorzugt mittig über seine Zehe.

Beidseits dieser Zehenrichtung bleibt das Horn stehen. Dies geschieht einfach aus dem Grund, weil diese Bereiche seltener und damit auch insgesamt weniger durch die Abfußbewegung strapaziert werden. Je größer dieses Missverhältnis zwischen abgeriebener Zehenrichtung und stehen bleibender innerer und äußerer Zehe wird, umso mehr wird das Pferd seine Vorliebe ausbauen. Wird nicht spätestens an diesem Punkt hufbearbeiterisch eingegriffen, so gerät die Abfußvorliebe zum Abfußzwang. Konnte das Pferd vorher jederzeit, bspw. wenn das Gelände oder eine Wendung es ihm nahelegte, auch über die innere oder die äußere Zehe abrollen, so wird dies in dem Maße, in dem die innere und äußere Zehe unabgerieben stehen bleiben, schwieriger. Das unabgeriebene Tragrandhorn wird zum Abfußhindernis, die Abfußvorliebe zum Abfußzwang. Ist dieser Zustand erreicht, weist die Hornkapsel also eine deutliche Zehenrichtung und beidseits hiervon jeweils einen Zehenabweiser auf, dann ist die Gefahr sehr groß, dass die Hornkapsel mittig der Zehenrichtung einreißt.

Das Einreißen wird dabei verursacht durch die zu lang und zu schräg gewordenen Zehenabweiser, die das Hufhorn zwischen sich regelrecht auseinanderhebeln. Die auseinanderstrebenden Hebelkräfte haben umso leichteres Spiel als sie genau an der Stelle der Hornkapsel aufeinander treffen, wo diese durch den vermehrten Hornabrieb »geschwächt« ist. Hat die Hornwand in diesem Bereich erst einmal nachgegeben, erhöht sich die Hebelkraft der Zehenabweiser. Sie nimmt in dem Maße zu, in dem die Zusammenhangstrennung zwischen ihnen fortschreitet.

Erleichtert wird das Ganze durch die Zerstörung der Blättchenschicht, die durch die schrägen, breiten Wandabschnitte im Bereich der Zehenabweiser aufgespreizt und zerrissen wird. Hier lassen sich in der Regel Fäulnisbakterien nieder, die das mechanisch begonnene Zerstörungswerk nun durch die bakterielle Zersetzung des Hornes fortsetzen. Durch die Loslösung der Wand von der Sohle wird die Hebelkraft auf diesen unabgeriebenen Zehenwandbereich noch erhöht und die Gefahr des Einreißens potenziert. Auch im Bereich des beginnenden Spaltes nistet sich schnell Fäulnis ein, was die Situation zusätzlich erschwert.

Tragrandspalten in der Hufzehe entstehen sehr oft auf diese Weise. Je länger die Situation anhält, desto mehr wächst auch die Gefahr, dass sich der Hornspalt über die Wand weiter nach oben ausdehnt und im schlimmsten Fall letztlich auch den Kronrand erreicht. Auf diese Weise kann es früher oder später zu Verletzungen der Kronlederhaut kommen. Wird die Kronlederhaut beschädigt, bleibt oft eine Hornnarbe zurück. Das heißt, unterhalb der beschädigten Kronlederhaut wächst – und zwar genau an der Stelle des vorherigen Spaltes, so es gelungen ist, diesen zu schließen – verändertes Horn herunter und bildet ab sofort eine lebenslange Schwachstelle innerhalb der Hornkapsel.

Benötigt ein Huf in einer solchen Situation wie ich sie oben vorgestellt habe einen Beschlag oder anders gefragt, ist der Beschlag eine aussichtsreiche Möglichkeit den Zehenspalt zu therapieren?
Ursache des Einreißens ist der unausgeglichene Abrieb, wobei in den meisten Fällen in der Zehenrichtung nicht einmal ein zu hoher Hornverlust stattfindet. Vielmehr ist es der zu geringe Abrieb in den Zehenbereichen daneben, der die Probleme verursacht. Ist das Anbringen eines Hufeisens der beste Weg, dieses Zuwenig an Abrieb auszugleichen? Mit Hilfe des Hufeisens kann zwar der Abrieb im Zehenbereich vereinheitlicht werden, da sich das Pferd auf dem Beschlag keine Zehenrichtung mehr anlaufen kann. Das kann jedoch leicht zum Abfußhindernis fürs Pferd werden. Das Pferd beginnt vermehrt zu Stolpern, es kommt zu Problemen mit der tie-

fen Beugesehne oder zu Schmerzen in der Hufrollenregion. Der Hufschmied wird deshalb in der Regel für eine Zehenrichtung am Eisen sorgen und die Zehe vor dem Aufbringen des Beschlages im Gesamten verkürzen. Zusätzlich dienen in dieser Situation zwei Aufzüge am Eisen dazu, dass die Hornwände sich zukünftig nicht mehr nach außen bewegen können.

Abb. 3.16: Hornspalte in der Zehenmitte mit stark gekürzter Zehe und seitlichen Aufzügen. (Foto: Beate Naumann)

Leider geht die Rechnung oft nur unvollständig auf: Das heißt, zum einen gelingt es mit dieser Methode nicht zuverlässig, den Spalt zu schließen. In den Fällen, in denen die Beschlagmaßnahme zum Erfolg führt, kehrt der Spalt oft wieder, sobald der Huf zurück auf Barhuf gestellt wird. Das Pferd bleibt also weiterhin auf den Beschlag angewiesen. Zum anderen führt die geänderte Biomechanik aber auch manchmal zu dem unerwünschten Ergebnis, dass die Hornkapsel nun zusätzlich oder alternativ an anderer Stelle nachgibt. Die kurz gestaltete Zehe, die Aufzüge die eine Auswärtsbewegung verhindern, das während des Beschlagintervalls regelmäßig stattfindende Längerwerden der vorderen Hornwandbereiche, jedes Moment für sich wirkt sich sehr ungünstig auf die Hufbiomechanik aus. Die Seitenwände hinter den Aufzügen verformen sich, im Bereich der Aufzüge staucht sich das Horn nach oben, die Trachten leiden, was die Hufstellung verändert, im Huf entstehen Spannungen, die sich nun nicht mehr allein der Hufform und den Abriebverhältnissen verdanken, sondern die mit dem Beschlag und der entsprechend notwendig werdenden Hufzubereitung verbunden sind. In ungünstigen Fällen springt die Hornkapsel nun in den oberen Bereichen auf, es entstehen andernorts Kronrandhornspalten oder die Tragrandspalte entwickelt sich jetzt zu einer bis zum Kronsaum durchgehenden Hornspalte. Erschwerend kommt oft hinzu, dass sich unter

Abb. 3.17a: Dieses Pferd litt 6-jährig an allen vier Hufen unter Spalten. Die Spalten bestanden seit Jahren und waren nach Auskunft des Züchters »geerbt« – die Mutterstute litt schließlich unter denselben Spalten …

Neben dem wiederholten Tipp, die Hufe beschlagen zu lassen, wurde den Besitzern auch geraten, das Pferd in die Klinik zu verbringen, um die Zehenwände abnehmen zu lassen. Obwohl letzterer Ratschlag von einem renommierten Professor der Veterinärchirurgie mit Lehrauftrag für Hufbeschlag kam, scheuten die Besitzer einen solch massiven Eingriff.

dem abdeckenden Beschlag Fäulnisprozesse im Spaltbereich einnisten können, ein Problem, das dann viel schwerer zu kontrollieren und zu bekämpfen ist als am unbeschlagenen Huf. Diese Fäulnisprozesse beschädigen nicht nur die Hornstrukturen und erhalten so den Hornspalt am Leben, sie bergen auch die Gefahr der Entstehung von Hufgeschwüren und Hufabszessen (siehe Abschnitt 3.3.5, S.132 ff).

Dabei ist diese Situation – ein Zehentragrandspalt verursacht durch zwei Zehenabweiser – am Barhuf wirklich sehr einfach und ohne großen Aufwand lösbar.

Schwieriger gestaltet sich die Situation bei einer **übergroßen Zehenrichtung**, also wenn ein übermäßig hoher Hornverlust in der Zehe stattfindet. Genau genommen sind es hier dann aber nicht mehr die Zehenabweiser, welche die Zehenwand auseinanderhebeln, sondern die überlasteten und oft stark verformten Seitenwände.

Abb. 3.18: Übermäßig hoher Hornverlust in der Zehenwand führt immer zur Überbelastung der Seitenwände, die sich verbiegen (hier) oder einrollen.

An dieser Stelle sind die Möglichkeiten der Barhufbearbeitung beschränkt. Man kann zwar die Hebelwirkung der Seitenwände minimieren, indem man den Abrieb in diesen Bereichen forciert, aber zur Behebung der prekären Situation ist es dringend nötig, den zu großen Verlust des Hornmaterials in der Zehe zu stoppen. Hierfür hat man letztlich nur drei Möglichkeiten: a) einen Hufschutz anzubringen, b) die Ursache des enormen Zehenabriebs herauszufinden und wenn es möglich ist natürlich auch abzustellen oder c) das Pferd weniger zu nutzen oder gar ganz aus der Nutzung zu nehmen.

Abb. 3.17b: Mit der entsprechenden Bearbeitung der Zehenabweiser dauerte es keine zwei Monate um die Spalten herauswachsen zu lassen. Das Pferd wurde nie beschlagen und ist seit 19 Jahren spaltenfrei.

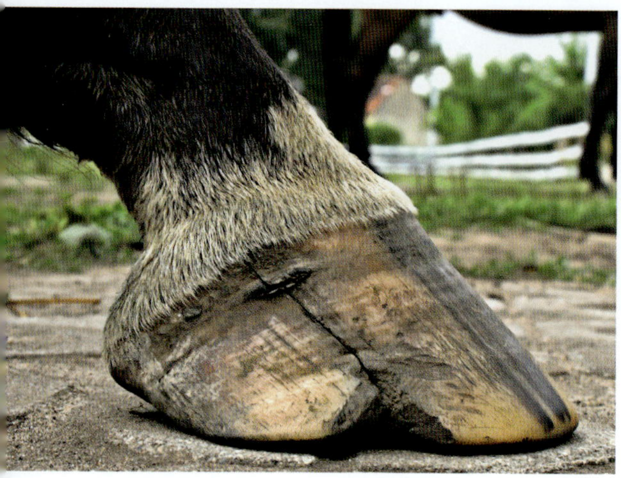

Abb. 3.19: Rechter Hinterhuf mit durchlaufender Seitenwandspalte.

Typische Situation Nummer 2: Tragrandspalte in der Seitenwand

Diese Form des Seitenwandspaltes ist typisch für Hufe mit schrägeren Seitenwänden. Die Hornwand reißt hier infolge einer zu starken Verbiegung der Seitenwände ein. Ursache ist häufig die fehlerhafte bzw. vernachlässigte Bearbeitung der Eckstrebenwände. Dieser Spalt beginnt stets am Tragrand und kann sich, wenn die Situation nicht behoben wird, bis zum Kronrand ausdehnen. Im abgebildeten Fall besteht der Zustand schon sehr lange und die Hornkapsel ist bereits über die ganze Länge gerissen. Schäden für die Kron- und Saumlederhaut sind zu befürchten. Dicht unterhalb des Kronrandes befindet sich zusätzlich eine waagerechte Spalte (Hornkluft), die anzeigt dass es bereits zu Entzündungsprozessen gekommen ist. Diese wurden entweder durch ein aufsteigendes Hufgeschwür oder direkt durch die Spaltbewegung am oberen Ende der Hornkapsel verursacht.

Inwiefern ist in dieser Situation ein Hufbeschlag nützlich? Vor dem Beschlagen kann man die verbogenen Seitenwände durch Kürzen des Tragrandes vom hebelnden Bodengegendruck befreien. In der Regel schweben diese Bereiche dann über dem Eisen. Die Eisenunterlage verhindert zudem eine punktuelle Kraft-

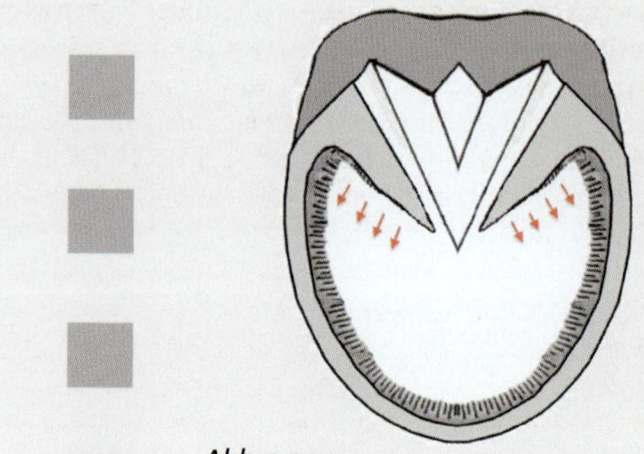

Abb. 3.20a

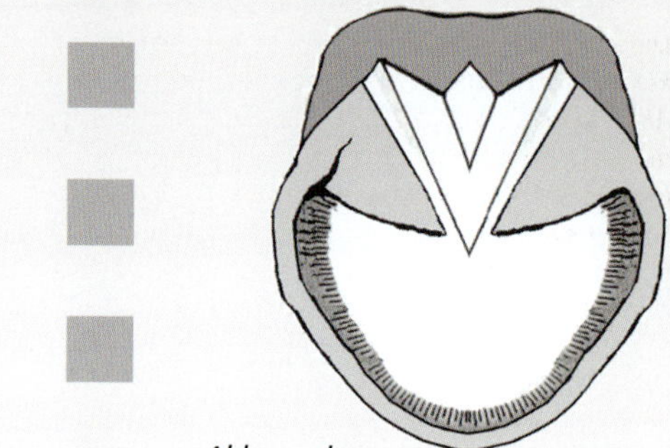

Abb. 3.20b

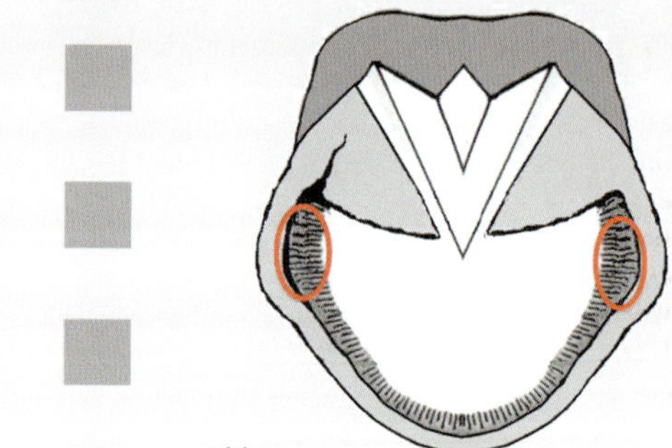

Abb. 3.20c

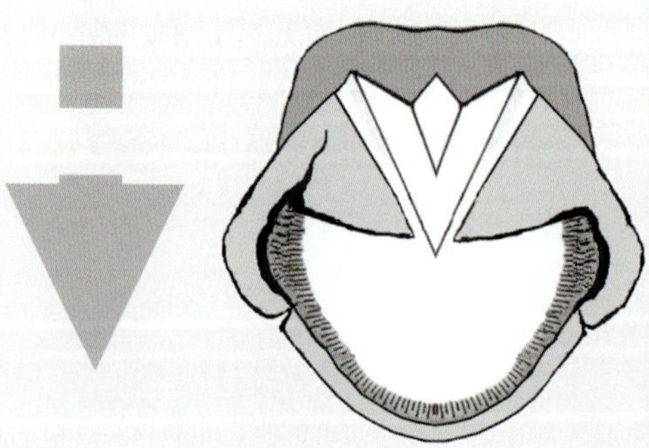

Abb. 3.20d

Entsprechend der schrägen Stellung der Seitenwände des Hufes besitzen auch die Eckstreben eine mehr oder minder ausgeprägte Schrägstellung zum Boden. Wir haben hier einen Huf mit gleichmäßig schrägen Seiten- und Eckstrebenwänden. Genauso wie die Hornröhrchen der übrigen Hornwand nehmen auch die Hornröhrchen der Eckstreben im Verlauf ihres Wachstums an Länge zu. Sie haben dabei die Tendenz, sich über die Hufsohle zu legen. Das passiert umso leichter, umso schräger sie natürlicherweise bereits zum Boden stehen. Steile Hufe haben hiermit keine Probleme. Bei im hinteren Bereich eher weiten, schrägen Hufen drückt der Boden die Hornröhrchen der Eckstrebe beständig auf die Sohle und zwar umso mehr, je größer die bereits gebotene schräge Angriffsfläche der Eckstrebenwand (geworden) ist.

Die Eckstrebe legt sich wie ein Deckel zunächst über die Sohlenwinkel und mehr und mehr über die gesamten Seitenbereiche der Sohle Altes Sohlenhornmaterial, welches sich im Normalfall abschilfert und ablöst, wird in diesem Bereich festgehalten. Die Hornansammlung (hartes Eckstrebenhorn plus festgehaltenes Sohlenhorn) gibt der Sohlenlederhaut in diesem Bereich noch einen zusätzlichen Anreiz zur Hornproduktion. Zwischen Strahl und Hornwand sammelt sich mehr und mehr Hornmaterial an, welches die Trachtenwand und hintere Seitenwand der Hornkapsel mit der Zeit immer mehr außen drängt. Die schrägen Seitenwände fangen an sich zu verbiegen.

Sind die Verbiegungen der Seitenwände einmal vorhanden, nehmen sie unweigerlich zu. Nicht nur wegen der immer länger werdenden Eckstreben, sondern wegen der Hebelwirkung, die der Boden nun auch auf sie selbst ausübt. Jede Verbiegung in der Seitenwand entwickelt ein eigenes negatives Verformungspotential, da die Hornröhrchen in ihrer verbogenen Stellung zum Boden der Krafteinwirkung bereitwillig nach außen federnd nachgeben. Durch die ständige auswärtsgerichtete Bewegung der Seitenwände wird die Verbindung mit der Sohle stark überstrapaziert und es kommt in der Folge immer zu Zerreißungen in der Blättchenschicht.

Die mechanischen Zerreißungen schaffen Eintrittspforten für Keime, Fäulnis zieht ein und sorgt nun zusätzlich für die Zerstörung des Hornes und damit für den zunehmenden Verlust der Verbindung zwischen Sohle und Wand. Die betreffenden Seitenwandbereiche werden dadurch noch beweglicher und hebeln umso kräftiger nach außen. Lange bevor sich die verbogene Hornwand durch Einreißen von der davor befindlichen Wand löst, sieht man an der Stelle des zukünftigen Spaltes bereits eine Rille, die vom Tragrand ausgehend in Röhrchenrichtung nach oben steigt. Ist die Nachgiebigkeit des Hornes ausgereizt, reißt die Hornwand am Tragrand beginnend ein.

einwirkung auf die verbogenen Wandbereiche. Werden außerdem die Eckstreben verkürzt, sind die negativen Momente, die den Spalt im obigen Beispiel verursachen, im Prinzip ausgeschaltet. Was jetzt nötig ist, ist lediglich die Erhaltung der stressfreien Situation. Und genau da liegt das Problem. Ist der Huf beschlagen, so kann kein gezielter Hornabrieb stattfinden, was bedeutet dass die schrägen Seiten- und Eckstrebenwände vom Zeitpunkt des Beschlagens an sukzessive wieder länger werden. Der Huf müsste, um ihn von seinen Hornspalten zu befreien, in kurzen Abständen umbeschlagen und sehr kurz gehalten werden.

Aber auch bei einem nur vierwöchigen Beschlagsintervall arbeitet der Beschlag gegen die Erhaltung der Hufform, weil die Zehe im Verhältnis an Länge zunimmt und die Trachten, die in der oben beschriebenen Situation ohnehin schon unter den Huf gebogen sind, hierdurch weiter verbiegen müssen.

Es wird meist versucht, diese Entwicklung durch ein starkes Kürzen der Zehe aufzuhalten. Bei der Zubereitung des Hufes zum Beschlag wird die Zehenwand von unten und außen so weit wie möglich verkürzt. Hierdurch entsteht nicht selten eine **konvexe Wandform im Zehenbereich**. Dieses Vorgehen ist aber nicht unproblematisch, da es sich leider wieder negativ auf die Seitenwände auswirkt. Die Seitenwände verbeulen sich nun aufgrund der massiven Bearbeitung der Zehenwand, entwickeln sich also genau umgekehrt, wie geplant.

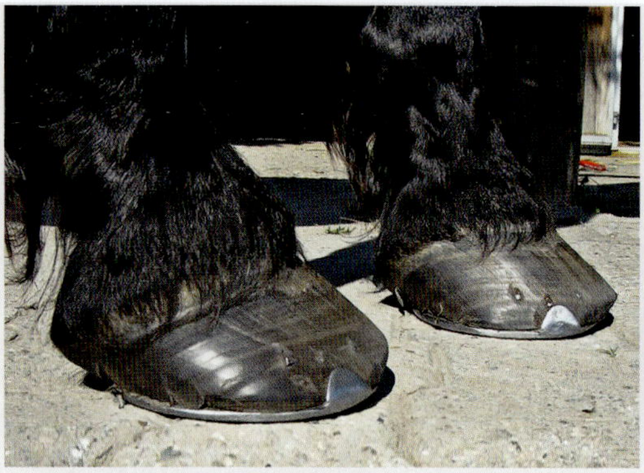

Abb. 3.21a: Zu starkes Kürzen der Zehe befördert das Herausbeulen der Seitenwände.

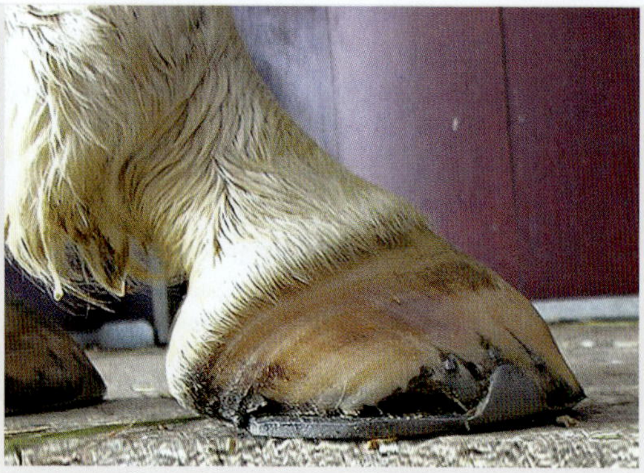

Abb. 3.21b: Der Zehenrücken entwickelt mitunter durch diese Bearbeitungsweise eine konvexe Form.

(Fotos: Corinna Meißner, links und Astrid Arnold, rechts)

Geht man die Therapie dieser Seitenwandhornspalten barhuf an, umgeht man die geschilderten Probleme. Die Hornwände können durch den weiterhin stattfindenden Abrieb gezielt kurz gehalten werden und die Hebelkraft der nach außen verbogenen Wandbereiche kann durch das Beraspeln von außen zusätzlich eingedämmt werden.

Bei der Bearbeitung dieses Hufes (Abb. 3.17) kommt es darauf an, das negative Verformungspotential, welches von seiner momentan vorhandenen ungünstigen Form ausgeht, so klein wie möglich zu halten. Da der Huf überständig ist, wird er gleichmäßig gekürzt. Die Eckstrebenwände werden danach so zurück geschnitten, dass sie nicht mehr auf der Sohle liegen. Die

Abb. 3.22a: Hier noch einmal der rechte Hinterhuf aus Abb. 3.17. Der Huf ist einseitig eingerissen und zwar auf der Seite, auf der sich aufgrund der Lastverhältnisse die größere Schräge eingestellt hat.

Abb. 3.22b: Die mächtigen Eckstreben biegen die Seitenwände des Hufes nach außen. Auf der weniger belasteten und deshalb schrägeren Hufaußenseite kann sich die Eckstrebe noch besser ausbreiten. Sie gewinnt hierdurch auch ein noch größeres Verformungspotential und verursacht letztlich das Nachgeben der Hornwand.

Tragränder werden in ihrer Breite so gestaltet, dass sie sich zukünftig schneller abreiben können, also durch das nachwachsende Horn keine neuen Angriffshebel gebildet werden. Das gilt in diesem Fall zunächst von den Trachten bis zur Zehe, wobei darauf geachtet werden muss, die Zehe des Hufes nicht zu stark auszudünnen (Abb. 3.23). Dies würde auch am Barhuf negative Auswirkungen auf die Seiten- und Trachtenwände haben. Insbesondere, wenn es sich wie hier um einen Hinterhuf handelt. Die Zehenwand weist deshalb nach der Bearbeitung eine größere Tragrandbreite auf, als die hinteren Wandbereiche. Durch nach oben ausschleichendes Beraspeln wird zusätzlich sichergestellt, dass die Abriebsteuerung einige Wochen vorhalten kann und die verbogenen Wandbereiche vom Bodengegendruck ab sofort weniger nach außen bewegt werden. Eine Wiederholung dieser Maßnahmen in regelmäßigen, dem Hornwachstum angemessenen Abständen, stellt sicher, dass die Biomechanik für den Huf und gegen den Spalt arbeitet.

Abb. 3.23: Abrieb und Eindämmung der Hebel sorgen ab sofort für ein geraderes Nachwachsen der Seitenwände. Die Ursache für das Einreißen des Hornes ist damit behoben und der Spalt kann sich mit dem nachschiebenden Horn schließen.

Typische Situation Nummer 3: Spalte im Zehenrücken

Abb. 3.24: Linker Vorderhuf mit schmaler Hornspalte im Zehenrücken. Die angebrachte Querrille konnte das Weiterreißen nicht verhindern.

Wie im ersten Beispiel haben wir hier auch einen Hornspalt in der Zehenwand des Hufes. Allerdings entsteht er in diesem Fall aus anderen Gründen. Es handelt sich hier um einen unsymmetrischen Huf mit einer nach außen versetzten Zehenrichtung. Eine Situation, die unter Umständen zum Einreißen der Hornwand im Zehenrücken führen kann.

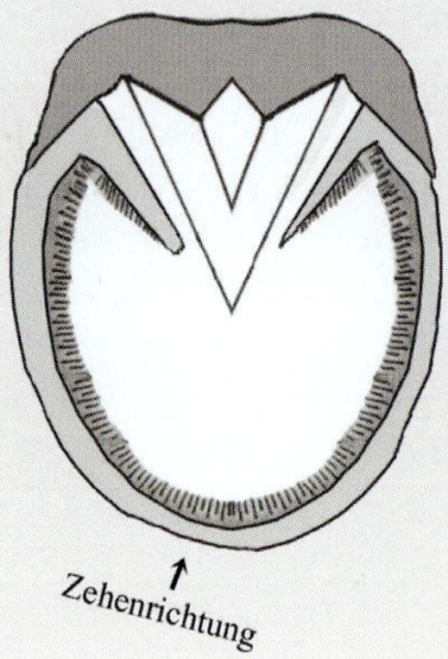

Abb. 3.25a

Der im Fallbeispiel linke Vorderhuf besitzt eine steilere, mehr belastete Innenwand und eine schrägere Außenwand. In der Sohlenansicht ist dies exemplarisch an der unterschiedlichen Tragrandbreite zu erkennen, der Tragrand der inneren Seiten- und Trachtenwand ist schmaler, der Tragrand der äußeren Hufseite breiter. Die innere Eckstrebenwand steht steiler zum Boden, die Eckstrebe der äußeren Hufhälfte ist im Verhältnis schräger zum Boden ausgerichtet. Das Beispielpferd hat zudem die Angewohnheit über die äußere Zehe abzufußen, weshalb sich hier eine Zehenrichtung zeigt.

Es kann nun leicht passieren, dass sich der Huf ungleich abreibt, d. h. der innere Tragrand durch seine dünnere Auflagefläche schneller abgerieben wird, als der breitere Tragrand der Hufaußenseite.

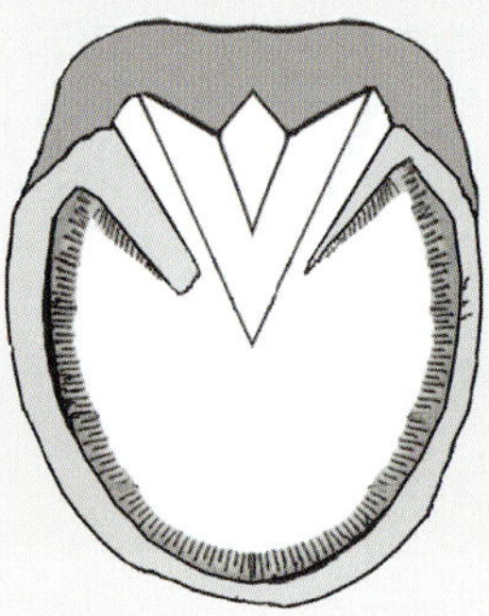

Abb. 3.25b

Wird der Huf schiefer, verstärkt sich auch die unterschiedliche Ausrichtung der Hornwände zum Boden. Die Innenwand hat die Tendenz steiler zu werden, ebenso wie ihre Eckstrebe, die Außenwand wird gemeinsam mit der Eckstrebenwand schräger. Der schräge Tragrandüberstand bietet dem Boden eine schräge Angriffsfläche, was zur Folge hat, dass die laterale Wand vom Bodengegendruck nach außen weggehebelt werden kann. Meist kommt es zu Zerreißungen in der Blättchenschicht. Fäulnisprozesse stellen sich ein und die hierdurch mehr und mehr »frei« werdende schräge Wand verbiegt sich vom Huf weg. Die Belastung des steileren Innentragrandes kann dagegen dazu führen, dass der Tragrand aufspreißelt, und sich Steinchen, Schmutz und Fäulnis in den Tragrand setzen.

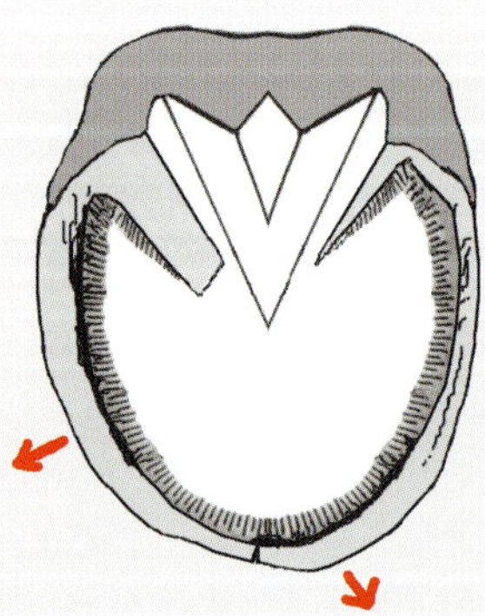

Abb. 3.25c

Auch die Differenz zwischen abgeriebener Zehenwand in der äußeren und nicht abgeriebenem Tragrand in der inneren Zehe kann sich leicht vergrößern. Der gewohnheitsmäßige Abfußvorgang führt auf der einen Seite zur ausgeprägten Zehenrichtung und auf der anderen Seite zu einem wachsenden Zehenabweiser. Letzterer bietet mit seinem breiter und schräger werdenden Tragrand dem Boden ebenfalls einen Angriffshebel. Auch hier kommt es nicht selten zum Aufreißen der Blättchenschicht und Fäulnisbesatz.

Die ständigen Bewegungsimpulse denen der Huf nun zwischen Pferdegewicht und Boden ausgesetzt ist, ermüden das Hornmaterial und führen irgendwann zum Einreißen an der dünnsten Stelle der Hornwand.Hinzu kommt, dass die beiden Hufhälften insgesamt eine sehr unterschiedliche Bewegung erfahren. Während die Krafteinwirkung auf die steile innere Hufwand eher in der vertikalen Richtung erfolgt, wird die äußere Hufhälfte stets horizontal geweitet.

Auch hier stellt sich die Frage, ob die Situation wirklich nur durch einen Beschlag gebessert werden kann. Der Hornspalt wird verursacht durch die Asymmetrie des Hufes und durch die Hebelwirkung der unabgeriebenen inneren Zehenpartie. Da es sich um ein erwachsenes Pferd handelt, ist es illusorisch (und gesundheitsschädlich) die Aufstellung der Gliedmaße und den Abfußvorgang ändern zu wollen. Das heißt, der Huf wird seine grundlegende Form beibehalten. Was man für ihn tun kann, ist dafür Sorge zu tragen, dass die Abriebdifferenz in der Zehe geringer ausfällt und die Wandstellungen sich so verbessern, dass die Hornstrukturen zukünftig intakt bleiben. Wenn sich die Außenwand besser abreiben kann und die Hebelwirkung dieser Wand durch die Bearbeitung mit Raspel und Messer verringert wird, findet auch die Innenwand zu einer zivileren, weniger steilen Stellung und die Hornkapsel wird in die Lage versetzt, die asymmetrischen Verhältnisse gut auszuhalten. Warum das auf dem Beschlag weniger leicht zu bewerkstelligen ist, ist im Abschnitt 3.3.3 zu schiefen Hufen ausgeführt. Sorgt man jetzt noch für mehr Abrieb im Bereich des Zehenabweisers, so kann der Hornspalt zielsicher herauswachsen (siehe Abb. 3.26a–c).

Es gibt unzählig viele und gänzlich anders verursachte Spaltsituationen als die drei hier beispielhaft aufgezeigten. Angesichts der Tatsache, dass es sich, von wenigen verletzungs- oder stoffwechselbedingten Ausnahmen abgesehen, immer um ein biomechanisch verursachtes Problem handelt, welches die Hornkapsel zum Nachgeben zwingt, setzt auch dort die erfolgreiche Problemlösung an. In vielen Fällen ist es schon völlig ausreichend, den Abrieb in den Bereichen zu fördern, die zum Minderabrieb neigen. Sorgt man durch entsprechendes Beraspeln der Wände, Beschneiden der Eckstreben und Kontern der Trachten noch dafür, dass negative Hebelwirkungen verringert werden, kann beinahe jedes Spaltproblem gelöst werden. Selbst die gefürchteten **blutigen Kronrandspalten** lassen sich auf diese Art und Weise hervorragend therapieren (siehe hierzu auch den Fall Ganymedes S. 255 ff).

Abb. 3.26a: Linker Vorderhuf, 29. April 2005: Die innere Hufhälfte fängt die Bewegungsimpulse eher vertikal auf, die äußere Hälfte des Hufes wird dagegen eher nach außen bewegt.

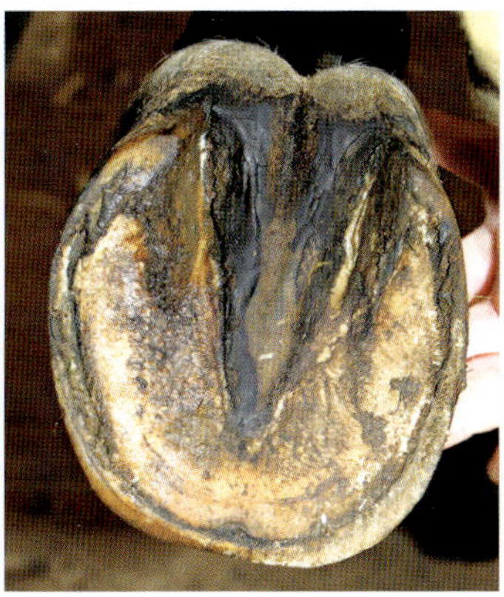

Abb. 3.26b: Linker Vorderhuf, 29. April 2005: Der breite innere Zehentragrand wird noch zunehmen, wenn man nicht einschreitet und den Abrieb an dieser Stelle forciert. Lässt man zudem zu, dass sich die Außenwand weiter nach außen bewegt und langsamer abreibt, als die Innenwand, wird sich die Trachte und Seitenwand der inneren Hufhälfte noch steiler zu Boden stellen.

Abb. 3.26c: Linker Vorderhuf, 10. August 2005: Mittels Abriebsteuerung und Hebelgestaltung ist der Hornspalt (mit dem kräftig schiebenden Sommerhorn besonders) zügig herausgewachsen. Das Pferd konnte dabei ohne Probleme und ohne Unterbrechung barhuf gehen.

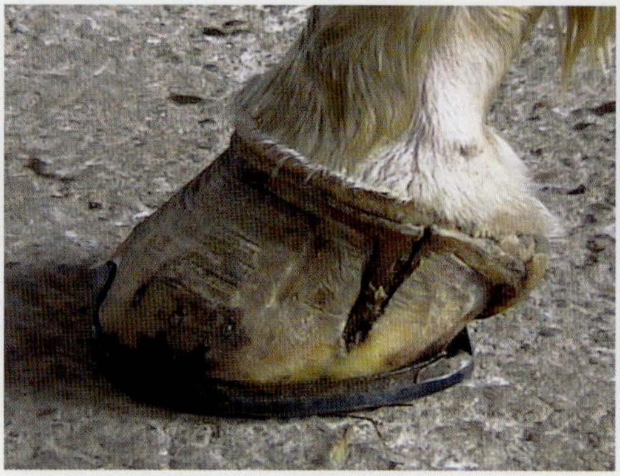
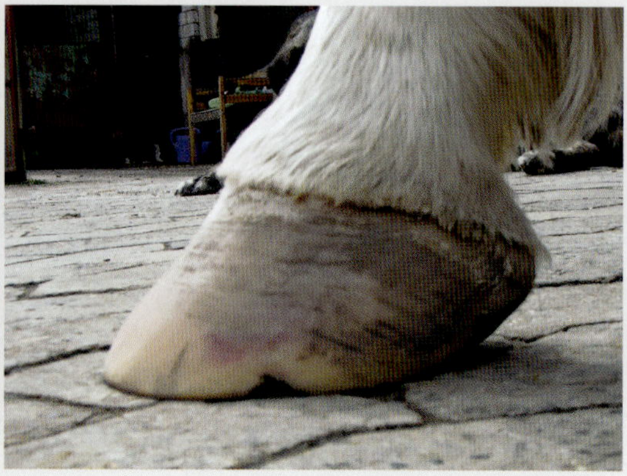

Abb. 3.27: Das Pferd litt zusätzlich unter Hufkrebs. Links: Rechter Vorderhuf, medial, Mai 2003. Rechts: Derselbe Huf im April 2006. (Fotos: Corinna Meißner)

Recht hilflos sind Maßnahmen wie das Anbringen von **Querrinnen** am oberen Ende des Spaltes oder das Anbringen einer »Schwebe« unterhalb der Hornspalte. Bleibt die Hufbiomechanik unverändert so wird der Spalt ungeachtet der angebrachten Rinnen und Schweben weiter reißen. Tut er das einmal nicht, so liegt das stets daran, dass es gelungen ist, die Biomechanik des Hufes zu verändern. Und wenn man die Hufbiomechanik zum Positiven verändert, erübrigt es sich andererseits, die Hornkapsel durch solche Maßnahmen wie Rillen und Schweben zusätzlich in ihrer Stabilität zu beeinträchtigen.

Richtig angewendet soll die Querrinne die gesamte Hornwand durchtrennen, was für die Wandlederhaut natürlich verletzungsträchtig ist, die Gefahr von Infektionen birgt und die Hufkapsel in ihrer Stabilität beeinträchtigt. Ein späteres Ausbrechen des so präparierten Wandstückes lässt sich fast nicht verhindern. Die meisten Hufbearbeiter, die ihre Rettung in der Querrinne suchen, scheuen den tiefen Eingriff und bringen nur eine oberflächliche Rinne an. Alternativ greift man auch zum Ausbrennen des oberen Spaltendes und erhofft sich von dieser Maßnahme, dass der Spalt gestoppt wird.

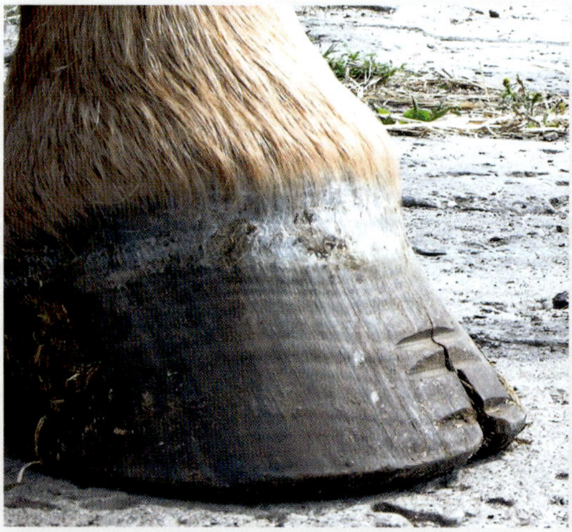

Abb. 3.28a

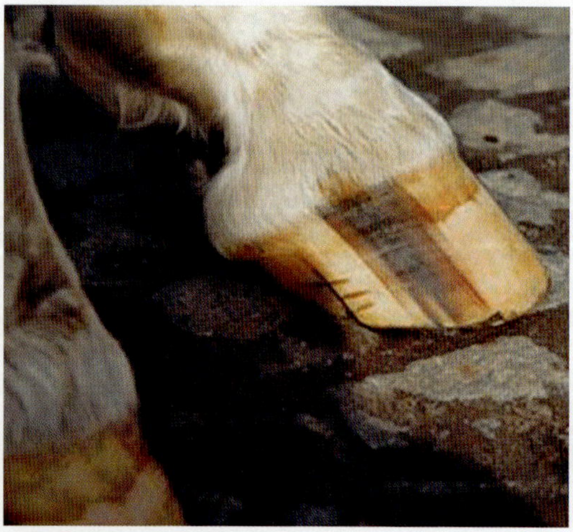

Abb. 3.28b

Abb. 3.28a–d: Rinnen schneiden hat trotz seines fehlenden Erfolges eine lange Tradition. (Fotos c und d: Birgit Höllmer)

Im Falle der Abb. 3.28d hat man zusätzlich noch eine andere Maßnahme ergriffen. Die Spaltränder wurden in ihrer gesamten Länge ausgeschnitten bzw. ausgefräst. Damit soll die Bewegung der Spaltränder gegeneinander aufgehoben, der Druck auf die Wandlederhaut gemindert werden oder der Spalte schlicht und einfach »Luft« gemacht werden (KRATZ 2001: S. 77).
Was man damit allerdings in erster Linie erreicht, ist eine Vergrößerung der bereits bestehenden Zusammenhangstrennung. Die Bewegung der Wände neben dem Spalt wird dadurch eher noch verstärkt, was sich mit hoher Wahrscheinlichkeit ungünstig auf das Projekt auswirkt, den Spalt durch das nachwachsende Horn schließen zu lassen.

Tradition hat bei der Behandlung von Hornspalten auch die Entfernung des betroffenen Wandabschnittes, das Aufbringen von »Hufeisen mit seitlichen Aufzügen als Behandlungsmethode um ein Abweichen der Hornwand zu verhindern«, das Anbringen einer »Schwebe« unterhalb der Hornspalte und der Beschlag mit »Stegeisen« (SCHMID 2004: S. 9). Auch »das Feststellen der Spaltränder lässt sich bis ins 17. Jh. Zurückverfolgen« (GLÜCK 1919, zit. nach SCHMID 2004: S. 19). Heute hat man hierfür natürlich andere Materialien als früher zur Verfügung, beispielsweise werden Spalten mit Acrylkunststoffen oder Fiberglasgeweben überklebt oder sie werden vernietet, verdrahtet bzw. mit Schneckengewindelochplatten verschraubt. Das Prinzip ist dasselbe wie vor 300 Jahren, man möchte mit diesen Maßnahmen eine **Immobilisierung** der Spaltregion erreichen. Ob eine solche letztlich wirklich erreicht werden kann, hängt jedoch entscheidend von der Gesamtsituation des Hufes ab. Der Spalt ist und bleibt lediglich das Symptom. Eine biomechanisch überlastete Hornkapsel reißt ab einem bestimmten Ausmaß ein oder springt auf. Und egal was man mit dem Spalt veranstaltet, sie wird dies wieder tun, entweder an anderer Stelle oder nach Abschluss der Behandlung an eben dem selben Ort.[60] Solange die Biomechanik nicht optimiert ist, gleiten alle zusätzlichen Spaltbehandlungen an diesem ab. Optimiert man dagegen die Biomechanik, dann benötigt es in der Regel keine Zusatzmaßnahmen. Zumindest bis auf eine Ausnahme. Hat sich **Fäulnis** in der Wand hinter dem Spalt eingenistet, was keine Seltenheit ist, so muss diese bekämpft werden. Früher griff man dazu, den Hornspalt »bis zur Blutung« auszuschneiden oder mit heißen Eisen »aus(zu)brennen« (SCHMID 2004: S. 8). Auch heute wird in so einem Fall recht häufig operiert.

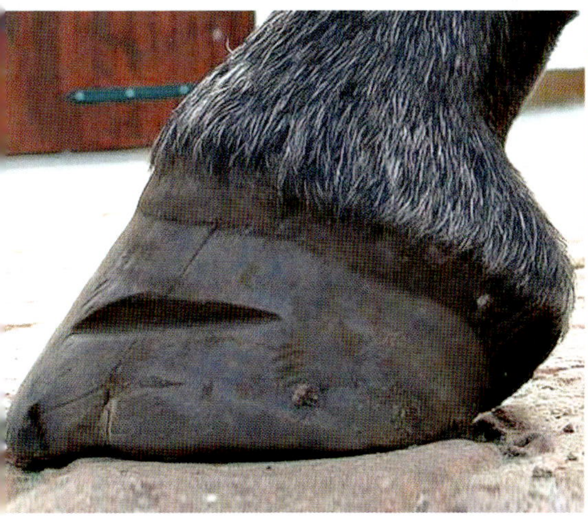

Abb. 3.28c

Abb. 3.28d

[60] *»Weybold führt das abermalige Aufspringen geheilter Hornspalten an und ertheilt deshalb den Rath, die Spalte sauber zu verschmieren, dass man sie nicht sehen kann, und das Pferd verkaufen kann« (GUTENÄCKER 1901: S. 437).*

Nach meiner Erfahrung ist das zumeist nicht nötig. Solange es sich um Fäulnisbakterien handelt, ist das wieder ein wenig mit Kanonen auf Spatzen geschossen.[61] Die Fäulnisbakterien sind mit einfachen Maßnahmen relativ leicht in Schach zu halten. Ist ein Hornspalt hinterfault, so kann man diese Fäulnis in den meisten Fällen **mit minimalinvasiven Methoden** therapieren. Wichtig ist, das schwarze, zersetzte Hornmaterial gründlich zu entfernen, um ein fäulnishemmendes Mittel einbringen zu können. Reicht eine Reinigung mit dem scharfen Löffel nicht aus, kann man den Kanal vorsichtig ausbohren (VICENT 2010). Solange keine Schmerzbelastung durch die Fäulnis besteht[62], ist es hauptsächlich wichtig, den Nachschub an Bakterien zu stoppen. Das heißt, die Fäulnis wird so weit wie möglich manuell aus den Bereichen hinter dem Spalt entfernt (ohne dabei mehr Schaden anzurichten als nötig), um hiernach fäulnishemmende Mittel einzubringen und, das ist sehr wichtig, den Eingang ausreichend wieder zu verschließen. Der Verschluss kann mit verschiedenen Methoden erfolgen, bewährt haben sich Keralit undercover und geteerter Hanf oder, wenn es gelungen ist, den Fäulnisherd gänzlich zu reinigen, Bienenwachs bzw. Kunststoffmadenschrauben (ebenda: S. 41). Bei jeder Hufbearbeitung sollte die Stelle kontrolliert und, was meist nicht nötig ist, aber vorkommen kann, neu gesäubert und verschlossen werden. Da man die Fäulnisprozesse auf diese Weise fast immer stoppen kann, ist diesem Vorgehen eindeutig der Vorzug zu geben.

Ein operatives Freilegen der Fäulnis zieht stattdessen unverhältnismäßig große Hornverluste nach sich und ist mit zusätzlichen Risiken verbunden. Nicht selten werden bei der Operation ungewollt Lederhautbereiche verletzt. Zudem erhöht sich die Gefahr einer zusätzlichen septischen Infektion der eröffneten Hufbereiche. Auch der nachfolgende hohe Pflegeaufwand und die langanhaltende Schädigung der Hornkapsel geben ausreichend Anlass, wenn immer möglich die minimalinvasive Methode der Fäulnisbekämpfung vorzuziehen.

3.3.5 Hufgeschwür und Hufabszess

»Zu vermuten ist eine Infektion, wenn Lahmheit vorhanden, und ein ***schwarzer*** *Fleck sich vorfindet, welcher durch das Eindringen von Schmutz und mit ihm von Infektionserregern entsteht.« [Hervorh. im Original] (MÖLLER 1906: S. 16)*

Die geschlossene Hornkapsel bietet dem Innenleben nicht nur Schutz vor mechanischer Beschädigung, sondern sie schützt auch vor dem Eindringen von gefährlichen Keimen. Diese Funktion der Hornkapsel als erfolgreiche antimikrobielle Barriere steht und fällt mit ihrer Intaktheit. Bieten die Hornstrukturen durch Zerreißungen Eintrittspforten für mikrobielle Erreger, so kann es leicht zu Infektionen innerhalb des Hufes kommen. Die hauptsächliche Ursache für das Einreißen der Hornstrukturen sind zu große Druck- und Zugspannungen, denen das Hornmaterial ausgesetzt ist. Diese treten regelmäßig auf bei **ungünstiger Hufbiomechanik**. Hornschäden können seltener auch durch tiefgehende Verletzungen, wie beispielsweise einen **Nageltritt** oder aber auch durch **minderwertige Hornqualität** verursacht werden. Letztere kann die Hufe eines Pferdes insgesamt betreffen (siehe S. 113 f) oder sich lediglich auf einen bestimmten Bereich des Hufes, nämlich die **Blättchenschicht**, beziehen. Bei Pferden mit vorhandener **Insulinresistenz** bildet die Blättchenschicht beinahe immer eine solche Schwachstelle. Es kommt auch vor, dass nur ein bestimmter, eng umgrenzter Bereich der Blättchenschicht von einer solchen Schwäche des Materials betroffen ist. Hier liegt die Ursache meist im Vorliegen einer bereits älteren Schädigung der Wandlederhaut und nicht selten auch des Hufbeinknochens aufgrund früherer Infektionen oder mechanischer Traumen (Hornsäule).

Über die Eintrittspforten gelangen **Mikroorganismen** ins Innere der Hornkapsel. Es handelt sich dabei um Mischinfektionen, in erster Linie durch Bakterien verursacht, seltener sind auch Pilze be-

[61] Zu den unterschiedlichen Infektionsprozessen (Abschnitt Hufgeschwür und Hufabszess S. 132 ff).
[62] Auf diese Thematik wird ab S. 135 ausführlicher eingegangen.

teiligt (hiervon spricht man insbesondere bei der white line disease). Die Bakterien sind zumeist Anaerobier, benötigen also die Abwesenheit von Sauerstoff, um überleben und sich vermehren zu können. Ein Bakterium, dem eine große Rolle bei diesem Prozess zukommt, ist das Fusobacterium necrophorum, dass keratolytisch wirksam ist, also das Horn zersetzt und so als Wegbereiter für die anderen Keime fungiert. Der Infektionsprozess kann, je nach Quantität und Qualität der Keime, auf die toten und lebenden Hornzellschichten beschränkt bleiben oder auf die Lederhäute und auf die tiefer gelegenen Knochen-, Knorpel- und Polsterstrukturen übergreifen. Um die oberflächlichen von den tiefen Infektionen zu unterscheiden, benutzen wir Huforthopäden momentan die Begriffe **Hufgeschwür** – für ein im Horn stattfindendes Geschehen – und **Hufabszess** – für eine tiefgehende Infektion. Ob diese Begriffswahl sinnvoll ist, mag dahingestellt sein. In jedem Fall ist es notwendig, den einen vom anderen Prozess zu unterscheiden, da beide unterschiedlich schadensträchtig sind und ein unterschiedliches Vorgehen erfordern.

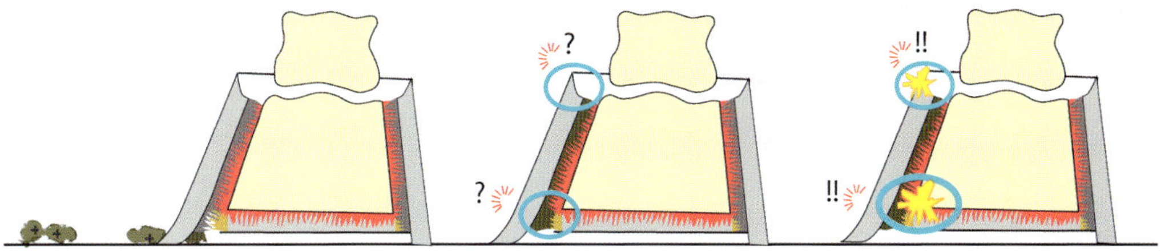

Abb. 3.29: Die Entstehung von Hufgeschwüren und Hufabszessen.

Eintrittspforten im Horn – wie hier durch Zerreißung der Blättchenschicht hinter einer verbogenen Wand – laden Schmutz und Bakterien ein.

Die Bakterien zersetzen das Horn. In diesem Fall zunächst die Blättchenschicht und dann weiter aufsteigend auch das Blättchenhorn sowie das über der Wandlederhaut gebildete Gleithorn. Erreichen sie dabei die Basalzellschicht und legen die Lederhaut frei, so reagiert diese entzündlich. Letzteres bedeutet für das Pferd mehr oder weniger starke Schmerzen und man spricht von einem Hufgeschwür. Vielmehr als das Entzündungsgeschehen selbst, ist es der Druck des Gemisches aus zersetztem Horn und Entzündungsexudat auf die Lederhaut, welcher die Schmerzen verursacht. Diese können ganz erheblich sein, sie können aber auch für den Menschen unauffällig bleiben, wenn kein Druck entsteht.

Warum manche Hufgeschwüre resorbiert werden, andere dagegen bis zum Kronsaum wandern, wo sie dann durchbrechen, ist unbekannt. Sicher ist dies wie immer bei Infektionsprozessen eine Frage der Menge der Erreger und der Immunabwehr des Körpers.

*Beschränken sich die Infektionsprozesse nicht auf die Hornschichten, sondern werden Lederhaut und tieferliegende Strukturen angegriffen, so ist das für das Pferd nicht nur in **jedem** Fall schmerzhaft, sondern auch wirklich gefährlich. Durch die in diesem Fall beteiligten mikrobiellen Erreger können in kurzer Zeit relativ große Schäden an den lebenden Geweben angerichtet werden.*

Hufgeschwüre und -abszesse können sich an jeder Stelle des Hufes bilden, je nachdem, wo Nischen und Pforten für die Erreger zu finden sind. Häufig sind Hufgeschwüre in der Blättchenschicht hinter der Hufwand und unter den Eckstreben zu finden, wo sie sich ebenfalls in deren Blättchenschicht aufhalten. Auch die Hufsohle ist bevorzugtes Gebiet bakterieller Besiedlung und kann deshalb auch Hufgeschwüre und -abszesse aufweisen.

Hufgeschwüren kann man sehr gut mit fäulnishemmenden Mitteln zu Leibe rücken. Entdeckt man ein solches Hufgeschwür, entweder weil es bei der regulären Hufbearbeitung aufgedeckt wird[63] oder weil das Pferd lahmt und man sich auf die Suche nach dem Grund der Lahmheit begeben hat, dann sollte es zunächst in seiner Lage und seinem Ausmaß (mit stumpfen Instrumenten) sondiert werden. Hat man sich ein Bild gemacht, kann man dem Hufgeschwür gezielt zu Leibe rücken. Günstig ist es, wenn darüber liegendes Horn entfernt werden kann (Eckstrebe, Sohle) und wenn die Höhle von allem bereits zersetzten Horn und Schmutz gereinigt werden kann. Das manuelle Ausräumen des Hufgeschwürs ist stets das Beste, aber es ist bei weitem nicht immer in die Tat umzusetzen. Es bringt keinen Vorteil, wenn im Bemühen um ein möglichst vollständiges Säubern und Aufdecken des Hufgeschwürs die Lederhaut verletzt wird. Denn damit steigt die Gefahr einer eitrigen Infektion (Hufabszess). Ist ein Hufgeschwür auf mechanischem Weg unerreichbar (bspw. weil es bereits bis zur halben Höhe der Hornwand vorgedrungen ist), so sollte man den Eingangskanal so weit säubern, wie es ohne Gefahr für die Lederhaut möglich ist, um danach ein fäulnishemmendes Mittel einzubringen.[64] Dabei braucht es weder chemische Bomben noch schwergewichtige Supermedizin, vor allem aber auch keine Mittel, die sich in irgendeiner Weise selbst schädigend auf das Horn auswirken. Vorsicht also mit allem was austrocknet

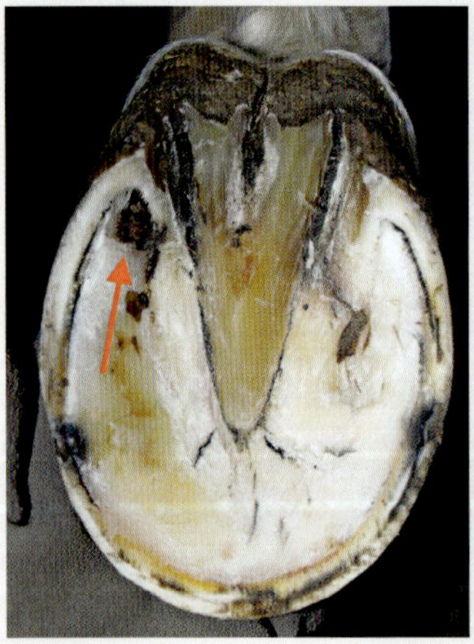

Abb. 3.30a: Hufgeschwür unter der Eckstrebe.

Abb. 3.30b: Hufgeschwür in der Blättchenschicht hinter der Zehenwand mit Übergreifen auf die Sohle.

Abb. 3.30c: Ein Hufgeschwür, das ca. 3 Monate zuvor am Kronrand aufgegangen ist.

[63] *Auch wenn es noch nicht schmerzt, handelte es sich doch um denselben Prozess, der stattfindet. Das heißt, wenn der Hufbearbeiter auf eine abgegrenzte Höhlung oder einen Kanal stößt, der durch Hornzersetzung entstanden ist, dann handelt es sich dabei um ein Hufgeschwür, was sich (bislang) ohne Schmerzen entwickelt hat. Die Versorgung erfolgt genauso wie bei einem bereits schmerzenden Hufgeschwür.*

[64] *Ist das Hufgeschwür hinter der Hornwand sehr hochreichend und vor allem auch schmerzhaft und Angießen und »homöopathisches Messer« führen nicht zum Erfolg, so kann, wenn das Hufgeschwür lokalisiert ist, ohne die Lederhaut zu verletzen ein kleines Bohrloch von außen durch die Wand angebracht werden, um die Absonderungen entweichen zu lassen und den Kanal spülen und mit fäulnishemmenden Mitteln versorgen zu können (VICENT 2010).*

oder das Horn zerstört (bspw. Wasserstoffperoxid[65], Jodoformäther, Kupfervitriol).
Brauchbare Mittel, die völlig ungefährlich, deshalb aber umso wirksamer sind, sind bspw. Propolis[66], BelaVet und Marienfelde Hufstrahlpflege.
Hat man so für Keimreduzierung gesorgt, muss man noch sicherstellen, dass der bakterielle Nachschub gestoppt wird. Das frisch gesäuberte Loch wird mit einem jederzeit leicht entfernbaren, tauglichen Material (z. B. Hanf) verschlossen. Das verhindert, dass sich neuer Schmutz hineinsetzen kann. So versorgt, stehen die Chancen sehr gut, dass sich das Problem in kurzer Zeit in Luft auflöst, indem das Hufgeschwür durch die Abwehr des Körpers resorbiert wird.[67] In den Fällen, in denen dies nicht der Fall ist und das Pferd Schmerzen leidet, muss man zusätzliche Maßnahmen ergreifen. Sinnvoll ist bei Schmerz stets ein **Angussverband**. Der Tierarzt verwendet hierfür Rivanol (Rivanol-Wasser-Mischung), aber auch einfache Kernseife ist möglich oder der gute alte Sauerkrautwickel. Wichtig ist, dass das Horn durch die Feuchtigkeit erweicht wird. Diese einfache Maßnahme sorgt in vielen Fällen dafür, dass der (Druck-)Schmerz nachlässt, weil sich das manchmal nur stecknadelkopfgroße Hufgeschwür durch das aufgeweichte, beweglichere Horn »verdrücken« lässt. Als sehr hilfreich hat sich schon in vielen Fällen das »homöopathische Messer« erwiesen: Myristica sebifera. Meist reicht eine Einzelgabe aus und das Pferd atmet schmerzbefreit auf.
Wie auch im Falle der infizierten Hornspalten, wo es sich um keine anderen Infektionsprozesse handelt, halte ich nichts von großangelegten Operationen um Hufgeschwüre »an die Luft« zu bringen. Wenn man den Nachschub stoppt und in der oben beschriebenen Weise den Huf unterstützt, sich selbst zu heilen, hat man in aller Regel Erfolg. Etwas heikler ist die Sache, wenn es sich nicht um einen oberflächlichen Infektionsprozess, sondern um einen **Hufabszess** handelt, der die **lebenden Gewebe** ergriffen hat. Wie kann man das eine aber vom anderen unterscheiden? Der Hufabszess ist nicht unbedingt schmerzhafter als das Hufgeschwür. Ich kenne einige Pferde, die mit einem simplen Hufgeschwür auf drei Beinen standen und Pferde mit Hufabszessen, die zwar lahmten, aber doch liefen. Auch das Vorliegen von Pulsation ist kein sicheres Unterscheidungsmerkmal, da es auch beim Hufgeschwür auftreten kann. Ganz sicher unterscheiden kann man beides nur an der Art der **Absonderung**, die vorgefunden wird.[68]

> *»Von Belang ist die* ***Farbe des Eiters****. Während grauer dünnflüssiger Eiter das Produkt einer Oberflächenentzündung der Huflederhaut ist und derartige Erkrankungen leicht heilen, deutet gelber mehr dicker Eiter, selbst wenn er nur in kleinster Menge abgesondert wird, auf Entzündung der tiefer liegenden Schichten der Huflederhaut hin, die unter Umständen sehr schwer heilen.« [Hervorh. im Original] (LEISERING; HARTMANN 1893: S. 304)*

Die Absonderungen, die ein Hufgeschwür ausmachen sind von mehr oder weniger schwärzlicher Farbe und einem eher fauligen Geruch. Geruch und Farbe richten sich nach der konkreten Zusammensetzung der Flüssigkeit. Reichlich

65 Eine einmalige Verwendung von Wasserstoffperoxid kann nötig sein, wenn man einen tiefen Kanal vom Schmutz freispülen möchte. Hierzu kann man am besten und völlig gefahrlos eine Kunststoffkanüle oder Knopfkanüle verwenden. Das Wasserstoffperoxid hat die in dem Falle sehr nützliche Eigenschaft, den Schmutz samt den Bakterien zu packen und herauszuschäumen. Ist das geschehen, muss aber unbedingt und mehrfach mit Wasser nachgespült werden. Denken Sie daran, dass Wasserstoffperoxid Keratin zerstört (als Eselsbrücke denken sie an die Haare von unechten Blondinen!). Vor allem für die freiliegende Basalzellschicht ist das gefährlich.

66 Es gibt viele Untersuchungen, die die Wirksamkeit von Propolis bei fäulnisgeschädigten Rinderklauen und Pferdehufen belegen. Sie besitzen nachgewiesenermaßen eine wesentlich höhere Wirksamkeit als die im Vergleich ebenfalls getesteten Mittel Kupfervitriol, Formalin, Kaliumpermanganat, Birkenteer und Jodoformsalbe (HOLZ 1999: S. 27).

67 »Der Ausgang in Resolution, d. h. die Resorption der Entzündungsprodukte ist nicht selten« (MÖLLER 1906: S. 20).

68 Die Wahrscheinlichkeit, dass es sich um einen Hufabszess handelt, besteht indes stets, wenn der Huf im Sinne eine Nagetrittverletzung tiefgehend verletzt wurde. Es muss sich nicht um einen Nagel handeln, auch eine Glasscherbe oder ein spitzes Holzstück kann das Horn – vor allem an einer bereits dünnen, durch Fäulnis geschädigten Stelle – perforieren. Damit gelangen Keime in die Tiefe und werden vom darüber liegenden Horn luftdicht abgedeckt. Perfekte Bedingungen für viele Erreger, die den durchbluteten Geweben gefährlich werden können. Beim Nageltritt (und allen ähnlichen Verletzungen) ist deshalb eine Tierarztvisite und genaue Abklärung des Schadens unerlässlich. Hier ist es besser, zuviel als zuwenig zu unternehmen. Ein Hufabszess kann sich aber auch immer im Anschluss an eine andauernde und heftige (stark erregerbelastete) oberflächliche Infektion, sprich an ein Hufgeschwür, anschließen.

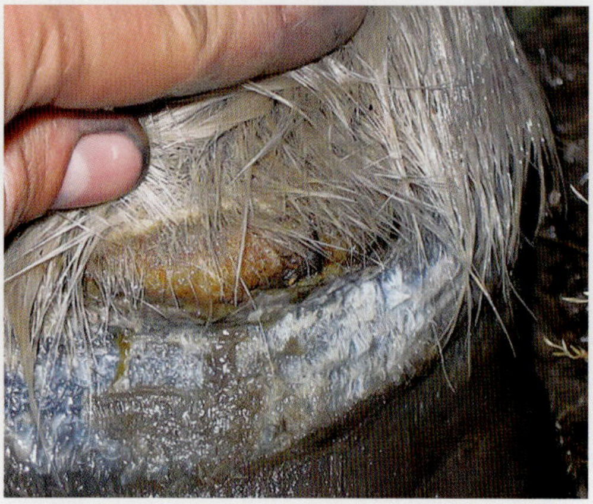

Abb. 3.31a: Frisch aufgegangener Abszess am Kronrand.

Abb. 3.31b: Ein Hufgeschwür hat sich zum Abszess entwickelt und einen großen Hohlraum hinterlassen.

vorhanden sind immer seröses Exsudat und zersetzte Hornzellen.[69] In verschieden hohem Ausmaß vorhanden sind zusätzlich hierzu auch Eitererreger und andere Mikroorganismen; mitunter sind auch Blutkörperchen enthalten. Die Absonderungen eines Hufabszesses riechen dagegen unverkennbar nach Eiter. Hier sind die eitererregenden Bakterien zahlreich vorhanden. Darüber hinaus besteht die Flüssigkeit, die weißgelblich-dünnflüssig sein kann oder gelbfarben-eingedickt, aus Eiterserum, Eiterzellen und Eiterkörperchen (Leukozyten) sowie Blut- und Gewebsbestandteilen der angegriffenen Gewebe.

Prinzipiell ist bei einem Hufabszess genauso zu verfahren, wie bei einem Hufgeschwür, nur dass in diesem Fall der Infektionsherd stets vollständig freigelegt werden muss. Diese Angelegenheit gehört immer in die Hände eines Tierarztes, der auch die zweckmäßige medikamentöse Versorgung übernehmen muss.

Anders als beim Hufgeschwür ist das Anlegen eines Angussverbandes mit großer Vorsicht zu handhaben. Dieser darf nur kurzfristig angewendet werden, um einen besseren Desinfektionsstatus zu erreichen und das Horn leichter und gezielter schneiden zu können.

Gleichzeitig fördert das feuchtwarme Klima nämlich das Keimwachstum, der in diesem Fall

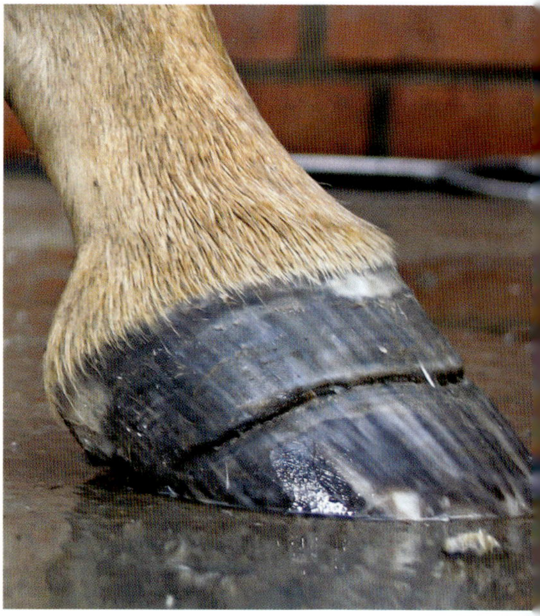

Abb. 3.32: Dieses Pferd stand wegen eines vermuteten Hufgeschwüres oder Hufabszesses (was genau blieb unklar) für drei Wochen ohne tierärztliche Kontrolle in einem Angussverband. Auch hier hat sich die Infektion ausgebreitet und sorgte für eine umfassende Lederhautentzündung. Geblieben ist diesem Pferd glücklicherweise nur eine tiefe Rille, die langsam herauswächst.

[69] *Angeblich bestimmt sich die Farbe der Flüssigkeit nach der Farbe des Hufhornes, um so mehr Pigment das zersetzte Horn enthalten hat, um so dunkler die entstehende Absonderung (MÖLLER 1906: 18 f; RUTHE 1997: S. 201).*

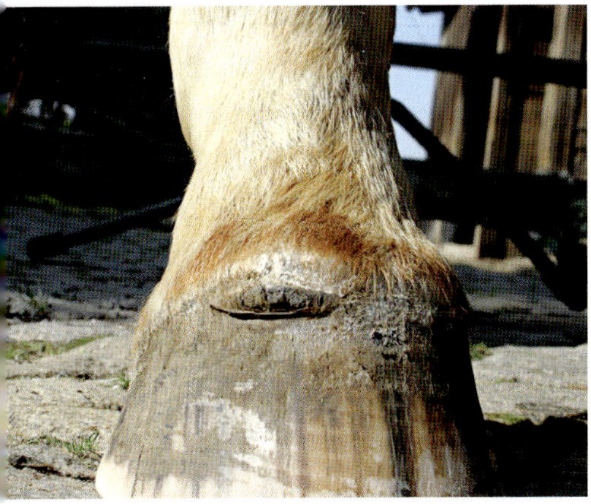

Abb. 3.31c: Hier derselbe Huf. Der Hufabszess hat sich einige Tage zuvor nach oben eröffnet.

überaus gefährlichen Keime. Das kann die Infektion so anfachen, dass sie ringsum wandert und sich die Hornkapsel im Extremfall vom Fuß löst.[70]

Inwiefern hilft in dieser Angelegenheit ein Hufbeschlag? Es sind zwei Gründe, die hierfür in der Regel angeführt werden. Zum einen erteilt der Tierarzt nicht selten die Empfehlung, einen Huf, bei dem ein Hufgeschwür oder ein Hufabszess ausgeschnitten werden musste, zu beschlagen. Der durch die vorhergehende Hornzersetzung und das Ausschneiden entstandene Hornschaden soll mit Hilfe des Beschlags abgedeckt, der Huf so vor weiterem Schaden geschützt werden. Das mag im Einzelfall auch einmal nötig sein, es kommt aber doch sehr auf die Größe des Schadens und vor allem auf die Instabilität der Hornkapsel an. In den meisten Fällen reicht es – wenn überhaupt zusätzliche Maßnahmen zum Austamponieren des Geschwür- oder Abszesseinganges nötig sind – einen mehrtägiger Schutzverband plus Krankenschuh anzulegen. Ist die Infektion gestoppt, bildet sich in sehr kurzer Zeit neues Horn, welches den zusätzlichen Schutz wieder überflüssig macht. Bei dieser Variante mit Verband und evtl. Krankenschuh ist auch sichergestellt, dass man den ehemaligen Infektionsherd im Auge behalten kann und ein neuerliches Aufflammen im Ansatz unterbinden kann.

In jedem Fall muss kein Huf dauerhaft (gemeint ist für immer) mit einem Hufschutz versehen werden, wenn sich ein Hufgeschwür oder -abszess ereignet hat und dieser invasiv versorgt werden musste. Das gilt auch dann, wenn Pferde unter ständigen Hufinfektionen leiden. Eine häufige Erklärung für diese ständigen Hufgeschwüre sind die vielen **Steine**, die dem Huf zusetzen, weshalb er mit einem Hufeisen geschützt werden muss. Ich kenne Pferdebesitzer, die mir glaubhaft versichert haben, dass ihr Pferd, welches barhuf ständig unter Hufgeschwüren litt, das Problem mit dem Beschlag losgeworden ist. Ist es tatsächlich so, dass Steine die Sohle des Pferdhufes so schädigen, dass es deshalb zu Hufgeschwüren kommt? Diese Behauptung hat eine lange Tradition und hängt mit den im folgenden Abschnitt behandelten Steingallen zusammen.

Ich kenne andererseits auch viele Pferde – die, während sie beschlagen waren – unter ständigen Hufgeschwüren litten und seit der Umstellung auf barhuf hiermit keinerlei Probleme mehr haben. In beiden Fällen, den Pferden die barhuf und den Pferden die beschlagen unter Hufgeschwüren litten, muss es Umstände am Huf gegeben haben, die dazu führten, dass sich Schmutz und Bakterien einnisten konnten. Es kann sein, dass die jetzt problemlosen Barhufer auch mit ihrem Beschlag keine Hufgeschwüre gehabt hätten, wenn dieser regelmäßig erneuert worden wäre. Evtl. waren aber auch die Hufe so problematisch, dass der Beschlag trotz regelmäßiger Erneuerung stets zu negativen Veränderungen an ihnen führte (Aufreißen der Blättchenschicht, Unterschieben der Trachten etc.) und hierdurch Hufgeschwüre entstehen konnten. Vielleicht hätte das Pferd, welches nun mit dem Beschlag seine Hufgeschwürsorgen los ist, auch barhuf gut ohne diese Probleme laufen können, wenn man bei der Hufbearbeitung vernünftiger vorgegangen wäre. Hebelnde

[70] Eine Kollegin hat mir in diesem Zusammenhang von einem Fall berichtet, in dem ein Kundenpferd nach einem tierärztlich angewiesenen achttägigen Angussverband, der nicht gewechselt und nicht kontrolliert wurde, ausgeschuht hat. Die Hornkapsel verblieb nach Abnahme des Verbandes im selbigen. Das Pferd wurde eingeschläfert.

Wände, liegende Eckstreben, unversorgte Gammelstellen in der Blättchenschicht oder unter den eingerollten Trachtenendkanten und auch hier zu lange Bearbeitungsabstände – vielleicht war es einer dieser Momente, der ständig Hufgeschwüre heraufbeschwor. Aber auch ein übermäßiges Beschneiden der Sohle oder die ständige Entfernung des Tragrandes bei der Hufbearbeitung können für die Probleme verantwortlich gewesen sein.

Es ist also immer sinnvoll, die Situation dahingehend zu überprüfen, wie die Baustellen am Huf entstehen, die dann von den Infektionserregern genutzt werden können. Die Biomechanik des Hufes zu verbessern, ist der sicherste Weg, ständigen Hufgeschwüren den Kampf anzusagen. Hinzu kommt, dass natürlich auch die Hygiene eine Rolle spielt. Sind Pferdehufe ständig den Ausscheidungen der Pferde ausgesetzt, so sind sie prinzipiell gefährdeter, da nicht nur die Hornsubstanz selbst bereits durch den Kot und Urin beschädigt wird, sondern auch der Erregerdruck insgesamt bedeutend höher ist. Kommen dann noch feuchte Bodenbedingungen hinzu, durch die das Horn beständig aufgeweicht wird, erhöht sich die Gefahr für Hufgeschwüre und -abszesse noch einmal eklatant.

3.3.6 Schutz vor Steinen: Steingallen und Steinchen in der »weißen Linie«

> *» ... es können vielmehr alle Einflüsse, welche Quetschungen der hinteren Abteilungen des Hufes herbeiführen, die Ursachen zu Steingallen abgeben. Fast niemals sind es Steine, die sich zwischen Hufeisen und Huf festsetzen, wie man wohl geglaubt hat.« (MÖLLER 1906: S. 15)*

Als Steingallen werden blutige **Hornverfärbungen** in der Sohle des hinteren Hufbereichs bezeichnet. Ihre Ursache liegt in **Quetschungen** der darunter befindlichen Sohlenlederhaut, durch welche diese verletzt bzw. entzündet wird, was zur Blutabgabe ins Horn führt. Dieses »Einbluten« ins Horn geschieht in der direkten Umgebung der betroffenen Lederhautpapillen, also im Bereich der lebenden Hornzellen während der Hornbildung. Die Blutung tritt erst um einiges später an der Oberfläche der Sohle zutage. Das heißt, in dem Moment, in dem die Hornverfärbung entdeckt wird, liegt ihre Entstehung bereits ein bis zwei Monate zurück – je nach Dicke der Sohle und Wachstumsgeschwindigkeit des Horns.

Abb. 3.33: Hornverfärbungen der Sohle im hinteren Hufbereich werden häufig Steingallen genannt.

Die Verfärbungen können von gelb über rot bis zu violett reichen und zeigen in dieser Reihenfolge die zunehmende Stärke der voraus gegangenen Quetschung an. Ganz früher ging man davon aus, dass es Steine gewesen sein müssten, die sich zwischen Huf und Eisen verklemmt haben. Aber bereits zu den Zeiten von LUNGWITZ und GUTENÄCKER im ausgehenden 19. Jahrhundert, als man sich intensiv mit der Erforschung des Hufes und seinen Erkrankungen befasste, wurde diese Theorie zur Entstehungsgeschichte der Steingallen revidiert. Man beschrieb wiederholt und ausführlich, dass die Ursache der Einblutungen vor allem in unre-

gelmäßigen Belastungssituationen und fehlerhaften Beschlägen der betroffenen Hufe zu suchen seien.
Nichtsdestotrotz hält sich die Mär von der Entstehung der roten Male in der Hufsohle relativ hartnäckig und viele Fachleute behaupten auch heute noch, dass der Name schon richtig sagt, wo die Ursache liegt. Die Beschlagempfehlung folgt auf dem Fuß. Dabei ist es aber beachtenswert, dass Steingallen beim beschlagenen Huf weit häufiger vorkommen als am unbeschlagenen Huf (GUTENÄCKER 1901: S. 90; RUTHE 1997: S. 202).
Anders als heute war es früher zum Leidwesen der Pferde wie auch der Tierärzte üblich und verbreitet, die bei der Hufbearbeitung entdeckten Steingallen herauszuschneiden. Dieses Vorgehen führte, wie man sich leicht denken kann, oft zu »eitrigen Steingallen« also zur septischen Infektion des Hufes (Hufabszessen). Anfang des 20. Jahrhunderts waren die so verursachten Schadensfälle so zahlreich, dass nicht nur viele Haftpflichtversicherungen für Schmiede in ihren Bedingungen die Haftung für Schäden bei Steingallen ablehnten, sondern auch die hufkundigen Tierärzte den Hufschmieden in zahlreichen Schriften eindringlich Einhalt geboten. Noch früher, im 18. Jahrhundert, waren die Sitten bei weitem noch roher und man begnügte sich nicht mit dem Ausschneiden, sondern riss den Pferden, die mit Steingallen geschlagen waren, die Sohlen aus.

> *»Die Schmiede des vorigen Jahrhunderts erlangten in dieser Operation, dem Sohlenausreißen, wie man kurzweg zu sagen pflegte, eine oft großartige Fertigkeit und genossen hohes Ansehen, wenn unzählige derartig gewonnene Sohlen ihre Thürpfosten und Nothställe schmückten.« (LUNGWITZ 1891 zit. nach KRATZ 2001: 68 f)* [71]

Grund für diesen barbarischen, später dann gemilderten blutigen Umgang mit den Steingallen war, dass diese für Lahmheiten der Pferde verantwortlich gemacht wurden. Ich habe keine Ahnung, worunter diese armen Pferde letztlich litten, die gelb-rot-blauen Hornverfärbungen in ihren Sohlen waren mit Sicherheit nicht die Ursache. Ihr Auftreten zeigte aber schon, dass mit den Hufen etwas nicht stimmte. Auch hier haben wir es wieder mit einer Symptombeseitigung zu tun (ähnlich wie beim Hornspalt). Glücklicherweise ist man diesbezüglich in der heutigen Zeit schlauer und die Praxis des Ausschneidens von Steingallen ist überholt.

Hämoglobinverfärbungen des Horns können an jeder beliebigen Stelle der Hornkapsel auftreten und sie zeigen stets an, dass die Lederhäute der betreffenden Bereiche zuvor durch Druck, Zug oder Entzündung in Mitleidenschaft gezogen worden sind. Besonders wenn diese Male immer wieder an gleicher Stelle auftauchen, hat man Grund, deren Ursache herauszufinden und die Hufsituation zu verbessern. Mit Sicherheit kann auch ein einzelnes heftiges Trauma durch einen spitzen Stein eine Blutung der Lederhaut verursachen, insbesondere wenn die Hufsohle dünn und flexibel ist. Und mit Sicherheit gibt es auch Pferde, die mit so dünnsohligen Hufen ausgestattet sind, dass sie eine Arbeit auf steinigem Boden nicht ohne Schaden vertragen. Aber bevor man jede Verfärbung oder Fühligkeit auf ein »geht nicht ohne Eisen bei diesem Pferd« zurückführt, sollte man die weitaus größere

*[71] Dies ist nichts für empfindliche Gemüter: »Dies Sohlenausreißen bestand darin, daß zunächst mittelst Wirk- oder Rinnmesser die Zehen-, Trachten- und Fersensohle (Eckstrebe ...) stark verdünnt wurden. War dies geschehen, so brachte man das Thier in den Nothstall, der zu jener Zeit überhaupt eine große Rolle spielte, und trennte die Sohle mit dem Rinnmesser oder auch geraden Messer, an der Zehe beginnend, ringherum von der Hornwand los, ohne jedoch dabei die Hornwand zu schwächen. Sobald die Sohle in dieser Weise von der Hornwand getrennt war, nahm man ein langes, flaches Stück Eisen, brachte dasselbe an der Zehe zwischen Horn- und Fleischsohle und trennte dieselben mit möglichster Schonung der Huflederhaut voneinander. War nun so die Trennung auf 2 bis 3 cm erfolgt, so wurde die Sohle mit dem Sohlenheber abgehoben, mit einer stumpfen Beißzange gefaßt, nach hinten über den Strahl gezogen und von diesem sowie der Ferse losgerissen. Nachdem noch der an der Hornwand stehengeblieben Ring der Hornsohle weggenommen war, löste man den vorher um das Fessel gelegten Strick, welcher die Blutzufuhr während der Operation möglichst abhalten sollte, und ließ den Fuß ausbluten. Nun beschlug man den Huf mit einem sehr langen Eisen, um an dessen Schenkeln einen Eisenstab oder Holzspahn zu befestigen, durch welchen trockene oder mit Terpentinöl getränkte Wergpausche auf der Wundfläche unter mäßigem Druck festgehalten wurden« (ebenda: S. 69).
Man mag sich das Leiden nicht vorstellen. Es ist kaum zu glauben, was Unwissenheit anrichten kann!*

Bandbreite der Möglichkeiten prüfen. Solange die Chance besteht, die Hufe zu verbessern, sollte man diese nicht ausschlagen.

Ein großes Ärgernis für jedermann – Pferdebesitzer wie Hufbearbeiter – sind **Steinchen in der »weißen Linie«.** Für den Pferdebesitzer, weil sie ihn ängstigen und ihm Arbeit bei der täglichen Hufpflege bereiten, für den Hufbearbeiter, weil sie ihm ebenfalls zusätzliche Arbeit machen und ihm schlussendlich trotz aller Mühe dennoch seine Hufmesser ruinieren. Aus Angst, das die eingetretenen Steinchen nach oben wandern und dort ein Hufgeschwür verursachen können, sind manche Pferdebesitzer täglich damit beschäftigt, die Hufe ihres Pferdes von den Steinchen zu befreien. Da kommt ihnen der Beschlag, der das Eintreten verhindert, wie eine Befreiung vor. Endlich kein stundenlanges Steine-Pulen mehr. Zumal das oft ja auch nicht wirklich befriedigend gelingt, weil man mit dem Hufkratzer einfach nicht zu jedem Bereich der Blättchenschicht vordringen kann. Sicher ist das Beschlagen eine Lösung. Der Beschlag bedeckt die Blättchenschicht und das Steineproblem ist vom Tisch. Wenn man sich für diese Problemlösung entscheidet, muss man aber auch alle anderen Wirkungen mitnehmen, die der Beschlag auf den Huf und die Gliedmaße hat. Wem das nicht sinnvoll erscheint, dem sei hier noch ein anderer möglicher Lösungsweg angeboten. Wie im Falle der Hufgeschwüre benötigen die Steine Schlupflöcher. Das Hufhorn – selbst das weichere Blättchenhorn – hält, wenn es intakt ist, den stetigen Kontakt mit den überall auf dem Boden befindlichen Steinchen ohne Probleme aus.[72] Anders ist das, wenn die Blättchenschicht aufgerissen und von Fäulnis befallen ist. Dann sammeln sich hier nicht nur Schmutz und Bakterien, sondern auch alle Steinchen werden eingeladen, sich hier niederzulassen. Die bestmögliche Lösung des Problems besteht darin, dafür zu sorgen, dass die Blättchenschicht nicht mehr aufgerissen wird: Man erschlägt damit zwei Fliegen mit einer Klappe, nämlich die Fäulnis (und die Gefahr von Hufgeschwüren) und die Steinchen. Obendrein richtet man sein Augenmerk auf die Hufsituation und deren Verbesserungspotential.

Auch wenn die Angst vor den nach oben wandernden Steinchen in diesem Fall letztlich ihr Gutes getan hat – man hat sich deshalb schließlich um den Huf als Ganzes gekümmert –, möchte ich die Angst doch etwas besänftigen. Ein Stein als solches hat nicht die Fähigkeit, sich gegen die Wachstumsrichtung des Horns nach oben zu bewegen. Was passieren kann, ist, dass ein Stein durch die nachschiebenden Schmutzmassen weitergeschoben wird. Das geht aber nur, solange sich darüber bereits zersetztes, also in der Regel verfaultes Horn befindet. Der Schaden besteht dann schon längst und der Stein setzt sich lediglich ins gemachte Nest.

Ich will nicht verschweigen, dass es auch Hufe gibt, die nicht steinchenfrei zu bekommen sind. Das sind aber Hufe, die damit kaum wirklich Probleme haben, da sich die Steine hier nicht in die Blättchenschicht, sondern in den Tragrand setzen. Es sind stets Hufe mit steilen Wänden (oder zumindest einer steilen Wand), die weich stehen (Wiese, Box) und steinig gehen (steiniges Ausreitgelände). Durch die steile Wandstellung werden die »verweichlichten« Tragränder beim Ausritt jedem passend darunter zum Liegen kommenden Steinchen ausgesetzt). Die Tragränder werden auf diese Weise regelrecht zermörsert und ein in die so entstandenen Risse und Spalten passender Stein ist dann auch immer schnell gefunden. Das Gute ist, wenn der eine Stein sitzt, hat an dieser Stelle kein anderer mehr Platz. Es macht keinen Sinn – außer bei der Hufbearbeitung – diese Steinchen aus dem Tragrand zu entfernen. Sie besetzen den Platz, damit kein größerer Stein es tut. Wenn man es

[72] Eine Ausnahme ist Streusplitt auf Asphaltstraßen. Dem kann das Horn nur standhalten, wenn es sehr hart und trocken ist. Ist der Huf in einem feuchten Zustand, perforiert diese Kombination aus spitzen, scharfkantigen Steinchen auf harter Asphaltunterlage auch das intakteste Hufhorn. Der Splitt sitzt in der Regel dann fest an Ort und Stelle und richtet über sein Eindringen hinaus keinen größeren Schaden an.

schafft, seinen Barhufbearbeiter trotz dieser Steinarbeit bei der Stange zu halten, brauchen diese Hufe keinen Beschlag, zumindest nicht aus diesem Grund des Steinchen-Eintretens.

3.3.7 Strahlfäulnis und Trachtenzwang

> *»Aber auch in gut gepflegten Stallungen, wo die Streu reichlich gehalten wird, trifft man häufig Strahlfäule sowohl an Vorder- als an Hinterhufen, besonders bei Matratzenstreu, welche durch die in Folge der Gährung sich entwickelnden [sic] Wärme schädlich auf die Hufe einwirkt.« [Hervorh. im Original] (GUTENÄCKER 1901: S. 471)*

Das Hufhorn hat einen (h)ausgemachten Feind und das sind die eigenen Ausscheidungen des Pferdes. Pferde, die in schlecht (oder gar nicht) gemisteten Verhältnissen leben, sind nicht nur einem hornzersetzenden Kot-Urin-Gemisch ausgesetzt, sondern müssen vor allem hufseitig mit einem hohen Bakteriendruck zurechtkommen. Da das Fusobacterium necrophorum, welches wir in Bezug auf die Hufgeschwüre schon kennengelernt haben, ein normaler Magen-Darm-Bewohner ist, wird es täglich mehrfach vom Pferd ausgeschieden (siehe S. 19). Dieses Bakterium ist in Gemeinschaftsarbeit mit anderen Mikroorganismen dafür verantwortlich, dass das Hufhorn fault. Der einfachste Weg, Pferde hiervor zu schützen, ist für **hygienische Stallbedingungen** zu sorgen. Wenn Pferde trotz guter hygienischer Verhältnisse[73] unter Strahlfäulnis leiden, dann kann das der Besonderheit der Hufform, der unsachgemäßen Hufbearbeitung oder einer besonders regen Tätigkeit der Strahldrüsen geschuldet sein.

Beginnen wir bei der **Hufform**. Besonders prädestiniert für Strahlfäule sind **enge, steile Hufe mit hohen Trachten**. Das hat den einfachen Grund, dass solch ein Huf durch sein tiefes Sohlengewölbe viel Raum für das Eintreten von Erde und Einstreumaterialien bietet. Und durch seine Form und die ihm eigene Biomechanik verbleibt das eingetretene Füllmaterial auch gern in diesen Hufen; es löst sich einfach nicht so leicht, wie bei Hufen mit geringerer Sohlenwölbung und höherer Eigenbewegung. Auch im sauberst gemisteten Paddock ist die Erde letztlich mit Bakterien kontaminiert und irgendwo findet das Pferd auch immer einen noch nicht beräumten Haufen, in den es treten kann.

Der ausgefüllte Huf sorgt für Sauerstoffabschluss und in der Tiefe können die Bakterien am Strahlhorn in aller Behaglichkeit ihr Zerstörungswerk verrichten. Die mit dem tiefen Sohlengewölbe ohnehin schon natürlich tiefen Strahlfurchen lassen sich vom Pferdebesitzer zudem schlechter reinigen und selbst wenn das doch noch ganz gut gelingt: Die übrigen 23 Stunden des Tages parken hier dennoch die Bakterien. Bei Hufen, die an ihrer Bodenfläche weit und offen sind, passiert dies viel weniger leicht, weil sich der Schmutz bei jedem Schritt wieder aus dem Huf herausschieben kann (selbstreinigende Hufe). Wie beim Hufgeschwür gilt, umso tiefer die Nischen bereits in den Huf hineinreichen, umso leichter geht das bakterielle Zerstörungswerk voran. Man sollte nicht warten, bis das Pferd beim Putzen durch eindeutige Abwehrreaktionen zeigt, dass die Lederhaut in der mittleren oder den seitlichen Strahlfurchen erreicht ist. Wie im Fall von Hufgeschwüren gilt es, den Bakterien das Leben unangenehm zu machen und ihnen den Nachschub zu verwehren. Die Nischen werden also sorgfältig gereinigt und mit fäulnishemmenden Mitteln versorgt und sie werden austamponiert, damit sich kein neuer Dreck hineinsetzen kann.

Der Pflegeaufwand ist bei Strahlfäulnis anfangs hoch, das heißt, je nach konkreten Umständen – Ausmaß der Fäulnis, Haltungsbedingungen, Haltbarkeit der Tamponade – muss der betroffene Huf täglich (oder sogar zweimal täglich, nämlich dann wenn die Tamponade nicht hält)

*[73] Eine gut gepflegte, »trockene« Matratzenstreu zählt **nicht** zu diesen guten hygienischen Bedingungen, auch wenn der Stallbetreiber Ihnen das noch so glaubhaft versichert.*

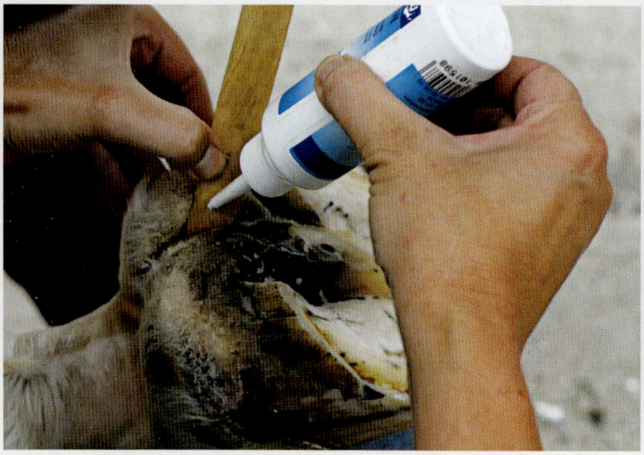

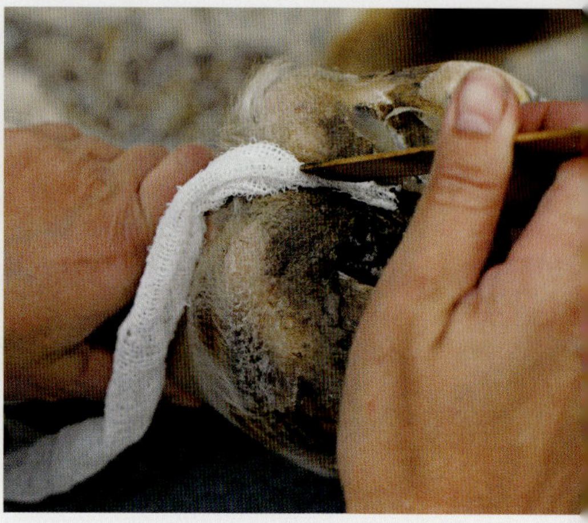

Abb. 3.34a-e:
Die tiefe Strahlfurche zunächst gründlich säubern, bspw. indem man eine Mullbinde durchzieht, bis diese sauber bleibt. Dann ein mildes Strahlpflegemittel einbringen. Mit einem Holz- oder Plastikspatel kann man die Strahlfurche sanft ausspreizen, so dass das Mittel bis in die Tiefe gelangen kann.

Dann unter Zuhilfenahme des Spatels die Strahlfurche mit Verbandmull austamponieren. Den Anfang der Mullbinde mit sanftem Druck bis in die Tiefe schieben, es soll eine leichter Druck auf die Lederhaut entstehen.

versorgt werden. In der Regel reduziert sich der Aufwand schnell, weil zunehmend Erfolg eintritt und die Nischen schwinden. Wenn man so vorgeht und die hygienischen Bedingungen stimmen, hat man am Ende seiner Bemühungen ein strahlfäulnisfreies Pferd. Aber es hat natürlich weiterhin enge, steile Hufe, die, wie eingangs ausgeführt, dazu neigen alles Bodenmaterial einzusammeln. Am besten lebt ein solches Pferd deshalb auf trockenen Böden. Als Besitzer wird man dennoch immer einen größeren Aufwand betreiben müssen, um den Strahlkörper fäulnisfrei zu halten.

Es ist selbstredend keine Lösung, die Hufe im Trachtenbereich herunter zu schneiden, um keine engen, steilen Hufe mehr haben zu müssen, die anfällig für Strahlfäulnis sind. Die Hufe, von denen ich hier rede, sind entweder gentechnisch veranlagt oder im jugendlichen Alter erworben.
In beiden Fällen hat das erwachsene Pferd ein Recht auf seine steilen Hufe. Oder aber die Trachten der Hufe sind aus anderen Gründen »zu« hoch geworden. Letzteres kann man den Hufen nur »ausreden«, wenn man die Ursache des Hochwerdens, das heißt die Ursache der Minderbelastung der Trachten herausfindet und wenn man diese Ursache abstellen kann. Ich werde später im Rahmen des Trachtenzwanges noch näher hierauf eingehen. Als Besitzer eines Pferdes mit veranlagten oder anderweitig irreparabel steilen Hufen muss man sich mit einem höheren Pflegeaufwand gegen die Strahlfäulnis abfinden. Dafür genießt man hufseitig oft andere Vorteile.

Nicht abfinden muss man sich mit einem höheren Pflegeaufwand, der durch **unsachgemäße Hufbearbeitung** verursacht wird, also wenn der Hufbearbeiter seine Sache schlecht macht, indem er es beispielsweise versäumt oder es aus »Gewissensgründen« ablehnt, die Strahlfurchen sachgerecht zu beschneiden. Sachgerecht meint in diesem Fall, so viel Strahlhorn wie nötig zu entfernen, damit Erde und Schmutz sich bei der Fortbewegung des Pferdes von selbst aus dem Huf lösen können. Es meint nicht, den Strahl so viel wie möglich zu beschneiden, denn es geht ja letztlich darum das Strahlhorn zu erhalten, nur deshalb werden Überhänge und Taschen des Hornes entfernt. Den Strahl sauber zu schälen, einfach der Ordnung halber oder weil

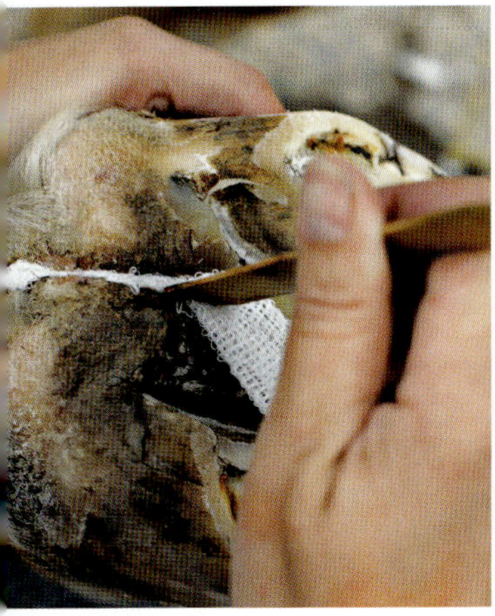

Im Zickzack Lage für Lage einbringen und die Strahlfurche auf diese Weise vollständig ausfüllen.

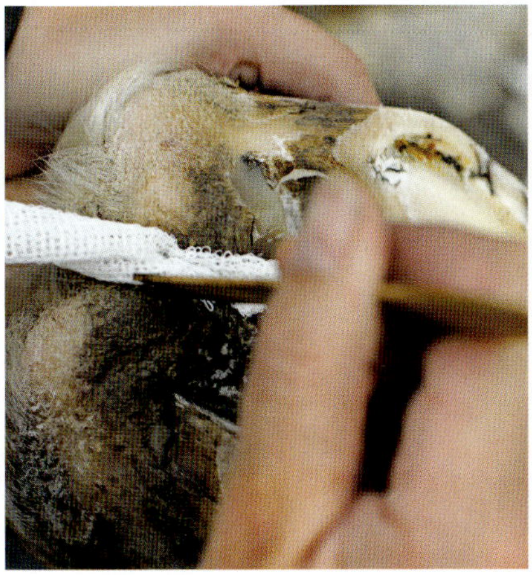

So bleibt kein Platz mehr für Schmutz und Bakterien. Je nach Bodenverhältnissen und Schwere der Strahlfäulnis muss diese Prozedur aller 1–3 Tage wiederholt werden. Der Erfolg stellt sich sehr schnell ein.

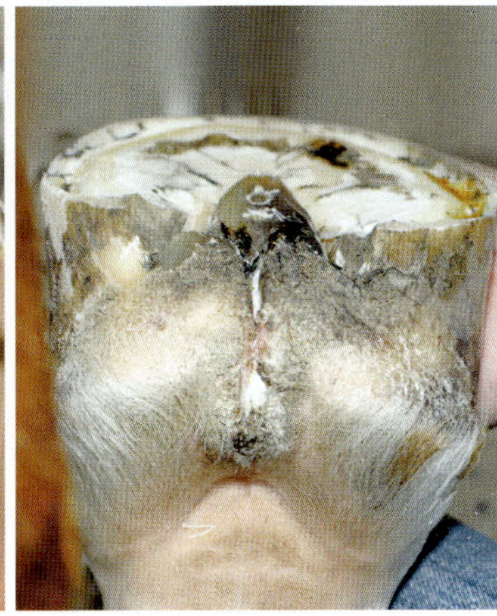

Der Mull muss in der Strahlfurche vollkommen verschwinden, damit die Tamponade nicht durch die Bewegung des Pferdes und den Boden wieder herausgezogen wird.

man ihm keine besondere Funktion zuerkennt, ist unvernünftig. Wir haben im Kapitel zur Anatomie gesehen, welch wichtige Funktion das polsternde Strahlhorn übernimmt.
Natürlich kann der Hufbearbeiter nur gut für Huf und Strahl sorgen, wenn er hierzu regelmäßig Gelegenheit hat. Man kann nicht von ihm verlangen, im achtwöchigen Abstand einen fäulnisbehafteten Strahl so zu versorgen, dass sich dieser gegen die Fäulnis behaupten kann. Wie der gesamte Huf, wächst das Strahlhorn ständig nach und da es sich um eine weiche, nachgiebige Hornstruktur handelt, legt es sich gern mit der Zeit über die seitlichen Strahlfurchen. Je nach Hufsituation, Volumen des Strahles, Gangeigentümlichkeiten, Witterung und auch Bodenverhältnissen geschieht dies schneller oder langsamer. Gerade auch Hufe mit kräftigem, schön entwickeltem Strahlhorn neigen mitunter dazu, dass sich das gut mittragende Strahlhorn über die seitlichen Strahlfurchen legt und sich dort Fäulnis einnistet, die in der Folge Probleme bereitet. Das ist leicht zu verhindern, wenn die Strahlfurchen regelmäßig so geschnitten werden, dass sich der Schmutz aus ihnen von selbst lösen kann.

Unsachgemäße Hufbearbeitung kann auch über längere Zeit zu Mängeln in der gesamten Hufform führen, die ihrerseits wiederum günstige Bedingungen für Strahlfäulnis schafft. Beispielsweise, wenn eine immer wieder zu lang werdende Zehe oder sich stets verbiegende Seitenwände zur Überlastung der Trachten führen und diese daraufhin unterschieben bzw. einrollen. Hieraus kann ein Trachtenzwanghuf entstehen. Im Unterschied zum Trachtenzwanghuf, der aus einer Minderbelastung der Trachtenregion resultiert, lässt sich der **Zwanghuf mit überlasteten Trachten** relativ leicht beheben. Das liegt daran, dass die Ursache für diesen Zwang oft einfach in einer vernachlässigten Hufbearbeitung im Zusammenhang mit einem zu geringen Abrieb der Hufe liegt.

Aber auch regelmäßig betreute und gut genutzte Hufe können unter überlasteten Trachten leiden, wenn die Hufbearbeitung es nicht verhindert, dass Zehe oder Seitenwände immer wieder zu lang und zu schräg werden. Das ist jedoch – zumindest am Barhuf – leicht änderbar und in dem Maße, in dem die Abriebverhältnisse ausgeglichener werden, schwin-

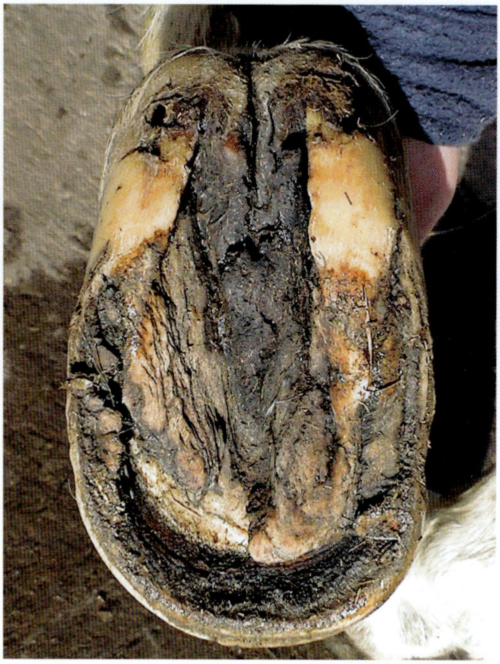

Abb. 3.35a

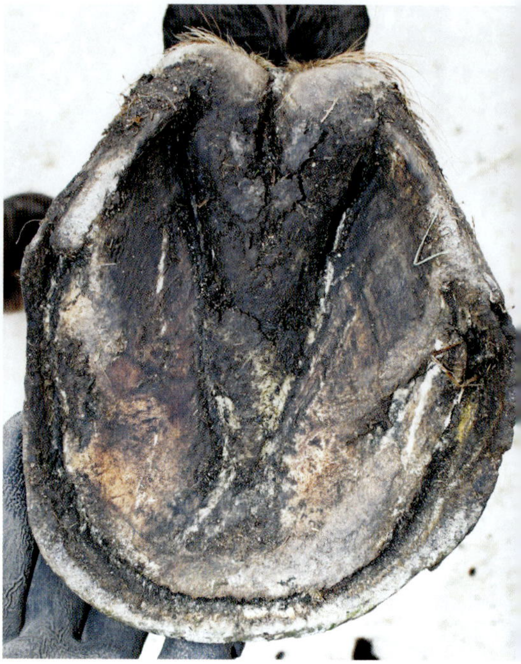

Abb. 3.35b

Zu große Abstände in der Hufbearbeitung und mangelnder Hornabrieb führen zu langen Hebeln in der Zehe (links) oder auch den Seitenwänden (rechts) und zwingen den Huf auf die Trachten, die unter dieser Belastung unterschieben und einrollen. Der Strahl wird gezwängt und die Gefahr von Strahlfäulnis steigt.

(Linkes Foto: Frank Vicent)

Abb. 3.36a

Abb. 3.36b

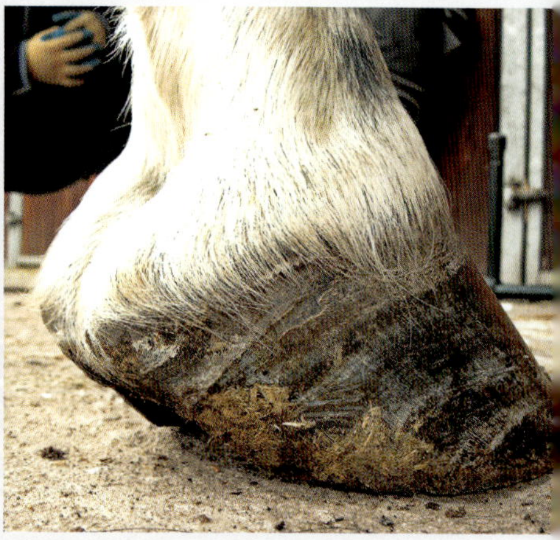

Abb. 3.36c

Auch Hufe mit regelmäßiger Hufbearbeitung und Nutzung können eine Überlastung der Trachten entwickeln, wenn bei der Hufbearbeitung nicht genügend Aufmerksamkeit darauf gelegt wird, dass Zehen- und Seitenwände nicht zu lang und schräg werden. Das gilt für den unbeschlagenen (links) wie für den beschlagenen Huf (Mitte und rechts, bei dem letzten Foto sind die Eisen schon abgenommen). Während am Barhuf das Eintreten eines solchen Ungleichgewichts meist relativ leicht durch Abriebsteuerung verhindert werden kann, ist das auf dem Beschlag nicht möglich. Der Hufschmied kann nur durch nachträgliches Kürzen der zu lang gewordenen Wandabschnitte dafür sorgen, den Huf wieder in eine möglichst gute Situation zu bringen. Bei manchen Pferden ist das nur unbefriedigend möglich.

den die Hebel, die Trachtenregion entspannt sich und damit auch die Situation für den Strahl.

Leidet ein Barhufpferd unter Strahlfäulnis, so sollten die folgenden Dinge geprüft werden: Stimmen die hygienischen Bedingungen? Werden die Hufe regelmäßig betreut? Und erfolgt die Hufbearbeitung sachgerecht? Wer seine Rettung im Beschlag sucht, erhöht die Chancen auf einen gesunden Strahl nicht unbedingt, auch wenn heute sehr effektive keimhemmende Mittel zu Verfügung stehen, die als Zusätze und Tamponaden unter den Einlagen eingebracht recht wirkungsvoll verhindern, dass sich die Fäulnissituation verschlechtert. Diese Mittel braucht es auch, denn durch die Abdeckung wird ja ein prinzipiell keimgünstiges Klima geschaffen. Man kann beim Beschlagen durch das Ausfüllen der Strahl-Boden-Fläche sicherstellen, dass der Strahl Druck erhält und hierdurch das Wachstum des Strahlhornes angeregt wird. Dennoch wirkt sich der Beschlag durch das unvermeidbare Längerwerden der Wände – je nach Jahreszeit und Pferd zwischen 7 und 12 mm im Monat – in vielen Fällen eher negativ auf die Situation der Trachtenwände aus.

Dabei ist es auch beim Beschlagen der Kernpunkt der Maßnahme, die Trachtenwände aus der Überlastungssituation herauszubringen. Mittels Polstern und Einlagen wird versucht, »den Druck auf Strahl, Sohle und Eckstreben so zu lenken, dass der Huf bei jedem Schritt, der gemacht wird, in eine physiologische Belastungssituation kommt.« (LUKAS 2010: S. 46) Die zu engen Trachtenwände werden gekürzt, so dass sie in keinem Fall Kontakt mit dem Hufeisen erhalten. »Diese deutliche Schwebe (4–8 mm) muss auch während des gesamten Beschlagintervalls erhalten bleiben, gegebenenfalls muss sie nach 2–3 Wochen durch den Hufschmied mit einer Hauklinge oder einer Säge nachgearbeitet werden« (ebenda). Vom Rillen schneiden und Dünnraspeln der gezwängten Trachtenwände[74], wie man es früher vorgenommen hat, wird mittlerweile abgeraten, da die damit angerichteten Schäden offensichtlich sind. Auch spezielle Eisen und Vorrichtungen zur Erweiterung von zu engen Hufen sind heute obsolet.

Abb. 3.37a
Einlagen und fäulnishemmende Mittel sorgen für Strahlbelastung und gutes Klima.

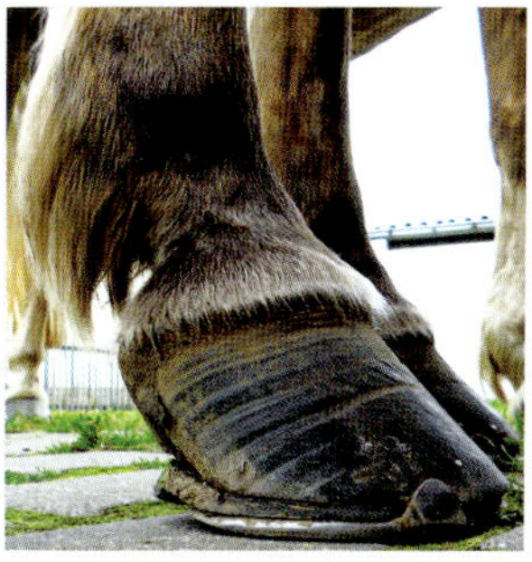

Abb. 3.37b
Der Huf vor dem Umbeschlagen: Trotz regelmäßiger Bearbeitung werden Wandabschnitte zu lang und die Trachten leiden.

Abb. 3.37c
Die hebelnde Zehenwand hat eine Einblutung im Horn hinterlassen, in dem Fall ausgehend von der Sohlenrand- bzw. Wandlederhaut.

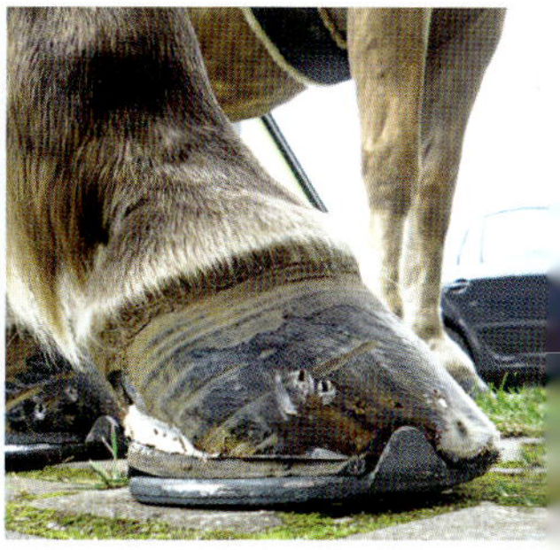

Abb. 3.37d
Korrigiert und frisch beschlagen. Jetzt ist der Huf in seiner besten Form, um bis zum nächsten Beschlagtermin wieder in die Länge zu wachsen (siehe vorher). (Alle Fotos: Beate Naumann)

[74] *Siehe Seite 49.*

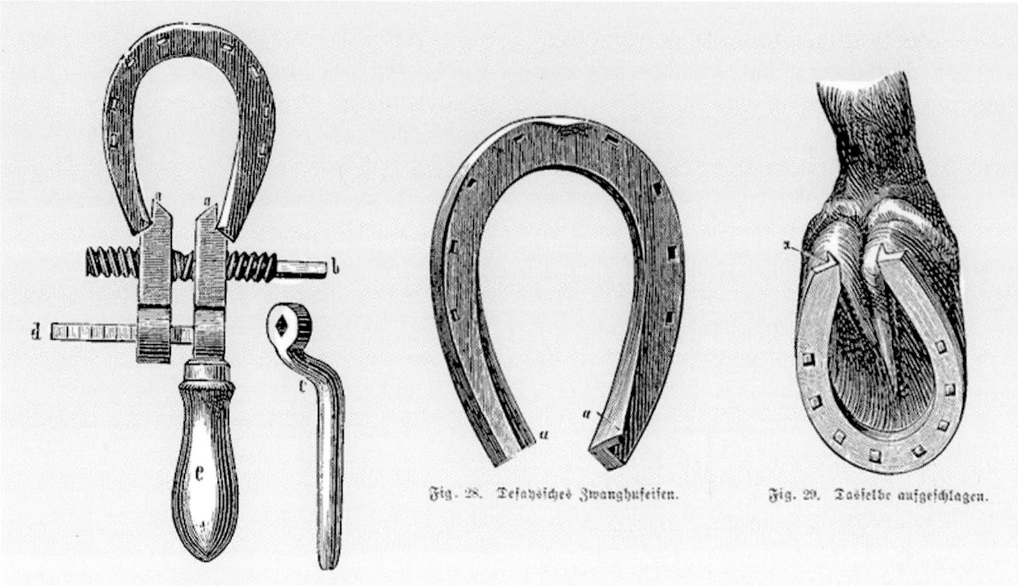

Abb. 3.38: Fig. 28–30 aus MÖLLER (1906: S. 216)
Der Defayssche Dilatationsapparat und ein spezielles Zwanghufeisen. »Während der Huf durch feuchte Umschläge oder durch Einstellen in Wasser weichgehalten wird, läßt man in Zwischenräumen von etwa 5–8 Tagen mittelst der Schraube ... den Huf jedesmal um etwa 2–3 mm erweitern« (MÖLLER 1906: S. 215). Dass dies für das betreffende Pferd mit Schmerzen einhergeht und das Gegenteil davon ist, den Huf gesund nachwachsen zu lassen, liegt auf der Hand. Solche Apparaturen finden heute deshalb glücklicherweise keine Anwendung mehr.

Relativ häufig finden bei Zwanghufen auch heute noch Eisen mit in den Schenkeln nach außen abfallenden Trageflächen Verwendung. Die Wände sollen hierdurch nach außen gelenkt und geweitet werden, was sich aber (wenn überhaupt) nur im untersten Wandbereich herstellen lässt und dann keinen Fortschritt für die Hufgesundheit bedeutet. Zu den engen Wänden kommen auf diese Weise Verbiegungen des Tragrandes, was zum vorzeitigen Ausbrechen und mitunter auch zu Lahmheit (LUKAS 2010: S. 46) führen kann. Der Hinweis, dass sehr trockene Zwanghufe schon einige Tage »vor oder sofort nach dem Beschlag mit Angussverbänden elastisch gemacht werden (müssen)«, da »ansonsten ... die auftretenden Spannungen in der Hufkapsel zu groß (werden) und die Pferde ... mit Lahmheit reagieren (können)« sowie auch durchaus »spontan Kronrandspalten entstehen« können (ebenda: S. 47), zeigt, dass auch hier und heute beim Beschlagen noch einiges an »Zwang« auf den Huf ausgeübt wird, um den Zwanghuf zu beseitigen.

Anstatt barhufige Pferde mit Strahlfäulnis und Trachtenzwang zu beschlagen, sollte man beschlagene Pferde mit diesen Problemen besser auf Barhuf umstellen. Diese Erkenntnis hat sich zwar noch längst nicht umfassend durchgesetzt, wird aber immer wieder von Fachleuten auf dem Gebiet des Hufbeschlages betont: Die sicherste Therapie ist Barhufgehen. (HERTSCH 2003) Ergänzt um die oben genannten Maßnahmen der Stallhygiene und Strahlpflege ist es barhuf sehr gut möglich, die Hufe von diesen Problemen zu befreien. Selbstredend ist das nicht möglich, wenn das Pferd die meiste Zeit des Tages in der Box verbringt. Unter solchen Bedingungen ist weder für die nötige Hygiene, noch den nötigen Abrieb und die ebenso notwendige Bewegung der Hufe gesorgt.

»Die Behandlung barfüßig sollte wenigstens über 6–12 Monate, je nach Schweregrad durchgeführt werden, bevor das Pferd erneut beschlagen wird. Es ist schwierig, beim Pfer-

debesitzer, beim Schmied oder beim Tierarzt für eine derartige Maßnahme Verständnis zu erreichen.« (ebenda: 19)

Warum ist letzteres schwierig? Weil der Pferdebesitzer nicht auf die Nutzung des Pferdes verzichten, Schmied und Tierarzt die Kundschaft nicht verlieren wollen? Oder weil die drei betroffenen Personenkreise nicht wissen, dass die Therapie barhuf am besten gelingen kann und sich Nutzung und Barhuf nicht prinzipiell ausschließen?

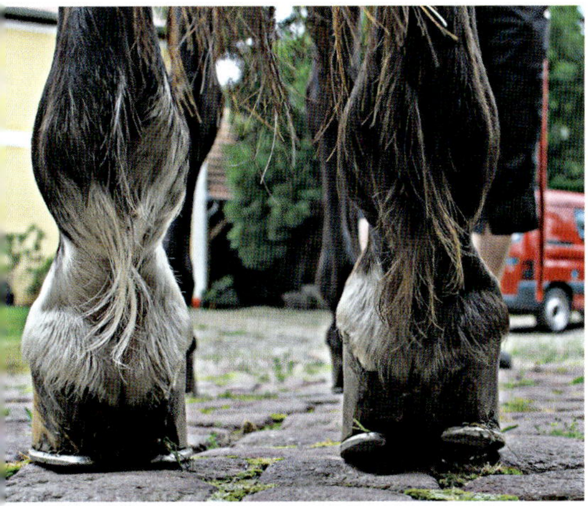

***Abb. 3.39a:* Zwanghufe mit Strahlfäulnis vor der Eisenabnahme im Juli 2010.**

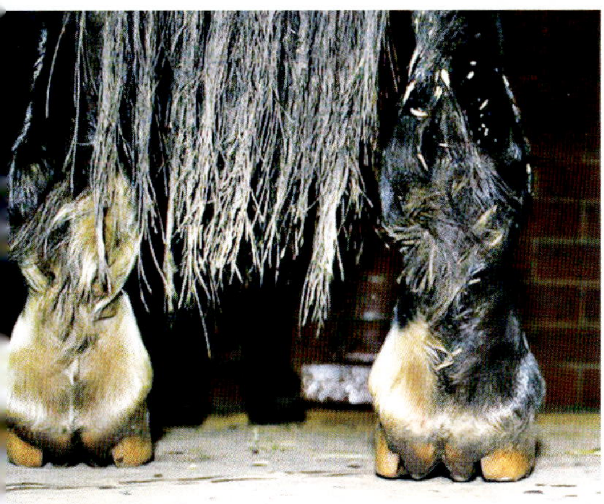

***Abb. 3.39b:* Dieselben Hufe nach einem halben Jahr moderner Barhufbearbeitung, sprich Arbeit mit Abrieb und Bodengegendruck, Februar 2011.**

Bei Hufen mit Trachtenzwang, welcher durch die **Minderbelastung der Trachten** verursacht wird, wird bei der Hufbearbeitung häufig der Fehler gemacht, die Trachten zu kürzen, um den Huf zu verbessern. Das gelingt allerdings nicht, wenn man nicht zeitgleich die Ursache für die Minderbelastung abstellt.

Ob letzteres möglich ist, hängt von der Art der Ursachen ab. Diese sind vielgestaltig und beginnen bei den Erbanlagen, reichen über die im Fohlenalter erworbenen Fehlstellungen hinweg und gehen bis hin zu Verletzungen oder schwerwiegenden Erkrankungen des erwachsenen Pferdes, die eine Steilerstellung des Hufbeins zur Folge haben. Hohe, minderbelastete Trachten gehen immer mit einem steilen Palmarwinkel des Hufbeines einher und dieser kann sich aus unterschiedlichen Gründen im Verlaufe des Pferdelebens herstellen. Sehnenerkrankungen, Probleme im Bereich der Hufrolle oder auch Hufreheerkrankungen sind typische Auslöser einer Steilerstellung des Hufbeins. Durch die mit den genannten Erkrankungen einhergehenden Schmerzprozesse und die damit verbundene Schonhaltung kommt es zu einer relativen Verkürzung der tiefen Beugesehne und hierdurch zur Flexion im Hufgelenk. Der Huf entwickelt in der Folge eine größere Trachtenhöhe. Diese ist notwendig, um dem vergrößerten Palmarwinkel des Hufbeins das nötige Fundament zu bieten.

Andere Erkrankungen, wie bspw. Schulterverletzungen, Verletzungen im Bereich der beiden Beugesehnen oder Erkrankungen des Fesselträgers können ebenfalls zu einer insgesamt steileren Knochensäule der Zehenknochen führen, was für das Hufbein und den Huf dieselbe Konsequenz hat. Der Huf wird steiler, die Trachten höher.

Drei Momente sind für diese Veränderung der Hufform ausschlaggebend. Zum einen führt die Schonhaltung zu einer veränderten Ausrichtung des Hufes zum Boden. Je nachdem, wie die Schonhaltung ausfällt, also ob die Gliedmaße entlastend nach vorn oder nach hinten gestellt

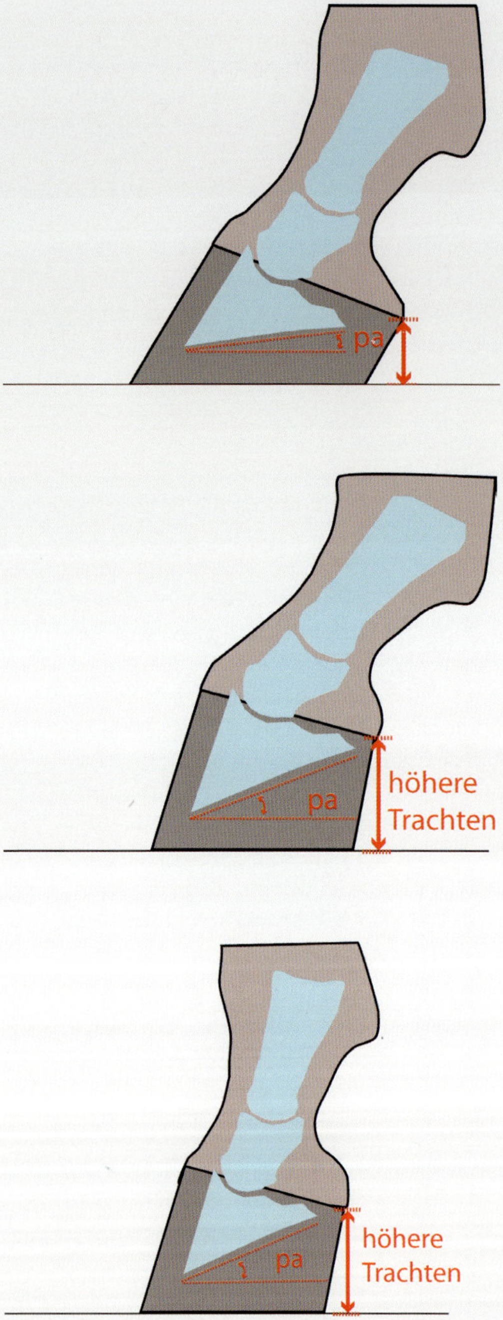

Abb. 3.40: Kommt es infolge einer Schonhaltung aufgrund von Schmerzen, Erkrankungen oder Verletzungen zu einer Vergrößerung des Palmarwinkels (pa) des Hufbeins, so erhöhen sich zwangsläufig die Trachten des Hufes.

wird, wird allein das Hufbein steiler gestellt und es kommt zu einer Hufgelenksflexion (mittleres Bild) oder aber die gesamte Zehenachse wird steiler ausgerichtet (unterstes Bild). In beiden Fällen erfahren die Hufwände hierdurch eine steilere Ausrichtung zum Boden. Das zweite Moment, welches zum Tragen kommt ist die verringerte Gewichtsbelastung des Hufes, die sukzessive zu seiner Verengung führt. Das aufweitende Moment der Hufbiomechanik geht ohne entsprechende Gewichtslast und Benutzung des Hufes verloren. Als drittes Moment kommt häufig eine Veränderung in der Abriebsituation der Hufe hinzu. Ist die Erkrankungs- oder Schmerzsituation so erträglich beschaffen, dass sich das Pferd weiterhin bewegen kann, so kommt es oft zu einem verstärkten Abrieb im Zehenbereich und damit zu einer Verschiebung im vorher bestehenden Abriebgleichgewicht. Aber auch ohne diesen verstärkten Zehenabrieb und bei eingeschränkter Bewegungsfähigkeit des erkrankten oder verletzten Pferdes verschiebt sich das Gleichgewicht. Allein die verminderte Belastung der schmerzhaften Trachtenregion führt letztlich schon zu einem Minderabrieb in dieser Region und im Zusammenhang mit der veränderten Benutzung im Stand zu einer Höhenzunahme.

Ist die Verletzung ausgeheilt oder die Erkrankung überstanden, so bleibt nahezu immer ein im Trachtenbereich höher und enger gewordener Huf zurück. In der Regel gelingt es nicht, diesen Huf zu seiner früheren Trachtenhöhe und Weite zurückzuführen. Versucht man dies, riskiert man zum einen das Wiederaufleben der vielleicht gerade überstandenen Erkrankung, zum anderen legt man den Grundstein für zusätzliche Erkrankungen. Das Hufhorn selbst ist nicht dazu geeignet, dass man über seine Korrektur – in dem Fall das **Niederschneiden der Trachten** – eine dauerhafte Veränderung in der Gliedmaßenaufstellung herbeiführen kann. Letztere wäre aber nötig, um den Palmarwinkel des Hufbeines wieder zu verringern. Entweder muss man hierfür bei der Hufkorrektur dann sehr viel Zwang anwenden – die Trachten müssen in sehr kurzen Abständen und immer wieder nachgeschnitten werden und der Huf muss insgesamt sehr stark eingekürzt werden – was nicht ohne Auswirkungen auf die Gliedmaßengesundheit und das Wohlbefinden des Pferdes bleibt und in Bezug auf die Vorerkrankungen die Gefahr von Rückfällen birgt. Oder, wenn man nicht so heftig zu Werke gehen möchte, produziert man bei dem Versuch, die Trachtenhöhe wieder zu reduzieren, zwangsläufig eine **Verbiegung der Zehenwand**, die sich ebenfalls sehr ungünstig auf die Huf- und Gliedmaßengesundheit auswirkt. Hier sei vor allem auch auf die Gefahr der Hufrehe hingewiesen (siehe RASCH 2010: S. 62 ff und 130 ff).

schon im letzten Jahrhundert detailliert beschrieben wurde (HEIZER 1903; HENKELS 1949), und zum anderen, weil diese Tatsache so zielsicher und stetig immer wieder eintritt, also an Offensichtlichkeit wirklich nichts zu wünschen übrig lässt.

Das Gesagte gilt natürlich nicht nur für Pferde, die aufgrund von Verletzungen oder Erkrankungen in diese hohe und prinzipiell zum eng werden neigende Trachtensituation gekommen sind, sondern auch für alle von Geburt und Veranlagung an steil gefesselten Pferde, die einen hohen Palmarwinkel des Hufbeines aufweisen. Auch die Aufwuchsbedingungen haben hier mitunter entscheidenden Anteil.

Am Beispiel eines Hufes mit Hufgelenksflexion:

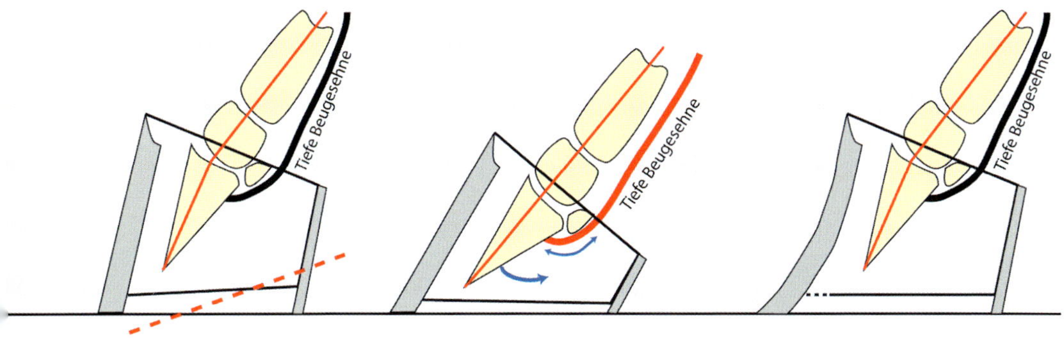

Abb. 3.41a:
Ein Huf mit »zu« hohen, engen Trachten wird in den Trachten gekürzt.

Abb. 3.41b:
Die erhöhte Spannung der tiefen Beugesehne zieht das Hufbein unweigerlich wieder in seine Ausgangsposition zurück.

Abb. 3.341c:
Die Hufgelenksflexion stellt sich wieder ein und das Wandhorn der Zehe gibt unter der Belastung nach. Die Zehenwand verbiegt sich.

Dieses Phänomen, dass das Horn der Zehenwand verbiegt, sobald man daran geht, hohe, enge Trachten durch Kürzen korrigieren zu wollen, ist ein sicheres und eindeutiges Indiz dafür, dass die Trachten nicht niedriger werden können. Wenn es nicht gelingt, die Muskeln, Sehnen und Bänder mittels physiotherapeutischer Maßnahmen in ihre ursprüngliche Lage zu versetzen und so eine flachere Stellung der Zehenknochen wiederherzustellen, so können die Hornwände die Situation nicht stützen. Leider ist diese Tatsache heutzutage einigermaßen unbekannt, was um so unverständlicher ist, als sie zum einen

Mangel an Bewegung, fehlende Bodenreize und das Leben in tiefer Einstreu befördert schon beim Fohlen die Entstehung enger Hufe.[75]

Darüber hinaus entwickeln nicht wenige Pferde eine solche Gliedmaßensituation mit engen, hohen Trachten im Verlauf ihres Erwachsenenlebens, wenn sie unter einer **permanent verspannten Muskulatur** leiden. Auch hier ist nicht geholfen, wenn dem (ohnehin schon schmerzgeplagten) Pferd die hoch und eng gewordenen Trachten niedergeschnitten werden. Die einzige Lösung des Problems besteht darin, die verspannte Muskulatur zu lösen und, damit dies

[75] *Siehe hierzu auch den Abschnitt 3.3.12, S. 179 ff.*

Abb. 3.42a:
Hufe, die zur Bekämpfung der engen hohen Trachten regelmäßig bei der Hufbearbeitung in den Trachten gekürzt wurden. Die Zehenwände zeigen den typischen konkaven Verlauf, der anzeigt, dass die Trachten unter den gegenwärtigen Bedingungen nicht niedriger werden können.

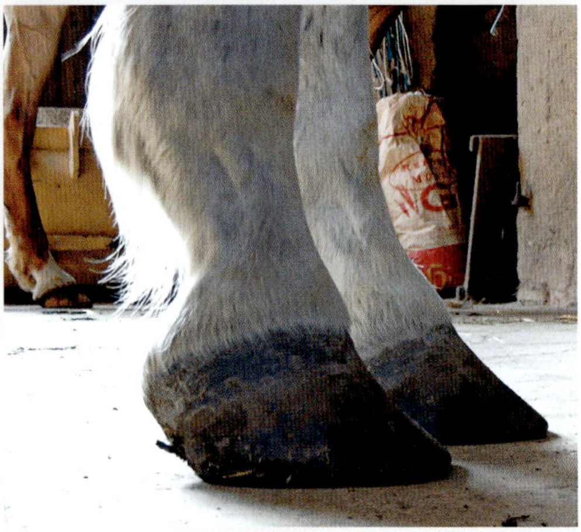

Abb. 3.42b:

Besitzt ein Pferd also sehr hohe, enge Trachten und neigt deshalb zu Strahlfäulnis, so sollte man die Umstände prüfen: Sind allein die Hufe aus der Form geraten, weil die Bearbeitungsintervalle zu lang sind, werden Fehler bei der Hufbearbeitung gemacht oder besteht eine Gebäudeproblematik oder Erkrankung, die zu einer veränderten Belastung oder Nutzung der Füße führt. Allein der Trachtenhöhe »künstlich« abzuhelfen, führt zu keinem Erfolg.

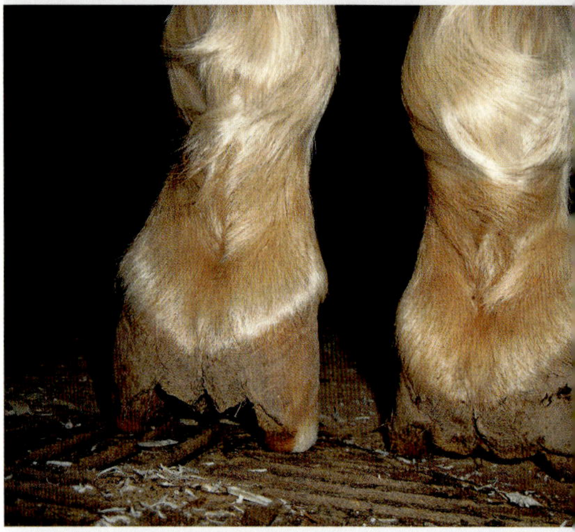

Abb. 3.43a: Rabea im Januar 2005
Bei dieser im Jahr 2005 18-jährigen Stute hat sich durch vernünftige Hufbearbeitung und Verbesserung der Boden- und Auslaufbedingungen noch einiges getan. Die Trachtenhöhe und -enge hat sich über die Jahre vermindert.

Vor 2005 hatte der behandelnde Hufbearbeiter, in dem Falle ein Hufschmied, stets versucht, die Trachten zu reduzieren und die Hufe einander in der Form anzunähern. Rabea lahmte zu dieser Zeit be-

erfolgreich geschehen kann, natürlich die Ursache der andauernden Verspannung zu beheben. Möchte man also an der engen Hufform etwas ändern, die Minderbelastung der Trachten beheben, um die Hufe weniger anfällig für Strahlfäulnis zu machen, so muss man das Grundproblem lösen. Ohne dies geleistet zu haben, verschlechtert man lediglich die Situation für das Pferd und seine Hufe, wenn man ihm die Trachten verkürzt.

Eine letzte Ursache für manches Fäulnisproblem am Strahl soll nicht unerwähnt bleiben. Es sind dies die sogenannten **Strahlmilchtaschen**, unter denen manche Pferde zeitweise oder auch durchgängig leiden. Diese Strahlmilchtaschen sind aller Wahrscheinlichkeit nach einer übermäßigen Aktivität der im Strahlkissen befindlichen Strahldrüsen geschuldet.

Warum diese überaktiv sind und größere Mengen Strahlmilch absondern, ist genauso wenig bekannt, wie ihre prinzipielle Funktion. Es gibt Vermutungen, dass ihr Sekret das Strahlhorn feucht und elastisch halten soll. Das wird durch die sehr geringe Zahl dieser Drüsen allerdings auch wieder in Frage gestellt (BOLLINGER; GEYER 1992: S. 279). Ob manche Pferde über eine größere Anzahl dieser Drüsen verfügen

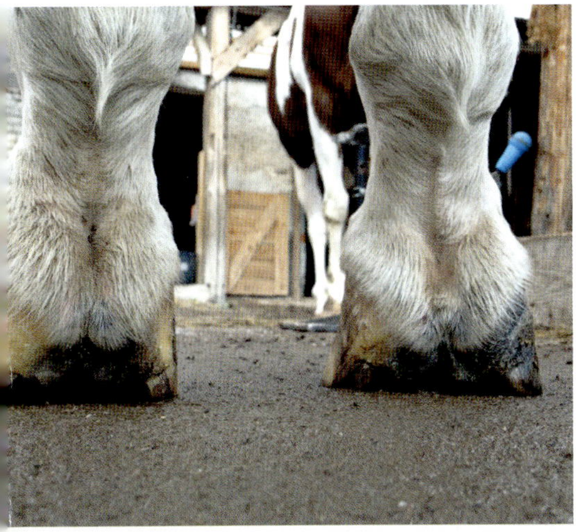

Abb. 3.43b: Rabea im Juli 2013

reits seit zwei Jahren immer wieder. Man wusste nie, ob man sie zum Unterricht einsetzen konnte. Die tierärztliche Untersuchung (inklusive Röntgen und diagnostischen Anästhesien) hatte kein Ergebnis erbracht. Mit der Umstellung der Hufbearbeitung verschwand die Lahmheit. Sie ging noch viele Jahre als Schulpferd, bis sie als Freizeitpferd in private Hände verkauft wurde.

(Rechtes Foto: Alexander Decker)

oder ob die vorhandenen, wenigen Drüsen einfach aktiver sind, ist ungeklärt. Fakt ist, dass sich bei manchen Pferden Strahlmilchtaschen bilden, weil beträchtliche Mengen Strahlmilch in mehr oder weniger großen Blasen im Strahlhorn ablagert werden. Diese werden in der Regel dann erst bei der Hufbearbeitung entdeckt.

Abb. 3.44: Große Strahlmilchtasche bei einem Haflinger. Hannes hat diese Strahlmilchtaschen durchgängig. Er war lange stark übergewichtig, hatte Hufrehe und ist auch heute immer wieder dicht an der Grenze zur Rückkehr zum Equinen Metabolischen Syndrom (EMS). Die Besitzerin trägt deshalb Sorge, dass er neben möglichst viel Arbeit nur sehr begrenzten Zugang zum Gras hat. Diese Strahlmilchtaschen finden sich häufig bei EMS-Pferden.

Durch die Taschenbildung ist die Oberfläche des Strahls leichter angreifbar für Strahlfäulnis, da sich ständig Schlupflöcher für Schmutz und Bakterien finden. Die Besitzer dieser Pferde haben hierdurch auch bei weiter Hufform und an und für sich kräftiger Strahlentwicklung mehr Pflegeaufwand, um die Hufe fäulnisfrei zu halten.

Besonders häufig sind von diesem Phänomen Haflinger und Tinker betroffen. Auch kann man beobachten, dass Pferde mit Stoffwechselproblemen – insbesondere EMS (Equines Metabolisches Syndrom) und Sommerekzem – mit dem Problem der Strahlmilchtaschen zu kämpfen haben. Bei manchen Pferden treten die Strahlmilchtaschen nur saisonal auf, dann zumeist im Frühjahr (März bis Anfang Mai) und im Herbst (Oktober/November).

3.3.8 Hufkrebs

»Die vollständige Resektion des Strahles ist eine valuable Therapiemethode zur Behandlung von ausgedehntem Strahlkrebs. Diese Therapieform wird auch gut ertragen, wenn

gleichzeitig vier Hufe behandelt werden müssen. Die Prognose für diese Erkrankung nach chirurgischer Therapie kann als vorsichtig bis günstig bezeichnet werden. Das Risiko eines Rezidivs nach aggressiver, chirurgischer Behandlung wie im hier beschriebenen Fall ist gering aber nicht ausgeschlossen.« (RIEGERT et al. 2008: S. 176)

Sieht sich der Pferdebesitzer mit der Diagnose Hufkrebs konfrontiert, besteht das Therapieangebot in der Regel in der Operation der betroffenen Hufe bei gleichzeitig »vorsichtig bis günstiger« Prognose. Das heißt, ob der Hufkrebs mit der angebotenen Therapie geheilt werden kann, ist ungewiss, man kann es nur hoffen. Nicht wenige der gegen Hufkrebs behandelten Pferde erleiden früher oder später Rückfälle. Das ist bekannt, man weiß jedoch nicht, warum dies so ist. Die geringe Erfolgsquote und hohe Rückfallrate bei der Behandlung von Hufkrebs hat dazu beigetragen, dass sich der im eigentlichen unpassende Name »Hufkrebs« auch heute noch hält. Früher hatte man tatsächlich angenommen, dass es sich dabei um eine Art tumoröses Geschehen am Huf handelt. Heute weiß man, dass dem nicht so ist.

»Während die älteren deutschen Schriftsteller das Leiden für Feig- oder Feuchtwarzen erklärten, sprachen sich französische Autoren zuerst für die krebsige Natur desselben aus. In England schloß man sich bald letzterer Ansicht an, die später auch in der deutschen Litteratur [sic] viele Anhänger fand, und zwar vornehmlich veranlasst durch die Hartnäckigkeit des Leidens der Behandlung gegenüber.« (MÖLLER 1906: S. 169)

Es handelt sich beim Hufkrebs nicht um eine Krebserkrankung, sondern um einen chronischen Reizungs- und Entzündungsprozess der Huflederhaut. Ausgelöst wird dieser durch »spezifische Schädlichkeiten« (ebenda: S. 171), das sind beispielweise offene Verletzungen der Lederhaut, durch Stiche, Schnitte oder ähnliches, lokale Infektionen oder ständige mechanische Traumen, die auf die Lederhaut einwirken. Allen voran spielt die **Strahlfäulnis als Wegbereiter** einer Hufkrebserkrankung eine große Rolle. Die häufigste Form des Hufkrebses ist nicht zuletzt aus diesem Grunde der sogenannte Strahlkrebs. Die Strahlfäulnis sorgt für eine Bloßlegung und permanente Reizung der Strahllederhaut. Ungeeignete Pflegemittel und Medikamente – dazu zählen

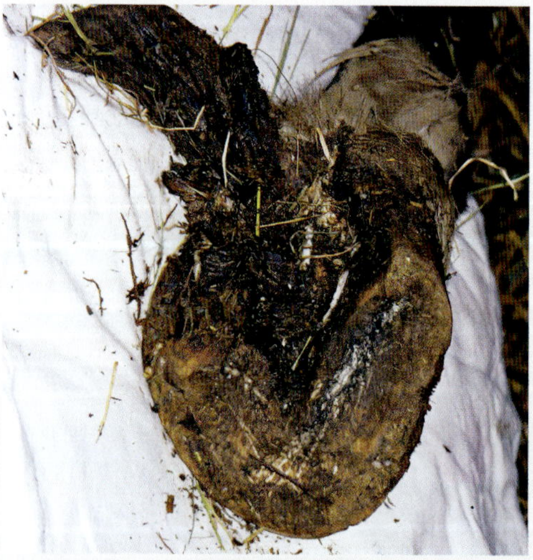

Abb. 3.43a

Abb. 3.45b

Hornwucherungen (links) und käsig-schmieriges Horn, aus welchem es leicht blutet (rechts), kennzeichnen den Hufkrebs. (Fotos: Astrid Arnold)

alle scharfen, ätzenden und austrocknenden Mittel – reizen die Lederhaut zusätzlich und führen nicht selten auch zur direkten Beschädigung der empfindlichen Basalzellschicht der Epidermis. Befindet sich die Lederhaut einmal im Zustand chronischer Entzündung, ist sie nicht mehr in der Lage normales Horn zu produzieren. Es kommt zur Bildung eines käsig, schmierigen, unangenehm riechenden Hornes, welches sich nicht verfestigt und nicht belastbar ist. Bei Berührung fangen die betreffenden Stellen im Huf leicht an zu bluten. Zusätzlich hierzu entstehen oft auch Hornwucherungen, die wie wildes Fleisch in alle Richtungen streben und dysfunktional vom Huf abstehen.

Die frühere wie die heutige Behandlung von Hufkrebs erfolgt so, als hätte man tatsächlich eine Krebsgeschwulst vor sich.[76] Schulmedizinisch hat die gründliche Entfernung alles »befallenen« Gewebes oberste Priorität. Dabei war man sich lange einig, dass es darum ginge, das erkrankte Gewebe »radikal bis ins Gesunde« abzutragen (LITZKE 2012: S. 253).

> *»Hufkrebs ist schwer heilbar. Die einzige Möglichkeit liegt in einer Operation, bei der der Strahl und alle erkrankten Teile mit Lederhaut vollständig entfernt werden, einschließlich der Sohle.« (NASSAU 2006: S. 174)*

Mittlerweile werden jedoch warnende Stimmen laut (ARNOLD 2009 und BOOTH; WHITE 2009: S. 237). Nicht nur, dass ein aggressives und großzügiges Vorgehen mit dem Skalpell die Keimschichten des Hornes und die Lederhäute übermäßig beschädigt, oft wurden und werden dabei auch Teile des Hufkissens oder der Hufknorpel unwiderruflich entfernt. Der Huf wird hierdurch nachhaltig und völlig unnötig geschädigt.

Noch einmal, es handelt sich nicht um Krebs, und auch wenn man dies mittlerweile (besser) weiß, ficht man mit dem Herausschneiden wie in alten Zeiten[77] einen Kampf gegen alles »tumoröse« Gewebe und wie beim Hautkrebs wird großzügig umschnitten, um auch noch jede verirrte »Krebszelle« zu erwischen. Die Hufkrebsoperation geht weit über eine normale Wundtoilette hinaus, bei der abgestorbenes oder infiziertes Gewebe entfernt wird.

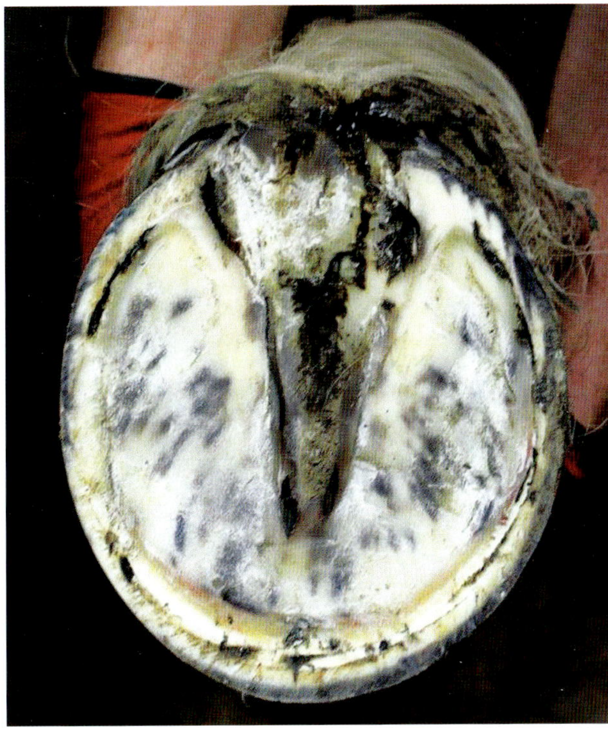

Abb. 3.46: Diesem Pferd wurden bei der Hufkrebsoperation auch Teile des Strahlkissens entfernt – es wird keinen normalen Strahl mehr ausbilden können, was für den Huf eine Katastrophe darstellt. (Foto: Astrid Arnold)

Es handelt sich beim Hufkrebs, wie man heute weiß, um eine chronische Reizung und Entzündung der Lederhaut, also im eigentlichen um eine **chronische Wundheilungsstörung**. Als solche sollte sie behandelt werden. Das heißt, es ist alles dafür zu tun, die Wundheilung zu unterstützen und alle diese Heilung störenden Faktoren abzustellen. Eine maßgebliche Rolle spielt hierfür die Herstellung einer Hufsituation, die die Lederhaut nicht mehr beengt und reizt.

76 Der Tierarzt EBERLEIN bestrahlte Hufkrebs auch mit Röntgenstrahlen (GEYER 2003: S. 7).

77 Damals kam auch gern noch das Brenneisen oder Glüheisen zum Einsatz (MÖLLER 1906: S. 181).

Erfolgreiche Therapie des Hufkrebses	
Maßnahmen, welche die Wundheilung fördern	**Maßnahmen, welche die Wundheilung stören**
• lose Hornanteile werden entfernt, um Zugang zur Versorgung der erkrankten Bereiche zu haben • die veränderten, ungesunden Gewebeanteile werden mit einem Wasserstrahl aufgeweicht und abgespült • gezielte Wundversorgung: milde Desinfektion (nichts was einer Wunde schadet!), Tamponaden, Rivanolbäder, Antibiogramm zur Auswahl des richtigen Antibiotikums • zeitweise Schutzverbände im Wechsel mit sauberer Koppel ohne Verband • Abstellen der ungünstigen Hufsituation durch konsequente sachverständige Hufbearbeitung • Sauberkeit und Hygiene, weder zu trockene noch zu feuchte Bodenbedingungen	• Ständige Neuverletzung und Reizung der entzündeten Gewebe durch blutiges Nachschneiden • Aufbringen ätzender Medikamente • Anwendung austrocknender Mittel sowie extremes Trockenstellen des Hufes • Druckverbände • Nichtabstellen von ungünstigen Hufsituationen

Beachtet man diese Dinge und **pflegt** das erkrankte Gewebe anstatt ihm mit Skalpell, Laser und ätzenden Jodkristallen[78] zu Leibe zu rücken und ihm dadurch die Heilung zu erschweren und den Schaden zu vergrößern, dann kann man den Hufkrebs besiegen und Rückfälle verhindern. Wichtig ist es dafür, die Hufsituation in Augenschein zu nehmen, da hier eine der Hauptursachen für die Unterhaltung des Hufkrebses liegt. Auch wenn jegliche Infektionsgefahr durch perfekte Hygiene und Sauberkeit gebannt ist, so kann die Lederhaut doch nicht heilen, wenn sie permanent mechanische Traumen erleidet. Quetschungen der Lederhaut, wie sie durch ungünstige Trachten- und Eckstrebensituationen verursacht werden, führen immer wieder zu neuen Entzündungen und lassen den Hufkrebs nicht abheilen bzw. stets neu aufleben.

Hinsichtlich der Ursachen des Hufkrebses scheint die frühere Streitfrage, ob es sich um ein konstitutionelles oder lokales Leiden handelt, dahingehend entschieden zu sein, dass es eine rasse- oder gentechnisch veranlagte **Prädisposition** zu dieser Erkrankung gibt, es aber letztlich stets ein konkreter Anlass ist, der den Hufkrebs hervorruft. Das heißt, auch ohne Prädisposition kann ein Pferd an Hufkrebs erkranken, wenn der Anlass hierzu gegeben ist. Anlass gibt in allererster Linie die vernachlässigte Hufpflege und Stallhygiene, in zweiter Linie permanente lokale Lederhautquetschungen durch ungünstige Hufzustände und an dritter Stelle Verletzungen des Hornschuhs mit nachfolgenden Infektionen und Langzeitanwendung ungeeigneter, weil reizender Medikamente und Pflegemittel.

Die Rolle der konkreten Hufsituation bei der Entstehung und Unterhaltung des Hufkrebses wird oft verkannt, aber sie erklärt, dass sich viele Pferdebesitzer trotz saubersten Haltung und regelmäßiger Hufpflege mit dieser Erkrankung konfrontiert sehen.

Als prädisponiert für die Erkrankung Hufkrebs gelten die kaltblütigen Rassen und Pferde des schweren Typs. Bei ihnen finden sich auch

[78] *»Nachdem die Platte (des Deckelhufeisens, K.R.) befestigt war, wurde die Wunde mit Jodkristallen bedeckt, die eine aggressive, ätzende Wirkung haben und alle verbliebenen krankhaften Zellen abtöten« (NASSAU 2006: S. 175).*

Erkrankungen wie die Warzenmauke, die bei anderen Rassen nicht auftritt. Häufig konnte Warzenmauke (Straubfuß) früher parallel zu einer Hufkrebserkrankung beobachtet werden. In den vergangenen Jahrhunderten fielen jährlich tausende Kaltblüter dem Hufkrebs zum Opfer, was immense volkswirtschaftliche Schäden mit sich brachte (ALBRECHT 2006: S. 153). Und es zeigte sich, dass diese Prädisposition wohl auch vererbt wurde, also bestimmte Zuchtlinien besonders gefährdet waren, an Hufkrebs zu erkranken.

»Um 1930 erkannte Hans Jöchle, dass der Hengst Maximilian, das Idealbild des Süddeutschen Kaltblutes, der deswegen für die damals astronomische Summe von 17.500 Reichsmark von der bayerischen Staatsregierung ersteigert worden war und auf dem Staatsgestüt Achselschwang ausgelesene Stuten bediente, nicht nur vorzeitig aus dem Deckgeschäft wegen unheilbarem Hufkrebs ausscheiden musste, sondern die Disposition für Hufkrebs an die meisten seiner Nachkommen vererbt hatte.« (ebenda)

Auch dem bovinen Papillomavirus wird mittlerweile eine aktive Rolle bei der Entstehung von Hufkrebs zugeschrieben (SCHOSTER 2008).

In jedem Fall muss zur vorhandenen Prädisposition stets ein auslösender Faktor hinzutreten, um ein Pferd an Hufkrebs erkranken zu lassen. Hier ist die Prophylaxe gefragt: Regelmäßige Hufpflege, physiologische Hufsituationen, saubere Stallbedingungen, sachgerechte Versorgung von etwaigen Wunden und Verletzungen, kein Einsatz von hornzerstörenden, austrocknenden und die Lederhaut reizenden Mitteln bei Strahlfäulnis oder Hufgeschwüren sind wichtige Maßnahmen um Hufe vor Hufkrebs zu schützen.

Ist der Hufkrebs bereits ausgebrochen, so ist es für eine erfolgreiche Therapie ausschlaggebend, die **Hufzustände zu verbessern**. Die flankierenden Maßnahmen, wie die Wundversorgung und der Einsatz geeigneter Medikamente können nur greifen, wenn ersteres gelingt.

»Erfolgt diese allgemeine Hufsanierung nicht, zeigt sich Hufkrebs therapieresistent oder bricht nach kurzen Phasen scheinbaren Heilungserfolges stets wieder aus« (ARNOLD 2009: S. 9). Diese Minimierung der unphysiologischen Druckverhältnisse gelingt am zielsichersten, wenn der Huf unbeschlagen ist.

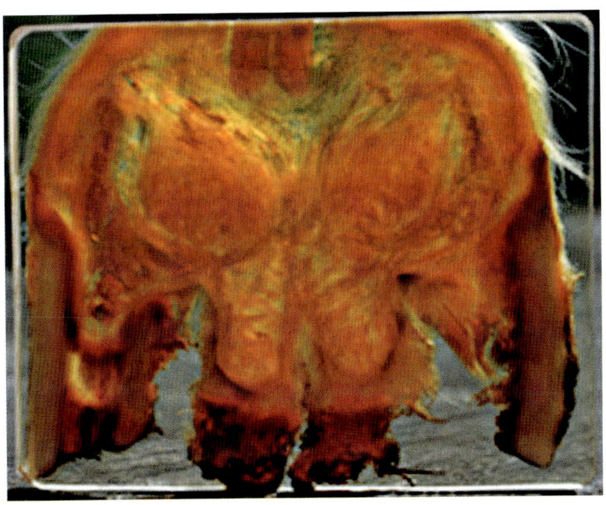

Abb. 3.47: Scheibenplastinat eines Hufkrebshufes.

(Präparat: Astrid Arnold)

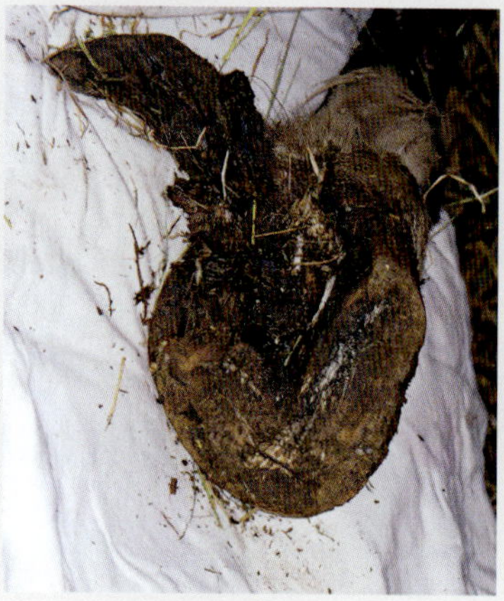

Abb. 3.48a
Liberty …

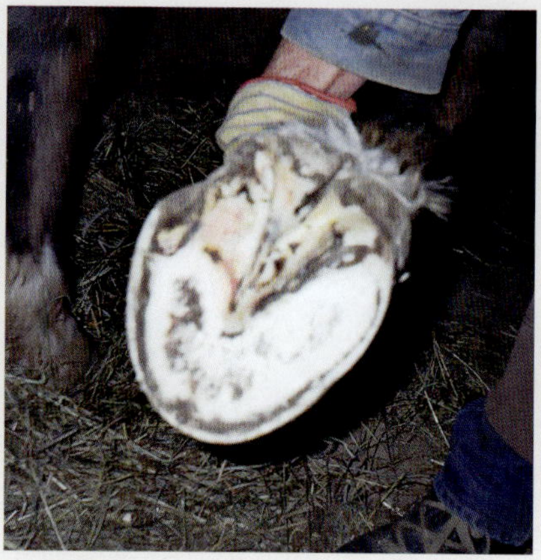

Abb. 3.48b
… drei Monate später.

Abb. 3.48c
Nicki …

Das gilt auch, wie man an dem folgenden Fall sehen kann, wenn der Hufkrebs nicht mehr nur auf den Strahlbereich und die Eckstreben beschränkt ist, sondern wie im Fall des Kaltblutes Boris bereits auf die Wand übergegriffen hat.

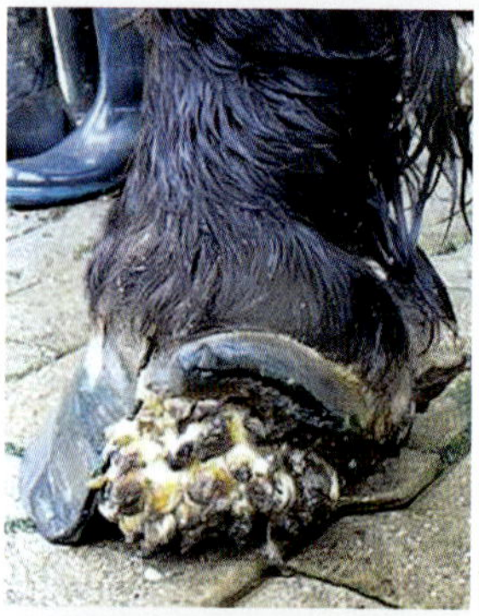

Abb. 3.49a
Oktober 2007:
Der Kaltblutwallach Boris litt unter ausgedehntem Hufkrebs in der medialen Wand seines rechten Vorderhufes. Die massiven Wucherungen schieben Kronsaum und Wand nach oben.

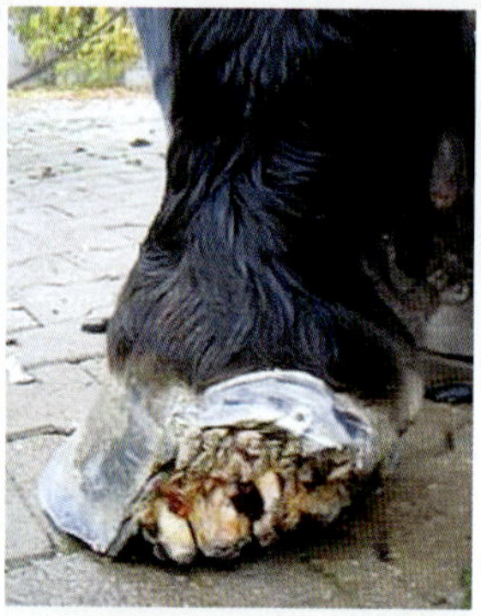

Abb. 3.49b
November 2007:
Der Kronrand normalisiert sich langsam.

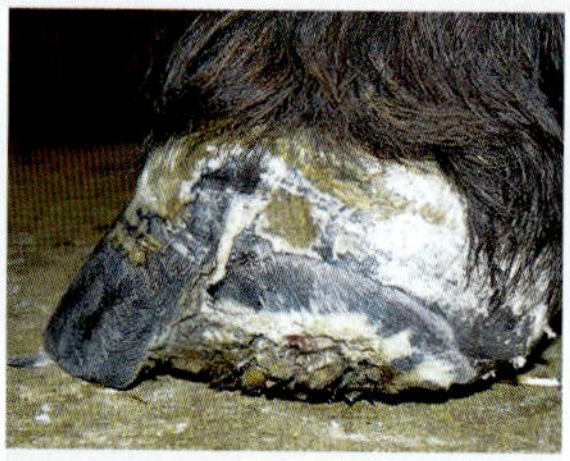

Abb. 3.49c
Januar 2008:
Die Wand wächst herunter.

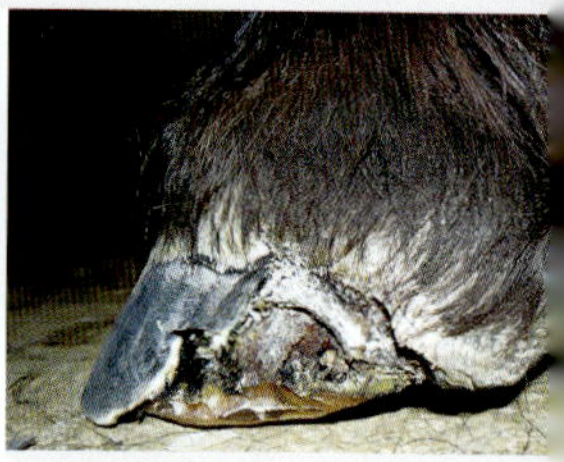

Abb. 3.49d
August 2008: Die Hufwand wurde entfernt, damit sich Dreck und Fäulnis nicht festsetzen kann; ein schwerwiegender Fehler, wie sich zeigt:

Abb. 3.49f
August 2008:
Die Wand wurde entfernt.

Abb. 3.48d
... vier Monate später. (Fotos: Astrid Arnold)

3.3.9 Hufrollenerkrankungen

> *»Heilung ist nur in den Anfangsstadien möglich, wenn den Pferden lange Zeit hindurch Ruhe gewährt wird. In fortgeschrittenen Fällen ist das Leiden unheilbar.« (GUTENÄCKER 1901: S. 310)*

Diese Aussage gilt heute genauso wie früher, trotz der Fortschritte auf dem Gebiet der Veterinärmedizin und den damit neu zur Verfügung stehenden Therapiemethoden und Medikamenten. Ein Pferd, welches am Hufrollensyndrom erkrankt ist, ist **unheilbar** erkrankt. Die pathologischen Veränderungen, die stattgefunden haben, sind irreparabel und können lediglich durch die Schonung des Tieres aufgehalten werden.

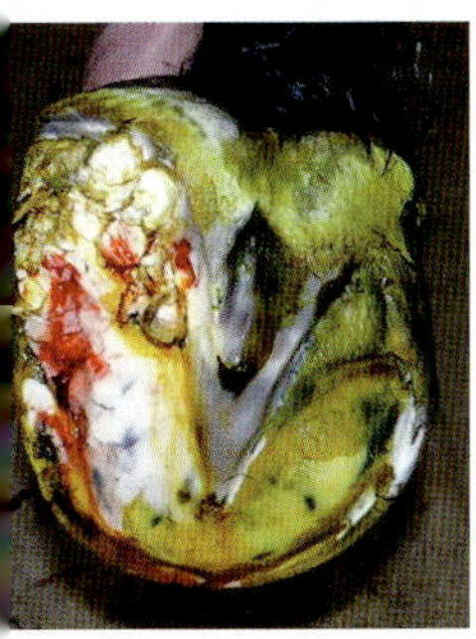

bb. 3.49g
ktober 2008: Darauf bilden ch erneut starke Hornwu- erungen, ein Rückschlag.

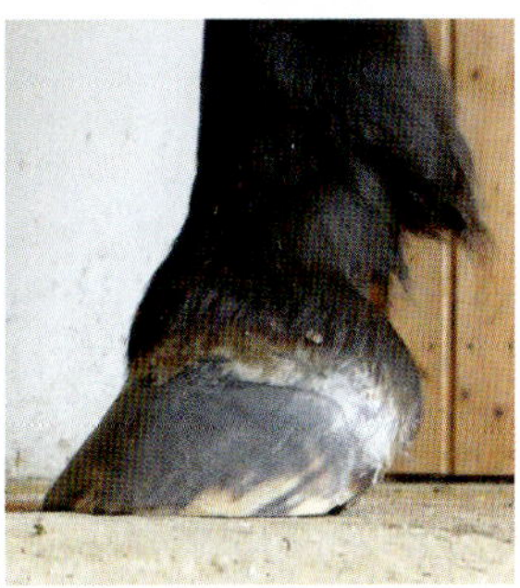

Abb. 3.49e
Juni 2009: Die mediale Wand ist gesund, der Hufkrebs besiegt.

Dennoch folgt auf die Diagnose »Hufrolle« nahezu immer der therapeutische Vorschlag »Beschlag«. Das ist gelinde gesagt merkwürdig: Stellt man sich bei **Schonung** nicht ein Pferd auf der Wiese vor? Ein Pferd, welches nicht geritten oder gefahren wird, sondern seinen Tag hauptsächlich mit Fressen und selbstgewählter Bewegung verbringt? Inwiefern benötigt ein solches Pferd einen Beschlag? Es handelt sich bei dem empfohlenen Beschlag natürlich um einen **orthopädischen** Beschlag. Ein Hilfsmittel also, welches es dem Pferd ermöglichen soll, trotz seiner irreversiblen Schäden im Bereich der Hufrolle[79] möglichst schmerzfrei laufen zu können. Gelingt dieses Vorhaben »Schmerzfreiheit«, wird das Pferd dann auch fast ausnahmslos weiter genutzt. Also keine Schonung! Und das bedeutet, die Schäden schreiten fort. Insofern, das sollte man sich klar machen, stellt der orthopädische Beschlag in diesem Fall genaugenommen das Gegenteil einer Therapie der Hufrollenerkrankung dar.

Dieser hufrollenbeschlagskritische Gedanke ist nicht sehr verbreitet. Vielmehr wird dem orthopädischen Beschlag explizit eine gute therapeutische Wirkung zugeschrieben. Man möchte mit dem Beschlag eine **Schonung** des erkrankten Hufrollenkomplexes erreichen. Der Beschlag soll das Abrollen erleichtern und die tiefe Beugesehne entlasten. Weshalb ist aber hierfür ein Beschlag nötig? Es ist doch nichts leichter als das, einem Barhuf das Abrollen zu erleichtern und ihm zu ermöglichen, dass die tiefe Beugesehne Entlastung findet. Ein Pferd welches sich schonen darf und schmerzhafte Veränderungen im Bereich der Hufrolle hat, wird seinen Gang und seinen Stand so verändern, dass es ein leichtes ist, ihm barhuf zu **kurzen Zehen und höheren Trachten** zu verhelfen – zu den beiden Momenten also, die man mühsam mit Maßnahmen wie Zurücklegen des Eisens, Anbringen einer guten Zehenrichtung und künstlicher Trachtenerhöhung durch Keile und verdickte Schenkelenden zu erreichen versucht. Mühsam ist letzteres, weil diese Maßnahmen am Huf selbst stets das genaue Gegenteil bewirken: a) Die Trachten werden durch die größere Druckbelastung, der sie durch die Keile ausgesetzt sind[80],

[79] Zur anatomischen Struktur der Hufrolle siehe auch S. 32.
[80] Siehe KLUNDER (2000).

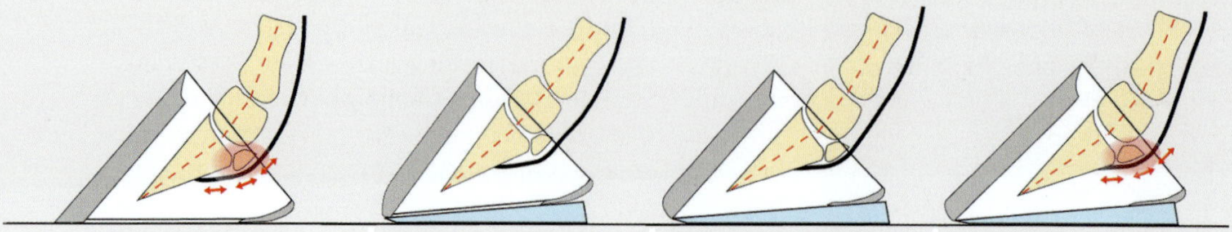

Abb 3.50a:
Diagnose »Hufrolle« – Womöglich liegt eine ungünstige Hufsituation vor, die Hufrollenregion ist durch Hyperextension stark belastet.

Abb 3.50b:
Abhilfe durch orthopädischen Beschlag – Verkürzte Zehe, Zehenrichtung, zurückgesetztes Eisen und Trachtenerhöhung durch Keile oder verdickte Schenkelenden.

Abb 3.50c:
Die künstliche Erhöhung erhöht den Druck auf die Trachtenregion und lässt die Trachten mehr unterschieben. Der Huf wird hinten niedriger und vorn höher.

Abb 3.51d:
Die Zehenwand wächst nach und kann nicht abgerieben werden. Der nach hinten gekippte Huf, stellt die Zehenwand schräg. Das Abfußen wird erschwert, die Belastung der Hufrollenregion ist hoch. Beim Umbeschlagen muss das Pferd aus dieser Situation herausgeholt werden, u. U. mit höheren Keilen, da die Trachten kollabiert sind.

niedriger, sie schieben unter bzw. rollen ein. b) Die Zehe wird durch den Höhenverlust im hinteren Hufbereich schräger, da der Huf nach hinten gekippt wird. c) Die Zehenwand wird länger, da sie beständig nachwächst, sich das Pferd dieses Horn aber auf dem Beschlag nicht ablaufen kann.

Der Huf selbst verschlechtert seine Situation also in der Regel auf diesem Beschlag, wodurch die Belastung der erkrankten Hufrollenregion steigt. Man verunmöglicht es dem Pferd, seinen kranken Fuß in eine Entlastung bringende Form wachsen zu lassen. Früher hat man gegen diese Entwicklung von zu hohen und engen, weil minderbelasteten, Trachten, explizite Gegenmaßnahmen ergriffen und mit Erweiterungseisen, Rillen schneiden und Dünnraspeln der Trachtenwände versucht diesen Prozess der Verengung aufzuhalten.[81] Aufhalten lässt sich dieser Prozess jedoch nur in dem Maße, in dem die Schmerzen aus dem Bereich der Hufrolle nachlassen. Die genannten Gegenmaßnahmen tragen dazu leider nicht bei, sondern sie verursachen dem Pferd vielmehr zusätzliche Schmerzen.

Bei einer definitiven Erkrankung des Hufrollenkomplexes hilft nur die Schonung des erkrankten Bereiches und diese wird am besten erreicht durch maßvolle Bewegung und entlastende Hufform. Um so früher man damit beginnt, umso besser kann das Fortschreiten der Erkrankung hinausgezögert werden.

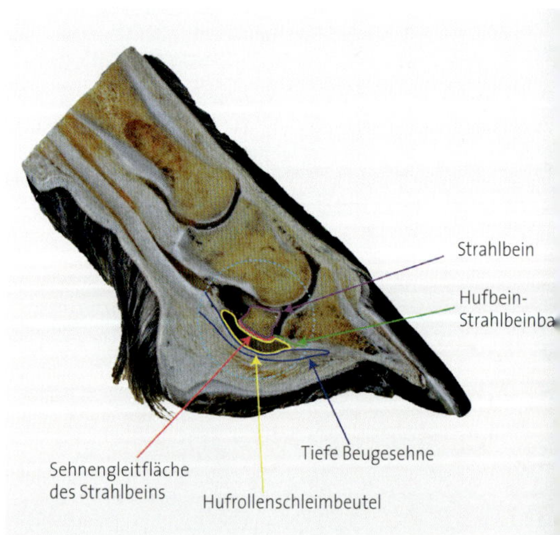

***Abb. 3.52:** Der Bereich der Hufrolle wird gebildet aus dem Strahlbein, dessen Bandapparat, dem Hufrollenschleimbeutel und dem Endabschnitt der tiefen Beugesehne.*

[81] *Siehe hierzu auch den Abschnitt 1.3, S. 46 ff.*

Am Hufrollenkomplex sind verschiedene Strukturen beteiligt, die jede für sich oder auch alle gemeinsam erkranken können. Man kann das Hufrollensyndrom in drei verschiedene Krankheitsfelder unterteilen:

1. Die Erkrankung der eigentlichen Hufrolle (Podotrochlose):
   Hier sind der Hufrollenschleimbeutel, die Sehnengleitfläche des Strahlbeines und die Kontaktfläche der tiefen Beugesehne betroffen. Ein reibungsloses Gleiten wird unmöglich und jeder Schritt des Pferdes treibt die Schädigung der drei Strukturen voran.
2. Die Podarthritis:
   Durch eine chronische Drucksteigerung im Hufgelenk kommt es zur Zunahme, Ausweitung, Verzweigung und kolbiger Deformierung der Strahlbeinkanäle (canales sesamoidales). Die Lahmheit wird zunächst durch Entzündung im Hufgelenk verursacht. Die Veränderungen am Strahlbein können dann jedoch dazu führen, dass dieses an Stabilität verliert und ebenfalls Schaden nimmt.
3. Die Erkrankungen des Bandapparates des Strahlbeines (Insertionsdesmopathien):
   Zahlreiche Aufhängebänder befestigen das Strahlbein an den umliegenden Knochen und Hufknorpeln. Durch übermäßige Zugbeanspruchung kann es im Ansatzbereich jedes dieser Bänder zu Schädigungen kommen. Entzündungen und Reparationsprozesse führen zu knöchernen Zubildungen an den Rändern des Strahlbeines (HERTSCH 2007: S. 4 f).

Wird das Hufrollensyndrom so weit gefasst, also über die Erkrankung der »eigentlichen Hufrolle« hinaus, so besteht nun doch die Chance, dass ein Besitzer, welcher für sein Pferd die Diagnose Hufrollenerkrankung erhält, dieses auch wieder lahmfrei bekommen kann. Zwar sind die knöchernen Zubildungen an den Strahlbeinrändern oder die Veränderungen in der Zahl und Form der Gefäßkanäle ebenfalls irreversibel, aber sie sind nicht gleichbedeutend mit dem Vorhandensein von Schmerzen. Sind die Entzündungsprozesse im Bereich der Bänder oder im Hufgelenk behoben, so bleibt zwar eine pathologische und röntgenologisch sichtbare Veränderung zurück, aber das Pferd kann durchaus lahmfrei sein.

***Abb. 3.53:** Das Strahlbein von unten gesehen. Hier führen größere Gefäßkanäle in den Knochen, die sich in Anzahl und Form von Pferd zu Pferd unterscheiden. Mit zunehmendem Alter des Pferdes nimmt ihre Anzahl und Ausprägung zu, aber auch eine starke Belastung sowie die Drucksteigerung im Hufgelenk führen zur Ausweitung der Strahlbeinkanäle. Von ihrem Vorhandensein geht kein Schmerz aus.*

Anders liegt die Sache, wenn die Entzündungen des Hufrollenschleimbeutels zu einer Veränderung an der Kontaktfläche der tiefen Beugesehne geführt haben. Das zieht unweigerlich eine **Beschädigung der Sehnengleitfläche** des Strahlbeines nach sich und andersherum verhält es sich ebenso. Wo der Zerstörungsprozess seinen Anfang nimmt, ist unterschiedlich und bleibt meist auch im Dunkeln. Entscheidend ist, dass eine Erkrankung der einen Struktur in diesem Bereich der eigentlichen Hufrolle zwangsläufig die Erkrankung der beiden anderen nach sich zieht.

Die einzige Möglichkeit, diesen Prozess aufzuhalten, ist, ihn frühzeitig zu erkennen und dem Pferd durch Schonung die Möglichkeit zu geben, die Schäden auf kleinstem Niveau zu halten bzw. sogar auszuheilen. Lautet die Diagnose also bspw. akute Entzündung des Hufrollenschleimbeutels, so besteht die Chance, die Entzündung durch strikte Schonung und entsprechende therapiebegleitende Maßnahmen zum Abheilen zu bringen. Zu den therapiebegleitenden Maßnahmen zählen heilungsfördernde Medika-

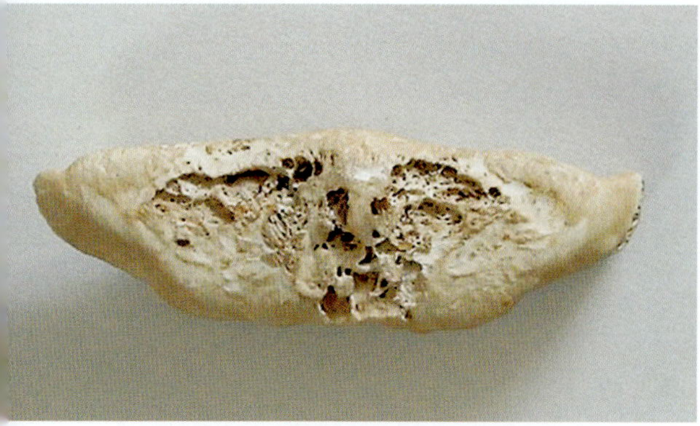

***Abb. 3.54:** Die Sehnengleitfläche dieses Strahlbeins ist zerstört. Mit einem solchen Schaden ist ein schmerzfreies Laufen nicht mehr möglich. Bevor die Schädigung ein solches Ausmaß annimmt, kann Schonung und entlastende Hufform helfen, das Fortschreiten zu verlangsamen. Aber auch bereits kleine Knorpeldefekte oder Auffaserungen der Sehne sind Störfaktoren beim reibungslosen Gleiten und ziehen deshalb unweigerlich die weitere wechselseitige Zerstörung der sich ständig kontaktierenden Gewebe nach sich.*

mente oder auch die Stoßwellentherapie[82] aber in keinem Fall der orthopädische Beschlag. Letzterer wirkt sich nicht nur durch die oben aufgezeigte ungünstige Wirkung auf die Hufsituation negativ aus, er belastet die Hufrollenregion auch unmittelbar durch **zusätzliches Gewicht** und durch das ihm eigene »Bodenbeharrungsvermögen« auf einsinkbaren Böden. Die Vorteile, die mit dem Beschlag hergestellt werden sollen, kurze Zehe, höhere Trachtenregion können fast immer mit geeigneten Maßnahmen am Barhuf hergestellt werden.
Eine Sache, die sich barhuf nicht herstellen lässt, ist die Vergrößerung der Unterstützungsfläche, wie sie mit Eiereisen oder verlängerten Schenkeln angezielt wird. Dies soll dem Pferd das Gehen (im eigentlichen Arbeiten) im weichen Boden (Reithallensand) ermöglichen, indem es verhindert, dass der Huf im hinteren Bereich zu stark einsinkt. Ein Pferd mit Schmerzen im Hufrollenbereich, mit welchem nicht gearbeitet wird, wird jedoch selbst beim Laufen in einem Sandpaddock vermeiden, dass seine barfüßigen Trachten über die Maßen einsinken. Es benötigt hierfür keine verlängerte Unterstützungsfläche. Mit einer solchen beschlagen, sorgen auf der Koppel wie auch im Sand, und schlimmer noch im Matschpaddock, Gras, Sand und Matsch dagegen für ein »Festhalten« der nach hinten verlängerten Eisenauflage. Der Fuß muss gegen ein zusätzliches **»Bodenbeharrungsvermögen«** aus dem Erdreich oder der Grasmatte abgehoben werden, was den Hufrollenbereich stark belastet. Der Beschlag eines Hufrollenpatienten wirkt sich also in erster Linie positiv auf die Bewegung des **genutzten** Pferdes aus, ist also eher das Gegenteil einer erwünschten positiven Wirkung auf die erkrankte Region.

> *»Relativ günstig ist die Beurtheilung, wenn das Leiden frühzeitig erkannt und dem Thiere eine 3–6monatliche Ruhe oder Weidegang gewährt werden kann. In einem solchen Falle **kann** eine Ausheilung erhofft werden, sie tritt aber nicht bei jeder Erkrankung ein.« [Hervorh. im Original] (GUTENÄCKER 1901: S. 310)*

Um abschätzen zu können, wie gut die Heilungschancen sind und welche therapeutische Unterstützung möglich ist, ist es unumgänglich, die erkrankten Strukturen genau zu bestimmen. Die bildgebende Diagnostik liefert heute hierfür gute Möglichkeiten.
In der Praxis begegnen mir allerdings immer wieder Besitzer, deren Pferde als hufrollenkrank diagnostiziert sind, ohne dass der Schaden exakt bestimmt und der Sitz des Schmerzes tatsächlich lokalisiert wurde. Ganz häufig erfolgt die Diagnosestellung auf Grundlage von Röntgenbildern, die **veränderte Gefäßkanäle** (canales sesamoidales) zeigen. Während früher die vermehrte Anzahl und veränderte Form und Größe der Gefäßkanäle als sicheres Zeichen für eine Hufrollenerkrankung genommen wurde, lässt deren röntgenologischer Nachweis nach heutigem Wissenstand keinen definitiven Schluss mehr auf das Vorliegen einer schmerzhaften Erkrankung zu (KOCK 2003: S. 52 ff; BAUMANN 2009: S. 137; ROONEY 2009). Dennoch werden Lahmheit und ein solches Röntgenbild in der Praxis noch häufig zusammengeschlos-

[82] *Siehe hierzu BLUM 2004.*

sen und über das Pferd die Diagnose »Hufrolle« gefällt. Ich möchte dem Leser ans Herz legen, eine solche Diagnose nicht einfach zu akzeptieren, sondern darauf zu bestehen, im Weiteren die genaue Ursache der Lahmheit herauszufinden. Hierzu können weitere Röntgenaufnahmen, insbesondere die meist vernachlässigte Tangentialaufnahme, wie auch zusätzliche bildgebende Verfahren (Ultraschall, MRT, CT) nützlich sein.
Wenig verlässlich in Bezug auf die Eingrenzung der Hufrollenregion als Lahmheitsursache sind die diagnostischen Anästhesien. Sprach man ihnen noch vor 20 Jahren eine große diagnostische Aussagekraft zu, haben experimentelle Untersuchungen seither immer wieder das Gegenteil bewiesen. Sowohl die Leitungsanästhesie als auch die Anästhesie des Hufrollenschleimbeutels gelten seitdem als nicht spezifisch für den Nachweis einer Schmerzhaftigkeit im Bereich der Hufrolle (HERTSCH und ZUTHER 2004; BAUMANN 2009: S. 143). Man weiß mittlerweile, dass mit diesen Anästhesien auch die Schmerzempfindung in anderen Hufbereichen ausgeschaltet wird. Angesichts des Risikos einer zusätzlichen Verletzung und Infektion, welches mit einer jeden Schleimbeutelanästhesie einhergeht, und in Anbetracht ihrer geringen Aussagekraft sollte man von diesem Diagnoseverfahren insofern lieber Abstand nehmen.

In der neueren Zeit geht man zunehmend dazu über, den Begriff des Hufrollensyndroms durch den Begriff des »palmar foot syndroms« zu ersetzen. Das ist dem Umstand geschuldet, dass es mit Hilfe der bildgebenden Routinediagnostik (Röntgen, Ultraschall) nicht immer möglich ist, die Ursache der Lahmheit herauszufinden. Zusätzlich zu den oben genannten erweiterten Hufrollen-Krankheitsfeldern sind hier auch Erkrankungen der Kollateralbänder des Hufgelenks, der Sohlenbinde und zystoide Defekte im Kronbein mit einbegriffen.
Was in der Regel kaum Beachtung erfährt, ist dabei die Situation des Hufes selbst. Dies geschieht, wie die Praxis zeigt, sehr zu Unrecht. Ich kann genauso wenig wie andere Hufbearbeiter eine beschädigte Hufrollenregion heilen und dennoch habe ich schon so manches Pferd mit Hufrollendiagnose wieder zum Laufen gebracht. Die Diagnose war falsch, das legt das Ergebnis nahe, die Schmerzen im Hufrollenbereich aber waren echt, daran besteht kein Zweifel, und sie bestanden bei einigen der Pferde schon geraume Zeit. Aufgrund dieser Erfahrung, die ich mit vielen meiner Kollegen teile (ein Umstand, durch den ich natürlich zusätzliche Sicherheit gewinne), bin ich stets guten Mutes, wenn ich zu einem Pferd mit Hufrollendiagnose oder palmar foot syndrom komme, dessen Hufe sich in ungünstiger Verfassung befinden. Warum nicht mit dem Einfachsten beginnen? Weshalb nicht erst einmal die vordergründigste Lahmheitsursache ausschließen und den Huf und die Gliedmaße in eine bessere Situation bringen? Das ist ganz ohne großes Kino möglich und kommt dem Pferd in jedem Fall zugute. Es profitiert selbst dann davon, wenn bereits eine Schädigung an Sehne, Bändern, Schleimbeutel etc. vorliegen sollte.

Ich möchte dem Leser deshalb als zweiten wichtigen Grundsatz ans Herz legen, im Falle von Lahmheiten seines Pferdes stets auch die Hufsituation zu überprüfen. Besteht nur die geringste Möglichkeit, dass die Hufsituation selbst ein Schmerzpotential birgt, so ist es der vielversprechendste und deshalb vernünftigerweise erste Schritt, dieses zu beseitigen. Wird diese Möglichkeit übersehen, so beginnt für Pferd und Besitzer oft eine lange Odyssee auf der Suche nach Abhilfe für die immer wiederkehrenden Probleme. Auf diesem Weg wird die ungünstige Hufsituation häufig beibehalten, wenn sie sich nicht sogar verschlechtert. Beides bedeutet, dass auch die von den Hufen ausgehende, potentielle Schadwirkung bspw. auf die Hufrollenregion anhält und kleine Schäden mit der Zeit zu großen Schäden werden können.
Meiner Ansicht nach ist der orthopädische Beschlag von Hufen mit »Hufrollensyndrom« bzw. »palmar foot syndrom« kein funktionierender Weg, um das Problem zu lösen oder auch nur sein Fortschreiten aufzuhalten. Vielmehr ist es so, dass selbst bereits beschlagene Pferde mit dieser Problematik von einer Umstellung

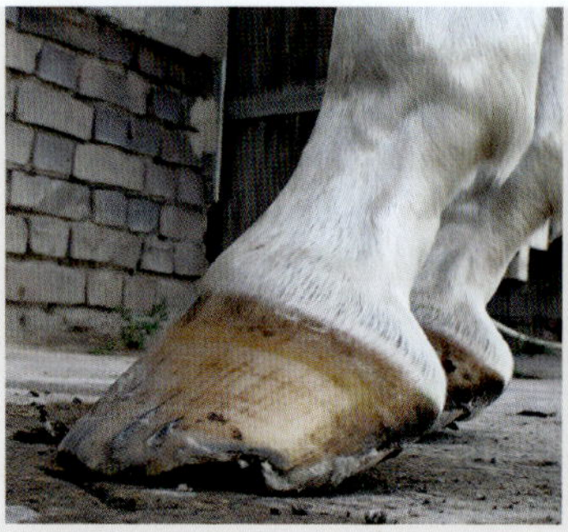

Abb. 3.55a

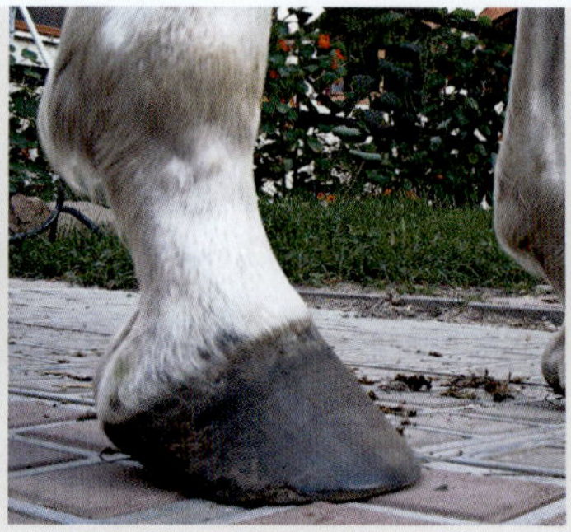

Abb. 3.55b

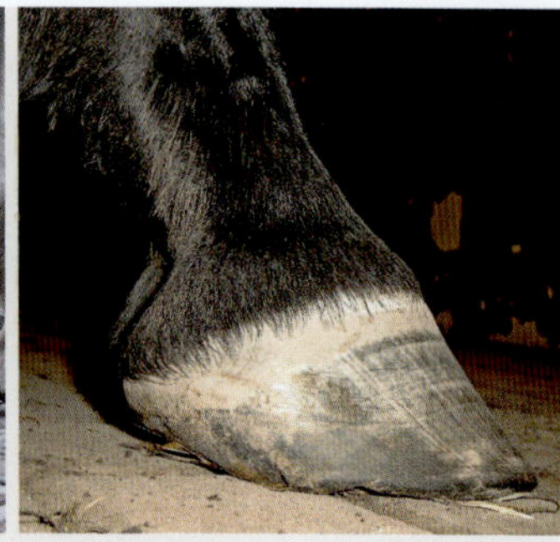

Abb. 3.55c

Abb. 3.55a–e: Wenn Hufe in ungünstiger Verfassung sind, so geht von ihnen u. U. enormes Schmerzpotential aus, welches in der Regel leicht behoben werden kann. Untergeschobene Trachten und eine nach hinten gebrochene Huf-Fessel-Achse (Hyperextension) rufen Schmerzen im hinteren Hufbereich hervor und üben massiven Stress auf den Bereich der Hufrolle aus.

auf Barhuf profitieren können.[83] Dies nicht nur wegen der bereits genannten unerwünschten Wirkungen des Eisens auf den Huf und dessen Form und wegen der besseren Chance auf Optimierung der Hufsituation am Barhuf, sondern auch weil die Belastung des Hufrollenbereiches allein durch den Beschlag bereits erhöht wird. Im unbeschlagenen Zustand ist der Bereich des Hufrollenschleimbeutels im Vergleich zum beschlagenen Huf (Standardhufeisen) nachweislich um 14 % weniger druckbelastet (WILLEMEN et al. 1997 zit. nach LANGE 2011: S. 48). Das ist auch für die Prophylaxe von Bedeutung. Solange die Nutzungsintensität und der Hornabrieb bei einem Pferd so beschaffen sind, dass das vorhandene Horn ausreicht, so sollte es auch um seiner gesunden Hufrolle willen barhuf bleiben.

Wenn ein bislang barhuf gehendes Pferd aufgrund einer Hufrollendiagnose mit Eier-, Steg- oder Keileisen beschlagen wird und damit auf Anhieb wieder läuft, dann ist für den Pferdebesitzer und die beteiligten Fachleute die Welt zumeist in Ordnung. Das nun lahmfreie Pferd kann dank der Eisen wieder genutzt werden. Auf die Heilung der geschädigten Strukturen wirkt sich das im eigentlichen nicht förderlich aus, das habe ich oben bereits ausgeführt. Noch naheliegender ist an dieser Stelle jedoch ein anderer Schluss. Wenn ein Beschlag die Lahmheit so zügig zum Verschwinden bringt, so ist es sehr wahrscheinlich, dass dieser Effekt auf der Minimierung der Eigenbewegung des Hufes beruht.[84] Tatsächliche Schäden in der Hufrollenregion würden durch das Beschlagen in keinem Fall so prompt behoben sein, dass das Pferd, kaum dass es beschlagen wurde, wieder nutzbar ist. Dennoch gibt es diesen Fall in der Praxis recht häufig. Er ist in meinen Augen ein Beleg dafür, dass häufig Pferde mit **hufformbedingter Lahmheit** als hufrollenkrank diagnostiziert und beschlagen werden. Die starre Unterlage lässt keine vertikale Verwindung der Hornkapsel mehr zu und reduziert insgesamt die Bewegungen im Hornschuh und damit auch eine schmerzende Hufbiomechanik. Gerade auch das **Umspringen der Lahmheit**, welches von einigen Tierärzten als der letzte schlagende Beweis für das Vorliegen einer Hufrollenerkrankung genommen wird, ist viel naheliegender durch das Vorliegen ungünstiger Hufsituationen zu erklären. Davon ist das Pferd logischerweise zumeist nicht nur an einem Vorderhuf betroffen, auch wenn sich die Situation beider Vorderhufe graduell unterscheiden kann und eine Gliedmaße deswegen stärker schmerzt als die andere. Eine beide Hufe betreffende Hufrollenschädigung liegt zwar prinzipiell auch im Bereich des Möglichen, scheint mir aber deutlich weiter hergeholt, da für eine solche Schädigung jeweils mehrere Umstände zusammenkommen müssen.

[83] *Siehe hierzu auch der Fall Tex .S. 202 f.*

[84] *Siehe hierzu auch S. 86 ff.*

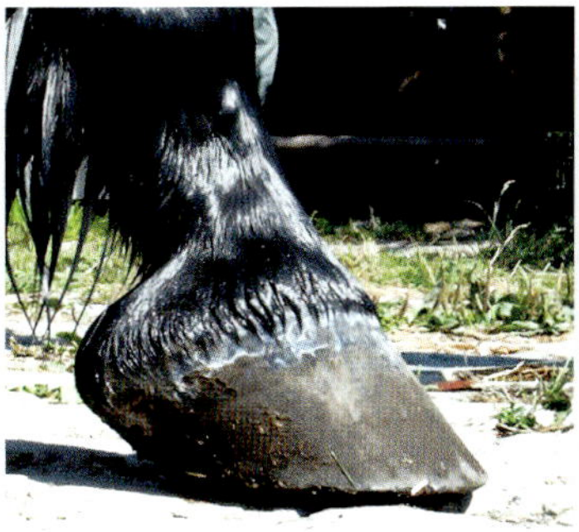

Abb. 3.55d

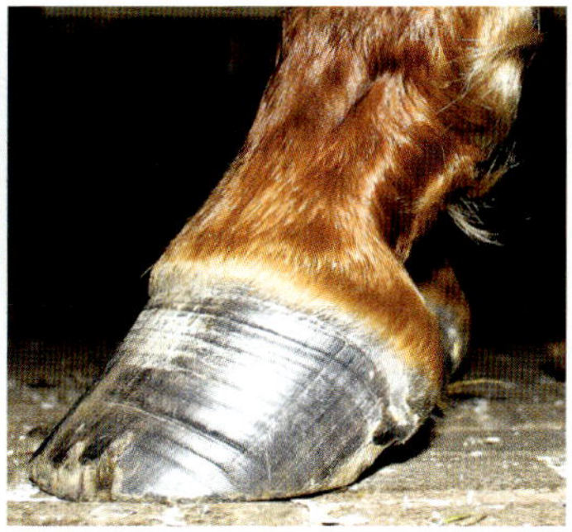

Abb. 3.55e

Nach der Devise, das naheliegendste Problem zuerst zu lösen, plädiere ich dafür, in diesen Fällen sofortiger Lahmfreiheit durch Beschlag, die Eisen wieder abnehmen zu lassen und die Hufsituation so zu verbessern, dass sich die Biomechanik auch am Barhuf nicht mehr negativ bemerkbar macht.

Der gegensätzliche Fall, der ebenfalls nicht selten ist, ist der, dass ein Pferd mit Diagnose Hufrollensyndrom mit verschiedensten Eisen beschlagen und zusätzlich mit allen zur Verfügung stehenden Mitteln therapiert wird, man aber **keine Lahmfreiheit erreicht**. In diesen Fällen wird als ultima ratio häufig der **Nervenschnitt** (Neurektomie) vorgeschlagen. Hierbei werden die seitlichen großen Zehennerven (Nn. digitales palmares bzw. plantares) durchtrennt. Für ein Pferd mit gesicherter Diagnose, bei dem weder Heilung noch Schmerzfreiheit erreicht werden kann, ist dies eine Option, noch einige Jahre schmerzfrei auf der Koppel verbringen zu können. Die Nutzung eines neurektomierten Pferdes verbietet sich aus meiner Sicht. Das sieht auch das Tierschutzgesetz so, indem es in §3, Nr.1 ein Überforderungsverbot ausspricht:

»Nach Nr. 1a des §3 TierschG kommt eine Überforderung insbesondere bei Tieren in Betracht, an denen Eingriffe und Behandlungen vorgenommen worden sind, die einen leistungsmindernden körperlichen Zustand verdecken. Darunter fallen vor allem die Neurektomie (Eingriff zur Schmerzausschaltung) und das Verabreichen von schmerzreduzierenden und dadurch leistungssteigernden Medikamenten.« (HACKBARTH; LÜCKERT 2002: S. 54)

Die Realität ist indes eine andere. Viele Pferde werden nach dem Eingriff wieder genutzt. Lediglich die Teilnahme eines solchen Pferdes an Turnierveranstaltungen ist verboten. Dabei stellt auch bereits die Wald- und Wiesenreiterei ein Problem für diese Pferde dar, da die Schmerzempfindung ein wichtiges Mittel ist, die Füße gesund zu erhalten. Das gilt vor allem dann, wenn wie im Falle der Hufrollenerkrankung die Belastung der geschädigten Strukturen die Erkrankung unweigerlich fortschreiten lässt. Hinzu kommen weitere mögliche Schädigungen, die durch Überforderung der gesunden wie kranken Gliedmaßenstrukturen und durch fehlende schmerzende Warnsignale möglich werden: Hierzu zählen unbemerkte Fremdkörperpenetration der Sohle, unbemerkt bleibende Hufabszesse, Ausschuhen, Abrisse der tiefen Beugesehne, Zerreißungen des Hufbein-Strahlbeinbandes und Frakturen des Strahlbeins (HERTSCH 2007; PICK o. J.). Ein neurektomiertes Pferd mit Hufrollen- oder palmar foot syndrom wird durch die weitere Nutzung als Reitpferd **vernutzt**, an dieser Tatsache gibt es nichts zu beschönigen.
Dem entgegen steht die Tatsache, dass auch einige Pferde, bei denen dieser Eingriff vorgenom-

men wurde, trotz ihrer Weiternutzung noch Jahre später unter dem Sattel gehen. Dies ist möglich, wenn zweierlei Umstände vorliegen: Erstens, kam es zu einer (eigentlich unerwünschten, hier sich aber als durchaus nützlich erweisenden) **Reinnervierung**, so dass die Empfindung nach einer bestimmten Zeit wiederhergestellt war und das Pferd wieder die nötige Verantwortung für seine Füße übernehmen konnte. Zweitens war die Diagnose Hufrollensyndrom aber auch offensichtlich eine **Fehldiagnose.** Augenscheinlich gab es keine geschädigten Strukturen, die durch die Schmerzausschaltung und nachfolgende Mehrbelastung weiter hätten geschädigt werden können, sonst wäre dies unweigerlich geschehen. Es liegt in diesen Fällen der Verdacht nahe, dass es sich hier auch »lediglich« um ein hufmechanisches Problem gehandelt haben könnte. Die Neurektomie schaltet den Schmerz keineswegs selektiv und nur im Bereich der Hufrolle aus, sondern die hergestellte Empfindungslosigkeit betrifft ein mehr oder weniger großes Areal der Zehe. Erwiesenermaßen beendet sie auch Schmerzen im Bereich der Hufsohle sowie im Zehenrandbereich.

3.3.10 Sehnenerkrankungen

> *»Das Behandlungsergebnis hängt von der mehrmonatigen Dauer einer ungestörten Rekonvaleszenz und der Durchführung eines kontrollierten Bewegungsprogrammes ab.« (WAGELS 2000: S. 33)*

Erleidet das Pferd einen Sehnenschaden, so stehen Pferd und Besitzer vor einer radikalen sportlichen Auszeit begleitet von einem langen und aufwendigen Heilungs- und Rehabilitationsprozess. Ohne Einsicht in dieses Erfordernis ist es unmöglich, die normale mechanische Belastbarkeit der erkrankten Sehne zurück zu gewinnen. Je nach Schwere der Erkrankung sowie Art und Lokalisation der erkrankten Struktur ist diese Rückkehr zur gesunden und voll belastbaren Gliedmaße möglich oder aber auch nur begrenzt – das bedeutet in der Regel mit Einbußen bei der zukünftigen Belastbarkeit – erreichbar.
Um die Weichen beim akuten Sehnenschaden von vornherein günstig zu stellen, sollten die entsprechenden therapeutischen Maßnahmen immer unverzüglich eingeleitet werden. Diese Maßnahmen richten sich auf folgende Ziele: 1. müssen jegliche weitere Sehnenfaserzerreißungen verhindert werden, 2. muss die Wiederherstellung der Sehnenstabilität unterstützt werden (»innere Heilung« des Sehnengewebes) und 3. müssen ungünstige Begleitreaktionen wie Bindegewebszubildungen und Verklebungen (verursacht durch die »äußere Heilung« des Sehnengewebes) nach Möglichkeit verhindert werden (VON PREYSS 2008: S. 21).

Neben anderen therapeutischen Maßnahmen, die bspw. sofortiges Kühlen, eine medikamentöse und eventuelle chirurgische Behandlung umfassen, ist es wichtig, die Belastung von der geschädigten Sehne zu nehmen. Was beim Menschen verhältnismäßig leicht zu bewerkstelligen ist (Sofa und Beine hoch), ist beim Pferd kein ganz einfaches Unterfangen. Erforderlich ist eine Bewegungseinschränkung (Boxenruhe) und die Entlastung der beschädigten Sehnenstruktur an der weiterhin meist stehenden, nun aber erkrankten Gliedmaße.
Es ist naheliegend, dass in diesem Fall versucht wird, die Wegstrecke der betroffenen Sehne zu verkürzen, um die auf dem erkrankten Bereich lastende **Zugspannung zu minimieren**. Solange das Pferd im Stand ist, kann es diese Aufgabe prinzipiell selbst übernehmen, indem es die erkrankte Gliedmaße entsprechend entlastet. In der Bewegung ist dies nicht mehr möglich. Deshalb versucht man hier eine orthopädische Unterstützung zu schaffen. So wird bei einer Verletzung der tiefen Beugesehne bspw. über eine Erhöhung der Trachten dafür gesorgt, dass das Hufgelenk gebeugt wird, was zu einer Spannungsreduktion in der tiefen Beugesehne führt. Sind der Fesselträger oder die oberflächliche Beugesehne verletzt, ist die Erhöhung der Trachten unter Umständen kontraproduktiv. Je nach Art und Ausmaß der Schädigung finden Eisen mit breitem Schuss und schmalen Schenkeln, Beschläge mit starker Zehenrichtung und verlängerten Schenkeln oder bis unter den Fesselkopf reichende Durchtrittigkeitshufeisen mit oder ohne Erhöhung (Bügelhufeisen) Verwendung. Je-

de dieser orthopädischen Maßnahmen zielt auf die Entlastung der erkrankten Struktur und ihr Effekt ist in starkem Maße davon abhängig, ob diese beabsichtigte Entlastung tatsächlich gelingt. Dass dies nicht so ohne weiteres der Fall ist, wird eher selten thematisiert (bspw. jedoch von ROONEY 2009: S. 9 ff).

Die zielsicherste Maßnahme für die Entlastung verletzter Sehnenstrukturen stellt die ausschließlich kontrollierte Bewegung des Pferdes dar. Mit Ausnahme von schwersten Verletzungen (Sehnenrupturen), die mit einem Verlust der Gliedmaßenstabilität einhergehen und eine absolute Ruhigstellung erfordern, ist jeder vorsichtige Schritt auf ebenem, hartem Boden ein Schritt in Richtung Heilung. So wichtig es ist, das erkrankte Sehnengewebe vor Überlastung zu schützen, so wichtig ist es auch, dieses Gewebe in Bewegung zu halten. Das begünstigt die Reparationsvorgänge und verhindert ungünstige Entwicklungen wie Verhärtungen, Zubildungen und Verklebungen, die die spätere Belastbarkeit der verheilten Sehne einschränken und die Gefahr von Neuverletzungen bergen. Für ihre Heilung benötigen Sehnen bereits frühzeitig einen entsprechenden **Belastungsreiz**. Die mit der Bewegung verbundene Dehnung des Sehnengewebes hilft zum einen, die kollagenen Fasern in Längsrichtung auszurichten und überschüssiges Exsudat zu verteilen, zum anderen trägt sie dazu bei, die negativen Effekte kataboler Enzyme (MMPs) zu vermeiden (LUTZ 2011: S. 37). Was dabei unbedingt vermieden werden muss, ist die Überlastung der in Heilung begriffenen Strukturen. Das muss beim Bewegungsprogramm und bei der Haltung des Pferdes berücksichtigt werden. Ein einziger übermütiger Sprung kann die Aufbauarbeit von Wochen zunichte machen. Nachfolgend das für Rennpferde entwickelte Aufbau- und Rehabilitationsprogramm nach GILLIS 1997 (zit. nach LUTZ 2011: S. 38):

Schwere des Sehnenschadens	1. Monat 2 x täglich	2. Monat täglich	3. Monat täglich
leicht	15 min Schritt führen	40 min Schritt führen	20–30 min Schritt reiten
mittel	15 min Schritt führen	40 min Schritt führen	60 min Schritt führen
schwer	15 min Schritt führen	30 min Schritt führen	40 min Schritt führen

Heilungsverlauf ist …	**gut**	**mäßig**	**schlecht**
4. Monat – täglich	30 min Schritt reiten	30 min Schritt reiten	40 min Schritt führen
5. Monat – täglich	45–60 min Schritt reiten	45–60 min Schritt reiten	20–30 min Schritt reiten
6. Monat – täglich	zusätzlich pro Woche 5 min Trab	60 min Schritt reiten	60 min Schritt reiten
7. Monat – täglich	zusätzlich alle 2 Wochen 5 min Galopp	zusätzlich alle 2 Wochen 5 min Galopp	Fall neu aufarbeiten und Behandlung überdenken
8. Monat – täglich	zusätzlich alle 2 Wochen 5 min Galopp	zusätzlich alle 2 Wochen 5 min Galopp	
9. Monat	volles Flach-Training kein Renntempo, kein Springen	volles Flach-Training kein Renntempo, kein Springen	
10. Monat	gewohnte Arbeit	gewohnte Arbeit	
11. Monat	Einsatz im Sport	Einsatz im Sport	
12. Monat	Einsatz im Sport	Einsatz im Sport	

Ein Freizeitpferd wird mit Sicherheit nicht so intensiv auftrainiert, wie dies hier für Rennpferde vorgeschlagen wird, aber der Grundsatz täglicher kontrollierter Bewegung und kontinuierlicher, aber langsamer Steigerung der Belastung bis zur gewohnten Arbeit gilt für das sehnengeschädigte Sport- wie Freizeitpferd. Je behutsamer man vorgeht, desto besser, aber wichtig ist das regelmäßige moderate Bewegen und das Vermeiden von längeren Stehzeiten des sehnenerkrankten Pferdes.

Ob die Heilung der geschädigten Sehne durch orthopädische Maßnahmen unterstützt werden kann, entscheidet sich am Ausmaß und der Lage der Schädigung im jeweiligen konkreten Fall. Eine prinzipielle Verordnung von Eier-, Steg- oder Keileisen bei Sehnenschaden ist abzulehnen. Man muss sich vor Augen führen, dass der Beschlag ja auch und gerade für die Sehnen eine zusätzliche Belastung darstellt. Der erreichte Vorteil muss die Nachteile überwiegen, sonst sollte auf den Beschlag verzichtet werden. Es kann bei einer teilweisen oder auch vollständigen Zerreißung einer Sehne oder ihres Unterstützungsbandes notwendig sein, die Zugspannung vorübergehend zu minimieren, um die Heilung zu ermöglichen. Ob das am besten mittels Beschlag oder über Verbände, Gipscast, Kleben oder entsprechende Hufschuhe erfolgt, muss für den individuellen Fall entschieden werden (siehe nachfolgend den Fall Zandor).

Solange das Pferd zum Stehen verpflichtet ist, kann das Beschlagen sicher vermieden werden. Mit Beginn des Bewegungsprogrammes, welches aus den obengenannten Gründen so früh als möglich erfolgen sollte, kann der Beschlag jedoch auch die sicherste und die am einfachsten handhabbare Lösung darstellen. Welchen Weg man auch wählt, entscheidend ist, dass die orthopädische Unterstützung nur solange angewendet wird, wie sie für die Einleitung des Heilungsprozesses nötig ist. Die anfangs für die Heilung notwendige Spannungsminderung, führt mit der Zeit zu einer Verkürzung (Retraktion) der betroffenen Sehne. Diesen Prozess möchte man möglichst begrenzen. Hinzu kommt,

Der Fall Zandor – Durchtrennte Beugesehnen an der rechten Hintergliedmaße

Die Besitzerin fand Zandor am 24.12.2008 blutend und kaum bewegungsfähig auf der Weide. Niemand im Pensionsstall konnte ihr sagen, was passiert war. Der hinzugerufene Tierarzt überwies das Pferd sofort in die Klinik, wo man eine erschütternde Diagnose stellte: Die oberflächliche Beugesehne war völlig, die tiefe Beugesehne war teilweise durchtrennt.

Zandor wurde operiert, die Sehnen zusammengenäht und er erhielt einen hohen stützenden Gipsverband.

Nach zwei Wochen Klinikaufenthalt kehrte er in den Pensionsstall zurück, wo er eine Box mit Minipaddock bezog. Statt eines Beschlages wurden nach Abnahme des Gipsverbandes (3 Wochen nach dem Unfall und der Operation) Holzkeile unter das betroffene Bein geklebt, um die Trachten zu erhöhen. Diese Erhöhungen wurden nach und nach abgebaut, indem alle 3–4 Tage etwas von ihrer Höhe genommen wurde. Zandor bekam Blutegel und Lasertherapie. Der Tierarzt stellte nach Ultraschall und Begutachtung der noch immer starken Lahmheit eine schlechte Prognose aus.

Nach sechs Wochen begann die Besitzerin Zandor im Schritt zu führen. Insgesamt zweieinhalb Monate nach dem Unfall zog Zandor in den mittlerweile neu geschaffenen eigenen Offenstall um, wo er sich ab sofort auch wieder frei bewegen konnte. Letzteres war ein Risiko, blieb aber glücklicherweise ohne negative Auswirkung. Möglicherweise trug zu diesem positiven Ausgang der an und für sich risikoreichen frühen Bewegungsfreiheit auch bei, dass Zandor weiterhin barhuf war.

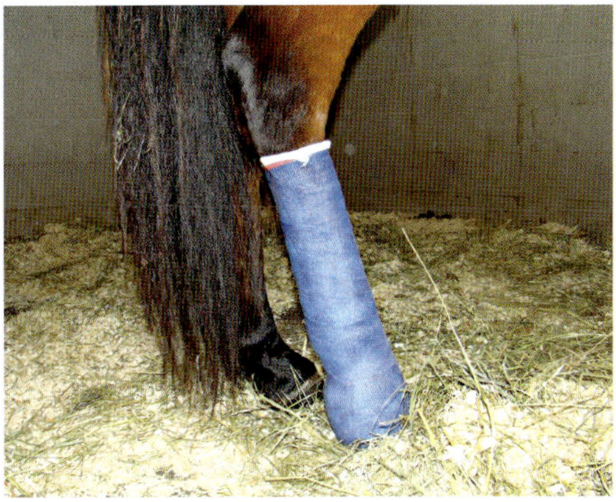

Abb.3.56a: Zandor mit hohem Gipsverband im Dezember 2008.

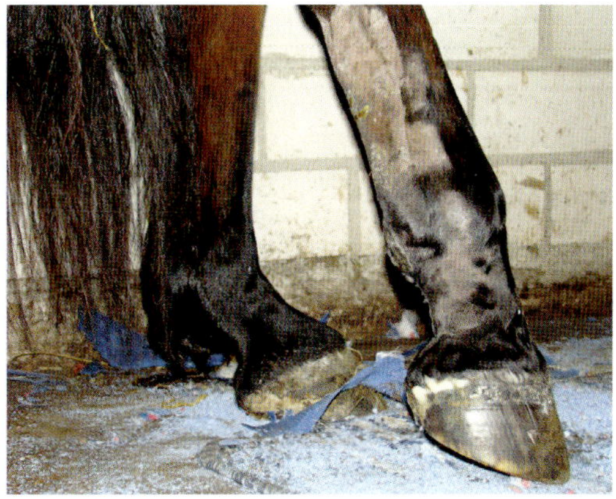

Abb.3.56b: Zandor kann den Fuß nicht belasten. Eine Erhöhung der Trachten hilft ihm.

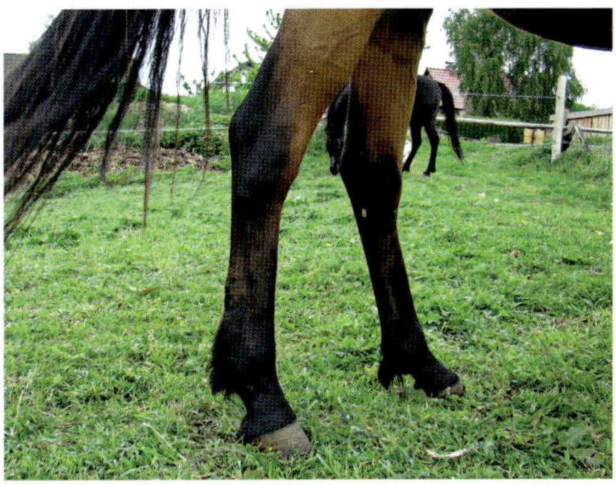

Abb.3.56c: Das verletzte Bein im Mai 2009.

Abb.3.56d: Die verletzten Sehnen sind geheilt – Zandor im Mai 2012.

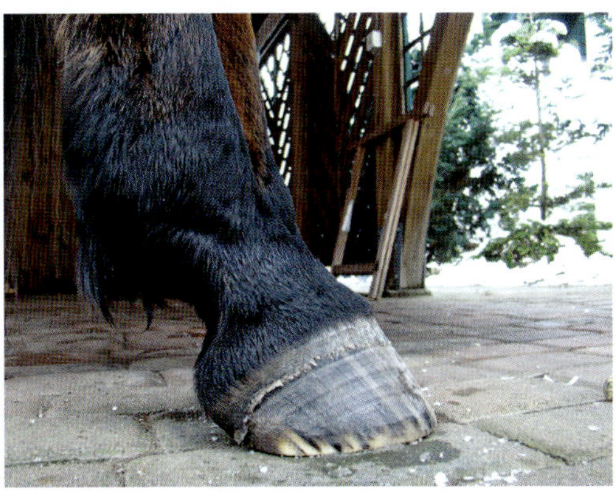

Abb.3.56e: Dem betreffenden Huf ist anzusehen, dass die ehemalige Verletzung Zandor nicht mehr behindert.

(Fotos: Birgit Höllmer)

Die Lahmheit wurde sukzessive weniger. Ab Juli wurde Zandor im Schritt geritten und als Handpferd mitgenommen. Im September 2009 war er lahmfrei und das ist er bis heute. Zandor wird ohne Einschränkungen wieder als Reitpferd genutzt.

dass jede Winkeländerung, die man zum Zweck der Entlastung einer bestimmten Stelle vornimmt, auch Auswirkungen auf die übrigen Sehnen und Bänder und den Bewegungsradius der benachbarten Gelenke hat. So kann eine Trachtenerhöhung die tiefe Beugesehne und deren Unterstützungsband entlasten, belastet jedoch unter Umständen die oberflächliche Beugesehne und den Fesselträger. Bei einer länger andauernden Verwendung ist »damit ein Risiko für eine morphologische Schädigung gegeben« (HÖPPNER 2005: S. 31). Dennoch sind in der Praxis sehr häufig Pferde anzutreffen, die noch Jahre nach ihrer Sehnenerkrankung mit orthopädischen Eisen beschlagen sind. Häufig treten bei ihnen kleinere und größere Rückfälle auf, die Sehnen bleiben ihre Schwachstelle und gelten als empfindlich, weshalb sie ja auch weiter die Unterstützung durch orthopädische Eisen benötigen. Man kann sich an der Stelle durchaus einmal fragen, was hier Henne und was Ei ist. Hufeisen bringen durch ihr Gewicht, durch ihre starre Materialeigenschaft (Tastsinn und Anschmiegen sind verwehrt) und durch ihre ungünstige Wirkung auf die Hufform eine **zusätzliche Belastung für die Sehnenstrukturen** mit sich. Gerade bei einer bereits vorgeschädigten Gliedmaße sollte das bedacht werden.

Wie im Falle der im vorhergehenden Abschnitt besprochenen Hufrollenerkrankung werden auch oft dauerhaft Steg- und Eiereisen verwendet, um sehnenanfällige Pferde vor neuem Schaden zu bewahren. Die Arbeit für die Sehnen soll verringert werden, indem die geschlossenen Eisen im Sand der Reithalle das Einsinken des hinteren Hufbereiches vermindern.

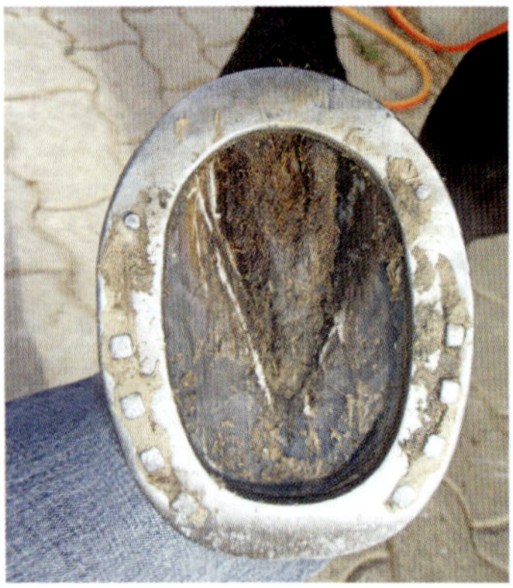

(Foto: Birgit Wiener)

Dafür wird andererseits in Kauf genommen, dass die Sehnen beim Abfußen vom Boden mehr arbeiten müssen (Gewichtsbelastung, Festhalten/Verhaken durch den Boden), dass die Sehnen auf unebenem Boden mehr einstecken müssen (der Tastsinn ist reduziert) und dass die Hufe oft in eine Form geraten, die die Sehnen und Bänder zusätzlich belastet (Hyperextension).

Sehnengeschädigte Pferde können, sobald die ursprüngliche Schädigung ausgeheilt ist, sehr vom Aufenthalt auf unebenem Koppelboden profitieren. Die wechselnde Beanspruchung trainiert die Sehnen und Bänder und schützt sie so bestens vor weiteren Schäden durch eine plötzliche Überbeanspruchung. Das gilt aber nur, wenn die Böden barhuf begangen werden. Für das beschlagene sehnengeschädigte Pferd stellt der Koppelgang dagegen durch den herabgesetzten Tastsinn des Hufes ein Risiko dar.

Die meisten Verletzungen des Sehnen- und Bandapparates entstehen im übrigen nicht durch einen traumatischen Unfall, sondern sind »die Folge von chronischem, mechanischem Stress und Überbelastung« (GUTH 2013: S. 15). Hier spielt einerseits die einseitige und bestimmte Strukturen überfordernde Nutzung des Pferdes eine Rolle, vor allem wenn die Leistungen einem Pferd abverlangt werden, welches zuvor 20 Stunden mehr oder weniger bewegungslos in Box oder Paddock verbracht hat. Andererseits trägt oft die Huf- und Gliedmaßensituation einen großen Anteil daran, wenn Sehnen und Bänder überlastet werden. Die Häufigkeit der Entzündungen der Beugesehnen der Vordergliedmaßen steht im Zusammenhang mit der Häufigkeit, mit der Pferde durch ihre Hufe in Hyperextensionsstellung verbringen müssen. Die beste Prophylaxe in Bezug auf Sehnenerkrankungen besteht deshalb in einer Erhaltung einer tüchtigen Hufform und darüber hinaus in ausreichender Bewegung auf abwechslungsreichen Böden (das stählt Muskeln, Sehnen und Bänder) bei funktionierendem Tastsinn.

3.3.11 Hufrehe – Rettungsanker Hufeisen

»Orthopädische Maßnahmen haben bei der Hufrehe das Ziel, das Risiko der Hufbeinverlagerung zu verhindern, bzw. in Grenzen zu halten … Bei der beginnenden Hufbeinspitzensenkung muss nach dem Abklingen der akuten Symptomatik ein orthopädischer Hufbeschlag angelegt werden, um so der Hufbeinspitzensenkung entgegen zu wirken und

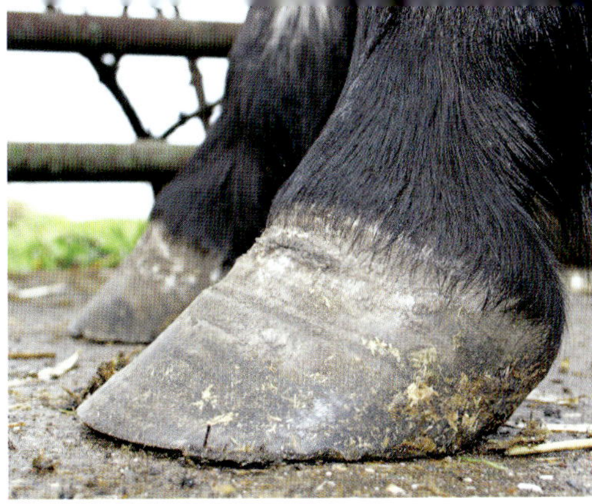

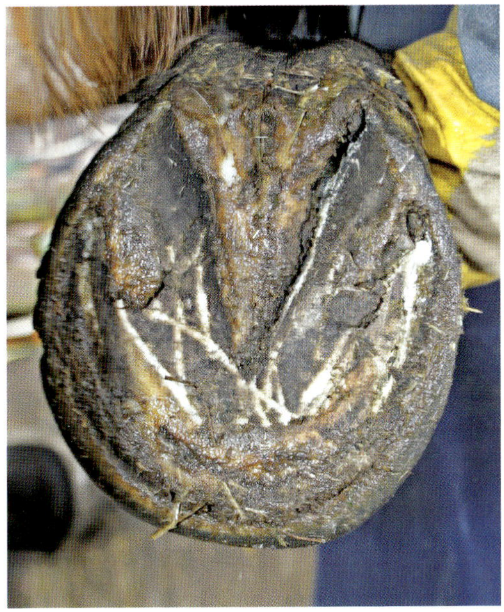

Abb. 3.57a–d: ***Typische Veränderungen nach der Hufrehe: Durch den Funktionsverlust des Hufbeinträgers weichen die Hufwände mehr oder weniger stark von ihrer ursprünglichen, hufbeinparallelen Position ab und die Blättchenschicht zeigt sich mehr oder weniger verbreitert, aufgerissen und oft auch eingeblutet.***

> *um eine Knollhufbildung zu verhindern … Besonders, wenn es schon zu einer Verbildung des Hufes gekommen ist, wird ein entsprechender Beschlag notwendig.« (LINGENS 2008: S. 39)*

Während der Hufbeschlag in der akuten Phase der Hufrehe heute vernünftigerweise weitgehend vermieden wird und die jeweiligen orthopädischen Maßnahmen mittels Hufschuhen, Rehegipsen, Rehepolstern und Verbänden hergestellt werden, steht für die moderne Tiermedizin noch immer außer Frage, dass ein Rehehuf zur Vermeidung weitere Schäden notwendigerweise beschlagen werden muss. Viele Pferdebesitzer erhalten deshalb von ihrem Tierarzt den Ratschlag, ihr bisher barhuf gehendes Pferd, nach überstandener Rehe beschlagen zu lassen. Nur so ist es angeblich möglich, die durch die Hufrehe entstandenen Schäden zu beheben oder zumindest vermindern zu können. Mit dem Beschlag werden dabei verschiedene Ziele verfolgt: Schmerzreduktion, Schadensbegrenzung und Rückführung in normale physiologische Verhältnisse. Diese Ziele widersprechen sich sehr leicht bei einem rehegeschädigten Huf, denn die Hufe haben sich durch die Reheerkrankung zumeist mehr oder weniger stark verändert.

Um sie zu ihrer früheren normalen Form zurückzuführen, werden an rehegeschädigten Hufen seit jeher sehr heftige, korrektive Eingriffe vorgenommen. Nur so meint man, den Hufen wieder zu ihrer früheren Funktionsfähigkeit verhelfen zu können. Das ist zum einen nicht richtig und führt zweitens leider häufig zu zusätzlichen Problemen. Die Korrekturen, die vorgenommen werden, erhöhen regelmäßig das Schmerzpotential der Hufe und gefährden damit und durch die Art der Korrektur selbst (also zweifach) den Heilungsprozess. Die Korrekturen schlagen regelmäßig gegen die Ziele Schmerzreduktion und Schadensbegrenzung aus. Man beobachtet diese Wirkungen, wendet sie aber nicht gegen die Korrekturbemühungen in ihrer Heftigkeit an sich, sondern nur gegen die bestimmte, im jeweiligen Fall vorgenommene (falsche) Korrekturmaßnahme.

> *»Die beste Methode der Hufkorrektur und des Beschlages zu Beginn, während oder nach der Rotation des Hufbeines ist umstritten. Traditionsgemäß sind die Trachten gekürzt worden, um eine normale Belastung des Hufbeines in der Zusammenwirkung mit Sohle und Bodenfläche zu erreichen. Durch Beraspeln der dorsalen Hufwand sollen die Zugkräfte verhindert werden. Das Kürzen der Trachtenwände steigert aber nachweislich die Zugbelastung der tiefen Beugesehne. Hierdurch werden die Zugkräfte gesteigert, die mit für die Rotation des Hufbeines verantwortlich sind. Erhöhen der Trachten andererseits vermindert die Spannung der tiefen Beugesehne. Das Erhöhen der Trachten und Kürzen der Zehenwand allerdings bedingt eine weitere Lösung des Hufbeines aus seiner Aufhängung ... Theoretisch steigert dies die Gefahr einer weiteren Hufbeinrotation und eines Durchbrechens der Hufbeinspitze durch die Hufsohle. Welcher dieser Techniken der Vorzug gebührt, ist unbekannt und wird erst durch weitere objektive und kontrollierte Untersuchungen zu klären sein.« (STASHAK 1989: S. 495)*

Dies ist bis heute nicht geklärt und wird meines Erachtens auch nie so geklärt werden können, wie es sich der Autor wünscht. Ein Dilemma ist das aber nur dann, wenn man sich für eine der Methoden entscheiden möchte. Wenn man sich dagegen bewusst macht, dass man sich mit diesen Manipulationsbemühungen an sich schon auf einen Holzweg begeben hat, käme man vermutlich ein Stück weiter. Die **Auswirkungen des Trachtenkürzens und -erhöhens** sind im vorhergehenden Zitat korrekt beschrieben. Sie können nicht nur funktionell anatomisch erschlossen, sondern am Rehehuf auch immer wieder ganz praktisch beobachtet werden. Deshalb gebührt auch keiner der beiden Maßnahmen ein Vorzug, beide sollten besser unterbleiben. Schon beim gesunden Huf führt das Niederschneiden der Trachten zu einer Mehrbelastung des Hufbeinträgers[85], gesunde Hufe werden hierüber sogar explizit in Rehegefahr gebracht. Kürzt man bei einem Rehehuf nach gerade überstandener Erkrankung die Trachten, so erhöht man die Belastung auf den bereits geschädigten und gerade eben in Reparatur befindlichen Hufbeinträger. Das ist alles andere als günstig und es ist nicht nur mit zusätzlichen Schmerzen und neuen Schädigungen verbunden, es birgt tatsächlich die reale Gefahr, dass mit dieser Maßnahme ein neuer Reheschub ausgelöst wird.

Der Grund, weswegen man die Trachten kürzt, ist der, dass man den Huf zur normalen physiologischen Situation zurückführen möchte; man

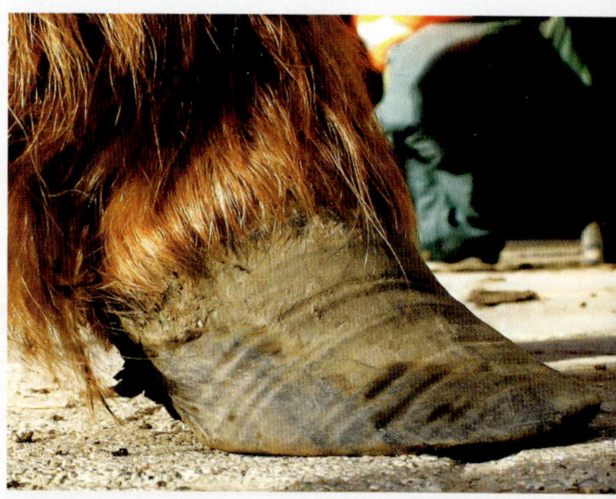

Abb.3.58a

Rehehufe entwickeln häufig hohe Trachten, insbesondere wenn die schmerzhafte Situation längere Zeit anhält. Manche Pferde besitzen aber auch bereits vorher Hufformen mit hohen Trachten. Kürzt man die für zu hoch befundenen Trachten, so bedeutet das neuen Stress für den Hufbeinträger – Schmerzen, neue Zerreißungen und die Gefahr neuer Reheschübe sind die Folge, ...

[85] Siehe hierzu S. 149, Abb. 3.41.

will »eine normale Belastung des Hufbeines in der Zusammenwirkung mit Sohle und Bodenfläche« erreichen. Was aber wenn die Hufe bereits vor der Hufrehe steil waren, wenn diese Hufe das Pferd schon vor seiner Hufrehe sein ganzes Pferdeleben lang als erworbene Bockhufe oder veranlagt steile Hufe problemlos getragen haben. Oder was, wenn sich überhaupt nur deshalb einen Rehe entwickelt hat, weil jemand vorher (manchmal jahrelang) versucht hat, den Bockhuf zu beseitigen (einseitige Hufrehe) oder die steilen (= kranken) Hufe von ihren hohen Trachten zu befreien. Oder was, wenn das Pferd sehr lange und heftig an der Hufrehe gelitten hat und sich in der Folge durch die schmerzverkrampfte Haltung hohe Trachten entwickelt haben. In jedem dieser Fälle hat sich eine steile Situation des Hufbeines eingerichtet, die Bestand hat und die für dieses Pferd die nunmehr normale Belastung darstellt. Die Gliedmaße hat sich eingerichtet, selbst im letztgenannten Fall, wo die Rotation des Hufbeines und seine Steilstellung erst relativ kurz Bestand hat, ist die Situation durch das Muskel- und Sehnengewebe bereits zementiert. Sicher kann man den Muskel und die Sehnen dehnen, jedoch muss hierfür der Muskel entspannt sein. Schneidet man die Trachten nieder, passiert das genaue Gegenteil, Muskel und Sehne verspannen sich und ziehen vermehrt, es gibt Schmerzen und der Hufbeinträger wird neu geschädigt. Diese Wirkungskette lässt sich stets beobachten, schon beim gesunden Huf verbiegt die Zehenwand, beim Rehehuf kommt es oft nicht mehr nur zur Verbiegung sondern die ganze Zehenwand entfernt sich zunehmend vom Hufbein.[86]

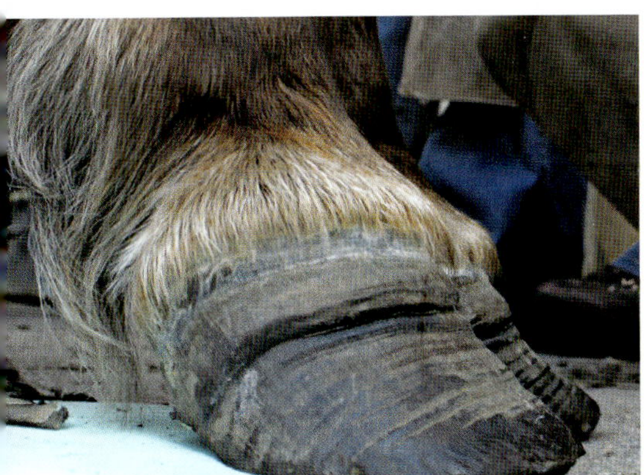

Abb. 3.58b
... die Narbenhornproduktion wird angeheizt, die Zehenwand kann nicht parallel nachwachsen.

Der »Beweis«, dass das Kürzen der Trachten stets zu einer stärkeren Verbiegung oder Zehenwandrotation führt, wird ganz häufig durch den Hufbearbeiter oder Tierarzt entfernt. Das heißt, die **Zehenwand wird abgetragen** (Zehenwandresektion). Der optische Vorteil ist, dass die verloren gegangene Parallelität zwischen Zehenwand und Hufbein »wiederhergestellt« ist. Das ist natürlich Augenauswischerei, denn die Hufwand ist nun mitnichten parallel, sie ist schlicht nicht mehr vorhanden. Letzteres hat leider einige negative Konsequenzen für den Huf.

Negative Auswirkungen einer Zehenwandresektion:

1. Durch die Entfernung der Schutzschicht wird der darunter liegende Narbenhornkeil freigelegt. Da dieses Horn nicht in der Lage ist, Wasser zu speichern, trocknet es innerhalb von Stunden aus und wird enorm hart. Das Narbenhorn ist ein Teil des Hufbeinträgers und steht in engem Kontakt zu den sensiblen Blättchen der Wandlederhaut (siehe Hufbeinträger S. 36 ff). Durch das Austrocknen des Hornes kommt es zu Schmerzen und zur Schädigung der empfindlichen Wandlederhaut.[87]
2. Durch die Entfernung der Schutzschicht wird das Eindringen von Keimen erleichtert.
3. Durch das Fehlen der Wand, wird die Hufstatik ungünstig verändert, die Seitenwände werden überlastet, der Kronsaum wird im Bereich der Seitenwände dauerhaft nach oben verschoben.

[86] *Siehe auch Abb. 3.63a,b auf S. 176.*
[87] *Siehe auch Kapitel 1 S. 17.*

4. Bei schiefen Hufen kann es durch die Belastung des Hufbeinträgers in der schrägen Wand zur Seitenwandrotation und einem neuen Reheschub kommen.
5. Durch die Schmerzen und das Fehlen des Widerlagers kommt es häufig zur Nachrotation des Hufbeines.

Ein Huf, der so behandelt wurde, muss im Prinzip beschlagen werden, da das Pferd mit diesem Huf, auch wenn das vorher noch möglich war, nun nicht mehr so ohne Weiteres barhuf laufen kann. Es benötigt die Hilfe des Hufeisens, welches durch seine Starrheit die jetzt ungünstig verteilten Bewegungen der Hornkapsel beschränkt und die empfindliche Sohle vom Boden entfernt bzw. mit speziellen Einlagen für einen zusätzlichen Schutz vor dem Boden sorgt. Problematisch ist, dass man sich durch das Beschlagen zum einen wieder die hufbearbeiterischen Einflussmöglichkeiten beschneidet, zum anderen aber auch mit den beschriebenen Manipulationen nicht selten das Gegenteil von dem bewirkt, was man eigentlich erreichen möchte – einen gesund nachwachsenden Huf mit wiederhergestelltem funktionstüchtigen Hufbeinträger. Wie immer, wenn man dem nachwachsenden Horn eine bessere Richtung geben möchte und hierfür die beiden maßgeblichen Momente Hornabrieb und Bodengegendruck gezielt steuern möchte, ist der Barhuf und nicht der Beschlag das Mittel der Wahl. Das gilt auch und gerade für den Rehehuf. Anders als bei einem freizeitmäßig, sportlich oder arbeitsmäßig genutzten Pferd, wo das Interesse an der Nutzung mitunter Kompromisse hinsichtlich der Hufe erfordert, befindet sich ein Rehepferd nach überstandener Erkrankung für eine mehr oder weniger lange Zeit in der **Rehabilitation**. Der Beschlag zur schnellst möglichen Wiedernutzbarmachung sollte hier kein Argument sein, da eine zu frühe Nutzung die Heilung des Hufbeinträgers gefährdet. Dem Hufrehepferd sollten zudem für die Zeit der

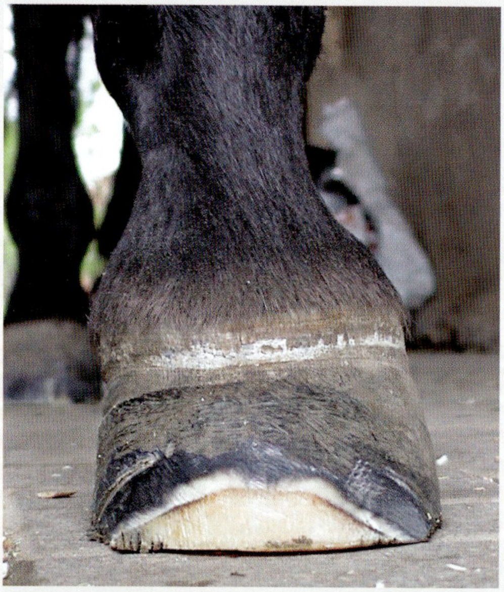

Abb. 3.59a: Rehehuf mit stark beraspelter Zehe – das Blättchenhorn liegt frei und trocknet so in wenigen Stunden aus.

(Foto: Frank Vicent)

Abb. 3.59b: Das ausgetrocknete Blättchen- und Narbenhorn ist ausgesprochen hart und spröde. Hierdurch kommt es zur Schädigung der mit dem Horn im direkten Kontakt stehenden Wandlederhautblättchen.

Genesung weiche Bodenbedingungen zur Verfügung stehen. Wenn die Bewegung des Pferdes zum unabdingbaren Therapieprogramm gehört – wie bei übergewichtigen Pferden mit Equinem Metabolischem Syndrom – dann sollte diese Bewegung auf weichen Böden erfolgen und für Geländespaziergänge Hufschuhe verwendet werden. Es besteht also aus dieser Richtung zunächst überhaupt kein Zwang zum dauerhaft angebrachten Hufschutz. Im Gegenteil, die unabdingbare Schonzeit kann ausgezeichnet dazu genutzt werden, die Hufe zu sanieren.

Nach überstandener Hufrehe erholt sich das Pferd in der Regel sehr schnell von seinen Fußschmerzen.[88] Die geschädigten Hufe sind hiernach natürlich nicht unempfindlich und harte und unebene Böden werden von Reherehabilitanten lieber gemieden. Aber diese Böden sollten dem Hufrehepatienten ohnehin nach Möglichkeit erspart werden, ebenso wie ein Übermaß an Bewegung, denn beides birgt das Risiko von weiteren Schäden für Hufbein und Hufbeinträger.

Zum Genesungsprozess gehört es, dass der beschädigte Hufbeinträger durch massive Hornzubildung über der Wandlederhaut repariert wird. Die Hufform verändert sich aus diesem Grund in den Monaten nach einer Hufrehe mehr oder weniger stark. Zum Teil sind diese Veränderungen massiv, denn sie entsprechen immer dem Ausmaß der vorangegangenen Schädigung. Gemeinhin werden diese Hufveränderungen als negativ angesehen und man versucht sie durch die obengenannten Maßnahmen und entsprechende Beschläge zu verhindern. Wenn man das jedoch unterlassen und stattdessen diesen Prozess des Durchwachsens des geschädigten Hufbeinträgers sachgerecht begleiten würde, wäre die Rückfallquote der Rehepatienten nicht nur geringer, es könnten auch wesentlich mehr Hufrehepferde wieder auf gesunde Hufe gestellt werden. Man geht stets davon aus, und früher habe ich dies selbst geglaubt, dass der **Narbenhornkeil** die nachwachsende Hufwand von ihrer normalen Wachstumsrichtung ablenkt, weshalb man seit Jahrhunderten Wand und Narbenhorn entfernt oder tiefe Rillen in der Hornwand anbringt. Mittlerweile weiß ich aus eigener Erfahrung, gestützt und vermehrt durch die Erfahrungen meiner Kollegen, dass die Hornwand mitsamt dem Narbenhornkeil den Weg zum Boden findet, wenn man sie dabei nur ein klein wenig unterstützt.

Die **Unterstützung** besteht darin, die Zehenwand durch Ausdünnen und hoch ausschleichendes Beraspeln in ihrer Hebelkraft einzudämmen, ihr einen gewissen Abrieb zu ermöglichen und dabei ihre Funktion als schützendes, feuchtigkeitbewahrendes und statisch erforderliches Wandelement zu erhalten. Diese Methode funktioniert zuverlässig. Der Narbenhornkeil wächst heraus und mit ihm wächst die Wand am Hufbeinrücken entlang und die Parallelität zwischen Hornwand und Hufbein ist am Ende des Prozesses wiederhergestellt. Dieses Durchwachsen ist erforderlich und der Prozess kann nicht abgekürzt werden. Man muss sich klar machen: Der Narbenhornkeil sichert die Verbindung während der Zeit bis zur Regeneration des Hufbeinträgers. Nur durch dieses Narbenhorn ist es gewährleistet, dass der beschädigte Hufbeinträger das Pferdegewicht trotz seiner Beschädigung bereits kurze Zeit nach Abklingen der akuten Krankheitsphase wieder tragen kann.

[88] Geschieht dies nicht, bleiben die Hufe auffallend schmerzhaft oder flammt die Schmerzhaftigkeit immer wieder auf (und zwar unabhängig von einer heftigen Hufkorrektur oder anderen offensichtlich schädlichen Faktoren), so ist die Hufrehe nicht wirklich überstanden. Das kommt häufig vor bei Hufreheerkrankungen mit endokrinologischem Hintergrund. Hier sollte die Ursachenforschung unbedingt intensiviert werden und zu einer adäquaten Behandlung gefunden werden. Andernfalls können diese Hufe nicht wieder zur früheren Form zurückfinden.

Der Fall Rosalie

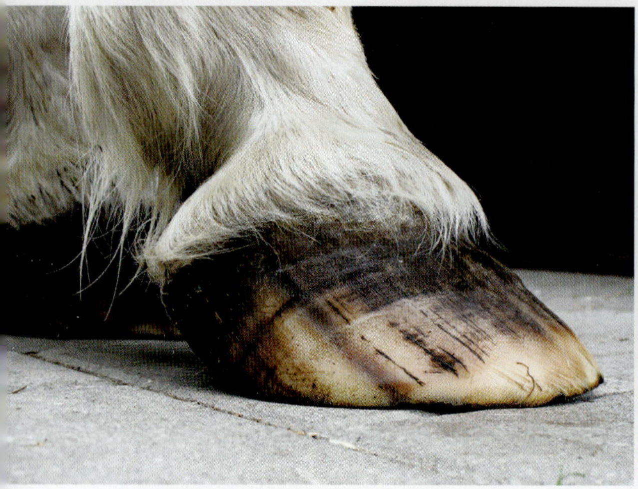

Abb. 3.60a: **Juni 2011**

Die Stute hatte im Frühjahr einen (neuen) Hufreheschub erlitten, etwa 2 cm unterhalb des Kronsaums ist eine deutliche Einstülpung (Reherille) zu erkennen.

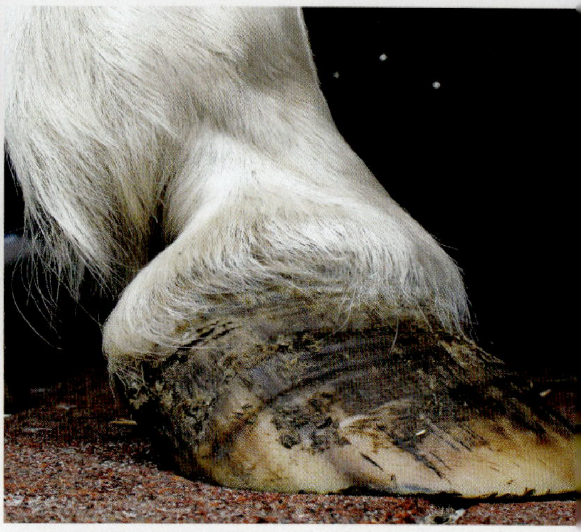

Abb. 3.60b: **Juli 2011**

Die Einstülpung wächst sukzessive herunter, die Zehenwand unterhalb der Reherille wird in der Folgezeit zunächst schräger, da sich dort Narbenhorn bildet, …

Abb. 3.60d: **Oktober 2011**

Die Hufwand ist am Hufbeinrücken entlang nachgewachsen, unterhalb befinden sich noch 3 cm schräge Wand und Narbenhornkeil.

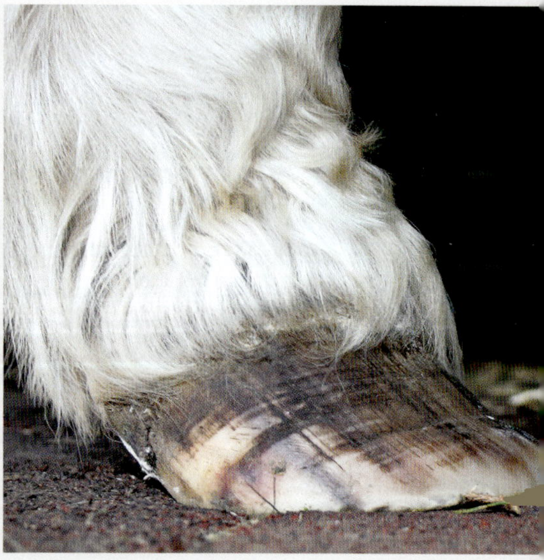

Abb. 3.60e: **November 2011**

Die Reherille ist dicht über dem Boden angekommen …

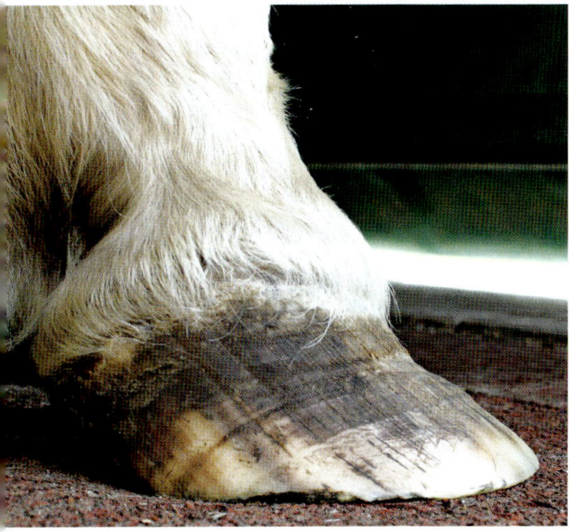

Abb. 3.60c: **August 2011**
… welches die Verbindung im geschädigten Hufbeinträger sichert.

Hinderungsgründe für ein gerades Nachwachsen der Zehenwand sind die obengenannten korrektiven Eingriffe, oftmals auch der Beschlag, da er einen anderen Umgang mit dem nachwachsenden Horn erfordert, neue Reheschübe oder auch das anhaltende Weiterrehen (häufig bei endokrinologisch verursachten Hufreheerkrankungen), zu frühe Belastung und irreversible Schädigungen der lebenden Hufstrukturen. Wird beispielsweise die Kronlederhaut durch eine Hufbeinsenkung in Mitleidenschaft gezogen oder die Wandlederhaut durch lange anhaltende chronische Hufrehe verändert, so kann sich kein normaler Zustand mehr einstellen.
Im ersten Fall ist häufig die Ausrichtung der Kronlederhautpapillen verändert, so dass die Hornröhrchen in eine neue Richtung produziert werden, im zweiten Fall kann keine Parallelität mehr zwischen Hufbeinrücken und Zehenwand einkehren, weil die verlängerten Wandlederhautblättchen dauerhaft einen breiteren Hufbeinträger bilden.

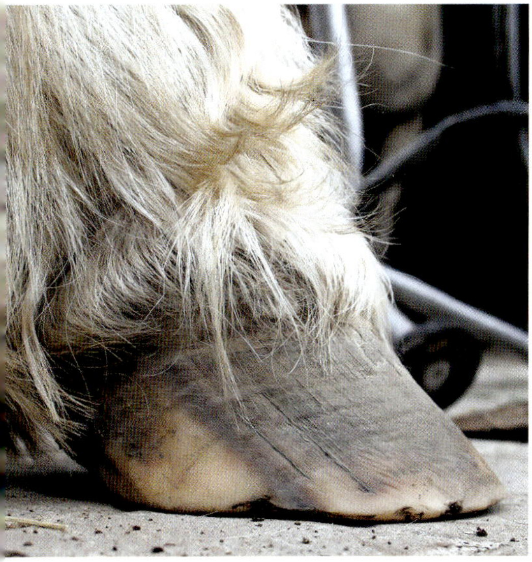

Abb. 3.60f: **März 2012**
… und schlussendlich herausgewachsen. Die Zehenwand ist wieder parallel zum Hufbein, wenn auch mit einem leichten Schwung versehen (siehe hierzu auch das zugehörige Röntgenbild Abb. 3.62).

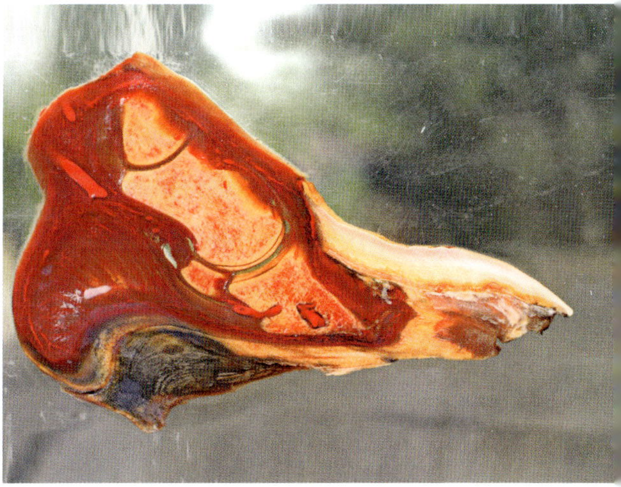

Abb. 3.61: Das Horn wird in die falsche Richtung geschoben: Die Kronlederhautpapillen sind durch die Hufbeinsenkung in ihrer Ausrichtung verändert und »produzieren« in nahezu waagerechter Richtung. Die Hufbeinspitze ist abgebrochen, so dass die Sohlenlederhautpapillen das Sohlenhorn ebenfalls nicht mehr zum Boden, sondern nach vorn schieben. Die Wandlederhautblättchen sind enorm verlängert und sorgen ihrerseits für einen beständigen Narbenhornkeil und vergrößerten Abstand zwischen Hufbein und Zehenwand. (Scheibenplastinat: Walter Keil)

Auch wenn das Hufbein Veränderungen erlitten hat (Athrophie, Hutkrempe), ist keine Rückkehr zu früheren Verhältnissen möglich. Diese frühere Hufform sollte man in den Fällen dann aber auch nicht herstellen wollen, indem man eben bspw. die **zurecht** schräg bleibende Zehenwand entfernt oder Manipulationen an der Trachtenhöhe vornimmt. Dem Komfort des Pferdes ist am besten damit gedient, wenn man den veränderten Strukturen Rechnung trägt und das andere Aussehen des Hufes akzeptiert. Ein solcher Huf kann seine Rehegestalt nicht mehr verlieren! Schneidert man aus einem solchen Huf einen formal korrekten Huf oder versucht auch nur, ihn in diese Richtung zu korrigieren, so vergeht man sich zwangsläufig gegen die funktionalen Eigenheiten dieses Hufes und das Pferd leidet in der Folge unter der menschlichen Korrektur. Wie bei schiefen oder anders verbildeten Hufen, muss man die durch die inneren Strukturen vorgegebenen Abweichungen in der Hufform akzeptieren und von nun an dafür sorgen, dass aus dem nicht mehr optimalen Zustand keine negative Eigendynamik erwächst. Das geht wie immer am besten, indem man über Abrieb und Bodengegendruck wacht.

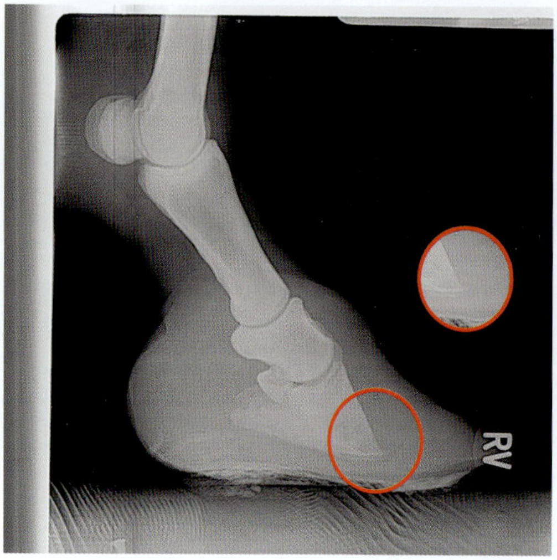

Abb. 3.62: September 2009: Das Röntgenbild zu Rosalies rechtem Vorderhuf zeigt eine massive Schere zwischen Zehenwand und Hufbeinrücken. Das Hufbein selbst ist zu einer kleinen Hutkrempe aufgebogen. (Der linke Vorderhuf bot dasselbe Bild.) Rosalie litt bereits seit Jahren an Hufrehe. Die sichtbare Aufbiegung des Knochens geht mit (fürs Röntgenauge unsichtbaren) Veränderungen der Lederhäute einher. Das bedeutet, dass die Zehenwand zukünftig immer einen leichten Schwung aufweisen wird und die Blättchenschicht ein klein wenig breiter und unstrukturierter bleiben wird, als dies früher, vor ihrer Reheerkrankung, der Fall war.

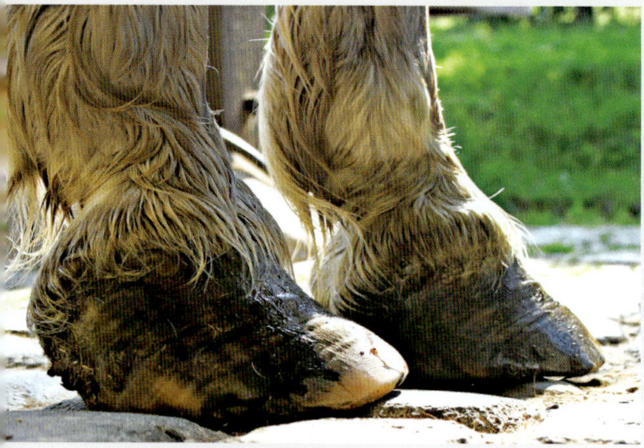

Abb. 3.63a,b: September 2009

Das ist der rechte Vorderhuf von Rosalie zu dem Zeitpunkt, als ich die Bearbeitung ihrer Hufe erstmals übernommen habe. Ich habe Rosalie von da an ein reichliches Jahr bearbeitet, bevor ich die Bearbeitung aus Krankheitsgründen für mehrere Monate aufgeben musste.

Häufig wird die Notwendigkeit des Beschlags dem Pferdebesitzer gegenüber mit der **radiologisch nachgewiesenen Hufbeinrotation** begründet. Um Schlimmeres zu verhindern bzw. den Zustand zu reparieren (Zehenwandresektion) wird dringend zum orthopädischen Hufeisen geraten. Dabei wird häufig nicht unterschieden zwischen Hufwand- und Hufbeinrotation. Das ist auch nicht immer so ohne weiteres möglich, aber ein sicheres Indiz für das Fehlen einer Hufbeinrotation ist die auf dem Röntgenbild (des belasteten Hufes) sichtbare ungebrochene Knochensäule.

> *»Bei der Hufbeinrotation liegt der Drehpunkt im Bereich des Hufgelenkes und die dorsale Zehenachse erscheint im Röntgenbild zwischen Hufbein und den übrigen Zehenknochen deutlich gebrochen.*
> *Bei der Hufkapselrotation liegt dagegen der Drehpunkt im Kronsegment oder einige Zentimeter distal davon in der dorsalen Hufkapselwand. Die Zehenachse erscheint bei seitlicher Betrachtung ungebrochen.« (BUDRAS et al. 2008: S. 19)*

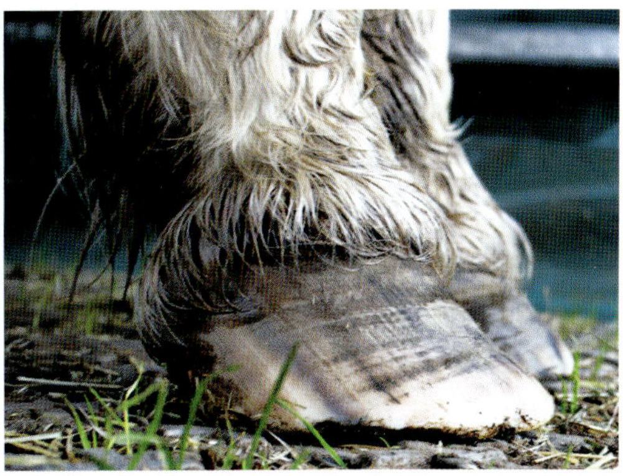

Abb. 3.63c:
Oktober 2010
Rosalie nach einem Jahr huforthopädischer Barhufbearbeitung. Während meiner hiernach folgenden Arbeitspause erlitt Rosalie leider noch einmal einen neuen Reheschub. (Oben in Abb. 3.60a–f ist das Herunterwachsen des hierbei neu entstandenen Narbenhornkeils dokumentiert).

Aber auch im Falle einer im Hufgelenk gebrochenen Knochensäule muss man Folgendes bedenken: Nicht wenige Pferde besitzen ganz unabhängig von einer Erkrankung an den Vorderhufen eine Hufgelenksflexion (Bockhuf oder Stelzfuß der tiefen Beugesehne). Es können beide oder aber auch nur eine Vordergliedmaße betroffen sein. Oft besteht diese Brechung der Zehenachse von Fohlenbeinen an. Solche Pferde sind für Hufrehe anfälliger, wenn man immer wieder versucht, ihre Trachten zu verkürzen und die Brechung in der Zehenachse zu beseitigen.[89] Da beides – sowohl Fehlstellung als auch der entsprechende Korrekturversuch – recht häufig ist, finden sich die Röntgenbilder dieser Pferde nicht selten unter den Rehepatienten. Sie haben dann zunächst keine Hufbeinrotation, sondern vielmehr eine Hufwandrotation erlitten. Wenn man sich diesen Umstand vor Augen führt, begeht man nicht den Fehler einen Kampf gegen einen imaginären Feind auszufechten. Eine Hufbeinrotation bei Hufrehe ist meiner Ansicht nach **immer** das Ergebnis einer langandauernden, chronischen Schmerzsituation. Pferde, die sehr lange nicht aus ihrer Rehesituation befreit werden, die von einer Rehe in die nächste stolpern, in Hufen die ihr hohes Schmerzpotential behalten, weil man sich nicht oder in falscher Weise um sie kümmert, diese Pferde stellen ihre Hufbeine im Laufe der Schmerzenszeit steiler und steiler. Ursache ist weniger der immer wieder beschädigte Hufbeinträger als die Schmerzhaltung, die sie einnehmen. Die verkrampfte Muskulatur sorgt für einen massiven Dauerzug an den Beugesehnen, insbesondere an der tiefen Beugesehne, die am Hufbein ansetzt und dieses nach hinten beugt.

In der Phase der akuten Hufrehe kommt es zuallererst und in sehr kurzer Zeit zu einer Wandrotation.[90] Da steht der Feind. Diese Wandrotation zu verhindern oder sie zumindest zu beschränken, darauf sollten sich die Maßnahmen konzentrieren. Eine Trachtenerhöhung aber, wie sie häufig in der akuten Rehe vorgenommen wird – da sie dem Zug der tiefen Beugesehne

[89] *Siehe hierzu auch S. 170 f und 179 f.*
[90] *Bei einer sehr heftigen Hufreheerkrankung kann es auch zur Hufbeinsenkung kommen. Hierbei geben große Teile des Hufbeinträgers in sehr kurzer Zeit ihre Funktion auf und das Gewicht des Pferdes sorgt für ein schnell erfolgendes Einsinken des Hufbeines in die Hornkapsel. Das Hufbein wird hierbei nicht gebeugt.*

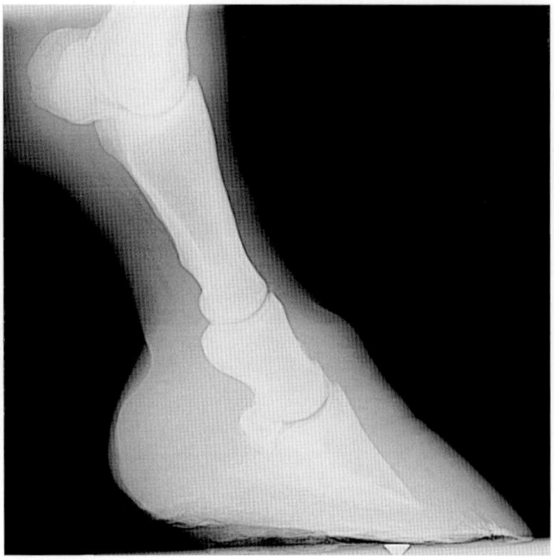

Abb. 3.64a
Hufwandrotation: Schere zwischen Hufbeinrücken und Zehenwand bei ungebrochener Knochensäule.

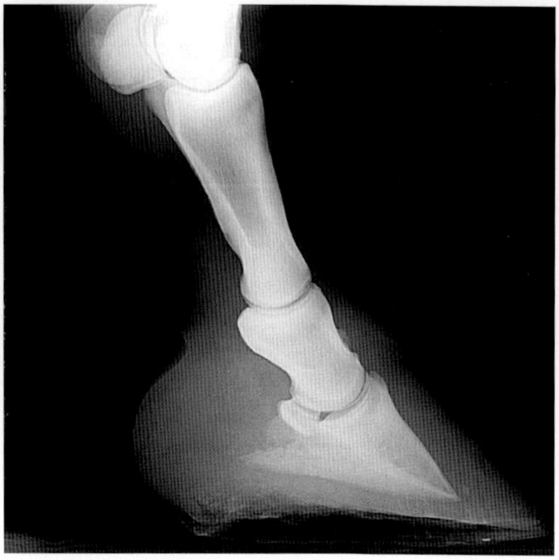

Abb. 3.64b
Hufwandrotation: Schere zwischen Hufbeinrücken und Zehenwand bei nach hinten gebrochener Knochensäule.

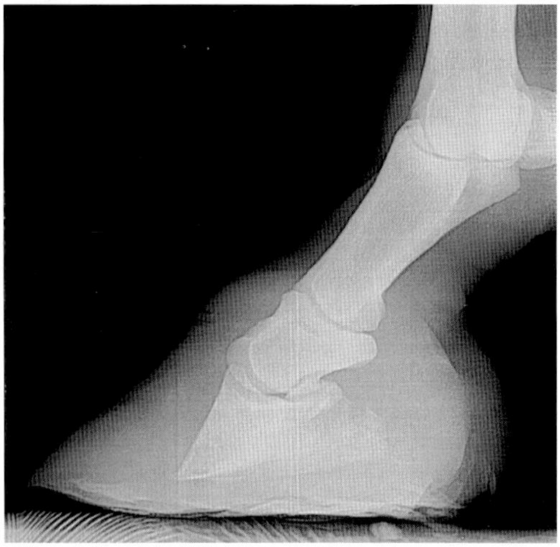

Abb. 3.64c
Hufwandrotation und eventuelle Hufbeinrotation: Schere zwischen Hufbeinrücken und Zehenwand bei nach vorn gebrochener Knochensäule (Hufgelenksflexion); letztere kann im Zuge des langandauernden chronischen Rehezustandes erworben sein oder schon vor der Hufrehe bestanden haben (Rosalies linker Vorderhuf, siehe Fall Rosalie oben).

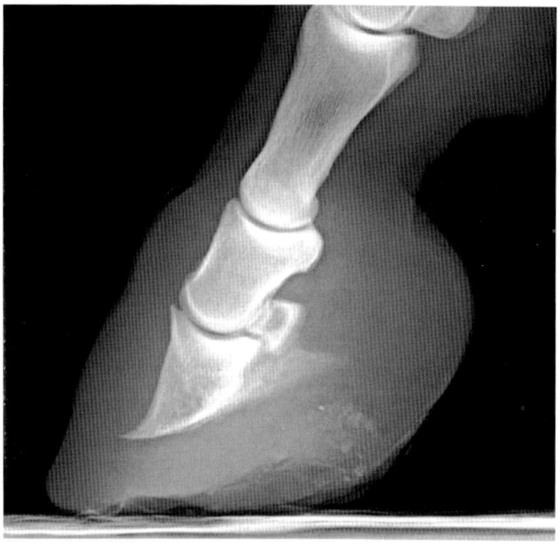

Abb. 3.64d
Parallele Zehenwand und minimale Hufbeinrotation? Hutkrempe!

Bei diesem chronischen Rehepony wurde regelmäßig die Zehenwand entfernt und die hohen Trachten wurden gekürzt. Aus diesem Grund gestattet das Röntgenbild keine wahre Aussage über den Zustand des Fußes, Knochensäule wie Hornkapsel sind im Moment manipuliert.

und der dadurch ausgelösten Hufbeinrotation (dem imaginären Feind) entgegenwirken soll – gefährdet das Unterfangen unter Umständen, da der Hufbeinträger hierdurch womöglich mehr und nicht weniger belastet wird. Oder wie STASHAK sagt, »theoretisch« steigt dadurch »die Gefahr einer weiteren Hufbeinrotation und eines Durchbrechens der Hufbeinspitze durch die Hufsohle« (STASHAK 1989: S. 495). Je weniger man einen Hufrehehuf manipuliert, desto größer sind die Chancen, dass er den akuten Hufrehezustand übersteht und dem chronischen Zustand hiernach wieder entwächst. Der Beschlag, gleich welcher Art, ist in diesem Fall aus meiner Sicht hauptsächlich hinderlich, da er spätestens beim Umbeschlagen stärkere Korrekturen einfordert und die bei diesen Zuständen so notwendige, kleinschrittige Einflussnahme verwehrt.

3.3.12 Eisen zur Fehlstellungskorrektur beim Fohlen und beim erwachsenen Pferd

> *»Diese Stellung und Hufform (steile Fessel mit steilen Hufen) ist es, bei der sehr oft vom gewöhnlichen steilen Huf durch fleißige, aber irrtümliche Behandlung ein Zwanghuf mit eingedrückter Zehenwand und eingesunkener Sohle entsteht. Die Behandlung besteht nämlich gewöhnlich darin, daß man schon bei Fohlen anfängt, die Trachtenwände sehr oft und bis zum Hervorquellen des Blutes zu beschneiden, die Zehenwand hingegen lang läßt, und wenn letztere ausbricht oder sich abnutzt, dann schützt und streckt man sie mit einem halbmondförmigen Eisen.« (HEIZER 1903: S. 355 f)*

Was der Militär-Obertierarzt Isidor HEIZER hier beschreibt, ist das Misslingen der Hufkorrektur bei steilen Hufen. In seiner langjährigen Tätigkeit als Gestütstierarzt, der die Hufbearbeitung und den Hufbeschlag betreute, fiel ihm auf, dass die korrektiven Bemühungen bei **»zu« steilen Hufsituationen** zu einer charakteristischen Deformierung der behandelten Hufe und nicht zur erwünschten Verbesserung der steilen Situation führten. Dies trat regelmäßig ein, wenn es sich um erwachsene Pferde handelte, war häufig aber auch schon bei Fohlenhufen zu beobachten.
Leider hat sich dieses Wissen um die Grenzen der Hufkorrektur im Falle steiler Huf- bzw. auch Gliedmaßenstellungen nie umfassend durchgesetzt und bis heute wird noch häufig so vorgegangen, dass die Korrektur zu Ungunsten der Hufe und Gliedmaßen weitergeführt wird, obwohl die dabei stattfindenden Hufdeformationen eindeutig anzeigen, dass die Korrektur nicht mehr gelingen kann. Beim erwachsenen Pferd ist letzteres nahezu immer der Fall. Kürzt man für zu hoch befundene Trachten, verbiegt sich die Zehenwand und entfernt sich dabei vom Hufbein, mit allen negativen Konsequenzen.[91]
Das kann auch beim Fohlen geschehen. Häufig haben die orthopädischen Maßnahmen hier noch Erfolg, aber auch da kann sich das Horn bereits als der schwächere Part erweisen, bspw. indem sich der in den Trachten gekürzte Huf, wie HEIZER beschreibt, in der Folge vermehrt in der Zehe abreibt. Die stumpfe Stellung bleibt dann trotz der Trachtenkorrektur einfach erhalten. Man kann dem vermehrten Abreiben der Zehe entgegensteuern, indem man einen Abriebschutz anbringt. Sinnvoll ist hier der Einsatz von Dallmer-Klebeschuhen oder Halbmondeisen. Ist die Zehe so vor dem Abrieb geschützt und das Pferdchen ausreichend auf unnachgiebigen Böden in Bewegung, kann sich die steile Stellung durchaus regulieren. Es kann aber ebenso passieren, dass sich, wie oben beschrieben, die Zehenwand verformt. Geschieht dies, ist die Korrektur der steilen Stellung nicht gelungen. Das heißt, tritt dieses Phänomen einer verbogenen Zehenwand auf, so zeigt das an, dass die orthopädischen Maßnahmen im konkreten Fall ausgereizt sind. Will man die steile Stellung dennoch und weiterhin korrigieren, muss man, um Erfolg zu haben, zusätzliche Maßnahmen ergreifen: Hier ist entweder ein chirurgischer Eingriff, bswp. die Desmotomie des Unterstützungsbandes der tiefen Beutelsehne, und/ oder eine medikamentöse Behandlung[92] erforderlich. Ohne diese wird jede Weiterführung der orthopädischen Maßnahmen dem Huf und der Gliedmaße mehr Schaden als Nutzen einbringen.
Häufig werden die deutlichen Zeichen am Huf leider übersehen und es wird Jahr um Jahr wei-

[91] *Siehe hierzu auch die Abb. 3.41 und die Ausführungen ab S. 147 ff.*

[92] *Die 1–2-malige intravenöse Injektion von Oxytetracyclin (Antibiotikum) in stark erhöhter Dosis führt zur Elastizitätsveränderung der Muskel- und Sehnenmatrix und kann im Zusammenhang mit physiotherapeutischer und orthopädischer Behandlung zur Therapie des Sehnenstelzfußes beim Fohlen genutzt werden (GÖSSLING 2001; NOWAK et al. 2010: S. 60).*

Rechter Vorderhuf, 11.06.08.

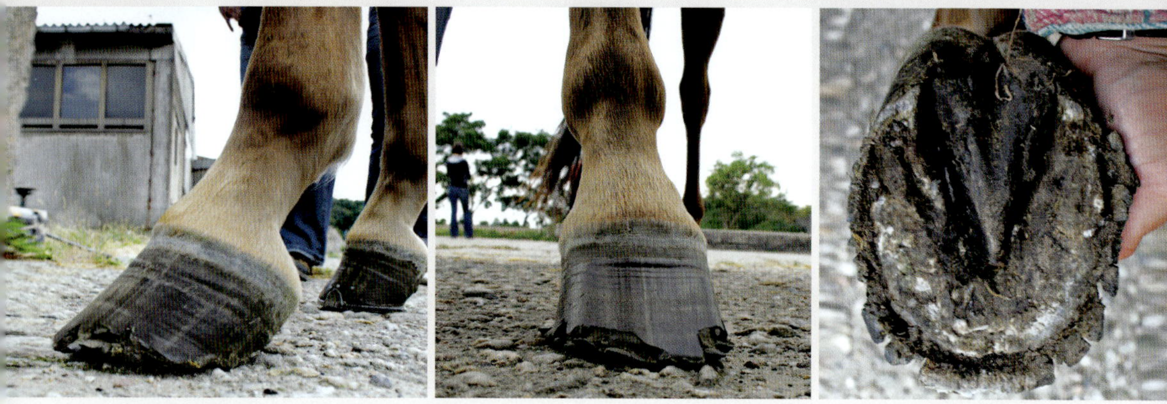

Linker Vorderhuf, 11.06.08.

*Abb. 3.65a–g: Bei diesem dreijährigen Quarterwallach hatte man bis zu diesem Zeitpunkt beharrlich versucht, die Steilstellung des rechten Vorderhufes zu korrigieren. Die konkave Zehenwand zeigt, dass dies ein aussichtsloses Unterfangen war (3.6a). Folge des jahrelangen Therapieversuchs waren darüber hinaus Lahmheit, ein überlasteter linker Vorderhuf und röntgenologisch sichtbare Veränderungen an Huf- und Strahlbein. Die 90° Röntgenaufnahme der rechten Vordergliedmaße zeigte typische Veränderungen des Strahlbeines und der Hufbeinspitze. Beide machten deutlich, dass an diesem Huf seit langem und wiederholt Maßnahmen zur Korrektur der steilen Stellung ergriffen wurden. Das Strahlbein wies markante Ausziehungen am unteren und oberen Knochenrand auf. Verursacht wurden diese durch den erhöhten Zug der Strahlbeinhaltebänder, welche durch das Niederschneiden der Trachten wiederholt unter zu starke Zugspannung gesetzt waren. Die Verbiegung der Hufbeinspitze ist als Folge der Belastung des Hufbeinknochens – verursacht durch die erhöhte Sehnenspannung der tiefen Beugesehne – und als Ergebnis der Hebelwirkung der verbogenen Zehenwand zu werten. Diese sichtbaren Veränderungen sind irreversibel und stellen leider unnötige pathologische Schädigungen dar. Sie wurden **nicht** durch die Steilstellung des rechten Vorderhufes an sich verursacht, sondern durch die Bemühungen, diese Fehlstellung zu beseitigen.*

ter versucht, die steilen Hufe zu korrigieren. Meist geschieht das mit Hilfe des Hufbeschlags. Kommen bei Hufen mit bereits konkaver Zehenwand orthopädische Eisen zum Einsatz, die diese Zehenwand zusätzlich belasten, wird die Hufsituation oft noch dramatisch verschlechtert.

> *»Versucht man es aber durch den sog. orthopädischen Beschlag (Schnabeleisen, Bügeleisen, überständige Eisen u. ä.), so geben nicht die zu kurzen Sehnen und Bänder, sondern es gibt allein der Hornschuh nach! Das aber beseitigt keineswegs die Funktionsstörung.« (HENKELS 1949: S. 92)*

Es kommt nicht selten vor – bei Fohlen wie auch bei erwachsenen Pferden – dass ein Huf steiler ist als der andere.[93] Prinzipiell ist das Auftreten von **ungleich steilen Vorderhufen** als ungünstig einzuschätzen, da hiermit immer eine unterschiedliche Belastung der beiden Gliedmaßen einhergeht. Dies gilt im Stand – die Beine werden »bequem« positioniert, also bspw. entlastend vor, neben oder unter den Körper gestellt – und dies gilt ebenso in der Bewegung. Der jeweilige Winkel des Hufes und der Gelenke beeinflusst das Bewegungsmuster der Gliedmaße, was bei differierenden Gliedmaßen zu einem asymmetrischen Bewegungsablauf führt. Der ungleiche Gebrauch der Vordergliedmaßen bleibt dabei auch nicht ohne Auswirkung auf die Hinterhand. Man muss davon ausgehen, dass die unterschiedliche Biomechanik der einzelnen Gliedmaßen natürlich auch den gesamten Pferdeorganismus beeinflusst. Ergebnis ist ein in gewissem Maße asymmetrisches Pferd. Insofern macht es Sinn, die Entwicklung unterschiedlich steiler Hufe möglichst zu verhindern. Umso früher man eingreift, umso größer sind die Erfolgsaussichten. Man muss aber in jedem Fall erkennen, wann die orthopädischen Maßnahmen nicht mehr erfolgreich sein können. Die konkave Verformung der Zehenwand zeigt dies unmissverständlich an.

Da die Entstehung der unterschiedlichen Huf- und Gliedmaßenwinkel zumeist im Fohlenalter liegt, ist die wichtigste und sinnvollste Maßnahme die Prophylaxe beim Fohlen. Eine gründliche Beobachtung und Kontrolle der Huf- und Gliedmaßensituation heranwachsender Pferde ermöglicht ein frühzeitiges Eingreifen. Neben der Vermeidung und Umgehung von Situationen, die eine unterschiedliche Ausrichtung der Gliedmaßen befördern könnten, bietet das die besten Chancen, die Ausbildung und Manifestierung ungleicher Vorderhufe zu verhindern. So kann bspw. ein zu hoher Zehenabrieb durch veränderte Auslaufbedingungen unterbunden werden, kann man ein Wegbrechen des Fohlenschnabels durch vernünftige hufbearbeiterische Pflege verhindern, kann man einem länger andauernden Schonen einer Gliedmaße durch die Ergreifung geeigneter therapeutischer Maßnahmen zur Wiederherstellung der Gebrauchsfähigkeit und Schmerzlinderung zuvorgekommen.

Mögliche Ursachen für die Ausbildung unterschiedlich steiler Hufe:

- eine Wachstumsdiskrepanz zwischen den schnell an Länge zunehmenden Knochen distal des Radius einerseits und den Sehnen und Bandstrukturen andererseits
- diese kann verursacht werden durch Ernährungsfehler, bspw. durch kraftfutterreiche und heuarme Fütterung und durch Imbalancen in der Vitamin und Mineralstoffversorgung, dabei liegt besonderes Augenmerk auf dem Calcium-Phosphat Verhältnis, Kupfermangel und Zinküberschuss (MEYER 2003: S. 6)
- Bewegungsmangel, bspw. wenn das Fohlen ausschließlich oder größtenteils in weicher Boxeneinstreu steht und ungenügende Bewegungsmöglichkeiten auf verschiedenen Untergründen gegeben sind: Die Muskeln und Sehnen können

[93] *Nach eigener Zählung haben 26 % der von mir sowie drei weiteren Kollegen betreuten Kundenpferde zwei unterschiedlich steile Vorderhufe (Rasch 2009: S. 29). Martin KUMMER findet in seiner röntgenologischen Untersuchung sogar 70 % unterschiedliche Vorderhufe bei den untersuchten 40 Warmblütern. Dabei sind in dem Falle stets die linken Vorderhufe flacher und länger. Sie sind zudem, passend zur Hufform und -größe mit größeren Hufbeinen ausgestattet (KUMMER 2005).*

nicht ausreichend gelängt und trainiert werden[94]
- die lateral versetzte »Grasstellung« (lateral grazing), bei der Fohlen zum Grasen ein und dasselbe Bein nach vorn, das andere nach hinten unter den Körper stellen
- hierfür wird auch eine exterieurbedingte genetische Komponente in Feld geführt – eine Zucht in Richtung lange Beine, kleine Köpfe erschwert es dem Fohlen, an eine kurze Grasnarbe zu kommen, weshalb sie sich in der genannten Weise aufstellen (MALJAARS 2007: S. 30)
- ein daraus folgendes Bequemstellungs-syndrom – bleiben die Sehnen- und Band-strukturen einer Gliedmaße weniger beansprucht, so ist es auch bequemer, diese weiterhin weniger zu beanspruchen
- ein verletzungsbedingtes Schonen einer Gliedmaße
- eine vernachlässigte oder fehlerhafte Hufbearbeitung im Fohlenalter
- das Ausbrechen der Zehenwand auf einer Gliedmaße – bspw. wenn das Fohlenschnäbelchen ausbricht: Die Einziehung oberhalb des ursprünglichen Fohlenhufes, die sich nach 2 bis 3 Monaten dem Boden nähert, birgt die Gefahr des Wegbrechens der unteren Wandabschnitte, was wiederum einer steileren Hufform Vorschub leistet (FINKLER-SCHADE 1998)
- ein unterschiedlich starker Abrieb im Zehenbereich der beiden Vorderhufe.

Auch wenn die Situation ungünstig ist, ist es meist gar nicht so, dass die Pferde unter dieser ungleichen Fußsituation leiden. Es sind bei ihnen in der Regel keine Probleme oder Schädigungen zu beobachten; das Pferd arrangiert sich mit der unsymmetrischen Situation. Wenn Lahmheiten oder Pathologien auftreten, dann verdanken sich diese fast ausschließlich den fortwährenden (manchmal jahrelangen) Versuchen des Menschen, diese differierende Stel-

Zwei Möglichkeiten, wie Fohlen zu unterschiedlich steilen Gliedmaßen kommen können:

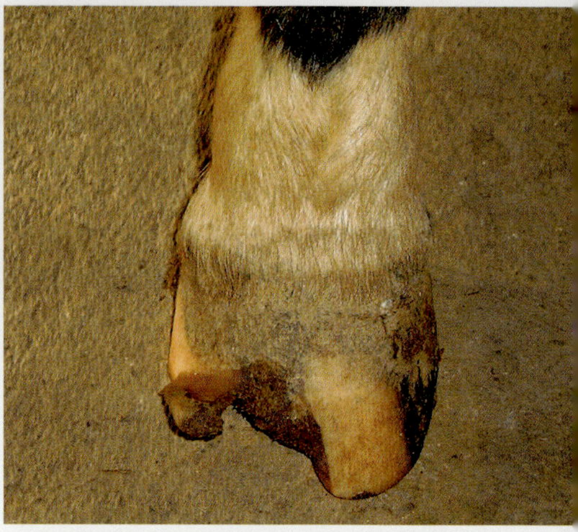

Abb. 3.66a: Werden die Fohlenhufe vernachlässigt, kommt es leicht zu Ausbrüchen. Ausbrüche im vorderen Wandbereich können den betroffenen Huf steiler werden lassen – zum einen durch den Hornverlust an sich, zum anderen durch Verletzungen der inneren Strukturen und daraus folgende Schonhaltungen.

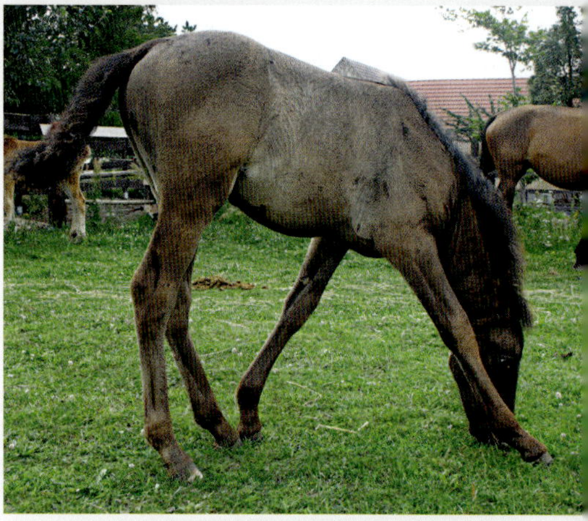

Abb. 3.66b: Grast ein Fohlen stets so, müssen sich die Zehenachsen der Vorderbeine unterschiedlich steil ausbilden. Der nach vorn gestellte Huf wird sich flacher, der nach hinten gestellte Huf wird sich steiler entwickeln. Auch eine regelmäßige Hufkorrektur kann diese Entwicklung nicht aufhalten (HEEL et al. 2006). Hier hilft nur das Futter so anzubieten, dass das Fohlen diese Stellung nicht einnehmen muss.

[94] *In den Aufzuchten herrscht jedoch häufig Bewegungsarmut. Lediglich 20–30 % der Pferdezuchtbetriebe bieten ihren Fohlen mehr als 28 h Auslauf pro Woche (WALKER 2007: S. 83). Auf den Tag berechnet sind dies gerade einmal 4 h freie Bewegungsmöglichkeit. Das sind keine günstigen Bedingungen für die Entwicklung gesunder Pferde. 35–40 % der Betriebe gestatten ihren Fohlen 0–4 h pro Woche (ebenda).*

lung der Gliedmaßen an den Hufen zu reparieren. Das optische Empfinden und das Wissen »es wäre günstiger wenn« (Taktreinheit) veranlasst zu dem Bestreben, die ungleich gestellten Gliedmaßen einander anzugleichen, indem der steilere Huf beständig in den Trachten gekürzt wird.

Ganz eindeutig zeigt sich das Ende der Korrekturmöglichkeit in der charakteristischen Verformung der Hufe. Ein steilerer Partnerhuf, der sich in der Zehenwand verbiegt, zeigt an, dass die Sehnen-, Band- und Gelenkstrukturen soweit verfestigt sind, dass sich das Horn eher verformt, als dass die inneren Strukturen nachgeben. Leider scheint diese Tatsache, obwohl bereits im letzten Jahrhundert immer wieder beschrieben, kaum hinlänglich bekannt und bewusst zu sein. Nicht wenige ständig wiederkehrende, rätselhafte Lahmheiten und Hufrehen werden so verursacht.

> *»Da die verkürzte Sehne nicht nachgibt, verharrt auch das Hufbein in seiner alten Stellung und es lösen sich die Hornblättchen der Zehenwand des Hornschuhs von den Blättchen der Huflederhaut. Dieser Prozeß ist mit Entzündungssymptomen (vor allem an der Krone erkennbar) und einer stärkeren Lahmheit verbunden.« (HENKELS 1949: S. 93)*

Aber auch einige Sehnenentzündungen und Hufrollenerkrankungen gehen auf dieses Konto. Wie im Fall des dreijährigen Quarterwallachs (siehe Abb. 3.65) kommt es deshalb zu Problemen und Lahmheiten. Durch das wiederholte korrigierende Niederschneiden der Trachtenregion und die Fixierung des Hufes auf dem Beschlag wird die Knochenachse (Hufbein, Kronbein, Fesselbein) immer wieder kurzfristig gestreckt. Die erhöhte Sehnenspannung der tiefen Beugesehne, sowie die verfestigten Knochen-, Band- und Gelenkstrukturen ziehen das Hufbein daraufhin stets zurück in die ursprüngliche steile Position. Das geschieht dabei auf Kosten der Verbindung zwischen Hufbein und Zehenwand und die Zehenwand verbiegt. Die Schmerzen führen ganz oft zu einer Überbelastung der Partnergliedmaße. Im Fall des Dreijährigen zeigt sich dies im Verbiegen und Ausbrechen der Hornwände, Unterschieben der Trachten und wiederholtem Verlust der Eisen. Der dokumentierte Fall ist leider typisch und stellt nicht die Ausnahme, sondern die Regel des Umgangs mit ungleich steilen Füßen dar. Dabei kann man, wenn die Trachten ein aufs andere Mal niedergeschnitten werden müssen, eigentlich doch feststellen, dass der Plan zur Korrektur nicht aufgeht:

> *»Auch beim erwachsenen Pferd kann beobachtet werden, dass, selbst wenn die ungleich gewinkelten Hufe in der Winkelung angeglichen werden, die Asymmetrie gegen Ende der Beschlagperiode jeweils wieder auftritt. Laufband-Kraftmessungen zeigen, dass die Gliedmaße mit dem flacheren Huf mehr belastet wird.« (WEISHAUPT et al. 2012: S. 142)*

Beachtenswert ist dies auch für die Korrektur **von schiefen Hufen fehlgestellter Gliedmaßen**. Wenn die Länge der Hufwände ein aufs andere Mal und über Jahre hinaus reguliert werden muss – indem der Huf einseitig mehr verkürzt wird – dann sollte das hufbearbeiterische Vorgehen einmal überdacht werden. Schließlich stellt dieses einseitig kürzende Vorgehen bei der Hufbearbeitung das Pferd regelmäßig vor ein mehr oder weniger großes Problem: Gelenke, Bänder und Sehnen müssen sich nach jedem Hufbearbeitungstermin neu einrichten und an die geänderten Bedingungen anpassen. Das Ergebnis der Hufkorrektur ist zudem augenscheinlich ja auch nicht das gewünschte, wenn das mit der Bearbeitung angezielte Geraderwerden des Hufes keinen Bestand hat, sondern immer wieder aufs Neue hergestellt werden muss. Eventuell ist das Geraderwerden aber auch gar nicht möglich, weil die Schiefe des Hufes die Stellung

der Gliedmaße folgerichtig ergänzt. Dann ist es aber auch keine nützliche Maßnahme, den Huf stets wieder einseitig zu verkürzen, um ihn gerader aussehen zu lassen. Beim erwachsenen Pferd müssen Fehlstellungen der Gliedmaßen und die dazu passend »schiefen« Huffundamente in den meisten Fällen akzeptiert werden. Alle nötigen Ausführungen hierzu finden sich im Abschnitt 1.4 (siehe S. 59 ff).
Anders ist das beim **Fohlen**, wo die Möglichkeit besteht (leider nicht die Garantie), dass die Fehlstellungen behoben werden, noch bevor sie sich verfestigen können.

Die kleinen engen Hufe bieten in den ersten Lebensmonaten kaum die Möglichkeit des Eingreifens anhand des Hornes selbst. Mit Ausnahme natürlich der überständigen Hornkapsel, wie sie entstehen kann, wenn die Fohlen keine ausreichende Bewegungsfreiheit genießen. Hält der Abrieb mit dem Hornwachstum mit, gibt es an den Fohlenhufen zunächst kaum etwas in punkto Raspeln und Schneiden zu tun. Findet ein einseitiger Abrieb statt, so lässt sich dieser recht leicht ab der Seite 66 beschriebenen Art und Weise durch Abriebsteuerung regulieren. Werden die Hufe dagegen aber schief, weil sie die Verlängerung einer fehlgestellten Gliedmaße bilden, so kann man dem mit Raspel und Messer erst einmal nur wenig entgegensetzen. Die kleinen, engen Hornkapseln bieten nur wenig Material zur Gestaltung. Positiv heißt das aber auch, dass sich ihre Verformung zunächst in Grenzen hält. Erst mit der Größenzunahme der Fohlenhufe vergrößert sich ihr Verformungspotential und damit ergibt sich dann natürlich auch die Möglichkeit, negativen Entwicklungen am Horn entgegenzusteuern.
Treten angeborene oder erworbene Achsfehlstellungen auf, können diese das spätere Leben des Pferdes sehr negativ bestimmen. Deshalb ist die Betreuung der Fohlenbeine vom Tag ihrer Geburt an der wichtigste Meilenstein auf dem Weg zu späteren gesunden Hufen. Wird eine Fehlstellung registriert, so steht an erster Stelle die Einschätzung eines sachverständigen Fachmannes (in der Regel ist das der Tierarzt), ob es sich um eine Fehlstellung mit der Potenz zur Selbstregulierung handelt oder ob sofort therapeutische Maßnahmen ergriffen werden müssen. Die Gliedmaßen der Fohlen sind mit speziellen Wachstumszonen (Epiphysenfugen) ausgestattet, die es ermöglichen, dass sich Abweichungen in der Gliedmaßenachse von selbst regulieren können. Diese Wachstumsfugen sind eine Chance und eine Schwachstelle[95] zugleich.

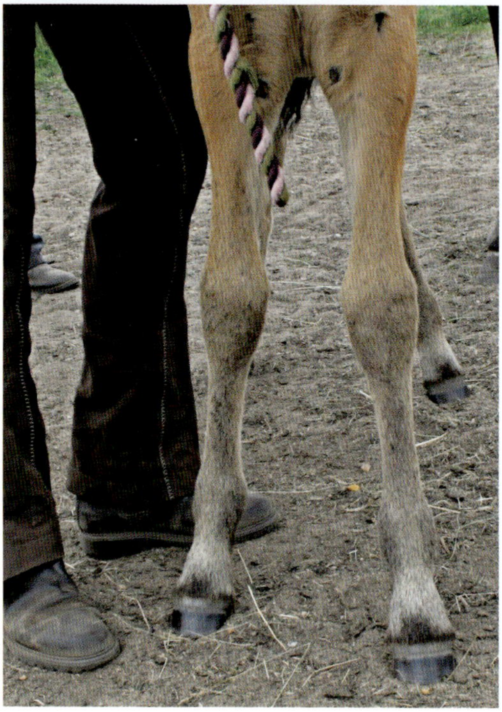

Abb. 3.67: Ein fünf Wochen altes Fohlen mit einer sich gerade auswachsenden leichten X-Beinstellung (Valgusstellung). Nicht selten weisen Fohlen eine solchen Valgusstellung auf, die sich häufig einfach verwächst. Dass dies möglich ist, liegt unter anderem daran, dass die noch aktiven Wachstumsfugen regulatorisch wirken können: Mit der Valgusstellung geht eine asymmetrische Belastung auf die Wachstumszone oberhalb des Karpalgelenkes einher (distale Radiusepiphyse). Der höhere Druck auf der Außenseite regt diese Seite zu höherer Aktivität an. Das schnellere einseitige Längenwachstum des Unterarmknochens kann so die Gliedmaße geraderichten. Mit dem Nachlassen der unterschiedlichen Belastung erfolgt dann auch wieder die Rücknahme des einseitig stärkeren Knochenwachstums.

[95] *Diese stoffwechselaktiven Knorpelzonen sind natürlich auch sehr empfindlich für Schädigungen durch jedwede traumatische Belastung, sei es eine andauernde Überlastung oder eine unfallbedingte Verletzung.*

Ist eine Achsfehlstellung zu stark ausgeprägt, kann der Druck auf die Epiphysenfuge jedoch das physiologische Maß überschreiten und eine Gegenregulation bleibt aus. Die Fehlstellung wird sich in dem Fall schnell verschlechtern. In solchen Fällen kann man nicht auf die Selbstkorrektur setzen. Werden keine Maßnahmen zur Therapie einer solchen Fehlstellung ergriffen, kommt es leicht zu irreversiblen Schäden an den sich ausbildenden Gliedmaßenstrukturen. Hier sind entsprechende orthopädische, physiotherapeutische und mitunter auch chirurgische Maßnahmen angezeigt, um die Situation möglichst frühzeitig zu beheben.

Man muss unterscheiden zwischen Achsfehlstellungen die sich durch entsprechendes Bewegungs-, Haltungs- und Futtermanagement verwachsen können und Fehlstellungen bei denen zusätzliche therapeutische Maßnahmen unerlässlich sind. Hier am Beispiel der häufig anzutreffenden x-Beinstellung.

Abb. 3.68a: Moderate Valgusstellung mit der Potenz zur Selbstregulierung.

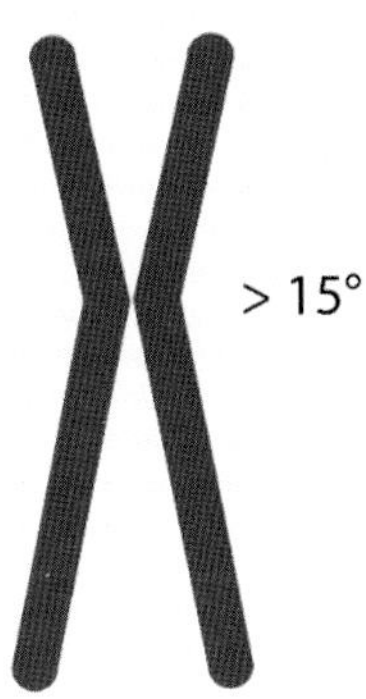

Abb. 3.68b: Kritische Achsfehlstellung über 15°, bei der über ein therapeutisches Eingreifen entschieden werden muss.

In den ersten Lebensmonaten bieten die kleinen Hufe kein Material, um mit ihnen die Gliedmaßenstellung in irgendeiner Weise beeinflussen zu können. Ohne sich selbst groß zu verformen, sind die Hufe der jungen Fohlen ab einem gewissen Ausmaß einer vorliegenden Achsfehlstellung nicht mehr in der Lage, die Gliedmaße zu unterstützen. In solchen Fällen können Klebeschuhe oder Kunsthornerweiterungen die Standsicherheit der Gliedmaße erhöhen. Bevor es diese modernen Werkstoffe und Hufschutzmodelle gab, wurden in solchen Fällen auch Eisen verwendet. Dass ein Beschlagen mit Hufeisen für die sich eben erst entwickelnden Hufe keine bevorzugte therapeutische Maßnahme darstellt, liegt auf der Hand. Glücklicherweise gibt es heute hierfür Alternativen.

Eine künstliche Erweiterung der Hornkapsel durch einen Extensions-Klebeschuh oder Kunsthorn hilft das stark einseitig einfallende Körpergewicht aufzufangen und verhindert so ein Wegknicken der Gliedmaße. Zudem wird das Fohlen durch die veränderte Fußungsfläche zu einer anderen Aufstellung des Beines genötigt. Das trägt dazu bei, dass sich die Verhältnisse im weiteren Wachstum normalisieren können. Was beim erwachsenen Pferd nach Abschluss ebendieser Wachstumsprozesse keinen Erfolg mehr haben kann, ist beim Fohlen eine hilfreiche Nötigung und trägt dazu bei, Schäden zu vermeiden. Es ist wichtig alle auftretenden Huf- und Beinprobleme beim Fohlen stets unverzüglich vom Fachmann begutachten zu lassen und die notwendigen Schritte einzuleiten. Die Zeit bis zum Schluss der Epiphysenfugen muss genutzt werden, um Fehlstellungen zu beheben.[96] Je mehr die Hüfchen mit der Zeit die Form von Hufen annehmen, desto mehr kann auch über die Gestaltung des Hornes selbst Einfluss auf die zukünftige Gliedmaßenstellung genommen werden. Die regelmäßige engmaschige Kontrolle der Gliedmaßensituation beim Fohlen ist eine notwendige Investition und die sicherste Voraussetzung für die spätere Pferdegesundheit.

[96] Der Zeitpunkt der Schließung unterscheidet sich je nach Gliedmaßenabschnitt und liegt zwischen 6 und 42 Monaten (STASHAK 1989). Die Schließung der Epiphysenfugen beendet das Längenwachstum der Knochen.

4 Mein Pferd braucht seinen Beschlag!

»Der rationelle Hufbeschlag muss als ein diätetisches Mittel angesehen werden, wenngleich er auch an und für sich [...] ein Uebel ist, aber doch ein Uebel, das gegen den Nutzen, den er gewährt, immerhin als unbedeutend sich ergiebt.« (BRÜCHER 1876: S. 28)

Was Paul Richard BRÜCHER vor 150 Jahren aufgestellt hat, ist eine Kosten-Nutzen-Rechnung: Die fraglos nachteiligen Wirkungen des Hufbeschlags auf Gliedmaße und Huf des Pferdes sind angesichts seiner nützlichen Heilwirkung zu vernachlässigen. Oder anders gesagt, wenn der Nutzen des Hufbeschlags für das Pferd (und seinen Besitzer) die negativen Auswirkungen auf die Huf- und Pferdegesundheit überwiegt, so soll er auch Anwendung finden.

Eine solche Kosten-Nutzen-Abwägung findet heute in vielen Fällen überhaupt nicht statt. Insbesondere Pferde von Hobby- und Freizeitreitern tragen häufig Hufeisen, weil das Pferd einfach »schon immer« Eisen hatte. Man hat es so gekauft bzw. von den Vorbesitzern übernommen und »weiß« einfach, dass es Eisen braucht. Dabei hat man sich eigentlich nie die Frage gestellt, ob es dieses »diätetischen« Mittels an den Füßen des eigenen Pferdes tatsächlich bedarf. Das Hufeisen ist so selbstverständlich, dass sich diese Frage gar nicht stellt.

Schon das Kind lernt, dass Pferde Eisen brauchen. Die meisten Pferde in den großen Reitställen laufen auf Eisen. Der Reitschüler bekommt schon mit den Schulpferden vorgelebt, dass ein Pferd auch im weichen Hallen- und Reitplatzboden nur mit Hilfe von Hufeisen gehen kann, und die wahren Reiter – die alten Hasen und die jungen Turnierreiter – zu denen der Anfänger aufschaut, haben beschlagene Pferde. Wenn man auch zu den großen, wirklichen Reitern gehören will, braucht man auch einen Beschlag. Das Hufeisen ist in bestimmten Reiterkreisen auch heute einfach ein Stück weit ein Standesmittel. Auch das hat schon eine lange Tradition:

> *»Zur Selbstverständlichkeit standesgemässen [sic] Auftretens eines Ritters gehörte der ordentliche, vollständige Hufbeschlag; es galt als Schande, ihn entbehren zu müssen«. Ritter die in Ungnade fielen, wurden deshalb oft nicht um Geld bestraft, sondern mussten »zur Buße mit barfüßigen Pferden etliche mit einem, etliche mit zwei oder drei Hufeisen in die Stadt reisen.« (MEYER 1941: S. 29)*

»Du kannst Dir wohl keine Eisen mehr leisten« – es ist durchaus möglich, dass Sie diesen Satz des öfteren zu hören bekommen, wenn Sie zu dem Schluss gekommen sind, dass Ihr Pferd unter den konkreten Umständen vielleicht doch keinen Beschlag benötigt.

4.1 »Es geht einfach nicht ohne«

Ich hab diese Aussage schon so häufig gehört und wenn ich nachfrage, erfahre ich, dass das Pferd drei bis viermal die Woche geritten wird, meist in der Halle, ab und zu auch einmal ins Gelände. Da stellt sich natürlich die Frage, weshalb kann das Pferd bei dieser überaus moderaten Nutzung nicht barhuf gehen? Lassen wir die orthopädischen Beschläge, die im übernächsten Abschnitt betrachtet werden, erst einmal außen vor, so lauten die Antworten der Besitzer ganz häufig folgendermaßen:

- bei meinem Pferd wachsen die Hufe zu langsam
- das geht nicht bei unserem Ausreitgelände, wir müssen viel über Straßen gehen bis wir irgendwo sind
- die Wege sind zu steinig
- ich hab das ohne Eisen schon mal probiert, da mussten wir nach drei Monaten die Eisen wieder drauf machen, das ging gar nicht
- wenn die Hufeisen unten sind, kann er gar nicht mehr laufen; schon beim Umbeschlagen kann er kaum stehen, wenn die Eisen unten sind.

Ich gehe davon aus, dass diesen Abschnitt ohnehin nur jemand liest, der zumindest ein wenig mit dem Gedanken liebäugelt, sein Pferd auf Barhuf umzustellen. Wenn Sie dies also eigentlich gern möchten, aber aus den oben genannten Gründen nicht wagen, sind für Sie vielleicht folgende Überlegungen und Hinweise hilfreich.

Die Aussage, **dass die Hufe des eigenen Pferdes zu langsam wachsen** und deshalb immer beschlagen sein müssen, geht meist mit einem deutlich verlängerten Beschlagintervall einher. Selbst wenn der verantwortungsvolle Besitzer seinem Pferd die in der Hufliteratur empfohlenen kürzeren Abstände auch gern gönnen würde, hat der Hufschmied nach eigener Einschätzung nach sechs Wochen an diesen Hufen einfach nichts zu tun. Sprich, es ist kein Material da zum Wegnehmen. Der Huf kann also kaum korrigiert werden und das Nageln gestaltet sich schwierig. Deshalb entscheidet man sich, bei diesem Pferd lieber noch zu warten, bis ausreichend Material nachgewachsen ist.

Nun kann es sein, dass das Hornwachstum bei einem Pferd zwar geringer ist als normalerweise, das Horn kann dafür aber durchaus von besserer und deutlich härterer Qualität sein. Langsamer produziertes Horn muss nicht qualitativ schlechter sein, ganz im Gegenteil.[97] Es ist also durchaus möglich, dass ein prinzipiell langsam wachsender Huf dem Abrieb durch seine bessere Qualität genauso lange widerstehen könnte, wie ein Huf, der schneller wächst. Es kann aber auch der Fall sein, dass das geringere Hornwachstum mit einer explizit schlechten Hornqualität einhergeht. Hier ist die Frage, wodurch dieses Manko verursacht wird? Im Abschnitt 3.3.2 wurde auf diese Problematik und die möglichen Ursachen, die ihr zugrunde liegen können, bereits eingegangen. Besteht eine Stoffwechselproblematik, liegt evtl. eine Über- oder Unterversorgung mit Nährstoffen vor, haben die Haltungsbedingungen eine negative Auswirkung auf die Hufe, sind die Lederhäute durch die Hufsituation gestresst und kommt es hierüber zu Fehlleistungen oder Schwankungen in der Hornsynthese (siehe auch Seite 111)? Es lohnt sich stets, die Ursache ausfindig zu machen. Wenn es dann auch noch gelingt, die Ursache abzustellen, können die Hufe in Zukunft aller Wahrscheinlichkeit nach auch barhuf genutzt werden.

Liegt die Ursache des langsamen und schlechten Hornwachstums in der Hufsituation begründet, so ist es ohnehin das sinnvollste, die Eisen abzunehmen und die Hufe zu sanieren. Ähnliches hat der Hufschmied im Auge, wenn er dem Pferdebesitzer dazu rät, die Hufe nach

[97] Diesen Unterschied finden wir bspw. beim harten, langsam wachsenden Winterhorn und beim weichen, nicht so stabilen, dafür schnell gewachsenen Sommerhorn der Hufe.

dem Ende der Turniersaison oder im wenig arbeitsreichen Winter barhuf zu lassen, damit sie sich erholen können. Wenn die Hornqualität so schlecht ist, dass die Eisen nicht mehr halten, dann bleibt oft ohnehin nichts anderes mehr übrig, als das Pferd barhuf zu lassen.[98] Hier heißt der Ratschlag häufig: »Lass uns den mal für ein Jahr auf die Weide stellen, vielleicht erholen sich die Hufe ja.«
Man kann aber deutlich mehr dafür tun, dass die Hufe wieder zu gesundem und ausreichendem Horn kommen, als einfach nur die Eisen wegzulassen. Sicher kann auch das Weglassen der Eisen bereits einen positiven Effekt auf die Hornsynthese haben. Denn die Starrheit des Hufeisens schränkt die Eigenbewegungen der Hornkapsel doch relativ stark ein. Die Durchblutungssituation ist dadurch eine andere als beim Barhuf und das kann sich negativ auf die Qualität und die Quantität des Hufhornes auswirken (siehe S. 88 f). Beseitigt man diese Einschränkung des Hufes durch die Starrheit des Eisens und hat das Pferd die Möglichkeit seine Hufe auch ausreichend zu bewegen (Weide), so kann die Durchblutung angeregt und damit die Nährstoffversorgung im Huf positiv beeinflusst werden. Bei dem einen oder anderen Pferd kann dies ausreichen, um die Situation der Hufe zu verbessern. Viele Pferde benötigen aber, damit die Barhufphase fruchtet, zusätzlich eine sachgemäße Bearbeitung ihrer Hufe, wenn sich auf dem Beschlag bereits eine ungünstige Hufsituation herausgebildet hat. Um aus dieser ungünstigen Hufsituation herauszuwachsen, benötigen die Hufe sehr oft Hilfe.

Mitunter gründet die Aussage »die Hufe würden zu langsam wachsen« auch auf einer Täuschung. Die Tatsache, dass die Trachten oder die eine oder andere Seitenwand verbogen zum Boden stehen, reduziert deutlich die Bodenhöhe der betreffenden Hornwände und Hufbereiche. Nicht mangelndes Wachstum ist dabei das Problem, sondern die ungünstige Stellung der Hornröhrchen zum Boden. Hilft man den Hufen aus dieser unphysiologischen Hufform heraus (zu wachsen), so stellt sich meist ohne weiteres die ausreichende Trachtenhöhe etc. her und der Hornabrieb ist plötzlich nicht nur kein Problem mehr, sondern er ist unter Umständen sogar

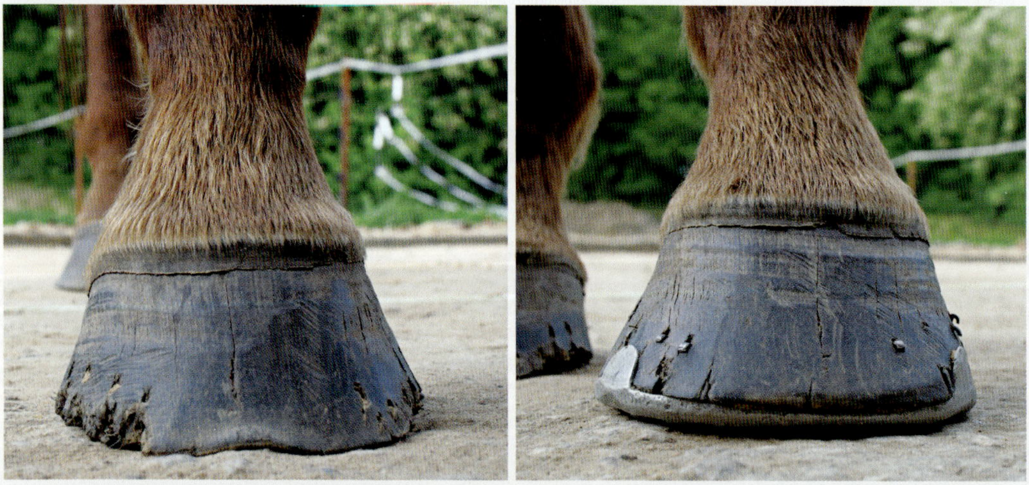

Abb. 4.1a,b: Wenn das Horn so schlecht ist, dass die Eisen nicht mehr halten, bleibt in der Regel nichts anderes übrig, als eine Barhufpause einzulegen. Wenn man die Hufe in dieser Phase nicht sich selbst überlässt, sondern die Zeit dazu nutzt, die Hufsituation zu optimieren, werden die Hufe zum einen schneller wieder belastbar, zum anderen müssen sie hiernach evtl. gar nicht mehr beschlagen werden.

[98] *Mitunter werden auf solche Hufe, bei denen keine Nägeln mehr halten, Klebeschuhe aufgebracht. Dabei besteht allerdings ein recht hohes Risiko für die Entstehung von aufsteigenden Infektionen (siehe S. 100 f).*

überhaupt die Lösung des Problems (siehe S. 170 f). Prüft man die Hufe seines Pferdes nach diesen Seiten hin, entdeckt man vielleicht, dass das Barhufgehen bei der momentanen Nutzung nicht nur trotz des »langsamen Hornwachstums« möglich ist, sondern dass es vielleicht sogar genau die richtige Medizin gegen dieses »zu geringe Wachstum« ist.

Reitet jemand mit seinem Pferd viel ins Gelände, so entscheidet die **Beschaffenheit des Ausreitgeländes** in starkem Maße darüber, wie hoch der Hornabtrag ist. Wenn beständig viele Asphaltkilometer zurückgelegt werden müssen, reiben sich die Hufe natürlich weit schneller ab, als wenn der grasbewachsene Wiesenweg gleich hinterm Reitstall beginnt. Man muss wegen der Asphaltstrecken im Reitgelände nicht vorsorglich beschlagen, aber wenn das Pferd bereits beschlagen ist, weiß man zunächst tatsächlich nicht, ob das Gelände auch barhuf zu bewältigen wäre. Dies auszuprobieren ist natürlich um einiges schwieriger, wenn das Pferd schon beschlagen ist. Denn die frischgebackenen Barhufe sind hierfür kein guter Indikator und es wäre ein großer Fehler, einfach die Eisen abzunehmen und das Gelände barhuf »auszuprobieren«.
In der Konsequenz bedeutet das, dass man sich einige Zeit nehmen muss, wenn man herausfinden möchte, ob das Reitgelände auch unbeschlagen nutzbar ist. Wenn die Nutzung des Pferdes so moderat ist, wie eingangs beschrieben und viel oder gar hauptsächlich die Halle und der Reitplatz zum Reiten genutzt werden, gibt es keinen Grund, das Barhufprojekt nicht zu wagen. Das gilt auch, wenn das Gelände gar nicht wegen des Hornabriebs, sondern wegen der ungemütlichen steinigen Wegstrecken eine gewisse Herausforderung für die Hufe darstellt. Es gibt mit Sicherheit Wege, die zum Reiten ungeeignet sind. Besonders die Unsitte, Waldwege mit grobem Schotter aufzuschütten und Feldwege mit Schutt aus Häuserabrissen zu befestigen, schränkt das Reitvergnügen in manchen Gegenden stark ein. Ist man auf solche Wege angewiesen, so ist das ein großer Nachteil. Die meisten Barhufpferde zeigen deutlich, dass diese Wege eine Zumutung sind, aber auch für ein beschlagenes Pferd sind sie nicht unproblematisch. Gerade weil »Anschmiegen« und Tastsinn durch das starre Hufeisen ausgeschaltet bzw. reduziert sind, werden die Gelenk- und Bandstrukturen auf diesen groben Wegen stärker strapaziert. Lässt man sein beschlagenes Pferd hier nicht im Schritt gehen, besteht außerdem auch die Gefahr von Prellungen – es sei denn, die Hufsohle ist durch Einlagen geschützt. Da das Reitvergnügen auf diesen Wegen ohnehin begrenzt ist, wird man sie meistens so gut es geht meiden. Die Frage, die sich jeder selbst beantworten muss, ist letztlich die nach der Verhältnismäßigkeit. Wenn man sein Pferd unter Beschlag halten muss, um ein, zweimal die Woche einen solchen Weg zu überqueren, dann ist es ganz sicher vernünftig nach Alternativen zu suchen (Hufschuhe, Umwege in Kauf nehmen, Randstreifen suchen, Umziehen etc).

Es gibt auch weit weniger üble Wege, die für die allgemeine Aussage im Stall sorgen, dass man hier im Gelände auf keinen Fall barhuf zurechtkommen kann. Man kann dieser Aussage Glauben schenken (und so für ihren ewigen Bestand sorgen) oder sich auf den Standpunkt stellen, Versuch macht klug. Allerdings muss man sich dessen bewusst sein, dass dies nicht im Kurzzeitexperiment herausgefunden werden kann. Die ehemals beschlagenen Hufe benötigen Zeit um barhuftauglich zu werden; erst dann können sie zeigen, wie belastbar sie sind.

Eventuell gibt es auch jemanden im Stall, der den Barhufversuch schon unternommen hat und gescheitert ist: **»Ich habe das schon probiert,** da mussten wir nach drei Monaten die Eisen wieder drauf machen, das ging gar nicht.« Das macht nicht unbedingt Mut. Auch, dass ein Pferdebesitzer, der bereits einen solchen Fehlversuch hinter sich hat, Angst davor hat, noch einmal eine Barhufumstellung in Angriff zu nehmen, ist überaus verständlich. Aber es spricht in meinen Augen alles dafür und nichts dagegen, es noch einmal zu versuchen, wenn man bestimmte Fehler vermeidet. Die beiden häufigsten Fehler, die zu fehlgeschlagenen Versuchen führen, sind die **Überforderung** der frischgebackenen Barhufe und die **unsachgemäße Hufbearbeitung**. Wenn man die Hufeisen abnimmt und sein Pferd sofort oder nach kurzer Zeit genauso weiter arbeitet wie bisher, dann geht das in den seltensten Fällen gut. Weshalb das so ist, wie lange die Hufe geschont werden müssen und wie man diese Zeit am besten gestalten kann, wird im nachfolgenden 5. Kapitel ausführlich erläutert. Ebenso die Fehler, die man bei der Hufbearbeitung machen kann, sowie die weiteren Bedingungen und Voraussetzungen, von denen der Erfolg des Projekts Barhufumstellung abhängt. Alle durch einen Fehlversuch bereits entmutigten Leser finden in diesem Kapitel unter Umständen die Gründe für das Scheitern ihres Projektes und können auf Basis dessen dann abschätzen, ob es sich lohnt, einen erneuten Versuch zu wagen.

Die definitive Notwendigkeit des Beschlages scheint fraglos bewiesen, wenn das Pferd **ohne Eisen keinen Schritt** mehr gehen kann. Schon der kurze Barhufmoment zwischen der Abnahme der alten und dem Aufbringen der neuen Eisen legt nahe, dass das Pferd dringend auf seinen Beschlag angewiesen ist. Macht hier ein Versuch, die Hufe auf Barhuf umzustellen, überhaupt Sinn? Ich meine ja, vielleicht sogar mehr denn je. Wenn ein Pferd so unmissverständlich anzeigt, dass ohne seinen Beschlag überhaupt nichts mehr geht, dann ist damit auch ganz klar gesagt, dass seine Füße in einer überaus schlechten Verfassung sind. Die Info: »Ohne geht kein Schritt mehr« sagt uns deutlicher als alles andere, dass diese Hufe dringend einer Therapie bedürfen. Der Hornschuh hat eine Form angenommen, die das Pferd schmerzt, was nur dadurch aushaltbar wird, dass dieser Schuh sich möglichst wenig bewegt und den Boden nicht erreicht. Die Starre des eisernen Materials und der Abstand zum Boden machen die Situation für das Pferd erträglich bzw. zumindest aushaltbar. Wenn das Horn sich allerdings in einer derart ungünstigen Form befindet, kann das Eisen die unangenehme Emp-

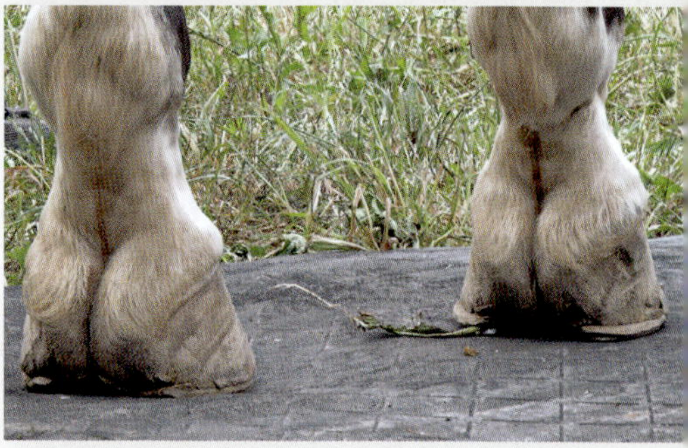

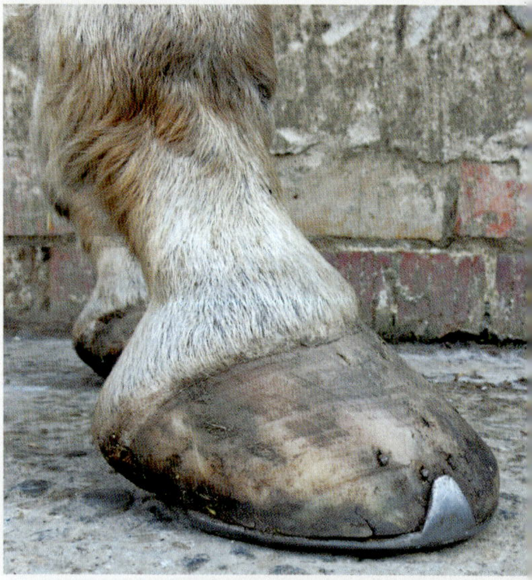

Abb. 4.2a–c
Angewiesen auf Beschlag – solche Hufbaustellen sind schmerzhaft und gesundheitsschädlich.
(Unteres Foto: Corinna Meißner)

findung auch nur lindern, nicht aber beseitigen. Dass sich diese Pferde in ihren Hufen selbst auf dem Eisen nicht wirklich wohl fühlen, ist stets mehr oder weniger deutlich zu sehen. Hinzu kommen entsprechende tierärztliche, osteopathische oder physiotherapeutische Befunde und wenn dass Pferd trotz der schlecht aufgestellten Füße noch unter dem Sattel geht, lässt die Rittigkeit verständlicherweise oft sehr zu wünschen übrig. Man sieht die Blutergüsse im Wand- und Sohlenhorn (wenn die Hufe nicht dunkel pigmentiert sind) und kann die Falten und Rillen im Horn zählen. Sie weisen wie die Risse und Spalten, die Ausbuchtungen und Verbiegungen der Wände, die gezwängten Ballen und hochgestauchten Kronränder, die aufgerissene Blättchenschicht und die Ausbrüche auf die Not der Hufe hin.

Das Eisen lindert die Schmerzen, kann sie aber weder beseitigen noch die Auswirkungen auf die empfindlichen Strukturen im Innern der Hornkapsel aufheben. Die Situation bleibt für das Pferd nicht nur sehr unbefriedigend, sie ist auch schadensträchtig und zieht die lebenden Gliedmaßenstrukturen umso mehr in Mitleidenschaft, umso länger sie anhält. Aus diesem Grund sollte man nicht zögern, die Verbesserung der Hufsituation in Angriff zu nehmen. Wenn Ihnen ein Hufschmied zusagt, diese Verbesserung durch **Änderungen des Beschlags** zu schaffen, dann wird Ihnen diese Zusage sicher willkommener sein, als die Auskunft: »Das geht nur barhuf«. Schließlich wäre es gut, wenn das Eisen Ihrem Pferd noch so lange die Schmerzhaftigkeit nimmt, solange der Hornschuh benötigt, um in eine bequemere Form und stabilere Verfassung hineinzuwachsen. Diese Hilfestellung wäre durchaus erwünscht. Ob die neuen Beschlagmaßnahmen Erfolg haben, lässt sich ja ganz einfach daran ablesen, ob Ihr Pferd mit der Eisenabnahme beim Umbeschlagen von Mal zu Mal besser zurechtkommt und ob die zukünftig nachwachsenden Hornstrukturen glatt und gesund aussehen, ihre Stellung zum Boden sich von oben her sukzessive bessert, der Strahl und die Sohle kräftiger werden und die Schäden am Horn mit der Zeit herauswachsen. Wenn dies der Fall ist, könnten Sie sich dann nach der Hufsanierung überlegen, ob Sie die Eisen noch weiter benötigen, denn prinzipiell müssten die therapierten Hufe Ihr Pferd nun befähigen, barhuf zu gehen.

Ich gebe zu, dass ich skeptisch bin, dass dieser Weg funktioniert. Nicht nur, dass die Verbesserung der Hufform oder genauer gesagt die bessere Ausrichtung der nachwachsenden Hornwände ohne Abriebsteuerung enorm schwierig ist, auch die positive Wirkung der Hufbiomechanik auf die Hornsynthese bleibt ungenutzt und die Kräftigung der Hornstrukturen wird so nicht gefördert. Die Fallgeschichten von Draco und Derwisch oder auch Ganymedes und Wintertraum sind klassische Beispiele für die Schwierigkeit dieser Situation. Die Hufschmiede dieser Pferde haben sich ebenfalls jede erdenkliche Mühe gegeben und ihr Wissen und Können aufgeboten, um die Hufe der vier zu verbessern. Aber das ist mit dem Beschlag einfach um ein Vielfaches schwieriger und in manchen Fällen eben auch gänzlich unmöglich.

4.2 Der (Einsatz-)Zweck »heiligt« die Mittel

> *»Was nutzt die Erkenntnis, dass Stollen an den Eisen unter gewissen Umständen nachteilige Wirkungen auf Sehnen, Bänder und Gelenke des Pferdes haben könnten, wenn sich Pferd und Reiter im Springparcours mit glatten Eisen auf die Nase legen und die Knochen brechen.« (RAU; RAU 2001: S. 113)*

Ja, was nutzt eine solche »Erkenntnis«? Besser man vergisst sie gleich wieder ...
Gehören denn zu einer vernünftigen Kosten-Nutzen-Abwägung nicht beide Seiten? Wenn ein Reiter mit seinem Pferd nicht nur Hallenturniere springen möchte, dann kommt er um Stollen und damit um einen Beschlag an den Füßen seines Pferdes nicht herum. Zum einen, weil das oben angeführte Risiko des Stürzens besteht, zum anderen und vor allem, weil das Pferd ohne zusätzlichen Gleitschutz mit Si-

Es geht auch ohne. (Foto: Claudia Thamm)

cherheit nicht zu den Höchstleistungen fähig sein wird, die es im Parcours eigentlich erbringen soll. Ohne verlässliche Bodenhaftung wird es unsicher und damit womöglich ungehorsam sein; aus Erfahrung klug – weil es bereits ausgerutscht oder gar gestürzt ist – wird ihm das nötige Zutrauen zum kräftigen Absprung und zum engen, schnellen Wendemanöver fehlen. Es besteht die Gefahr, dass es Sprünge (die es nicht schaffen kann) ganz einfach verweigert.

Es ist verständlich, dass ein ambitionierter Springreiter mit einem solchen Pferd nicht starten möchte. Ganz klar möchte er deshalb den Vorteil des Beschlags mit Stollen nutzen. Dann muss er bereit sein, auf der anderen Seite die nachteiligen Wirkungen der Stollen auf die Gliedmaßen seines Pferdes in Kauf zu nehmen. Es mag eine unschöne Erkenntnis sein, aber nutzlos ist sie nicht.[99] Man erkauft sich nun einmal einen erwünschten Vorteil mit einem unerwünschten Nachteil, da beißt die Maus keinen Faden ab. Dessen sollte man sich bitte auch bewusst sein, will man für sich und sein Pferd die richtige Entscheidung treffen. Es gibt Springreiter, die mit ihrem Pferd aus diesem Grund nur bei passenden Boden- und Wetterbedingungen starten. Sie möchten die Nachteile von Stollen und Beschlag nicht in Kauf nehmen und entscheiden sich deshalb so. Es ist in Ordnung wenn andere Menschen andere Entscheidungen treffen, aber bitte in voller Kenntnis der Sachlage und ohne Beschönigungen derart, der Beschlag wäre an dieser Stelle der eigentliche praktizierte Tierschutz.

Wie bereits im Abschnitt 3.2 ausgeführt, gibt es einige Pferdesportarten, die einen expliziten Schutz des Hufes erfordern. Es geht dabei um den **Schutz vor einem zu hohen Hornabrieb**. Dieser Schutz ist unerlässlich für alle Pferde, die intensiv im Gelände genutzt werden. Das Distanzreiten, das Wanderreiten oder die kommerzielle Nutzung von Pferden in der Touristik oder vor der Kutsche kommt ohne einen Hufschutz in der Regel nicht aus. Auch der Freizeitreiter, der täglich mit seinem Pferd ins Gelände geht, kann unter Umständen auf den Hufschutz nicht verzichten. Ob die Hufe der abriebintensiv genutzten Pferde am besten durch Hufeisen oder besser durch eine der alternativen Hufschutzvarianten geschützt werden, ist mit Sicherheit ganz unterschiedlich zu entscheiden. Wichtig ist die gründliche und umfassende Information über die Vor- und Nachteile der verschiedenen Hufschutzmöglichkeiten.[100] Der Aspekt der Pferdegesundheit sollte meines Erachtens bei dieser Abwägung immer an erster Stelle stehen. Wenn dann aus Gründen der Praktikabilität oder aufgrund finanzieller Erwägungen die

[99] Der Kenntnis der nachteiligen Wirkungen verdankt sich z. B. die Entwicklung der Schraubstollen, die es heute zumindest ermöglichen, dass die Stollenwirkung auf Huf und Gliedmaße zeitlich begrenzt werden kann. Unkenntnis oder Ignoranz gegenüber den unerwünschten Wirkungen nützlicher Hilfsmittel verhindert Weiterentwicklungen und Innovationen dieser Art. Es ist aus diesem Grund auch nicht sinnvoll, die missliebigen Nebenwirkungen herunterzuspielen. Dass Stollen nur »unter gewissen Umständen« nachteilige Wirkungen entfalten »könnten« (RAU; RAU 2001: S. 113),, ist bspw. eine solche verbale Entschärfung des eigentlichen Sachverhaltes.

[100] Siehe hierzu Abschnitt 3.1.1, S. 97 ff.

Entscheidung nicht auf die im eigentlichen »gesündeste« Variante fällt, sondern stattdessen die unter den gegebenen Bedingungen praktischste oder günstigste Hufschutzlösung gewählt wird, dann sollte man soviel Mumm haben, das auch zuzugeben – sich und allen anderen gegenüber. Es macht die Menschheit nicht klüger, wenn aus praktischen Erwägungen getroffene Entscheidungen umgemünzt werden in »das Beste fürs Pferd«.

Indoor-Pferde die hauptsächlich auf weichen, wenig abrasiven Untergründen in der Halle und auf dem Platz genutzt werden, benötigen im Normalfall keinen Hufschutz.[101] Hier gibt es weder das Problem zu hohen Hornabriebs, noch die Notwendigkeit, die Hufe unempfindlich gegen die besonderen Herausforderungen eines harten und unebenen Untergrundes zu machen. Die einzigen Herausforderungen dieser Art bestehen evtl. beim Ausflug ins Gelände – der, wenn er selten stattfindet, keinen relevanten Abrieb verursacht – oder auf dem Abreitplatz bzw. dem mittelmäßigen Turnierreitplatz beim Dressurturnier. Wenn man mit seinem Pferd an einer solchen Dressurveranstaltung teilnimmt, möchte man natürlich kein Pferd, das sich tastend über einen schlechten Boden bewegt. Die einzige Art und Weise, sich vom Zustand der Veranstaltungsplätze ein Stück weit unabhängig zu machen, besteht darin, den Tastsinn der Hufe zu reduzieren.

Das gelingt am vollkommensten mit dem Eisenbeschlag oder mit einem ebenfalls starren Klebeschuhbeschlag. Muss man zudem noch die nicht völlig überzeugende Gangqualität seines Dressurpferdes aufpolieren, dann ist das ein weiteres Argument für den Beschlag mit Hufeisen. Auch hier gilt es Vor- und Nachteile abzuwägen. Mitunter kommt man zu dem Schluss, bestimmte Turniere zu meiden, Hufschuhe oder Kunststoffbeschläge vorzuziehen, auf den natürlichen Gang seines Pferdes zu setzen oder auch die Schuld für mangelnden Ausdruck und schlechte Noten bei sich, anstatt bei seinem Pferd zu suchen. Vielleicht lässt der sportliche Ehrgeiz dies alles auch nicht wirklich zu, aber man entschließt sich doch – angesichts der Kenntnis der unerwünschten Nebenwirkungen des Beschlages – die Eisen nach dem Ende der Turniersaison abzunehmen und seinem Liebling für einige Zeit die Vorteile des Barhufs zu gönnen.
Der vielzitierte Schutz der viel in weichem, einsinkbarem Reithallenboden gearbeiteten Hufe und Sehnen durch spezielle Eisen (Eiereisen, weiter gelegte Eisenschenkel) führt u. a. zu Verselbständigungen dieser Art:

> *»Das sog. ›Eiereisen‹ (Egg-bar shoe), eine Abwandlung des geschlossenen Eisens, ist heute geradezu in Mode gekommen, denn viele Pferdebesitzer verlangen es bereits als Prophylaxe gegen Sehnenerkrankungen.« (KRATZ 2001: S. 94)*

Wer diese »Mode« pflegt, lässt gänzlich außer Acht, dass die genannten Spezialbeschläge ihre eigenen spezifischen Nachteile besitzen. Weiter gelegte Schenkel belasten die Gliedmaßen in Wendungen sehr viel mehr, vor allem, wenn diese vom Pferd in Schräglage, also ungebogen, und in hohen Geschwindigkeiten durchlaufen werden. Eiereisen bringen zusätzliche Belastung auf den Fesselträger und erschweren unter bestimmten Bodenbedingungen das Herauskommen aus dem Boden. Das bedeutet Mehrarbeit für die Sehnen, die doch im eigentlichen geschützt werden sollten. [102]
Auch der Pferdebesitzer der in der Westerndisziplin Reining starten möchte, kommt um seinen Beschlag mit Sliders nicht herum. Aber wenn er über die negativen Wirkungen des Beschlages – seine Nachteile an sich und die des Sliding-Beschlages im Besonderen – informiert ist, wird er die Eisen nach dem Ende der Turniersaison doch evtl. abnehmen und sein Pferd barhuf gehen lassen. Man kann die turnierfreie Zeit dann wunderbar dafür nutzen, die unbeschlagenen Hufe sanieren zu lassen.

[101] *Mit Ausnahme von Hallen oder Plätzen mit ungeeignetem, stark schmirgelndem Sand, der dafür sorgt, dass entweder keiner mehr dort reitet oder alle Pferde binnen kurzem beschlagen werden müssen, weil ihnen die Hufzehen abhanden gekommen sind.*

[102] *Siehe hierzu auch Abschnitt 4.3.2, S. 204 ff.*

Abb. 4.3a-g: Dieser Quarterwallach bekommt seine Sliding-Eisen nach der Turniersaison regelmäßig abgenommen und bleibt bis zum nächsten Frühjahr unbeschlagen.

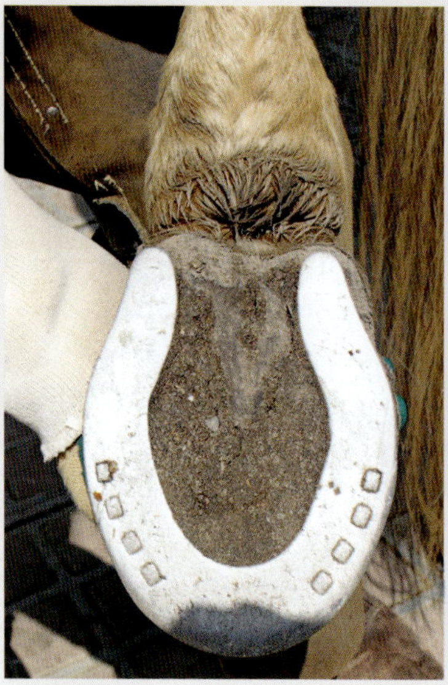

Abb. 4.3.a

Abb. 4.3.b

Hufe zum Ende der Turniersaison (a–d).

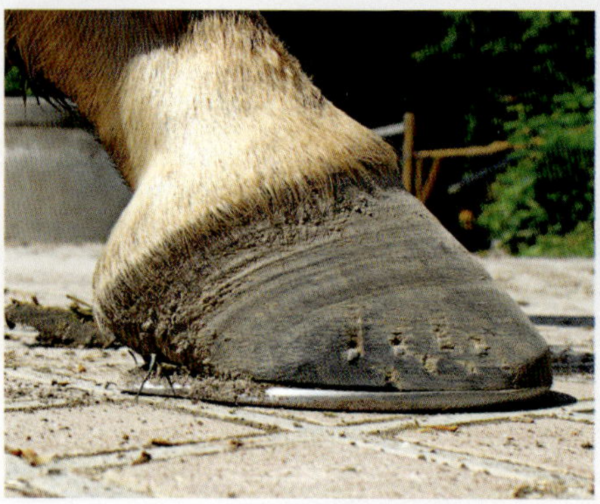

Abb. 4.3.c

Abb. 4.3.d

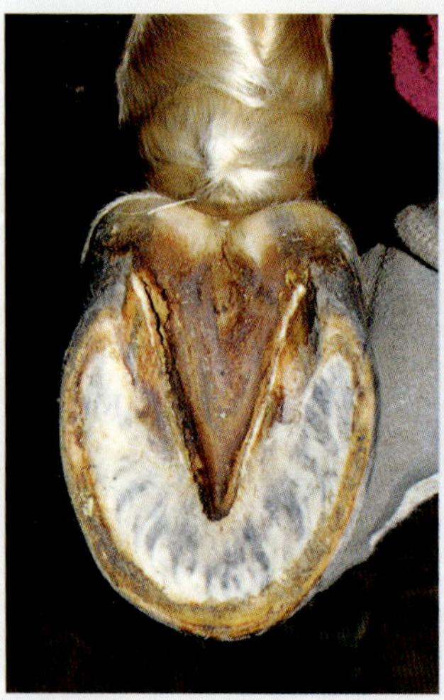

Abb. 4.3. e

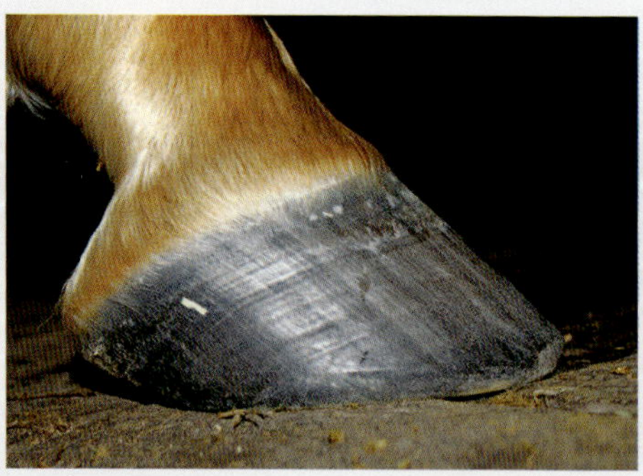

Abb. 4.3.f

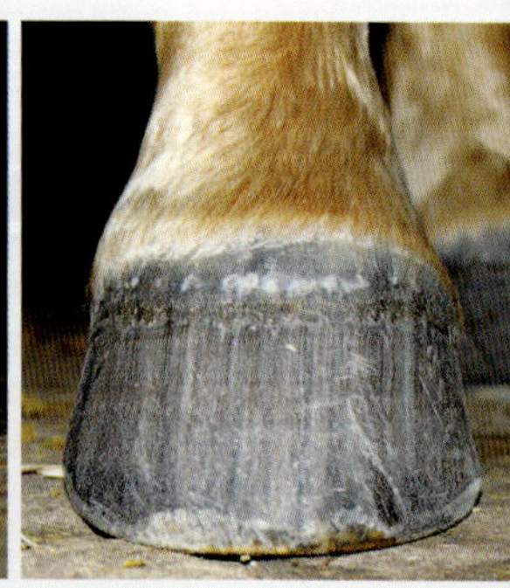

Abb. 4.3.g

Die Hufe profitieren sehr davon: Die Qualität der Hornwände verbessert sich, die Trachten erholen sich und die Fäulnis in der Blättchenschicht verschwindet (e–g).

4.3 Lebenslänglich orthopädischer Beschlag?

»Vor allem sind es die Huflahmheiten, bei denen der Sitz ihrer Ursache und der Angriffspunkt ihrer Behandlung dicht bei einander liegen und in erster Linie ist es das Hufeisen allein oder in Verbindung mit anderen Mitteln, das Heilung bringen kann. Aber selbst wenn öfters eine gänzliche Heilung nicht gelingt, so bessert der Beschlag oft den Zustand derart, daß das betreffende Pferd zur Arbeit gebraucht werden kann.« (KRATZ 2001: S. 35)

Es steht nicht nur (relativ) unerschütterlich fest, dass das Hufeisen das beste Heilmittel für Huf und Pferdegliedmaße ist, es scheint darüber hinaus auch das einzige Mittel zu sein, welches einen ungenügend geheilten Zustand am Pferdebein kompensieren kann.

Es gibt zahlreiche Pferde, die überhaupt nicht aufgrund ihrer intensiven oder speziellen Nutzung beschlagen sind, sondern weil sie unter schmerzhaften Erkrankungen der Gliedmaßen leiden oder auch weil aufgrund einer solchen Vorerkrankung eine dauerhafte Beschädigung einer oder mehrerer Strukturen in Huf und Gliedmaße stattgefunden hat. Der Beschlag dient an dieser Stelle nicht der Therapie, sondern vielmehr der Kompensation der Schäden. Er soll vorhandene Funktionseinschränkungen ausgleichen und die vorgeschädigten Strukturen entlasten. Man erwartet kein Verschwinden des Schadbildes, sondern möchte eine Verschlechterung vermeiden und dem Pferd ein möglichst schmerzfreies Laufen und sich mitunter auch seine weitere Nutzung ermöglichen. Wird ein Pferd dauerhaft mit speziellen orthopädischen Hufeisen beschlagen, so geht es nicht mehr um die Behandlung der krankheitsbedingt erworbenen Schäden und Funktionsfehler, sondern um einen Umgang mit ihnen.

Die Kosten-Nutzen-Rechnung scheint hier durchgeführt und ganz klar entschieden: Die Vorteile des Beschlages überwiegen im Falle eines chronischen Krankheitsbildes seine Nachteile. Diese Bilanz steht unerschütterlich fest und folgt der gleichen Logik wie bspw. die Verschreibung von orthopädischen Einlagen beim Knick-Spreiz-Senkfuß des Menschen. Das Ganze leuchtet ein: Gibt es Probleme, benötigt das Pferd, wie auch der Mensch, orthopädische Hilfe – beim Pferd sind es Beschläge, beim Menschen orthopädisches Schuhwerk. Was bei diesem Analogieschluss vergessen wird, ist die ganz entscheidende Tatsache, dass der Mensch im Unterschied zum Pferd keine nachwachsenden Hornschuhe besitzt, also stets auf einen künstlichen Zusatz angewiesen ist, wenn er an der Form seiner Füße etwas ändern möchte oder muss.[103] Das Pferd ist auf diesen künstlichen Zusatz weit weniger angewiesen als der Mensch, weil es mit dem nachwachsenden Horn selbst beständig das Material zur Gestaltung seiner »Schuhe« hervorbringt. Natürlich können großflächige Defekte, Fehlbildungen und andere Unzulänglichkeiten auch beim Pferdefuß zusätzliche orthopädische Hilfsmaßnahmen erforderlich machen, aber sehr vieles kann der Hornschuh auch selbst leisten. Diese Leistungen werden heute weitgehend unterschätzt. Auch die Rolle der Huforthopädie wird in diesem Zusammenhang meines Erachtens ganz und gar verkannt. Orthopädie, im ursprünglichen Wortsinn »die Lehre von der rechten Entwicklung«, kann gerade beim stetig wachsenden Hornschuh des Pferdes überaus wirksam positiv eingesetzt werden, und zwar indem sie das Wachstum in die richtigen Bahnen lenkt und die rechte Entwicklung des Hufes fördert. Anders als der frei gegen den Himmel wachsende Baum, dem eine Stütze gegen den Wind ausreicht (Standessignum des Orthopäden), ist der zwischen Pferd und Boden befindliche Huf einigen enormen und zum Teil auch vom Huforthopäden unbeeinflussbaren Kräften ausgesetzt. Die orthopädischen Bemühungen können hierdurch unter Umständen massiv konterkariert werden. Dennoch führt zunächst kein (vernünftiger) Weg daran vorbei,

[103] Mittlerweile gibt es aber auch hier leise Kritik an der »eingespielten und einträglichen Tradition« der Verschreibung von Einlagen. Es ist nicht immer der beste Weg, Statik und Haltung über orthopädische Einlagen oder ein solches Schuhwerk zu korrigieren (HERDEN 2010).

in Kenntnis und Ausnutzung der Tag für Tag auf den Huf einwirkenden Kräfte, das nachwachsende Horn in die rechte Form zu ziehen. Durch das Anbringen einer Orthese wird dieses huforthopädische Geschäft fast immer erschwert, da der künstliche Zusatz nun zusätzliche, eigene Wirkungen auf den Erziehungsgegenstand Huf ausübt. Während man sich mit dem orthopädischen Beschlag darauf konzentriert, die Statik und den Bewegungsablauf für die Gliedmaße zu verbessern, gerät die Entwicklung des Hornschuhs häufig zur Nebensache. Letzteres bleibt oft lange Zeit unbemerkt und wird erst dann offensichtlich, wenn das orthopädische Hilfsmittel die Mängel der Hufform nicht mehr kompensieren kann und versagt, bspw. weil die Trachtenerhöhung den Höhenverlust durch die kollabierten Trachten nicht mehr ausgleichen kann oder auch, weil einfach kein Nageln mehr möglich ist.

4.3.1 Der Hufrollenpatient

> *»Die Podotrochlose gilt als unheilbar. Alle therapeutischen Bemühungen des Tierarztes in Zusammenarbeit mit dem Hufbeschlagschmied zielen darauf ab, die Lahmheitserscheinungen zu mildern oder zu beseitigen und ein Fortschreiten der Erkrankung zu verzögern bzw. zu unterbinden.« (LITZKE 2012: S. 258)*

Es gibt Pferde, die gehen seit Jahren auf ihrem Hufrollenbeschlag, manche sogar unter dem Reiter, und sind dabei gänzlich oder zumindest mehr oder weniger lahmfrei. Angesichts des progressiven Charakters dieser Erkrankung ist das schon etwas erstaunlich. Im eigentlichen gibt es hierfür nur zwei mögliche Erklärungen. Beide schließen sich allerdings wechselseitig aus. Möglichkeit Nummer 1 ist, dass die Hufrollenerkrankung so früh diagnostiziert wurde, dass die noch ganz im Beginn begriffene Schädigung des Hufrollenkomplexes durch die früh einsetzende Behandlung und ausreichende Schonung gezielt verhindert werden konnte. Beispielsweise wenn eine Entzündung des Hufrollenschleimbeutels vorlag und die Sehnengleitfläche des Strahlbeins und die tiefe Beugesehne durch die Entzündung aber noch nicht in Mitleidenschaft gezogen worden waren. Oder wenn eine Läsion im Halteapparat des Strahlbeines Schmerzen bereitete und eine sofort eingeleitete Therapie diese Desmitis erfolgreich zur Ausheilung gebracht hat. Möglichkeit Nummer 2 die erklären könnte, warum die Lahmheitsproblematik verschwunden ist – statt wie eigentlich zu erwarten wäre mit der Zeit immer stärker zu werden – ist die, dass die Diagnose schlicht und einfach falsch war. Ich habe im Verlauf meiner Arbeit recht viele Pferde kennengelernt, bei denen aufgrund von zwei, mitunter sogar nur einer Röntgenaufnahme die Diagnose Hufrollenerkrankung gestellt wurde. In einigen Fällen wurden noch zusätzliche Provokationsproben oder auch diagnostische Anästhesien durchgeführt. Die Diagnose stützt sich dabei in der Mehrzahl der Fälle auf das Vorkommen von in Form und Anzahl veränderten Gefäßkanälen.

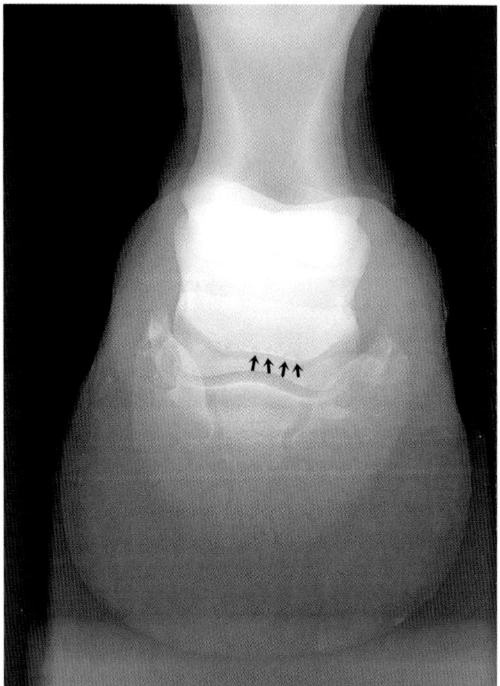

***Abb. 4.4:** Wenn das Pferd dem Tierarzt wegen einer Lahmheitsproblematik vorgestellt wird, verleiten in Anzahl, Form oder Größe auffällige Gefäßkanäle (Canales sesamoidales, Pfeile) häufig zur Diagnose Hufrollenerkrankung (Oxspring-Aufnahme).*

Zahlreiche Untersuchungen zu diesem Thema weisen ausdrücklich darauf hin, dass die Feststellung auffälliger Gefäßkanäle keinesfalls hinreichend ist, um eine Hufrollenerkrankung zu diagnostizieren. Dennoch wird dies in der Praxis immer wieder so gehandhabt.

> *»Trotz der generellen und unkritischen Akzeptanz dieser Stellen als Prima-facie-Beweis einer Strahlbeinentzündung entspricht dies schlichtweg nicht der Wahrheit. Diese Strukturen haben nichts mit einer Strahlbeinerkrankung zu tun, wie in vielen hundert Post-mortem-Untersuchungen nachgewiesen wurde. Diese harmlosen Strukturen haben in der Diagnostik ein nahezu mythisches Ausmaß angenommen, was gänzlich inkorrekt ist.« (ROONEY 2009: S. 17)*

Viele Pferde zeigen solche Strahlbeinveränderungen auf dem Röntgenbild und sind dennoch lahmfrei und gesund. Lahmt ein Pferd, darf dieser radiologische Befund dann nicht einfach mit der Lahmheit zusammengeschlossen werden. Dieser »Kurzschluss« führt nämlich sehr häufig dazu, dass die wirkliche Lahmheitsursache nicht ausfindig gemacht wird, weil die Diagnose steht und damit keine weiteren Anstrengungen zur Klärung der Problematik unternommen werden. Verschwindet die Lahmheit mit dem verordneten orthopädischen Beschlag, sind alle zufrieden und glücklich und das Pferd verbleibt oft den Rest seines Lebens auf diesen Beschlägen. Dabei beweist die erfolgreiche Heilung vielmehr, dass die Ursache der Lahmheitsproblematik aller Wahrscheinlichkeit nach eine andere war und überhaupt keine Hufrollenerkrankung vorlag.[104]
Auch die Provokationsproben und die diagnostischen Anästhesien sind zu unspezifisch, als dass sie eine solche Diagnose ausreichend stützen könnten. Weder die Anästhesie des Hufrollenschleimbeutels selbst, noch die des Hufgelenkes oder der gemeinsamen Fesselbeugesehnenscheide sind spezifisch genug, um eine Hufrollenerkrankung genau lokalisieren oder ausschließen zu können, da es stets auch zur Schmerzausschaltung in den nicht angezielten Bereichen kommt (KAUTZ 2007).
Für eine **zuverlässige** Diagnose sind im Minimum drei Röntgenaufnahmen notwendig. Neben der oben abgebildeten Oxspring-Aufnahme sind dies die 90° (lateromediale) und die (meist vernachlässigte) Tangential- oder Skyline-Aufnahme. In ambivalenten Fällen müssen zudem zusätzliche Projektionen angefertigt oder auch weitergehende bildgebende Untersuchungen (MRT, CT) angeschlossen werden, um den tatsächlichen Zustand des Hufrollenkomplexes zu erfassen. Eine solche gründliche Untersuchung findet eher selten statt. Viele Diagnosen Hufrollenerkrankung entstehen allein auf Basis **eines** »verdächtigen« Befundes auf einer Oxspring-Aufnahme und dem gleichzeitigen Vorliegen einer ungeklärten Lahmheit. Der positive Ausfall der diagnostischen Anästhesie womöglich mit Umspringen der Lahmheit gilt als unumstößlicher Beweis und die Diagnosefindung ist damit abgeschlossen.

Selbst bei der vermeintlich absolut sicheren Hufrollendiagnose, wie einer Zyste im Strahlbein, ist zu prüfen, ob dieser Befund die Lahmheit tatsächlich erklärt. Befindet sich die Zyste im Inneren des Strahlbeines, ist dies zwar eine unerwünschte Veränderung des fragilen Knochens und deutet auf Stress im betroffenen Bereich hin, aber damit muss nicht zwangsläufig eine Lahmheit einhergehen. Mitunter reicht die Optimierung der Hufsituation auch hier völlig aus, um etwaige Probleme verschwinden zu lassen.

Das Pferd, dessen Röntgenbild in der nachfolgenden Abbildung zu sehen ist, wurde aufgrund der Oxspring-Aufnahme als hufrollenkrank diagnostiziert und behandelt. Der orthopädische Beschlag brachte keine Besserung, so dass das Pferd nach einem halben Jahr wieder auf Barhuf umgestellt wurde. Die Lahmheitsproblematik des vor der Hufrollen-

[104] ***Ausführlicher ist dieses Thema beschrieben im Abschnitt 3.3.9, siehe S. 157 ff.***

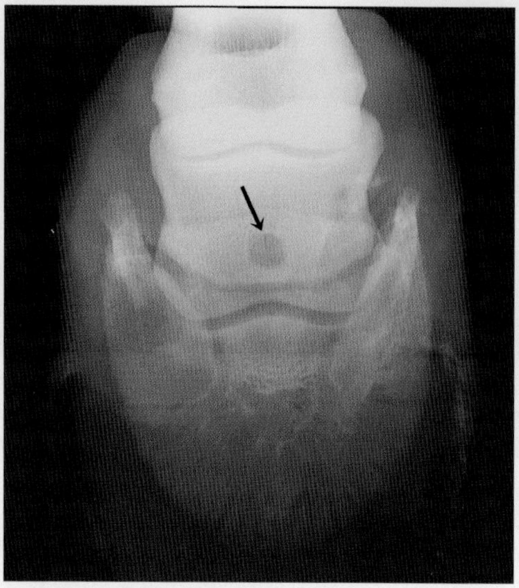

Abb. 4.5: Diagnose: Zyste im Strahlbein und damit Hufrollenerkrankung.

Allein auf Basis dieser einen Projektion (Oxspring) ist keine sichere Aussage zu treffen, wo sich die Zyste befindet und ob sie die Lahmheit des Pferdes verursacht. Zusätzliche Aufnahmen (90° und Tangential) können darüber Ausschluss geben,

a) ob es sich tatsächlich um eine Zyste handelt, was zunächst wahrscheinlich erscheint,

b) ob sie das Strahlbein betrifft, was ebenfalls eine gewisse Wahrscheinlichkeit hat und

c) ob ihre Lage innerhalb des Strahlbeines unproblematisch ist oder die Sehnengleitfläche involviert ist. Ist letzteres der Fall, so stünde die sichere Diagnose, dass dieses Pferd unter einer irreversiblen Schädigung des Hufrollenkomplexes leidet.

diagnose unbeschlagenen Pferdes ergab sich vermutlich aus dem Umstand, dass die recht schiefen Hufe in regelmäßigen Abständen immer wieder gerade gerichtet wurden. Seitdem der Huf über die Abriebsteuerung korrigiert wird und seine individuelle Schiefe akzeptiert wird, also kein Geradeschneiden mehr erfolgt, ist das Pferd lahmfrei und wird wieder im Reitschulbetrieb genutzt.

Hat die gründliche Untersuchung der Zehe durch zusätzliche Aufnahmen oder weitergehende bildgebende Verfahren das traurige Ergebnis erbracht, dass die Zyste die Sehnengleitfläche durchbrochen hat oder lassen sich Aufrauhungen, Zubildungen, Veränderungen der Sehnengleit- oder Gelenkflächen des Strahlbeines oder Hinweise auf eine Tendinitis in diesem Bereich erkennen, so hat man relative Gewissheit erlangt, dass die Schmerzen sich diesen pathologischen Schädigungen der Hufrolle verdanken. Eine Entlastung und Schonung der erkrankten Strukturen ist nur in Grenzen möglich. Dass diese mit einem speziellen orthopädischen Beschlag leichter erreicht werden könnte als am Barhuf, ist eine weitverbreitete Annahme. Dabei können die entlastenden Momente, die man sich für die Hufrollenregion wünscht, mit dem unbeschlagenen Huf in den meisten Fällen nicht nur ganz genauso, sondern sogar viel einfacher, weil nämlich mit aktiver Mithilfe des Pferdes hergestellt werden. Setzt man im Falle von Hufrollenerkrankungen auf den Beschlag, so sollen ...

> *» ... die Hufzubereitung und der orthopädische Beschlag ... das Abrollen erleichtern und die tiefe Beugesehne entlasten. Hierfür ist die Hufform durch Kürzen des Zehenteils stumpfer zuzubereiten, oder die Trachten sind durch Leder- oder Plastikkeile bzw. durch Hufeisen mit verdickten Schenkelenden zu erhöhen. Eine Unterstützung der tiefen Beugesehne erreicht man auch durch verlängerte Schenkel, stoßbrechende Einlagen und eine gute Zehenrichtung in Verbindung mit seitlichen Aufzügen.« (LITZKE 2012: S. 259)*

Kürzere Zehe und höhere Trachten lassen sich am unbeschlagenen Huf leicht erreichen, wenn das Pferd unter einem Hufrollensyndrom leidet. Um diesen Bereich zu entlasten, wird das Pferd den betroffenen Fuß so benutzen, dass die Zehe mehr und die Trachten weniger Abrieb erfahren. Auch seine zukünftige Lastverteilung auf dem erkrankten Huf wird dazu führen, dass die Trachten entlastet und steiler aufgestellt werden. Diesen vom Pferd selbst initiierten Prozess kann man gut unterstützen, wenn das Pferd **keinen** Beschlag trägt. Ist es beschlagen, so ist man dieser Möglichkeit beraubt, da der notwendige Abrieb nicht stattfinden kann. Im Verlauf der Beschlagperiode nimmt die Zehenlänge zu, die Trachten verlieren (nicht unbedingt an Länge) aber oft an Höhe, der Hufschwerpunkt verlagert sich in der Folge unweigerlich und, ohne dass das Pferd diesem Prozess etwas Wirksames entgegensetzen kann, nach hinten. Diese Entwicklung kann nur durch möglichst kurze Abstände und regelmäßige Korrektur abgekürzt und im erträglichen Rahmen gehalten werden. Es ist dafür nötig, die Zehe regelmäßig manuell zu verkürzen und die Trachten künstlich zu erhöhen bzw. die Auflagefläche nach hinten zu verlängern, um **trotz** der ungünstigen Hufform dennoch immer wieder eine gewisse Entlastung der Hufrollenregion zu erreichen. Das dabei unvermeidbare Hin-und-Her in der Huf- und Gliedmaßensituation (= die »Schmiedsche Unruhe«) ist gerade auch für ein hufrollenerkranktes Pferd als sehr kritisch zu betrachten. Die stetigen Wechsel in der Belastung der einzelnen Strukturen, die mit den abrupten Stellungskorrekturen zwangsläufig einhergehen, sind von bereits geschädigten Strukturen natürlich noch weit weniger gut zu verkraften, als von Strukturen, die noch völlig gesund und unverbraucht sind.

Die positiven Eigenschaften, die dem orthopädischen Beschlag zugeschrieben werden, schöpfen sich hauptsächlich aus dem Vergleich mit dem ohnehin schon beschlagenen Huf. So kann ein orthopädischer Beschlag mit einer Trachtenerhöhung um 6° den Druck der tiefen Beugesehne auf die Hufrollenregion im Vergleich zu normalen Eisen um 24 % verringern. (WILLEMEN et al. 1997 zit. nach LANGE 2011: S. 47).[105] Das wäre ein erwünschter Effekt. Gleichzeitig ist aber von einem Beschlag mit Keileinlagen abzuraten, da sie zu einer Minderung der Trachtenhöhe am Huf selbst führen (WILLEMEN et al. 1999). Dieser negative Effekt kann auch nicht durch abriebmindernde Maßnahmen an den Schenkeln des Beschlages aufgehalten werden, da es sich hauptsächlich um eine höhere Druckbelastung und nicht um eine höhere Abriebbelastung handelt, welche die Keile auf die Trachtenwände ausüben (KLUNDER 2000). Die Trachtenwände werden nicht zu kurz, sondern sie verbiegen sich unter den Huf und verlieren auf diese Weise an Höhe. Die negative Entwicklung der Hufkonformation läuft dann darauf hinaus, dass die Keile erhöht werden müssen. Ein Teufelskreis.

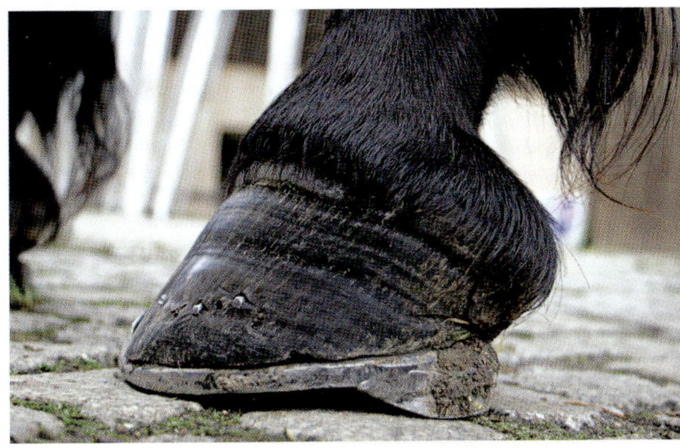

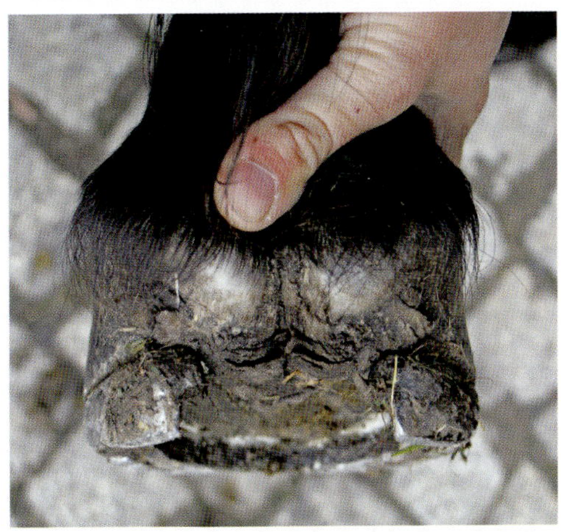

Abb. 4.6a,b: Die eingerollten Trachten wurden gekürzt und durch Keile »ersetzt«. Der Beschlag ist zu diesem Zeitpunkt eine reichliche Woche am Huf. Der verstärkte Druck der Keile auf die nachwachsenden Trachten und die fehlende Möglichkeit, sich mit dem Beschlag die Zehenpartie abzureiben, verhindert eine zukünftige Verbesserung der Hufsituation und arbeitet damit gegen die dauerhafte Entlastung der Hufrollenregion.

[105] Ein Team aus englischen und irischen Forschern bezweifelt auch dies. Sie maßen im Experiment den Druck der tiefen Beugesehne auf das Strahlbein. Nach ihren Untersuchungen findet bei einer Trachtenerhöhung von 5° bzw. 10° zwar eine Druckumverteilung auf das Strahlbein statt, allerdings werden augenscheinlich gerade die besonders anfälligen Bereiche des Strahlbeins stärker druckbelastet. Sie raten angesichts ihrer Ergebnisse zur Überdenkung der gängigen Beschlagspraxis bei Hufrollenerkrankungen (WEAVER et al. 2009).

Für die ebenfalls bei einer Hufrollendiagnose recht oft zum Einsatz kommenden Eier- oder Stegeisen konnte in der oben genannten Untersuchung keinerlei positiver Effekt nachgewiesen werden. Sie entlasteten den Bereich der Hufrolle weder durch »bessere Gewichtsverteilung« noch durch »verminderte Kraftmomente« (WILLEMEN et al. 1999). Vergleicht man den regelmäßig beschlagenen Huf mit dem Barhuf, so zeigt sich beim Barhuf eine geringere Krafteinwirkung der tiefen Beugesehne auf das Strahlbein: »Im unbeschlagenen Zustand war der Bereich der Bursa podotrochlearis im Vergleich zu Standardhufeisen um 14 % weniger druckbelastet.« Und auch eine stumpfe Winkelung der Zehe führte nachweislich zu einer Entlastung der Hufrollenstrukturen (LANGE 2011: S. 48). Beides spricht für die Vorteile des Barhufes in bezug auf die Hufrollenproblematik – und zwar in zweierlei Hinsicht, prophylaktisch und therapeutisch gesehen.

Abb. 4.7a

Linker Vorderhuf am Tag der Eisenabnahme …

Diagnose Hufrolle – Der Fall Tex

Der achtjährige Paintwallach Tex begann im Frühjahr 2010 auf beiden Vordergliedmaßen zu lahmen. Bereits vorher lief er verspannt und stolperte viel. Tex wurde beschlagen, in der Hoffnung, das würde das Problem lösen. Da sich das Lahmen nicht legte, wurde der Tierarzt gerufen. Es erfolgte eine tierärztliche Lahmheitsuntersuchung mit Beugeprobe, diagnostischen Anästhesien und Röntgen. Die Röntgenbilder zeigten veränderte Gefäßkanäle in den Strahlbeinen (Lollipops). Der Tierarzt stellte die Diagnose Hufrollenerkrankung. Er verordnete Eiereisen mit Silikon, die Tex daraufhin auch bekam. Da er jedoch weiter lahmte und sich zudem die Eisen wiederholt abtrat, entschlossen sich die Besitzer dazu, die Eisen wieder abnehmen zu lassen.

(Fotos: Angelika Prange)

Der linke Vorderhuf eineinhalb Jahre …

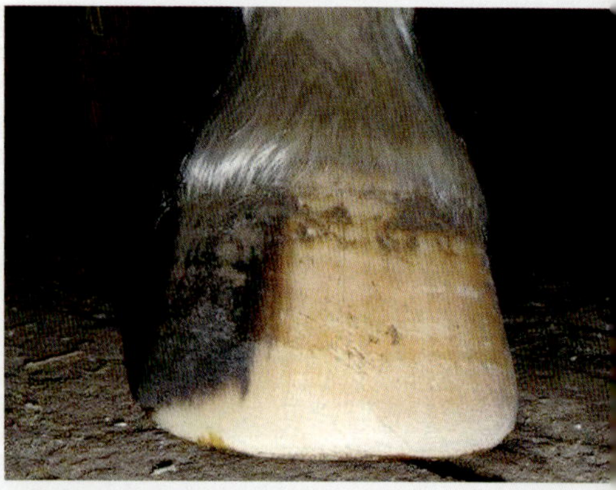

Abb. 4.7e

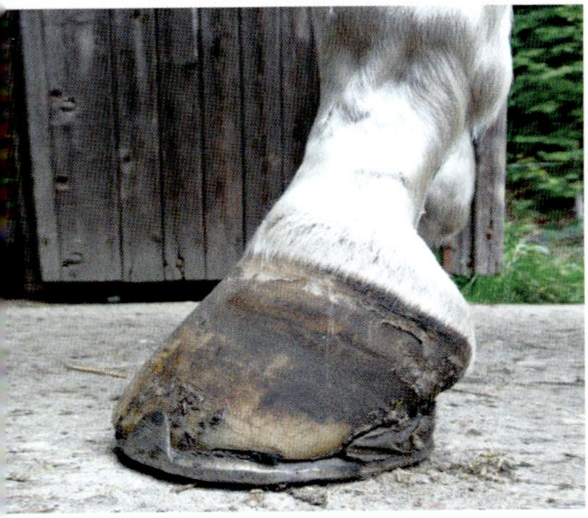

bb. 4.7b *Abb. 4.7c*

im August 2010, Eiereisen mit Silikon nach Hufrollendiagnose. Das rechte Eisen hatte Tex sich einige Tage zuvor wieder nmal abgetreten.

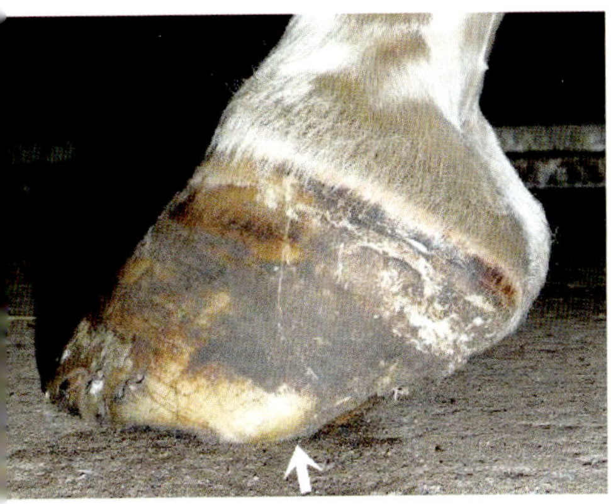

Die Hufe von Tex waren in einer Verfassung, die durchaus auch eine Erklärung für die Lahmheitsproblematik abgeben konnte. Die überlangen Zehen und die ebenfalls viel zu langen und stark unterschiebenden Trachten bargen ausreichend Stresspotential, auch und vor allem für den Bereich der Hufrolle. Der linke Vorderhuf noch unbearbeitet, aber bereits ohne Eisen im August 2010. Der Hornschuh befindet sich in äußerst ungünstiger Form und bietet der Gliedmaße nur unzureichend Unterstützung. Der weiße Pfeil verdeutlicht, wo die lang untergeschobenen Trachten den Boden erreichen und wie arg die Stützfläche des Hufes verkürzt ist.

bb. 4.7d

nach der Eisenabnahme im Januar 2012.

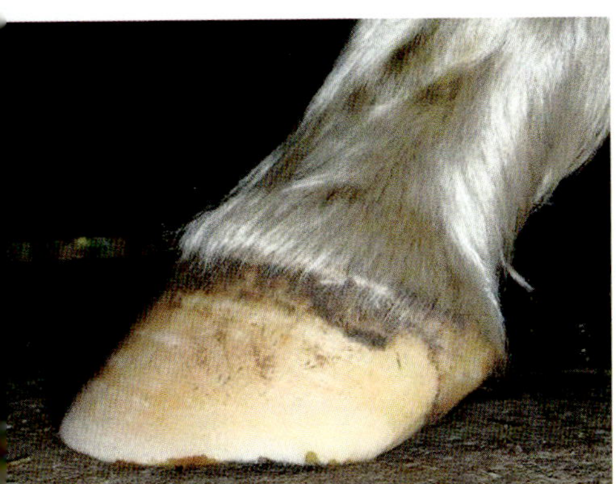

In dem Maße, in dem sich die Hufsituation besserte, besserte sich auch das Laufbild.

Sehr wichtig war für Tex dabei aber auch eine zusätzliche ganzheitliche Behandlung durch einen TCM-Praktiker. Wenn ein Pferd wie Tex über längeren Zeitraum mit schmerzenden Füßen zurecht kommen muss, bleiben Probleme andernorts zumeist nicht aus.

Im Frühjahr 2011 konnte Tex langsam wieder gezielt bewegt werden. Ab Sommer 2011 wurde er wieder regelmäßig geritten.

bb. 4.7f

An dem Fall von Tex kann man sich Folgendes klarmachen: Tex hatte von Anfang an Probleme, die augenscheinlich mit seiner Hufsituation zusammenhingen. Möglicherweise wurden auch gerade die Strukturen im Bereich der Hufrolle übermäßig belastet und verursachten Schmerzen. Wäre der Beschlag »erfolgreich« gewesen, hätte Tex sein weiteres Leben auf Hufeisen verbracht, möglicherweise mit der lebenslangen Diagnose Hufrolle und speziellen orthopädischen Beschlägen. Der Hufsituation selbst wäre dies nicht gut bekommen: Es ist weder sehr wahrscheinlich, dass mit dem Beschlag eine Verbesserung zu erreichen gewesen wäre, noch ist es überhaupt sicher, ob man diese ohnehin schon ungünstige Situation überhaupt hätte halten können.[106] Der Entlastungseffekt für die Hufrollenregion wird hierdurch ganz grundlegend in Frage gestellt. Die Sanierung der Hufe ist in solch einem Fall in der Tat die bessere Entscheidung. Jetzt hat Tex taugliche Hufe, ist lahmfrei und seine Hufrollenregion genießt barhuf die beste Prophylaxe, die es gibt. Auf dieser Basis kann nun, wenn es die Nutzung erfordert, jederzeit auch ein Hufschutz zum Einsatz kommen.

4.3.2 Schutz der Sehnen

> *»Werden im Weiteren speziell die Verletzungen des Sehnen- und Bandapparates betrachtet, fällt auf, dass die meisten Erkrankungen nicht allein durch einen traumatischen Unfall entstehen, sondern vielmehr die Folge von chronischem, mechanischem Stress und Überbelastung sind ... Durch ständige Fehlbelastungen auf Grund von biomechanischen Einschränkungen oder Besonderheiten der Nutzungsweise des Pferdes entstehen permanent Mikrotraumen, die im Laufe der Zeit durch Summation zur Sehnenerkrankung führen können.« (GUTH 2013: S. 15)*

Will man Sehnenschäden vorbeugen, ist es wichtig, alle Faktoren zu reduzieren, die eine permanente oder regelmäßig wiederkehrende Über- oder Fehlbelastung der Sehnen mit sich bringen. Letzteres gilt umso mehr, wenn die Sehnen bereits vorgeschädigt sind. Jede Sehne, die einmal von einer Verletzung betroffen war, ist vorgeschädigt, da die natürliche Sehnenheilung immer »zur Bildung von minderwertigem Narbengewebe führt und somit keine funktionelle Wiederherstellung gewährleistet« ist (ROGGEL 2013: S. 11). Selbst bei vorbildlichem Heilungsverlauf und gänzlicher Ausheilung besitzt das im Zuge der Reparation gebildete Ersatzgewebe eine bleibend andere Qualität und seine mechanischen Eigenschaften lassen es zu einer Art »Sollbruchstelle« im Sehnengefüge werden.

> *»Da das gebildete Ersatzgewebe fester und weniger elastisch ist, wird bei Lastaufnahme mehr Zug auf angrenzendes Sehnengewebe ausgeübt, was dieses zur Verletzung prädisponiert.« (ebenda: S. 21)*

Die geheilten Sehnenstrukturen bleiben bezüglich ihrer Belastbarkeit dauerhaft gehandicapt. Deshalb tragen sehr viele Pferde mit einem früheren Sehnenschaden für den Rest ihres Lebens orthopädische Eisen. Je nach geschädigter Struktur kommen in erster Linie Eiereisen (oberflächliche Beugesehne, Fesselträger, Fesselringband) oder auch Keileisen (tiefe Beugesehne) zum Einsatz. Was man dabei im Blick hat bzw. worauf man fokussiert, ist die **Entlastung** der ehemals erkrankten Sehne. Was man ausblendet, ist die im gleichen Zuge nur auf anderer Ebene stattfindende größere **Belastung** der betreffenden Sehne wie auch der übrigen Sehnenstrukturen insgesamt.

In der Behandlung von Sehnenerkrankungen beim Pferd fehlt es bislang völlig an einer nüchternen Betrachtung bzw. Abwägung der positiven Wirkungen eines spezifischen Beschlages einerseits und seiner negativen Wirkungen auf die zu schonende, wie die gesunden Sehnenstrukturen andererseits. Eine solche Abwägung ist jedoch dringend notwendig, wenn man die bestmöglichen Voraussetzungen dafür

[106] *Tex' veranlagte Hufform bringt es mit sich, dass die Zehen- und Seitenwände davonstreben und die Trachten in der Folge unterschieben, wenn der Abrieb fehlt bzw. nicht gesteuert wird.*

schaffen will, dass es zu keinem Rückfall und auch nicht zu neuen Sehnenschäden kommt. Es gibt zahlreiche Untersuchungen, welche die Effekte der verschiedenen orthopädischen Eisen auf die Gelenkstellung, die Sehnenspannung und die Druckverteilung am Boden untersuchen. Verglichen werden dabei in der Regel Beschläge untereinander, sprich die Fragestellung lautet fast ausnahmslos, was ändert sich, wenn ein Huf nicht mit einem normalen Hufeisen, sondern mit einem Eiereisen oder mit einem Keil unterschiedlicher Höhe beschlagen ist. Man weist bspw. mithilfe von in die Sehnen implantierten Dehnungsmessstreifen nach, dass »im Vergleich zum Standardhufeisen ... sowohl geschlossene Eisen als auch Eisen mit Trachtenkeilen (7°) zu einer Entlastung der tiefen Beugesehne« führen (LANGE 2011: S. 50). Oder man deckt auf, dass Eiereisen, durch ihre größere Auflagefläche einen geringeren Gesamtdruck auf die Druckmessplatte ausüben als normale Eisen oder Keileisen und dass Keileisen (6°) gegenüber den beiden anderen Beschlägen die Abrollzeit verkürzen (ROGERS; BACK 2008). Man belegt, dass bei stufenweiser Erhöhung des Hufwinkels durch Trachtenkeile von 55° auf 78° die Spannung an der tiefen Beugesehne proportional um bis zu 64 % abnimmt (KRIEG 2001: S. 39). Dieser Effekt ist gut nutzbar, wenn eine frische Sehnenverletzung vorliegt, deren Heilung befördert werden soll, aber der Nutzen relativiert sich im Laufe der Zeit und geht durch die natürliche Eigenschaft der Sehne und ihrer Muskeln, sich in dieser Verkürzung einzurichten (Retraktion), im Endeffekt nahezu gänzlich verloren. Es steht deshalb in Frage, ob die ausgeheilte Sehne von einem Beschlag mit erhöhten Schenkeln überhaupt in dieser Weise noch profitieren kann. Zumal bekannt ist, dass sich die Hufkonformität durch die stärkere Druckbelastung der Keile auf die Trachten unaufhaltbar verschlechtern muss. Ist der Huf unbeschlagen, so kann sich das Pferd seine Hufform entsprechend seiner eigenen situationsangepassten Benutzung im Stand und im Gange einrichten und im Fall einer nach der Ausheilung möglicherweise verkürzten Beugesehne wird es steile Trachten und eine kurze Zehe entwickeln. Hierbei kann der Mensch das Pferd leicht unterstützen; ein Beschlag jedoch erschwert sowohl die hilfreiche menschliche Unterstützung als auch die Eigenleistung des Pferdes.

Darüber hinaus stellt sich die Frage, in welchem Verhältnis die angezielte Entlastung der vorgeschädigten Sehne zur Belastung der übrigen Sehnen- und Gelenksstrukturen steht. So bedeutet die Änderung der Gelenkswinkel durch einen Beschlag mit Keilen ja nicht nur eine (anfängliche) Spannungsreduktion der tiefen Beugesehne, sondern auch einer völlige Lageveränderung aller zu den Gelenken gehörigen Strukturen – Gelenkflächen und -knorpel, Gelenkkapselbänder, Kollateralbänder, auch betroffen sind Sesambeinbänder und Hufknorpelhaltebänder.

Das will bedacht sein. Pro Trachtenerhöhung um 5° wird das Hufgelenk um 4,55° und das Krongelenk um 1,55° mehr gebeugt, das Fesselgelenk wird um 0,65° mehr überstreckt (ebenda). Eine Trachtenerhöhung führt nicht nur zu einer veränderten Kontaktfläche, sondern auch zu einer Druckerhöhung im Hufgelenk (RAMEY 2006: S. 12). Die Zehe erfährt streckseitig mehr Belastung, indem der gemeinsame Zehenstrecker und hierüber die Unterstützungsäste des Fesselträgers einer höheren Zugspannung ausgesetzt werden; aber auch beugeseitig kommt es zu höheren Belastungen, da der Fesselträger (Musculus interosseus medius) und in höheren Gangarten auch die oberflächliche Beugesehne durch die Keileisen stärker belastet werden. Die oben genannte Erhöhung des Hufwinkels von 55° auf 78° durch künstliche Trachtenerhöhung bspw. belastet den Fesselträger bis zu 23 % mehr. Die oberflächliche Beugesehne kommt im Schritt noch mit der veränderten Situation zurecht, erfährt aber im Trab bereits bei einer Trachtenerhöhung um 10° eine deutliche Mehrbelastung (KRIEG 2001: S. 39).[107]

[107] In einem auf Basis von computertomographischen Aufnahmen einer realen Gliedmaße erstellten Computermodell fällt die errechnete Mehrbelastung der oberflächlichen Beugesehne umgekehrt aus: bei 6° Trachtenerhöhung wird diese Sehne im Schritt mehr und im Trab weniger belastet, als dies ohne Keil der Fall ist (LAWSON et al. 2007).

David RAMEY gibt einen Überblick über die zu dieser Thematik vorliegenden Untersuchungen und zieht die Bilanz, dass jegliche Empfehlung für Hufwinkeländerungen, die als Maßnahmen zur Behandlung oder Prophylaxe von Sehnenerkrankungen eingesetzt werden sollen, von dem Wissen begleitet sein muss, dass die Reduzierung der Belastung einer Sehne oder eines Bandes in einer erhöhten Belastung an anderer Stelle resultiert. Darüber hinaus weist er darauf hin, dass die Bewegung und Belastung der Sehnen- und Bandstrukturen mit der Gangart wechselt und dass die beobachteten (gemessenen) Effekte einer Maßnahme am Huf in einer anderen Gangarten ganz anders ausfallen können (RAMEY 2006: S. 16).
Die Nutzung von Winkelveränderungen am Huf ist eine übliche Intervention, und der Einsatz korrektiver Beschläge hierfür ist die am häufigsten gebrauchte Maßnahme in der Behandlung von Sehnenerkrankungen. Allerdings ist der Effekt von Trachten- oder Zehenerhöhungen auf die Sehnenspannung bisher nur unbefriedigend verstanden (LAWSON 2007: S. 583).

Eiereisen bzw. geschlossene Eisen, wie sie häufig dauerhaft zur Entlastung bei überstandenen Erkrankungen der Beugesehnen und auch durchaus nicht selten bei vorgeschädigtem Fesselträger eingesetzt werden, sollen die Unterstützungsfläche des Hufes vergrößern und das Einsinken des hinteren Hufbereiches sowie das Niedersenken der Fessel begrenzen. Niederländische Forscher fanden bei ihren Untersuchungen allerdings auch bei geschlossenen Eisen ohne Trachtenerhöhung eine stärkere Belastung des Fesselträgers, also derjenigen Struktur, die häufig durch den Einsatz dieser Eisen explizit geschützt werden soll (LANGE 2011: S. 50). Das Fesselträgereisen (Denoix-Eisen) trägt dem Rechnung und wird oft zur Rehabilitation des Fesselträgers verordnet. Eine stark verbreiterte Zehe soll verhindern, dass die Zehe im weichen Boden einsinkt, der Zug auf den Fesselträger wird hierdurch vermindert. Da dieses Eisen jedoch die Beugesehnen und die Zehengelenke stark belastet, ist seine Verwendung nicht unumstritten und es kann keinesfalls als Dauerlösung angewendet werden.

Alle genannten orthopädischen Eisen sind in ihrer **Wirkung ganz und gar abhängig vom Boden;** der angezielte Schutzeffekt ergibt sich nur auf einem nachgiebigen, einsinkbaren Bodenbelag. Auf hartem Boden, wo kein Einsinken möglich ist, kommt der Effekt nicht zur Geltung. Nach hinten verlängerte Schenkel und die Trachten überragende geschlossene Eisen verändern auf diesen Böden dagegen (unerwünscht) den Auffußvorgang durch einen früheren Bodenkontakt des Eisens. Um so länger der Hebel nach hinten hinausreicht, um so negativer ist dessen Effekt; die Zehe wird in der Folge regelrecht zu Boden gezogen, was die streckseitigen Strukturen des Fußes, sowie den Fesselträger und seine Unterstützungsäste deutlich mehr belastet. Unter bestimmten Bedingungen – unebene Koppeln, hohes Gras, Matsch, schwerer Boden, nasser Reitplatzsand, zähes Gelände – wirkt sich die vergrößerte Bodenhaftung dieser Eisen sehr negativ auf die Gliedmaße aus. Die Eisenauslage, die dazu dienen soll, den Huf über dem Boden zu halten, wirkt umgekehrt, wenn sie im nassen Sand, Gras, Matsch eintaucht, als zusätzliches Hindernis, das es dem Pferd erschwert, abzufußen. Unter bestimmten Bodenbedingungen »verankert« das nach hinten verlängerte geschlossene Eisen den Huf also zusätzlich am Boden, ein Umstand, der die Sehnenstrukturen, die im eigentlichen geschützt werden sollen, übermäßig belastet. Zusätzlich besteht bei diesen verlängerten Eisen – siehe Pferd Tex im vorhergehenden Abschnitt über Hufrollenerkrankungen – die erhöhte Gefahr des Abtretens der Eisen, was leicht neue Sehnenschäden hervorrufen kann und nicht selten alte Verletzungen wieder aufleben lässt.[108]

[108] Angesichts dieser Tatsachen mutet es einigermaßen befremdlich an, dass Eiereisen tierärztlicherseits für die prophylaktische Verwendung an gesunden Pferdebeinen empfohlen werden: »Zur Unterstützung des Fesseltrageapparates und als ideale Prophylaxe gegen einen distalen Griffelbeinbruch wird ein Beschlag mit Eiereisen empfohlen« (KRIEG 2001: S. 125). Die Fraktur des Griffelbeines ist häufig eine Ermüdungsfraktur, die durch wiederholte Überlastung des Fesseltrageapparates entsteht.

Wie bei den Erkrankungen der Hufrolle wird bei den im Zusammenhang mit Sehnenschäden eingesetzten orthopädischen Eisen zumeist auf eine gute Zehenrichtung bzw. auf ein Zurücklegen des Eisens bei geradem Zehenteil Wert gelegt. Hierdurch soll der Abrollvorgang optimiert werden, um den Sehnen die Arbeit zu erleichtern. Studien niederländischer, kanadischer und amerikanischer Forscher zeigen jedoch keine Unterschiede in der Zeitdauer und der Leichtigkeit des Abrollvorganges zwischen normalen Beschlägen und Beschlägen mit angeschliffener oder angeschmiedeter Zehenrichtung bzw. Eisen mit geradem Zehenteil. Gleiches gilt für NBS-Eisen. Es scheint unwahrscheinlich, dass durch die Verwendung dieser speziellen Zehenfrei-Eisen die tiefe Beugesehne und der Hufrollenkomplex entlastet wird (RAMEY 2007: S. 14). Was bei der Abwägung der positiven und negativen Effekte eines Beschlages zum Schutze vorgeschädigter Sehnenstrukturen keinesfalls außer Acht gelassen werden darf, sind die »signifikanten Effekte des Beschlages an sich« (RAMEY 2007: S. 16). Hier ist zum einen das **Gewicht** von Bedeutung, zumal die genannten orthopädischen Beschläge in der Regel ein noch höheres Gewicht mit sich bringen als der regelmäßige Beschlag. Dieses gegenüber dem unbeschlagenen Huf zusätzliche und mehr oder weniger groß ausfallende Gewicht erschwert den Sehnen die Arbeit, da sowohl beim Abfußen als auch in der Hangbeinphase die Belastung auf die Sehnen und Bänder erhöht ist. Auch der durch das starre Beschlagmaterial deutlich minimierte **Tastsinn** ist eine ungünstige Voraussetzung für die Gesunderhaltung der Sehnen. Die herabgesetzte Empfindung mindert die Möglichkeit einer rechtzeitigen selbstschützenden Reaktion des Pferdes auf Eigenheiten und Unbilden des Bodens. Das Risiko eines »sich Vertretens« ist vergrößert, ebenso wie die durch die Glätte des Eisens bedingte Gefahr des **»Ausrutschens«**. Nicht zuletzt muss die Wirkung des Beschlages auf den Hornschuh selbst einberechnet werden. Das Hornwachstum führt häufig zu einer regelmäßigen ungünstigen Lastverschiebung innerhalb der Beschlagsperiode: So wird in einer achtwöchigen Beschlagsperiode zumeist der Kräfteschwerpunkt nach palmar verschoben und der Hebelarm auf das Hufgelenk verlängert, wodurch das Drehmoment im Hufgelenk im Vergleich zum frischen Beschlag signifikant ansteigt; gleichzeitig kommt es zu einer erhöhten Kraft in der tiefen Beugesehne und somit zu erhöhtem Druck auf die Hufrollenregion (LANGE 2011: S. 48).

Das sind alles unerwünschte Entwicklungen, besonders angesichts des expliziten und sich gerade auf diese Strukturen und ihre Vorschädigung beziehenden Schutzgedankens, der mit den orthopädischen Beschlägen verbunden wird. Wirft man all dies tatsächlich einmal in die Waagschale, bei der Abwägung der zur Verfügung stehenden Maßnahmen zur Hufnachbetreuung bei ausgeheilten Sehnenschäden, so wirkt die Selbstverständlichkeit des Einsatzes orthopädischer Beschläge wenig nachvollziehbar.

> *»In some cases, the ›best‹ shoeing may be no shoeing at all.« (RAMEY 2007: S. 16)*

4.3.3 Der Rehebeschlag

> *»Teilweise kann das Pferd mit gutem Beschlag selbst mit hochgradig verbildeten Hufen sogar im Trab (Gutenäcker, 1901) und auch auf hartem Boden (Großbauer, 1900) dienstfähig bleiben. Gerlach (1872) jedoch betrachtet derartig hufkranke Pferde als Krüppel. Die eingeschränkte Brauchbarkeit und die Disposition zu erneuten entzündlichen Anfällen begründet eine erhebliche Wertminderung des Tieres (Dieckerhoff, 1902; Eberlein, 1908). Im schlimmsten Fall schuht das Pferd aus. Sollte dies an allen vier Hufen geschehen, bleibt nach Knobloch (1788) nichts anderes übrig, als das Pferd zu erschießen.« (FELDHAUS 2005: S. 74)*

Heute gibt es natürlich Alternativen zur Pistole … und auch hinsichtlich der Beschlagsformen bei chronischen Rehehufen hat der Fortschritt Einzug gehalten und es gibt zahlreiche Modernisierungen in Sachen Rehebeschlag und auch eine gewisse Auswahl an Alternativen zum klassischen Eisenbeschlag. Was gleich geblieben ist, ist die Tatsache, dass rehegeschädigte

Typischer Reheknollhuf auf Eisen.

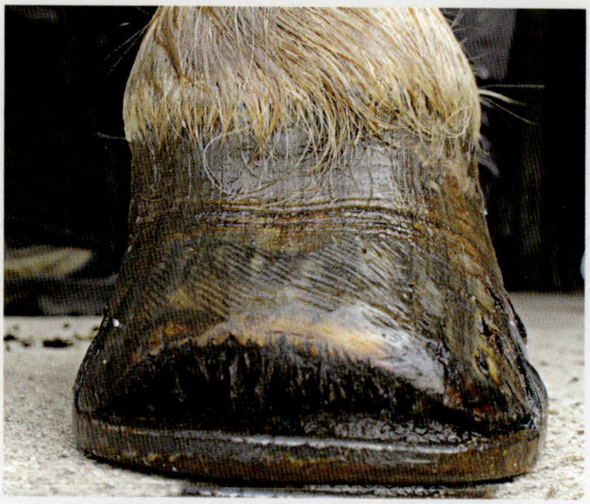

Abb. 4.8a: Typischer Reheknollhuf auf Eisen
Die massive Zehe die sich über dem Narbenhornkeil bildet, wird stets stark beigeraspelt. Das Blättchenhorn wird dabei zumeist freigelegt, was negative Konsequenzen für die Hufgesundheit hat (siehe Abschnitt 1.1.6, S. 17).

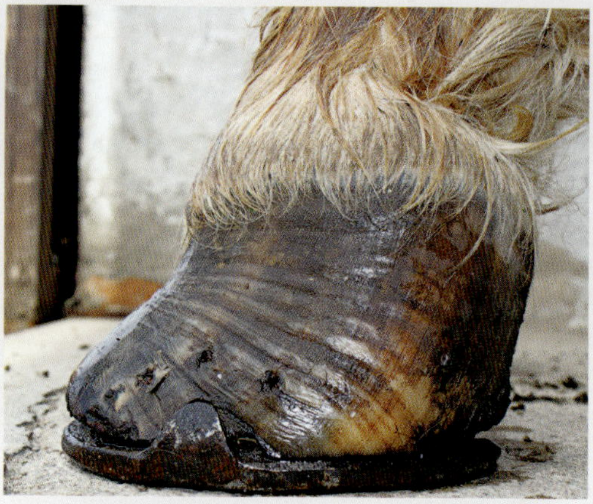

Abb. 4.8b: Die Trachtenhöhe lässt sich auf dem Beschlag nur durch nachträgliches Kürzen im hinteren Hufbereich regulieren, was aber regelmäßig den Stress im Hufbeinträger erhöht und kleine bis große Reheschübe auslösen kann. Die typischen Rehefolgen am Huf und die beim Umbeschlagen notwendigen Korrekturen lassen die Seitenwände an diesen Hufen oft sehr stark aufstauchen.

Hufe auch heute noch fast immer beschlagen werden. Das ist schade, denn gerade im Fall der Rehe erleiden die Hornschuhe mitunter wirklich schwere Verbildungen die eigentlich ein **häufiges**, dabei aber **moderates Eingreifen** nötig machen. Rehehufe haben sich je nach Heftigkeit, Dauer und Häufigkeit der vorangegangenen Reheschübe zu einer mehr oder weniger abweichenden Form entwickelt.

Werden solche Hufe sich selbst überlassen, nehmen die Verformungen in der Regel massiv zu und die Schäden im Hufinnern schreiten fort. Andererseits reagieren chronisch verbildete Rehehufe sehr empfindlich auf stark korrigierende Eingriffe. Letztere sind jedoch kaum zu vermeiden, wenn der chronische Rehehuf beschlagen wird. Durch den fehlenden Abrieb und die überschießende Hornbildung über der Wandlederhaut des Zehenbereichs kommt es leicht zu einem Aufknollen der Zehe und es bilden sich überhohe Trachten aus. Während der 4–6 Wochen, in denen die Hufe auf dem Beschlag sind, kann man gegen diese Entwicklung nichts unternehmen. Die unerwünschten Verformungen müssen beim Umbeschlagen dann durch die Korrektur rückgängig bzw. durch eine Überkorrektur für die nächste Beschlagsperiode möglichst verzögert werden. Daraus ergibt sich die Notwendigkeit, die Trachten mehr oder weniger stark zu kürzen und die Zehe massiv zurückzunehmen, wobei meist das Blättchenhorn freigelegt wird. All diese Maßnahmen sind sehr heikle Unternehmungen in Bezug auf einen Huf, dessen Hufbeinträger durch vorangegangene Hufreheerkrankungen geschädigt ist. Die Veränderung des Hufwinkels durch das Kürzen im zu hoch gewordenen Trachtenbereich erhöht die Spannung der tiefen Beugesehne und hierüber den Zug auf die Wandlederhautblättchen im Zehenwandbereich. Das führt zu vermehrtem Stress im Hufbeinträger und kann sogar die Reheerkrankung unter Umständen wieder aufleben lassen.[109] Die Entfernung der Schutzschicht über dem Blättchenhorn lässt dieses austrocknen und eine ungeeignete Härte entwickeln. Durch die innige Verbindung des Blättchenhorns mit den empfindlichen Wandlederhautblättchen werden letztere in dem

[109] *Siehe hierzu auch Abschnitt 3.3.11, S. 170 ff.*

Fall sehr leicht noch zusätzlich beschädigt. Die überschießende Hornbildung über der Wandlederhaut wird durch das Fehlen einer begrenzenden Zehenwand allem Anschein nach zusätzlich angeregt. Man läuft insofern mit dieser Maßnahme Gefahr, das gerade Gegenteil von dem zu erreichen, was man eigentlich möchte, nämlich den Narbenhornkeil herauswachsen zu lassen und die früheren Verhältnisse im Bereich der Zehenwand wiederherzustellen.

Wie im Eingangszitat beschrieben, bleiben solche Hufe empfindlich für neue »entzündliche Anfälle«. Deshalb sollte alle Mühe darauf verwandt werden, das nachwachsende Horn wieder in eine physiologische Form zu bringen.

Der Abrieb ist der Freund des Rehehufes. Wenn man es noch dazu versteht, sich in diesen Hornabrieb steuernd einzumischen, so ist es – vorausgesetzt die systemischen Ursachen der Reheprozesse wurden beseitigt und es erfolgt keine zu frühe Überlastung des Pferdes – fast immer möglich, die Rehehufe zu sanieren.[110] Das gilt selbst dann, wenn die Reheschäden am Huf erheblich sind. Allerdings verringern sich die Aussichten deutlich, wenn die Rehehufsituation bereits über Jahre besteht – entweder weil ein Reheschub dem anderen folgte oder weil man es nicht verstanden hat, den Huf gesund nachwachsen zu lassen. Letzteres kann daran liegen, dass man zu wenig oder, dass man zu viel gewollt hat. Ein sich selbst überlassener rehegeschädigter Huf hat kaum eine Chance sich zu verbessern, aber auch das forcierte Trimmen in Richtung Normalhuf verschlechtert die Situation häufig und oft auch sehr heftig. Rehehufe sind überaus empfindlich, was Manipulationen an ihrer Form und Statik betrifft. Das menschliche Bestreben, den verformten Huf in die normale Hufform zurück zu bringen, verleitet viele Hufbearbeiter zu recht starken Korrekturen; dabei wird vergessen, dass der Huf nach der Rehe unter sehr außergewöhnlichen Bedingungen steht und seine aktuelle Form nur deren korrekte Entsprechung ist. Es hilft einfach nichts, diesen Huf äußerlich der Norm anzunähern, man muss seine funktionalen Eigenheiten ernst- und annehmen und ihm die Zeit geben, einmal durchzuwachsen und dabei zu gesunden. Auf dem Beschlag ist dies erschwert, da der nötige Abrieb fehlt und hier eine Einflussnahme wirklich nur zu den Beschlagterminen möglich ist und zu diesem Zweck dann notgedrungen eine mehr oder weniger starke Korrektur der Hufform erfolgen muss.

Auch Pferde mit chronischen Rehefüßen und entsprechenden Beschlägen können von einer Umstellung auf Barhuf profitieren. Es versteht sich von selbst, dass es nicht sehr verantwortlich gedacht ist, ein Pferd mit »hochgradig verbildeten Hufen« auf »harten Böden« und »im Trab« Dienst tun zu lassen. Hufe, die mit Eisen beschlagen sind, erfahren eine deutlich höhere Belastung durch den Aufprall auf einem harten Boden.

Die Auftrittserschütterungen und Beschleunigungswerte sind höher und dem »Schockabsorptionssystem« des Hufes wird auf dem Eisenbeschlag eine deutlich höhere Leistung abverlangt.[111] Diese Zusatzleistung von einem rehegeschädigten Huf mit mehr oder weniger desolatem Hufbeinträger zu verlangen, heißt Rückfälle zu riskieren und die Hufgesundheit weiter zu schädigen. Vernünftig und verantwortlich gedacht ist es, diesen Hufen die Zeit zu geben, um der Nachrehe-Situation zu entwachsen. Hilfreich ist es dabei, wenn die Bodenbedingungen dem Hufzustand angepasst sind. Das mitunter steil zum Boden stehende Hufbein, die Schere zwischen Zehenwand und Hufbeinrücken, weitläufige Zerreißungen in der geweiteten Blättchenschicht oder der an der Zehe freigelegte, ultraharte Narbenhornkeil lassen das Gehen und Stehen auf unebenen harten Böden sehr unangenehm sein. Sandige Ausläufe sind optimal und können durchaus kombiniert sein, mit glatten harten Flächen. Letztere werden in der Regel gut vertragen – wenn das Pferd die Freiheit hat, diese zu betreten und zu verlassen und dabei im Schritt zu bleiben – und sind dem Abrieb sehr förderlich, den die Rehehufe benötigen, um ihrer Form

[110] *Siehe die Falldokumentationen in RASCH 2010.*
[111] *Siehe Ausführungen zum »Klirrfaktor«, S. 90 f.*

entwachsen zu können. Ohne den Beschlag zeigen die Pferde recht deutlich, ab wann sie wieder diensttauglich sind. In dem Maße, in dem sich der Hufzustand bessert, die Sohle unter dem Hufbeinrand Bodenfreiheit gewinnt und die Aufhängung (zunächst über den Narbenhornkeil und später sukzessive über dessen Herauswachsen) wiederhergestellt wird, in dem Maße kehrt die Bewegungsfreude und Arbeitsbereitschaft zurück.[112]

4.3.4 Beschlag wegen Arthrose

»Bei meinem Barhufer (16 J.) wurde in den Vorderfüßen Arthrose festgestellt (Kron- und Hufgelenk) und auch ein Beschlag empfohlen. Weil ein Beschlag, also auch schon ein ganz normaler, die Stöße auf die Gelenke dämpfen soll. Genau genommen sagte TA1: Eisen drauf und in den meisten Fällen ist dann Ruhe. (Da war allerdings die Ursache für sein leichtes Lahmen noch nicht bekannt, nur – aufgrund der Beugeprobe – »was mit den Gelenken«.) TA2: Man sollte einen Beschlag, eventuell Spezialbeschlag mit zusätzlicher Polsterung, in Erwägung ziehen. Hufschmied: Wenn er ohne Eisen einigermaßen läuft, ohne lassen. Wenn nicht, dann erst normale Eisen. Wenn das nicht hilft, dann Spezialbeschlag.« (ANONYM 2012c)

Manch ein Pferd kommt so zu seinem orthopädischen Beschlag und verbleibt mit der Diagnose Arthrose, Gelenksschale oder auch Spat bis zu seinem Lebensende auf den Eisen, weil etwas anderes angesichts einer solchen Erkrankung einfach gar nicht möglich erscheint. Die Arthrose ist eine ernsthafte und in vielen Fällen auch sehr schmerzhafte Gelenkserkrankung, die nicht ausheilbar ist, häufig weiter fortschreitet und das Pferd in seiner Bewegung mehr oder weniger stark behindert wie in seinem Wohlbefinden einschränkt. Was kann der orthopädische Beschlag in diesen Fällen leisten und kann ein solches Pferd nicht genauso gut und mitunter sogar besser wieder barhuf gehen?

Die vom Beschlag geforderten Leistungen sind in diesem Fall:

- die Entlastung der erkrankten Strukturen,
- die Herstellung einer möglichst großen Bewegungsfreiheit,
- und die Stoßdämpfung.

Wie die Entlastung der erkrankten Strukturen und eine möglichst hohe Bewegungsfreiheit erreicht werden kann, richtet sich nach der konkreten Lage, der Art und dem Ausmaß der Schädigung. So empfiehlt das Lehrbuch des Hufbeschlages bei Schale »Beschläge mit guter Zehenrichtung und stoßdämpfenden Einlagen« (LITZKE 2012: S. 262) und bei Spat, der an den Sprunggelenken der Hinterbeine auftritt »ausgeprägte Zehenrichtung am und im Hufeisen, 2 seitliche Zehenaufzüge und beidseits erhöhte Schenkel«. Das Eisen kann »auch etwas nach hinten versetzt oder mit geradem Zehenteil geschmiedet werden« (ebenda: S. 265).

In Bezug auf die in diesen beiden Fällen vorgeschlagenen Maßnahmen am Beschlag muss man festhalten, dass dieselben Entlastungsmomente am unbeschlagenen Huf ebenso, wenn nicht gar leichter erreicht werden können. Kurze Zehe und höhere Trachten sind Barhuf fast immer machbar, zumal wenn das Pferd diese Entwicklung durch seine Erkrankung selbstständig forciert. Das ist bei Spat beispielsweise ganz oft der Fall, denn die Bewegungseinschränkung im Sprunggelenk führt im Normalfall dazu, dass sich das Pferd eine stumpfe Hufform anläuft.
Allerdings kann die eingeschränkte Bewegungsfähigkeit und der Versuch des Pferdes, den schmerzhaften Bereich im Stehen wie im Gehen zu entlasten, auch leicht zum Schieferwerden des Hufes führen. Wenn ein Pferd mit Arthrose im Karpalgelenk oder Sprunggelenk seinen Huf zukünftig anders aufstellt, um eine schmerzende Stelle im Gelenk zu entlasten, so wird sich der nun ungleich-

[112] *Siehe auch die Fallgeschichten von Arabella und Lenny im Kapitel 6.*

mäßig belastete Huf in relativ kurzer Zeit zu einer ungleichmäßigen Form entwickeln. Das lässt sich weder mit noch ohne Beschlag verhindern. Es sei denn, man »korrigiert« die andere Aufstellung des Pferdebeines und zwingt das Pferd zurück in die Normalposition. Dass dies im Falle von Arthrosen nicht wirklich klug ist, ist offensichtlich und im eigentlichen jedermann bewusst. Man möchte dem Pferd die Entlastung der erkrankten Strukturen ermöglichen, nicht sie unterbinden. In dem Zusammenhang ist das einseitige Kürzen bei der Hufkorrektur zur Korrektur der unregelmäßigen und Wiederherstellung einer regelmäßigeren Hufform tatsächlich besonders kritisch zu betrachten. Hier trifft die abrupte Stellungsveränderung kein gesundes und in seiner Funktion noch unbeeinträchtigtes Gelenk, sondern ein Gelenk mit bereits vorhandenen Schädigungen, dessen Toleranzfähigkeit deshalb sehr viel geringer ausfällt. Da ungleichmäßig belastete Hufe aber auch die Tendenz haben, sich in ihrer Form zu verschlechtern, weil zu schräge Hufwände davonlaufen und steile Wandpartien unterziehen, müssen diese Hufe sehr engmaschig betreut werden.
Wie im Falle der Rehehufe ist eine Hufbearbeitung erforderlich, die nicht in die Not kommt, größere nachträgliche Korrekturen vornehmen zu müssen. Abriebsteuerung ist ein perfektes Mittel, um diese Hufe in ihrer gepflegt schiefen und dabei das Pferd schmerzentlastenden Form zu bewahren. Das ist ein gewichtiges Moment, welches gegen den Beschlag an arthrosegeplagten Pferdebeinen spricht.

Mit Sicherheit gibt es auch Fälle, bei denen die Verwendung einer Orthese unabdingbar ist, weil eine künstliche Erhöhung oder Erweiterung des nicht in dieser Form vorhandenen Hufhornes nötig ist. Aber die selbstverständliche Therapieempfehlung »wenn Arthrose, dann orthopädischer Beschlag« ist in vielen Fällen keine wohlüberlegte Abwägung, sondern eine Standardvorschlag. In der Tat ist es so, dass die Beschlagsempfehlung häufig mit dem Verweis auf eine, für die erkrankte Gliedmaße notwendige Stoßdämpfung erfolgt. Das wäre eine folgerichtige Empfehlung, wenn es um das Anbringen eines Kunststoffbeschlages ginge. Von dessen stoßdämpfenden Eigenschaften können Arthrosepatienten tatsächlich profitieren. Im Falle der Verwendung eines metallenen Hufbeschlages ist die natürliche Stoßdämpfung, über die der Huf im unbeschlagenen Zustand verfügt, aufgehoben. Daran ändern auch zusätzliche Einlagen nur wenig. Und es ist harmlos ausgedrückt absurd, einen Barhuf zur Erhöhung der Stoßdämpfung mit einem Hufeisen und stoßdämpfenden Einlagen zu beschlagen. Es gibt viele Studien die belegen, dass die Auftrittserschütterung beim beschlagenen Huf deutlich höher ist, als beim unbeschlagenen Huf. Daran ändert auch die Verwendung von stoßdämpfenden Einlagen nichts. Diese Einlagen vermögen zwar die Sohle vor dem direkten Druck zu schützen, sind aber nicht sehr effektiv darin, die Erschütterungen im Hufes selbst zu reduzieren (RAMEY 2006: S. 15).

Zusätzliche Dämpfung lässt sich aber mit bestimmten Kunststoffbeschlägen erreichen. Allerdings muss auch hier sehr wohl abgewogen werden. Wenn die Veränderungen der Hufform auf dem Kunststoffbeschlag und die notwendig werdenden Korrekturen beim Umbeschlagen die Gliedmaße zusätzlich in Bedrängnis bringen, ist eventuell weniger gewonnen als verloren. Es ist wie immer sinnvoll, nach dem kleinsten Übel zu suchen.

Bei Arthrosepatienten kommen mitunter auch sogenannte »Rock'n Roll Eisen« zum Einsatz. Bei diesem Beschlag, der bodenseitig eine sich nach dem Hufzentrum hin verjüngende Erhöhung aufweist, wird der Gliedmaße das Abrollen in alle Richtungen erleichtert. Für ein Pferd mit einem herkömmlichen Beschlag, welches sich wegen der Bewegungseinschränkungen und Schmerzen schwer tut, die den Tragrand bedeckenden Außenkanten des Eisens zu überwinden, mag das ein Vorteil sein. Allerdings muss man bedenken, dass

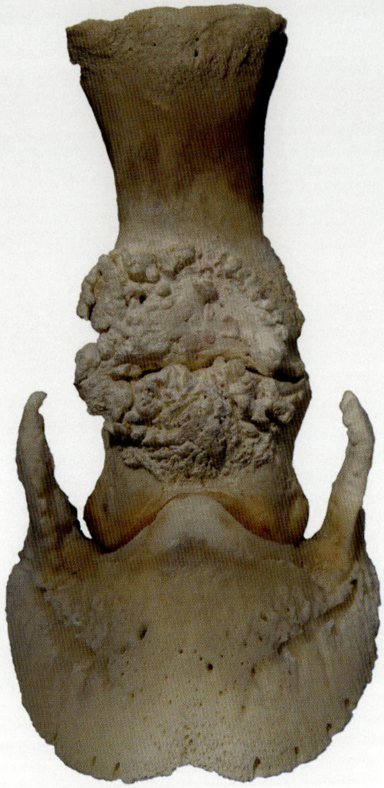

Abb. 4.9a: Zehenknochen mit massiven Knochenzubildungen – Hohe intraartikuläre Schale und Hufknorpelverköcherung.

Abb. 4.9b,c: Auch das Krongelenk ist betroffen, die Gelenkflächen weisen starke Schädigungen auf – Fortgeschrittene Arthrose.

ein Stehen und Gehen auf einem in alle Richtungen beweglichen Eisen auch seine Risiken mit sich bringt. Auf hartem, unnachgiebigem Boden, wo dieses Eisen seine größte Wirksamkeit entfaltet, bringt ein solcher »full rolling motion shoe« durch die starke Verkleinerung der Bodenfläche einiges an Instabilität und Unsicherheit für die Gliedmaße mit sich. Da dieses Moment auch gerade bei schon vorhandenen Gelenkschädigungen sehr kritisch zu bewerten ist, will der Einsatz dieser orthopädischen Beschläge wohlüberlegt sein. Gegenüber dem Barhuf bieten sie keine Vorteile.

Leidet ein Pferd unter solch starken Zubildungen, wie beim abgebildeten Knochenpräparat zu sehen, ist die Bewegungsfähigkeit natürlich massiv eingeschränkt. Tritt die Problematik wie im oben abgebildeten Fall am Krongelenk auf, so besteht die Möglichkeit der operativen Versteifung (Arthrodese) des Gelenks. Ist das Gelenk einmal mit Knochen durchbaut, so beendet dies in der Regel die Schmerzhaftigkeit für das Pferd.
Prinzipiell besteht die Möglichkeit der Versteifung auch für beweglichere Gelenke (bspw. Huf- oder auch Fesselgelenk), sie führt dann aber zu starken Funktionseinbußen im Gebrauch der betroffenen Gliedmaße. Das Krongelenk, wie die straffen Gelenkabteilungen von Karpal- und Sprunggelenk können sehr gut so behandelt werden, da ihre Beweglichkeit ohnehin sehr begrenzt ist.

Leider ist es seit Hunderten von Jahre üblich, bei Problemen am Huf die Rettung im Beschlag zu suchen. Der Beschlag gilt als **das** traditionelle Heilmittel an sich und zwar für fast jede Art von Huf- und Beinproblemen. Das ist insoweit auch ein Stück weit nachvollziehbar, als man unter der Voraussetzung eines Hufes, der beschlagen sein muss, für diesen nach Verbesserungen sucht. Ausgehend von der Tatsache eines notwendigen regelmäßigen Beschlages bemüht man sich verständlicherweise um Abänderung dieser Regelmäßigkeit, wenn es darum geht, hierüber Probleme zu lösen. Prinzip des orthopädischen Beschlags ist es, Störungen durch den regelmäßigen Beschlag zu minimieren (Beispiel Zehenfreiheit, Einlagen zur Stoßdämpfung) und das zusätzliche Material am Huf explizit funktionell dazu zu nutzen, vorhandene Schwächen des Hornschuhs auszugleichen (z. B. Keile, Verlängerung). Man sucht am **Beschlag** nach Möglichkeiten, bei Problemen Abhilfe zu schaffen. Das ist auch kaum änderbar für alle Pferde, die einen Beschlag aus Dienstgründen tragen müssen, also für die es aus Gründen der Nutzung keine Option auf den Barhuf gibt. In allen anderen Fällen wird es Zeit, sich darauf zu besinnen, dass der Huf für sich offensichtlich reichlich Material bietet, um Probleme, die an ihm selbst auftreten oder die er für die Gliedmaße verursacht, zielsicher lösen zu können. Es gelingt deutlich leichter und sicherer, Hufe in ihrer Form und Funktionsfähigkeit zu verbessern, wenn sie unbeschlagen sind. Dieses Potential lässt sich gerade im Krankheitsfall sehr gut nutzen.

Der Fall Willi

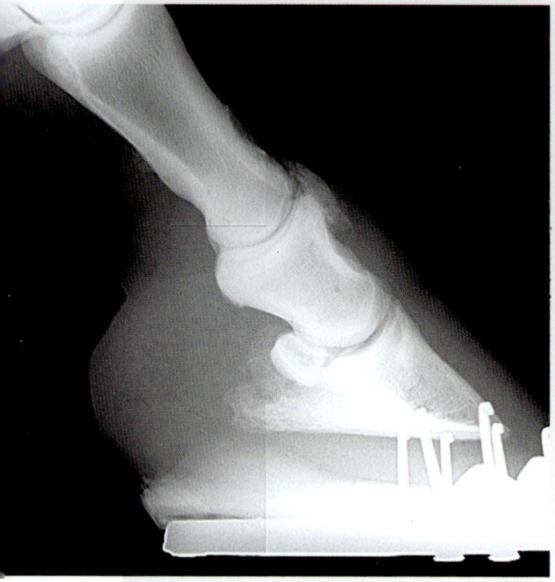

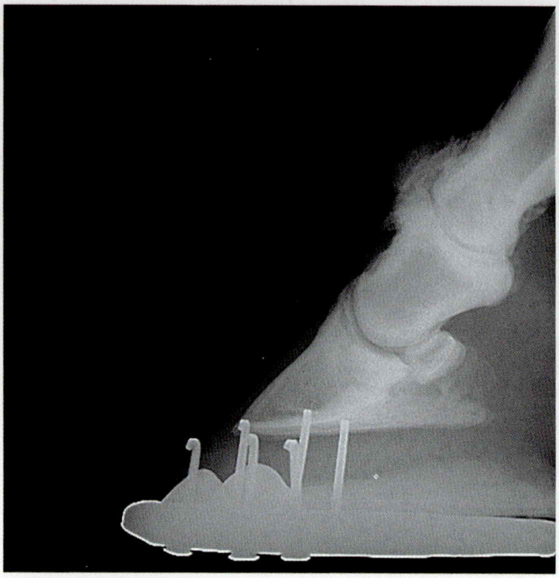

Abb. 4.10a: **Mai 2005**

Abb. 4.10b: **Mai 2005**

Der 25-jährige Willi leidet unter hoher und tiefer Schale mit Gelenksbeteiligung. Die linke Gliedmaße (siehe rechtes Bild) ist hiervon radiologisch nachweisbar stärker betroffen.

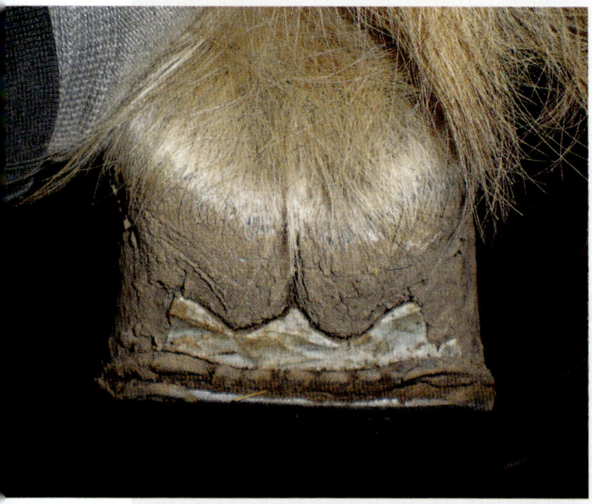

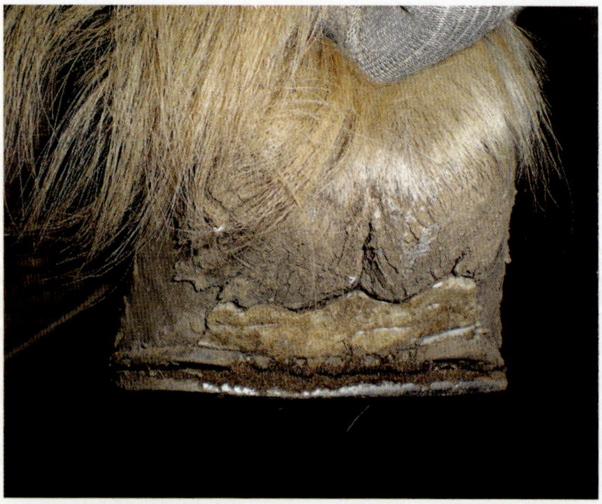

Abb. 4.10e: **Januar 2008**

Abb. 4.10f: **Januar 2008**

Der orthopädische Beschlag bestand in einem geschlossenen Eisen mit seitlichen Zehenaufzügen und Silikoneinlage.

Willi lief nicht wirklich gut mit diesem Beschlag, was aber bei dem Befund auch niemanden wunderte. Er wurde nicht mehr genutzt.

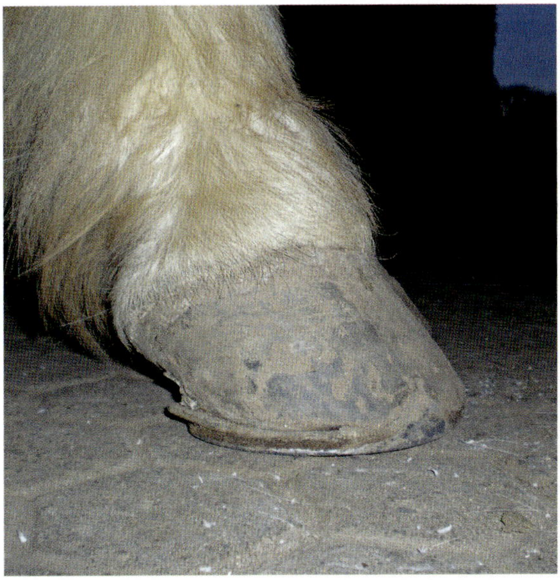

Abb. 4.10c: **Januar 2008**

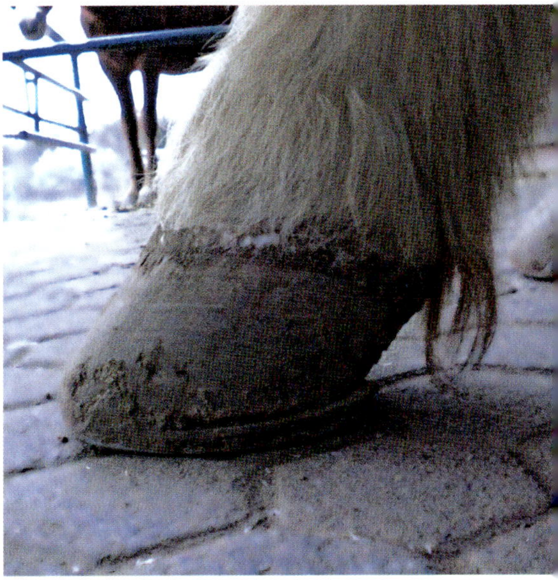

Abb. 4.10d: **Januar 2008**

Deutlich zu sehen, die starken Auftreibungen oberhalb der Hornkapsel. Die Hufe wurden aller 6–8 Wochen umbeschlagen. Hier die Hufe am Ende der Beschlagsperiode: Sie sind sehr hoch, erlauben über die lange Zehe eher kein leichtes Abfußen und sind im Trachtenbereich wenig gemütlich, nämlich sichtbar untergeschoben und aufgestaucht.

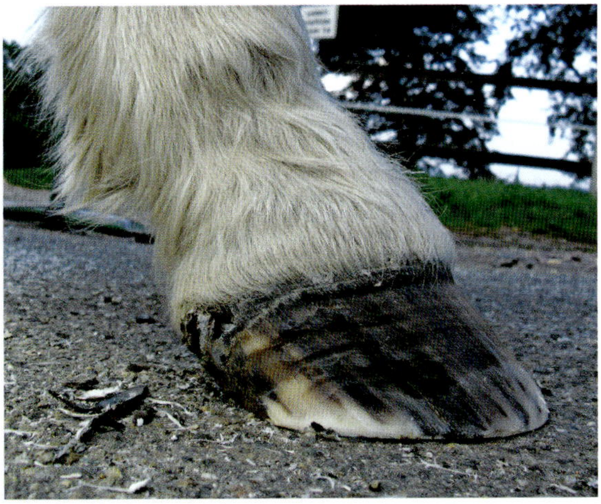

Abb. 4.10g: **September 2010**

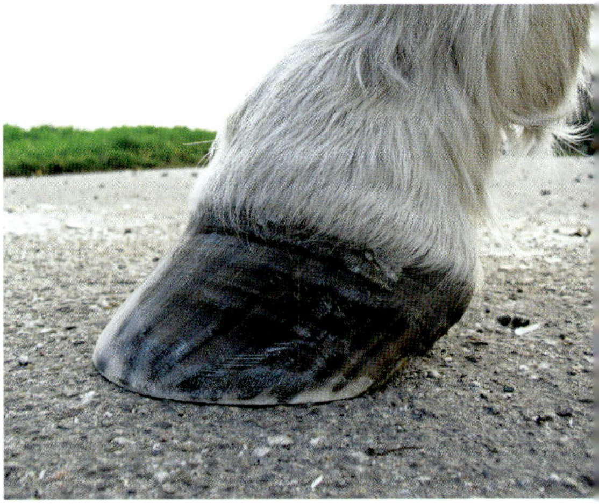

Abb. 4.10h: **September 2010**

Die Besitzerin erhoffte sich von einer Umstellung auf Barhuf, dass Willi eventuell doch ein wenig besser mit seiner Arthrose zurechtkäme. Obwohl ihr niemand große Hoffnung machte, ging dieser Plan auf. Willi kam barhuf tatsächlich um einiges besser zurecht, da sich am Huf nun keine Hindernisse mehr aufbauen konnten und ihm darüber hinaus die regelmäßigen abrupten Stellungswechsel erspart blieben.

(Fotos: Corinna Meißner)

5 Die Entscheidung ist gefallen: Die Eisen werden abgenommen

»Ich habe mein neues Pferd seit einem halben Jahr. Engl. VB, 5 Jahre, mit den üblichen Hufproblemen, platte Sohle, untergeschobene Trachten, schlechte Hornqualität. Vor 2 Wochen gab's den Supergau, Eisen vorne abgerissen und ziemlich viel Huf gleich mit. Beschlagen geht an dem Haxen eh nicht mehr, also habe ich kurzerhand das zweite Eisen abgenommen, hinten läuft der Bub schon barhuf. Eigentlich wollte ich mit der Umstellung noch bis zum Frühjahr warten, aber jetzt soll es halt so sein.« (ANONYM 2013)

Manch ein Pferdebesitzer sieht sich auf diese oder ähnliche Weise mit seinem Pferd ins kalte Wasser geworfen. Es versteht sich, dass dies nicht unbedingt die beste Vorbedingung für eine problemlose Umstellung auf Barhuf darstellt. Weit besser ist es, wenn man das Projekt Barhufumstellung gut vorbereitet und geplant beginnen kann. Wenn das wie im obigen Fall nicht möglich ist, weil die Eisen nicht mehr halten, ist die Wahrscheinlichkeit für auftretende Probleme natürlich relevant erhöht.

»Am nächsten Tag ging er lahm, Huf warm, Pulsation vorhanden, auf Abdrücken kam Reaktion. Also ab in die Box, dick eingestreut, täglich 2 Stunden kontrollierter Auslauf mit RX (Hufschuhe, K. R.), 5 Tage Equi zur Unterstützung.« (ANONYM 2013)

Um solche Probleme möglichst zu vermeiden, besteht der erste Schritt zur Umstellung auf Barhuf in der gründlichen Vorbereitung des Vorhabens.

(Foto: MEV Verlag)

5.1 Vorbereitung und Voraussetzungen für eine Barhuf-Umstellung

Man hat sich entschieden, seinem Pferd die Eisen abnehmen zu lassen: Was ist zu beachten, damit die Umstellung ohne größere Probleme vonstatten und das Pferd hiernach erfolgreich barhuf gehen kann?

An erster Stelle steht die realistische Einschätzung der bestehenden Situation. Hierzu zählt die Beurteilung der Hufsituation, wie die Beurteilung der individuellen Gesamtsituation des eigenen Pferdes.

Man muss sich klar machen, in welcher Situation befinden sich die Hufe des Pferdes? Sind sie seit jeher beschlagen oder sind die Beschläge lediglich ein oder zwei Jahre auf den Hufen? Ein Pferd, welches bereits früh beschlagen wurde, welches also seine ersten Eisen bspw. ganz selbstverständlich mit dem Eintritt ins Reitpferdeleben erhielt und nun bereits 10 Jahre beschlagen durchs Leben gegangen ist, könnte sich mit der Umstellung etwas schwerer tun, als ein Pferd, welches lediglich die letzten beiden Jahre beschlagen ging, weil die Nutzung es erforderte. Die **Dauer des Beschlagenseins** ist ein gewichtiges Moment; umso kürzer die Beschlagperiode im Leben des Pferdes, umso leichter wird es sich aller Wahrscheinlichkeit nach auf das Barhufgehen einstellen können. Das hat zum einen schlicht mit der Gewohnheit an die starre Unterlage, zum anderen aber auch mit den unerwünschten Auswirkungen des Beschlages auf Huf und Gliedmaße zu tun. Besonders wenn Pferde schon in sehr jungen Jahren beschlagen wurden und so in ihrem Leben kaum die Möglichkeit hatten, ihre Umgebung barhuf zu erfahren, sind ihre Füße sinnesmäßig unter Umständen ein wenig »verweichlicht«. Hinzu kommt, dass die Hufe mit dem sehr frühen Beschlag auch keine optimalen Bedingungen für eine gute Entwicklung erfahren. Das kann sich in einer insgesamt **schwachen Hornkapsel** mit dünner Sohle und dünnen Wänden, in einer mäßigen Hornqualität sowie in ungünstigen **Verformungen des Hornschuhs** niederschlagen. Diese Umstände können allesamt oder auch nur teilweise zutreffen. Prinzipiell ist die Ausgangslage in den Fällen sehr frühen und sehr langen Beschlages als ungünstiger einzuschätzen, als bei einem Pferd, welches die Jugend barhuf auf abwechslungsreichen Böden verbringen konnte und erst in späteren Jahren und insgesamt auch nur kürzere Zeit auf Eisen verbracht hat. Das heißt nicht, dass man den Plan zur Barhufumstellung für ein früh und lang beschlagenes Pferd wieder verwerfen muss; man muss diesen Plan einfach besonders genau durchdenken und absichern. Mehr als in anderen Fällen muss der Pferdebesitzer hier die Umstände der Haltung und Pflege in der Hand haben und eine intensivere Vorsorge dafür treffen, dass die möglicherweise – eben mit größerer Wahrscheinlichkeit als bei anderen Pferden – eintretenden problematischen Phasen gemeistert werden können.
Das gilt auch für Pferde, deren Hufe, in einer schlechten Verfassung sind. Sei es, weil die Hornsubstanz insgesamt brüchig und marode ist, weil bereits größere Defekte vorhanden sind oder weil der Huf so außer Form geraten ist, dass jede Bewegung des Hornes schmerzt.

Die Abnahme der starren Eisen führt immer zu einer Zunahme der Bewegung innerhalb des Hornschuhes, was dieser, so schlecht aufgestellt wie er ist, zunächst nicht wirklich gut verkraften kann. In solchen Fällen müssen besondere Bedingungen geschaffen werden, damit die Umstellung auf Barhuf ohne Katastrophen über die Bühne gehen und letztlich auch gelingen kann. Diese Bedingungen betreffen in erster Linie die Bodenverhältnisse und in zweiter Linie die Bewegungsmöglichkeiten und haltungsbedingten Bewegungszwänge. Es ist für Pferde in den ersten Wochen bis Monaten nach der Eisenabnahme zwingend nötig, dass sie einen **weichen, nachgiebigen Boden** unter den Füßen haben. Harte und unebene Böden sollten frischgebackenen Barhufern solange erspart werden, bis der Hufbearbeiter den Hufzustand als aus-

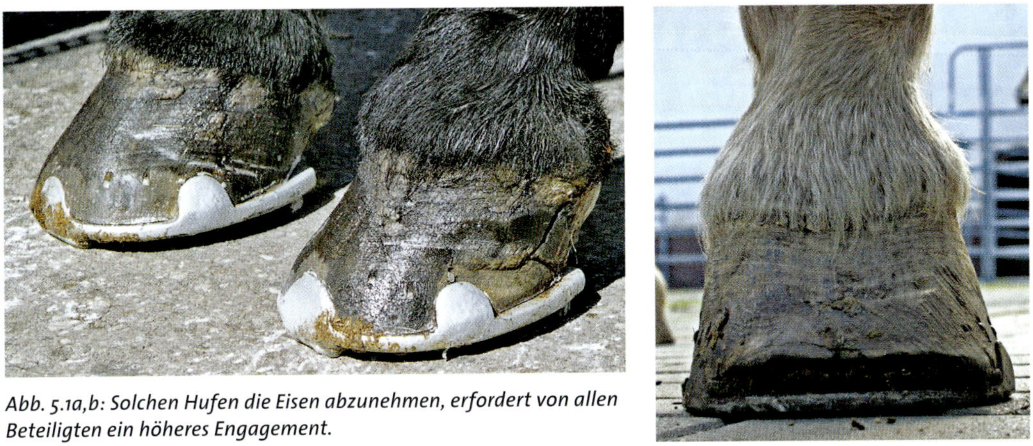

Abb. 5.1a,b: Solchen Hufen die Eisen abzunehmen, erfordert von allen Beteiligten ein höheres Engagement.

reichend gefestigt einschätzt. In der Regel zeigt auch das Pferd selbst an, ab wann es diese Böden mit seinen eisenlosen Füßen schmerzfrei bewältigen kann. Allerdings zeigt die Praxis, dass es vernünftig ist, auch in dieser Beziehung für das Pferd »mitzudenken«, sprich das Training der härteren Bodenbedingungen langsam und gezielt zu steigern. Es gibt definitiv Situationen, in denen sich Pferde sehr leicht übernehmen. Das ist zum Teil eine Typfrage, zum Teil ist es auch einfach den Gegebenheiten vor Ort geschuldet. Ein Pferd welches immer überall mit dabei sein muss, eines was extrem verspielt ist, eines das zur Aufregung neigt oder auch eines, das es einfach immer allen recht machen muss, bewegt sich mitunter mehr – auch auf den unkommoden Böden – als es ihm guttut. Diese »Unvernunft« seines Pferdes sollte der Besitzer einplanen und durch die Gestaltung der Bedingungen Vorsorge treffen, dass sich sein Pferd nicht übernimmt.

Auch für die Wiederaufnahme der Arbeit ist diese realistische Einschätzung: »Was für ein Typ ist mein Pferd« sehr wichtig. Ist es eher ein »harter Knochen«, der erst dann zeigt, dass ihm etwas wehtut, wenn wirklich nichts mehr geht. Oder ist es ganz im Gegenteil eher etwas wehleidig und ich kann mich darauf verlassen, dass es mir deutlich zeigt, wenn etwas nicht stimmt. Viele Probleme entstehen im übrigen bei der Wiederaufnahme der Arbeit, weil Pferde ihren Menschen zuliebe laufen, auch wenn die Hufe noch nicht in der Verfassung sind, die geforderte Arbeit zu bewältigen. Was in solchen Fällen droht, ist eine Lederhautentzündung. Nicht wenige Pferdebesitzer, die schon einmal den erfolglosen Versuch unternommen haben, ihr Pferd auf barhuf umzustellen, sind genau an dieser Klippe gescheitert. Im eigentlichen ist die Lederhautentzündung kein Grund fürs Scheitern, sie wird aber ganz häufig als solcher genommen und markiert das Ende nicht weniger Barhufversuche (siehe hierzu auch S. 235 f). Mit der entsprechenden Planung, Umsicht und Geduld lässt sich das Problem einer Lederhautentzündung in der Regel jedoch leicht verhindern.

Wie sollten die **Haltungsbedingungen** beschaffen sein, um zu verhindern, dass die ihrer Eisen beraubten Hufe sofort überfordert werden? Auch wenn ich ganz und gar kein Verfechter der Boxenhaltung bin, so ist **eine saubere und weiche eingestreute Box** nicht das schlechteste, was einem Pferd nach der Eisenabnahme passieren kann. Pferde, die bislang in dieser Haltungsform gelebt haben, können in der Zeit der Umstellung davon profitieren, dass sie hier ihren »Schutzraum« haben. Es kommt immer auf die jeweiligen Umstände an, aber in dem Fall ist es besser noch eine Weile eingesperrt zu sein, anstatt im freizügigen, vielgestaltigen Auslauf von den anderen Pferde traktiert und zwangsbewegt zu werden. Ich halte nichts von Ratschlägen der Art, dass zur Barhufumstellung zwingend ein »natürliches« Haltungs- und Bewegungsmanagement gehört und dass man es vergessen könnte, ein Pferd, welches in Boxenhaltung lebt, auf barhuf umzustellen. Es ist nicht sinnvoll, sondern riskant, ein Pferd in dieser zunächst mehr oder weniger schwierigen Hufsituation mit Boden- und Bewegungsreizen zu überfrachten. Deshalb ist es auch nicht ratsam, die Eisenabnahme zeitgleich mit dem Umzug in eine neue Herdengemeinschaft vorzunehmen. Ratschläge wie, das Pferd müsse bewegt werden oder es müsse auch mit steinigen Böden konfrontiert werden, damit die Hufe gut durchblutet werden und kräftiges Horn produzieren, sind in dieser frischen Barhufsituation kontraindiziert. Die Hufe sind diesen Ansprüchen in der Regel nicht gewachsen und man läuft Gefahr, dass die Überforderung in eine Lederhautentzündung mündet, die das Projekt zurückwirft anstatt es voranzubringen und die das Projekt womöglich gar zum Scheitern verurteilt. Nicht wenige Tierärzte verordnen in dieser Situation einen Beschlag und viele Besitzer sind dann nach diesem Ausgang und dieser schlechten Erfahrung von dem Gedanken »geheilt«, dass ihr Pferd barhuf gehen könne.

Lebt ein Pferd in der Box, so benötigt es natürlich einen **ausreichenden Auslauf**. Dieser muss so beschaffen sein, dass er die Hufe schont, also einen bequemen, nicht abrasiven Boden bietet. Wiese ist ideal, wenn der Boden nicht karg und ausgetrocknet oder steinig ist. Auch Ausläufe mit Sand oder Holzhackschnitzeln sind ideal. Weitläufigkeit des Geländes ist dann kein Problem, wenn sichergestellt ist, dass die Herdenaktivität oder auch die Eigenaktivität des Barhufkandidaten nicht zu übermäßiger Bewegungsintensität führt. Sicher verträgt fast jeder Barhufkandidat auch einmal einen Galopp, wenn der Boden weich und nachgiebig oder federnd ist; stetige wilde Galoppaden und endlose Jagereien sollten aber besser vermieden werden. Ist die Herdenstruktur in dieser Hinsicht kritisch, sollte man vorausschauend nach einer Lösung suchen. Der Barhufkandidat kann mit einem oder mehreren ruhigen Pferden auf einem separaten Teil der Wiese oder des Auslaufs gehalten werden, bis sich seine Hufsituation ausreichend gefestigt hat und die Hufe den höheren Anstrengungen gewachsen sind.

Das größte Problem ergibt sich in dieser Situation zumeist aus der Tatsache, dass **ein Weg zwischen Box und Weide oder Auslauf** zu überwinden ist, der häufig nicht in die Kategorie »huffreundlich« fällt. Schon der kurze Weg über den kopfsteingepflasterten Hof kann für ein Pferd, welches erst seit kurzem unbeschlagen unterwegs ist, eine große Herausforderung sein. Meist und verständlicherweise sind diese oft und häufig von Pferden begangenen Wegstrecken zur Koppel befestigt, um den ständigen Betritt durch die Pferdehufe auszuhalten. Wir haben Asphalt oder Beton oder harte, steinige Wege, die der frisch gebackene Barhufer womöglich täglich zweimal überwinden muss. Je länger die Wegstrecke, desto größer die Anstrengung für Pferd und Hufe. Um diese Weghürden zu meistern, ist es sinnvoll, sich **Hufschuhe** anzuschaffen.

In manchen Ställen gibt es zur Erleichterung des Betriebsablaufs Treibwege, über die die Pferde auf die Koppel entlassen werden und von dieser dann auch wieder hereingetrieben werden. Die Pferde, angeregt durch die Gruppe, legen diese Strecken gern im Galopp oder zumindest im Trab zurück. Auch der Barhufkandidat hält sich hier in der Regel nicht vornehm und vernünftig zurück. In der aufgeheizten Stimmung bleibt die notwendige Rücksicht auf seine Hufe deshalb regelmäßig auf der Strecke. Eine solche Konstellation führt relativ unvermeidlich in die Katastrophe, sprich zur Lahmheit (siehe hierzu auch den Fall von Speedy S. 224 ff). Will ich mein Pferd von den Eisen nehmen lassen, muss ich diese Dinge im Vorhinein klären.

Eine notwendige Maßnahme ist die Anschaffung von **Hufschuhen**. Aber es reicht nicht aus, diese Hufschuhe zu haben, es muss auch geklärt sein, dass diese Schuhe auf dem Weg zur Koppel und zurück von den Personen, welche die Pferde führen, angelegt werden. Erledigt man dieses Führen täglich selbst, besteht kein Problem. Problematisch wird es aber fast immer, wenn andere Personen diesen Dienst übernehmen. Man sollte deshalb vor der Eisenabnahme ganz klare Absprachen hierüber treffen und sich dahingehend absichern, dass diese Absprachen später auch wirklich eingehalten werden. Am besten funktioniert dies, wenn man bei den Ansprechpartnern im Stall ein (Ein-)Verständnis erzielt. Führt man diese Gespräche richtigerweise bereits in der Vorbereitung des Umstellungsprojektes kann man eine Einschätzung treffen, ob im Stall Verständnis und Entgegenkommen für die Umstellungsproblematik aufgebracht wird; nötigenfalls muss man nach anderen Optionen suchen. Was man sich dabei bewusst machen muss ist der Fakt, dass ein solcher Zusatzaufwand den Betriebsablauf stört. Wenn dieser Zusatzaufwand vom Stallbetreiber und Stallpersonal dann auch noch als unnötig oder unsinnig eingeschätzt wird, hat man sehr schlechte Karten, mit seinem Projekt der Barhufumstellung erfolgreich zu sein. Man kann in dem Fall nicht darauf setzen, dass die zusätzlichen Maßnahmen und die erforderliche Rücksicht dann, wenn es ernst wird, tatsächlich über einen längeren Zeitraum unternommen und gewahrt werden. Das Gesagte gilt auch und ganz besonders im Fall einer **Treibwege-Wirtschaft**. Diese Art des Koppelzugangs ist für den frischen Barhufer ein absolutes **NO GO!** Das muss mit dem Stall vorher besprochen werden und es muss eine alternative Lösung gefunden werden, mit der alle gut leben können. Wenn letzteres nicht der Fall ist, hat die Lösung in der Regel keinen ausreichend langen Bestand.

Die Problematik der fehlenden einvernehmlichen Regelung und des negativen Stallklimas ist nicht selten für den Misserfolg der Barhufumstellung verantwortlich. Es ist insofern wirklich wichtig, sich über die Bedeutung des Mitziehens aller mit der Pferdehaltung betrauten Personen im Klaren zu sein. Manchmal ist es die weisere Entscheidung, den Umstellungsversuch unter diesen Bedingungen nicht zu unternehmen und sich in Ruhe nach anderen Bedingungen umzuschauen.

»Mittlerweile hacken TA, mein ehemaliger Schmied und der SB auf mir rum. Lt. ihnen ist es ausgeschlossen, dass dieses arme Tier jemals ohne Eisen laufen kann. Wie begegnet Ihr den Hufeisen-Verfechtern dieser Welt? Eigentlich sind bei mir im Stall alle total nett, aber ich ertrage diesen täglichen Psychoterror nicht mehr. Von wegen armes Pferd, kann nicht laufen, muss in der Box bleiben. Das liegt natürlich auch daran, dass meine Nerven sowieso strapaziert sind, niemand lässt ein junges Pferd gerne 22 Stunden täglich in der Box. Und ich muss täglich furchtbar hetzen, um überhaupt 2 Stunden was mit ihm zu machen. Meine Erklärungen zu Barhuf versteht niemand. Ich bin in diesem Stall als Allwetter-Distanzreiter, gebisslos, baumlos, mit Hufschuhen eh der totale Exot. Und jetzt hole ich auch noch eine HO, damit ist klar, dass ich einen an der Klatsche haben muss.« (ANONYM 2013)

Das ist eine kräftezehrende und nervenaufreibende Situation, die man nach Möglichkeit vermeiden möchte. Die Pferdebesitzerin hatte in ihrem Fall nicht die Möglichkeit, die Umstellung ihres Pferdes vorzubereiten. Die Eisen hielten einfach nicht mehr. Nun steht sie in der Not, ihr Pferd in die Box einsperren zu müssen, was sie selbst als furchtbar empfindet, was andererseits aber unerlässlich ist, um es vor einer erneuten Lederhautentzündung zu schützen. Grund ist, dass der Frost den Matschpaddock in ein unzumutbares Gelände verwandelt hat. Hätte man planen können, hätte man dies bedacht und vorsorglich Alternativen für den Fall gesucht und geschaffen, dass der Winter Bodenfrost-Temperaturen mit sich bringt. Aber ein Unglück kommt eben auch selten allein. Und als ob dies nicht genug wäre, muss sich die Pferdebesitzerin nun zusätzlich zu ihrer eigenen Unzufriedenheit mit der aktuellen Situation ihres Pferdes auch noch mit dem Unverständnis und den negativen Äußerungen im Stall auseinandersetzen. Manch einer hält diese Situation nicht aus und lässt lieber wieder beschlagen, einfach auch um wieder dazu zu gehören zur Stallgemeinschaft, gerade wenn die Leute im Stall eigentlich ganz nett sind.

Auch in der **Offenstallhaltung** müssen in der Vorbereitung des Barhuf-Unternehmens klare Absprachen getroffen und die Möglichkeiten

In ruhiger Gesellschaft ist die Barhufumstellung kein Problem. Ein schneereicher Winter ist ebenfalls von Vorteil.

für Alternativen und Sonderregelungen durchgemustert werden. Der Barhufkandidat muss die Möglichkeit haben, sich auf weichen Böden aufzuhalten, ohne Zwangsbewegung durch seine Artgenossen. Rangniedrige Pferde sind hier natürlich besonders gefährdet mehr laufen zum müssen, als sie es selbst möchten. Aber auch der Chef der Truppe läuft unter Umständen Gefahr sich mit den frisch gewonnenen Barhufen zu übernehmen, weil er in seiner Herde beständig etwas zu tun hat. All das muss vorab überlegt werden und es müssen durch Abänderung der Haltungsbedingungen die entsprechenden Vorkehrungen gegen eine Überforderung der Hufe des Barhufkandidaten getroffen werden. Ein Pferd, welches in Gruppenhaltung lebt und in dieser Gemeinschaft nicht nur gut eingewöhnt, sondern auch gut aufgehoben ist, muss nicht weggesperrt werden. Aber es sollte immer ein Nottürchen offengehalten werden, indem vorab schon für den Fall der Fälle Lösungsmöglichkeiten überlegt und bereitgehalten werden.

Wer seine Pferde in Eigenregie hält, hat diesbezüglich kaum Probleme. Er hat es selbst in der Hand, in der Umstellungsphase die Bedingungen für seine Pferde optimal zu gestalten. In diesem Punkt gilt es, eine Ausnahme von der Regel zu machen und es spricht in meinen Augen nichts dagegen, die Eisenabnahme mit dem Umzug in die eigenen Gemäuer zu kombinieren. Man unterliegt in diesem Fall keinen Zwängen eines eingespielten Betriebsablaufs und kann im Zeitverlauf der Umstellung stets auf die aktuelle Befindlichkeit seines nun barhufigen Pferdes reagieren.

Besitzt man ein Pferd, welches aufgrund von körperlichen Problemen – beispielweise wegen Lungenproblemen oder wegen eines starken Übergewichtes – eigentlich dringend weiterbewegt werden müsste, so erschwert dies die Ausgangslage. Prinzipiell steht der Zwang zur Weiterbewegung im Widerspruch zur vorübergehend notwendigen Schonung. Man muss hier den goldenen Mittelweg finden. Weiche abriebarme Böden und Hufschuhe sind unerlässlich und es ist noch wichtiger als bei anderen Pferden, den Zeitpunkt und die Umstände gut zu planen. Wenn die Lungenprobleme im Winter während der Stallphase schlimmer sind, als während der Weidezeit im Sommer, so sollte man die Barhufumstellung natürlich nicht gerade im Winter vornehmen. **Das adipöse**

Pferd kann man vielleicht bereits vor der Eisenabnahme entscheidende Pfunde verlieren lassen, um es dann auf einem Sandauslauf und ohne Weidegang trotz fehlender Arbeitsbelastung durch gezielte Fütterung sein Gewicht zumindest halten zu lassen, bis die Hufe wieder arbeitstauglich sind. Natürlich ist es nicht klug, ein EMS-Pferd dem Risiko von Grünfutter bei gleichzeitiger Arbeitspause auszusetzen. Auch wenn stundenweise Weidegang bei vollem Fitness- und Bewegungsprogramm vorher möglich waren, so ist nach der Eisenabnahme durch die verordnete Zwangspause das grüne Gras ein enormes Reheriskio.

Bei der Planung des Barhufvorhabens ist auch der **Zeitpunkt** zu überlegen, zu dem sich die Umstellung am einfachsten realisieren lässt. Es gibt keine allgemeingültige Regel dergestalt, dass man die Eisenabnahme im Herbst oder ganz im Gegenteil viel besser im Frühjahr vornehmen sollte. Der günstigste Zeitpunkt für die Abnahme der Eisen ergibt sich aus der Gesamtschau der jeweiligen Umstände – angefangen beim Pferd selbst, über die jahreszeitlichen und konkreten Vor-Ort-Bedingungen am Stall bis hin zu den Ansprüchen und Alltagszwängen des Pferdebesitzers. Ist jemand ein expliziter Sommerreiter und nutzt hauptsächlich diese Jahreszeit intensiv für Ausritte mit seinem Pferd, wogegen er im Winter eher pausiert oder nur gelegentlich ein paar Runden in der Reithalle dreht, so wäre es nicht klug, ausgerechnet im Frühjahr die Eisen abnehmen zu lassen. Es sei denn, man bringt dieses »Opfer« gern und kann den fehlenden Ausrittsommer bereitwillig verschmerzen. Wenn die geringste Gefahr besteht, dass man ungeduldig wird, wenn das Pferd nach drei Monaten brillanten Ausreitwetters noch immer nicht geritten werden kann, so sollte man lieber die Umstellung zu einem späteren Zeitpunkt vornehmen. Hier muss sich der Pferdebesitzer selbst befragen und gut genug kennen, inwieweit er sicher ist, mit der Zeit nicht doch angesichts der verpassten Sommertage unzufrieden mit dem von ihm eingeschlagenen Weg zu werden. Vielen Pferdebesitzern fällt es im Winter leichter, auf die Nutzung ihres Pferdes zu verzichten. Insofern ist der beginnende Winter kein schlechter Zeitpunkt, die Umstellung in Angriff zu nehmen. Was man aber berücksichtigen muss, ist die Gefahr der gefrorenen Böden. Diese sind kein annehmbares Auslaufgelände für einen Barhufkandidaten. Wenn die Gegebenheiten vor Ort so sind, dass bei Frost keine anderen Böden zum Auslauf zur Verfügung stehen, sieht man sich – wie die Pferdebesitzerin im vorangegangenen Zitat – gezwungen, sein Pferd einzusperren. Man kann für die Zeiten von Bodenfrost aber auch Vorkehrungen treffen, bspw. indem man für diese Zeit ein größeres Stück überständige Wiese zur Verfügung hat oder indem man sich einen ausreichenden Vorrat an Holzhäckseln zulegt, die man dann hoch genug auf den durchgefrorenen Boden aufschütten kann.

Bevor man das Barhufprojekt startet, sollte man noch einmal in sich gehen, und sich überlegen, ob man wirklich bereit ist, seinem Pferd die nötige Zeit zu geben, um ohne Eisen zurechtzukommen. Es gibt keine sichere Aussage, wie lange die Umstellungsphase dauern wird. Ihr Hufbearbeiter wird versuchen nach einer genauen Analyse der Huf- und Gesamtsituation Ihres Pferdes eine Einschätzung zu treffen, ob sich die Umstellung nach seiner Erfahrung voraussichtlich eher einfacher oder eher problematischer gestalten wird. Eine genaue Prognose kann Ihnen niemand geben. Manch ein Fall, der sich ursprünglich kompliziert darstellt, läuft nach zwei Monaten ohne Probleme barhuf und kann genutzt werden, ein anderer, dessen Hufe an und für sich unproblematisch erscheinen, benötigt ein halbes Jahr, um ohne Probleme die Straße zu überqueren. Man muss prinzipiell darauf eingestellt sein, sein Pferd eine längere Zeit nicht nutzen zu können. Versprechungen derart, »das wird schon in zwei, drei Monaten über die Bühne gehen«, sind nicht sinnvoll. Sie setzen alle Beteiligten unter Druck und lassen den Pferdebesitzer ungeduldig und unzufrieden werden. Auch kann stets etwas Unvorhergesehenes eintreten und die Pläne durchkreuzen, wie beispielsweise im nachfolgenden Fall von Speedy.

Der Fall Speedy

Speedy, ein 1,80 m großer Warmblutwallach, trug auf allen vier Füßen Eisen, seit ihn seine Besitzerin vor zehn Jahren gekauft hatte. Jetzt war er 15 und die Eisen sollten abgenommen werden. Der Grund für diese Entscheidung war die massive Strahlfäule unter der Speedy seit jeher litt. Die Ballen waren auf allen vier Hufen bis hoch hinauf gespalten. Das war so, seit seine Besitzerin ihn kannte. Speedy hatte kleine steile Hufe mit starkem Trachten- und Ballenzwang. Die Besitzerin besprach die Sache vorab mit dem Stall. Sie ließ in dem an die Box angrenzenden Paddock Sand aufschütten und erhielt ein eigenes Stück Wiese, das sie fortan selber abäppeln konnte. So war für Keim»freiheit« und weichen Boden gesorgt. Die Eisen wurden Ende Februar 2008 abgenommen.

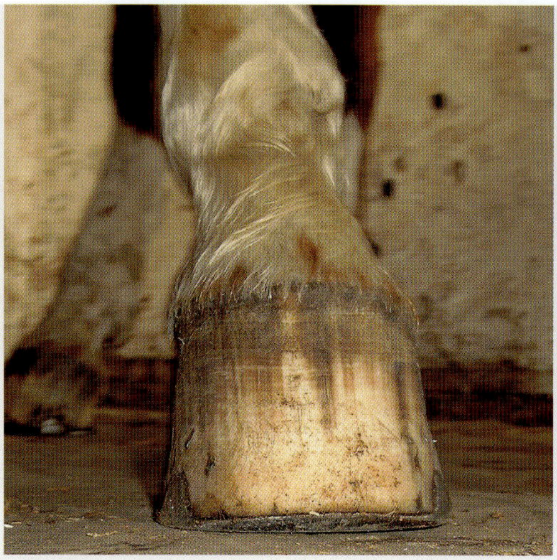

Abb. 5.2a
Speedys linker Vorderhuf am Tag der Eisenabnahme am 28. Februar 2008, ...

Speedy ging es gut und nach zwei Monaten konnte die Besitzerin ganz langsam wieder damit beginnen, mit Speedy zu arbeiten. Zunächst auf weichem Boden auf dem Reitplatz, dann auch im Schritt ins Gelände unter Aussparung der steinigen Wege. Alles war gut, die Fäulnis hinter den Wänden wurde weniger, das Horn der Wände war noch blättrig und instabil, die Sohle noch immer dünn, aber Speedy lief. Ich riet weiter zur Vorsicht, aber alles lief wirklich gut.

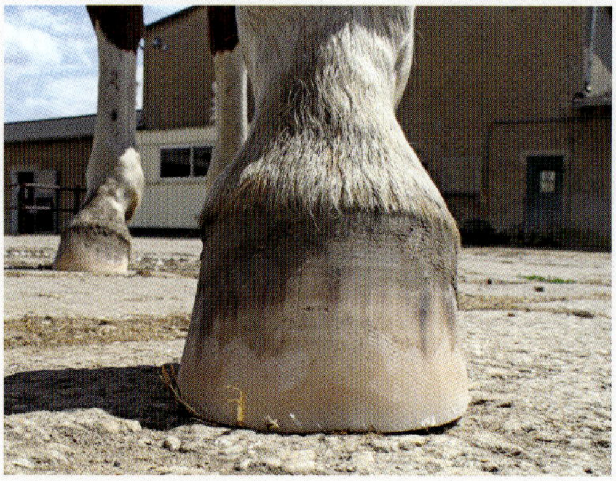

Abb. 5.3a
Speedys linker Vorderhuf ...

Die Weidesaison hatte begonnen und Speedy ging mit auf die Weide. Es gab keine Probleme. Bis zu einem Sonntag Anfang Juni, als Speedys Besitzerin ihn stark lahmend von der Weide einsammelte. Er lief auf drei Beinen und mochte seinen linken Huf gar nicht absetzen. Ihr Tierarzt war verhindert und bat sie, mich anzurufen. Ich war im Unterricht und erhielt ihre Nachricht erst, als ich am Abend den AB abhörte. Mittlerweile hatte sie einen anderen Tierarzt erreicht. Sie berichtete mir, dass dieser ein Hufgeschwür aufgeschnitten hätte und Speedy jetzt im Verband stünde. Ich fragte sie, ob das, was der Tierarzt freigeschnitten hatte, eher schwärzlich war oder ob Eiter kam. Nein, nur Blut, sagte sie. Er hatte mit der Untersuchungszange abgedrückt, Speedy hätte an einer Stelle der Sohle reagiert und da hätte er dort geschnitten. Nein, Speedy ging es nicht wesentlich besser, er hatte ein Schmerzmittel bekommen, das besserte die Schmerzhaftigkeit ein wenig. Offensichtlich war die Diagnose Hufgeschwür falsch, auch wenn die Symptome – plötzliche hochgradige Lahmheit – gut passten und die Vermutung auf ein solches nahelegten. Aber Speedy reagierte auf den Druck der Unter-

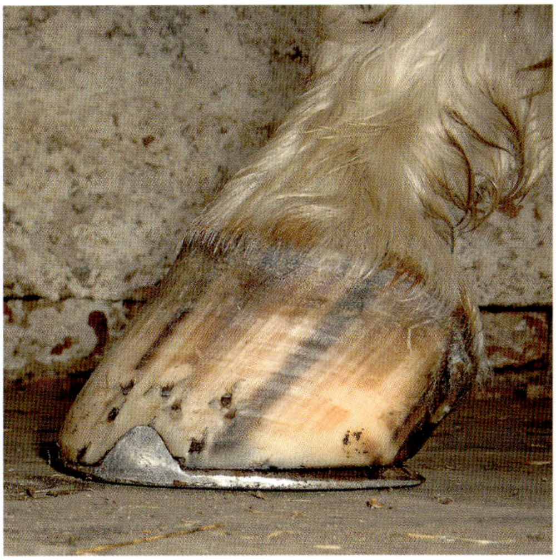

Abb. 5.2b

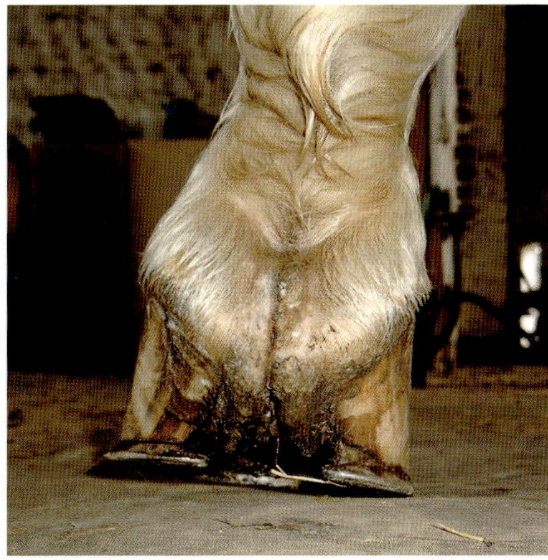

Abb. 5.2c

... die übrigen drei Hufe waren ganz ähnlich, schmal, steil, mit Trachten- und Ballenzwang, massiver Strahlfäulnis und hoch gespaltenen Ballen.

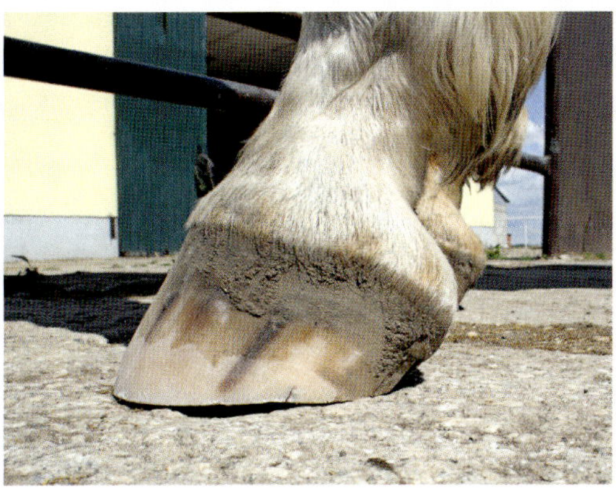

Abb. 5.3b
... nach der Bearbeitung Anfang Mai 2008, ...

Abb. 5.3c
... die Fäulnissituation hatte sich sehr verbessert.

suchungszange vermutlich einfach aus dem Grund, weil seine Sohle noch nicht übermäßig stabil war und weil, so erschlossen wir es uns wenig später, er sich die Sohle beim Sprint auf die Weide höchstwahrscheinlich geprellt hatte. Die Pferde waren mittlerweile auf eine weiter entfernte Weide umgestellt worden, die über einen Treibweg erreicht wurde. Diesen legten die Pferde stets in hohem Tempo zurück und Speedy hatte augenscheinlich an diesem Sonntagmorgen einen der größeren Steine erwischt, die auf diesem Weg lagen. Speedy blieb mit Verband in der Box und erholte sich in den nächsten Tagen sehr schnell von der ursprünglichen Lahmheit durch die Prellung. Allerdings infizierte sich die aufgeschnittene Sohle, so dass sich nun mehrere Wochen Boxenruhe und Verbandswechsel anschlossen. Ein unerwarteter Rückschlag der ansonsten so positiv verlaufenden Barhufumstellung, die der Besitzerin einiges an zusätzlichem Engagement abforderte und natürlich auch die Stimmung dämpfte.

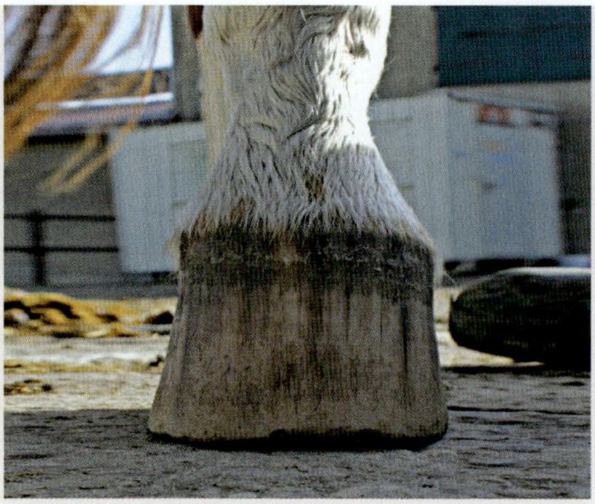

Abb. 5.4a
Speedys linker Vorderhuf fünf Jahre nach der Eisenabnahme im Frühjahr 2013, …

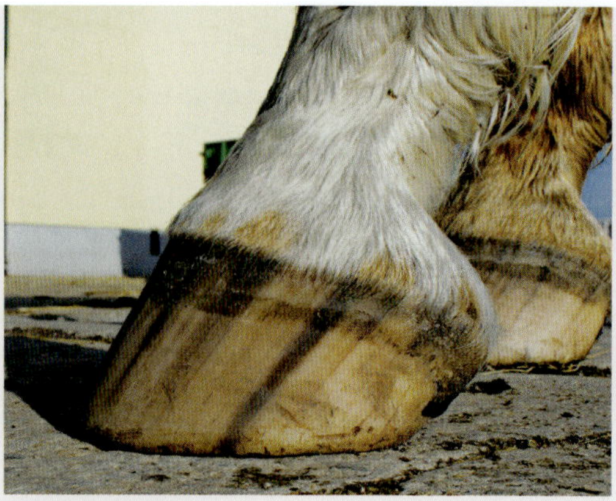

Abb. 5.4b
… die Strahlfäulnis ist deutlich zurückgedrängt, …

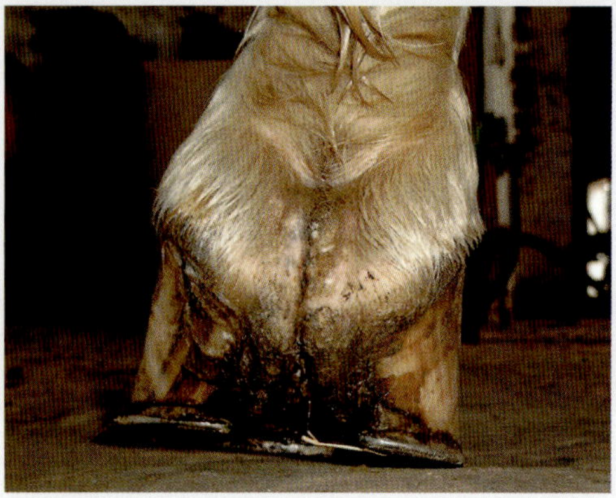

Abb. 5.5a
Der Ballen vorne links im Februar 2008, …

Abb. 5.5b
… mit Heilerdeversuch im Oktober 2009, …

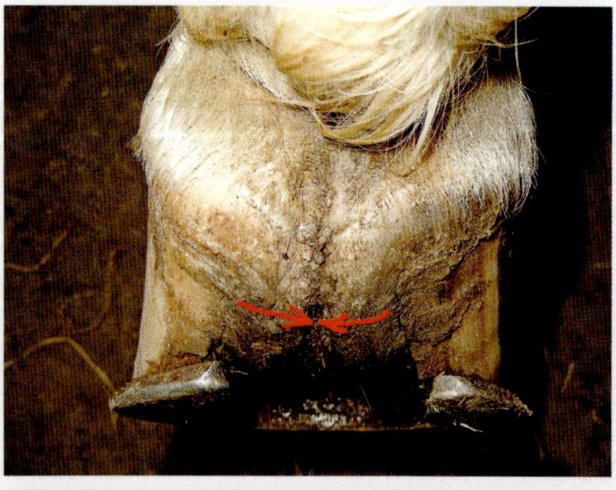

Abb. 5.6a
Der Ballen am rechten Hinterhuf im Februar 2008, …

Abb. 5.4c
... aber sie wurde leider nie vollends besiegt.

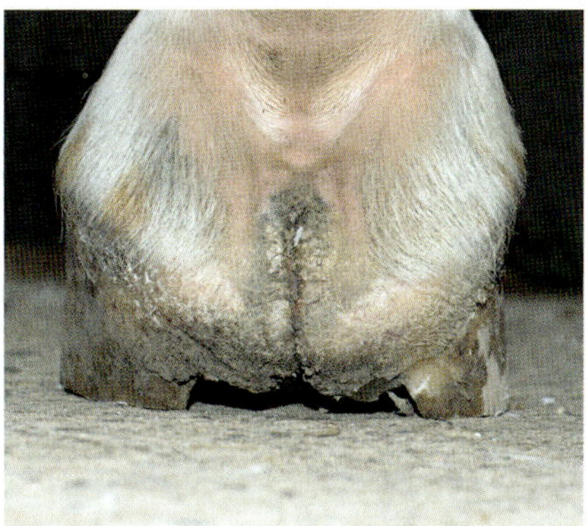

Abb. 5.5c
... und im Juli 2013, entspannter aber weiterhin gespalten.

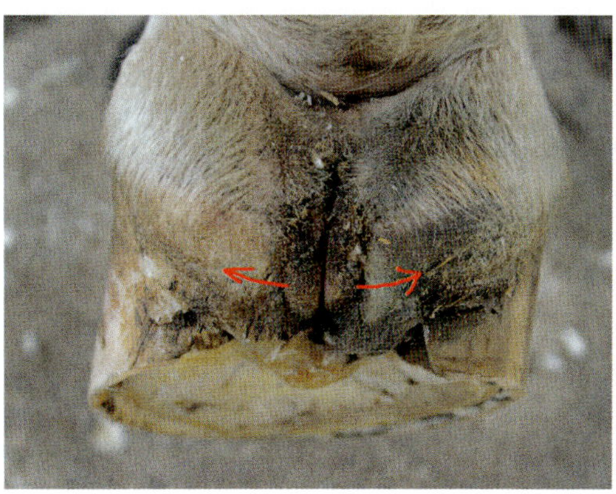

Abb. 5.6b
... und im Oktober 2009, der gezwängte Ballen hat sich zwar geöffnet, aber die Furche bleibt bestehen.

Speedy läuft nun seit fünfeinhalb Jahren Barhuf. Er wird nahezu täglich geritten, auf dem Platz und ins Gelände. Eher selten werden ihm für das Gelände auch einmal seine Hufschuhe angezogen. Ich bitte manchmal darum, weil sich in seinen steilen Seitenwänden einfach alle Steine des Weges versammeln. Dabei hat Speedy ein superhartes Hufhorn entwickelt – der Schrecken jedes Hufbearbeiters, aber die berechtigte Freude eines jeden Barhufpferdebesitzers.

Die Hufe sind durch die Umstellung auf Barhuf deutlich bequemer geworden, der Trachten- und Ballenbereich ist entspannter. Allerdings hat sich die Ballenfurche trotz der verbesserten Situation nicht wieder geschlossen.

Die Besitzerin hat gefühlte einhundert Mittel und Verfahren ausprobiert, aber alles ohne Erfolg. Strahlfäulnis war lange kein Problem, kehrte aber im Winter 2011 wieder zurück und tritt seitdem von Zeit zu Zeit in kleinerem Ausmaß wieder auf. Regelmäßig im Sommer entzündet sich zudem die Haut über dem Ballen, was der Auslöser ist, ist unbekannt.

Der Ballen ist und bleibt Speedys Schwachstelle, aber davon abgesehen, geht er nach mehr als 10 Jahren Rundumbeschlag nun seit vielen Jahren zufrieden barhuf.

Jeder wünscht sich, dass eine Barhufumstellung problemlos verläuft. Aber auch wenn das, wie bei Speedy, trotz langem und womöglich frühem Beschlagenseins gelingt, kann man unerwartete Ereignisse und daraus resultierende Rückschläge nicht ausschließen. Man muss solche Dinge einplanen und hierfür Lösungsmöglichkeiten bereithalten. Es muss sozusagen immer die Möglichkeit einer »Krankenstation« und Ausnahmeregelung vorhanden sein.

Im Folgenden noch einmal übersichtlich zusammengefasst, welche Fragen sich ein Pferdebesitzer vor einer Eisenabnahme, die in ein erfolgreiches Barhufgehen münden will, klar beantworten sollte und welche Bedingungen vorab in jedem Fall sichergestellt sein müssen:

Ist unter den gegenwärtigen Haltungsbedingungen eine erfolgreiche Barhufumstellung überhaupt möglich?

?

Sind die entsprechenden Bodenverhältnisse vorhanden und kann dem Umstand Rechnung getragen werden, dass sich mein frisch gebackener Barhufer für kurze oder längere Zeit bewegungsmäßig nicht übernimmt?

Wenn nein, gelingt es mir diese Bedingungen vor Ort zu schaffen und was muss ich dafür tun?

?

Stoße ich im Stall auf Verständnis und Unterstützung für mein Vorhaben?

Falls nicht, wie kann ich es erreichen, das nötige Verständnis zu erzielen und ausreichende Unterstützung im Stall zu erhalten?

?

Wen kann ich mit der Barhufumstellung beauftragen – Wer ist ein kompetenter Hufbearbeiter? Was muss der Hufbearbeiter leisten ?

?

Wie steht es um die Hufsituation meines Pferdes – Wird sich die Umstellung eher leichter oder eher problematisch gestalten?

?

Wie ist die individuelle Situation meines Pferdes – Welche Besonderheiten in körperlicher oder psychischer Hinsicht bestehen und können diese angesichts der nach der Abnahme der Eisen mehr oder weniger langen notwendigen »Schonzeit« ausreichend Beachtung finden?

Bin ich überhaupt bereit, vorübergehend (und evtl. sogar für länger als geplant) auf die Nutzung meines Pferdes zu verzichten?

?

5.2 Die Durchführung

5.2.1 Was der Pferdebesitzer tun muss

»Wenn Sie Ihr ›Stahlroß‹ aufs Barhuflaufen umstellen möchten, müssen Sie sich darüber im klaren sein, dass dies wenigstens ein Jahr in Anspruch nimmt. Sie sollten also auf lange Ritte im Sommer verzichten können. Sie sollten auch in der Lage und bereit sein, mit Ihrem Pferd lange Spaziergänge an der Hand zu unternehmen. Diese Phase wird etwa 2–3 Monate dauern.« (KASPER 1994: S. 93)

Ein Pferdebesitzer der hierauf eingestellt ist, wird die Zeit der Barhufumstellung viel weniger als Belastung empfinden und er wird sich freuen, wenn sich diese Fristen im Falle seines Pferdes letztlich als viel zu hoch gegriffen herausstellen. Andersherum – man erwartet ein Vierteljahr und dann dauert es mehr als ein Jahr bis der Barhufkandidat wieder nutzbar ist – gestaltet sich die Umstellungszeit für den Pferdebesitzer sehr wahrscheinlich weitaus unbefriedigender. Wenn man sich und sein Pferd (und damit natürlich auch den Hufbearbeiter) unter Zeitdruck setzt, weil man allerhöchstens drei Monate in dieses Umstellungsprojekt investieren möchte, sollte man vielleicht besser wieder davon Abstand nehmen. **Ungeduld schafft Probleme** und es gibt definitiv keine prognostische Sicherheit, wie viel Zeit das einzelne Pferd benötigen wird, um »seinen Dienst« nach der Eisenabnahme wieder übernehmen zu können. Man kann noch nicht einmal pauschal sagen, wie lange es dauern wird, bis ein Pferd überhaupt für sich selbst problemlos ohne Eisen zurecht kommt – wobei hier die Rede davon ist, dass das Pferd auch wieder härtere Böden verträgt, denn weiche Böden stellen für das Pferd ohne Nutzung ohnehin kein Problem dar.

Ersteres kann nach zwei Monaten der Fall sein, es kann ein halbes Jahr und länger dauern und es gibt auch immer wieder Pferde, die nach der Eisenabnahme ohne jegliche Übergangszeit sofort problemlos zurechtkommen. Der Hufbearbeiter kann hierüber nach genauer Adspektion der Hufe und Eruierung der Gesamtsituation seine vorsichtige und wohlüberlegte Einschätzung abgeben. Aber alle Erfahrung schützt ihn nicht davor, sich über die Einfachheit oder Schwere der Umstellung und über ihre Dauer zu täuschen. Es spielen für das schnelle und einfache vs. langwierige und problematische Gelingen der Barhufumstellung sehr viele verschiedene Faktoren ein Rolle, sichtbare wie unsichtbare. Neben der momentanen Hufkonstitution – inklusive der nicht offensichtlichen inneren Verhältnisse – entscheiden oft die Dauer des Beschlages, die genetische bzw. aufwuchsbedingte Huf-Prädisposition, die stoffwechselbedingte Hufqualität, die physische und psychische Gesamtsituation des Pferdes, die allgemeinen Lebens- und Umgebungsbedingungen des Pferdes, die jahreszeitlichen, betriebsbedingten und ungeplanten Veränderungen der Lebensumstände über die Zeitdauer der Umstellungsphase. Und dann gibt es da noch die »Mimosen« und die »Indianer« ...

Was der Pferdebesitzer tun muss, ist sich erstens ganz prinzipiell mit Zeit und Geduld auszustatten, danach jedoch, wenn er diese Bedingung seinerseits erfüllt, kritisch darauf zu blicken, ob diese Geduld nicht unnötig überstrapaziert wird. Die Hufbearbeitung wie auch die Umgebungsbedingungen sind wichtige gestaltende aber eben auch gestaltbare Faktoren für den Ablauf und den Fortschritt der Barhufumstellung. Sie können die Umstellung vereinfachen oder erschweren und es können auf diesen Gebieten auch Fehler passieren. Im Bezug auf die Haltungsbedingungen wäre ein solcher Fehler die Überforderung der Hufe, beispielsweise wenn ein Zuviel an Abrieb stattfindet. Das Material der Hufe ist nach der Eisenabnahme in der Regel wenig verlässlich und zunächst auch nicht sonderlich abriebfest. Erst mit dem nachschiebenden Horn kräftigen sich die Hufe.

Auch auf dem Gebiet der **Hufbearbeitung** können Fehler passieren. Es ist wichtig, dass sich der Pferdebesitzer von Anbeginn an dafür interessiert, warum an den Hufen was unternommen wird. Lassen Sie sich von Ihrem Hufbearbeiter stets erklären, was er tut. Merken Sie auf, wenn Ihr Hufbearbeiter seine Formvorschriften über den Laufkomfort Ihres Pferdes stellt. Argumentationen wie, die Hufe müssen in diese oder jene Form gebracht werden, um dann später einmal gesunde Barhufe abzugeben, sollten Sie sich nicht einleuchten lassen. Zumal wenn Sie bemerken, dass Ihr Pferd nach der Hufbearbeitung jedes Mal wieder schlechter läuft, als es vor der Bearbeitung bereits gelaufen ist. Natürlich ist auch der gewissenhafteste und beste Hufbearbeiter nicht davor gefeit, einen Fehler zu machen. Aber er wird sich dafür interessieren, dass er einen solchen gemacht hat! Sprich, wenn er sieht oder Sie ihm zurückmelden, dass Ihr Pferd nach der Bearbeitung schlechter läuft als vorher, dann wird er dies nicht mit einem »Das muss so sein« abtun, sondern wird sich bemühen, mit Ihnen gemeinsam herauszufinden, warum dies so ist. Wenn es an seiner Bearbeitung liegt, was als Möglichkeit immer zuerst ins Auge gefasst werden muss, dann wird er diese umstellen. Es geht um die Funktionalität der Hufe und die bemisst sich im höchstmöglichen gegenwärtigen und nicht in einem irgendwann zukünftig zu erreichenden Laufkomfort. Einen Hufbearbeiter, der Ihnen erklärt, er müsse so handeln, auch wenn Ihr Pferd regelmäßig mit einer Verschlechterung reagiert, schicken Sie am besten in die Wüste. Wenn er noch dazusetzt, dass die richtige Medizin gegen die schmerzhaften Hufe Bewegung wäre und dass Hufgeschwüre zwangsläufig zum normalen Heilungsprozess dazu gehören würden, dann schicken Sie ihn bitte ohne Wasserflasche.

Hufschuhe können die Umstellung auf barhuf enorm erleichtern. Sie bieten zum einen Hilfe für alle Hufe, die in sehr schlechter Verfassung sind. Stark verformte und beschädigte Hufe, die nach der Eisenabnahme für das Pferd schmerzhaft sind, können vorübergehend mit Krankenschuhen geschützt werden. Das bietet den Vorteil, dass der Barhufkandidat trotz seiner schlechten Hufverfassung am Pferdeleben im Freien teilnehmen kann. Zum anderen sind Hufschuhe auch hilfreich, wenn es um die Wiederaufnahme der Nutzung des Pferdes geht. Bei Hufen, die ohne ihre Eisen auf allen moderaten Böden bereits gut zurecht kommen, aber auf steinigem Untergrund bislang empfindlich sind oder auch einfach noch keinen Abrieb vertragen, da sie zu wenig Tragrandmaterial aufweisen, können Hufschuhe gute Dienste leisten, um trotz der genannten Einschränkungen die Arbeit mit dem Pferd wieder aufnehmen zu können. Hufschuhe sind insofern eine feine Sache, bergen aber aus meiner Sicht auch zwei Gefahren. Zum einen können sie zu einer verfrühten Nutzung verleiten und damit eine Überforderung der Hufe provozieren. Hufschuhe schützen zwar vor Abrieb und je nach Modell auch mehr oder weniger vor punktuellem Druck und starker Verwindung der Hornkapsel, dennoch kann die Hufbiomechanik die Hufe anfangs überfordern. Die zweite Gefahr besteht in der Möglichkeit, eine zu invasive Hufbearbeitung hinter Hufschuhen zu verstecken. Wird dem Barhuf zu viel Material – sei es Tragrand, sei es Sohle – geraubt oder werden Stellungskorrekturen vorgenommen – Kürzen der Trachten, Geradeschneiden schiefer Hufe, Übermäßiges Berunden der Zehe – dann wird der Huf vom Hufbearbeiter empfindlicher und dysfunktionaler entlassen, als es sein müsste und dürfte. Nutzt man sein Pferd ausschließlich mit Hufschuhen, wird dieser Umstand verdeckt. Es stellt sich die Frage, läuft der Barhufkandidat mit Hufschuhen, weil sein Hufzustand noch nicht für das Barhufgehen tauglich ist oder läuft er mit Hufschuhen, weil die Hufbearbeitung zu invasiv ist. Die Probe aufs Exempel ist in der Regel leicht durchzuführen. Unterscheidet sich das Laufen ohne Schuhe zum Ende des Bearbeitungsintervalls nicht von dem barfüßigen Laufen nach der Hufbearbeitung, so sind die Hufschuhe eine wirkliche Hilfe fürs Pferd. Kann der Barhufkandidat dagegen nach der Hufbearbeitung die gleichen Strecken, die man mit ihm vorab bereits schuhlos begangen hat, nicht mehr so einfach ohne Schuhe meistern, so sind die Hufschuhe aller Wahrscheinlichkeit nach ein Feigenblatt für die nicht sachverständige bzw. fehlgeleitete Hufbearbeitung.
Man sollte aber gegenüber seinem Hufbearbeiter nicht ungerecht sein. Niemand kann zaubern und wie sich die Hufe entwickeln, liegt nur zum Teil in der Hand des Hufbearbeiters. Einem gewichtigen zwar, aber dennoch ist es nur ein Teil neben anderen von ihm unbeeinflussbaren Faktoren. Schon allein das Wetter kann einen wesentlichen Einfluss ausüben und Fortschritte wie auch Rückschläge bei der Umstellung verur-

sachen. Viele Hufe sind zum Beispiel empfindlicher, wenn sie durch feuchtes Wetter aufgeweicht sind. Die Umgebungsfeuchte macht das Horn nachgiebiger und elastischer, was zu einer stärkeren Eigenbeweglichkeit der Hornkapsel und damit zu einer erhöhten Empfindsamkeit führt. Gerade der frisch gebackene Barhufer merkt diese Unterschiede besonders deutlich. Das heißt, wenn Ihr Hufbearbeiter das Pech hat nach Wochen ohne Regen die steinharten Hufe Ihres Pferdes zu bearbeiten[113], um dann auf der Heimfahrt dem lang ersehnten Wetterwechsel mit heftigen Regengüssen entgegenzufahren, dann ist es durchaus möglich, dass Ihr Pferd in den folgenden Tagen wieder fühliger läuft, ohne dass Ihr Hufbearbeiter irgendetwas dafür kann. Zum fairen Umgang mit dem Hufbearbeiter gehört auch, dass Sie ihn stets als erstes fragen, wenn Ihnen Dinge auffallen oder Entwicklungen fraglich erscheinen. Vieles lässt sich im Gespräch aufklären und der Hufbearbeiter hat durch Ihre Nachfragen und Ihre positiven wie negativen Rückmeldungen, die Möglichkeit, seine Arbeit zu optimieren. Bestehen Probleme fort oder reichen die Erklärungen nicht aus, so ist es natürlich völlig richtig auch eine zweite und dritte Meinung einzuholen. Immer häufiger nutzen Pferdebesitzer hierfür Dr. Google. Das Internet empfängt den ratsuchenden und wissbegierigen Pferdebesitzer mit ausgebreiteten Armen. Viele Internethufbearbeiter bieten hier ihre Dienste in punkto virtueller Hufbearbeitung an. Sie vermessen und verwinkeln Huffotos und geben wohlmeinende Tipps für den Hufbearbeiter daheim oder gleich auch für den Pferdebesitzer zum selber werkeln. Man bietet einfache Patentrezepte für den Huftrim, die noch jede hufambitionierte Hausfrau an ihren Hufen nachkochen kann – ist ja auch alles ganz einfach: Wände gleich auf, Trachten bloß nicht zu hoch, immer schön »Hebel« wegraspeln, alles schön rund ... Die Threads, Groups und Foren zum Thema Hufe sind in den letzten Jahren wie Pilze aus dem Boden geschossen. Pferdebesitzer chatten rund um die Uhr zum Thema Hufe und werden über den Spaß am Thema zu selbständigen Hufberatern. Der hilfesuchende Pferdebesitzer kann in dieser Internethufwelt durchaus auch von den Erfahrungen anderer Pferdebesitzer profitieren und sich über die eigenen Erfahrungen mit anderen austauschen. Er muss sich nur immer vor Augen halten, dass die Internetpräsenz in Sachen Schein und Sein ein sehr duldsames Medium ist. Will man für sein Hufproblem seriöse Begutachtung und fachmännische Beratung und kein launiges (oder mitunter auch nerviges) wochenlanges »Gscheithaferln« so muss man im hufeverschlingenden world wide web mittlerweile durchaus einiges an Mühe aufwenden, um fündig zu werden.

Um die Barhufumstellung seinerseits nach Kräften zu unterstützen, kann der Pferdebesitzer auch selbst noch einiges tun. Anfangs besteht zumeist ein **erhöhter Pflegeaufwand** für die Hufe, da sich unter den Eisen oftmals recht viel Fäulnis eingenistet hat – bevorzugt in der Blättchenschicht hinter den Wänden und in den Strahlfurchen. Umso fleißiger diese Fäulnisstellen bekämpft werden, umso schneller erhält man intakte Hornstrukturen, die dann auch effektiv zur Verbesserung des Hufsituation beitragen können und das Pferd schneller barhuftauglich werden lassen. Man kann sich auch vom Hufbearbeiter darin einweisen lassen, wie die am Anfang evtl. häufiger auftretenden Ausbrüche am besten zu versorgen sind. Um die Zusammenhänge noch besser zu verstehen und bestimmte Hilfsarbeiten am Huf übernehmen zu können, bietet es sich unter Umständen auch an, einen Hufkurs für Pferdebesitzer zu besuchen.

Einen der unnötigsten Fehler, die Pferdebesitzer bei der Barhufumstellung machen können, ist es, die prekäre Situation, in der sich die Hufe nach der Eisenabnahme befinden, zu unterschätzen. Es gibt nicht wenige Pferde, denen die Eisen zunächst überhaupt nicht zu fehlen scheinen, sie laufen in den Folgetagen nach der Eisenabnahme, ohne Probleme zu zeigen. Manche Pferde laufen sogar deutlich besser, wenn die Eisen abgenommen sind. Dennoch darf man hieraus nicht schließen, dass die Hufe in dem

[113] Natürlich haben Sie, um dem Bearbeiter eine ordentliche Bearbeitung zu ermöglichen, die steinharten Hufe vor dem Huftermin eine Stunde lang eingeweicht; aber keine zwei Stunden später ist der Effekt bei anhaltend trockenem Wetter bereits wieder verschwunden.

Fall belastbar sind. Kehrt man hier, weil alles so gut läuft, zu schnell zur Tagesordnung zurück – das betrifft nicht nur die Nutzung, sondern auch die Haltung – dann riskiert man eine Lahmheit durch Lederhautentzündung. Die Hufe sind von der voll einsetzenden Biomechanik überfordert.

Bitte hören Sie diesbezüglich stets auf den Ratschlag Ihres Hufbearbeiters. Er kann Ihnen helfen einzuschätzen, wann die Hufe für welche Anstrengung gewappnet sind und wenn er Ihnen sein grünes Licht gibt, dann sind Sie und Ihr Pferd auf wesentlich sichererer Seite.

5.2.2 Was der Hufbearbeiter tun muss

> *»Sind vor dem Hufschneiden etwa alte Eisen abzumachen, so geschieht dies meistens mit einer Art von Gewalt: es werden nämlich die Nieten nicht, oder sehr unvollkommen aufgebogen, das Eisen durch kräftiges Einsetzen der Hauklinge zwischen Huf und Eisen gelockert, dann an einem der Enden des Eisens mit der Zange festgepackt und heftig herabgerissen, wodurch öfter die nicht gehörig zurückgebogenen Nieten bald größere, bald kleinere Risse in den Wänden verursachen zum Nachtheile des Hufes.« (BILGEN 1862: S. 20)*

Sollte Ihr Hufbearbeiter bei der Abnahme der Eisen so verfahren wollen, haben Sie bei der Wahl des Bearbeiters ziemlich sicher einen großen Fehler gemacht. Versuchen Sie in jedem Fall zu verhindern, dass er sein Vorhaben des Eisenabreißens, auch noch in die Tat umsetzt. Wenn Ihnen das nicht gelingen sollte, weil er sich nicht von seinem Tun abbringen lässt, dann schicken Sie ihn nach Hause. Lassen Sie ihn bitte in keinem Fall auch noch die Hufe bearbeiten. Suchen Sie unverzüglich einen sachverständigeren Partner für die Barhufumstellung. Sie laufen sonst Gefahr, dass Ihr Projekt zu Ende ist, bevor es überhaupt richtig begonnen hat. Auch wenn der Hufbearbeiter sich von Ihnen überreden lässt (Sie sind schließlich der Kunde), sollten Sie dennoch Zweifel hegen, ob diese/r Mann/Frau wirklich der richtige für Ihr Vorhaben ist. Wer so an den Huf herangeht, hat keinen Respekt vor der Materie. Der Materie, die er doch gerade aufbauen und tüchtig machen soll. Er nimmt billigend in Kauf, dass der Hornschuh durch seinen fahrlässigen Umgang mit ihm zusätzlichen Schaden davonträgt. Das Vermögen des Pferdes zum Barhuflaufen wird so von vornherein völlig unnötig unterminiert. Es ist dann auch kaum zu erwarten, dass derselbe Bearbeiter, der gleich anfangs so schonungslos mit dem Material umgeht, später beim Bearbeiten der Hufe die notwendige Sorgfalt an den Tag legen wird, um das Hornmaterial zu erhalten. Aber darum geht es in allererster Linie, wenn ein Huf auf Barhuf umgestellt werden soll. Selbst wenn der Huf überständig vom Eisen geholt wird und der viel zu lange Tragrandüberstand gekürzt werden muss, dient diese Hornentfernung ebenfalls vor allem der zukünftigen Materialerhaltung. Denn lässt man den Tragrand zu weit überstehen, wird er sehr wahrscheinlich stark einreißen und ausbrechen.

Hat man die Hufeisen wie oben beschrieben vom Huf abgerissen, ohne die Nieten zu öffnen und die Nägel einzeln zu ziehen, sind die Hufe zusätzlich beschädigt und die Einreiß- und Ausbruchneigung ist um ein Vielfaches erhöht. Ein Hufbearbeiter, der dies verhindern möchte, wird jede Nagelniete öffnen, die Nägel zurückschlagen oder durch vorsichtiges Lüften des Eisens lockern und die Nägel einzeln ziehen. Auf diese Weise wird kein überflüssiger Schaden verursacht und der Tragrand ist als solcher weitaus verlässlicher, als ein von vornherein durch grobe Arbeit ramponierter Tragrand. Das Abreißen der Eisen wird deshalb auch fast immer gefolgt von einem großzügigen Entfernen der Tragränder. Zur Begründung erhält der Pferdebesitzer die Antwort: »Damit die Hufe nicht ausbrechen.« Die so behandelten Pferde reagieren in der Regel mit starker Fühligkeit oder auch expliziter Lahmheit, da sie ohne Tragrand mit ihrer Hufsohle plötzlich ungeschützt dem Boden ausgeliefert sind. Durch das sorgfältige Abnehmen der Eisen kann der pfleglich behandelte Tragrand dem Pferd weiter als Schutz vor der neuen und ungewohnten Bodenerfahrung dienen. Das reduziert die Gefahr von Fühligkeit und Lahmheit nach der Eisenabnahme.

Da der Tragrand durch die Nagellöcher und die häufig ausgedehnten Fäulnisprozesse im Bereich der Blättchenschicht in jedem Fall mehr oder weniger beschädigt ist, muss er durch die nachfolgende sachverständige Behandlung so gut wie möglich stabilisiert werden. Der Hufbearbeiter muss einschätzen, welcher Überstand vom Wandhorn im konkreten Zustand vertragen wird – ist die Hornqualität sehr mäßig, sind die Wände dünn und brüchig, vielfach eingerissen oder auch stark hinterfault und damit überbeweglich, so muss der Tragrand mehr eingekürzt werden, als das bei stabileren Verhältnissen der Fall ist. Alle Einreißungen müssen geschickt so verpflegt werden, dass zwar weitgehend Material erhalten bleibt, der Boden aber auch möglichst kaum Stellen zum Einhängen und damit Angriffshebel findet. Die Fäulnisstellen müssen sondiert, freigelegt und so behandelt werden, dass sich hier kein neuer Schmutz mehr eintreten kann und der Keimnachschub in Zukunft gestoppt wird. Hierfür finden hornpflegende (nicht austrocknende) und mild keimhemmende Mittel Verwendung.[114] Größere Nischen werden mit Hanf oder ähnlichen nichtsaugenden Materialien ausgefüllt, damit Mist und Steine keinen Zutritt mehr haben. Geht Ihr Hufbearbeiter so sorgfältig vor, so können Sie sich schon einmal glücklich schätzen. Wendet der Hufbearbeiter die gleiche Sorgfalt auch für Strahl und Sohle auf, so haben Sie mit ihm relativ sicher eine gute Wahl getroffen. Auch bei Sohle und Strahl ist es das Ziel, das Horn zu erhalten. Beides wird nach der Eisenabnahme nur insofern beschnitten, als es als Schmutzfänger dient oder bereits Fäulnis beherbergt.

Als gutes Zeichen sollten Sie es werten, wenn Ihr Hufbearbeiter den jeweiligen Zustand der Hufe zu Anfang und im weiteren Verlauf mit der Kamera festhält. Es zeigt, dass er sich ernsthaft der Aufgabe verschrieben hat, die Hufe Ihres Pferdes zu tauglichen Barhufen zu entwickeln. Denn anhand von Fotos lässt sich die Entwicklung der Hufe wesentlich besser nachverfolgen. Alle stattfindenden oder auch ausbleibenden Veränderungen lassen sich auf diese Weise einfacher einschätzen und werten. Kein Mensch kann nach einem halben Jahr noch genau sagen, wie die Hufe anfangs ausgeschaut haben. Dabei lassen sich bestimmte Phänomene am Huf aber nur im Vergleich erklären. Ein guter Hufbearbeiter zeichnet sich auch dadurch aus, dass er sich dafür interessiert, welche Haltungsbedingungen für Ihr Pferd während der Barhufumstellung geplant sind und er wird sie beraten, falls er der Meinung ist, dass hier noch Dinge optimiert werden sollten oder auch wenn aus seiner Sicht gewisse Gefahren bestehen. Er wird Ihnen seine Einschätzung der Hufsituation geben und Ihnen, wenn Sie das möchten, ausführlich erläutern, welche Baustellen und Probleme er an den Hufen Ihres Pferdes sieht und wie sein Plan aussieht, diese zu beseitigen. Er wird Ihnen eine ungefähre Prognose abgeben, wie leicht oder schwer die Barhufumstellung seiner Erfahrung nach verlaufen wird und welchen Zeitraum sie voraussichtlich benötigen wird. Auf die Schwierigkeit, hierzu eine sichere prognostische Aussage treffen zu können, habe ich bereits hingewiesen.

Er wird Sie beraten, ob im Fall Ihres Pferdes die sofortige Anschaffung von Hufschuhen angeraten ist und welche Dinge hierbei beachtet werden müssen.

Wie zu Anfang wird ein guter Hufbearbeiter auch nach der Bearbeitung Ihr Pferd noch einmal im Gang begutachten. Er wird Ihnen sagen, worauf Sie in den Wochen bis zur nächsten Bearbeitung achten sollen und er wird Ihnen zeigen, wie Sie in dieser Zeit die vorhandenen Fäulnisstellen und Schäden an den Hufen behandeln können. Er wird Sie darauf hinweisen, dass die frischen Barhufe nicht überfordert werden dürfen und wird Ihnen sagen, was im Fall Ihres Pferdes in den nächsten Wochen das erlaubte Maß an Bewegung ist.

Er wird mit Ihnen besprechen, in welchem Abstand der nächste Bearbeitungstermin stattfinden sollte. In der Regel wird dieser nach vier Wochen liegen, aber je nach konkretem Zustand der Hufe oder auch anderen spezifischen Fallbesonderheiten und je nach Jahreszeit kann auch ein kürzerer oder etwas längerer Abstand sinnvoll sein. Bei den folgenden Hufbearbeitungsterminen wird sich Ihr Hufbearbeiter danach erkundigen,

[114] *Ich selbst verwende hierfür gern Propolis, BelaVet, Marienfelde Hufstrahlpflege oder Keralit Undercover (siehe hierzu auch S. 135).*

wie es Ihrem Pferd mit seinen neu gewonnenen Barhufen ergangen ist, ob es Probleme gab oder Sie irgendwelche Beobachtungen gemacht haben, die für seine Weiterarbeit wichtig sein könnten. Er wird die unbeschlagenen Hufe im Weiteren so bearbeiten, dass er abrupte Stellungskorrekturen vermeidet und stattdessen den Hornabrieb nutzt und steuert. Das ist ja gerade der große Vorteil von Barhufen gegenüber den beschlagenen Hufen, dass diese vorausschauend unter Nutzung der einwirkenden Bodenreaktionskräfte bearbeitet werden können und nicht nachträglich stellungsverändernd korrigiert werden müssen. Das Vorgehen der modernen Barhufbearbeitung und deren Vorzüge gegenüber der traditionellen Hufbearbeitung habe ich bereits ausführlich im Abschnitt 1.4 dargelegt (siehe Seite 59 ff). Wenn man ein Barhufpferd sein eigen nennt, dann will man diese Vorzüge natürlich am besten auch nützen.

Wenn Sie den Eindruck gewinnen, dass Ihr Hufbearbeiter die Hufe Ihres Pferdes »umerziehen« möchte, also bei der Bearbeitung der Hufe stets einem bestimmten Vorbild nacheifert, dann sollten Sie hierüber mit ihm reden. Fragen Sie ihn, warum er diesen oder jenen Teil des Hufes entfernt oder stärker bearbeitet als andere und lassen Sie sich erläutern, welchen Plan er dabei konkret verfolgt. Wenn er antwortet, dass er den Huf so bearbeitet, um den Hufmechanismus zu fördern, das Hufbein möglichst bodenparallel zu stellen, den Abrollpunkt nach hinten zu verlegen, wenn er sagt, dass die Trachten geöffnet werden müssen, dass er sich bei seiner Arbeit am Wildpferdehuf orientiert, dass die Hufe Ihres Pferdes einen »toe rocker« oder eine »mustang roll« brauchen, dass er die Hufe möglichst symmetrisch gestalten möchte, dass der Tragrand entfernt werden muss, um eine höhere Hufbeinaufhängung und eine kräftige Sohle zu fördern oder dass die Sohle umgekehrt entfernt werden muss, weil sie nicht mittragen darf oder weil sie elastisch sein muss, dann werden Sie bitte kritisch! In dem Moment, in dem Ihr Hufbearbeiter solche Projekte verfolgt, ist er weg von den Hufen Ihres Pferdes! Er beschäftigt sich gerade nicht mehr damit, wie Ihr Pferd seine Hufe konkret belastet und nutzt, sondern er sagt, er weiß was Besseres für Ihr Pferd.

5.2.3 Wenn Probleme auftreten ...

»Der Besitzer muss verstehen, dass Entzündung zwecks Gewebeumbau zur Verbesserung der Situation ebenso schmerzhaft ist, wie Entzündung, die aus zugefügtem Schaden resultiert und dass totes Gewebe mittels Hufgeschwüren ausgestoßen werden muss, damit anschließend die Huflederhaut heilen kann.« (STRASSER 2002: S. 402)

Es gibt Hufbearbeiter, die halten die Entstehung von Hufgeschwüren und Hufabszessen nicht für ein Problem, welches sie nach Möglichkeit verhindern möchten, sondern für eine zur Barhufumstellung gehörende (zwar schmerzhafte) aber dennoch gute Sache. Das ist nicht nur ziemlicher Unsinn, sondern zusätzlich die ganz und gar nicht harmlose Apologektik für das gehäufte Auftreten von Hufgeschwüren und -abszessen bei bestimmten Barhufbearbeitern. Sollte Ihnen ein Hufbearbeiter eröffnen (oder sie gar unterschreiben lassen), dass es infolge der Eisenabnahme zu Hufgeschwüren kommen kann, dann werden Sie bitte sehr sehr skeptisch. Sollte er noch hinzufügen, dass dies ein durchaus erwünschter Prozess ist, der den Fortschritt der Heilung anzeigt, so schicken Sie ihn bitte ebenfalls zu den anderen in die Wüste. Man kennt sich dort schon ...

Wenn man Zwanghufe weitet, Sohlen dünn schnitzt, um sie elastisch zu machen (damit der Hufmechanismus funktioniert), beständig die »zu hohen« Trachten niederschneidet und Trachten öffnet, so wird der Huf nicht nur sohlenseitig so geschwächt, dass hier leicht Hufgeschwüre und eitrige Entzündungen entstehen. Es werden zudem der Hufbeinträger und die Blättchenschicht massiv belastet, was zum Aufreißen und in der Folge zu aufsteigenden Infektionen führt, aber auch durchaus eine aseptische Entzündung (Hufrehe) auslösen kann. Für alle diese Dinge wird eine Art Freibrief ausgestellt, indem man sie als zur »Heilung« der »kranken Hufe« notwendige Ereignisse bezeichnet und sie in positive Zeichen einer erfolgreichen Barhufumstellung umdeklariert.

In Wirklichkeit sind **Hufgeschwüre und Hufabszesse** bei einer Barhufumstellung eher selten vorkommende Komplikationen. Natürlich gibt es sie, sie sind aber nach der Eisenabnahme auch nicht häufiger, als sie es sonst bei den beschlagenen Hufen wie auch bei Barhufen im allgemeinen sind. Es gibt keine Zwangsläufigkeit dergestalt: Eisen ab und deshalb Hufgeschwür. Hufgeschwüre und Hufabszesse entwickeln sich als aufsteigende Infektionen, weil Keime in die Hornkapsel eindringen können. Die Gefahr besteht bei allen Hufsituationen, die dieses Eindringen zulassen, und sie trifft sowohl beschlagene als auch unbeschlagene Hufe. Ein Hufbearbeiter mit Sachverstand wird sich Mühe geben, diese Keimbesiedlung des Hufes nach Kräften zu verhindern. Nach der Abnahme von Eisen finden sich in der Tat relativ häufig Fäulnisstellen im Bereich der Blättchenschicht, wie auch unter den Eckstreben und hinter den Trachtenendkanten. Wenn diese Stellen – wie im vorhergehenden Abschnitt beschrieben – sorgfältig gesäubert und versorgt werden, kann man Hufgeschwüre und Schlimmeres weitgehend verhindern. In dem Fall erhöht sich die Gefahr nicht, dass die Infektion weiter aufsteigt, sondern sie verringert sich. Wenn bei einer Barhufumstellung ständig Hufgeschwüre auftreten (das gilt natürlich auch in allen anderen Fällen, ob beschlagen oder unbeschlagen), so muss man dem unbedingt auf den Grund gehen. Es ist Unsinn, dass Pferde sich auf diese Weise entgiften oder »abgestorbene Lederhautbereiche« nach außen transportieren.[115]

Die häufigsten Umstellungsprobleme sind Fühligkeit und regelrechte Lahmheit, wobei letztere meist durch eine Lederhautentzündung mitunter auch durch eine Prellung ausgelöst wird. Die Fühligkeit ergibt sich oft aus der unmittelbaren Hufsituation bei Eisenabnahme bzw. häufig auch aus den in den Folgewochen stattfindenden großen Hornverlusten.

Wenn die Hufe eines Pferdes in einem Zustand sind, der nur dadurch zu ertragen ist, dass eine starre Unterlage für möglichst wenig Bewegung im Horn sorgt, so folgt auf die Abnahme der Eisen mit ziemlicher Sicherheit **sofort** eine mehr oder weniger starke Fühligkeit bis hin zur Lahmheit. In vielen Fällen reicht es aus, dieser Problematik dadurch zu begegnen, dass dem Pferd für die nächste Zeit ausschließlich weicher Boden zur Verfügung gestellt wird. Zusätzlich ist darauf zu achten, dass keine übermäßige Bewegung der Hufe durch vieles Laufen oder heftige Bewegungen (Ausweichen müssen, Spiel und Tollerei, Aufregung ...) stattfindet. Die Lederhäute werden durch die mit der schlechten Hufsituation einhergehenden ungünstigen Zug- und Druckkräfte in Bedrängnis gebracht, was zu neuen Schmerzen und letztlich auch zur heftigen **Entzündung der Lederhaut** führen kann. In Fällen, wo der weiche Boden nicht ausreicht, muss ganz dringend für **Boxenruhe**[116] gesorgt werden und es müssen zusätzliche Maßnahmen ergriffen werden, um dem Pferd die schmerzhafte Situation zu erleichtern. Traumeel oder Weidenrinde leisten in diesem Fall gute Dienste, zusätzliche Polsterverbände können ebenfalls helfen. Das Wichtigste ist jedoch Ruhe und Schonung. Geht man so vor, bessert sich der schmerzhafte Zustand in der Regel sehr schnell. Jetzt darf man sich freuen, aber keinesfalls den Fehler begehen, den Krankenstand sofort wieder aufzuheben. Das führt fast immer schnurgerade in einen Rückfall. Das

[115] Plausibilisiert wird dieser Gedanke mit dem Verweis auf Druckgeschwüre (Dekubitus) beim bettlägerigen Menschen oder mit der vor allem in der naturheilkundlichen Medizin bekannten Funktion der Haut als Entgiftungsorgan. Zu letzterem ist zu sagen, dass es eine außerordentlich unkluge Maßnahme der Natur wäre, sollte das Pferd nicht wie der Mensch über die Haut entgiften, sondern ausgerechnet seine Hufe hierfür benutzen. Das Pferd brächte sich unnötig in Gefahr. Man hat auch noch nichts davon gehört, dass ein Mensch durch Finger- und Zehennägel entgiftet, obwohl das den Menschen nicht einmal wie das Pferd in Lebensgefahr bringen würde. Jedenfalls sind die als Ausleitungsphänomene benannten Pusteln, Krusten, juckenden Bereiche, Entzündungen oder auch Geschwüre nicht auf Nägeln und Huf, sondern bei Mensch und Tier ohne Ausnahme auf der Haut zu beobachten. Auch der Vergleich mit dem Druckgeschwür hinkt gewaltig. Man stelle sich durch Eisen und Zwanghuf abgedrückte und deshalb abgestorbene Lederhautbereiche vor, die friedlich schlummern, bis sie durch die Eisenabnahme und das »Trachten öffnen« endlich freigesetzt werden. Es bleibt mehr als die Frage, wer in der ganzen Eisen-Vergangenheit die Aufgabe der abgestorbenen Lederhautbereiche übernommen hatte, schließlich waren sie bis zur »Ausleitung« nicht nur vom Hufeisen, sondern auch von nachwachsendem Horn bedeckt. »Totes Gewebe« kann dies nicht geleistet haben ...

[116] Mit Boxenruhe ist nicht unbedingt eine Box im klassischen Sinne gemeint, sondern eine Separierung des Pferdes in einem begrenzten, abgetrennten und mit weichem Boden ausgestatteten »Raum«. Das kann ein Teil des Unterstandes im Offenstall sein oder auch (bei entsprechendem Wetter) ein Teil der Koppel.

Horn ist jetzt, keine ein, zwei Wochen später, nicht wirklich wesentlich belastbarer und die Reizung der Lederhäute kann durch zu viel Bewegung der Hornstrukturen leicht reaktiviert werden. Insofern sollte man sein Pferd wirklich als Reha-Patienten betrachten, der langsam und schonend in die Bewegung geführt werden muss. Das ist bei Pferden selbstredend schwerer als beim Menschen, aber es ist unerlässlich. Der Unterschied mit und ohne Eisen zu sein, ist für Ihr Pferd der einer vorher eingeschränkten und jetzt zugelassenen Bewegung der Hornschuhe. Daher rühren die Schmerzen, die Ihr Pferd hat, und daraus entwickelt sich die Entzündung in den Hufen. Deshalb müssen Sie nun zunächst übernehmen, wofür bislang das Eisen gesorgt hat, nämlich die Bewegung der Hufe einschränken, um sie dann Stück für Stück in verträglichen Häppchen wieder zuzulassen. Wem jetzt einfällt, dass die Bewegung doch aber wichtig ist für die **Durchblutung** und das **Wachstum** eines kräftigen Hornmaterials, dem möchte ich beipflichten.

Das ist mit Sicherheit richtig, nur im Moment wird diese Bewegung offensichtlich von Ihrem Pferd noch nicht vertragen und führt zu Schmerz und Entzündung. Da die Durchblutung und das Hornwachstum keineswegs völlig aussetzt, nur weil Ihr Pferd Schonung und weichen Boden erhält, ist die aktuell überlebenswichtige und zusätzliche Probleme verhindernde Maßnahme im Moment zunächst einmal die Verhinderung der Bewegung. Das ist kein Dauerzustand, sondern ein vorübergehender Krankenstand und sobald Ihr Pferd fest auf seinen vier unbeschlagenen Füßen steht, können Sie die Durchblutung und das Hornwachstum durch ausreichende Bewegung und abwechslungsreiche Böden maximal anregen. Aber warten Sie damit, bis diese Zeit wirklich gekommen ist. Ihr Hufbearbeiter sollte Ihnen dabei helfen können, die richtigen Entscheidungen zu treffen.
In vielen Fällen zeigen die Pferde nach der Eisenabnahme keinerlei Probleme. Das heißt, sie laufen weder explizit fühlig noch lahmen sie. Das ist natürlich eine große Freude für den Pferdebesitzer, vor allem, wenn er sich vorher eigentlich auf das Schlimmste gefasst gemacht hatte. Umso härter trifft ihn der zwei, drei Wochen später folgende Einbruch. Der Besitzer kommt in den Stall und sein Pferd ist lahm. Gestern ist es noch so schön unterm Sattel gelaufen, alles war prima und jetzt das. Nun, in dem Fall heißt es »Asche aufs Haupt«. Die Lahmheit ist die Quittung für die Überanstrengungen der Hufe durch die Hufbiomechanik. Eine solche Überanstrengung passiert relativ häufig, wenn Barhufkandidaten zu früh geritten werden, selbst wenn dies ausschließlich im weichen Boden der Reithalle oder mit Hufschuhen geschieht. Man hat es einfach nicht glauben wollen, weil alles gut schien, deshalb hat man den Ratschlag des Hufbearbeiters in den Wind geschlagen und ist doch ein »bisschen« geritten. Jetzt hat das Pferd eine leichte oder mitunter auch eine schwerere Lederhautentzündung und es gilt das oben Gesagte: Boxenruhe, weicher Boden, Ruhe und Schonung und unter Umständen auch die oben genannten zusätzlichen Maßnahmen. In schwereren Fällen kann die Blutegeltherapie sehr gute Dienste leisten. Die schmerzstillenden und entzündungshemmenden Eigenschaften des Blutegelspeichels (saliva), der beim Biss am Kronsaum in das Gewebe gelangt, hat schon sehr vielen Pferden in solchen Situationen geholfen. Selbst bei Hufrehe können die kleinen Helfer Wunder bewirken.[117]

Der Huf besitzt nach der Eisenabnahme zunächst nur das Horn, welches während der Beschlagzeit gebildet wurde. Das ist in vielen Fällen ein Horn, welches weniger kräftig und deutlich weniger stabil ist und welches dem Barhuflaufen deshalb oft einfach gar nicht gewachsen ist. Bei manchen Pferden ist die Qualität so schlecht, dass sich das Wandhorn anfangs massiv zersplittert und stark ausbricht. Erschwerend hinzu kommen die Nagellöcher sowie die Fäulnis, die sich in den meisten Fällen hinter den Hornwänden eingenistet hat.

[117] *Siehe die Ergebnisse einer bundesweiten Studie zum Einsatz von Blutegeln zur Hufrehetherapie (RASCH 2010b).*

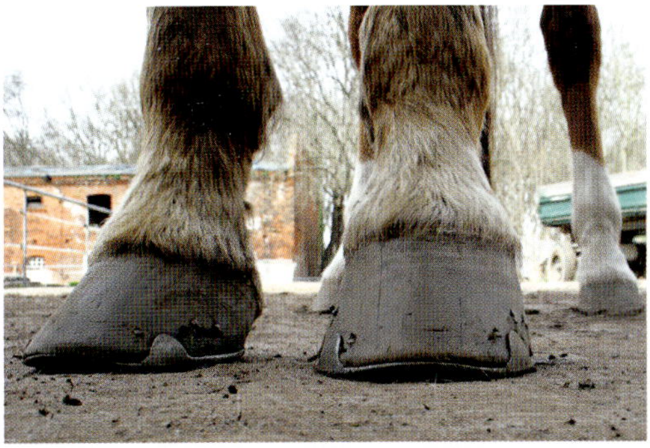

Abb. 5.7a: April 2013 – Vorderfüße, noch mit Eisen.

Der Fall Jackomo

Jackomo, ein 24-jähriger Warmblutwallach, noch topfit und nahezu täglich geritten, war seit 16 Jahren rundum beschlagen. Da er mit seiner Besitzerin in einen Offenstall umzog, sollten ihm die Eisen abgenommen werden. Die Eisen der Hinterhufe waren bereits drei Wochen zuvor beim Einzug in den neuen Stall von meiner Kollegin abgenommen worden.

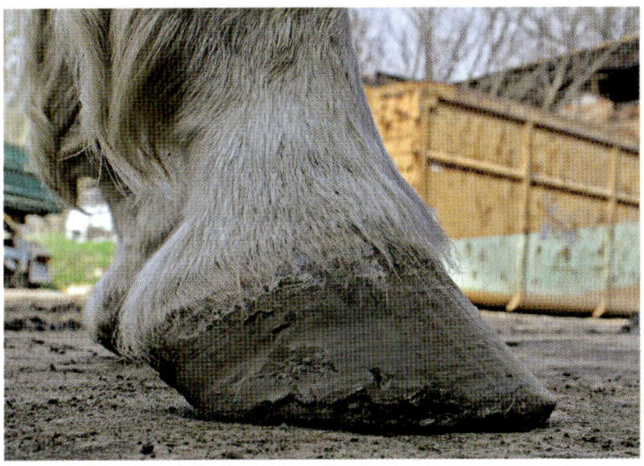

Abb. 5.7b: hinten rechts

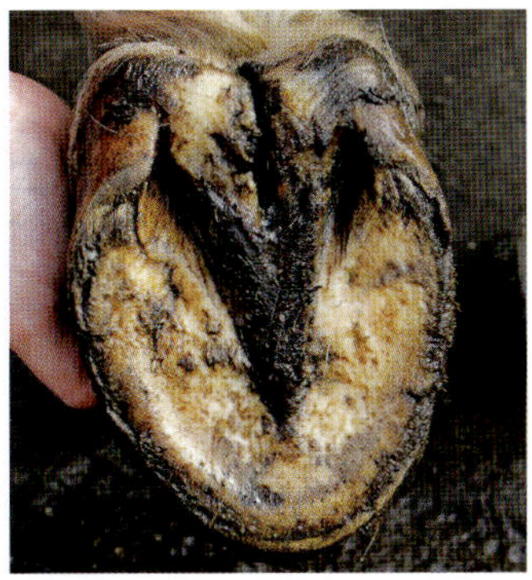

Abb. 5.7c: hinten links

Hinterhufe seit drei Wochen ohne Beschlag – das schlechte Horn hat der neuen Belastung nicht standgehalten, die Hufe sind sehr stark ausgebrochen

Jackomos Hufe besaßen eine außerordentlich schlechte Hornqualität. Die Hinterhufe waren sofort sehr stark ausgebrochen und er lief auf der Sohle. Hinzu kam auf allen vier Füßen eine zum Teil sehr tiefe Strahlfäulnis.

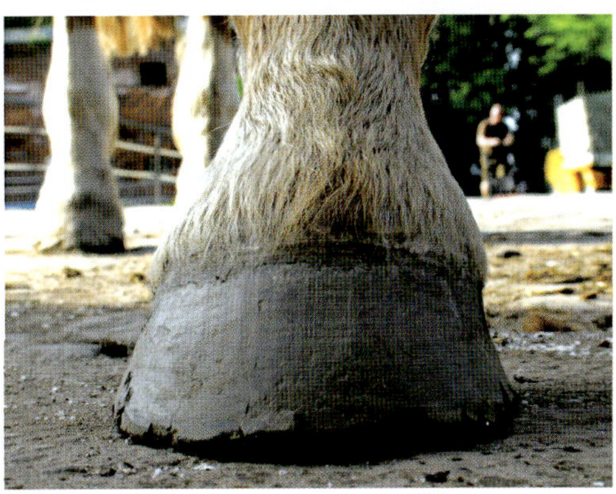

Abb. 5.8a: 15. Mai 2013 – vorne rechts

Abb. 5.8b: vorne links

Die Vorderhufe vier Wochen nach der Eisenabnahme. Auch hier hält das Horn der Belastung nicht stand. Es reißt ein und bricht sehr stark aus. Die Hufe sehen schlimm aus und Jackomo läuft, dem tragrandlosen Zustand entsprechend, auf allen harten und insbesondere steinigen Untergründen sehr fühlig.

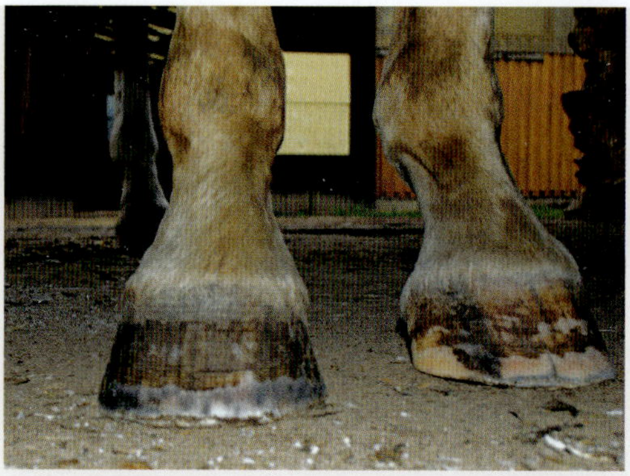

Abb. 5.9a: September 2013 – vorne rechts, nach Bearbeitung

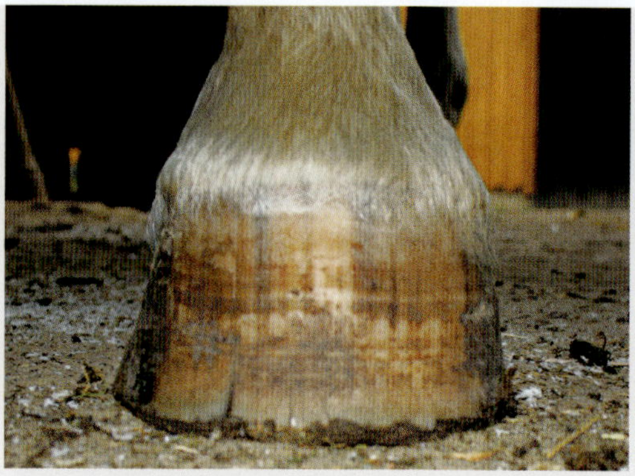

Abb. 5.9b: vorne links, vor Bearbeitung

Die Vorderhufe fünf Monate nach der Eisenabnahme. Das Horn wird langsam aber sicher stabiler und es entsteht sukzessive ein kleiner Tragrandüberstand, der der Sohle zunehmend Bodenfreiheit verschafft. Jackomo läuft dadurch jetzt wieder deutlich besser. Vorher benötigte er für alle anstrengenden Strecken Hufschuhe, mit denen er auch wieder moderat genutzt wurde.

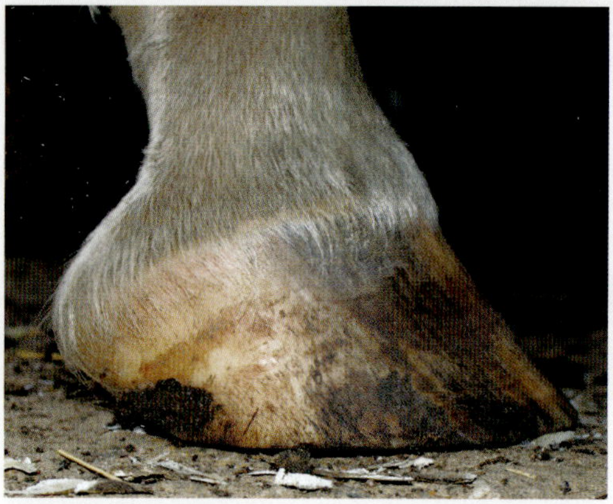

Die Hinterhufe fünf Monate nach der Eisenabnahme. Hier sind die Tragränder bereits deutlich stabiler, keine Ausbrüche, keine Einrisse mehr. Auch die Strahlfäulnis gehört auf allen vier Hufen der Vergangenheit an.

Abb.: 5.10a–c: September 2013 – hinten rechts

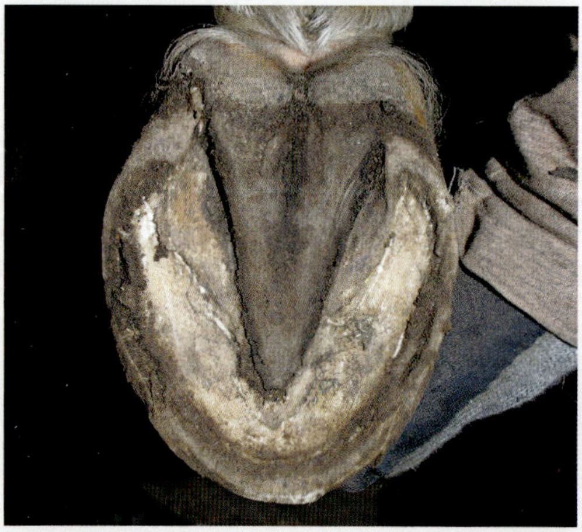

Hinten links, vor der Bearbeitung ...

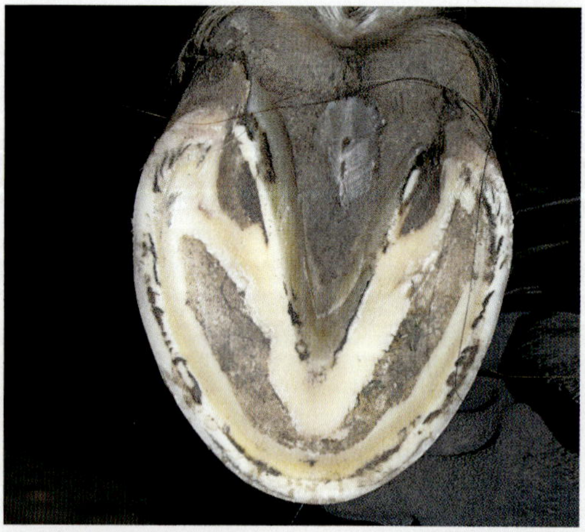

... und nach der Bearbeitung.

Die Hinterhufe besitzen nun einen tragfähigen Tragrand.

Solange das Wandhorn noch brüchig ist, muss der Barhufkandidat leider auf seinen Hufsohlen laufen, was ihn in der Regel empfindlich und fühlig macht. Manche Pferde lahmen regelrecht wenn sie in diesem Zustand unangenehme Böden wie Kopfsteinpflaster oder steinige Wege überqueren müssen. In dem Maße, in dem das Wandhorn tragfähiger wird und ein funktionaler Tragrandüberstand entsteht, wird das Laufen für das Pferd bequemer und nach und nach können auch harte und unebene sowie steinige Wege unter die Hufe genommen werden. Bis es soweit ist, muss jede Überforderung der Hufe vermieden werden, dann kann man Probleme wie Lahmheiten und Lederhautentzündungen umgehen.

Als problematisch wird von den Pferdebesitzern in der Barhufumstellung oftmals das Aussehen der Hufe nach der Eisenabnahme empfunden. Zunächst sind evtl. zahlreiche Ausbrüche zu beklagen oder das von der ungünstigen Biomechanik überforderte Hufhorn reißt ein und es entsteht ein Riss oder Spalt. Aber auch ohne diese Dinge wird der vom Eisen genommene Huf unter Umständen nicht einfach immer schöner.

Bei manchen Hufen entsteht kurz nach der Eisenabnahme beispielsweise eine parallel zum Kronsaum verlaufende Falte, die den Wandabschnitt vor Eisenabnahme und den Wandabschnitt des danach produzierten Wandhornes voneinander trennt. Hierdurch wird die vorherige Schräge der Wände mit der Zeit besonders gut sichtbar – zumeist betrifft das die Zehe, oft auch eine oder beide Seitenwände. Beim Herunterwachsen wirkt diese Falte wie eine Umbiegestelle und manch einem Pferdebesitzer fällt nach vier, fünf Monaten auf, wie stark die unteren Wandabschnitte vom oberen, bereits besserem (geraderem) Verlauf abweichen.

Das sorgt bei Pferdebesitzern regelmäßig für Erschrecken, weil ihnen nicht bewusst ist, dass dieser »Knick in der Optik« den Prozess des Herauswachsens der zu schrägen Wandanteile begleitet und als sehr positiv (wenn auch unschön aussehend) zu beurteilen ist. Hinzu kommt, dass, umso weiter sich die Knickstelle dem Boden nähert, die Hebelkraft auf die darunter liegenden zu schrägen Wandanteile größer wird, es deshalb tatsächlich mitunter vorübergehend zu einer noch größeren Schräglage kommt.

Das muss so sein und ist kein Ausweis schlechter Bearbeitung. Im Gegenteil wäre es schlecht, in einem solchen Fall – einfach um vom Pferdebesitzer nicht gerügt oder hinterfragt zu werden – die Schrägen zu entfernen. Das würde einzig der Optik genügen und die Funktionalität des Hornschuhes würde dabei auf der Strecke bleiben. Sicher sollen diese schrägen Wandabschnitte so beraspelt und beschnitten werden, dass ihre Hebelkraft minimiert wird, aber man soll sie nicht entfernen, indem die Wand von außen optisch gestreckt wird und das Wandhorn, bis auf die Blättchenschicht zurückgenommen wird. Letzteres beschädigt den Hornschuh unangemessen und unnötig und führt beim Barhufkandidat sehr oft wieder zu einem fühligeren Gang.

Prinzipiell gilt, wenn man Hufe schön macht, dann gibt es häufig Probleme. Es ist ein großer Fehler in der Hufbearbeitung der Optik zu folgen; man sollte sich stattdessen stets ausschließlich an der Funktionalität der Hornschuhe orientieren. Solche Aussagen wie die folgende, geben allerdings wieder, dass dieser Gedanke sich bislang bei der Bearbeitung von Pferdehufen keineswegs durchgesetzt hat:

> *»Jede Hufbearbeitung besteht im Prinzip aus einer Verkürzung, Abflachung und Ausdünnung der Hufkapsel, bis sie eine gewisse einheitliche Form erreicht hat.« (BALCH 2009: S. 406)*

Hufe zu verkürzen und auszudünnen, um ihnen eine einheitliche Form zu geben, ist kein guter Weg. Man erhebt hierbei den optischen Maßstab über die Funktion. Im Kapitel 1 ist ausgeführt, weshalb sich die Formen und Situationen der Hufe nicht nur unterscheiden können, sondern sogar unterscheiden müssen.

Wenn es bei der Barhufumstellung zu Problemen kommt, eine nicht enden wollende Fühligkeit, stetig wiederkehrende Lahmheit oder Lederhautentzündung auftritt oder der Barhufkandidat trotz moderater Nutzung immer auf Hufschuhe angewiesen bleibt, dann sollte man die Hufbearbeitung dahingehend überprüfen, ob sie eventuell vom Verschönerungswillen des Hufbearbeiters geprägt ist, also genaugenommen einem Ideal vom Huf folgt.

> *»Ein zufälliger Fall hat mich davon überzeugt, daß, während ich die Hufe verschönern und verbessern wollte, ich ihnen vielmehr schadete als nützte. – Solche Hufe dagegen, welche man nicht auf jede erdenkliche Art zu verbessern probiert, werden zwar nicht schöner, aber wenigstens nicht fehlerhafter, als sie sind; dabei sind diese viel brauchbarer als die verbesserten.« (HEIZER 1903: S. 298)*

Herauswachsen der Wandschrägen unterhalb der Hornrille nach der Eisenabnahme.

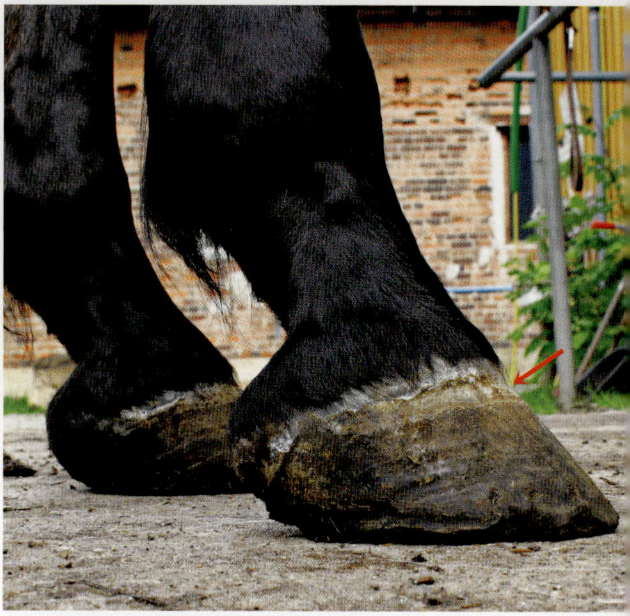

Abb. 5.11a: 1 Monat nach Abnahme der Eisen.

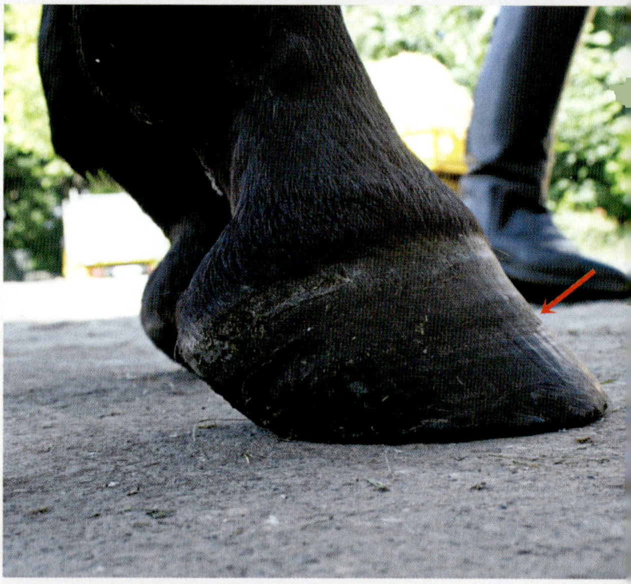

Abb. 5.11c: 4 Monate nach Abnahme der Eisen.

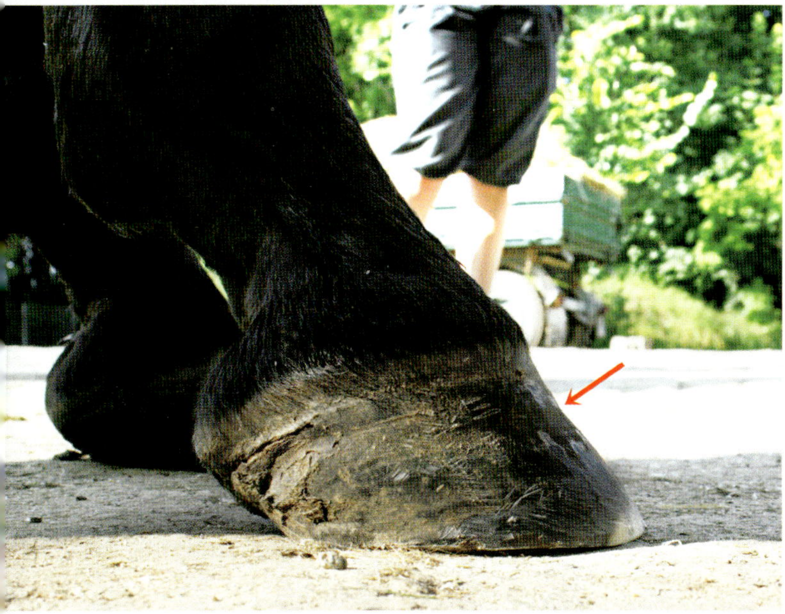

Abb. 5.11b: 3 Monate nach Abnahme der Eisen.

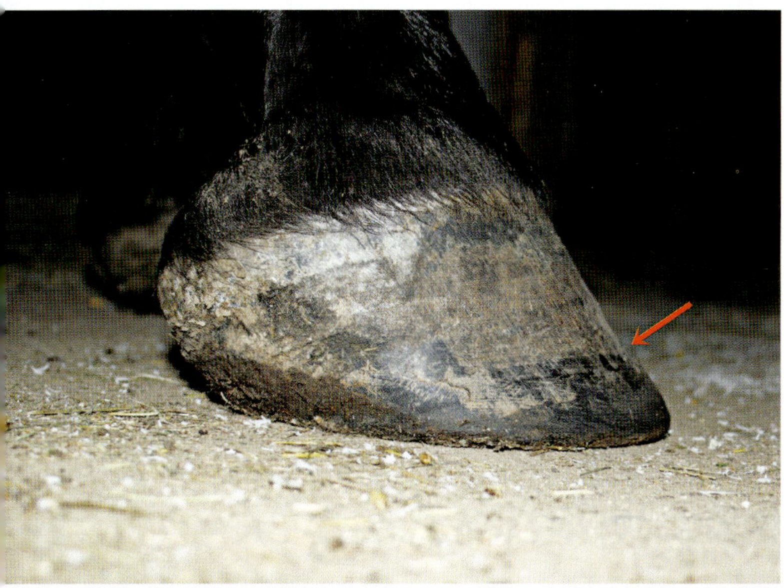

Abb. 5.11d: 5 Monate nach Abnahme der Eisen.

6 Vom Eisen zum Barhuf – Fallgeschichten und Erfahrungsberichte

6.1 Wintertraum – Diagnosen Hufrolle und Hufgelenksentzündung

Steckbrief:

- 6-jähriger Warmblutwallach (Sachsen-Anhaltiner)
- geplant als Turnierpferd, Dressur
- Vorderhufe wurden seit zwei Jahren mit den unterschiedlichsten orthopädischen Eisen beschlagen, seit 14 Tagen waren sie nun ohne Eisen
- Lahmheit seit zwei Jahren, verschiedene Diagnosen Hufrollenentzündung, Hufgelenksentzündung
- die Eisenabnahme erfolgte als verzweifelter neuer Versuch, Winnies Lahmheit zu beenden

Mit seinem Charme wickelt Winnie jeden ein.

Keine Sportkarriere wegen ständiger Lahmheiten. (Fotos: Susan Rühlemann)

Der hübsche Wintertraum, Spitzname Winnie, wurde von seiner Besitzerin 4-jährig gekauft. Das heißt, genau genommen, erlag die Besitzerin ganz einfach Winnies Charme. Eigentlich wollte sie überhaupt kein neues Pferd mehr, nachdem ihre Stute, eine Trakehnerin, nach langer Lahmheitsgeschichte eingeschläfert werden musste. Jetzt war Winnie da und er versprach ein ganz Großer zu werden. Er war talentiert, hatte Ausstrahlung und einfach tolle Bewegungen.

Winnie war kurz vorher zum ersten Mal beschlagen worden. Zwei Wochen nach dem Kauf musste die Neubesitzerin feststellen, dass sich am linken Huf eine blutige Hornspalte aufgetan hatte. Die Spalte befand sich an der medialen Wand des linken Vorderhufes und verlief vom Kronsaum in Röhrchenrichtung nach unten. Winnie lahmte stark. Der Spalt wurde tief ausgeschnitten und mit Kunsthorn ausgefüllt. Zu dem Spalt in der medialen Wand kam beim nächsten Umbeschlagen ein tiefer Hornriss in der Zehenwand hinzu. Es entstanden an dieser Stelle drei nebeneinander liegende Spalten, die über die gesamte Hornwand reichten.

Die Besitzerin wechselte den Hufschmied und ließ den neuen Schmied die Eisen abnehmen. Aber Winnie hatte große Schwierigkeiten barhuf zu laufen und wurde deshalb schnell wieder beschlagen. Der neue Hufschmied gab sich sehr große Mühe mit Winnies Hufen und es gelang ihm, die Zehenwandspalten herauswachsen zu lassen. Der mediale Spalt blieb bestehen. Das Beschlagsintervall wurde von sechs auf vier Wochen verkürzt. Der mediale Spalt wurde immer wieder freigelegt, desinfiziert und mit einem Druckverband versorgt. Zusätzlich versuchte man eine Entlastung des Wandbereiches herzustellen, indem man den Tragrand unter dem Spalt schweben ließ. Aber der Spalt war hartnäckig. Schließlich nach anderthalb Jahren begann er doch noch herunterzuwachsen. Die Besitzerin war hoffnungsfroh,

dass die Krise nun endlich überstanden wäre und sie beginnen könnte, mit Winnie zu arbeiten.
Allerdings währte die Freude nur kurz, denn Winnie hörte einfach nicht auf zu lahmen; auch die ständige Pulsation und die vermehrte Hitze im linken Huf blieben weiter bestehen. Der behandelnde Tierarzt wusste keinen Rat und verwies die Besitzerin an den Hufschmied. Dieser gab sich nach wie vor wirklich große Mühe, Winnie und seiner Besitzerin zu helfen. Mitunter kam er dreimal in einer Woche, um den Beschlag noch einmal zu korrigieren, so dass Winnie damit laufen konnte. Oder Winnie verbrachte mit seiner Besitzerin den ganzen Tag in der Schmiede, bis Winnie endlich mit dem neuen Beschlag »einverstanden« war. Es wurden verschiedene orthopädische Beschläge ausprobiert, so bspw. Stegeisen. Diese sollten den Bodengegendruck gleichmäßig auf den gesamten Huf verteilen und so die sich unter den Huf neigenden medialen Wände der Vorderhufe entlasten. Auch wurden die Eisen zurückgesetzt und die Zehen stark gekürzt, um der Hyperextension der Gliedmaßen entgegenzuwirken. Später wurden die Schenkel der Eisen verdickt, um die tiefe Beugesehne zu entlasten. Aufgrund der Diagnose Hufrollenentzündung des Haustierarztes wurde der Beschlag erneut geändert. Die Eisen wurden umgekehrt aufgenagelt und es wurde zusätzlich eine Trachtenerhöhung und eine Polsterung im Sohlenbereich angebracht. Aber Winnie lahmte weiter.

Die verzweifelte Besitzerin fuhr mit Winnie in die Klinik für Pferde ins 180 km entfernte Berlin. Dort wurden die Vorderhufe geröntgt. Außerdem wurde an der lahmen Gliedmaße eine Hufgelenksdruckmessung durchgeführt und im Anschluss daran wurde die Hufgelenksflüssigkeit (Synovia) untersucht. Die abschließende Diagnose lautete Hufgelenksentzündung. Als Verursacher wurden die schweren Beschläge ausgemacht und man verordnete Winnie einen sehr leichten Hufbeschlag. Zusätzlich bekam er Hyaluron und Cortison ins Hufgelenk injiziert. Letzteres wurde später noch zweimal wiederholt; die Besitzerin fuhr hierfür jedes Mal wieder den weiten Weg nach Berlin. Die gesamte Behandlung brachte indes keine Besserung, Winnies Beschwerden hielten leider unvermindert an.
Zusätzlich hatte die Besitzerin jetzt auch noch ein neues Problem. Ihr bisheriger Haustierarzt war extrem verstimmt, weil sie ihr Pferd, ohne ihn zu konsultieren, in die Klinik gebracht hatte und dort behandeln ließ. Überdies hatte der Klinikchef nicht mit Kritik gespart, was die bisherige Behandlung durch den Haustierarzt anbetraf und diese Kritik hatte er dem Haustierarzt auch mitgeteilt. Beim Telefonat mit dem Haustierarzt erfuhr die Besitzerin, dass Winnie nie mehr richtig laufen würde, es bliebe letztlich nur Nervenschnitt oder Einschläfern. Der Klinikchef fühlte sich mittlerweile ebenfalls etwas herausgefordert und teilte ihr mit, dass er Winnie in seiner Klink erwarte und dass Winnie von dort erst wieder nach Hause gehen würde, wenn er völlig lahmfrei wäre.

Die Besitzerin brach die Behandlung ab und sah sich nach einem neuen Tierarzt um. Der neue Tierarzt röntgte und führte eine Leitungsanästhesie durch. Die Ergebnisse der Untersuchung – Umspringen der Lahmheit nach Anästhesie der linken Gliedmaße, veränderte Gefäßkanäle und Knochenzubildung am Strahlbein – führten ihn zu der Diagnose Hufrollenerkrankung. Zur Behandlung erhielt Winnie nun Tildren-Infusionen und Stoßwellentherapie.

Kurz hierauf wurde Wintertraum mir zum ersten Mal vorgestellt. Die Besitzerin hatte die Eisen bereits 14 Tage zuvor abnehmen lassen. Sie war sehr skeptisch, ob ich ihrem Winnie wirklich helfen könnte. Aber sie war auch im gleichen Maße verzweifelt. Winnie, welcher der langen Steherei schon ziemlich überdrüssig war, zeigte sich bei unserem ersten Termin von seiner rüpelhaften Seite. Er ließ sich auch ganz deutlich anmerken, was er von Hufterminen überhaupt und insgesamt hielt. Laut Aussage seiner Besitzerin hatte er früher beim Beschlagen auch schon Neonröhren von der Decke geholt. Nichtsdestotrotz wurden Winnie und ich in der Folgezeit sehr schnell gute Freunde.

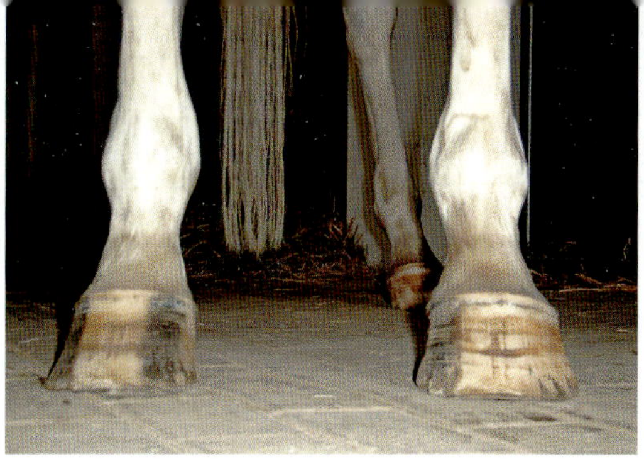

Winnie hat eine ganz ausgeprägte französische Stellung (Tanzmeisterstellung).

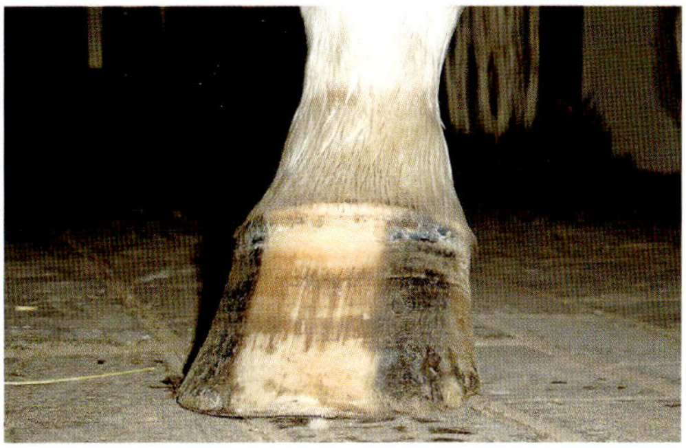

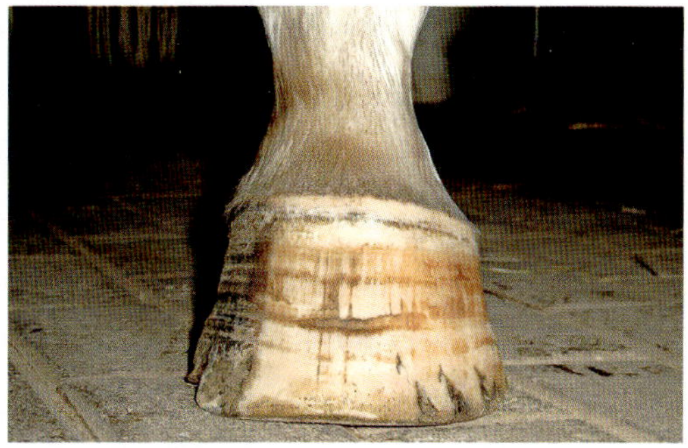

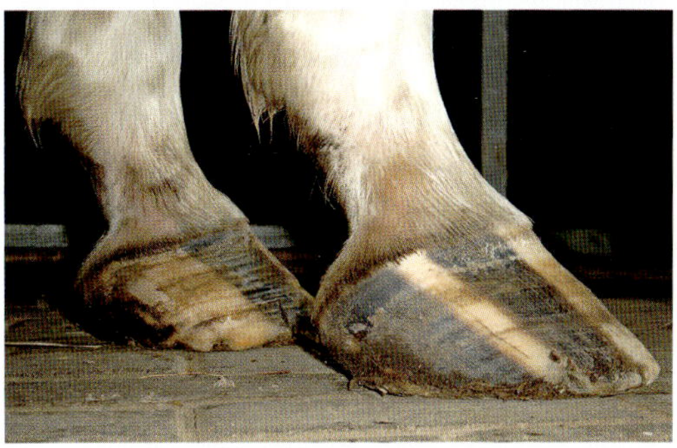

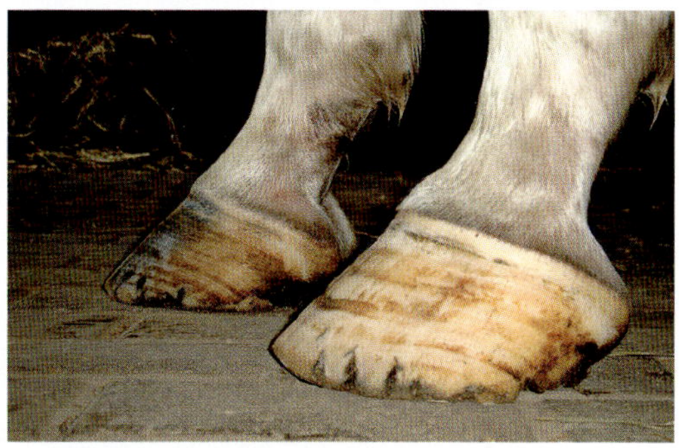

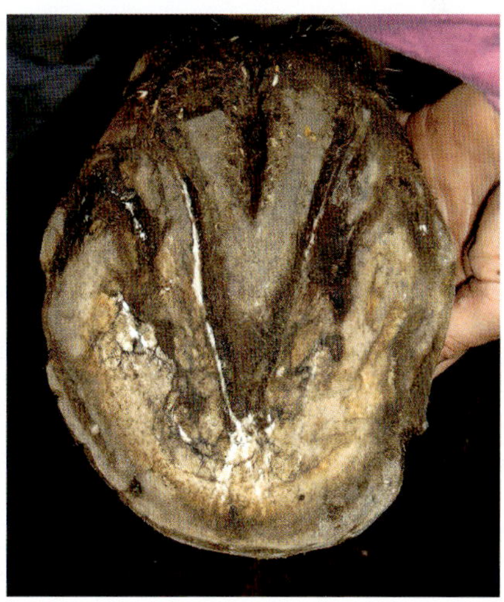

vorne rechts *vorne links*

Winnies Vorderhufe zu Beginn der huforthopädischen Bearbeitung am 22. Juni 2004.

Allerdings ereignete sich zunächst erst noch weniger Schönes: 14 Tage nach meinem ersten Besuch bei Winnie rief mich seine Besitzerin an, dass Winnie wieder lahmte, diesmal auf beiden Vorderfüßen. Bei der Suche nach der Ursache für die aktuelle Lahmheit stieß ich auf eine violettrot eingefärbte Blättchenschicht hinter den Zehen beider Vorderhufe.

Hatte ich die Zehen zu lang gelassen, wie mir die Besitzerin »vorwarf«? Sie war bereits beim ersten Termin nicht müde geworden zu betonen, dass Winnie unbedingt die Zehen ausreichend gekürzt werden müssten, da er sonst in jedem Fall Probleme bekäme. Ich versuchte ihr zu erklären, dass die Sachlage jetzt, beim Barhuf, etwas anders läge, da ja kein Beschlag den zukünftigen Zehenabrieb verhindern würde. Sie blieb skeptisch. Die aktuelle Lahmheit und die tiefroten Zehen schienen ihr nun Recht zu geben.

Natürlich hatte ich den langen Zehenhebel bearbeitet, aber doch eher vorsichtig und unter dem Gesichtspunkt der Materialerhaltung. Ich wollte ja auf keinen Fall ein fühliges Pferd hinterlassen, sondern Winnie sollte ausreichend Hornmaterial behalten, um auf den neuen Barhufen möglichst gut zurechtzukommen. Augenscheinlich war er damit wohl aber etwas zu gut zurechtgekommen. Übermütig und bewegungsfreudig wie er war, hatte er ohne jegliche Rücksicht auf seine Füße die Koppel umgepflügt.

Dabei hatte er die Lederhäute vor allem im Zehenbereich überstrapaziert, was zu den Einblutungen und dann auch zu den Schmerzen beim Laufen führte. Die Lahmheit war so schnell verschwunden, wie sie gekommen war. Schon kurz nach meinem Besuch lief Winnie wieder ohne zu lahmen.

Winnies linker Vorderhuf mit stark eingebluteter Blättchenschicht im Zehenbereich am 6. Juli 2004.

Im August 2004 zog Winnie um. Die jahrelangen Extrakosten für Winnies Behandlungen hatten bereits ein ziemliches Loch im Portemonnaie der Besitzerin hinterlassen. Sie beschloss deshalb, den teuren Sportstall vorübergehend gegen einen mietfreien Stellplatz auf dem elterlichen Grundstück zu tauschen. Der Vorteil war, dass Winnie hier auch tagsüber deutlich mehr Bewegungsfreiheit hatte. Mit dem Shettystütchen Perle verfügte er täglich über 1.500 qm Wiese. Als Stall diente das für diesen Zweck umgestaltete ehemalige Waschhaus.

Alles lief gut. Die Besitzerin gewann langsam aber sicher an Zuversicht, dass Winnie nun doch wirklich wieder gesund werden würde.
Winnies Hufe sahen zwar mitunter übel aus, wenn der instabile Tragrand wieder einmal wegbrach, aber er lief. Natürlich waren die Hufe noch empfindlich, aber Winnie lahmte nicht.

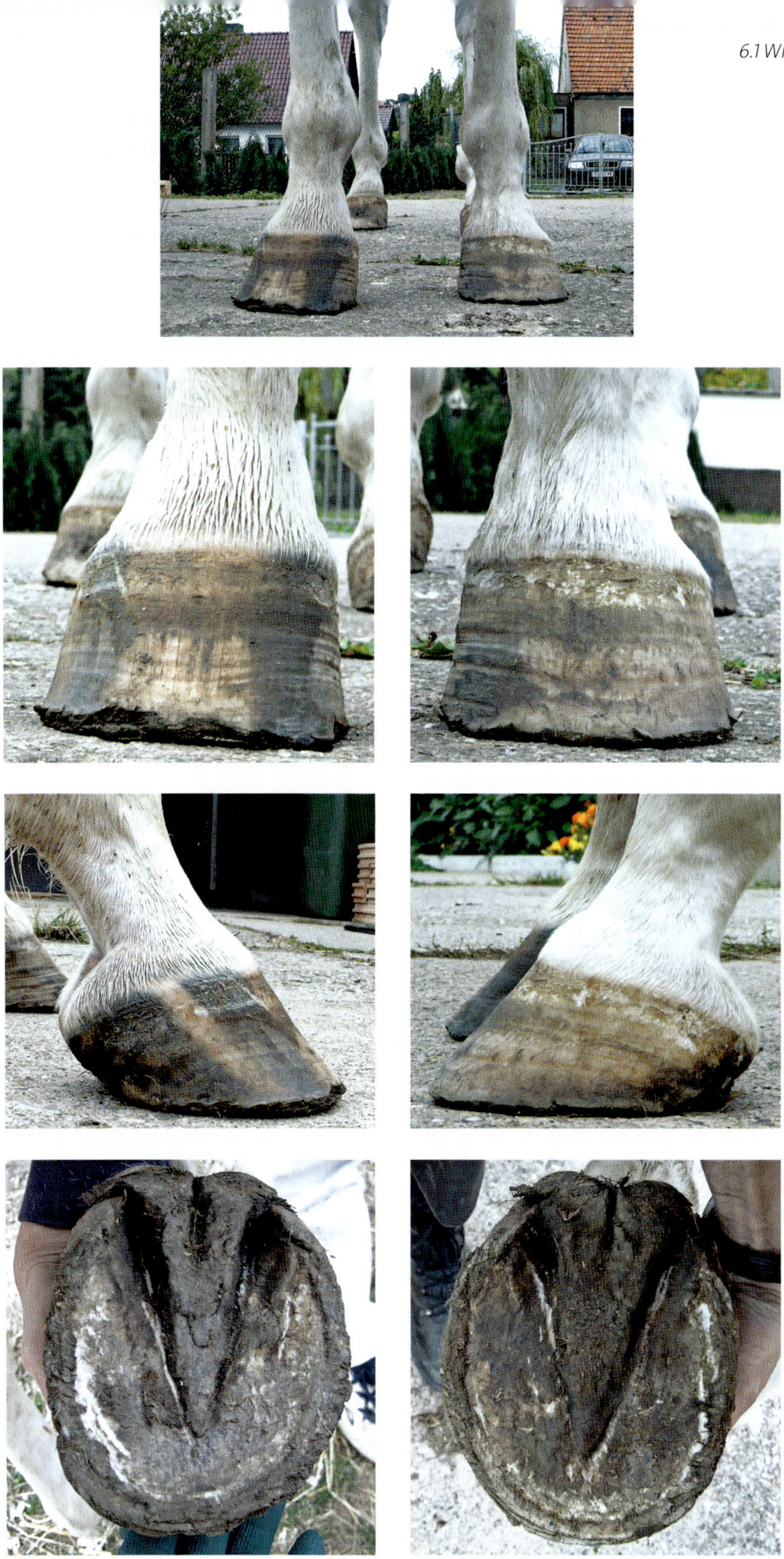

vorne rechts *vorne links*

Winnies Vorderhufe drei Monate nach der Barhufumstellung, am 16. September 2004.

Winnies Tragränder waren noch sehr unzuverlässig und brachen immer mehr oder weniger stark aus. Besonders, wenn wieder eine der zahlreichen Hornfalten den Boden erreichte und ganz besonders in den medialen Seitenwandbereichen, wo diese Falten dicht an dicht die gesamte Hornwand bedeckten.

Winnies Hufwände waren von Hornfalten übersät. Besonders dicht waren diese an den überlasteten Innenwänden beider Vorderhufe vorhanden. Die Falten sorgten für ein sehr instabiles Horn und dieses wiederum für häufige Ausbrüche am Tragrand. Aufgenommen am 23. August 2004.

Um Winnie die nötige Bewegung zu verschaffen – denn Winnie hatte stets reichlich Energie und einen stark ausgeprägtem Bewegungsdrang – ging die Besitzerin mit ihm von Anfang an sehr viel spazieren. Das bekam ihm so gut, dass sie, als der Boden im Winter weicher wurde, auch wieder damit begann, ihn zu reiten. Winnie blieb lahmfrei, alles war prima.

Winnie auf einem Spaziergang. (Foto: Susan Rühlemann)

Im November 2004, eine Woche vor unserem nächsten Huftermin, rief mich Winnies Besitzerin an. Sie war sehr aufgeregt. Winnie blutete aus dem Huf. Ich fragte sie, was passiert sei. Sie sagte, sie wisse es nicht, aber die Hinterhufe sähen ganz furchtbar aus, das ginge schon eine Weile so und heute morgen, als sie Winnie aus dem Stall auf die Wiese ließ, lahmte er und es blutete aus dem linken Huf. Ich fuhr hin und traute meinen Augen kaum. Winnies Hinterhufe sahen aus, als kämen sie aus einem Crashtest. Er lahmte deutlich auf seinem linken Hinterfuß. Dieser sah noch weit schlimmer aus als der rechte Huf und er hatte ganz eindeutig aus der Hornwand und aus der Sohle geblutet. Die Besitzerin sah mich fragend an. Ich hatte keine Erklärung.

hinten rechts | *hinten links*

Winnies Hinterhufe mit den Crashtest-Spuren am 16. November 2004. An der Hornwand des linken Hufes ist Blut ausgetreten.

Winnie hatte bisher nie Probleme mit den Hinterhufen gehabt, sie waren schon immer barhuf gewesen. Was war passiert? Ich untersuchte die Hufe. Wie konnten diese Zerstörungen zustande kommen? Hatte ich die Zehenwände zu dünn geraspelt, hatte ich sonst irgendetwas übersehen? Die Besitzerin erinnerte mich daran, dass ich schon bei der letzten Bearbeitung einen merkwürdigen wellenförmigen Riss in der Zehenwand des rechten Hinterhufes bemerkt und fotografiert hätte. In der Tat, wieder zu Hause suchte ich die Fotos heraus. Da war schon bereits ein ungewöhnlicher Riss und nein, ich hatte die Zehenwand nicht zu dünn geraspelt.

Bereits bei dem letzten Bearbeitungstermin im Oktober 2004 war ein ungewöhnlicher Riss in der Zehenwand von Winnies linkem Hinterhuf aufgefallen. Er verlief nicht in Röhrchenrichtung und auch nicht einfach horizontal, sondern war merkwürdig versetzt. Ich fotografierte den Riss und wollte mich später mit Kollegen dazu beraten, vergaß dann das Projekt aber zunächst wieder.

19. Oktober 2004 – Winnies linker Hinterhuf in der Sohlenansicht ebenfalls zum letzten Bearbeitungstermin. Die Zehenwand hat eine ausreichende Stärke, ich hatte sie also nicht zu dünn gearbeitet.

Noch vor Ort schaute ich mich gründlich in Winnies Stall um und befragte die Pferdebesitzerin dabei weiter auf der Suche nach einer schlüssigen Erklärung für diese starken Schäden am Huf. Und ich wurde fündig. Zunächst entdeckte ich ein etwa 2 cm aus der Wand herausragendes Wasserrohr und erfuhr, dass dies das Zulaufrohr für die Tränke war, die bis vor kurzem hier angebracht gewesen war. Die Tränke war ein paar Tage zuvor des Nachts von den Pferden abgerissen worden. Das Endstück des Rohres ragte etwas aus der Wand hervor und war etwa zwei Meter von der Stalltür entfernt. Ich erfuhr weiter, dass Winnie und Perle, das Beistell-Shetty-Stütchen, die Nacht immer im Stall verbrachten und dabei eingesperrt waren. Die Tür war zu, es gab keine Öffnung, keinen Blick nach draußen. Ich fragte weiter: Ja, das stimme, Winnie trete gegen die Wände. Die Wände der ehemaligen Waschküche waren aus Stein! Es war ganz offensichtlich so, dass Winnie das nächtliche Eingesperrtsein allein noch gut weggesteckt hatte, aber zusammen mit Perle war ihm das Ganze einfach zu eng. Er quittierte die für ihn unangenehme Situation damit, dass er die Wände des Stalles mit seinen Hinterbeinen traktierte.

Perle war Anfang Oktober bei Winnie eingezogen. Jetzt klärte sich die Sache nach und nach. Winnie hatte sich zunächst wohl »lediglich« an den steinernen Wänden die Hornkapseln zertrümmert, dabei hatte er auch die Tränke abgerissen und zum bösen Ende war er dann mit seinem linken Hinterhuf beim Auskeilen an dem aus der Wand herausragenden Endstück des Wasserrohres hängen geblieben. Das Ende des Rohres ragte wirklich nur ein kleines Stück hervor, befand sich aber genau in der Auskeilrichtung und passender Entfernung, wenn Winnie mit dem Kopf zur Tür und parallel zur Wand stand. War bislang nur das Horn zu Schaden gekommen, so hatte sich Winnie bei dieser Aktion nun einen regelrechten Dreiangel in die Außenseite seiner Hornkapsel gerissen.

Es war zu befürchten, dass Winnie sich nicht nur die Hornkapsel, sondern womöglich auch das Hufbein verletzt haben könnte.

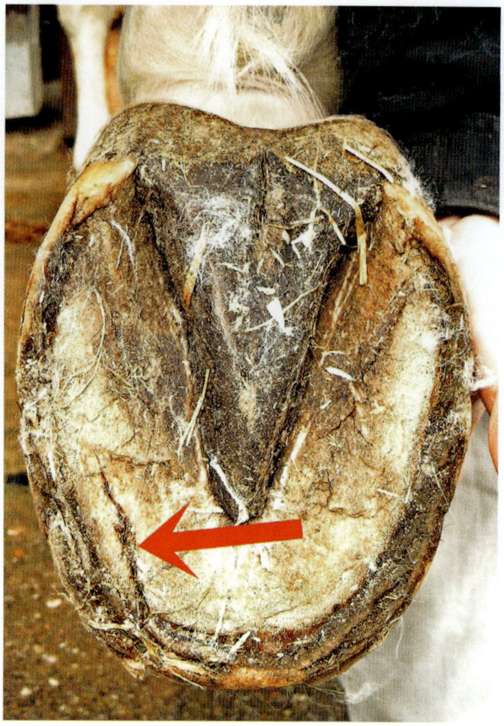

Es besteht die Möglichkeit einer Hufbeinfraktur, aufgenommen am 16. November 2004.

Ich riet der Besitzerin zum Röntgen. Da die Sache keinen Aufschub duldete, fuhr sie Winnie mit Verdacht auf Hufbeinfraktur in die nächstgelegene Tierklinik. Sehr zu unserer Freude bestätigten sich die schlimmen Befürchtungen nicht, Winnies Hufbein war unversehrt.

Es kostete die Besitzerin einiges an Überwindung, die Stalltür über Nacht unverschlossen zu lassen, schließlich war Winnie immer ein Boxenpferd gewesen. Aber nach dieser gefährlichen Protestaktion von Winnie blieb die Stalltür ab sofort offen. Die Schäden an den Hinterhufen wuchsen in den folgenden Monaten langsam heraus, wobei es schon erstaunlich war, wie nachhaltig Winnie seine Hornwände geschädigt hatte. Das nachwachsende Horn der Hinterhufe war bis weit ins Frühjahr hinein wie »Blätterteig« und dadurch natürlich sehr instabil. Probleme bereitete ihm dies nicht. Winnie lief und seine Besitzerin war mittlerweile sicher, dass seine Lahmheitsgeschichte nun tatsächlich ausgestanden war.

Winnies Vorderhufe acht Monate nach der Eisenabnahme, am 7. Februar 2005.

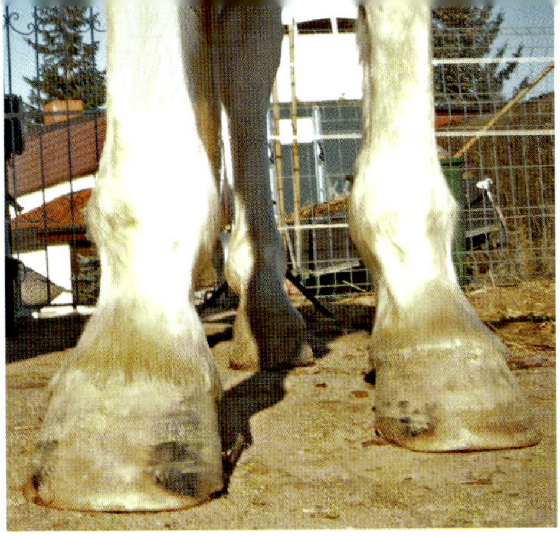

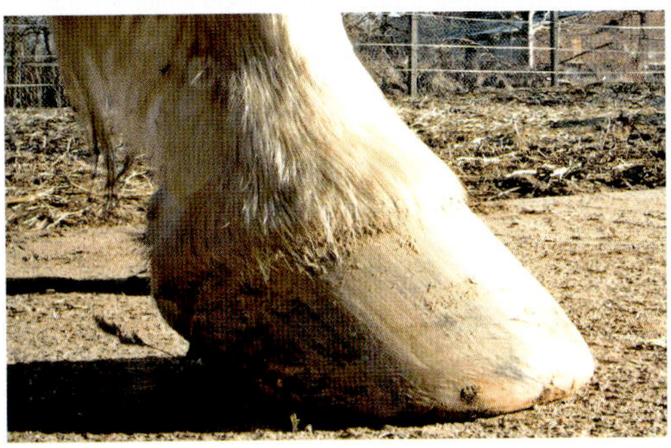

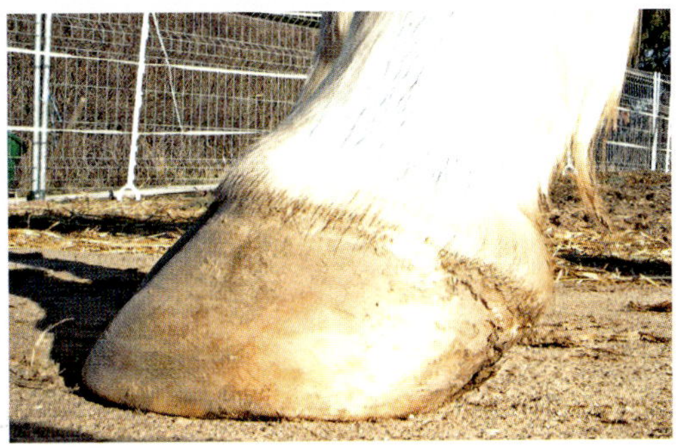

vorne rechts

vorne links

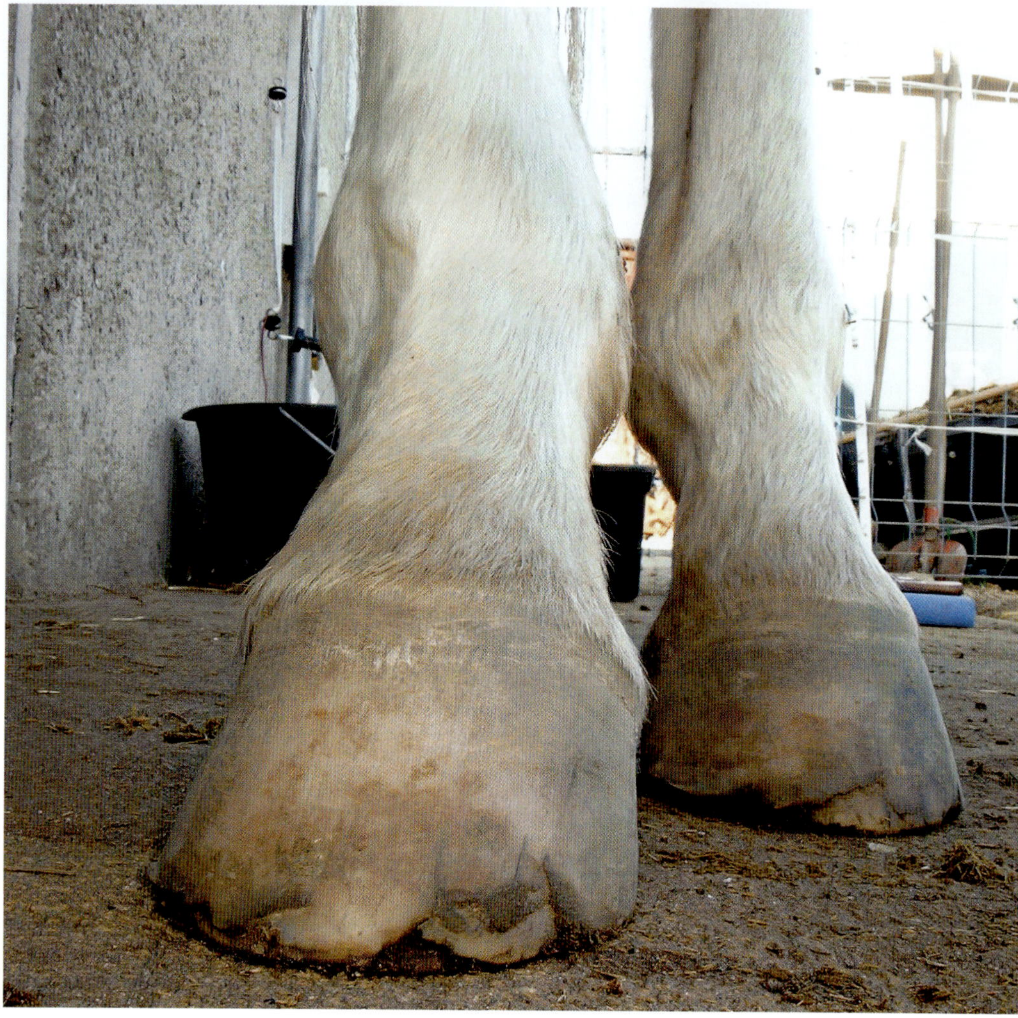

Winnies Hinterhufe am 7. Februar 2005.

Das Horn der Hinterhufe trägt noch immer die Spuren der nächtlichen Protestaktionen. Winnie hat die Hornwände der Hinterhufe durch das nächtliche Treten gegen die Steinwände seines Stalles bis weit nach oben geschädigt. Die nachwachsenden Hufwände haben noch immer die Struktur von »Blätterteig«.

Im Mai 2005 zog Winnie wieder zurück in die Stadt. Er war mittlerweile so gut zu Fuß, dass nun auch wieder langsam an ernsthaftes Training zu denken war und deshalb ein Stall mit Reitplatz und Halle gesucht wurde.
Eine weitere positive Entwicklung war, dass Winnies Besitzerin begonnen hatte, sich für die Hufbearbeitung zu interessieren. Sie beobachtete während der Huftermine jeden meiner Handgriffe und fragte mir Löcher in den Bauch. Die Arbeit an den Hufen ihres Pferdes hatte sie vollends überzeugt und wenn es möglich gewesen war, ihrem dauerkranken Pferd zu helfen, so wollte sie lernen, dies auch für andere Pferde zu tun. Sie besuchte einen Hufkurs für Pferdebesitzer und begann unter meiner Anleitung die Hufe von Perle, dem Beistellpony, zu bearbeiten. Im September begann sie die Ausbildung zur Huforthopädin und übernahm damit auch selbst die Pflege von Winnies Hufen. Heute ist sie meine geschätzte Kollegin und hat als

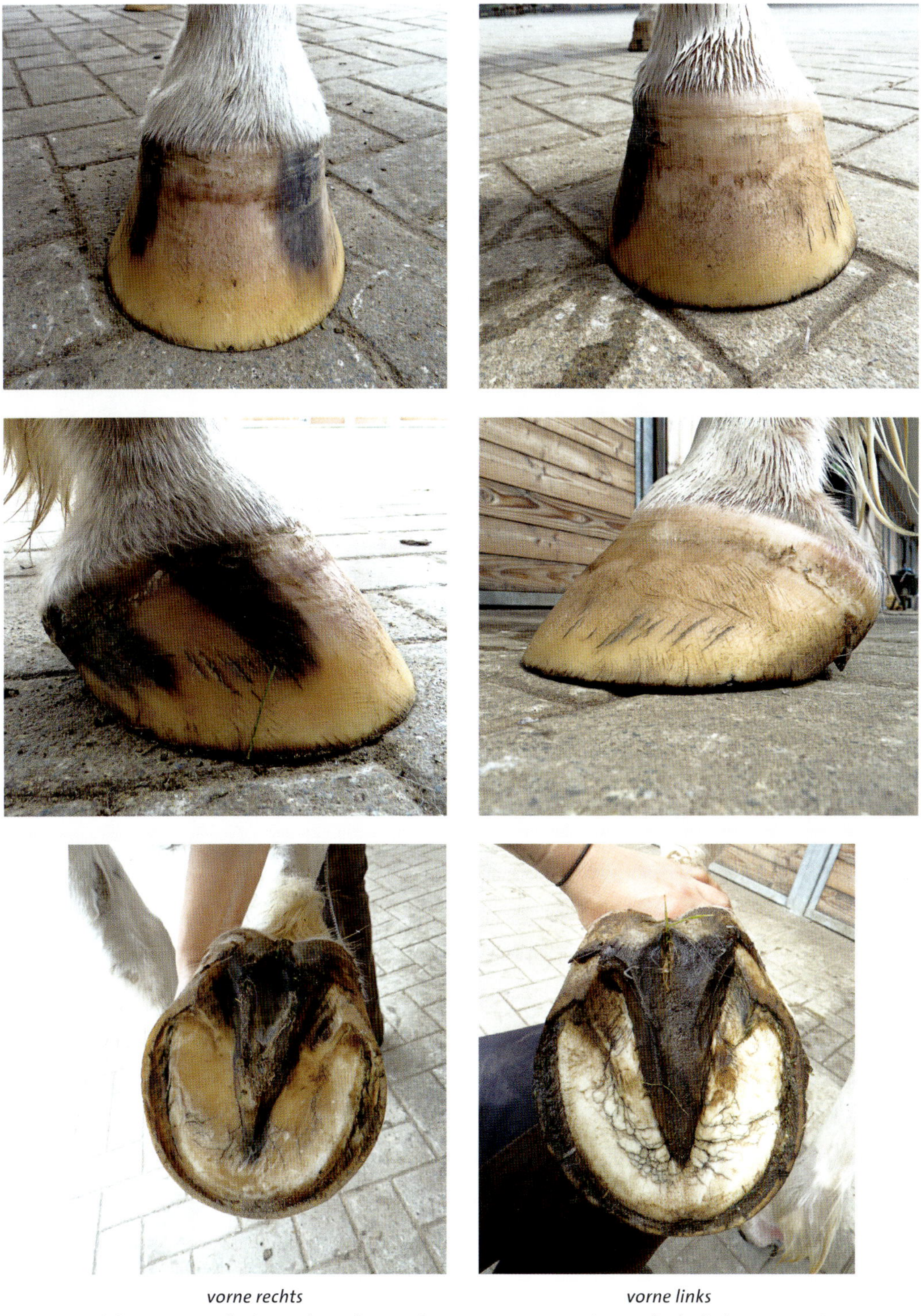

vorne rechts *vorne links*

Winnies Hufe heute: Die Aufnahmen des rechten Hufes stammen vom Mai 2013, die des linken vom Juni 2013. Man sieht deutlich, dass der im Mai zu lang gewordene Tragrand (starkes Hornwachstum im Frühsommer) sich bei Winnies Hufen negativ bemerkbar macht und die Seitenwände sofort vermehrt nach außen biegen lässt.

(Fotos: Susan Rühlemann)

Winnie in Aktion. (Fotos von 2011 und 2012: Susan Rühlemann)

solche selbst schon vielen Pferden wieder zu neuer Lauffreude verholfen.

Winnie ist nach wie vor ein Kraftpaket und Charmebolzen und er nutzt seine gesunden Hufe seither ausgiebig.
Der eine oder andere stellt sich vielleicht die Frage, warum konnte Winnie so einfach lahmfrei werden, trotz der dramatischen Diagnosen?

Mit letzter Sicherheit lässt sich so etwas natürlich nie beantworten, aber eines liegt auf der Hand: Auf dem Beschlag hatte niemand eine Chance, Winnies Hufe in einer brauchbaren Form zu bewahren. Seine Hufe brachten ihn auf diese Weise immer wieder in eine Situation, die ihm heftig Schmerzen bereitete und sich nachteilig auf die Region um Hufgelenk und Hufrolle auswirkte.

6.2 Ganymedes – Barhufumstellung wegen blutigem Kronrandspalt

Steckbrief:

- 8-jähriger Warmblut-Wallach
- vorgesehen als Sportpferd, Dressur und Springen
- beide Vorderhufe wurden ursprünglich für diesen Zweck beschlagen
- blutiger Kronrandspalt und Lahmheit seit vier Jahren
- Eisen mit zwei Aufzügen und am linken Vorderhuf zusätzlich breiter Steg und Silikonpolster
- Umstellung auf Barhufe erfolgte, um den blutigen Kronrandspalt und die daraus folgende Lahmheit zu therapieren

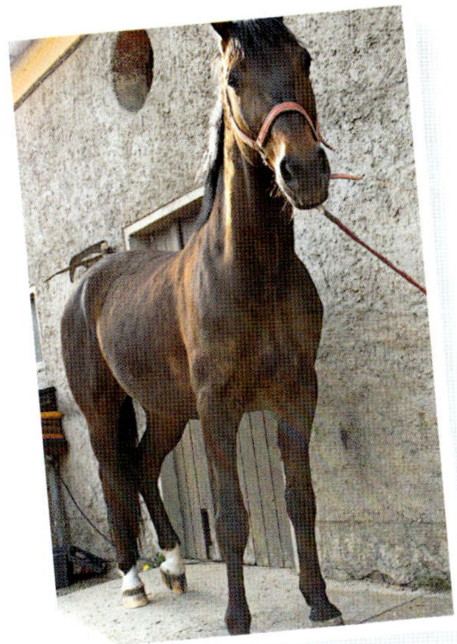

Ganymedes wurde von seiner Besitzerin als Jährling gekauft. 4-jährig wurde er dann zum ersten Mal beschlagen, denn zu diesem Zeitpunkt sollte seine Karriere als Sportpferd beginnen. Bis dahin zeigte Ganymedes laut Aussage seiner Besitzerin keinerlei Hufprobleme. Das änderte sich mit dem Beschlag sehr schnell: Auf der Innenseite des linken Vorderhufes bildete sich kurz nach dem erstmaligen Beschlagen eine Kronrandspalte. Diese Spalte begleitete Ganymedes auf seinen nächsten vier Jahren, mal blutend und mit Lahmheit verbunden, mal unblutig und ohne auffällige Beschwerden. Die Besitzerin suchte Hilfe bei verschiedenen Hufschmieden. Unterschiedliche Beschläge und Techniken wurden versucht, letztlich blieb alles ohne Erfolg. Kaum 7-jährig konnte mit Ganymedes nicht mehr gearbeitet werden, da er permanent lahmte.

Auf der Suche nach brauchbaren Informationen und Hilfe besuchte die Besitzerin unter anderem eine Veranstaltung des Sächsischen Hauptgestüts Graditz, auf dem ich einen Vortrag zu Ursachen und Behandlungsmöglichkeiten von Hornspalten hielt. In der Pause legte mir Ganys Besitzerin Huffotos vor und bat mich um eine Einschätzung der Situation. Angesichts der jahrelangen Fehlversuche mit Eisen hatte sie sich mit den zur Verfügung stehenden Alternativen beschäftigt und fasste mittlerweile auch einen Versuch ohne Eisen ins Auge. Wenn nur die Spalte verschwinden würde. Ob ich da Chancen sehen würde? Ich sagte ihr, dass ich dies gern versuchen würde. Ich bat sie, sich die Sache noch einmal in Ruhe durch den Kopf gehen zu lassen und mich anzurufen, wenn sie sich für einen Barhufversuch entschieden hätte. Der Huf war vor kurzem gerade frisch beschlagen worden, wobei der Spalt diesmal in einem neuen Versuch mit einer Eisenplatte überschraubt worden war.

Vier Wochen später begann ich mit der Bearbeitung von Ganys Hufen. Die geschraubte Eisenplatte hatte sich bereits einige Tage vorher vom Huf gelöst und die Spalte hatte daraufhin wieder zu bluten begonnen.

Allerdings litt Ganymedes nicht nur unter einer blutenden Kronrandspalte, sondern insgesamt unter einer sehr unschönen Huf- und Gliedmaßensituation der Vorhand. Die Hinterhufe waren barhuf, kräftig und gesund. Die beschlagenen Vorderhufe dagegen waren in schlechter Verfassung. Die Zehen der beiden Hufe waren deutlich zu lang und hatten sich verbogen. Um Ganymedes mit diesen langen Zehen das Laufen zu ermöglichen, hatte der Hufschmied die Zehenwände stark eingekürzt und Eisen mit zwei Aufzügen benutzt. Das verhinderte jedoch nicht, dass die Zehenachsen beider Gliedmaßen zum jetzigen Zeitpunkt wieder nach hinten gebrochen waren.

Ganymedes' Vorderhufe vor und unmittelbar nach der Eisenabnahme sowie nach der ersten Bearbeitung zur Barhufumstellung am 19. April 2005.

Ganymedes litt unter einer nach hinten gebrochenen Huf-Fessel-Achse und langen, verbogenen Hufzehen.

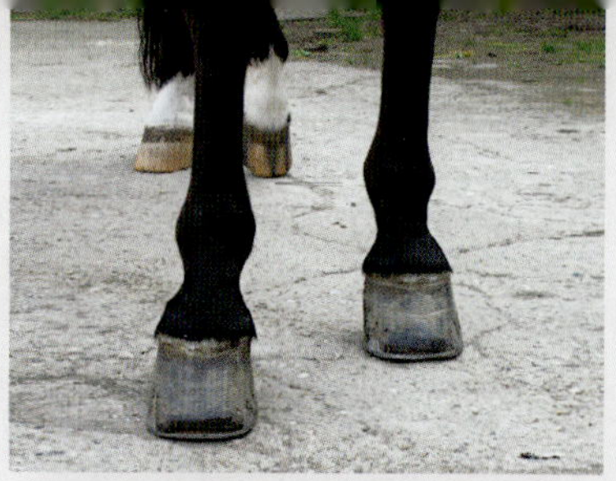

Steile, nach oben stauchende Seitenwände und stark gezwängte Trachtenwände machten die Hufe zusätzlich sehr ungemütlich.

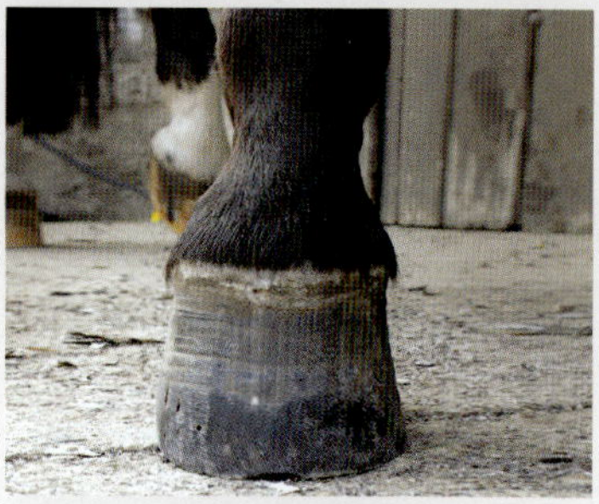

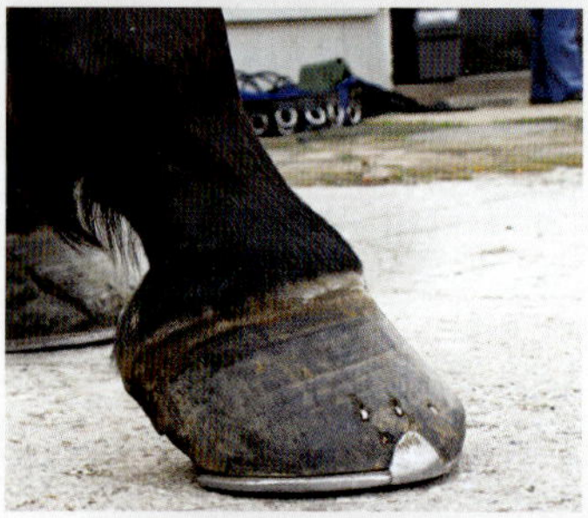

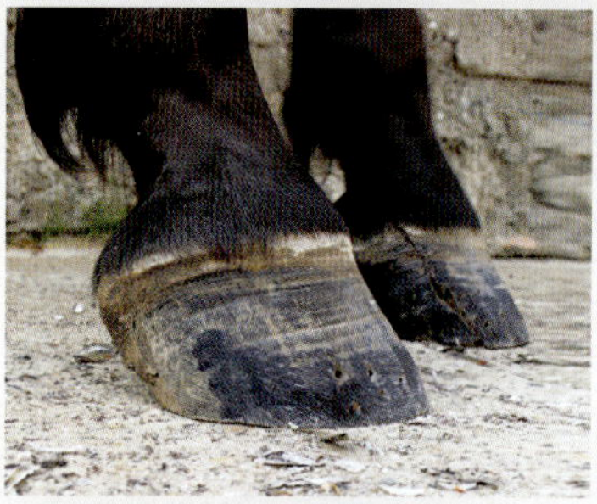

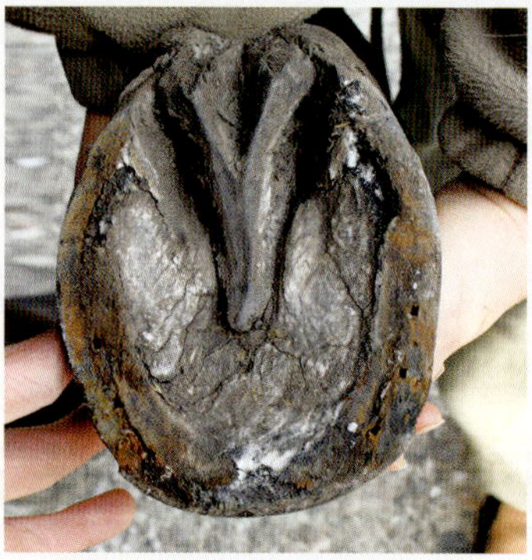

vor der Bearbeitung

nach der Bearbeitung

Die übersteilen Trachtenwände zwängten die Hufknorpel ein. Besonders der rechte Vorderhuf litt unter einer sehr engen Trachtensituation. Die Hufknorpel waren unelastisch und mit Sicherheit teilweise verknöchert. Die Bereiche der Trachtenwände waren zum Teil hinterfault.

vorne rechts

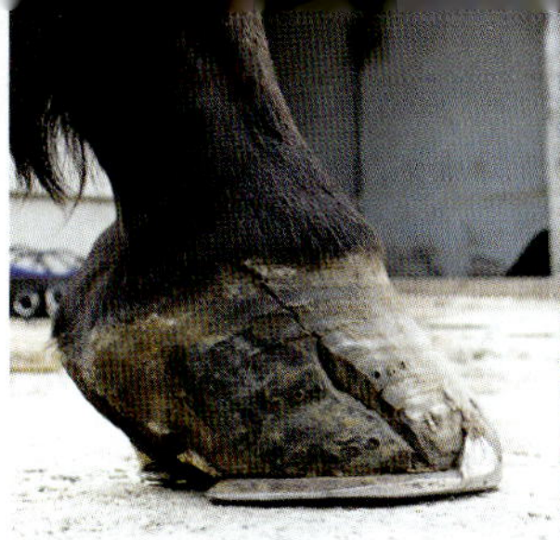

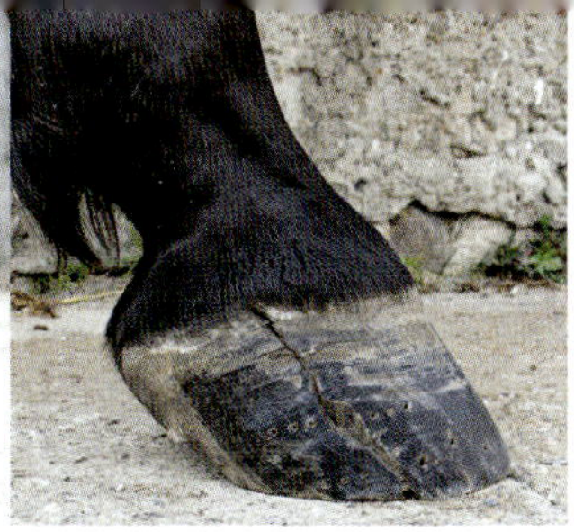

Über die mediale Wand des linken Vorderhufs zog sich eine tiefe Spalte. Sie reichte vom Kronsaum bis zum Tragrand und war in der unteren Hälfte aufgefräst worden. Unter Belastung, also wenn man bspw. den rechten Huf aufhob, klaffte der Spalt oben am Kronsaum weit auseinander. Es war insofern leicht vorstellbar, dass es hier häufig blutete.

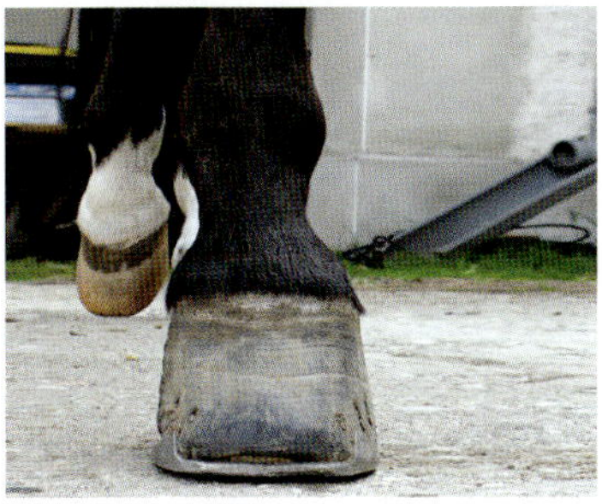

Ganys linker Vorderhuf war der »flachere« von beiden. Vermutlich legt Gany seine Gewichtslast vermehrt auf diesen linken Huf, weshalb es letztlich auch dieser Huf war, der einriss.

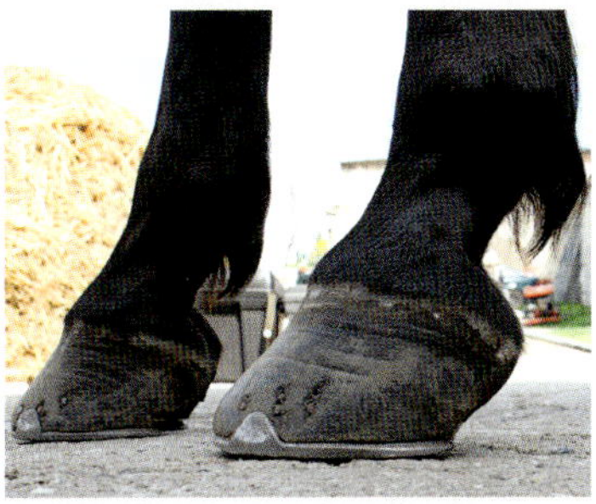

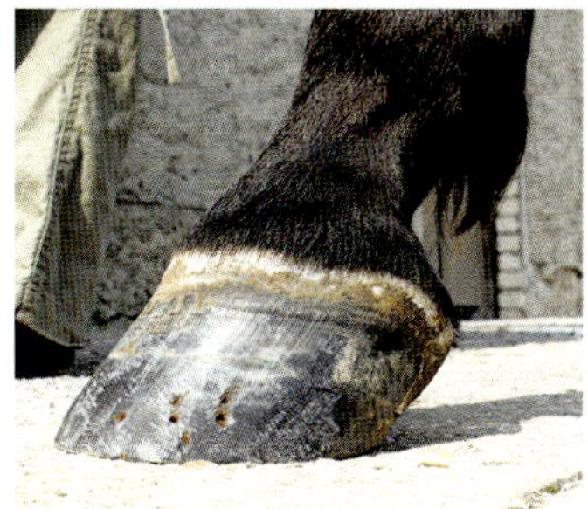

vor der Bearbeitung

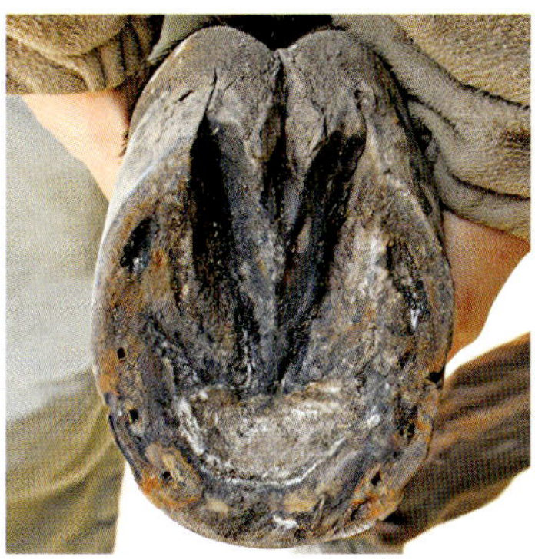

nach der Bearbeitung

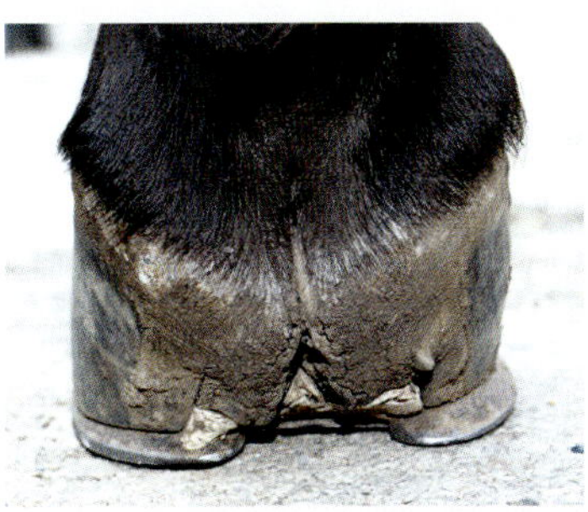

Mit dem Ziel, die ungünstige Hufmechanik auszuschalten, war der linke Huf mit Stegeisen und Polster beschlagen. Die überbelastete mediale Trachtenwand neigte sich stark unter den Huf. Der Wandbereich vor und insbesondere hinter dem Spalt war hohl.

vorne links

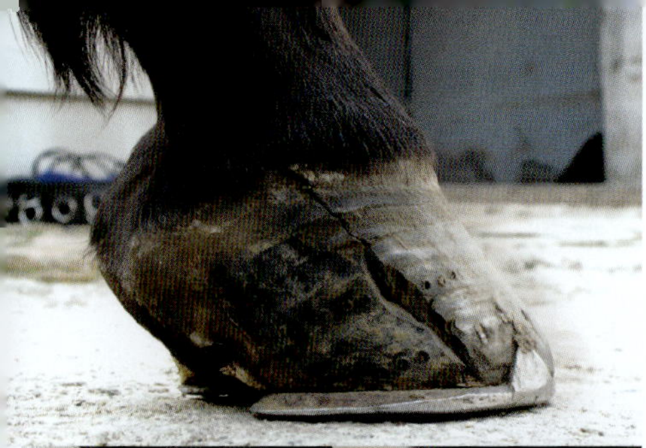

Der Spalt nach vier Jahren Beschlag am 19. April 2005.

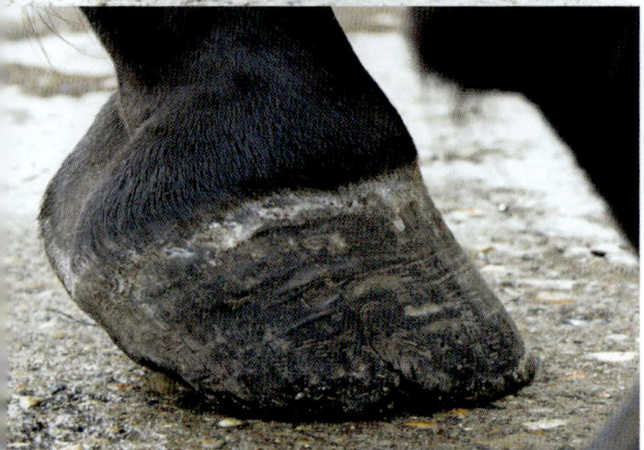

Zwei Monate nach der Eisenabnahme: Der Spalt ist bereits geschlossen, aber noch in voller Länge vorhanden – 16. Juni 2005.

Und noch einmal fünf Wochen später: Der Spalt beginnt am Kronsaum zu verschwinden, das Horn ist dort bereits 5 mm weit geschlossen – 28. Juli 2005.

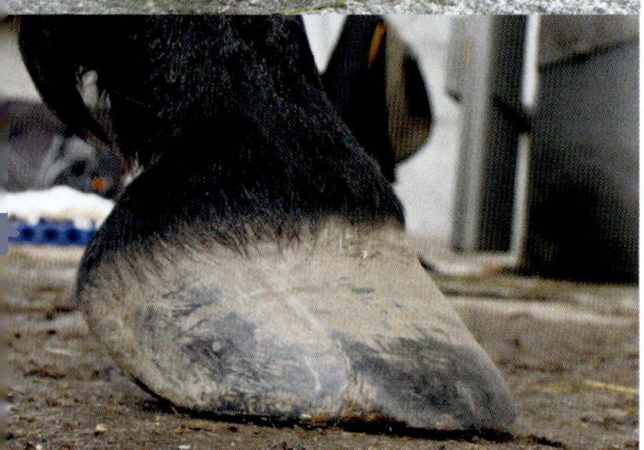

11 Monate nach der Eisenabnahme ist der Spalt nur noch im untersten Drittel der Hornkapsel vorhanden – 21. März 2006.

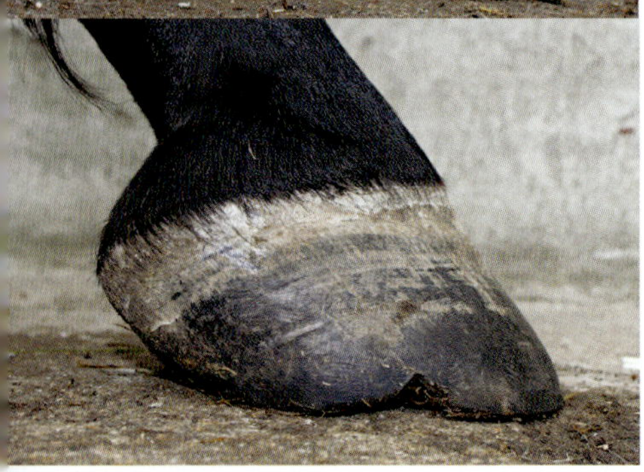

Bei meiner letzten Bearbeitung, 13 Monate nach der Eisenabnahme, ist der Spalt herausgewachsen. Im untersten Bereich gab es noch einmal einen Ausbruch. Es handelte sich um das mürbe, alte Horn, welches im April des Vorjahres oben am Kronsaum den Spalt umgab – 18. Mai 2006.

Ganymedes erhielt die Erlaubnis zum Koppelgang, ansonsten war jedoch mit den frisch gewonnenen Barhufen zunächst Schonung angesagt.
Die hohlen Wandanteile beidseits der Spalte hielten dem Bodengegendruck nur wenige Tage stand und brachen aus. Ich hatte die Besitzerin schon vorgewarnt und auch gebeten, mich über alle Entwicklungen auf dem Laufenden zu halten. So fuhr ich bereits 10 Tage später zum zweiten Mal zu Ganymedes, versorgte die Ausbruchsstelle und bearbeitete den Huf der veränderten Situation entsprechend nach. Schon zu diesem Termin konnte ich sehen, dass sich die Hufsituation entspannt hatte. Der Spalt schloss sich gewissermaßen, als hätte er nur auf diese Barhuf-Gelegenheit gewartet.

Ich betreute Ganymedes über ein Jahr. Die Bearbeitungsintervalle betrugen in dieser Zeit stets ca. vier, maximal fünf Wochen. Anfangs waren seine Vorderhufe natürlich empfindlich und man mied beim Spazierengehen steinige und harte Böden. Aber die faltigen Hornwände wuchsen nach und nach heraus, die Hufe gewannen eine bessere Form und es bildeten sich verlässlichere Tragränder. Die Hufe wurden langsam robuster, der Spalt wuchs zügig und ohne Probleme heraus und Ganymedes lief die ganze Zeit über lahmfrei.

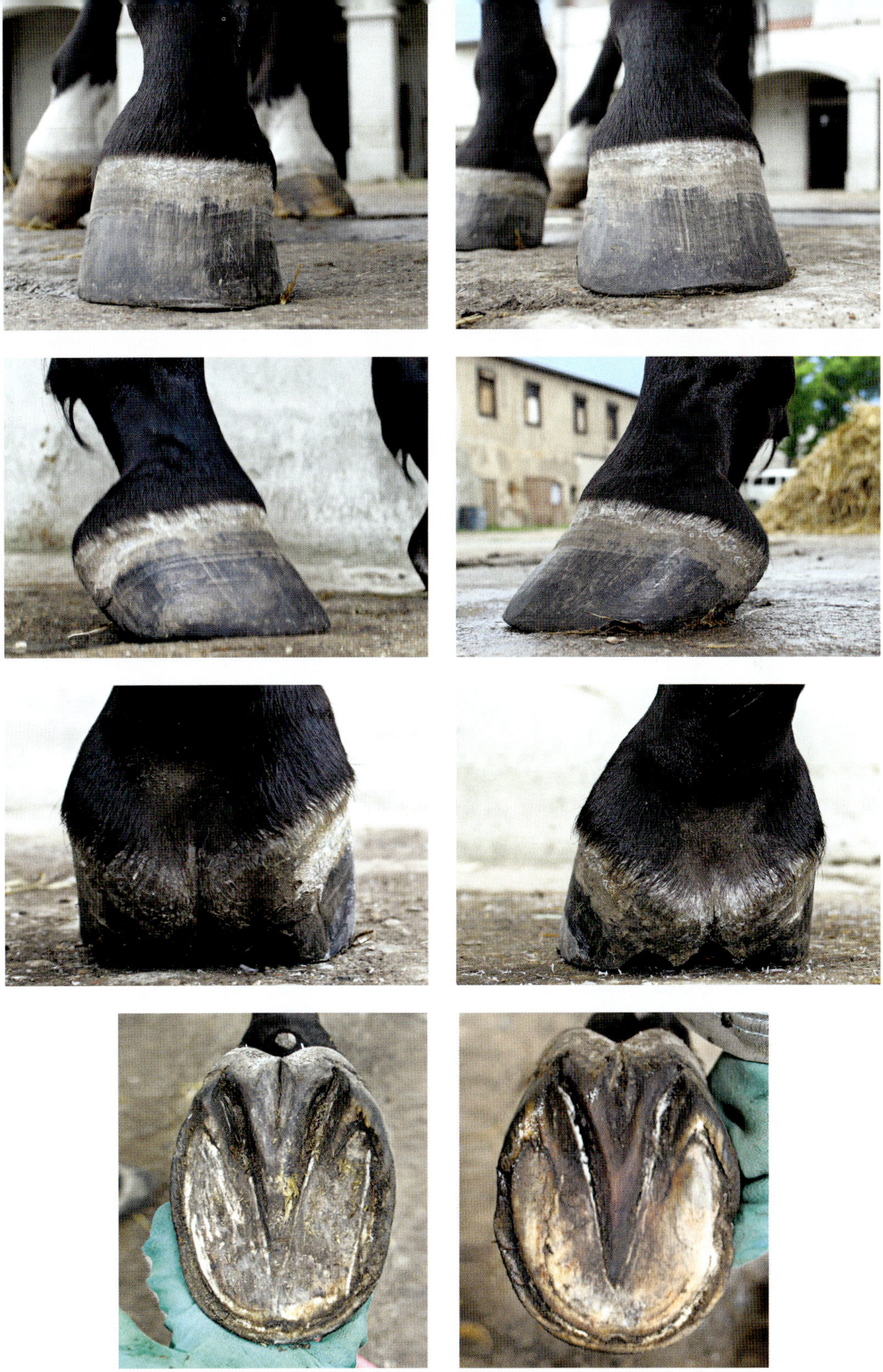

vorne rechts *vorne links*

Ganymedes' Vorderhufe ein reichliches Jahr nach der Eisenabnahme und am Tag meiner letzten Bearbeitung am 18. Mai 2006, ab Juni 2006 übernahm ein Kollege vor Ort die weitere Bearbeitung von Ganys Hufen.

Ganymedes im April 2007.

Das folgende Jahr lief Ganymedes problemlos barhuf. Er konnte nun wieder trainiert werden. Das Barhufgehen und die Hufbearbeitung bekamen Ganys Hufen sehr gut. Es hatte sich kräftiges Horn gebildet, die Hufe waren riss- und faltenfrei.

Was sich nicht änderte, war die ungleiche Belastung der beiden Vorderhufe, der linke Huf wurde von Gany weiterhin mehr belastet und war in der Folge schiefer und im Tragrand beschädigter. Aber er war geschlossen und ohne Spalt. Der rechte blieb weniger belastet und hatte deshalb noch immer eine kleinere, steilere Form.

Die Nahaufnahme der Vorderhufe im April 2007 …

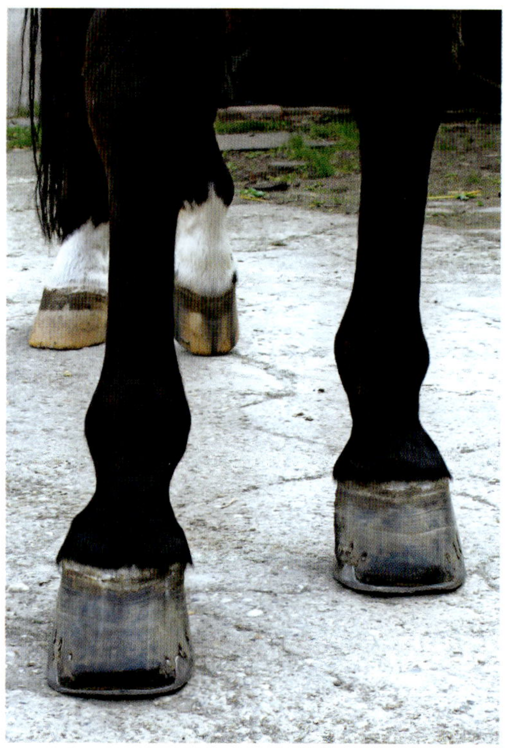

… und zum Vergleich im April 2005.

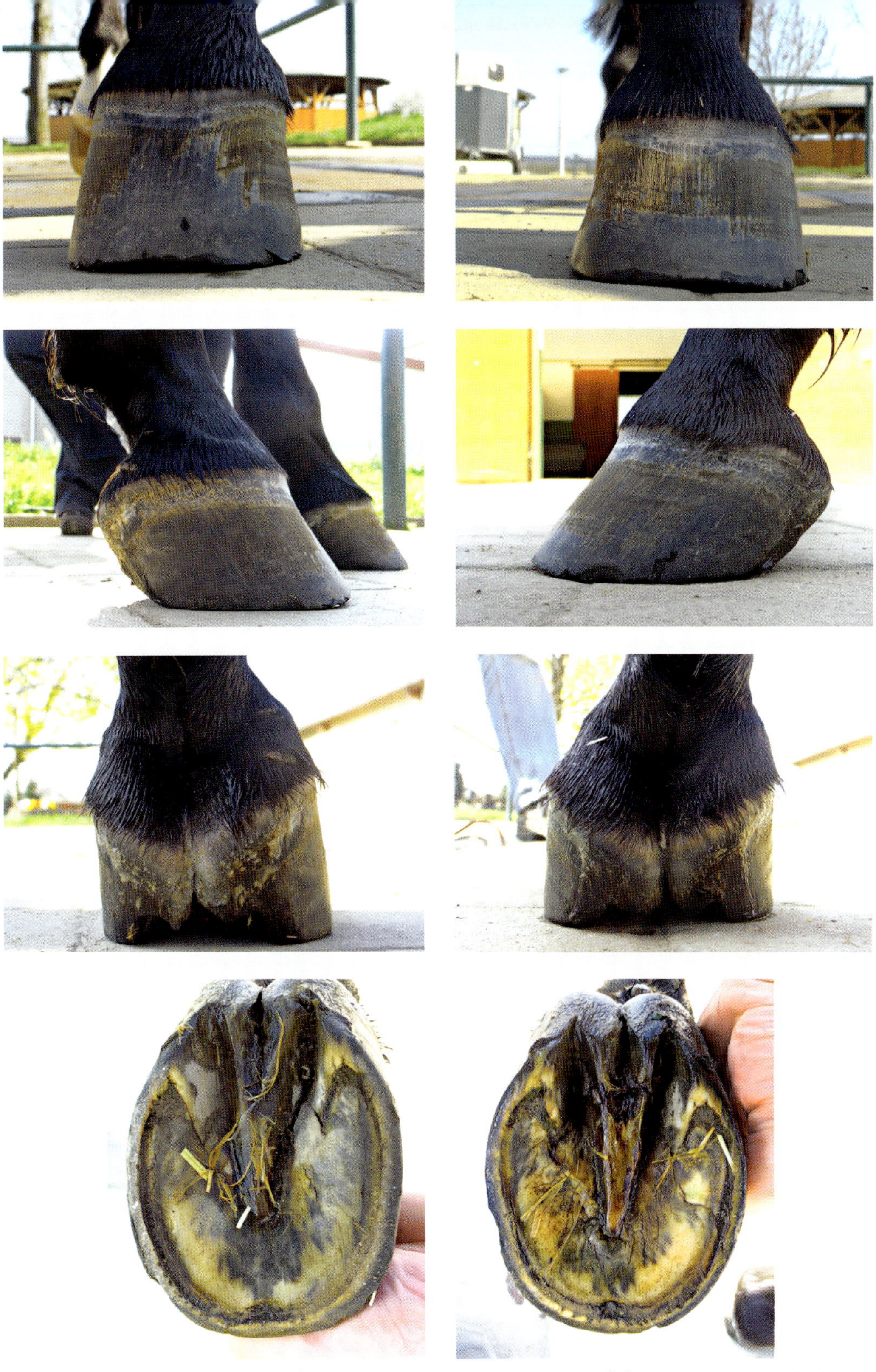

vorne rechts　　vorne links

Ganymedes' Hufe – aufgenommen vor der letzten Barhufbearbeitung durch meinen Kollegen Frank Vicent im April 2007. (Fotos: Frank Vicent)

Im Frühjahr 2007 wurde Ganymedes aufgrund einer unklaren Lahmheit zur genaueren Abklärung in die Tierklinik eingewiesen. Hierbei wurde die Diagnose Hufknorpelverknöcherung an beiden Vorderhufen gestellt. Von den dortigen Tierärzten wurde ein geschlossener Beschlag mit Unterpolsterung als Therapiemaßnahme empfohlen. Die Besitzerin kam dieser Empfehlung nach. Mit diesem Beschlag lief Ganymedes zunächst auch beschwerdefrei.

Allerdings verschlechterte sich die Hufsituation unter diesem Beschlag in der Folgezeit zusehends. Eine neue Kronrandspalte riss an derselben Stelle wieder auf und begann zu bluten. Dies beeinträchtigte Ganymedes beim Laufen erheblich und seine reiterliche Nutzung musste erneut eingeschränkt werden. Aufgrund der vorliegenden Diagnose Hufknorpelverknöcherung und der damit einhergehenden Therapieempfehlung wurde trotz dieser negativen Entwicklung drei Jahre an dem Beschlag festgehalten.

Irgendwann wurde wieder erwogen, ihn erneut mit einer Eisenplatte zu verschrauben. Aufgrund der Vorerfahrungen entschieden sich aber die Besitzerin sowie die behandelnde Tierärztin, welche Ganymedes seit 2009 betreute, einen weiteren Versuch ohne Beschlag zu wagen. Daraufhin wurde 2010 wieder ein Huforthopäde hinzugezogen. Die geschlossenen Eisen wurden abgenommen und die Hufe wurden erneut nach Prinzipien der modernen Barhufbearbeitung bearbeitet.

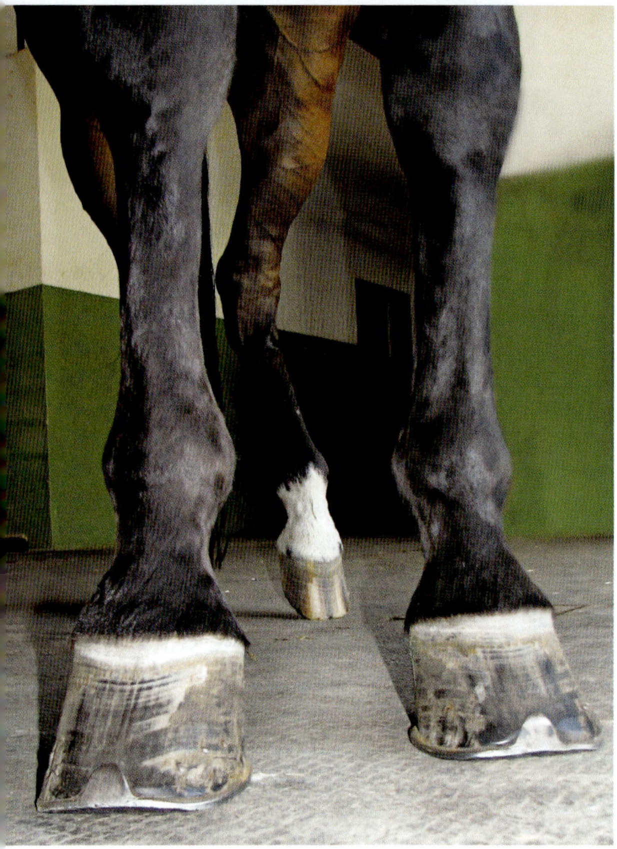

Ganys Hufe nach drei Jahren mit Beschlag im Juli 2010 …
(Foto: Dr. Ralf Kirschner)

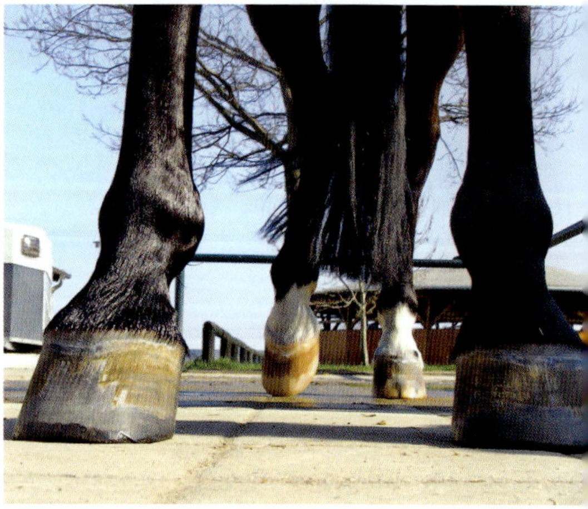

… und zum Vergleich dazu im April 2007.
(Foto: Frank Vicent)

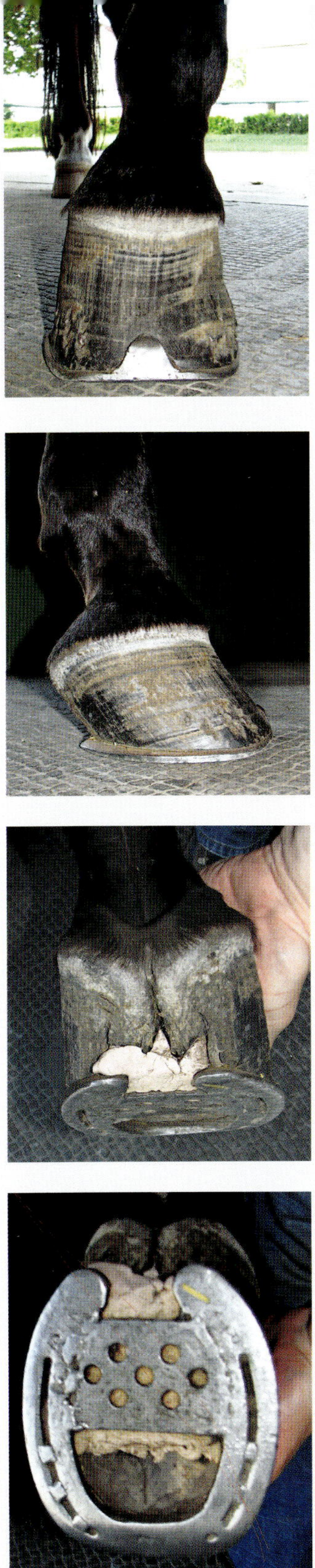

vorne rechts

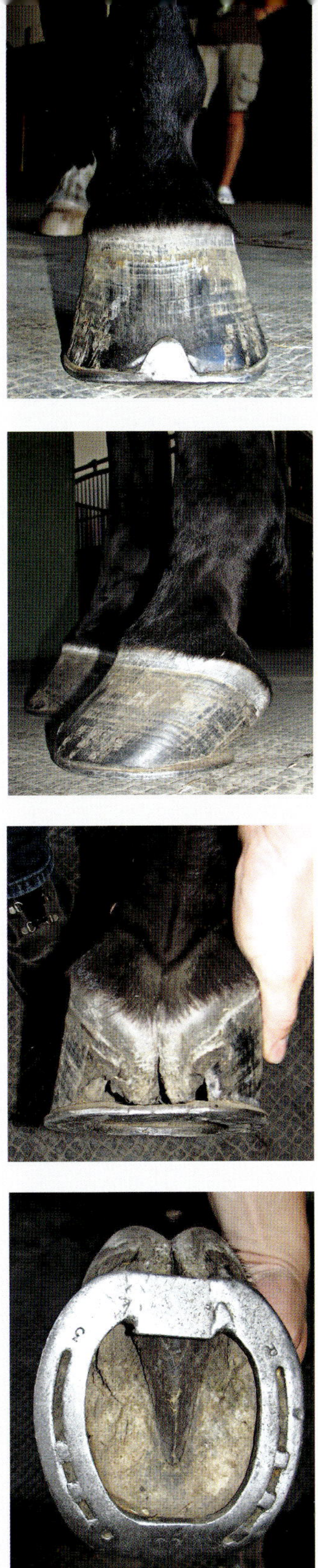

vorne links

Wie im April 2005 reichte ein Spalt über die gesamte mediale Hufwand des linken Vorderhufes, am Kronsaum ist der Spalt blutverkrustet – 10. Juli 2010.

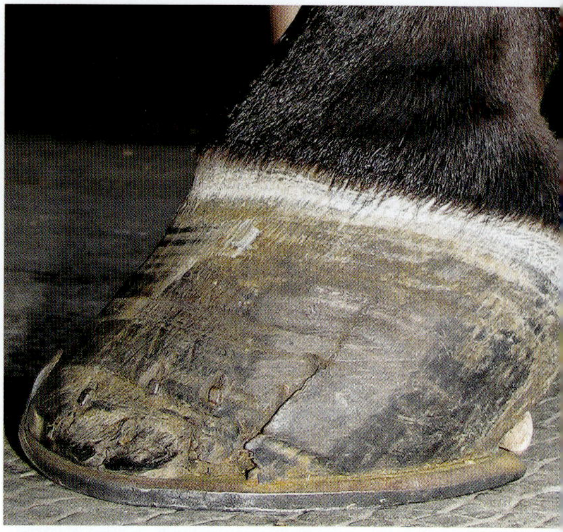

Aber auch am rechten Vorderhuf war in der medialen Seitenwand ein Spalt entstanden – 10. Juli 2010.

(Fotos: Dr. Ralf Kirschner)

Für die Übergangszeit wurde für Ganymedes Schonung angeraten und die reiterliche Nutzung auf ein Minimum reduziert. Die Hufsituation stabilisierte sich zusehends. Der Spalt begann sich zu schließen und allmählich herunterzuwachsen. Ganymedes konnte nun wieder normal geritten werden.
Zur Schonung der Hufe im oftmals steinigen Ausreitgelände wurden ihm Hufschuhe angepasst, mit denen er nun auch diese Strecken problemlos meistert.

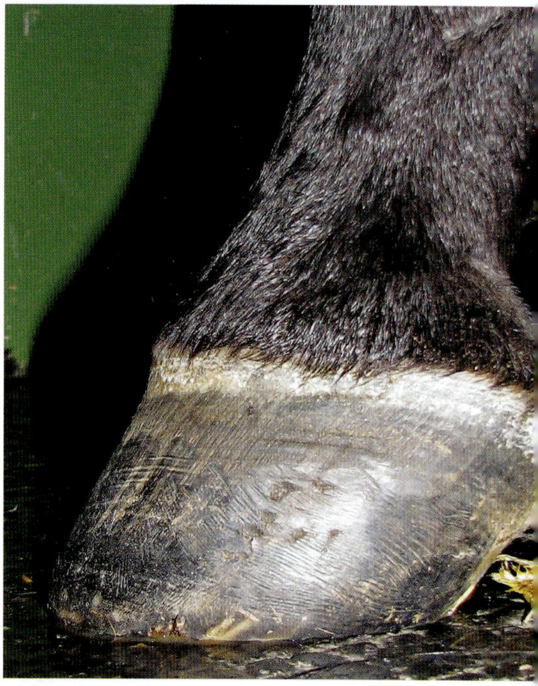

Der Spalt vorne rechts war im November 2010 herausgewachsen.

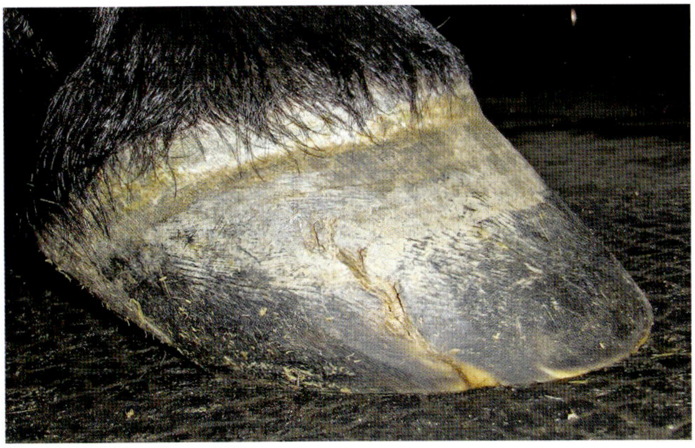

Im Februar 2011 war der Spalt zur Hälfte heruntergewachsen.

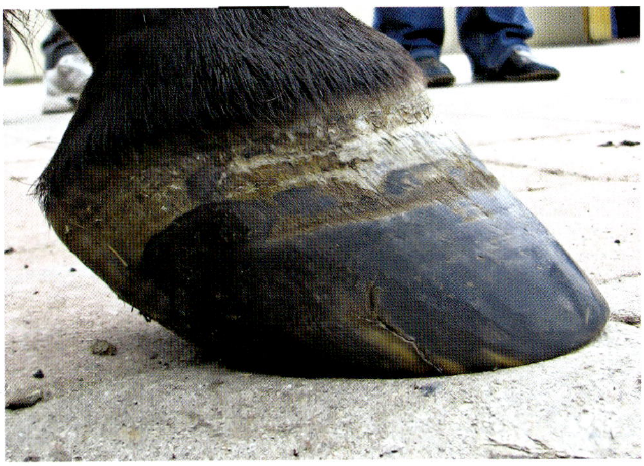

Mai 2011.

Juli 2011, letzter Rest-Ausbruch.

Nach einem dreiviertel Jahr durchgängiger Barhufbearbeitung war der Spalt bereits zu zwei Dritteln herausgewachsen. Allerdings zog sich Ganymedes im Frühjahr 2011 eine Hufgelenksentzündung zu. Die Diagnose der behandelnden Tierärztin vor Ort wurde zusätzlich durch die Tierklinik in Berlin bestätigt. Zur Ausheilung der Hufgelenksentzündung wurde seitens der Klinik ein Eisenbeschlag mit Einlagen zur Dämpfung empfohlen. Nach eingehender Beratung der behandelnden Tierärztin mit dem Huforthopäden sowie dem Hufschmied, welcher Ganymedes zuvor beschlagen hatte, wurde allerdings übereinstimmend entschieden, dass ein Eisenbeschlag hier auf keinen Fall in Frage kommt.

Ganymedes sprach auf die tierärztliche Behandlung an und war wenig später wieder lahmfrei. Die branchenübergreifenden Zusammenarbeit zwischen Tierarzt, Hufschmied und Huforthopäde hatte gewirkt und Ganymedes blieb barhuf.

6.3 Skadi – Empfindsame Füßchen lernen barhuf gehen

Steckbrief:

- 5-jährige Norwegische Fjordstute
- frischgebackenes Freizeitpferd, vorher Schulpferd
- beide Vorderhufe waren beschlagen, da sie sehr fühlig lief
- die Besitzerin entschloss sich zur Eisenabnahme, weil der Barhuf die gesündere Alternative ist und die Nutzung als Freizeitpferd keine Eisen erfordert

Pause beim Geländeritt 2012. (Foto: Heike Wolff)

Skadi wurde 5-jährig von ihrer Besitzerin gekauft. Beide hatten sich im Reitunterricht kennen und schätzen gelernt. Man blieb im gleichen Stall, nahm weiter gemeinsam Unterricht und wuchs zusammen. Schon beim Kauf hatte sich die zukünftige Pferdebesitzerin dafür interessiert, weshalb sie beschlagen ist und ob das bei ihr nicht vielleicht auch ohne Beschlag ginge. Nein, das wäre bei Skadi nicht möglich, man hätte es probiert, sie würde ohne Eisen nicht laufen, ihre Hufe wären zu schlecht. Nun ist die Besitzerin aber ein Typ Mensch, der es immer ganz genau wissen wollte. Weshalb lief Skadi eigentlich ohne Eisen schlecht und woher hatte sie die schlechten Hufe?

Sie begann sich mit der Thematik zu beschäftigen, las sich durch die verfügbare Literatur, recherchierte im Internet, sprach mit vielen Pferdeleuten und befragte Besitzer, die ihre Pferde erfolgreich auf Barhuf umgestellt hatten. Im Verlauf ihrer Recherche wurde sie sich endgültig sicher, dass sie Skadi ebenfalls umstellen wollte. Im Sommer 2008 rief sie mich an und sagte mir, dass sie ihr Pferd von den Eisen nehmen lassen wollte. Sie erkundigte sich danach, was es aus meiner Sicht zu beachten gelte, wann der günstigste Zeitpunkt wäre und ob ich bereit wäre, ihr bei ihrem Vorhaben behilflich zu sein.
Wir verabredeten die Barhufumstellung nach dem Sommer in Angriff zu nehmen.

Am 1. Oktober 2008 nahm ich Skadi ihre Eisen ab. Skadi hatte prinzipiell keine schlechten Hufe. Sie hatten eine normale Form und eine passende Größe und waren in sich – mit einer leichten lateralen Mehrbelastung – nahezu symmetrisch. Die Hornsubstanz war aktuell allerdings nicht sehr gut. Das Horn der Wände war eher brüchig, zudem war es an den Nagellöchern eingerissen. Sohlenseitig war das Horn der Hufe ziemlich stark durch Fäulnisprozesse geschädigt. Die Fäulnis war tief in die Blättchenschicht eingedrungen und hatte zudem auch sehr tiefe, schmierige Strahlfurchen hinterlassen. Ganz besonders hatten die Fäulnisprozesse dem rechten Vorderhuf zugesetzt, der aus diesem Grund im Trachtenbereich bereits deutlich enger geworden war als der hiervon weniger betroffene linke Vorderhuf. Die Hinterhufe waren weniger durch Fäulnis beschädigt und auch ansonsten schön in Form und Hornqualität.

Die Pferdebesitzerin bat mich um meine Einschätzung: Würde es für Skadi schwierig werden, mit diesen Hufen barhuf zu gehen? Im Stall

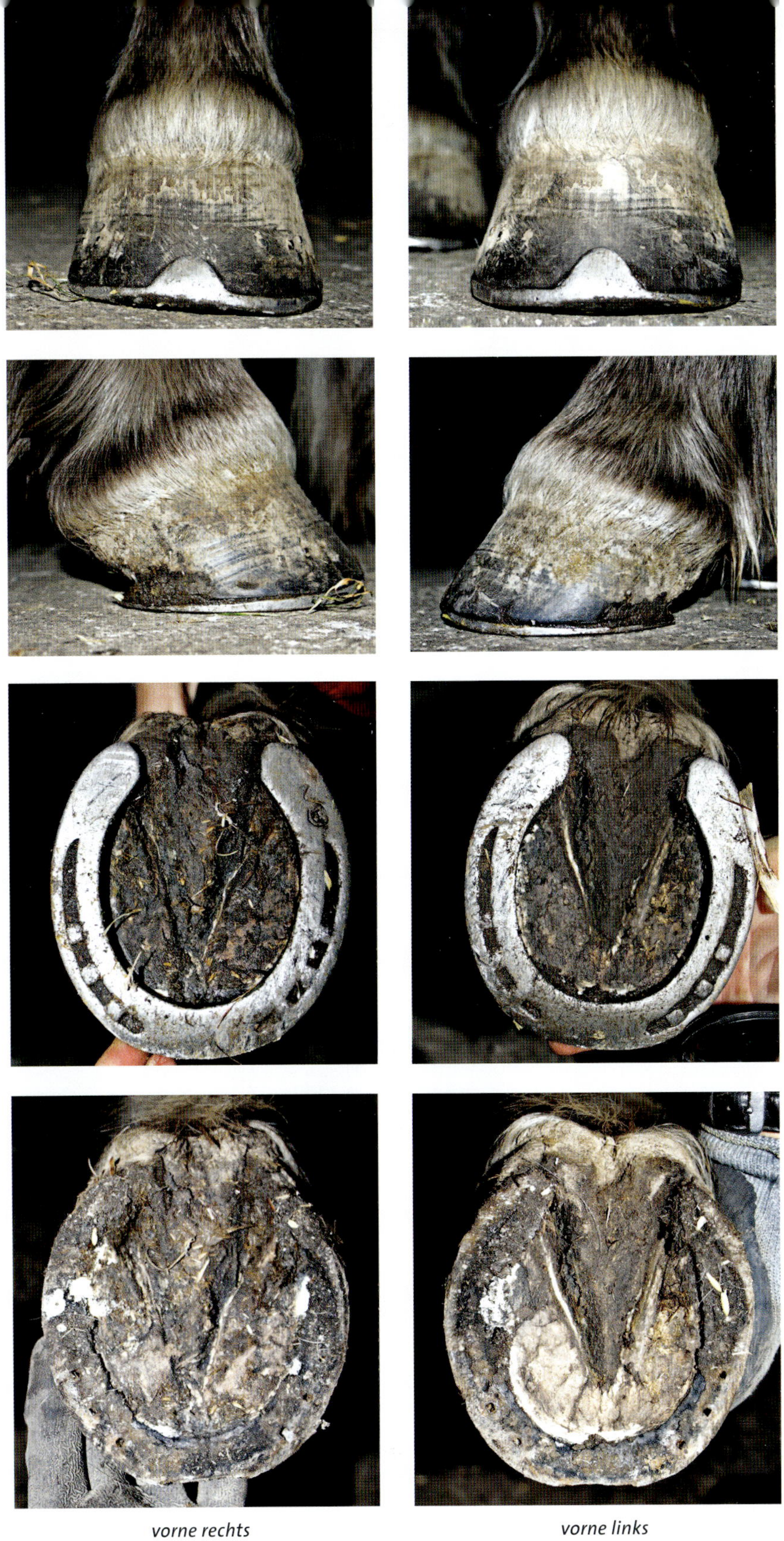

vorne rechts vorne links

Skadis Vorderhufe am Tag der Eisenabnahme am 1. Oktober 2008.

hatte man zu ihren Umstellungsplänen gesagt: »Bist Du wahnsinnig? Dieses Pferd kann nie ohne Eisen gehen!«. Nun, man kann zwar nicht immer mit Sicherheit sagen, wie schwer sich ein Pferd mit seinen Hufen tut, wenn es auf barhuf umgestellt wird. Da gibt es schlimme Hufsituationen und ungünstige Belastungssituationen, bei denen man sicher ist, dass die Umstellung eher schwierig werden wird und es gibt Hufe, bei denen man erwartet, dass die Gewöhnung ans Barhufgehen schnell und leicht vonstatten gehen wird. In beiden Fällen kann man sich täuschen. Es kann gut sein, dass ein Pferd mehr Probleme hat, als man erwartet hatte und genauso oft passiert es auch, dass ein Pferd sich wesentlich leichter tut, als man es den Hufen nach vermutet hätte. Man kann insofern nie ganz sicher voraussagen, dieses Pferd werde mehr und dieses werde weniger Probleme haben. Aber nach meinem ersten Eindruck von Skadis Hufen war ich doch ziemlich optimistisch. Skadi würde sicher keine größeren Probleme haben, sich umzustellen, vorausgesetzt es gelang uns schnell, die Fäulnisprozesse zu stoppen.

Leider ging letzteres jedoch nicht schnell genug bzw. war die Fäulnis am rechten Vorderhuf bereits so weit fortgeschritten, dass ich bei der zweiten Hufbearbeitung in der Tiefe der medialen Strahlfurche eine offene Wunde entdeckte. Beim Auskratzen der Hufe mit dem Hufkratzer blutete es plötzlich aus der medialen Strahlfurche. Augenscheinlich hatte ein verklemmter spitzer Stein oder ein Holzstückchen ausgereicht, um die dünne, faulige Hornschicht zu perforieren und nun lag die Lederhaut frei. Der Huf wurde nach dem Ausschneiden und Raspeln mit einer Wunddesinfektion versorgt und zum Schutz vor neuen Keimen in einen einfachen Windelverband eingepackt. Ich riet der Besitzerin in jedem Fall den Tierarzt zu rufen, damit dieser den Schaden begutachten und über weitere Maßnahmen entscheiden könnte. Neben einem Langzeit-Penicillinpräparat (Veracin®-compositum) bekam Skadi vom Tierarzt in der Folge 14 Tage Boxenruhe mit Hufverband verordnet.

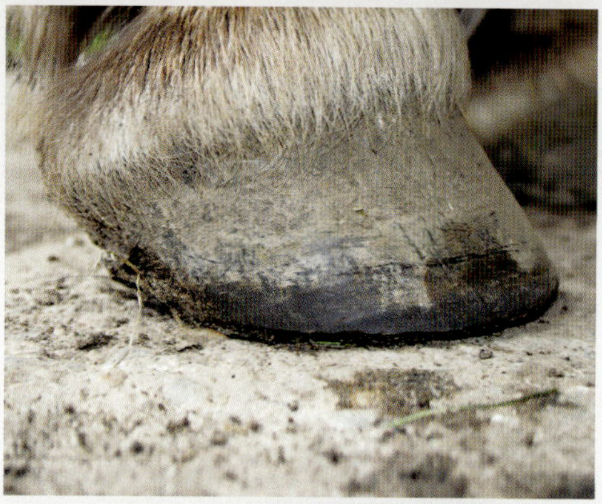

vorne rechts

Skadis gut benutzte Vorderhufe acht Monate ...

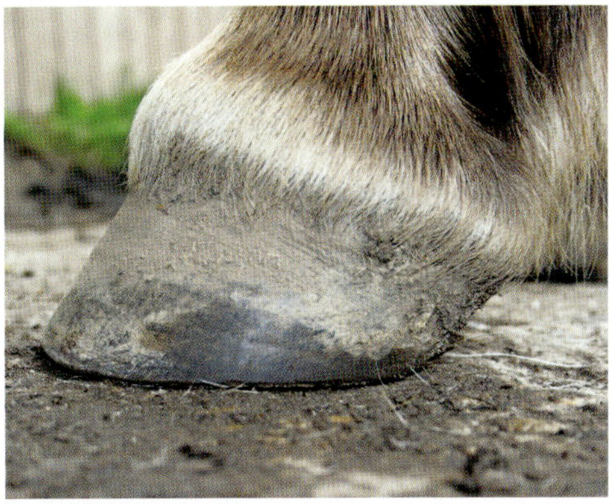

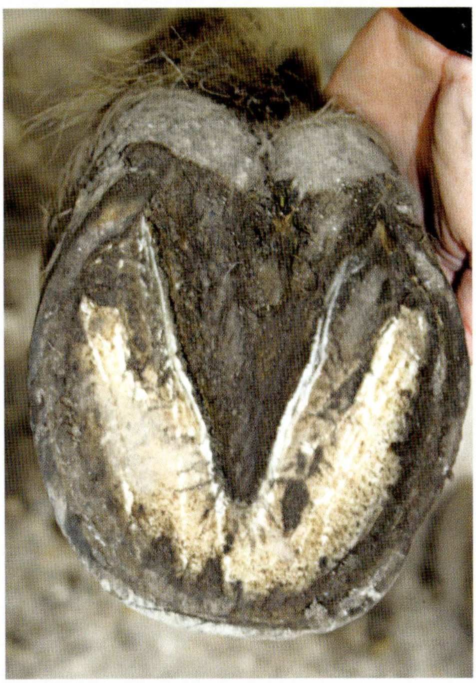

vorne links

... nach der Eisenabnahme, 24. Juni 2009.

In den vier Wochen zuvor war Skadis Besitzerin bereits mit ihr spazieren gegangen. Nach Ablauf der 14-tägigen Boxenruhe wurde das Spazierengehen wieder aufgenommen. Die Besitzerin bemühte sich dabei, möglichst weiche Wege zu benutzen, denn Skadi zeigte sich sehr fühlig. Vor allem wenn es über Kies und Splitt ging, der auf der Einfahrt zum Stall gestreut war, vermisste sie sehr deutlich ihre Eisen.
In dieser ersten Zeit der Barhufumstellung hörte die Besitzerin im Stall sehr häufig die Aussage »Wie lange willst Du Deinem Pferd das denn noch antun?«. Sie entgegnete diesen »Fragen« stets mit ihren Argumenten, erklärte, warum sie ihr Pferd barhuf gehen lassen wolle und, dass sie ihr auch die Zeit für die Umstellung geben würde. Sie hatte sich für den Barhuf entschieden, weil ein Freizeitpferd wie Skadi »nur ein bis zwei (maximal vier) Stunden am Tag läuft und sonst auf weicher Koppel bzw. in der Box herumsteht, weil der Hufmechanismus sonst schlecht funktioniert, weil das Pferd sonst nicht fühlt, was unter seinen Hufen ist, weil es sicherer unterwegs ist im Winter bei Schnee und Matsch und weil das Horn auf den Eisen immer bis zu den Nagellöchern ausbrach und einriss«.

Da die Fühligkeit sich zunächst nicht entscheidend besserte, erhielt Skadi Hufschuhe. Mit diesen lief sie auf Anhieb gut, so dass die Besitzerin und ihre Reitbeteiligung auch langsam wieder mit dem Reiten begannen. Drei Monate lang trug Skadi bei der Arbeit Hufschuhe, dann wurde in der Reithalle das Laufen ohne die Schuhe getestet. Die Arbeit und das Tempo wurden langsam gesteigert, irgendwann begann man dann auch im Gelände damit, die Hufschuhe wegzulassen. Im Mai 2009 fanden die Hufschuhe das letzte Mal Verwendung, seither meistert Skadi alles barhuf.

Der Trachtenbereich des rechten Vorderhufes hat sich acht Monate nach der Umstellung auf Barhuf gut entwickelt und unterscheidet sich nun kaum noch vom linken Huf. Die abgelaufenen Zehen zeigen, dass Skadi ihre Hufe ausgiebig nutzt. Die leichte laterale Mehrbelastung der Hufe lässt die Innenwände immer ein

Stück schräger werden als die Außenwände; letztere dagegen runden sich gern nach außen. Beides wirkt sich bei Skadi sehr schnell negativ auf die Trachten aus. Die Wände der Trachten sind sehr dünn, das Gleiche gilt auch für ihre Eckstrebenwände. In dem Bemühen, diese Verbiegewirkung möglichst gering zu halten, musste ich aber bei der Bearbeitung von Skadis Hufen arg aufpassen und durfte wirklich keinen Hornspan zuviel entfernen. Nicht nur einmal bekam ich die Rückmeldung, dass Skadi nach dem Huftermin doch wieder etwas empfindlicher lief als vorher. Das passiert mir nicht gern. Ich gab mir also die größte Mühe, aber es war zunächst einfach eine Gratwanderung. Ließ ich zuviel stehen, wurden die Hufe schiefer, entfernte ich zuviel, wurde sie empfindlich. Der Handlungsspielraum dazwischen war bei Skadi außerordentlich gering. Ich musste eingestehen, dass meine optimistische Einschätzung zu Beginn der Barhufumstellung doch insofern falsch gewesen war, als ich Skadis besondere Empfindsamkeit nicht einberechnet hatte. Ich hatte die Aussage der ehemaligen Besitzer zugegebenermaßen nicht sehr ernst genommen, dass Skadi wirklich sehr fühlige Hufe hätte. Bisher hatten sich solche Aussagen immer als falsch erwiesen und wenn die Hufe saniert waren, waren sie mitnichten fühlig. Dies war das erste Mal, dass die Das-sind-sehr-fühlige-Hufe-Aussage stimmte. Obwohl die Hufe nicht so aussahen, fühlte Skadi den Boden unter ihren Füßen eindeutig mehr als andere Pferde.

Mit der Zeit besserte sich die Empfindlichkeit. Sicher wird Skadi nie ein Indianer werden, wie beispielsweise Warren, der im gleichen Stall lebt und dem ich ein halbes Jahr später die Eisen abnahm. Aber in den Zeiten, wo Trockenheit herrscht und die Hufe nicht aufgeweicht und flexibel sind, läuft Skadi mittlerweile auch ohne Probleme über Kies und Splitt. Sie ist tatsächlich insgesamt im Laufe der Zeit um einiges unempfindlicher geworden.

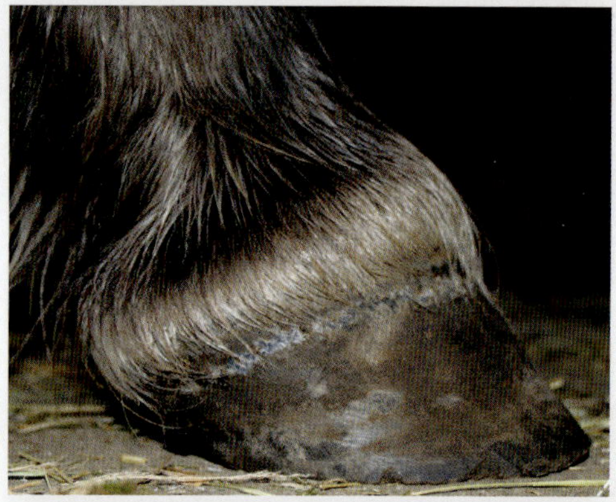

vorne rechts

Skadis Vorderhufe im vierten Jahr ...

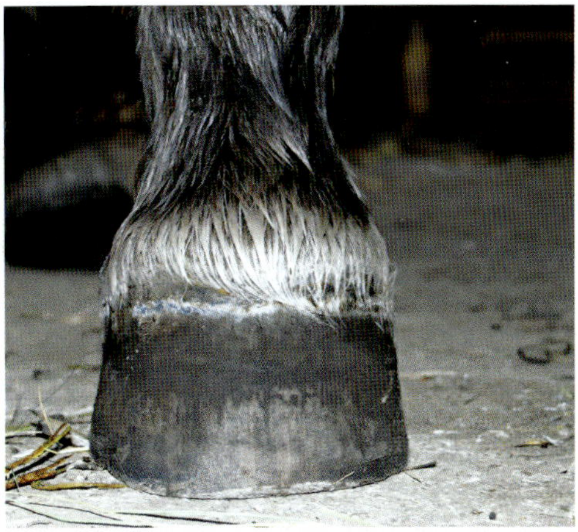

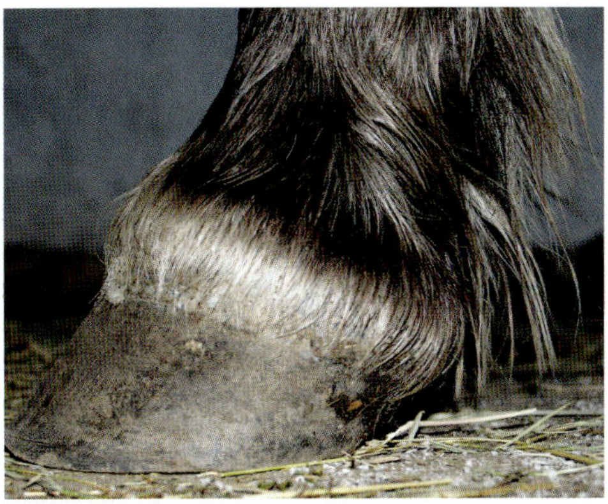

vorne links
... nach der Eisenabnahme, am 26. September 2012.

Skadis hübsch trainierter Hintern im Sommer 2010.

Vier Jahre nach der Barhufumstellung mag Skadi nach wie vor lieber etwas mehr als weniger Tragrand. Das findet sie einfach gemütlicher. Deshalb achte ich darauf, ihr bei der Hufbearbeitung auch stets so wenig wie möglich davon zu rauben. Je nach Nutzung, Jahreszeit (Wachstumsrate des Horns) und Bodenbedingungen ist dieser stehen bleibende Tragrand brauchbar und beständig oder nicht. Letzteres heißt: Mitunter neigt der Tragrand dazu, sich aufzubiegen und einzureißen und auch die Blättchenschicht in Mitleidenschaft zu ziehen.

Die Fotos vom September 2012 zeigen einen solchen Zustand. Dennoch vermeide ich es, den Tragrand prophylaktisch stärker zu kürzen (was die Hufe schmucker aussehen ließe).

Skadi und Heike 2012. (Foto: Heike Wolff)

Ein stärkeres Kürzen würde zwar verhindern, dass der Tragrand aufdröselt, aber Skadi hätte dafür ein schlechteres Laufgefühl.

Unser Deal ist deshalb Folgender: Ich achte darauf, dass die Hebelkräfte möglichst zivil bleiben und sorge bei der Hufbearbeitung für die Behebung eventueller kleiner Schäden, die durch den Tragrandüberstand provoziert werden, und Skadi bedankt sich hierfür durch gutes Laufen.

6.4 Warren – lässt sich einfach nicht mehr beschlagen

Steckbrief:

- 11-jähriger Wallach, Englisches Vollblut
- früher Rennbahn, heute intensiv genutztes Freizeitpferd
- Vorderhufe seit drei Wochen ohne Eisen, zuvor neun Jahre lang beschlagen; Hinterhufe barhuf, nur den Sommer über beschlagen
- Barhufumstellung erfolgte, weil er sich nicht mehr beschlagen ließ

Aber Warren begann sich bei den Schmiedeterminen von mal zu mal mehr aufzuregen. Bei einem Beschlagstermin Anfang April 2009 war es dann so schlimm, dass der Schmied abbrechen musste. Er konnte die Beschläge noch abnehmen und auch die Hufe ausschneiden, aber es war ihm nicht möglich, neue Eisen aufzubringen. Die Besitzerin stand nun vor der Situation, dass sie Warren zum Schmiedetermin jedes Mal hätte sedieren lassen müssen, damit er weiter beschlagen werden könnte. Da sie dies nicht wollte, hat sie sich dafür entschieden, »zu schauen, ob es bei ihm auch ohne Eisen geht«. In dieser Entscheidung bestärkt wurde sie durch eine Stallkollegin. Letztere ist die Besitzerin von Skadi, deren Barhufgeschichte ich zuvor beschrieben habe.[118]

Die Eisen waren bereits seit drei Wochen unten, als wir unseren ersten Huftermin hatten. Warren war in diesen Wochen recht fühlig gewesen, was sich aber in der Folgezeit sehr schnell besserte.

Warrens (und Tjadinas) Füße im Dezember 2007. (Foto: Tjadina Klein)

Warren wurde im Dezember 2007 von seiner jetzigen Besitzerin gekauft. Er war zu dieser Zeit neun Jahre alt. Warren lief in England auf der Rennbahn und wurde bereits als Zweijähriger beschlagen. Nach dem Kauf wurden die Beschläge an den Hinterhufen relativ bald abgenommen. Die Vorderhufe blieben beschlagen, so die Besitzerin, da »jeder, den ich gefragt hatte, hat gesagt, dass ein Pferd, das schon so lange mit Eisen läuft, ganz ohne nicht mehr klarkommt – und ein Pferd mit solchen Hufen sowieso nicht«.

118 *Beide Fälle könnten unterschiedlicher nicht sein. Skadi, die Empfindsame, mit ihren »Bilderbuch«-Hufen, und Warren, der Indianer mit den Gruselhufen, von denen man nicht glauben kann, dass schmerzfreies Laufen damit möglich ist.*

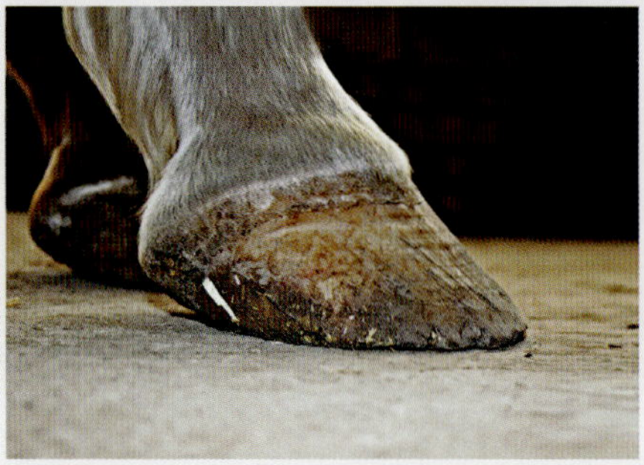

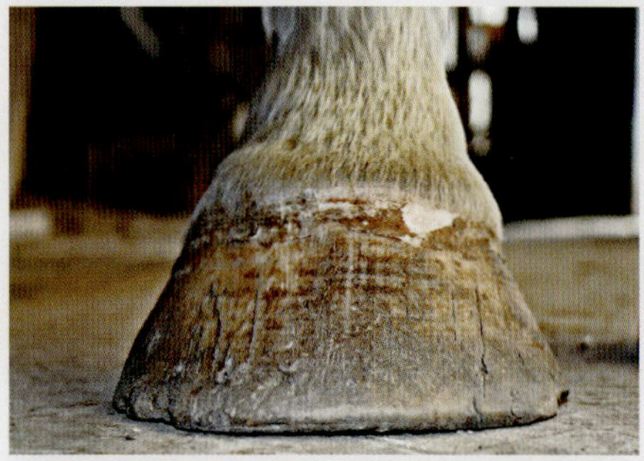

vorne rechts

Warrens Tellerhufe drei Wochen nach dem abgebrochenen Schmiedetermin am 22. April 2010.

Die Beschlagsperiode dauerte immer nur sechs Wochen, weil sich die Hufe sehr schnell verformten; Folgen: Ausbrüche, lose Wände, massive Fäulnis in der Blättchenschicht.

Am rechten Vorderhuf ist der Platthuf besonders ausgeprägt – der Huf ist größer und noch schrägwandiger als der linke Vorderhuf. Beide Vorderhufe weisen Ausbrüche, lose Wände und massive Fäulnis in der Blättchenschicht auf.

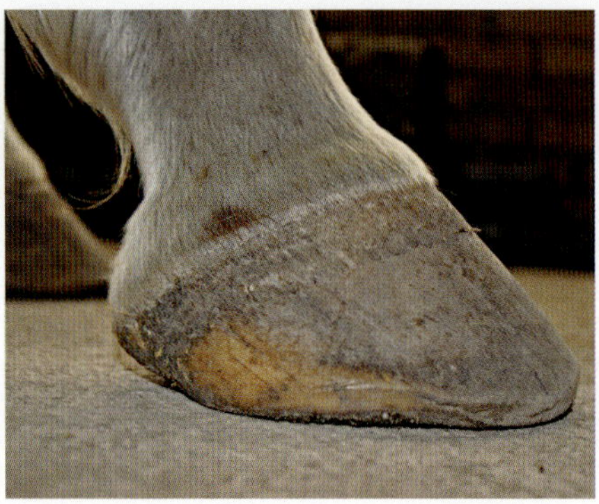

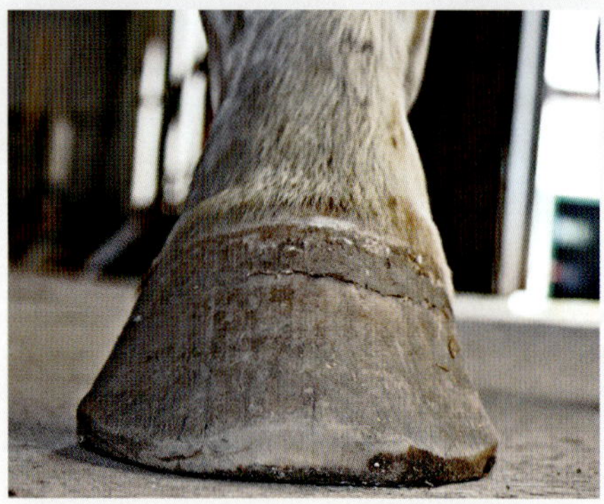

hinten rechts

Auch die Hinterfüße neigen dazu, sich zu verbiegen.

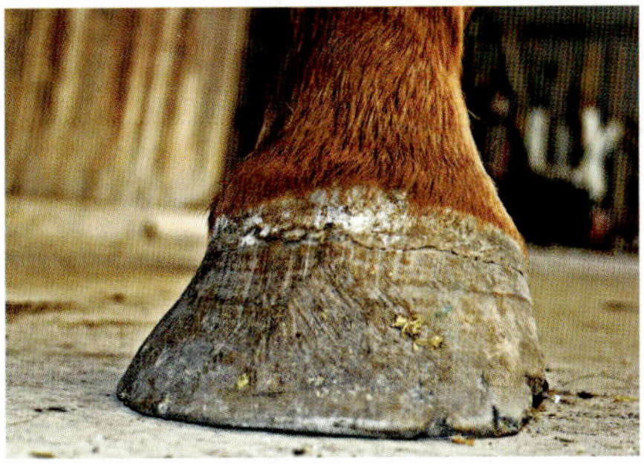

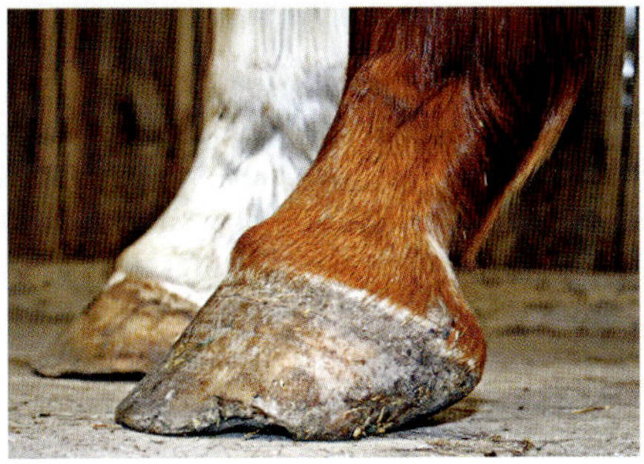

vorne links

Rechts ist der Platthuf besonders ausgeprägt – Huf größer, tellerförmiger, links dafür schiefer.

Durch die sehr schrägen, wegstrebenden Wände litten die Trachten sehr, legten sich stark unter den Huf.

Der linke Hinterhuf ist dafür schiefer. Durch die insgesamt sehr schrägen, wegstrebenden Wände leiden die Trachten sehr – sie sind eingerollt und untergeschoben.

Die Beschlagperiode dauerte bei Warren immer nur sechs Wochen, weil sich die Hufe sonst noch schlimmer verformen.

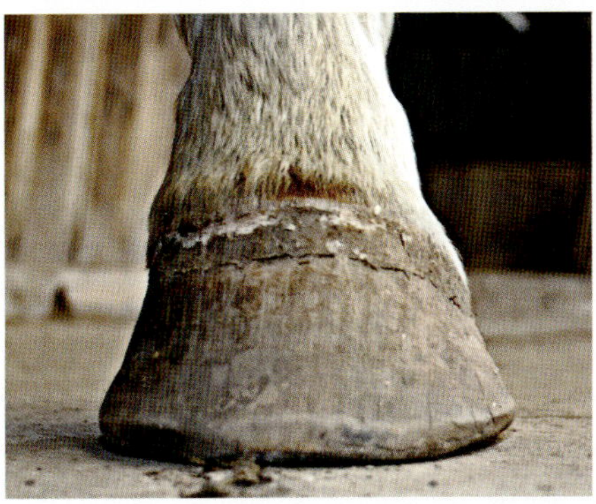

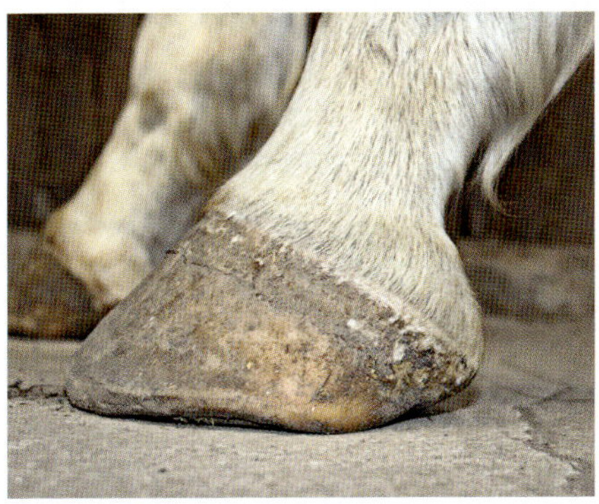

hinten links

Durch das bullnasige Beraspeln sehen die Hinterhufe momentan ziviler aus. Aber auch hier finden sich lose Wände und fäulnisbesetzte Blättchenschichten.

Trotz des Zustandes seiner Hufe lief Warren so gut, dass die Besitzerin bereits nach kurzer Zeit wieder Schrittrunden ins Gelände wagte. Bereits nach unserem zweiten Huftermin, etwa vier Wochen später, begann sie, Warren dann auch wieder ernsthaft zu reiten. Ich mahne bei der Barhufumstellung stets zur Vorsicht und dränge auch wirklich darauf, dass den Pferden auf keinen Fall zu früh zu viel abverlangt wird. Aber augenscheinlich fühlte sich Warren bei der Arbeit wohl und zeigte keinerlei Probleme beim Laufen. Ich mahnte zwar weiter zur Vorsicht, vertraute darüber hinaus aber auf die gute Beziehung der beiden und auf das Einfühlungsvermögen der Besitzerin ihrem Pferd gegenüber. Warren bereiteten die Barhufe auch im weiteren keine Probleme, auch wenn ich doch in regelmäßigen Abständen und immer wieder über den Zustand und die Formen seiner Füße erschrak. Er war definitiv ein Indianer.

Mit der Zeit fiel der Besitzerin auf, dass Warren sich nicht mehr mit den Vorderbeinen anschlug. Sie hatte ihn bislang wegen seines ausgeprägten Streifens der Vorderbeine nur mit Gamaschen geritten.

Warrens neue Gamaschen ...

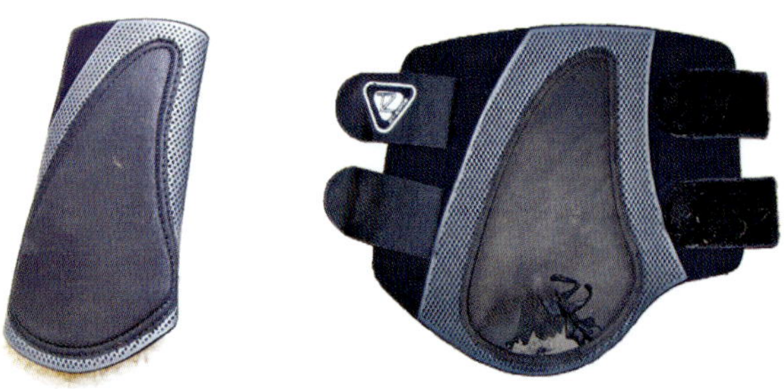

... sahen nach einem Jahr der Benutzung so aus. (Fotos: Tjadina Klein)

Ohne die Gamaschen hätte sich Warren früher furchtbar die Beine aufgerissen. Barhuf hörte das Streifen vollkommen auf und die Gamaschen wurden nicht mehr benötigt. Auch stolperte Warren jetzt nicht mehr. Alles in allem war Warrens Beschlagsverweigerung der Auftakt zu einer rundum positiven Entwicklung, auch wenn Warrens Hufe immer eine besondere Baustelle blieben.

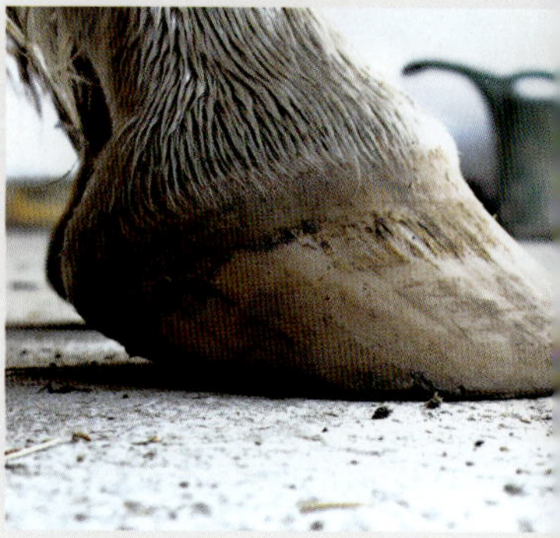

vorne rechts

Sobald der Tragrandüberstand an Warrens Hufen nur etwas größer (= länger) wird, schrägt und beult es, dass man am liebsten weinen möchte. Aber er läuft bestens damit.

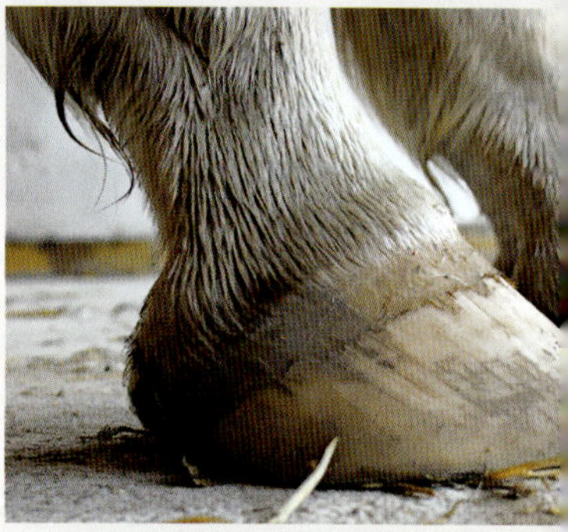

hinten rechts

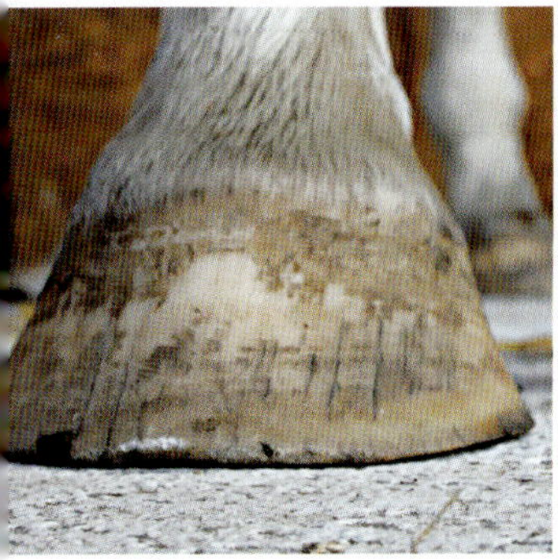
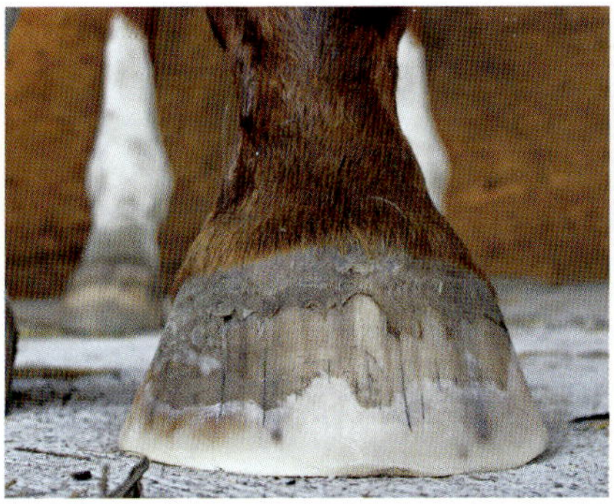
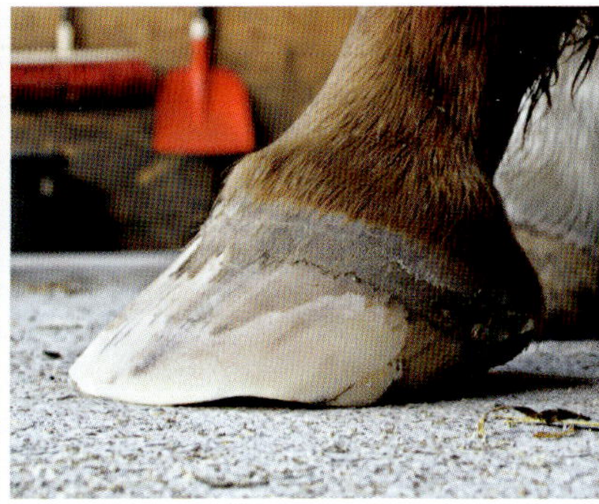

vorne links

Nach der Bearbeitung.

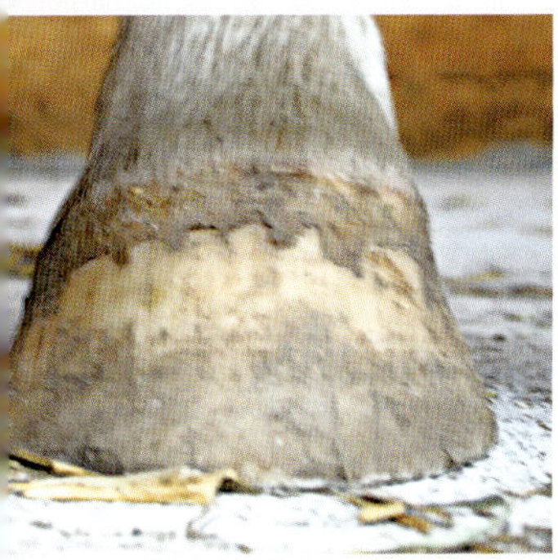
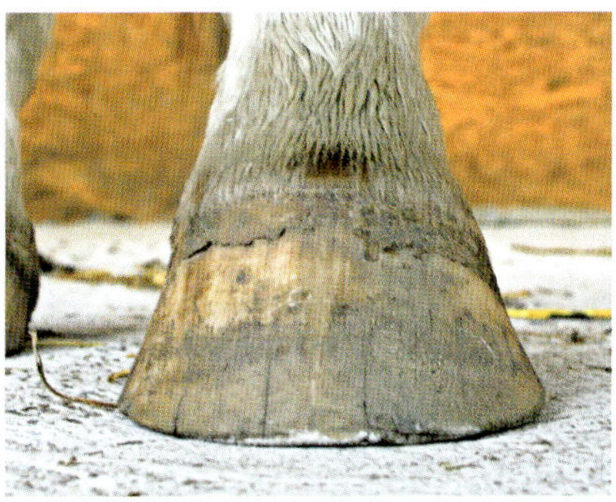
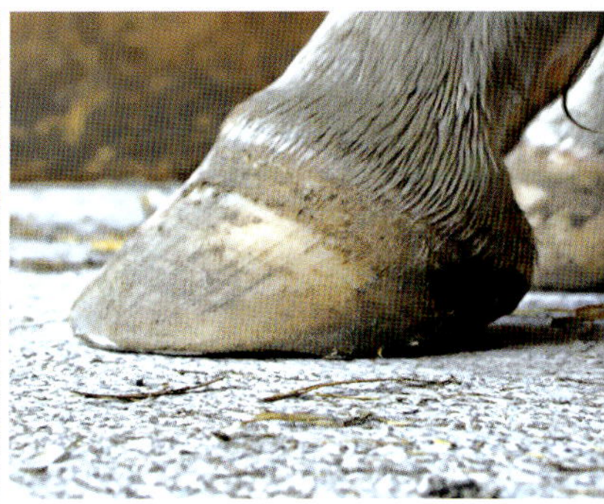
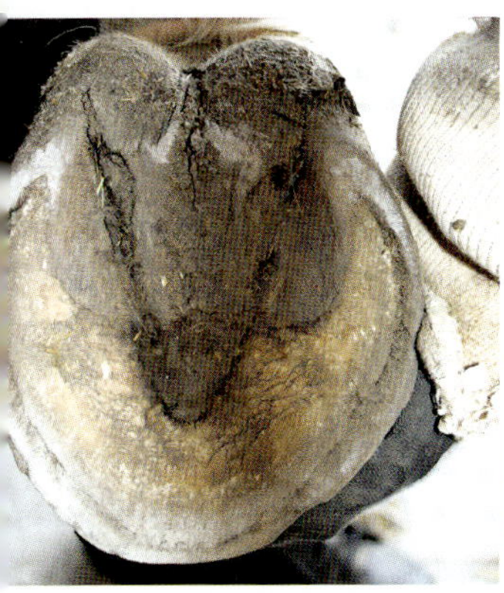
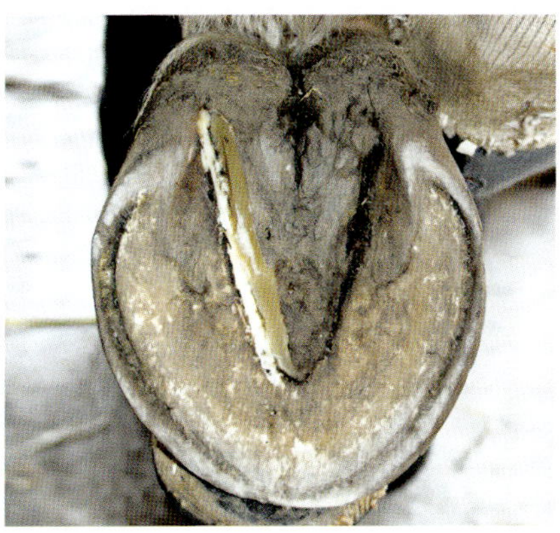

hinten links

Warrens Hufe haben immer wieder Risse und die Wände biegen sich sehr leicht davon.

Warrens Hufe ein Jahr nach der Barhufumstellung.

Tjadina und Warren zurück aus dem Gelände – super gelaufen, 28. April 2010.

Nach unseren Hufterminen schwang sich die Besitzerin oft noch gleich aufs Pferd. So auch bei dem oben dokumentierten Termin am 28. April 2010. Auch unmittelbar und direkt nach der Hufbearbeitung hat Warren keine Probleme mit dem Laufen.

Warrens Beine hatten früher zahlreiche Überbeine, die sicher zum Teil auch aus seiner Zeit auf der Rennbahn stammten. Nachdem er eine Zeit lang ohne Eisen lief, sahen die Beine deutlich besser aus. Es sind zwar noch ein paar wenige harte Verknöcherungen geblieben, aber insgesamt haben sich die Überbeine stark zurückgebildet.

Heute wird täglich mit Warren gearbeitet. Das ist mehr als früher mit den Eisen. Hauptsächlich machen die beiden Dressurarbeit, aber insgesamt hat Warren ein sehr abwechslungsreiches Programm. So gibt es Springen, Longieren, Bodenarbeit, Zirkuslektionen, Geländeritte und ab und zu geht seine Besitzerin mit ihm auch beim täglichen Trainingsgalopp der Rennpferde mit.

Rückschauend zieht Warrens Besitzerin, die heute Tiermedizin studiert, Anfang 2012 folgendes Fazit:

»Warren ist sehr zufrieden ohne Eisen. Da er nicht mehr beschlagen werden muss, hat er weniger Stress, auch die Hufe sehen mittlerweile viel besser aus als sie je mit Eisen ausgesehen haben. Er läuft super; auf Schotter läuft er manchmal noch ein bisschen fühlig, ansonsten hat er mit keinem Boden Probleme. Auch mehrstündige Geländeritte und längere Strecken auf Asphalt/Hartem Boden machen ihm nichts aus. Er läuft sicherer als früher, rutscht auch auf nassem Boden (z. B. nassem Gras) nicht. Insgesamt war es eine sehr gute Entscheidung, ihn auf Barhuf umzustellen.«

Warren und Tjadina problemlos eisenlos.

(Fotos: Tjadina Klein)

6.5 Stählern – Barhuf trotz Fehlstellung?

Steckbrief:

- 9-jähriger Haflinger-Wallach
- Freizeitpferd, Geländereiten
- Vorderhufe beschlagen mit offenen Eisen mit zwei Aufzügen
- Barhufumstellung wegen Fehlstellung vorne rechts

Stählern (ich nenne ihn auch gern Stahlemann) wurde von seiner jungen Besitzerin und ihren Eltern als 4-jähriger gekauft. Zum Zeitpunkt des Kaufs war Stählern auf den Vorderhufen bereits beschlagen. Weshalb er die Eisen trug, ist nicht bekannt, es war ganz einfach so. Und zunächst blieb es auch einfach weiter dabei, Stählerns Vorderhufe wurden regelmäßig beschlagen, hinten lief er weiter barfuß. Niemand hatte Zweifel, dass dies alles exakt so sein müsse. Geritten wurde Stählern dabei eher weniger als heute, wo er barhuf läuft. Es bestand also nicht wirklich die Notwendigkeit eines Schutzes vor übermäßigem Hornverlust. Die Schmiedetermine waren jedes Mal ein ziemlicher Kampf. Zeitweise musste Stählern sogar sediert werden, damit der Hufschmied überhaupt an ihm arbeiten konnte.

Aus Gesprächen mit anderen Pferdebesitzern im Stall ergab sich irgendwann die Idee, ob es nicht vielleicht möglich wäre, Stählern auf barhuf umzustellen. Vielleicht würde dadurch ja auch die Fehlstellung auf der rechten Vordergliedmaße verschwinden. Stählern lief vorne rechts massiv »über den Onkel«. Darüber hinaus hatte man eigentlich ständig mit Ausbrüchen und Fäulnis zu kämpfen. Evtl. würde das ja ohne Beschlag auch besser werden.
Die Besitzer vereinbarten einen Termin mit mir. Ich sollte mir Stählerns Hufe anschauen und Ihnen sagen, ob es möglich ist, ihn auf barhuf umzustellen. Und ich wurde gefragt, ob ich seine Fehlstellung bessern könnte.
Stählerns rechte Zehe war ab dem Fesselgelenk stark einwärts gedreht. Zudem war die Huf-Fessel-Achse nach lateral gebrochen, d. h. der Huf wich von der geraden Achse nach innen ab, er kippte regelrecht auf die Laterale. Der Huf war entsprechend schief, mit einer überlasteten lateralen und einer nach innen ausweichenden medialen Hufhälfte. Beim Abfußen »onkelte« Stählern über die äußere Zehe.
Ich sagte den Besitzern, dass eine solche Fehlstellung, wenn sie über einen längeren Zeitraum besteht und womöglich schon auf Fohlenbeinen erworben wurde, ein Stück weit zementiert ist. Und sie hat damit dann auch irgendwann immer durchaus ein Stück weit ihre »Berechtigung«, denn die Knochen und Gelenke haben sich über die Zeit entsprechend geformt und in dieser Situation eingerichtet. Man tut ihnen keinen Gefallen, wenn man sie in eine normale bzw. ideale Stellung zwingt. Nicht nur, dass diese keinen Bestand hat, sondern die dazu notwendigen wiederholten Manipulationen am Huf, um die Stellung zu begradigen, setzen permanent kleine Schädigungen. Ich sagte, dass ich skeptisch sei, dass Stählern durch die Umstellung auf Barhuf eine gerade rechte Gliedmaße bekäme und aufhören würde, über den Onkel zu laufen. Ich sagte Ihnen aber auch, dass er wegen dieser Fehlstellung keinen Beschlag bräuchte. Im Gegenteil: Mit Beschlag ist es ja viel schwieriger, den Huf unter der Gliedmaße zu halten. Der Hufschmied muss beim Umbeschla-

gen dafür sorgen, die Hufe und Gliedmaßen so weit wie möglich zu korrigieren. Ist der Beschlag einmal angebracht, macht der Huf seine eigene Rechnung auf und entwickelt sich bis zum nächsten Schmiedetermin wieder in negativer Richtung, ohne dass man während dieser Zeit eine Möglichkeit der positiven Einflussnahme durch Steuerung des Abriebs und gezielte Nutzung des Bodengegendrucks hätte. Im Resultat ist der Huf zum Ende der Beschlagsperiode stets wieder genauso schief wie vorher. Unter Umständen ist er auch schiefer, wenn bspw. zu viel Zeit vergangen oder das Horn schneller gewachsen ist. Am Barhuf kann der Hornabrieb anders als unterm Beschlag dafür genutzt werden, dass keine solche regelmäßige Negativentwicklung stattfindet. Darüber hinaus kann man das Horn des Barhufs gezielt so gestalten, dass die Bodenreaktionskräfte sich möglichst positiv und nicht verformend auf den Huf auswirken. Wie gerade Huf und Gliedmaße dabei werden würden, ist und bleibt durch die konkrete Ausformung der Gelenke und Knochen bestimmt und ist nicht wirklich vorhersagbar. Die Zeit wird es zeigen.
Zweieinhalb Wochen später nahm ich Stählern die Eisen ab. Er war sehr angespannt und ungeduldig und ich musste mich bei der Arbeit arg sputen, um den kleinen Finger an Kooperationbereitschaft, den er mir reichte, nicht überzustrapazieren.

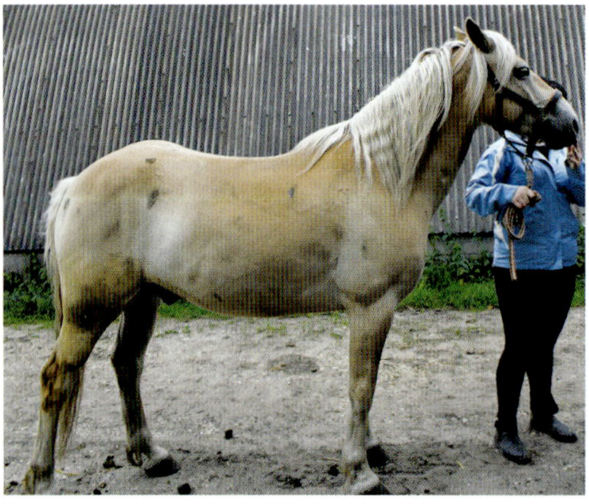

Zum ersten Huftermin – Stählern reichlich angespannt.

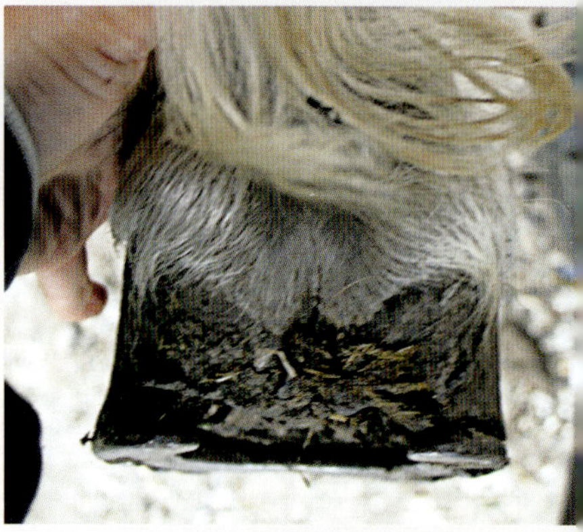

vorne rechts

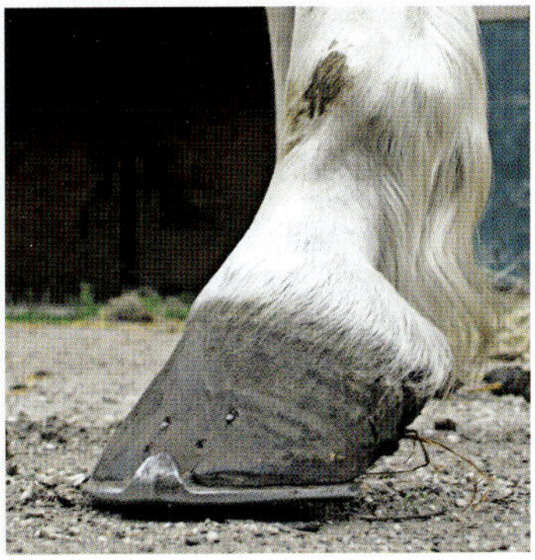

vorne links

Stählerns Vorderhufe am Tag der Eisenabnahme am 22. Juli 2011.

vorne rechts

vorne links

Stählerns Vorderhufe waren unterschiedlich hoch; der linke Huf stand zum Zeitpunkt der Eisenabnahme aus irgendeinem Grund um einiges höher, als der rechte Partnerhuf. Beide Hufe waren in den Ballen gezwängt und der Strahl des linken Vorderhufes war durch Fäulnisprozesse bedenklich in Mitleidenschaft gezogen. Die Tragränder der Hufe waren sehr instabil und das Horn der Vorderhufe wirkte ungesund, mit einer Struktur wie Blätterteig. Zwischen Sohle und Wand sowie unter den Eckstreben hatten sich tiefe Fäulnistaschen gebildet. Kein Wunder, dass diese Hufe immer wieder ausbrachen. Ich war mir sicher, dass das Barhufgehen die Hornqualität bei Stählern schnell verbessern würde. Auch gegen die Fäulnis konnte man jetzt, ohne das abdeckende Eisen, viel leichter vorgehen. Ich zeigte der Besitzerin, wie sie den Strahl pflegen und tamponieren konnte, um das Verschwinden der tiefen Strahlfäulnis zu beschleunigen.

Der Zustand der barhufigen Hinterhufe war um einiges besser. Allerdings bestand auch hier auf einem Huf – in diesem Fall dem rechten – ein massives Strahlfäulnisproblem. Auffällig war außerdem, dass Stählern sich auf beiden Hinterhufen eine Zehenrichtung angelaufen hatte. Das ist eine Sache, die man bei einem erst 9-jährigen Pferd unbedingt im Auge behalten muss, da sie ein Indiz dafür sein kann, dass der funktionale Bewegungsablauf durch irgendetwas gestört ist.

Wie besprochen, hatte Stählern in den nächsten Wochen zunächst einmal arbeitsfrei. Spazierengehen war gestattet, geritten werden sollte er mit seinen frisch gewonnen Barhufen jedoch erst einmal nicht. Da bis zum nächsten Termin alles bestens verlief und Stählern trotz des blättrigen und sich schnell verlierenden Tragrandes keine Probleme mit Fühligkeit hatte, durfte die Arbeit fünf Wochen nach der Eisenabnahme langsam wieder aufgenommen werden. Immer unter der Maßgabe der guten Beobachtung, wie es ihm auf seinen Füßen ging.

Genauso erfreulich unkompliziert wie Stählern Barhuf zurechtkam, so positiv entwickelte sich auch die Fehlstellung seiner rechten Vordergliedmaße. Stählern stand vor der Eisenabnahme mit der rechten Zehe wirklich extrem nach innen gedreht. Die Bildserie zeigt: Egal, wie man Stählern

Stählerns Fehlstellung vor der Eisenabnahme am 22. Juli 2011, …

... zwei Monate später am 21. September 2011, ...

Der Huf ist immer noch schief und die Gliedmaßenachse weicht nach medial ab, aber beides ist bereits weniger ausgeprägt.

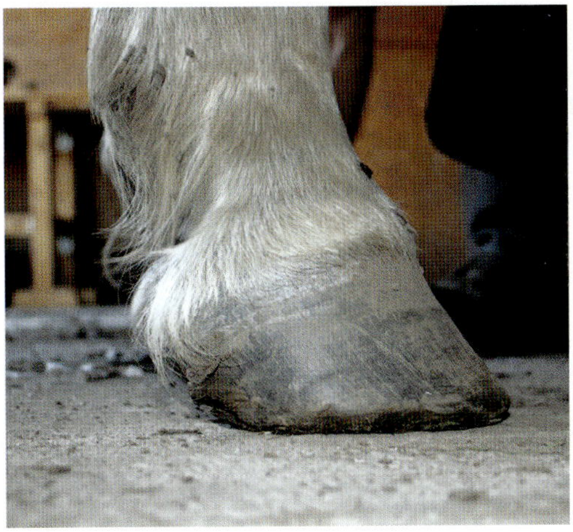

Insgesamt ist das Wandhorn der Vorderhufe so kurze Zeit nach der Eisenabnahme noch von sehr schlechter Qualität. Der Tragrand hält der Belastung kaum stand und ist sehr brüchig.

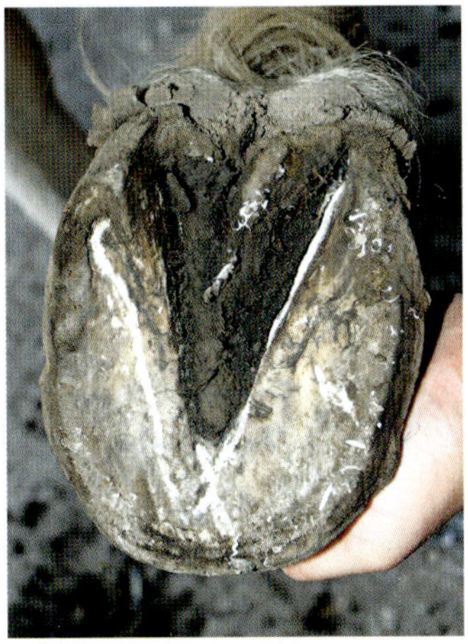

Blätterteighorn und Fransentragrand lassen keinen großen Spielraum.

... und am 11. Januar 2012, sechs Monate nach der Eisenabnahme.

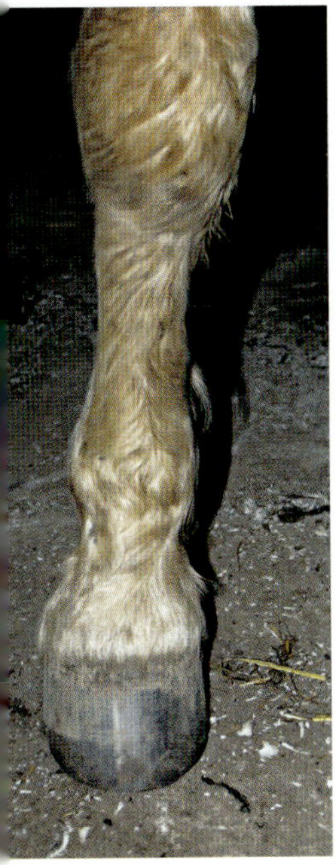

Die gesamte rechte Gliedmaße steht jetzt deutlich gerader, ...

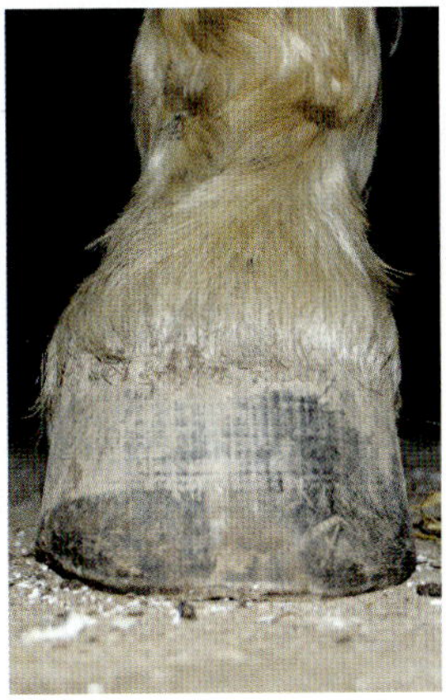

... auch wenn der Huf in seiner Außenwand noch immer etwas niedriger ist, ...

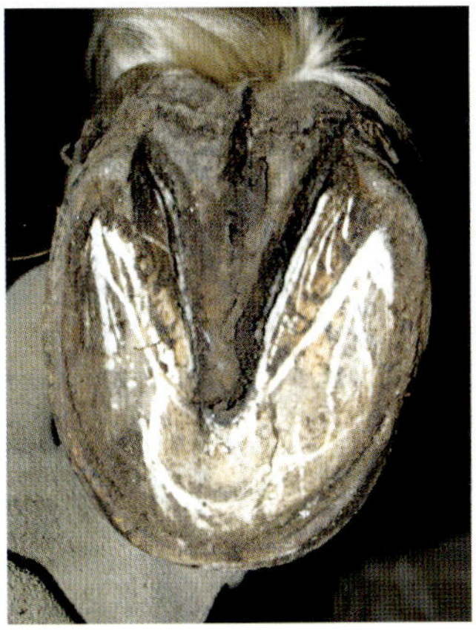

... was hauptsächlich durch die noch immer schlechtere Standfestigkeit des äußeren Tragrandes verursacht wird.

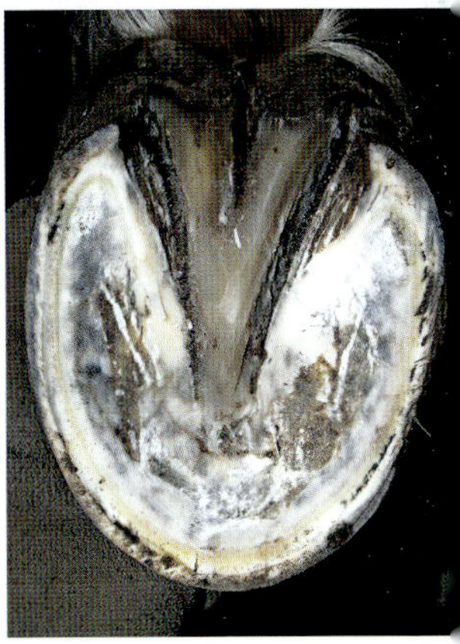

Insgesamt ist die Hornqualität jetzt, ein halbes Jahr nach Eisenabnahme, schon deutlich besser geworden. Während der innere Tragrand stabil ist und Bestand hat, dröselt sich der äußere Tragrand bedingt durch seine steilere Stellung und die auf ihm lastende höhere Gewichtsbelastung, noch immer leicht auf. Das führt zu Material- und Höhenverlust.

1,5 Jahre nach der Eisenabnahme, am 27. Februar 2013.

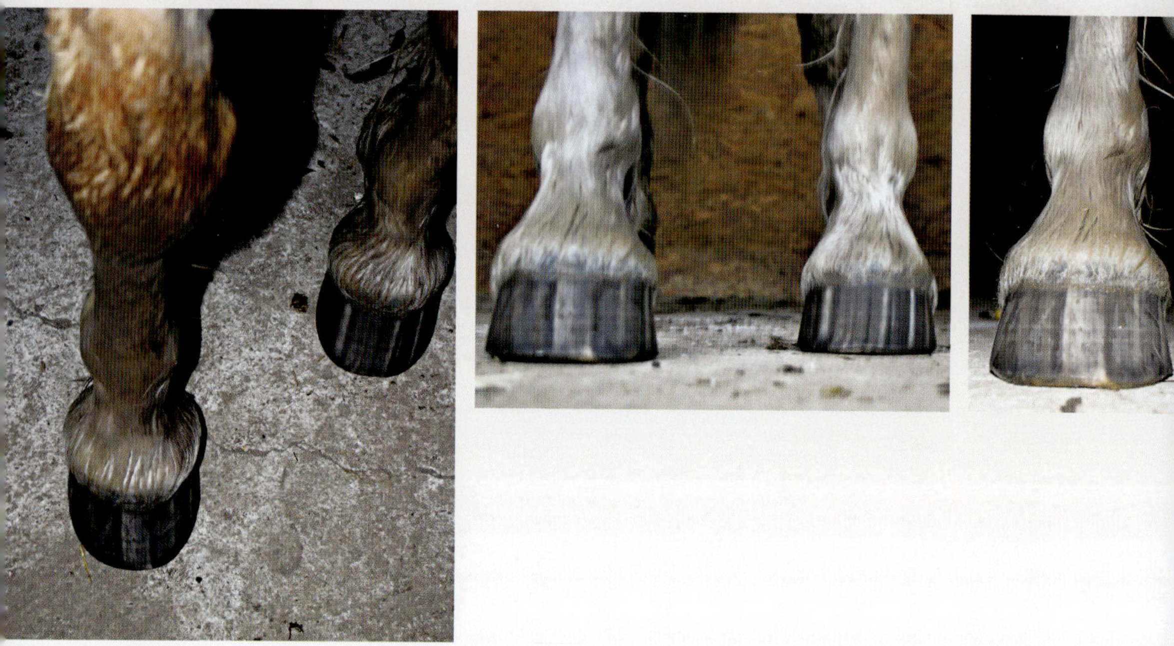

Stählerns rechte Vordergliedmaße ist jetzt nahezu gerade – ein schöner Nebeneffekt der Eisenabnahme.

hinstellte, er konnte seinen rechten Fuß nicht anders belasten. Diese Problematik begleitete ihn schon lange und deshalb war für mich am Anfang auch offen, wie weit sich diese Fehlstellung bessern lassen würde. Sicher war nur, dass ich ihm das regelmäßige Schiefwerden (auf dem Eisen) und das anschließende immer wieder Geradeschneiden (zur Korrektur beim Umbeschlagen) ersparen konnte, indem ich durch meine Hufbearbeitung zukünftig den Abrieb steuerte. Aber es zeigte sich bald, dass die Eisenabnahme sich auch auf die Stellung der rechten Gliedmaße positiv auswirkte.

Stählern kommt prima ohne Hufeisen zurecht. Dabei wird er jetzt deutlich mehr geritten als früher mit den Eisen. Er geht problemlos auf allen Böden, stolpert nicht mehr und sein Hufhorn ist gesund und kräftig geworden. Es gibt keine Probleme mehr mit Ausbrüchen und eingetretenen Steinen und die Besitzerin ist froh, dass sie nun auch keine Angst mehr davor zu haben braucht, dass Stählern beim Ausreiten oder beim Toben auf der Koppel wegrutscht oder sich wieder einmal ein Eisen abreißt.

Auch die Fäulnisprobleme sind letztlich verschwunden, wobei wir hier erst wirklich erfolgreich waren, als die Matratze aus der Box entfernt wurde.

Insgesamt haben sich Stählerns Hufe prächtig entwickelt. Die Hufwände sind glatt und glänzend, die Blättchenschicht ist geschlossen und fäulnisfrei, die Ballen sind nicht mehr gezwängt und die Hufe stehen gerade unter der Gliedmaßensäule.

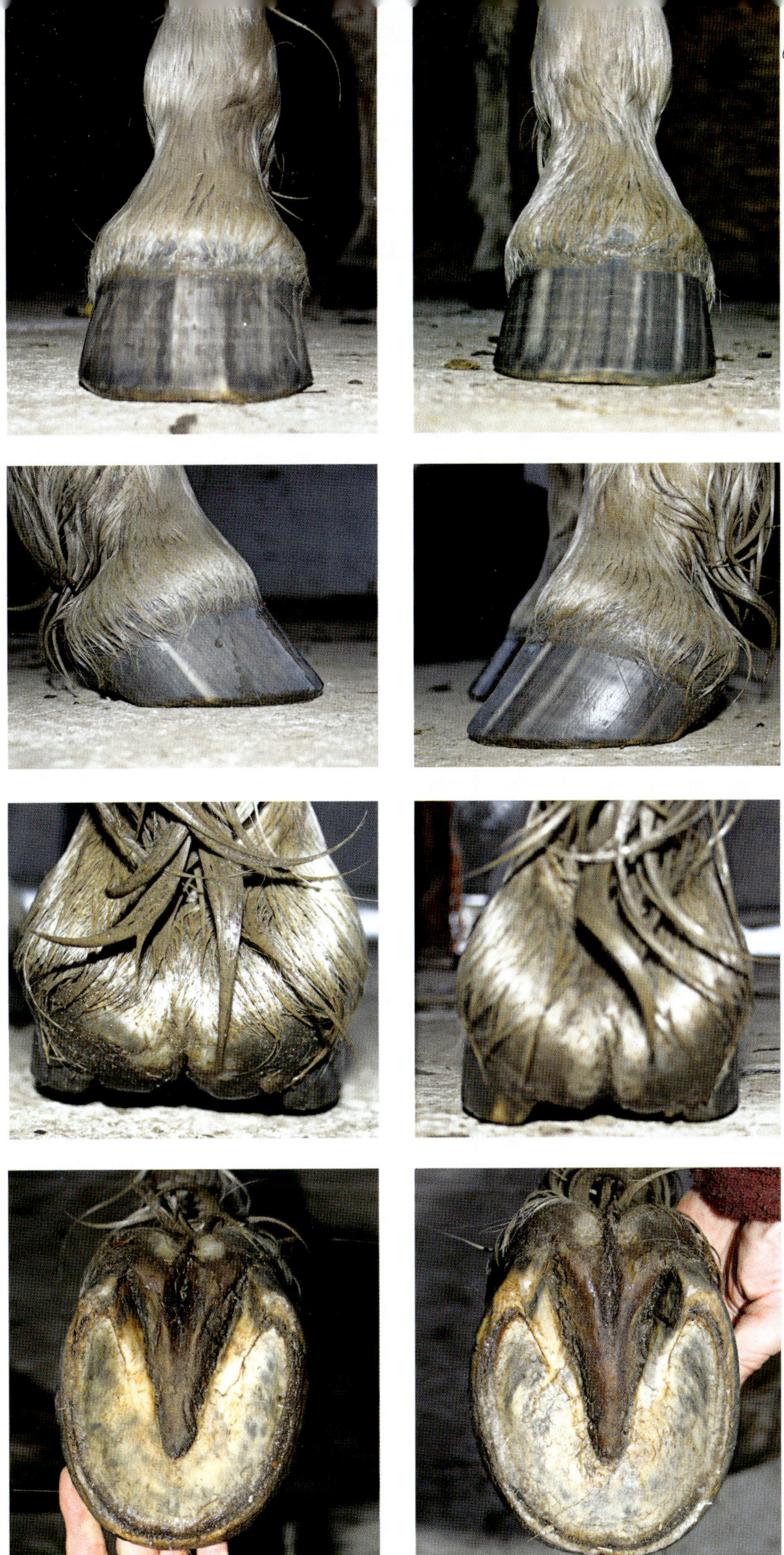

vorne rechts *vorne links*

Stählerns Vorderhufe, gute 1,5 Jahre nach der Eisenabnahme, am 27. Februar 2013.

6.6 Desi – mit Sehnenschaden, Spat und Arthrose barhuf?

Steckbrief:

- 18-jährige Warmblut-Stute
- Freizeitpferd, ausschließlich Gelände
- seit langem rundum beschlagen
- längere Kranken- und Lahmheitsgeschichte
- Eisenabnahme erfolgte, weil sich Desi auf ihren Eisen sehr schlecht bewegte und man sich barhuf eine Besserung der Huf- und Gliedmaßensituation erhoffte

Desi, mit richtigem Namen Desiree, und ihre Besitzerin kennen sich seit 12 Jahren. Nach sieben Jahren als Reitbeteiligung übernahm die heutige Besitzerin Desi 2004 schließlich in die eigenen Hände. Das Interesse der früheren Besitzer an ihrem Pferd war über die Jahre mehr und mehr erlahmt und es waren erste Probleme aufgetaucht, die besondere Pflegebemühungen erforderten, wozu die Alt-Besitzer nicht bereit waren. Desi verweigerte immer öfter die Mitarbeit, erwies sich beim Springen immer wieder als unzuverlässig und hatte häufiger Phasen, in denen sie lahmte. Die Tochter der Alt-Besitzer bekam also ein neues Springpferd und Desi wurde ihrer Reitbeteiligung übertragen. In der Folgezeit verschlimmerten sich Desis Probleme leider und schließlich wurde im November 2005 Spat an beiden Hinterbeinen diagnostiziert. Die normalen Eisen wurden gegen orthopädische Beschläge getauscht. Im Oktober 2006 kam ein Sehnenfaserriss am rechten Hinterbein hinzu. Dieser wurde mit entzündungshemmenden Medikamenten und einem neuen orthopädischen Beschlag therapiert. Der Huf wurde hierbei im Trachtenbereich etwa 1 cm höhergestellt. Im Oktober des Folgejahres, also 2007, kam dann noch eine Lahmheit auf der rechten Vordergliedmaße hinzu. In den kurzen Phasen, in denen Desi lahmfrei war, unternahm die Besitzerin mit ihr kleinere Geländeritte.

Es war beginnender Winter 2008 und ich arbeitete auf dem Hof, als mich die Besitzerin ansprach. Sie sagte mir, dass sie sich mit dem Gedanken trage, Desi die Eisen abnehmen zu lassen. Ob ich mir vorstellen könnte, dass das bei einem alten Pferd mit Spat, Arthrose und Sehnenschaden überhaupt funktionieren könne. Und würde das vielleicht, wenn es denn ginge, Desis Gesundheit nicht doch auch zuträglich sein, wenn sie barhuf laufen könnte? Ich sah mir Desi und ihre Hufe an und sprach mit der Besitzerin über die Vorteile des Barhufes (auch gerade bei Spat, Arthrose und Sehnenschäden) und über die Hürden, die es bei einer Barhufumstellung gibt. Beispielsweise müsste Desi nach der Eisenabnahme eine Erholungszeit für ihre Hufe eingeräumt werden. Das hieß, bis auf weiteres keine reiterliche Nutzung, keine Zwangsbewegung durch andere Pferde und hauptsächlich weiche, nicht abrasive Böden unter ihren Füßen. Desis Hufe waren in schlechter Form und gehörten eher zu den stark sanierungsbedürftigen Hufen. Zudem waren sie – dadurch, dass sie schon so viele Jahre beschlagen waren – von sehr schlechter Hornqualität. Ich ging also eher davon aus, dass ihr eine Umstellung auf Barhuf mit diesen Hufen und nach der langen Zeit auf Eisen nicht ganz leicht fallen würde. Jetzt stand der Winter bevor und die Pferde würden sich tagsüber bis zur Wiedereröffnung der Koppelsaison auf blanken Betonpaddocks aufhalten. Unter diesen Umständen würde ich Desi die Eisen keinesfalls abnehmen wollen. Sie würde auf jeden Fall einige Zeit brauchen, um Horn in besserer Form und Qualität zu bilden und belastbare Hufe zu bekommen. Einem Daueraufenthalt auf Beton wären ihre Hufe ohne Eisen mit Sicherheit nicht gewachsen und die schmerzhaften Probleme wären vorprogrammiert. Ich riet der Besitzerin dazu, bei den Stallbetreibern nachzufragen, ob es für Desi eventuell einen Paddock mit Sand- oder Holzhäckselbelag gäbe; falls nicht, sollte man das Barhufvorhaben besser auf die Zeit nach dem Winter vertagen.

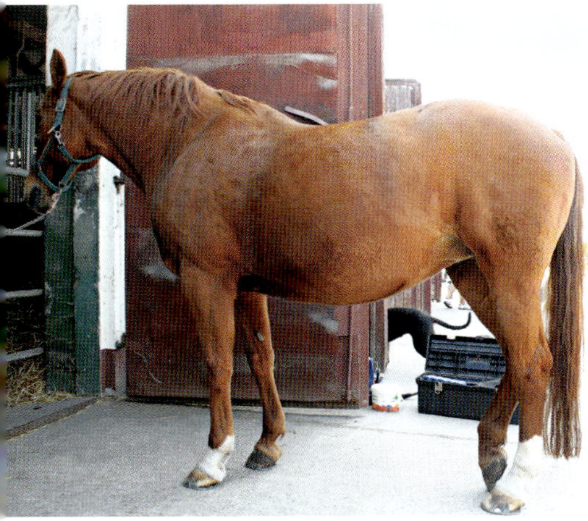

Desi am Tag der Eisenabnahme.

Am 13. Mai 2009 war es soweit und ich nahm Desi die Eisen ab.
Durch die fehlende Bewegung ist Desi mit der Zeit recht dick geworden. Aufgrund der ständigen Lahmheiten wurde sie in den letzten Jahren eher selten geritten und hatte in der Folge einige unschöne Fettpolster angesetzt.

Ins Auge fallen sofort die massiven Knochenzubildungen an beiden Hinterbeinen. Desi zeigt dementsprechend auch eine eingeschränkte Beweglichkeit der Sprunggelenke und hat anfangs auch einige Probleme mit dem Aufheben der Hinterbeine. Obwohl die Situation mit den Knochenzubildungen manifest ist, gewinnt Desi im Laufe der Zeit an den Hintergliedmaßen erstaunlicherweise einiges an neuer Beweglichkeit.

Auch Desis Vordergliedmaßen sind auffällig. Sie besitzt zwei sehr unterschiedliche Vorderhufe und eine charakteristische versetzte Beinaufstellung. Der linke Vorderhuf ist deutlich flacher und größer und zeigt die Folgen chronischer Überlastung. Der rechte Vorderhuf ist völlig anders geformt, er ist kleiner, steiler und mit hohen, wenig belasteten Trachten versehen. Der rechte Fuß wird stets etwas zurückgesetzt, so dass er mehr unter dem Körper steht und die gesamte Knochensäule der Zehe steiler zum Boden ausgerichtet ist. Der linke Fuß ist das Hauptstandbein und steht normal am Körper. Dem Huf ist anzusehen, dass er mehr Körpergewicht tragen muss, als ihm guttut.

Die Differenz zwischen den beiden Vordergliedmaßen bestand nach Aussage der Besitzerin schon immer, d. h. zumindest seit sie die Stute kennt. Ob eine frühere Verletzung zu dieser unterschiedlichen Aufstellung beider Beine geführt hatte oder ob sie diese Stellung bereits als Fohlen erworben hat (bspw. durch eine lateral versetzte Grasstellung), ist nicht bekannt.

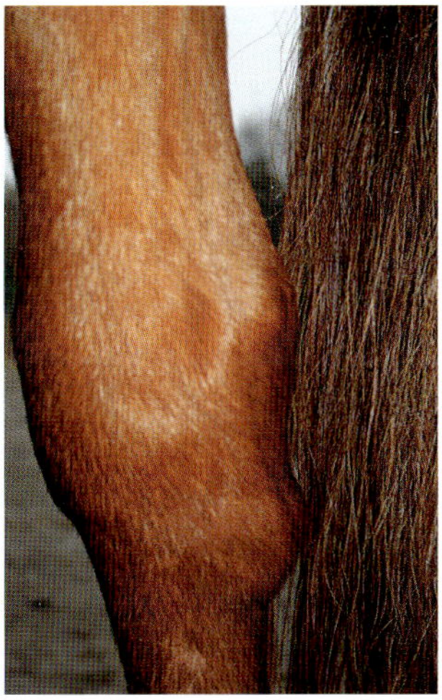

Hinten rechts – Ansicht von vorne.

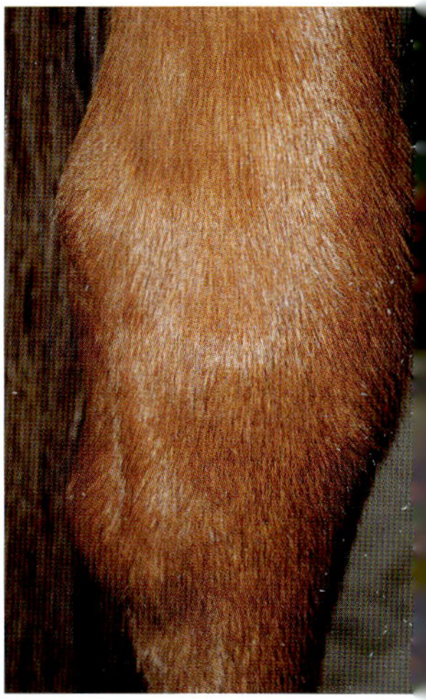

Hinten links – Ansicht von vorne.

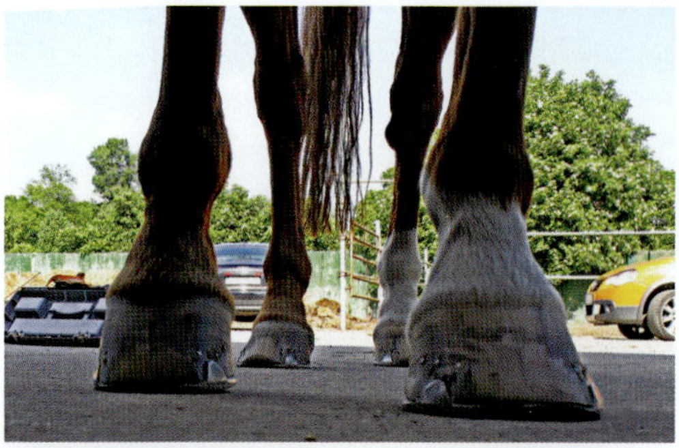

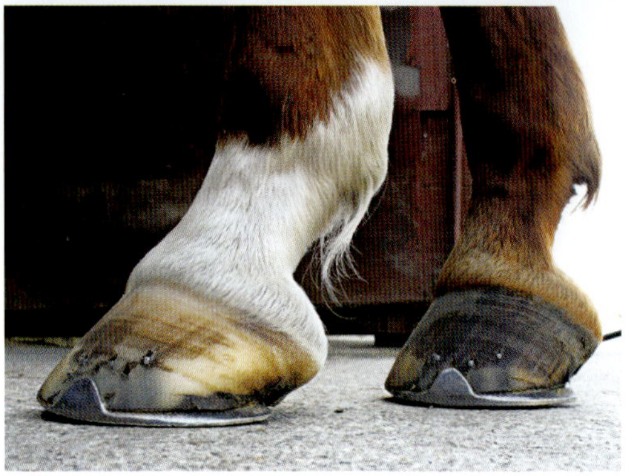

Desi hat »schon immer« zwei stark verschiedene Vorderhufe.

Insgesamt sind alle vier Hufe stark sanierungsbedürftig. Vorder- wie Hinterhufe waren zu diesem Zeitpunkt mit offenen Eisen mit je zwei Aufzügen beschlagen. Das Wandhorn war im Nagelbereich arg zerstört und kaum tragfähig. Und auch im hinteren Seitenwand- und Trachtenbereich war das Horn sehr in Mitleidenschaft gezogen. Die Tragränder waren dort eingerissen und hinterfault. Die Trachten des linken Vorderhufes und der beiden Hinterhufe verschwanden unter den Hufen, so dass die Hufe im Trachtenbereich viel zu niedrig waren und die Gliedmaßen in eine Hyperextension gezwungen wurden. Um Desi mit diesen Hufen das Abrollen zu ermöglichen, waren die Zehen stark beigeraspelt. Die Seitenwände wurden in der Folge enorm nach außen gebeult. Beim schrägwandigeren, linken Vorderhuf hatte diese Situation zu einem oberflächlichen Riss in der Mitte der Zehenwand geführt. Alle vier Hufe wiesen einen deutlich geschwungenen Kronsaumverlauf auf.

Desis Hufe am 13. Mai 2009:

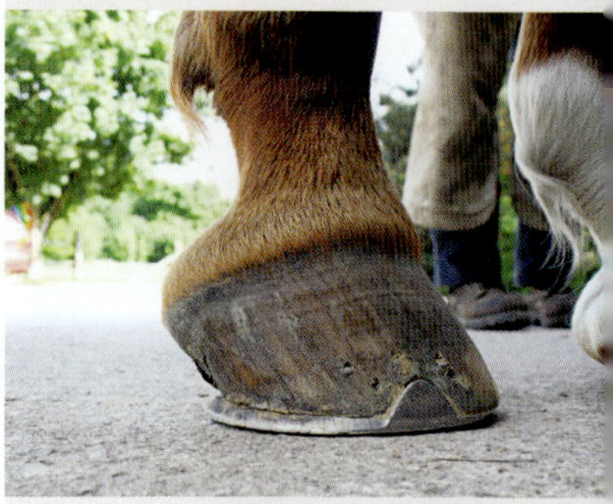

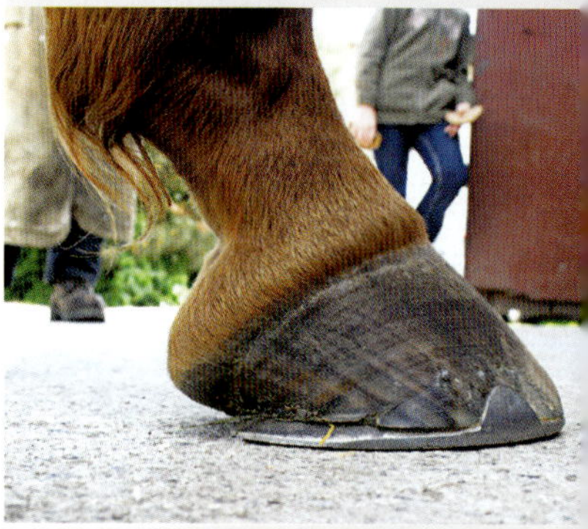

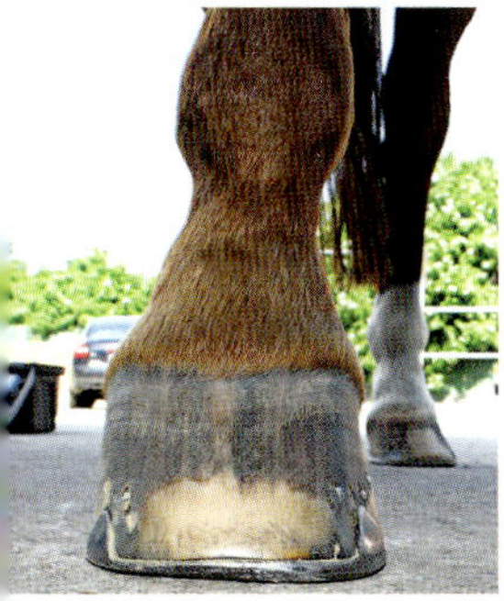
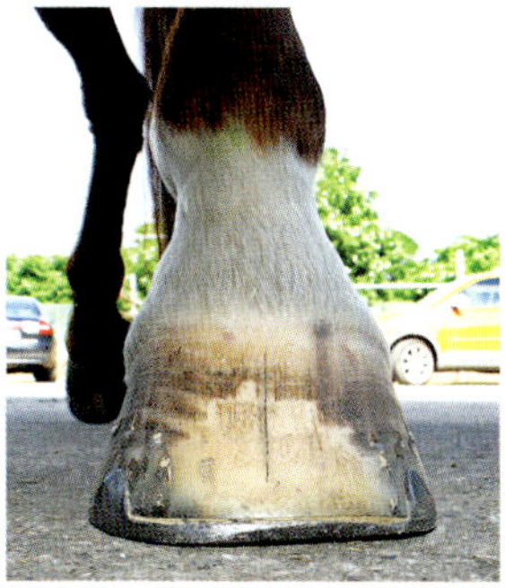
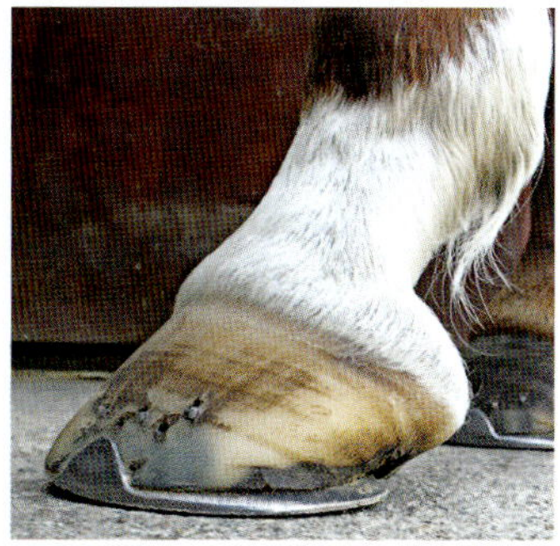
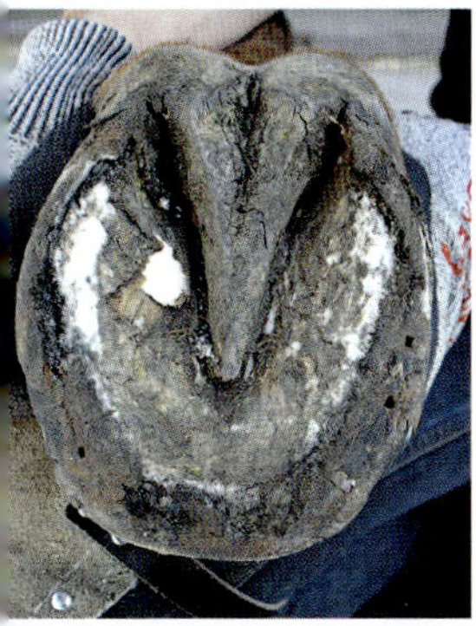
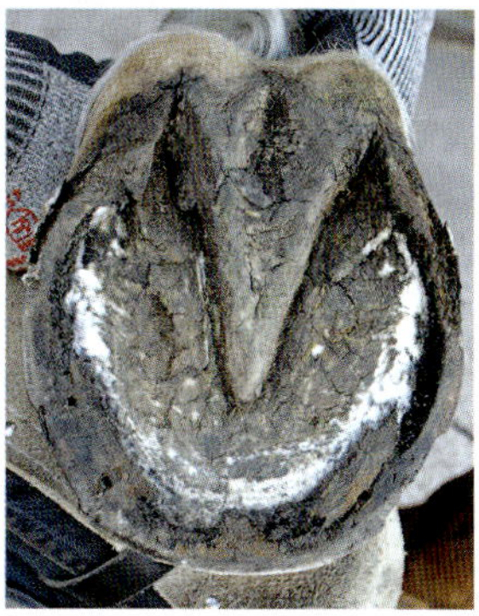

vorne rechts *vorne links*

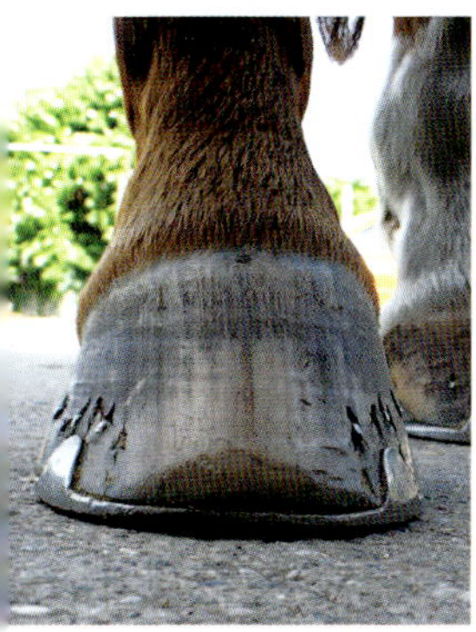
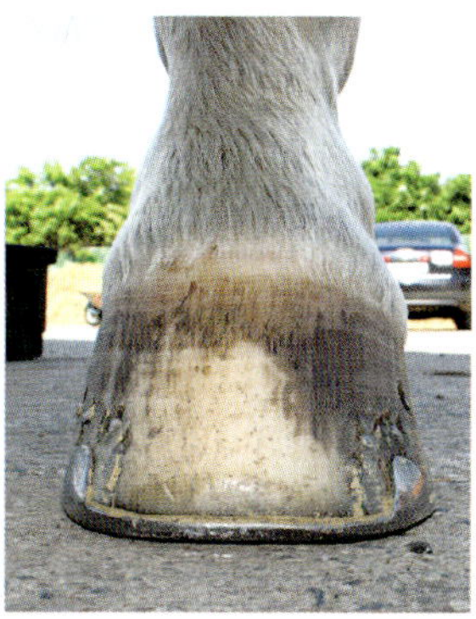
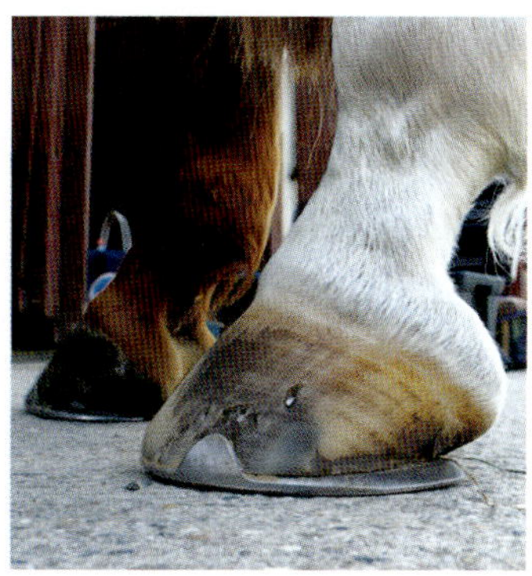
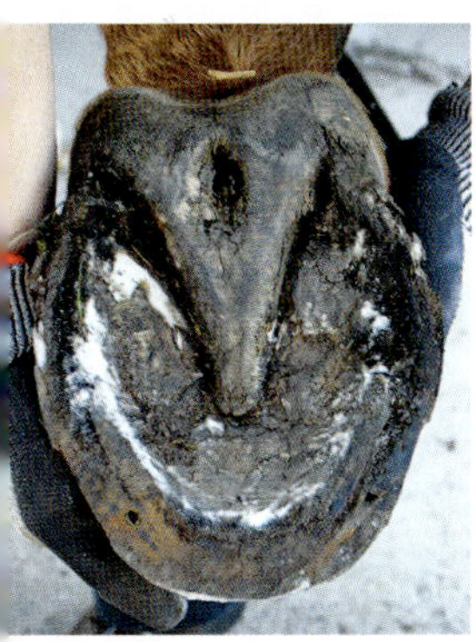

hinten rechts *hinten links*

Die Tragränder aller vier Hufe waren morsch und völlig instabil. Zwischen den Hufsohlen und den Wänden hatte sich Fäulnis eingenistet, sie reichte tief hinauf und zog sich in der gesamten Blättchenschicht entlang bis in die Eckstreben. Die eingerollten Eckstreben waren stark beschädigt und hatten ihre Verbindung zu den Trachtenendkanten eingebüßt. Auch hier hatte sich Fäulnis eingenistet. An den Hinterhufen war das Eckstrebenhorn so zerstört, dass nur noch Überreste ehemaliger Eckstreben zu erkennen waren. Die Ballen vor allem der Hinterhufe waren stark gezwängt und hatten hierdurch eine spitze Form angenommen. Es würde mit Sicherheit nicht ganz einfach werden, Desi nach der Abnahme der Eisen am Laufen zu halten. Auf das instabile, brüchige Horn war wenig Verlass und es würde der ungewohnten Belastung durch den Boden zunächst nicht gut standhalten können. Harte, unebene und steinige Böden sollten Desi deshalb bis auf weiteres unbedingt erspart werden. Sie durfte auf die weiche Koppel (da keine Gefahr bestand, dass sie dort von anderen Pferden zwangsbewegt werden würde), darüber hinaus sollte sie jedoch unbedingt geschont werden. Ich bat die Besitzerin gut zu beobachten, wie Desi zu Fuß war und sich bei eventuell auftauchenden Problemen sofort bei mir zu melden.

Die erste Veränderung, die der Besitzerin auffiel, war eine erfreuliche. Nämlich die, dass Desi mit ihren neuen Barhufen plötzlich – anders als früher – bereitwillig und selbstsicher aus ihrer Box herauskam. Längeres Stehen bekommt einem Pferd, welches wie Desi unter Arthrosen leidet, nicht gut. Desi hatte deshalb nach dem Aufenthalt in der Box immer Probleme gehabt, weil ihr die steifen Glieder die Koordination auf den glatten Eisen erschwert hatte. Mit ihren Barhufen hatte sie auf dem Beton der Stallgasse nun nicht nur eindeutig mehr Grip, sondern darüber hinaus auch den nötigen Tastsinn, um trotz ihrer anfangs immer eingeschränkten Beweglichkeit sicher auf den Beinen zu bleiben.

Darüber hinaus lief Desi den Umständen entsprechend gut. Wo ihr harter Boden nicht erspart werden konnte, hauptsächlich auf dem Weg zur Koppel, ging sie vorsichtig und fühlig; weicher Boden bereitete ihr dagegen keine Probleme. Das Laufbild besserte sich stetig und nach drei Monaten des Spazierengehens begann die Besitzerin im September 2009 wieder mit dem Reiten. Ich erinnere mich noch an das glückliche Gesicht der Besitzerin, als ich ihr zum Huftermin im September grünes Licht gab fürs Reiten. Und auch ich freute mich, dass es uns gelungen war, Desi mit ihrer wirklich nicht einfachen Huf- und Gliedmaßensituation dennoch ohne größere Probleme zum Barhufgehen zu verhelfen.

Auch die Angst der Besitzerin, dass ein sehnen- und spatkrankes Pferd, welches zudem noch unter Arthrosen leidet, letztlich evtl. doch nicht ohne Eisen zurecht kommen könnte, hatte sich nach und nach in Luft aufgelöst. Desi lief und sie lief besser als vorher mit ihren Hufeisen.

Desi im Januar 2010. (Foto: Petra Zukunft)

Das Barhufgehen bekam den Hufen und den Gliedmaßen sehr gut. Da Desi sich die Zehen ohne die abriebverhindernden Eisen nun selbst kurz halten konnte, kam sie auch nicht mehr in die Situation einer nach hinten gebrochenen Huf-Fessel-Achse (Hyperextension). Das kam ihrer Gesundheit und Lauffreude sehr zugute. Eine positive Auswirkung dessen war auch, dass Desi bei der Hufbearbeitung keine massiven Stellungskorrekturen mehr zugemutet werden mussten, wie das früher beim Umbeschlagen notwendigerweise immer der Fall war. Pferde mit Arthrose leiden meist ganz besonders unter diesen Hufkorrekturen, da ihr Spielraum zum Ausgleich der plötzlich veränderten Stellung weit begrenzter ist.

In dem Maße, in dem die Zehenwände nicht mehr massiv eingekürzt und beigeraspelt wurden, nahmen auch die Seitenwände eine bessere Stellung

Desis Hufe ein halbes Jahr nach der Eisenabnahme.

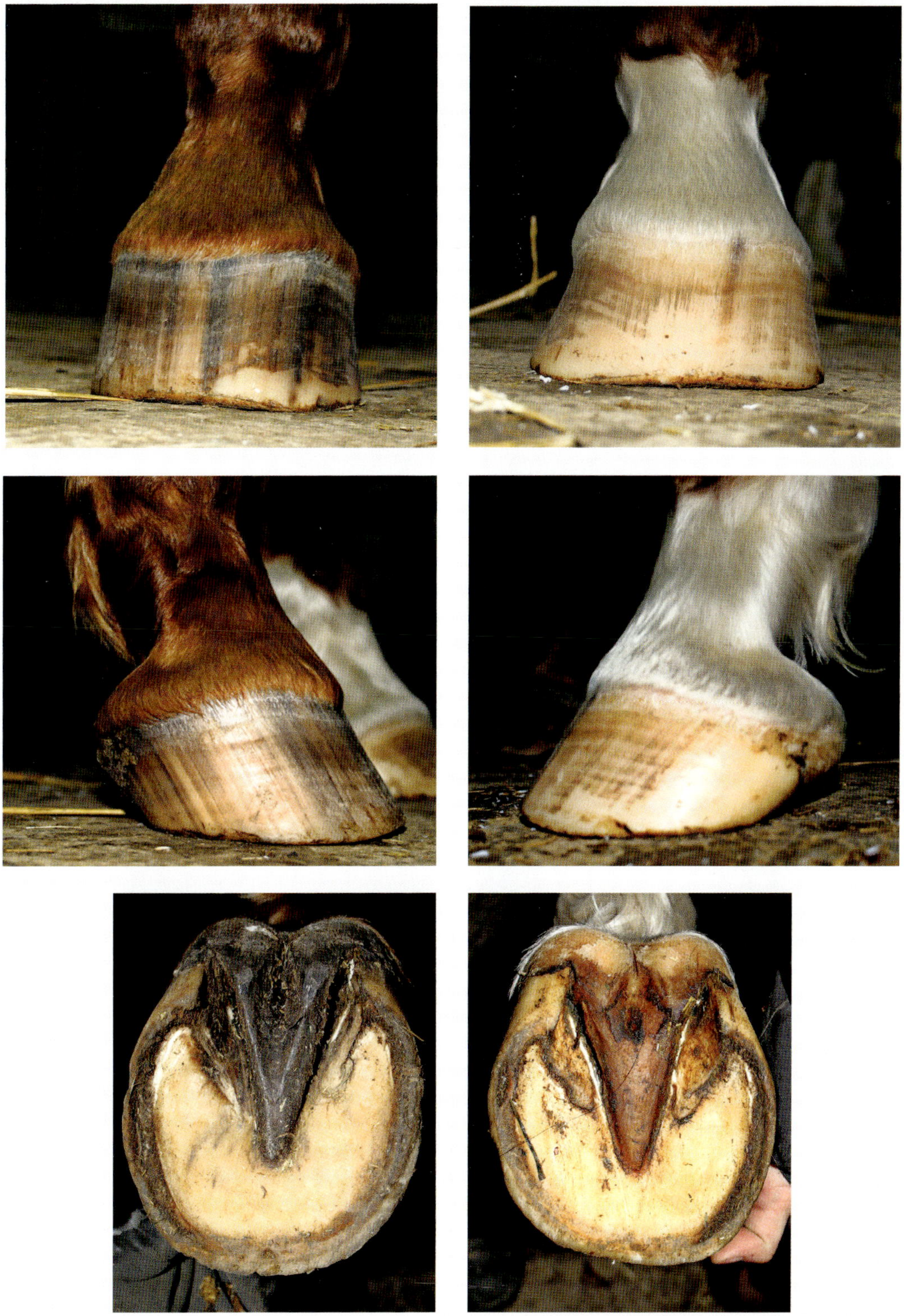

vorne rechts *vorne links*

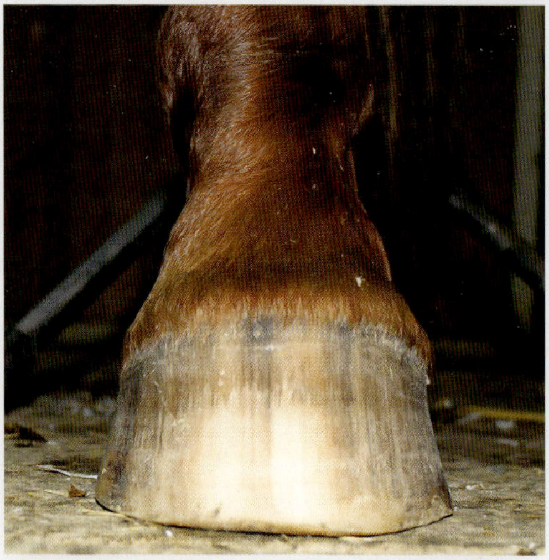

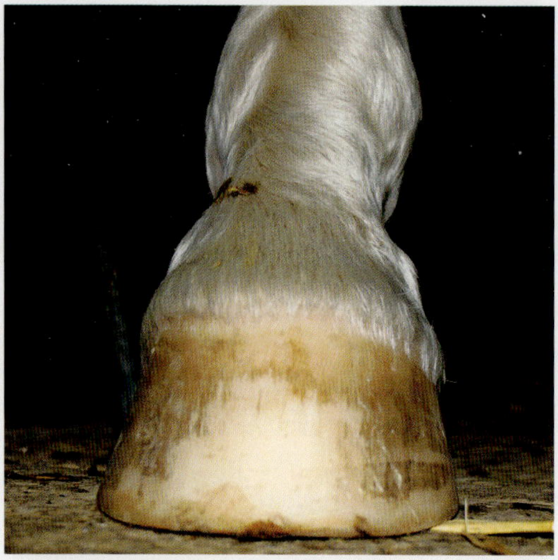

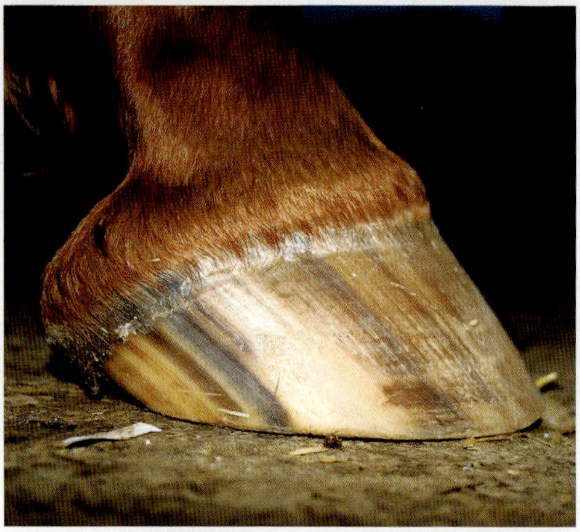

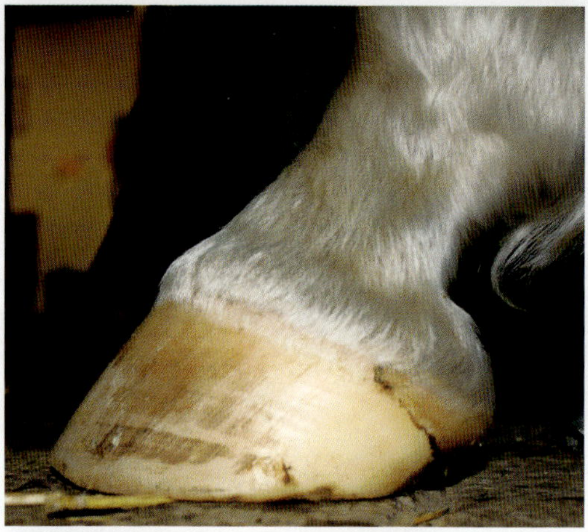

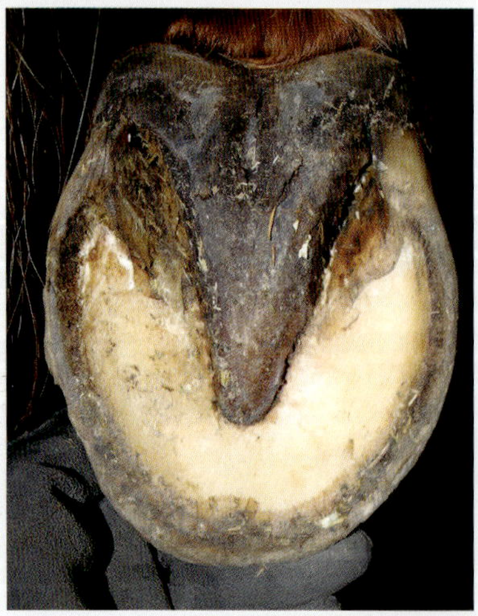

hinten rechts

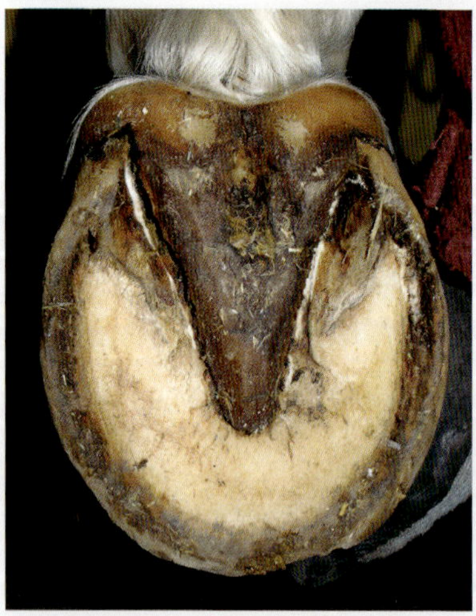

hinten links

zum Boden ein. Ein halbes Jahr nach der Abnahme der Eisen war der Kronsaum im Seiten- und Trachtenwandbereich kaum noch geschwungen, die Trachten bekamen eine bessere Ausrichtung zu Boden und Desis Hufe hatten nun auch wieder Eckstreben.

Im Übergang von der Zehen- zur Seitenwand schwang der Kronsaum jeweils beidseits der Zehe noch immer deutlich nach oben. Das sollte mit der Zeit zwar noch etwas weniger werden, es war aber nicht sehr wahrscheinlich, dass sich hier zukünftig wieder ein gänzlich gerader Verlauf einstellen würde. Die über Jahre andauernde Stauchung der Wandbereiche nach oben – an dieser Stelle wirkten die beiden Aufzüge aufstauchend auf die nachwachsende Wand ein – hatte letztlich auch die Kronlederhaut in ihrem Verlauf verändert. Da die Kronlederhaut der Ort ist, über dem das Wandhorn gebildet wird, verändert sich durch ihre abweichende Lage notwendigerweise auch die Form der Hornkapsel.

Insgesamt hatte sich die Qualität des Horns aller vier Hufe stark gebessert, auch wenn es am Tragrand noch nicht hundertprozentig zuverlässig war, was sich ab und an in kleinen Tragrandausbrüchen zeigte. Man muss aber auch bedenken, dass am Tragrand noch mit dem Horn gearbeitet wurde, welches vor einem Jahr noch unter den Beschlägen gebildet worden ist.

Leider wurde die so positive Entwicklung von Desis Gesundheit im Februar 2010 jäh gestoppt. Desi erlitt an den letzten Wintertagen im vereisten Auslauf einen schweren Sturz. Sie musste einer anderen Stute ausweichen, die sie attackiert hatte, und schlug bei diesem Ausweichmanöver auf dem eisglatten Boden unglücklich hin. Nach ihrem Sturz zeigte sie eine starke Hinterhandlahmheit. Der hinzugerufene Tierarzt untersuchte Desi, verordnete absolute Boxenruhe und Equipalazone®. Es folgte zunächst eine schnelle Besserung und dann, binnen kurzem, ein herber Rückschlag. Desi konnte nun ihr linkes Hinterbein überhaupt nicht mehr belasten und stand fest in ihrer Box. Die Vermutung war, dass Desi sich in ihrer Box hingelegt hatte und sich dann beim Aufstehversuch wohl von Neuem verletzt hatte. Mit Hilfe einer Tierheilpraktikerin, die Elektrotheraphie, Akupunktur und Homöopathie anwendete und einer Osteopathin, die Desi mehrmals behandelte, bessert sich die Situation langsam aber stetig. Problematisch blieb allerdings, dass Desi jedes Mal, wenn sie sich in der Box legte, eine Verschlechterung erlitt. Ihre Aufstehbemühungen schädigten augenscheinlich immer wieder aufs Neue die gerade erst heilen wollenden Strukturen. Vielleicht beschloss Desi deshalb einfach liegen zu bleiben. Es folgten mehrere Monate, in denen sich Desi in ihrer Box immer wieder festlegte und ihr vom Traktor aufgeholfen werden musste. Auch wenn sie mit ihren Nerven oft ziemlich am Ende war, gab ihre Besitzerin Desi nicht auf und arbeitete mit der Tierheilpraktikerin und der Osteopathin an der Verbesserung der Situation. Im Juni 2010 gelang es Desi dann zum ersten Mal wieder allein aufzustehen und es gelang ihr, ohne damit eine neue Verschlechterung herauf zu beschwören.

Desis Rücken im Mai 2010.

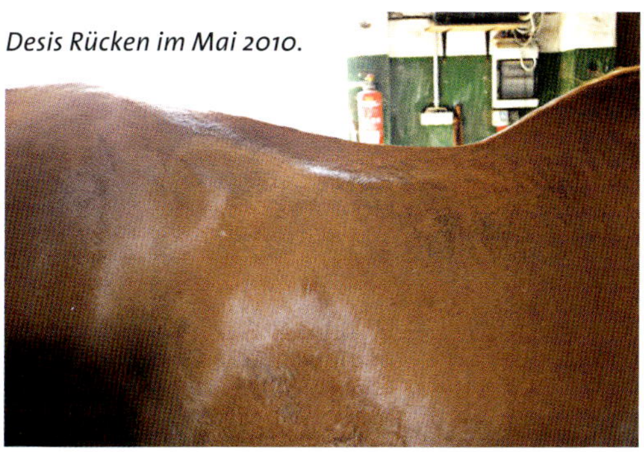

Desi schont noch immer ihr linkes Hinterbein. Ihre Kruppe ist sehr schief geworden und sie läuft mit der Hinterhand stark seitlich versetzt. Der Rücken hat unter der Situation massiv gelitten und Muskulatur abgebaut.

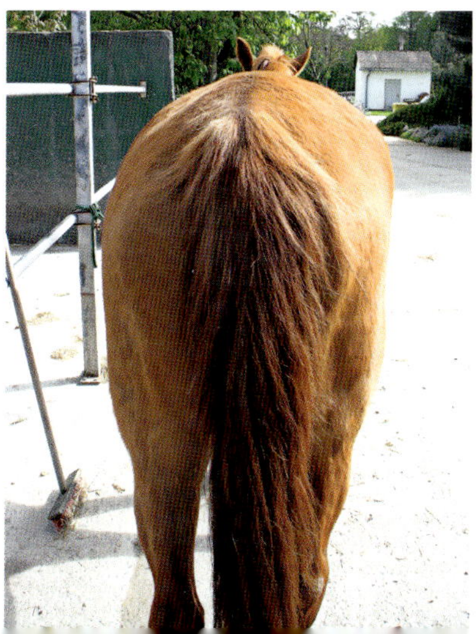

Die Entwicklung des rechten Hinterhufes von Eisen zu Barhuf und über den Unfall hinweg:

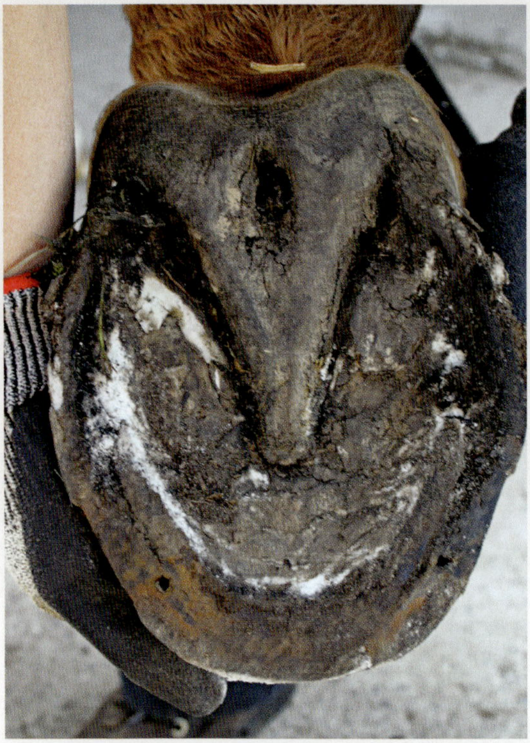

Der Huf am Tag der Eisenabnahme, die äußere Eckstrebe fehlt gänzlich. Die Ballen sind spitz und gezwängt – 13.05.2009.

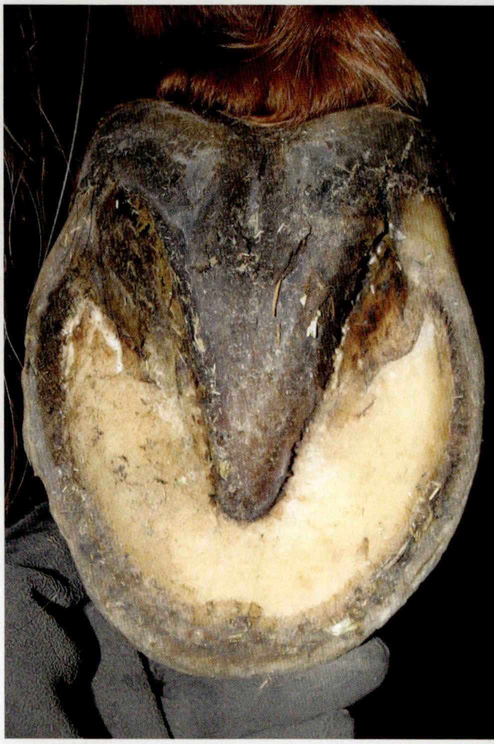

Der Huf nach einem halben Jahr des Barhufgehens. Die Ballen haben sich gerundet, die äußere Eckstrebe ist eingrollt, aber stabil – 22.12.2009.

Desis Allgemeinzustand besserte sich über den Sommer Stück für Stück. Die Besitzerin ging mit ihr viel spazieren und ließ sie weiter tierheilpraktisch und osteopathisch behandeln. Im Januar 2011 wurde Desi erstmals wieder gesattelt und (zunächst in kurzen 10 Minuten Lektionen) in der Halle geritten. Die Belastung wurde ab diesem Zeitpunkt langsam wieder gesteigert und im März 2011 waren dann auch wieder schnellere Gangarten unterm Sattel möglich.

Die durch den Sturz ausgelöste Hinterhandlahmheit blieb natürlich auch nicht ganz ohne Auswirkung auf die Hufsituation. Vor allem die andauernde Schonhaltung und die Verschlechterung der muskulären Situation des Rückens hinterließen ihre Spuren in den Hufen. Desi verlagerte ihr Gewicht nach dem Unfall vermehrt auf die Diagonale rechter Hinter- und linker Vorderhuf. Diese Schiefhaltung und die damit einhergehende ungleiche Gewichtsverteilung hat sie bis heute, wenn

Der Huf circa zwei Monate nach Desis Unfall. Die äußere Eckstrebe ist unter der Belastung regelrecht eingeknickt – 05.05.2010.

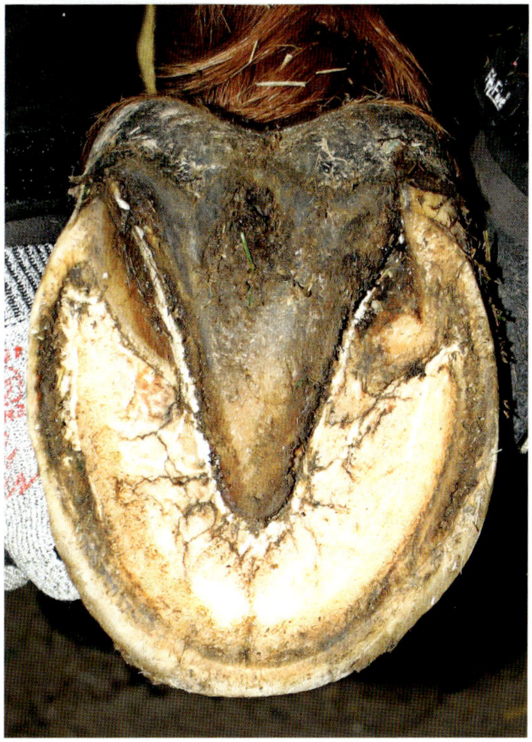

Der Huf knapp zwei Jahre nach Desis Sturz. Die Eckstrebe hat sich wieder etwas mehr »ausgerollt«, hat den Stand von vor dem Unfall aber nicht wieder erreicht. Der äußere Ballen ist trotz der aktuellen stärkeren Belastung runder und breiter geworden, weil er sich auf Kosten der medialen Hufseite Platz verschafft hat. Die mittlere Strahlfurche ist in der Folge deutlich nach medial verschoben.

auch in deutlich abgemilderter Form, beibehalten. Leidtragende sind der linke Vorderhuf, dessen Trachtenpartie unter der höheren Gewichtslast nun wieder etwas stärker unterschob und der rechte Hinterhuf, der mit seiner vermehrt stützenden, äußeren Hufhälfte einige Mühe hat, das auf ihm lastende Gewicht aufzufangen. Die äußere Eckstrebe hat sich unter der auf die gleichseitige Trachtenwand einwirkenden Kraft wieder deutlich stärker verbogen.

Trotz des unerfreulichen Intermezzos ist die Entwicklung von Desis Hufen alles in allem sehr erfreulich. Sie verfügt heute über stabiles, gesundes Horn und läuft problemlos und sicher über Böden, über die man sie früher besser hätte tragen müssen.

Desis Hufe am 02. Dezember 2012, 3,5 Jahre nach der Eisenabnahme:

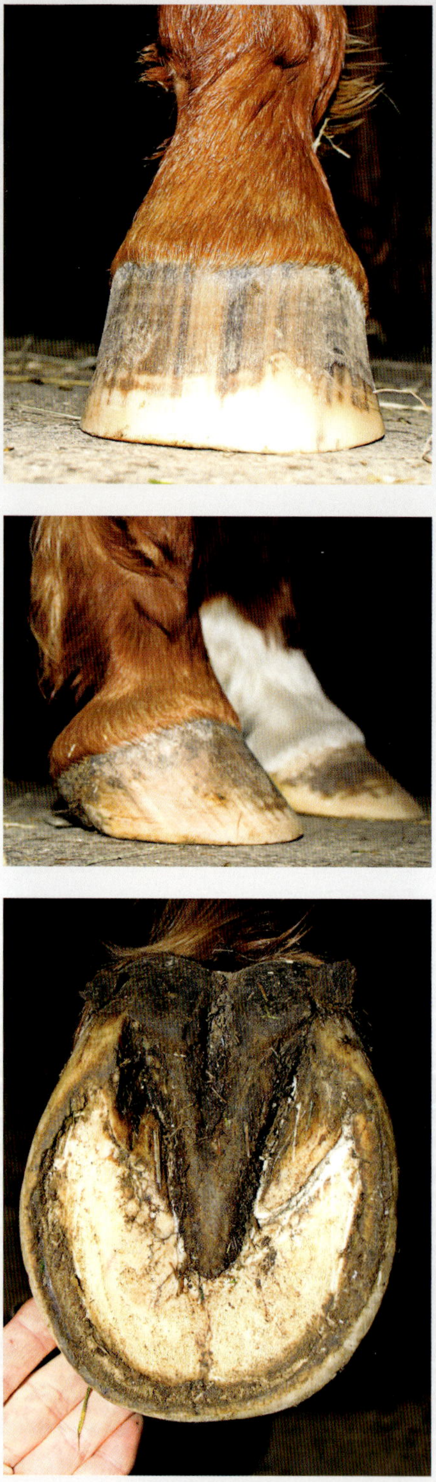

vorne rechts

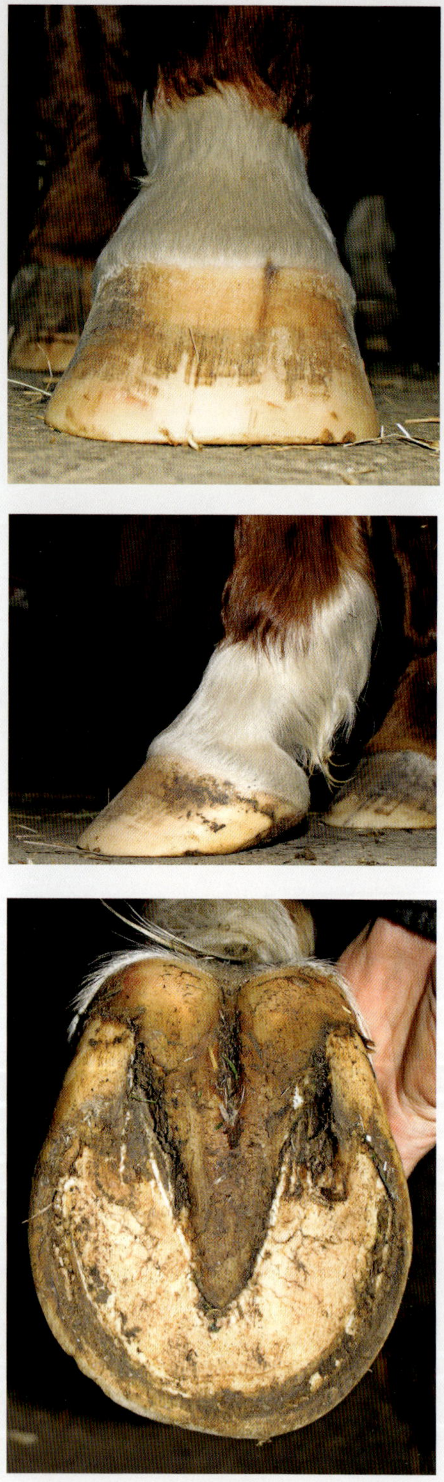

vorne links

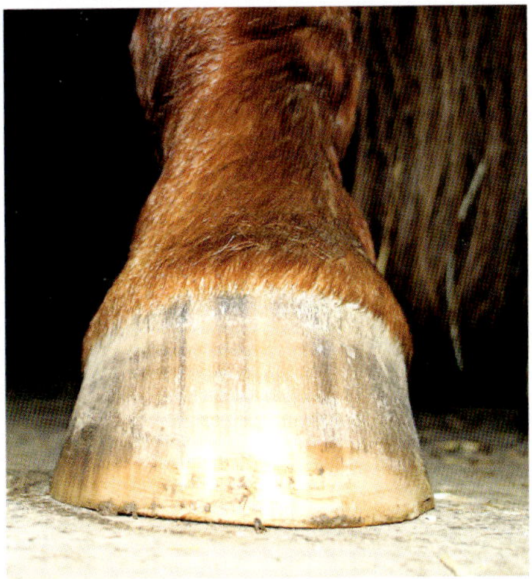

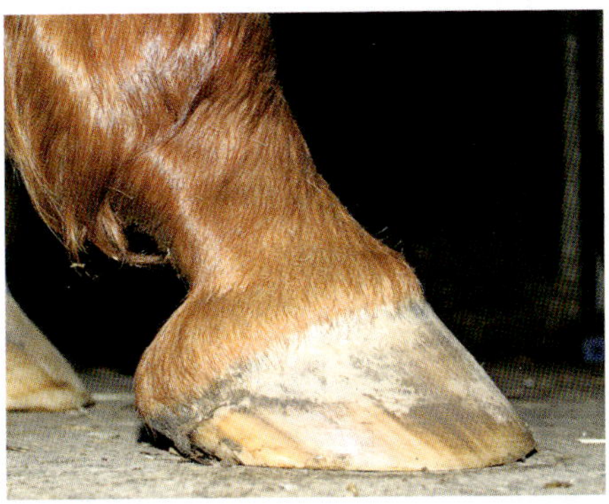

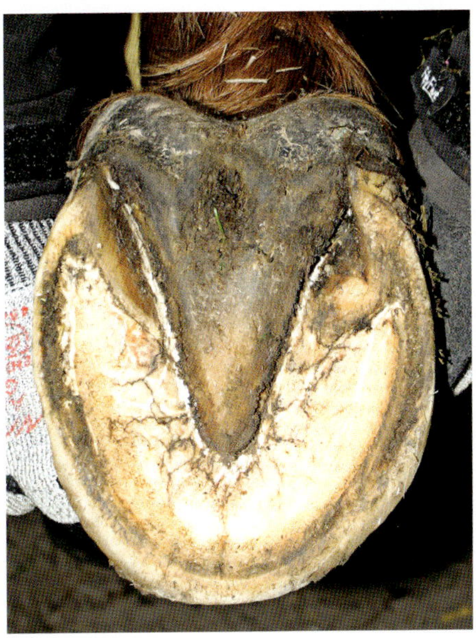

hinten rechts

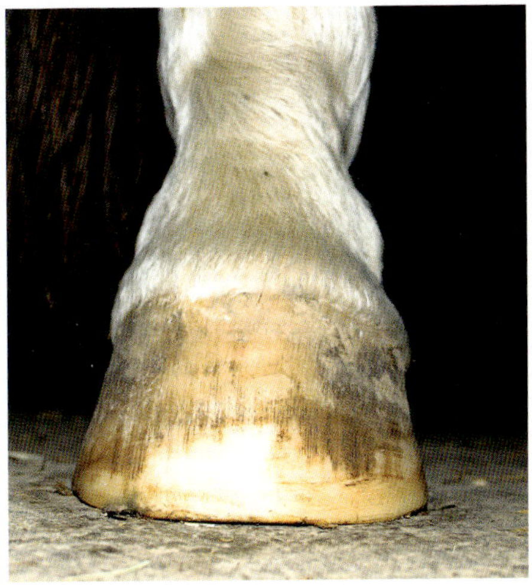

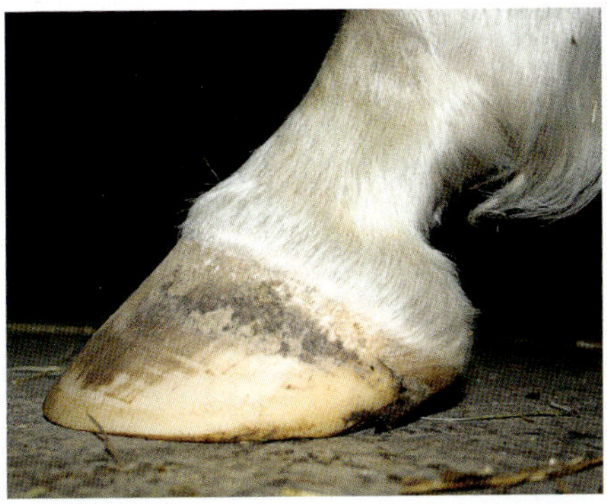

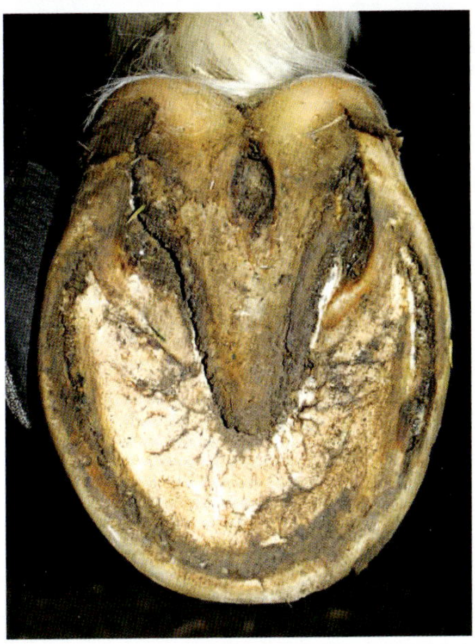

hinten links

Die beiden Vorderhufe sind nach wie vor sehr ungleich, aber es hatte von meiner Seite auch nie der Plan bestanden, diese Hufe in die gleiche Form zu pressen. Wie sollte dies auch gehen? Desi trägt ihr Gewicht seit langem, möglicherweise von Fohlenbeinen an, stärker mit dem linken Vorderhuf (seit ihrem Unfall hat sich die Last auf dem Huf noch verstärkt, da die linke Hintergliedmaße nun zusätzlich entlastet sein möchte). Den steileren, rechten Huf stellt sie so unter sich, dass die gesamte Knochensäule der Zehe inklusive Hufbein steil zum Boden ausgerichtet wird. Die Hornkapsel muss in der Folge kleiner und steiler sein und die Trachten müssen folgerichtig höher sein als die des linken Hufes.
Nicht nur beide Hufbeine sind aufgrund dieser langjährigen Belastungssituation völlig unterschiedlich geformt, auch die Gelenkflächen sowie die Sehnen- und Bandstrukturen haben sich an diese Situation angepasst. Würde ich den Versuch unternehmen, den steileren Huf von seinen höheren Trachten zu befreien, um ihm dem Partnerhuf in Form und Aussehen anzugleichen, so würde Desi ihr Gewicht noch mehr auf die linke Gliedmaße legen, um der unangenehmen neuen Situation auszuweichen. Die Hufsituation des linken Vorderhufes würde sich daraufhin sehr schnell und nachhaltig verschlechtern und ich hätte das Gegenteil von dem erreicht, was ich möchte, nämlich diesen tendenziell zu flachen Huf etwas aufzurichten. Für alle Zweifler: Ich habe diese Thematik im Abschnitt 3.3.12 ausführlich dargelegt und beschrieben, wie und inwiefern bei der Hufbearbeitung bei der Angleichung unterschiedlich steiler Hufe Grenzen gesetzt sind.

Nur wenn man jeden der beiden so verschiedenen Hufe für sich und in seiner eigenen Form betreut, kann jeder für sich gewinnen. Und ich finde, das ist bei Desi auch wirklich gelungen. Obwohl die Belastungssituation nach dem Unfall nun ganz und gar nicht unproblematisch ist, halten ihre Hufe diese ungünstigere Gewichtsverteilung weit besser aus als früher. Das Horn hat eine gute Qualität und wächst glatt herunter, Risse und Falten sind verschwunden, die Hufe brechen nicht mehr aus und bieten Fäulnis und Steinen keinen Platz, die »Schuhe« sind darüber hinaus einigermaßen bequem und verlieren zwischen den Bearbeitungsterminen nicht immer wieder zwangsläufig ihre Form (lange Zehe, niedriger werdende Trachten).

Desi hat mit Sicherheit keine Musterhufe. Nein, sie sind ganz und gar nicht symmetrisch und ja, sie haben immer wieder ihre Baustellen, aber was soll ich sagen, ich bin dennoch sehr zufrieden mit ihnen – und Desi auch!

6.7 Derwisch – Ohne geht niemals!

Steckbrief:

- 18-jähriger Warmblut-Wallach
- Frührentner, aufgrund schwerer Lahmheit
- Vorderhufe seit 14 Jahren beschlagen, in den letzten Jahren mit orthopädischen Beschlägen, momentan mit offenen Eisen mit zwei Aufzügen
- Barhuf als letzter Versuch

Derwisch als Fohlen im Jahr 1992. (Foto:Moni Heinrich)

Derwisch (Spitzname Derwischel) wurde dreijährig von seiner Besitzerin gekauft. Die beiden kannten sich bereits von Fohlenbeinen an. Als Vierjähriger wurde Derwisch dann erstmals beschlagen. Zunächst nur auf den Vorderhufen, ein Jahr später dann auch auf den Hinterhufen. Der Grund dafür, dass Derwisch beschlagen wurde, war die starke Abnutzung der Hufe. Auf dem Weg zum nutzbaren Reitgelände mussten immer erst viele Straßenkilometer zurückgelegt werden, so dass sich die Hufe stark abrieben. Derwisch wurde damals intensiv genutzt. Circa 6 x in der Woche wurde gearbeitet – Dressur und Gelände.

Als Derwisch 12 Jahre alt war kam es zu einem »Unfall«. Der Stall gewährte den Pferden lediglich zwei Stunden täglichen Koppelgang bzw. Paddockaufenthalt und Derwisch, der zu dieser Zeit seinem Namen noch alle Ehre machte, lebte in diesen zwei Stunden seinen Bewegungsdrang aus. Es kam dann häufig, wie es kommen musste, Derwisch erlitt beim Freigang immer wieder Blessuren und hatte ständig Schrammen und Verletzungen an den Beinen. Zum Schutz hiervor wurden seine Beine täglich bandagiert. Heute ist der Besitzerin klar, dass diese Problemlösung nur dazu geeignet ist, neue Probleme zu schaffen, und dass sie damals besser den Stall gewechselt und auf eine pferdegerechte Haltung mit ausreichender Bewegungsmöglichkeit bestanden hätte.

Die Reitbeteiligung hatte Derwischs Vorder-beine mit elastischen Bandagen umwickelt, ohne dabei die hierfür vorgesehenen Unterlagen zu verwenden. Als die Besitzerin dies bemerkte, hatte Derwisch damit bereits 24 Stunden in seiner Box gestanden. Das Stallpersonal rief ihr bei ihrer Ankunft am Hof schon zu, dass Derwisch Probleme gehabt hätte, auf den Paddock zu laufen, deshalb hätten sie ihn dann wieder zurück in seine Box gestellt ... Derwisch stand in seiner Box und hatte sichtbar starke Schmerzen. Nachdem die Bandagen abgewickelt waren, schwollen die Beine extrem an. Die Besitzerin rief sofort den Tierarzt. Dieser riet, Derwisch bis zu seinem Eintreffen ins kalte Wasser zu stellen. Es gab einen Bach direkt vor der Stalltür, aber Derwisch konnte kaum laufen und die Besitzerin bekam ihn nur mit Mühe bis zum Bach geführt. Der Tierarzt stabilisierte nach seinem Eintreffen den Kreislauf und verabreichte Derwisch Schmerzmittel und Cortison. In den folgenden Tagen platzten die Beine dann nach und nach auf und es hoben sich richtig dicke Geweplatten ab. Das Ganze heilte mit der Zeit zu schmalen länglichen Narben aus.
Derwisch erholte sich und lief nach dem Abheilen der Wunden auch wieder problemlos. Zwei Jahre später allerdings bemerkte die Besitzerin

»beim Travers im Trab zur rechten Seite, dass er nicht mehr kreuzen wollte«. Hinzu kam, dass er bei engen Wendungen über die rechte Hand immer öfter mal »wegknickte«. Da ich ihn kenne und er immer leistungswillig war, ließ ich ihn in der Klinik untersuchen. Dort stellte man bereits im Röntgenbild deutlich sichtbare Arthrose links im Krongelenk und beginnend rechts im Krongelenk fest. Ich einigte mich mit der Klinik auf einen Komplettcheck und wir machten eine Szintigraphie. Dabei stellten wir fest, dass er ausschließlich an beiden Vorderbeinen abwärts von den Karpalgelenken Entzündungszeichen zeigte, teilweise auch sichtbar an den Sehnen.
Inwieweit die schmerzhaften Veränderungsprozesse an den Beinen mit dem Bandage-Unfall zusammenhängen, darüber lässt sich nur spekulieren. Ich habe in jedem Fall noch kein Pferd mit derartig ausgedehnten knöchernen Umbildungen an den unteren Gliedmaßen gesehen. Derwisch litt unter Schale, wobei alle drei Zehenknochen beider Vorderbeine gleichermaßen massiv betroffen waren. Allerdings weiß ich auch nicht, wie lange Derwisch bereits in seiner starken Hyperextensionsstellung gefangen war. Manche Pferde mit Beschlag leiden sehr stark unter dieser Fehlstellung (siehe S. 82). Da die tiefe Beugesehne durch die nach hinten gebrochene Stellung der Huf-Fessel-Achse stark beansprucht wird, könnten sich die immer wiederkehrenden Entzündungen im Bereich der Beugesehnen unter denen Derwisch litt, auch hieraus erklären. Ich vermute, dass letztlich eine Kombination beider Faktoren – Bandagen-Unfall einerseits und negative Beschlagswirkung andererseits – bei Derwisch diesen heftigen fortschreitenden pathologischen Entzündungsprozess auslösten. Ich hätte Derwisch gerne früher kennengelernt ...

In der Zeit nach der Diagnose der Klinik verschlechterte sich Derwischs Zustand sukzessive. Anfangs lief er sich noch immer wieder ein, sprich er kam zwar lahmend aus der Box, mit der Bewegung besserte sich dann aber sein Laufbild. Im Laufe der nächsten Jahre änderte sich allerdings das Bild. Er kam steif, aber noch lahmfrei, aus der Box, nach 10 Minuten des Führens oder Reitens ging es ihm aber immer schlechter und er begann zu lahmen. Mitunter passierte es, dass er mitten in der Bewegung stehen blieb und seinen linken Fuß nicht mehr aufsetzen konnte. Er musste dann auf drei Beinen hüpfend in die Box zurückgeführt und mit Phenylbutazon versorgt werden. Besonders deutlich litt Derwisch unter harten und unebenen Bodenverhältnissen. Da reichte bereits ein festgetretener, harter Hallenboden oder ein Ast oder Stein auf der Straße.
Der Tierarzt riet zu Ruhe und Schonung. Bei diesen fortgeschrittenen Veränderungen an den Knochen und Gelenken, bestand seiner Ansicht nach einfach immer die Gefahr, dass eine übermäßige oder falsche Bewegung einen neuen Entzündungsreiz setzte. Derwisch ging mit 17 Jahren also in Frührente. Je nachdem, wie gut es ihm ging, bewegte er sich auf Paddock und Koppel. An guten Tagen mit weichem Boden war da durchaus auch einmal ein kurzer Galopp drin. Was Derwisch immer große Probleme bereitete, waren die Huftermine. Da er im Verlauf der Beschlagsperiode immer sehr stark in die Hyperextension geriet, musste der Hufschmied beim Huftermin an Derwischs Hufen einiges an Korrektur vornehmen. Die Zehen und die schräg gewordenen Seitenwände mussten gekürzt werden, damit Derwisch überhaupt weiter laufen konnte. Allerdings hatte diese starke Veränderung des Huffundaments für Derwisch jedes Mal heftige Schmerzen zur Folge. Die mit Knochenzuwächsen versehenen Gelenk- und Bandstrukturen konnten diese Veränderungen nicht wegstecken. Derwisch brauchte stets mehrere Wochen um sich nach der Hufbearbeitung wieder einzulaufen. Dabei konnte der Abstand zwischen den Hufterminen auch nicht hinausgezögert werden, um ihm die schmerzhafte Umstellung möglichst weniger häufig anzutun. Spätestens nach sechs Wochen musste der Schmied wieder ran, da Derwisch sonst ebenfalls nicht mehr laufen konnte. Der Haken ist, solange der Huf

auf dem Beschlag ist, nimmt seine Form eine negative Entwicklung und man kann lediglich beim Umbeschlagen alle Register ziehen, um den Huf wieder in eine möglichst physiologische Form zu bringen. Dieses in Form bringen, ist zwangsläufig mit einer abrupten Stellungsveränderung verbunden, die eine bereits erkrankte Gliedmaße viel weniger gut wegstecken kann, als eine gesunde, in ihrem Bewegungsspielraum noch nicht so stark eingeschränkte Gliedmaße.

Derwisch überstand die Termine zur Hufbearbeitung im letzten Jahr seines Beschlages mit Hilfe von Schmerzmitteln und Entzündungshemmern. Er bekam bereits ein paar Tage vor und viele Tage nach dem Schmiedetermin Equipalazone® bzw. Hippopalazone®, damit er nicht allzu heftig unter der Umstellung litt. Angesichts dieser offensichtlichen Probleme, hatte die Besitzerin bereits im Winter 2009 schon einmal versucht, Derwisch die Eisen vom Schmied abnehmen zu lassen. Er lief dann allerdings überhaupt nicht mehr. Die Besitzerin konnte das Leiden einfach nicht mit ansehen und ließ in nach drei Wochen wieder beschlagen. Derwisch brauchte lange, um sich von diesem Barhuf-Versuch zu erholen und man dachte, wie schon im Winter zuvor, erneut darüber nach, ob es für Derwisch nicht doch besser wäre, ihn einschläfern zu lassen.
Kein Wunder also, dass die Besitzerin sich sehr schwer tat, einen neuen Versuch der Barhufumstellung ins Auge zu fassen und mich anzusprechen. Sie wusste sich jedoch auch keinen Ausweg und keine Alternative. Sie sah ja, wie sich die Hufe im Laufe der Beschlagsperiode immer wieder negativ entwickelten und wie Derwisch unter den alle sechs Wochen fälligen Stellungskorrekturen litt. Sie entschloss sich schweren und sehr unsicheren Herzens, es doch noch einmal zu versuchen. Parallel vertraute sie Derwischs Behandlung einer Tierheilpraktikerin an, die Derwisch mit Akupunktur, Schüssler Salzen, SanaPlus® und einer speziellen Gelenkmischung zu einem besseren Wohlbefinden verhalf.

So lernte ich Derwisch im August des Jahres 2010 kennen: Seine Stellung zeigt, dass er große Probleme hat.

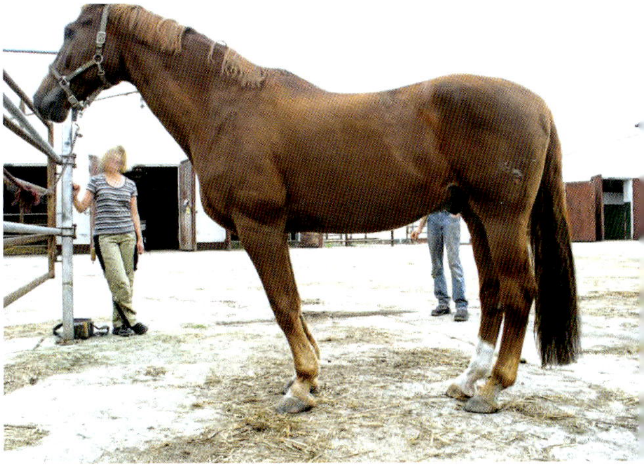

Die Hufe waren allesamt in keinem guten Zustand. Die beschlagenen Vorderhufe waren in den Zehen deutlich zu lang. Das hatte zum einen dazu geführt, dass die Trachten völlig kollabiert waren, zum anderen war die Zehenwand durch ihre Überlänge weit nach oben aufgestaucht worden. Der Kronsaum war im Zehenbereich stark nach oben verschoben, hinein in den Bereich, in dem auch die starken knöchernen Auftreibungen der Kronbeine sichtbar und fühlbar waren. Derwisch war durch diesen ungemütlichen Zustand mit seinen Vorderbeinen in eine stark rückständige Stellung gezwungen. Die Hinterbeine schob er zur Entlastung unter den Körper. Die bereits seit längerem unbeschlagenen Hinterhufe waren stark ausgebrochen und eingerissen, wobei die Schäden am rechten Hinterhuf ein größeres Ausmaß hatten, als am linken Hinterhuf.

Die Hornqualität der Hufe war mehr als schlecht. Nach der Entfernung der Eisen blieben an den Vorderhufen lediglich dünne, papierne Wände übrig, die zudem stark hinterfault waren. Derwisch würde mit Sicherheit eine geraume Zeit auf seinen Hufsohlen laufen müssen, bevor die Hornwände in einer tragfähigen Qualität nachgeschoben wären und ihm einen brauchbaren Tragrand bieten würden.

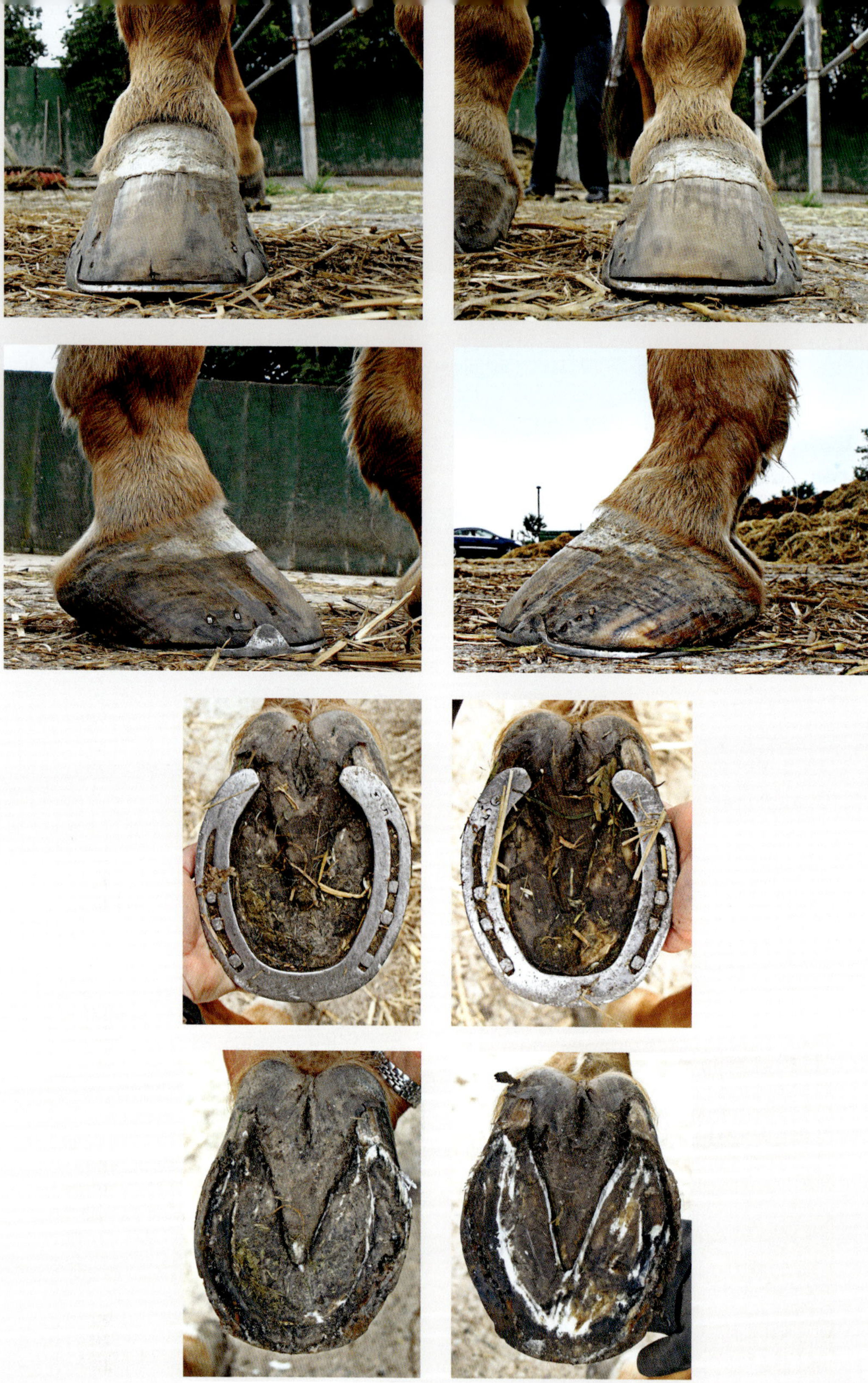

vorne rechts *vorne links*

Derwischs Vorderhufe am Tag der Eisenabnahme am 15. August 2010.

Derwisch gab seine Hufe bei unserem ersten Bearbeitungstermin nur mit sehr viel Überredungskunst. Eines seiner Beine für mehr als eine Minute hoch zu geben, fiel ihm außerordentlich schwer. Er hatte in der Vergangenheit die Schleudertechnik bis zur Perfektion ausgebaut und schleuderte sein Bein stets spätestens nach einer Minute ohne jegliche Vorwarnung mit aller Macht nach vorn. Wir schafften es dennoch, die Eisen abzunehmen und die Hufe notdürftig zu bearbeiten. Beim letzten Huf, vorne links – ich hatte die barfüßigen Hinterhufe zuerst bearbeitet – zog er wiederum heftig weg, setzte den Huf jedoch nicht mehr auf. Er konnte den linken Vorderhuf plötzlich offensichtlich nicht mehr belasten. Wir brachten ihn auf drei Beinen hüpfend zurück in die Box und führten die Hufbearbeitung dort in der dick eingestreuten Box zu Ende.

Die Besitzerin fragte sich nach dieser heftigen, plötzlichen Lahmheitsattacke natürlich, ob sie nicht doch wieder einen Fehler gemacht hatte. Es war schließlich genau das passiert, wovor sie solche Angst gehabt hatte. Sie hatte ja schon lange nicht mehr gewagt, Derwisch weiter als nötig von seiner Box wegzuführen, weil es immer wieder geschehen war, dass er von einem Moment auf den anderen links nicht mehr auftreten konnte. Und nun waren die Eisen kaum ein paar Minuten unten und Derwisch lahmte derart heftig ... Auch ich fuhr hiernach mit einem mulmigen Gefühl nach Hause. Konnte die Umstellung auf Barhuf unter solch schlechten Vorzeichen gelingen? Die pathologischen Veränderungen an Derwischs Gliedmaßen waren derart weit fortgeschritten, dass eine einzige ungute Bewegung ausreichte, um eine heftige Lahmheit auszulösen. Hinzu kam der völlig desolate Hufzustand mit den wirklich massiven und mit Sicherheit schmerzhaften Verformungen ...

Ein paar Tage später erreichte mich die gute Nachricht – Derwisch lief und er konnte bereits wieder auf die Koppel gehen.

Bereits 16 Tage später war ich erneut bei Derwisch. Das wurde nötig, da seine Hufe der Belastung durch den Boden, wie prognostiziert, nicht standhielten und in den folgenden 14 Tagen nach der Eisenabnahme stark ausbrachen. Aber es war (erfreulicherweise) auch so, dass Derwisch seine Füße nicht schonte. Er ging weiter auf Koppel und er lief dort ohne seine Eisen nicht wirklich auffällig weniger oder schlechter als sonst.

vorne rechts

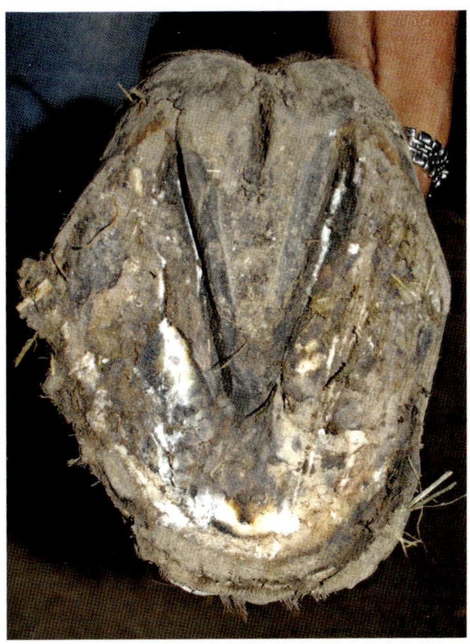

vorne links

Zwei Wochen nach der Eisenabnahme. Das Wandhorn an Derwischs Hufen bricht weg wie Pappe.

Derwisch zeigte sehr schnell, dass ihm das Stehen bei der Hufbearbeitung leichter fiel. Es brauchte deutlich weniger Überredung, um seine Beine aufzuheben und die Schleudertaktik setzte er von mal zu mal weniger ein. Bereits beim vierten Huftermin konnte ich ihn ganz alleine bearbeiten, ohne Hilfe durch die Besitzerin oder auch nur nötige Ermahnungen an seine Adresse. Ich achtete darauf, ihn nicht überzustrapazieren und er ließ seine Beine brav auf meinem Knie oder dem Hufbock liegen bzw. stehen. Im Oktober berichtete mir die Besitzerin, dass Derwisch am Tag vorher auf der Koppel ausgelassen herumgesprungen war. Er war sowohl galoppiert als auch getrabt. Überhaupt, so sagt sie, ist er seit der anfänglichen Lahmheit, die unmittelbar bei der Eisenabnahme auftrat und uns beide doch angemessen erschreckt hatte, kein einziges Mal mehr lahm gewesen. Auch nach der Hufbearbeitung lief Derwisch jedes Mal richtig gut.

Es zeichnete sich ab, dass die Hufbearbeitungen Derwisch explizit gut taten. Auch nach der Hufbearbeitung im Oktober lief Derwisch »super«. Auf weichem Boden hatte er anscheinend gar keine Probleme, trabte dort sogar mit seiner Besitzerin an der Hand.

Urlaubsbedingt kam ich im November erst nach knappen sechs Wochen wieder zu Derwisch und er zeigte deutlich, dass dieser Zeitraum diesmal zu lang gewesen war. Bis vor 14 Tagen, so die Besitzerin, war noch alles in Ordnung, aber seitdem ging es ihm Tag für Tag schlechter. Die Zehenwände waren in den vergangenen Wochen einfach zu lang geworden. Seitdem das Wandhorn etwas stabiler wurde, wirkte sich das Wachstum des Horns stärker aus; vorher hatte der brüchige Tragrand mühelos dafür gesorgt, dass die Zehe nicht zu schnell zum Hindernis wurde. Mit dem stabileren Horn hatte sich die Situation nun geändert.

Mittlerweile ist ein Tragrand vorhanden und das Wandhorn ist halbwegs stabil, die Zehen wurden deutlich zu lang:

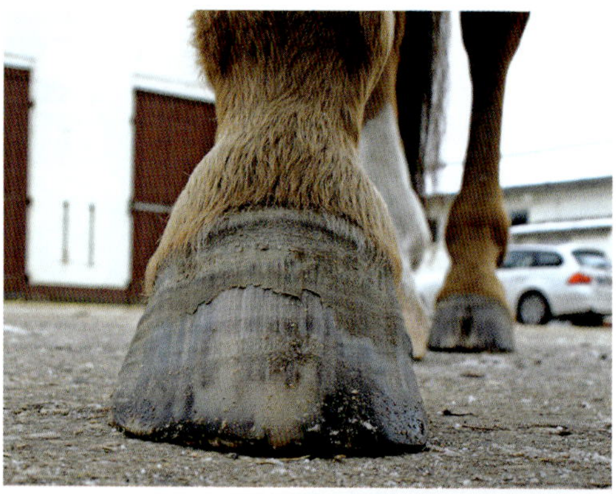

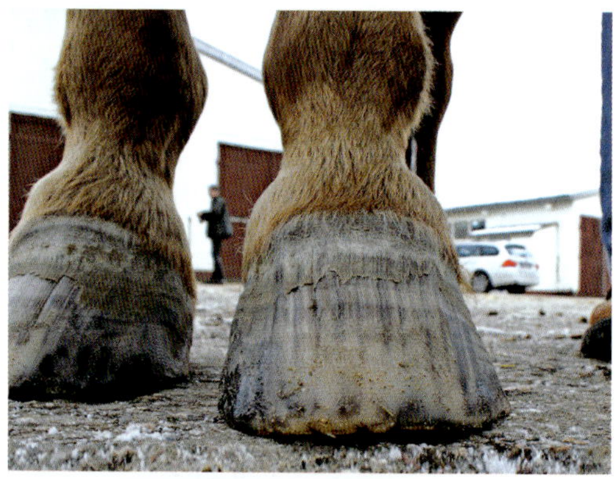

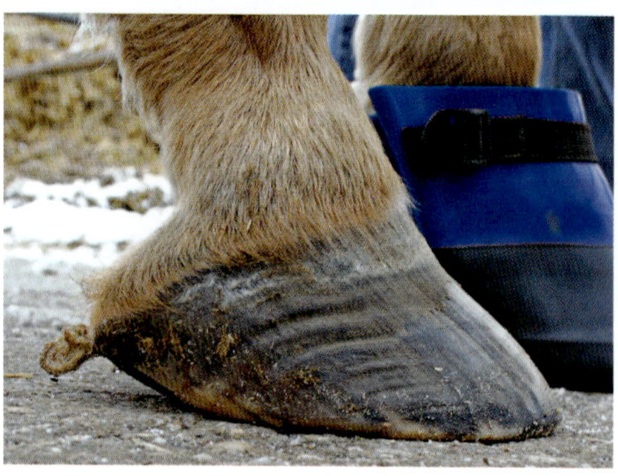

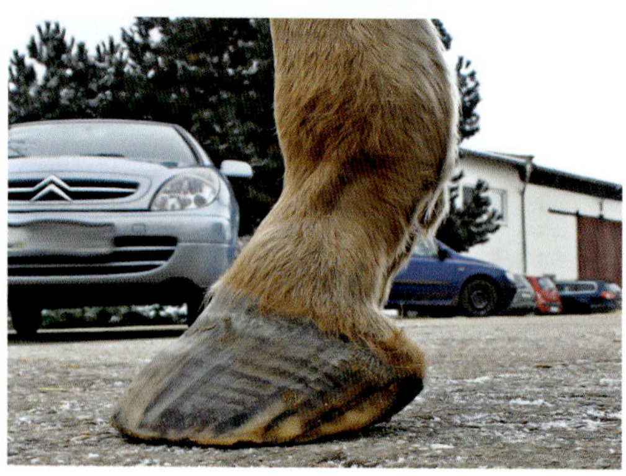

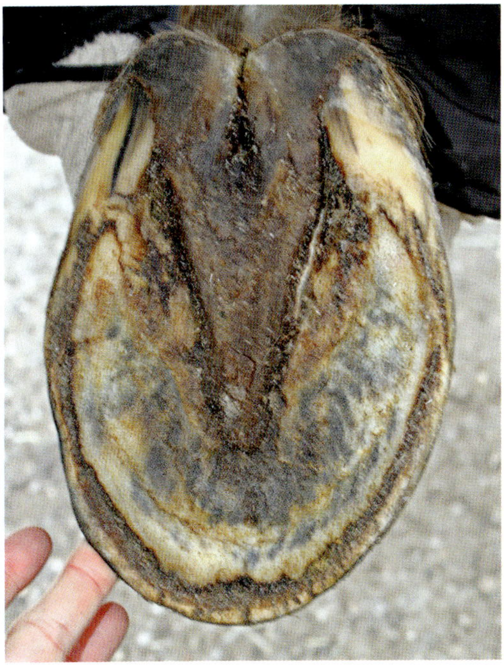

vorne rechts

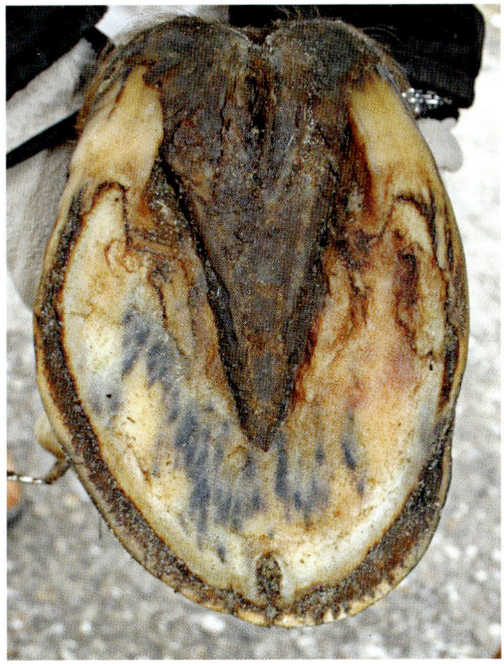

vorne links

Derwischs Vorderhufe, drei Monate nach der Eisenabnahme, am 28. November 2010.

Zur Freude seiner Besitzerin lief Derwisch nach meiner Bearbeitung wieder sehr viel besser. Wir achteten nun darauf, den Abstand zwischen den Hufterminen keinesfalls wieder zu lang werden zu lassen. Dennoch mussten wir zwei Monate später einen weiteren Einbruch hinnehmen. Im Januar 2011 rief mich die Besitzerin an, ich müsse unbedingt früher kommen – es waren gerade dreieinhalb Wochen seit der letzten Bearbeitung vergangen, angesichts des eingeschränkten Hornwachstums im Winter ein überschaubarer Zeitraum. Geplant war unser nächster Huftermin für die Folgewoche. Ich fuhr am übernächsten Tag hin. Derwisch ging es seit ein bis zwei Wochen wieder schlechter. Als ich kam, stand er wie eine Ziehharmonika, die Karpalgelenke waren nach vorn gebeugt. Die Besitzerin hatte den rechten Huf schon seit einer Woche nicht mehr aufheben können, da Derwisch seinen linken Fuß nicht belasten konnte.

Nachdem ich den linken Vorderhuf und die beiden Hinterhufe in der Stallgasse bearbeitet hatte, wechselten wir in die eingestreute Box und Derwisch gab mir den rechten Huf ohne zu zögern. Es machte den Eindruck, als hätte sich die Situation durch meine Bearbeitung wieder entspannt.

Ich verstand zu diesem Zeitpunkt, dass ich meine Arbeit ändern musste. Derwisch war mit seinen massiven knöchernen Auftreibungen einfach nicht in der Lage, über seine Zehen abzufußen. Die Bewegungsfreiheit der Zehengelenke war durch die ausgedehnte Schale derart eingeschränkt, dass er nicht über die Zehen abrollen konnte. Es entstand dort in der Folge also auch überhaupt kein Abrieb, auch wenn ich den Abrieb an den Zehen mit meiner Arbeit nach Kräften zu unterstützen suchte. Solange das Horn brüchig und instabil war, fiel dies nicht so sehr ins Gewicht. Je stabiler das Wandhorn aber nachwuchs, umso stärker zeigte sich das Problem. Ich musste meine Arbeitsweise ändern und den ausbleibenden Zehenabrieb ausgleichen, sprich: ich musste die Zehen mit meiner Bearbeitung aktiv verkürzen. An und für sich komme ich bei meiner Art und Weise der Bearbeitung ohne einseitiges Kürzen und die damit verbundene abrupte Stellungsveränderung aus. In diesem Fall war das anders.

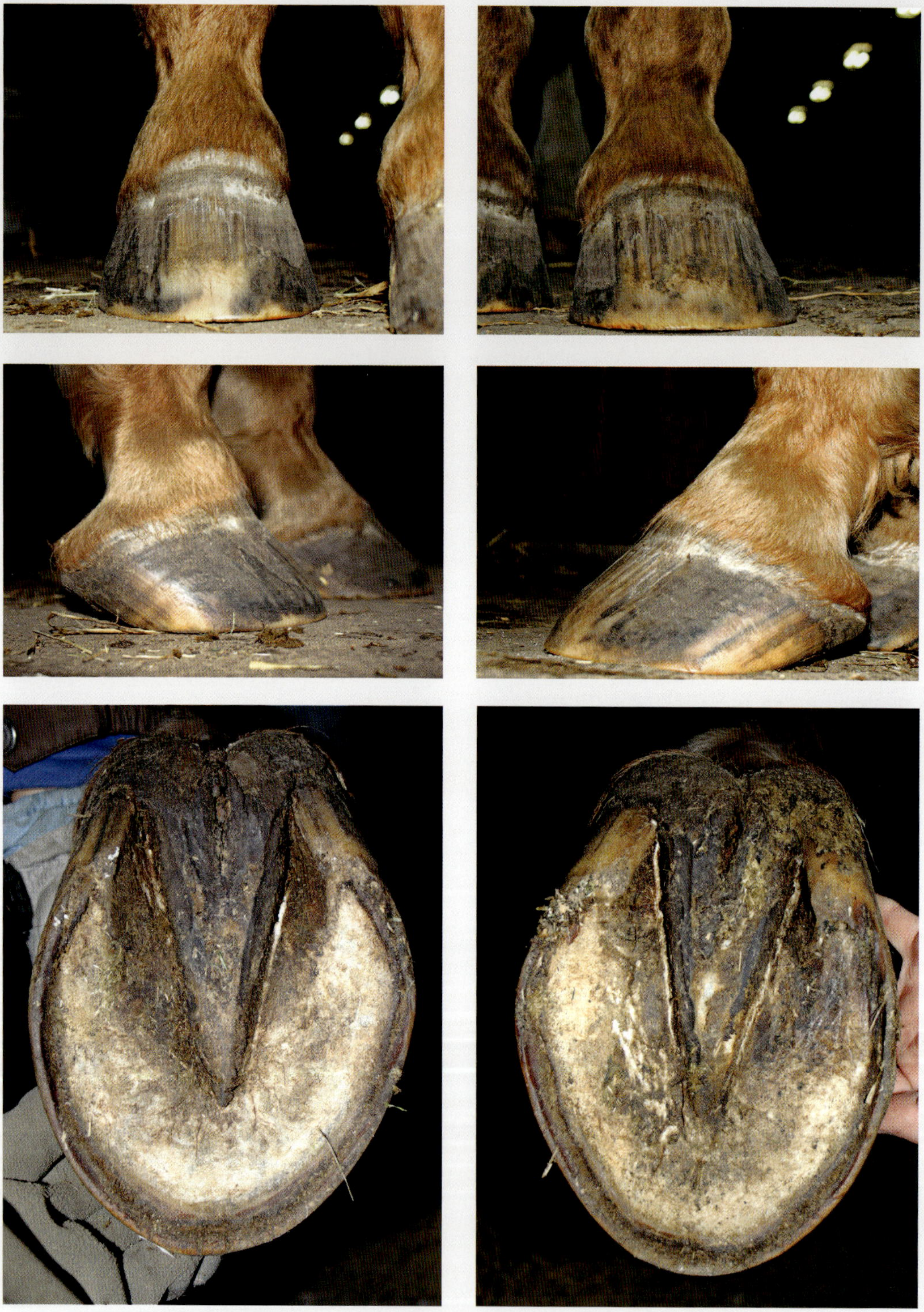

vorne rechts | vorne links

Derwischs Vorderhufe, genau anderthalb Jahre nach der Eisenabnahme, am 15. Februar 2012.

Anderthalb Jahre nach der Eisenabnahme sind Derwischs Hufe in deutlich besserem Zustand. Die Falten und Risse sind verschwunden, die Hufwände sind glatt und der Tragrand ist stabil. Natürlich sind die Trachten noch immer stark unter den Huf geneigt und dabei eingerollt. Das wird sich auch in Zukunft nicht ändern, da bedingt durch die ausgedehnte Schale beständig zuviel Belastung auf ihnen liegt. Die Zehenwände sind über die Zeit deutlich kürzer geworden, die massive Aufstauchung im Zehenbereich ist weitestgehend verschwunden und der Verlauf des Kronrandes hat sich ein ganzes Stück weit normalisiert. Derwisch benötigt schon lange kein Equi mehr und die Termine zur Hufbearbeitung schrecken weder Derwisch noch ihre Besitzerin.

Solange der Boden weich ist, läuft Derwisch gut. Auf hartem Boden dagegen besteht stets die Gefahr, dass er die inneren Schäden vor allem auf seiner linken Gliedmaße reaktiviert. Es passiert seit der Eisenabnahme aber nur noch sehr selten, dass er auf drei Beinen hüpfend in die Box zurückgebracht werden muss. Da diese plötzliche Lahmheit vorne links immer nur auf hartem Boden auftritt, trägt er nun auf dem Gang zur Koppel und zurück stets gepolsterte Hufschuhe.

Ich habe mir eine ganze Zeit lang den Kopf darüber zerbrochen, weshalb auch der glatte, harte Boden der Stallgasse und des betonierten Vorplatzes zu einer solchen unvermittelt auftretenden heftigen Lahmheit führte. Dass ein unebener Boden die durch die Schale veränderten Gelenke und teilweise verknöcherten Haltebänder reizen und unter Stress setzen konnte, lag auf der Hand. Aber weshalb konnte Derwisch mitunter seinen Gang auf dem glatten Betonplatz nicht fortsetzen, was genau verursachte die Lahmheit in diesen Momenten? Und weshalb konnte er auch bei der Hufbearbeitung in der Stallgasse besser stehen, wenn er einen Hufschuh auf dem linken Fuß trug? Ich bin mir mittlerweile relativ sicher, dass die knöchernen Schalezuwächse bei Derwisch auch bereits die Sohlenseite des linken Hufbeines betreffen und dass es diese kleinen Knochenspitzen im Bereich der Hufbeinäste sind, die bei entsprechendem Druck hochgradigen Schmerz auslösen.

Ein weiteres Rätsel gaben mir zunächst auch die Hinterhufe auf. Als ich die Hufearbeitung begonnen habe, waren die Hinterhufe stark beschädigt und ausgebrochen. Vor allem der rechte Hinterhuf war hiervon massiv in Mitleidenschaft gezogen. In relativ kurzer Zeit wurden die Hufe besser, die Schäden wuchsen heraus. Leider begannen die Hinterhufe jedoch nach der anfänglichen Verbesserung wieder schlechter zu werden. Zunächst erklärte ich mir dies mit schwächeren Hornanteilen, die vor 10–12 Monaten dort produziert worden sein mussten. Schließlich gab es ausreichend Falten und Unruhe im Horn. Aber auch nach einem Jahr meiner Bearbeitung war keine Besserung in Sicht.
Der Tragrand war im bodennahen Bereich von blätterteigartiger Konsistenz und es gelang mir einfach nicht, einen stabilen Tragrand auf den Boden zu bringen. Irgendwann wurde mir klar, dass die Ursache für diese Zerstörungen im Tragrand nicht in der Hornkonsistenz, sondern in der Beanspruchung der Hornstrukturen liegen musste. Die anfängliche Besserung der Situation, die mir zunächst gelungen war, musste letztlich damit zusammenhängen, dass Derwisch sich ohne Eisen doch zunächst etwas mehr schonte. Mit der Zunahme seiner Bewegungsfreude mussten die Hinterbeine wieder ihren Entlastungsdienst aufnehmen. Dazu passt auch, dass der rechte der beiden Hinterhufe von diesen Schäden stets mehr betroffen war (und ist). Als Diagonalgliedmaße trägt er die Hauptrolle bei der Entlastung des problematischeren linken Vorderfußes.

Derwischs rechter Hinterhuf im Zeitverlauf von August 2010 bis Oktober 2012:

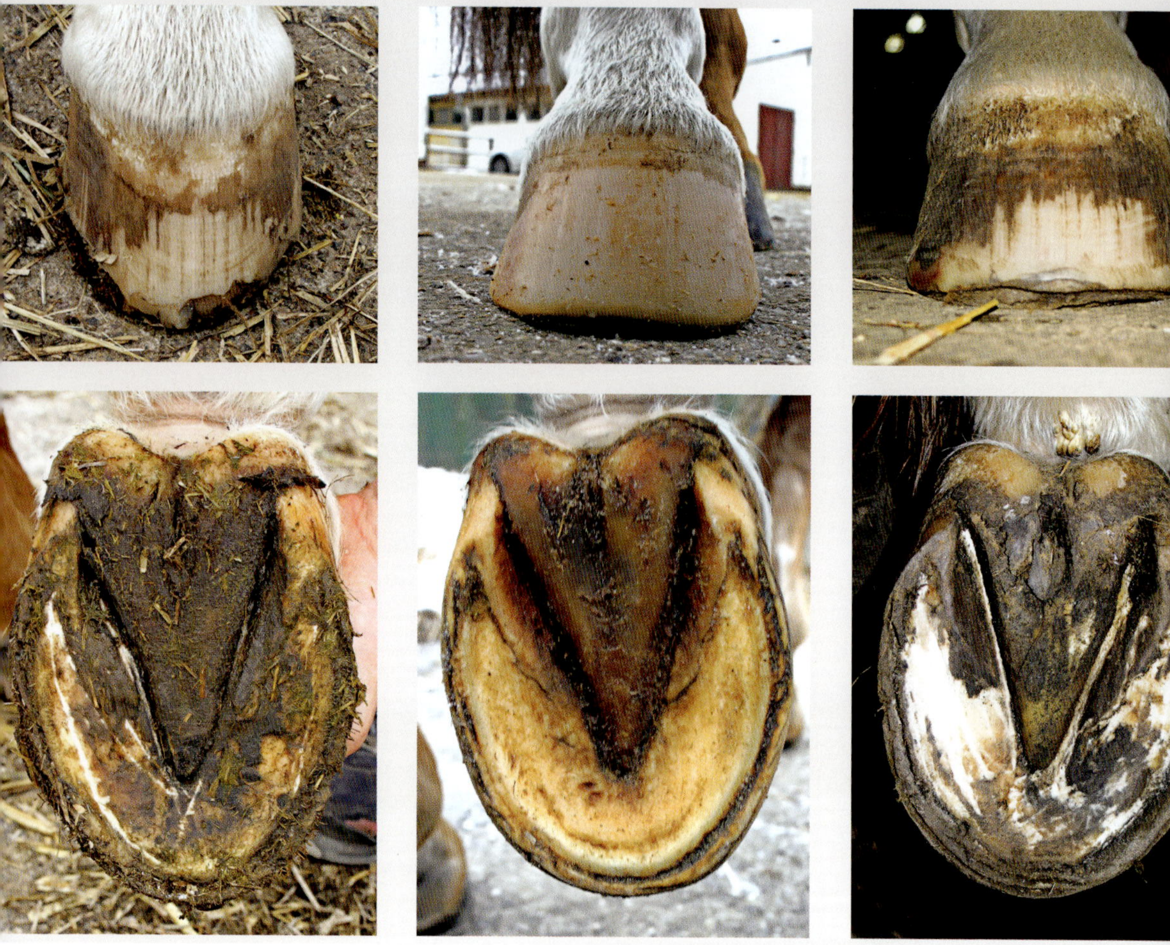

15. August 2010 *28. November 2010* *24. Oktober 2012*

Vor allem dem rechten Hinterfuß sieht man die Arbeit an. Derwisch zerstößt sich die Zehe dieses Hufes regelrecht. Aber auf den Fotos zeichnet sich auch eine positive Entwicklung ab:

Die Ballen haben sich deutlich entspannt. Während die Ballen im August und auch noch im November 2010 spitz hervortreten, haben sie sich zwei Jahre später rundlich entspannt. Diese Entspannung lässt sich auch an den Vorderhufen ablesen. Obwohl die Trachtenwände nach wie vor sehr stark belastet werden, zeigt die Ballenansicht doch, dass die Trachten etwas vom Boden weg gekommen sind.

Die Ballen haben sich sichtlich entspannt und die Trachten- und Seitenwände stehen mittlerweile deutlich günstiger auf dem Boden. Vergleicht man bspw. die Verbiegungen in den Seitenwänden des rechten Fußes, so wie sie zu Beginn bestanden haben, mit der stabilen Stellung derselben Wände anderthalb Jahre später, so gewinnt man eine Vorstel-

Derwischs Trachten der Vorderhufe zu Beginn der Eisenabnahme am 15 August 2010 ...

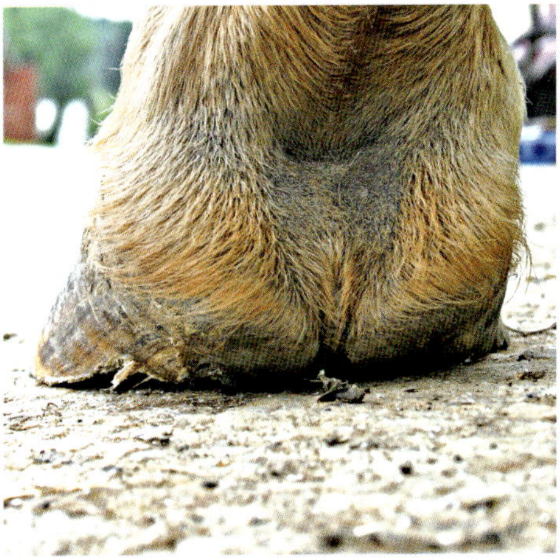

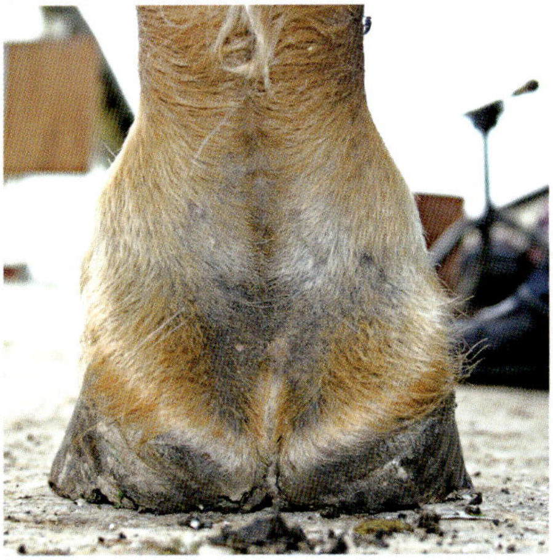

... und 1,5 Jahre später am 15. Februar 2012:

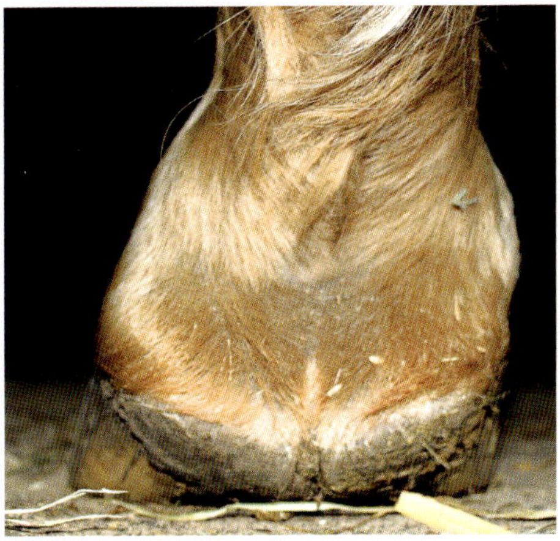

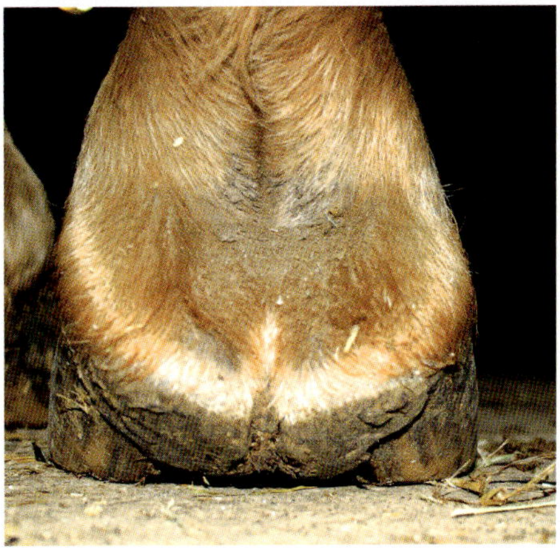

vorne links *vorne rechts*

lung, welche Verbesserung für den Huf trotz seiner Schaleerkrankung erreicht werden konnte. Auch am linken Fuß ist dies deutlich nachzuvollziehen. Der Huf ist keineswegs gerade, aber in seiner gepflegten individuellen Schiefe mit tragfähigen Hornstrukturen ausgestattet.

Derwisch ist ein schönes Beispiel dafür, wie lohnend es ist, einem Pferd die Eisen abzunehmen, gerade dann und wenn es bereits unter massiven Erkrankungen seiner Beine und Hufe leidet, auch wenn es ein Pferd älteren Jahrganges ist. Ich werde relativ häufig gefragt: »Soll man denn ein älteres Pferd auch noch von den Eisen nehmen, soll ich das meinem ›Alten‹ wirklich zumuten?« Beantworten Sie sich die Frage bitte selbst. Was kann der »Alte« verlieren und was kann er gewinnen?

6.8 Sultan – als Schulpferd barhuf?

Sultans Hufe ...

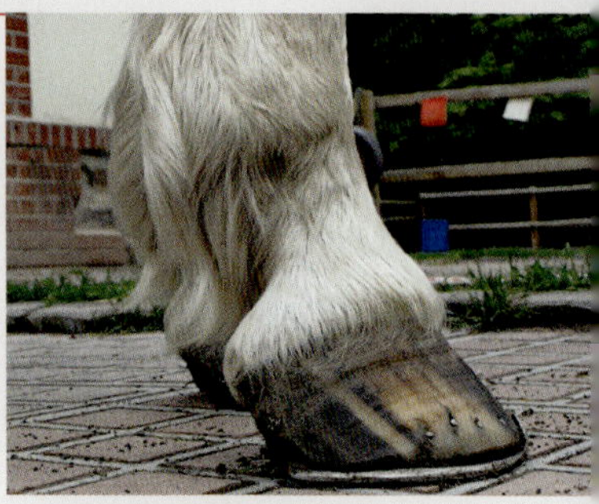

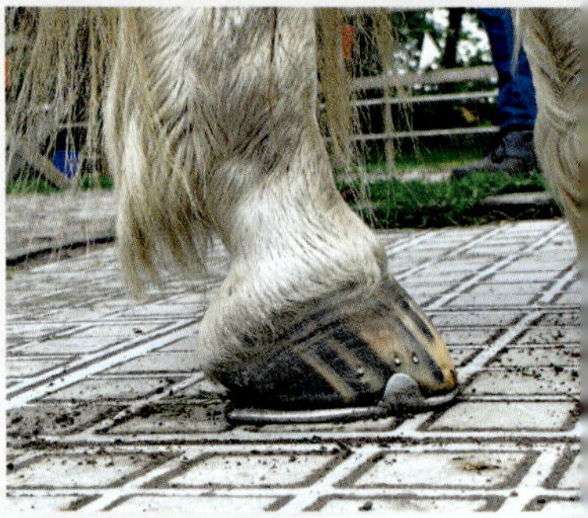

Steckbrief:

- 8-jähriger Haflinger-Wallach
- Schulpferd, Westernreiten
- rundum beschlagen
- Umstellung auf barhuf, weil es gesünder ist

Sultan im Mai 2008.

Sultan wurde mir im Mai 2008 vorgestellt. Ich wurde gefragt, ob es möglich wäre, ihn auf barhuf umzustellen, obwohl er regelmäßig als Schulpferd im Reitunterricht gehen musste und obwohl seine Hinterhufe sehr schief wären. Ich sagte, ich würde das gern versuchen und seine schiefen Hufe würden vom Barhufgehen sicher profitieren.

Sultan hatte prinzipiell recht schöne Hufe, mit einem guten Horn und passender Größe ausgestattet sowie mit einer haflingertypischen leichten Außenbelastung. Er war noch nicht allzu lange beschlagen gewesen, weshalb ich auch keine größeren Umstellungsprobleme erwartete.

… am Tag der Eisenabnahme am 11. Mai 2005:

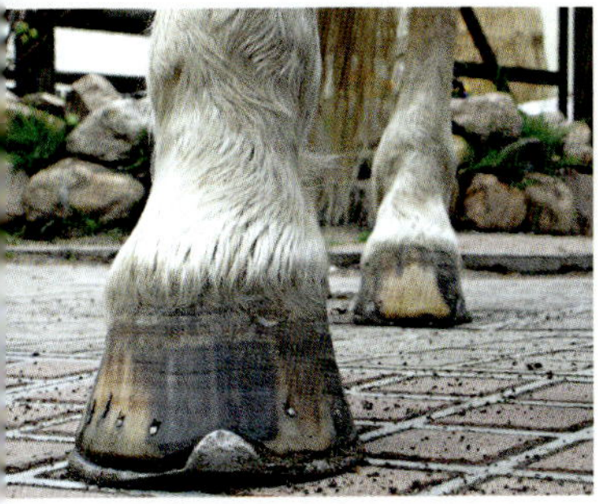
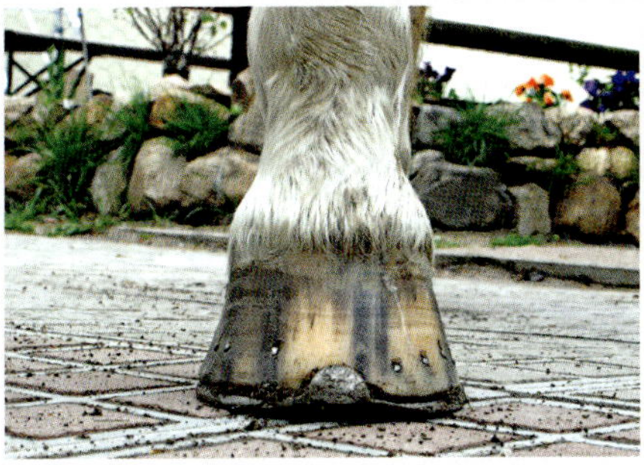
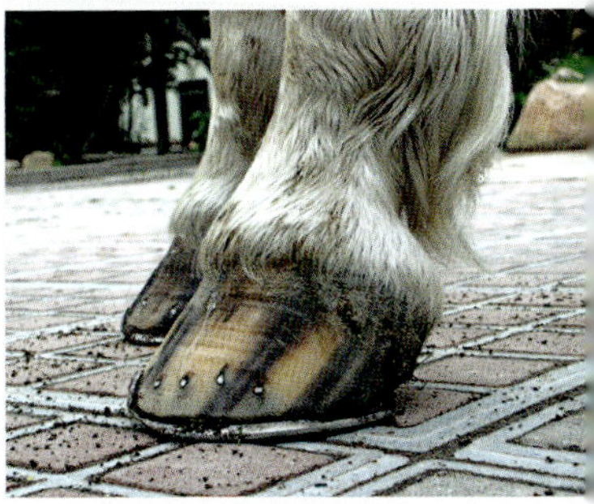

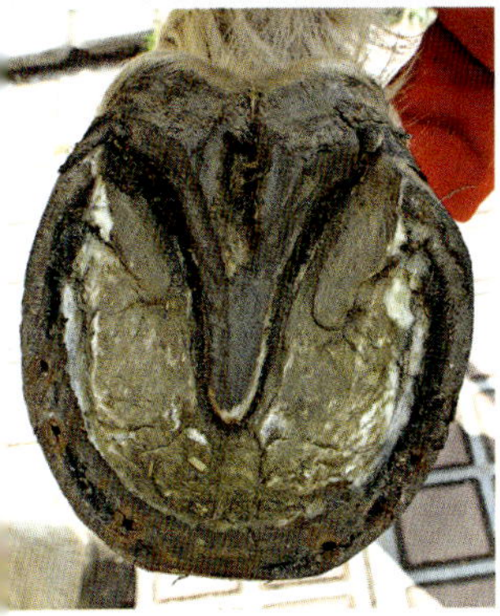

vorne rechts

vorne links

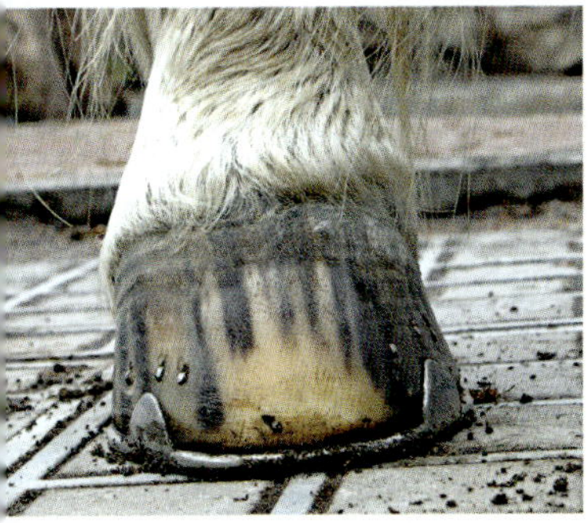
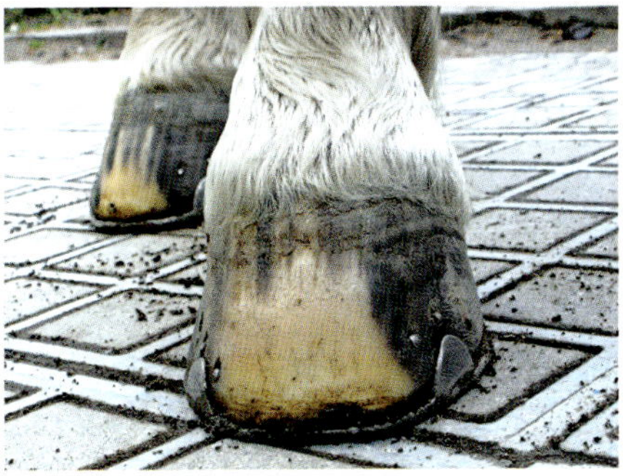
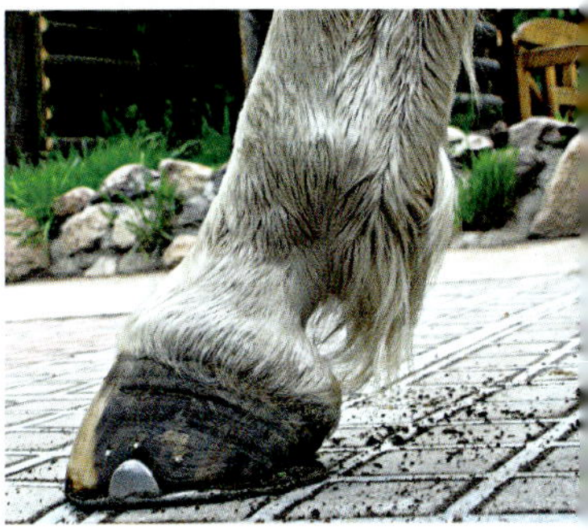

hinten rechts

hinten links

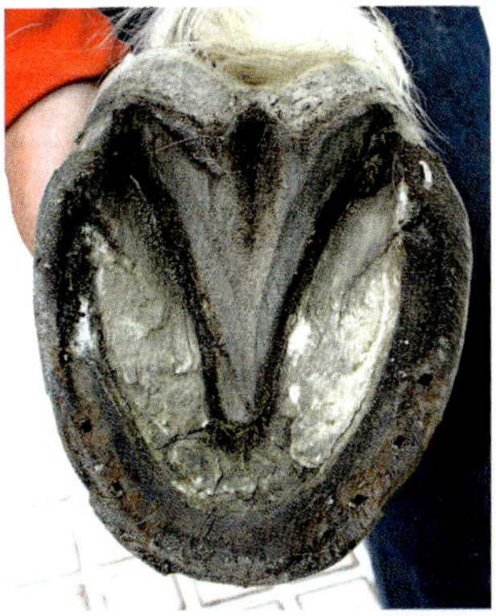
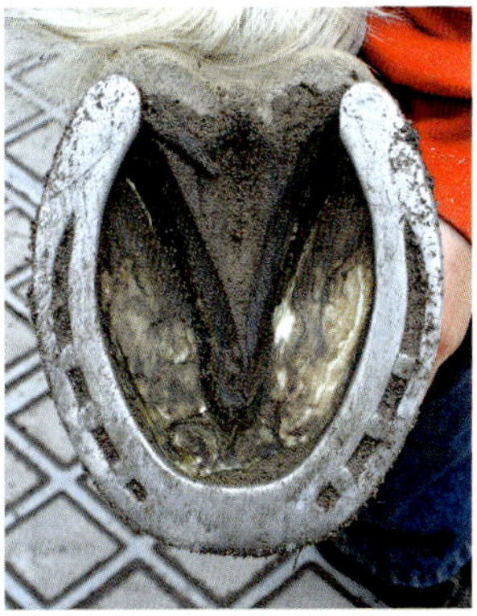

Die Vorderhufe hatten auf dem Beschlag allerdings eine leichte Glockenform angenommen, d. h. die Zehen- und Seitenwände standen etwas verbogen zum Boden. Das Horn hatte sich in der Folge in leichte Falten gelegt. Die Hinterhufe waren in der Tat einigermaßen schief. Besonders auffällig waren aber vor allem die abgeschlurften Zehen an diesen Hufen. Sultan zog offensichtlich seine Zehen so durch den Reitplatzsand, dass die Zehenrücken beider Hufe bis knapp unter den Kronsaum abgeschmirgelt waren. Das ist nicht nur ungewöhnlich für ein junges Pferd, welches sich noch nicht auf seine Alterssteifigkeit berufen kann, es wirkt sich auch sehr negativ auf die Hufsituation der betroffenen Hufe aus. Die medialen Seitenwände beider Hufe waren deshalb sehr stark verbogen, während die mehrbelasteten lateralen Seitenwände sich gerundet hatten und faltenreich nach oben stauchten.
Natürlich war Sultan ein Schulpferd und litt dementsprechend sicher des öfteren auch unter schlecht sitzenden und ihm in den Rücken plumpsenden Reitschülern. Verkrampftes Laufen, viel Zügelzug, schmerzender Rücken führen ganz häufig zu diesem Bild der abgeschlurften Hinterzehen. Mit Sicherheit war aber auch der Reitplatzsand etwas zu tief, so dass es für die Pferde darauf natürlich auch schwieriger wurde, die Hufe wirklich über den Sand zu heben – aber dennoch, vielleicht ließ sich die Situation für Sultan ja verbessern. Ich bat die Reitlehrerin, die Sache im Auge zu behalten.

Sultan lief mit seinen frisch gewonnen Barhufen sehr gut und konnte auch ohne große Schonung weiter im Unterricht genutzt werden. Die Situation der Hinterhufe besserte sich und verschlechterte sich wieder, das Bild wechselte, je nachdem wie stark die Nutzung Sultans als Schulpferd ausfiel. Wurde er von guten Reitern bewegt, so hob er die Beine, saßen Reitschüler mit wenig Können und Anfänger auf ihm, so zog er die Hinterbeine durch den Sand.

Im Winter 2006 hatte sich die Situation wieder sehr verschärft. Die Hufe waren durch das langsamere Winterwachstum bei anhaltender intensiver Nutzung ohnehin recht kurz. Die Ze-

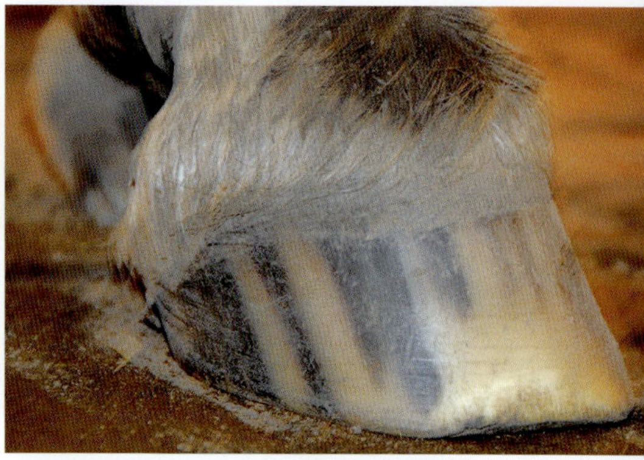

Sultans rechter Hinterhuf am 30. Dezember 2006.

Sultans Hufe vor der Bearbeitung am 15. Januar 2010 – also seit über fünf Jahren barhuf gehend im mehr oder weniger täglichen Reitschulunterricht auf dem Reitplatz und im Gelände:

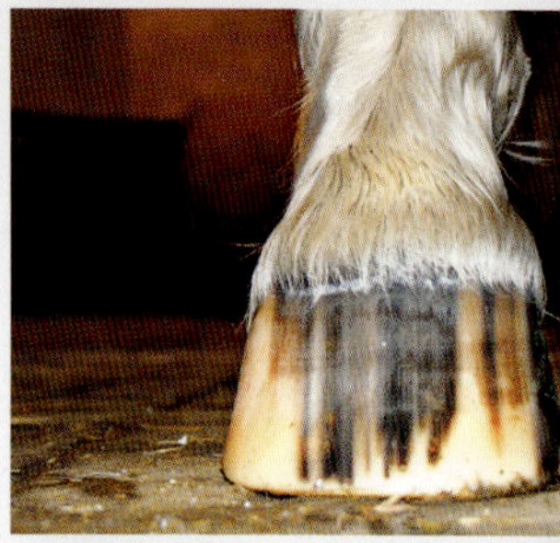

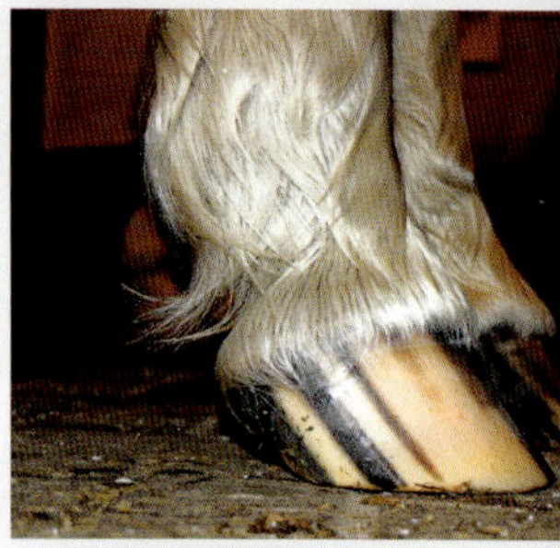

vorne rechts

henwände waren auf beiden Hinterhufen bis auf das Blättchenhorn abgerieben. Sultan wurde daraufhin tierheilpraktisch behandelt, was ihm sichtlich guttat.

Es gab in der gesamten Zeit immer wieder einmal leichtere »Rückfälle«, aber insgesamt blieb Sultan in Zukunft von dieser gänzlichen Zehenlosigkeit verschont.

Sultan wurde mittlerweile von einer jungen Kollegin betreut. Die Glockenform ist ganz verschwunden, das Horn ist faltenfrei. Passend zur Außenbelastung stehen die Außenwände etwas steiler zum Boden als die Innenwände. Die Zehenwände der Hinterhufe stehen durch das »Schlurfen« krallenförmig, also mit einem Bogen und nicht gestreckt zum Boden.

Im Jahr 2010 wurde der Reitverein, in dem Sultan lief, aufgelöst. Sultan wurde in Privathände verkauft und zog in einen neuen Stall um. Mit dem Umzug in den neuen Stall übernahm ein anderer Kollege die Bearbeitung von Sultans

vorne links

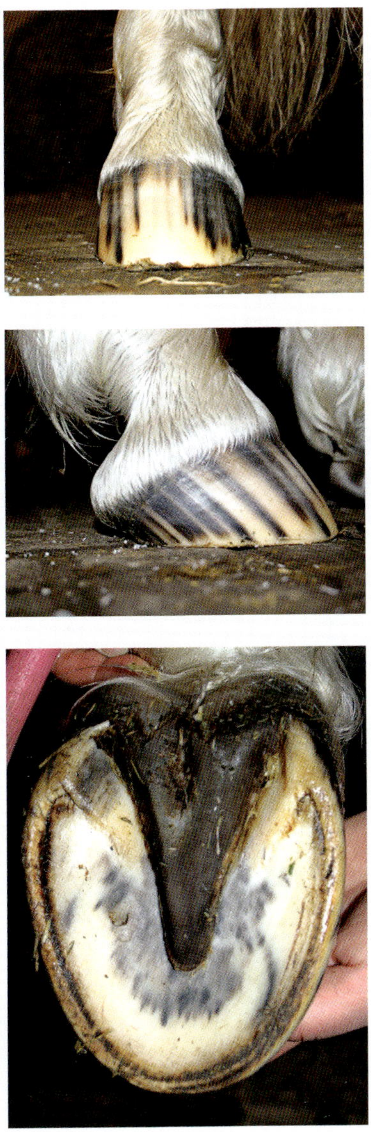

hinten rechts

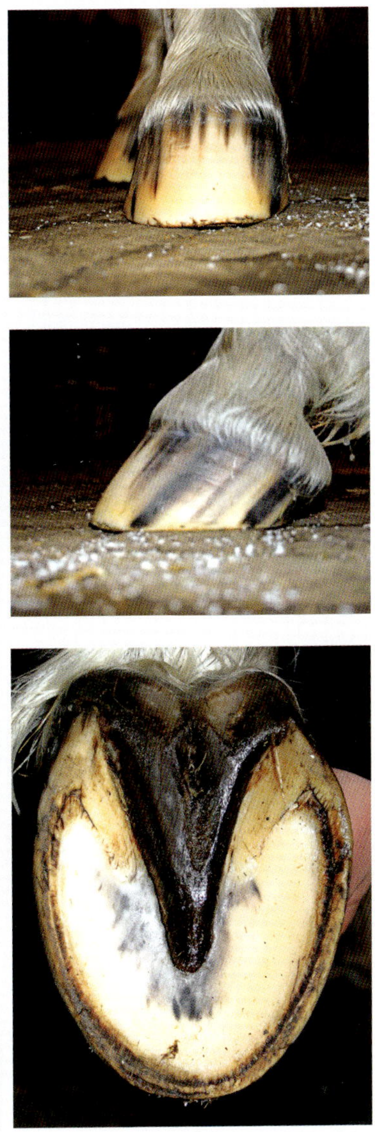

hinten links

Hufen. Sultan läuft nach wie vor barhuf – heute also seit mehr als acht Jahren und die gesamte Zeit unter huforthopädischer Bearbeitung. Es war mit Sicherheit eine gute Entscheidung, Sultan 2005 von den Eisen zu nehmen und so die Vorteile des Barhufgehens zu nutzen. Für wie viele Pferde wird eine solche Entscheidung überhaupt nie in Erwägung gezogen, einfach weil sie als Schulpferd einer täglichen Nutzung unterliegen und man meint, diese tägliche Nutzung würde sich nicht mit dem Barhufgehen vertragen?

Sultans Leben als Freizeitpferd bekommt ihm gut. Die Zehen der Hinterfüße sind wieder gewachsen. Er wird ca. 3–5-mal in der Woche von der Besitzerin oder ihrer Reitbeteiligung geritten, wobei es abwechselnd in die Halle oder ins Gelände geht.

Sultans Hufe als Freizeitpferd, aufgenommen am 7. Oktober 2012:

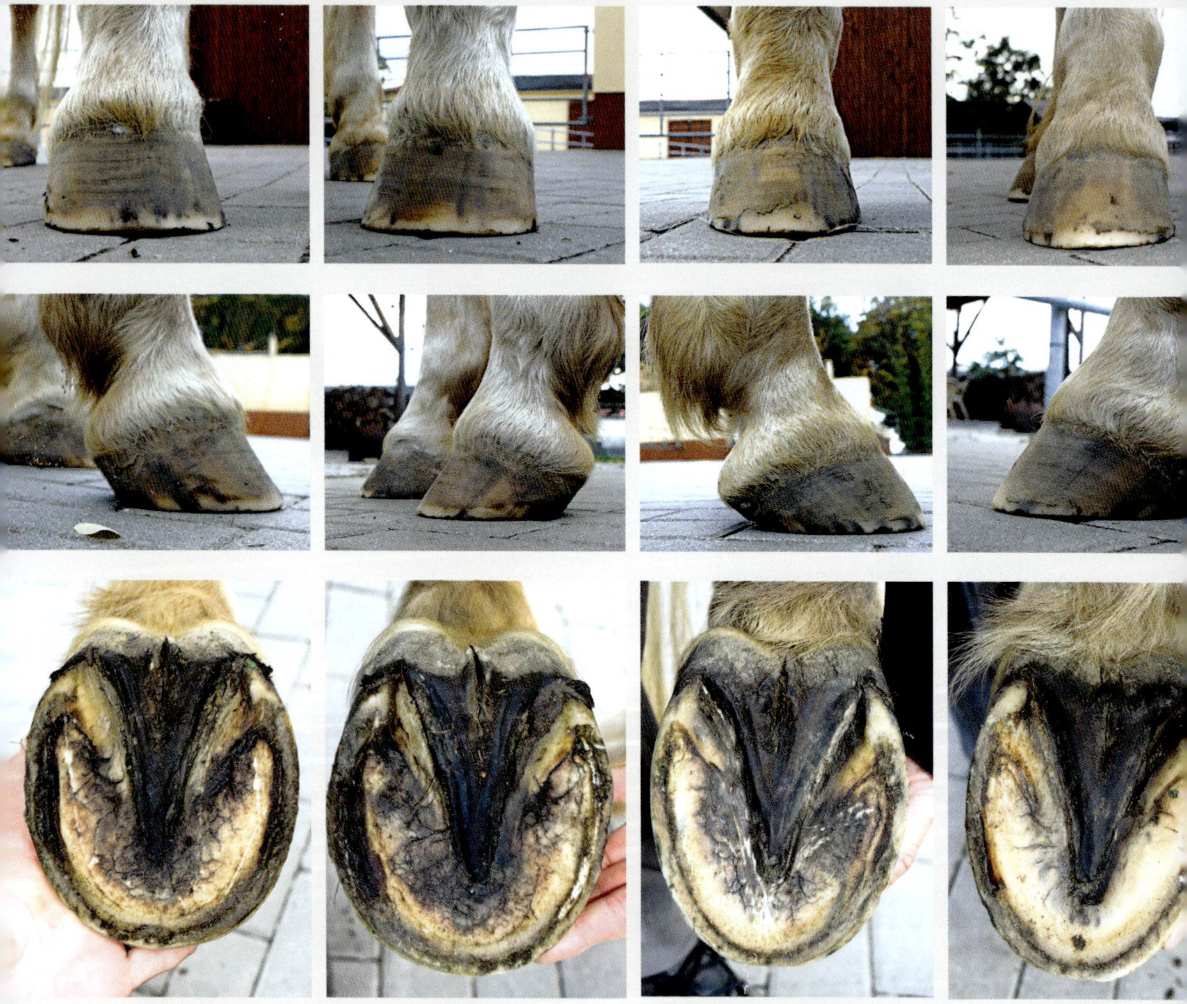

vorne rechts | *vorne links* | *hinten rechts* | *hinten links*

6.9 Larissa – Überbeine und gefährliches Stolpern[119]

Steckbrief:

- 6-jährige Trakehnerstute
- Nutzung als Freizeitpferd, ambitionierte Dressur, 4–5 x pro Woche geritten
- seit 2 Jahren auf den Vorderhufen beschlagen, momentan Eisen mit zwei Aufzügen und angeschmiedeter mittiger Zehenrichtung
- Eisenabnahme wegen Überbeinen an den Röhrbeinen beider Vordergliedmaßen und gefährlichem Stolpern

Larissa. (Foto: Rita Fischer)

Larissa, mit eingetragenem Namen Polarissa, wurde 4-jährig auf den Vorderhufen beschlagen. Der Grund hierfür war, dass der Hufschmied Larissa beim Ausschneiden etwas zu kurz geschnitten hatte und sie daraufhin so fühlig war, dass man beschloss, sie zu beschlagen. Und die Hufeisen blieben ihr danach einfach ...

Irgendwann bemerkte die Besitzerin, dass sich an Larissas Vorderbeinen Überbeine gebildet hatten. Diese wurde mit der Zeit größer, auch begann Larissa zu stolpern. Letzteres wurde manchmal sogar regelrecht gefährlich, weil sie dabei auch ihre Reiter in Gefahr brachte. Nach zwei Jahren mit Hufeisen beschloss Larissas Besitzerin deshalb, ihr den Beschlag wieder abnehmen zu lassen.

Die weiten Vorderhufe von Larissa waren mit Eisen mit zwei Aufzügen beschlagen. In der Zehenmitte hatte der Schmied eine Zehenrichtung angeschmiedet. Allerdings fußte Larissa für gewöhnlich gar nicht über ihre Zehenmitte. Ihr Bewegungsablauf war vielmehr so beschaffen, dass sie beim Abhufen mit beiden Vorderhufen über die äußere Zehe abrollte. Während sie dies barhuf ganz problemlos tun konnte, weil sie sich durch ihren Bewegungsablauf die äußere Zehe stets ausreichend kurz hielt, verursachten ihr die beschriebenen Eisen nun beim Abfußen ziemliche Probleme. Der gewohnte Abfußvorgang über die äußeren Zehen wurde durch die angebrachten Eisen behindert. Um sich die gewohnte Zehenrichtung auch nur halbwegs wieder frei zu laufen, hätte Larissa ihre Eisen monatelang selbst »bearbeiten« müssen. Die mittig angeschmiedete Zehenrichtung half ihr nicht beim ökonomischen und gesundheitserhaltenden Abfußen, sondern erlegte ihr einen veränderten (in den Augen des Schmiedes idealen) Bewegungsablauf auf. Sowohl das häufige Stolpern als auch die Entstehung der Überbeine erklären sich in erster Linie aus diesem Umstand.

Folgerichtig verschwand das Stolpern sofort nach der Eisenabnahme und auch die Überbeine bildeten sich im Laufe der Zeit weitgehend zurück.

Die Barhuf-Umstellung verlief im Falle Larissas auch ganz problemlos. Die ersten vier Wochen nach der Eisenabnahme wurde nicht mit ihr gearbeitet, dann begann die Besitzerin langsam, sie wieder zu reiten. Larissa lief gut und kam mit ihren wieder gewonnenen Barhufen auch beim Reiten bestens zurecht. Obwohl sie heute sogar mehr geritten wird als zu der Zeit, in der sie beschlagen war, reicht ihr Hornmaterial völlig aus und sie benötigt keinen Hufschutz.

[119] *Alle Fotos zum Fall Larissa: Alex Rieck.*

Larissas Vorderhufe unmittelbar nach der Eisenabnahme am 21. September 2010:

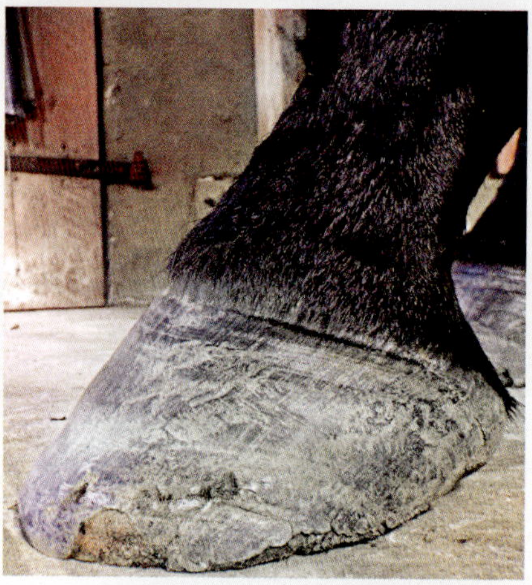

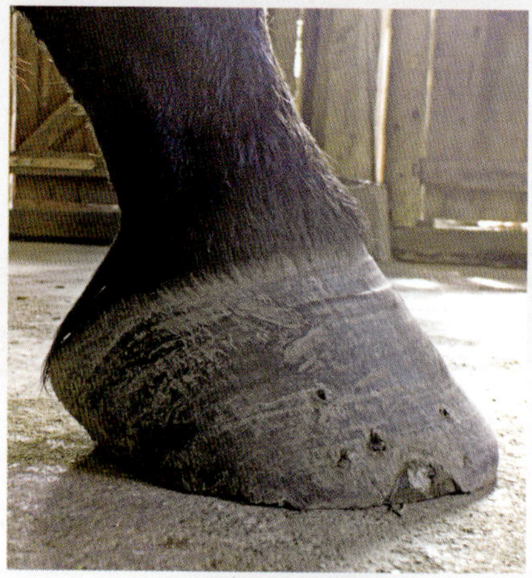

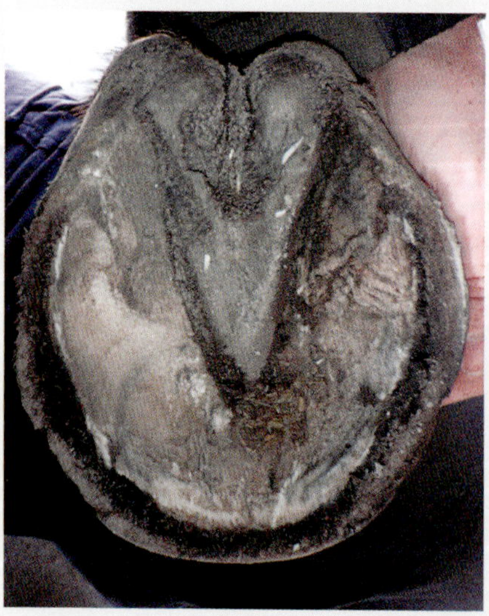

vorne links

vorne rechts

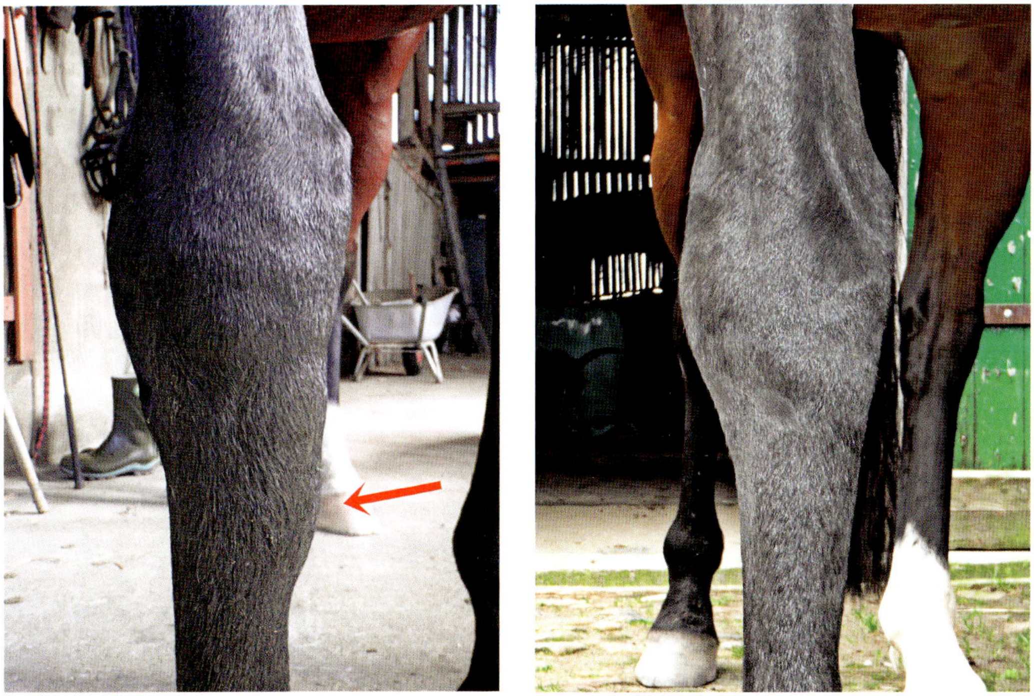

21. September 2010 *25. September 2012*

Hier ist das Überbein unterhalb des rechten Karpalgelenks zu Beginn der Barhufumstellung (linkes Bild) deutlich sichtbar, zwei Jahre später (rechtes Bild) ist es wieder verschwunden.

Dennoch konnte mein Kollege an Larissas Hufen einige Beobachtungen machen und Erfahrungen sammeln: Larissas Hufe reagierten stets sehr stark auf Veränderungen in der Nutzung. So verstärkte sich die mediale Wandverbiegung insbesondere an ihrem linken Vorderhuf stets prompt, wenn sie vermehrt in Seitengängen gearbeitet wurde. »Man sieht sehr deutlich, wenn der Bereiter geritten ist, Schulter rein, Schulter vor, wenn sie überwiegend in Stellung geritten wird«, so die Beobachtung meines Kollegen, der selbst auch neben der Arbeit an den Hufen als Reitlehrer tätig ist. Larissa besitzt keine starken, stabilen Wände, sie sind eher dünn und nachgiebig und verbiegen sich leicht, wenn sie im Seitengang über die mediale Wand fußen muss, was sie für gewöhnlich eher nicht tut.

Mitunter wirkten sich auch auftretende Probleme im Bewegungsapparat sehr nachteilig auf Larissas Hufe aus. So beobachtete mein Kollege bspw., dass sich Larissa plötzlich sehr stark die Zehe des rechten Hinterhufes abschliff, der linke Hinterhuf wurde im gleichen Atemzug schiefer (siehe S. 31, Foto vom 3. März 2011). Er riet der Besitzerin dazu, einen Osteopathen ans Pferd zu holen, damit dieser abklären könne, was passiert sei. Larissa hatte sich eine Blockade im Kreuzdarmbeingelenk und eine Blockade im Atlas zugezogen. Sie wurde osteopathisch behandelt und das Problem am Huf besserte sich sofort (siehe 6. Juli 2011), tauchte aber ein Jahr später leider erneut auf (siehe 24. April 2012).

Larissas Hufe mit verbogener medialer Seitenwand im Februar 2012:

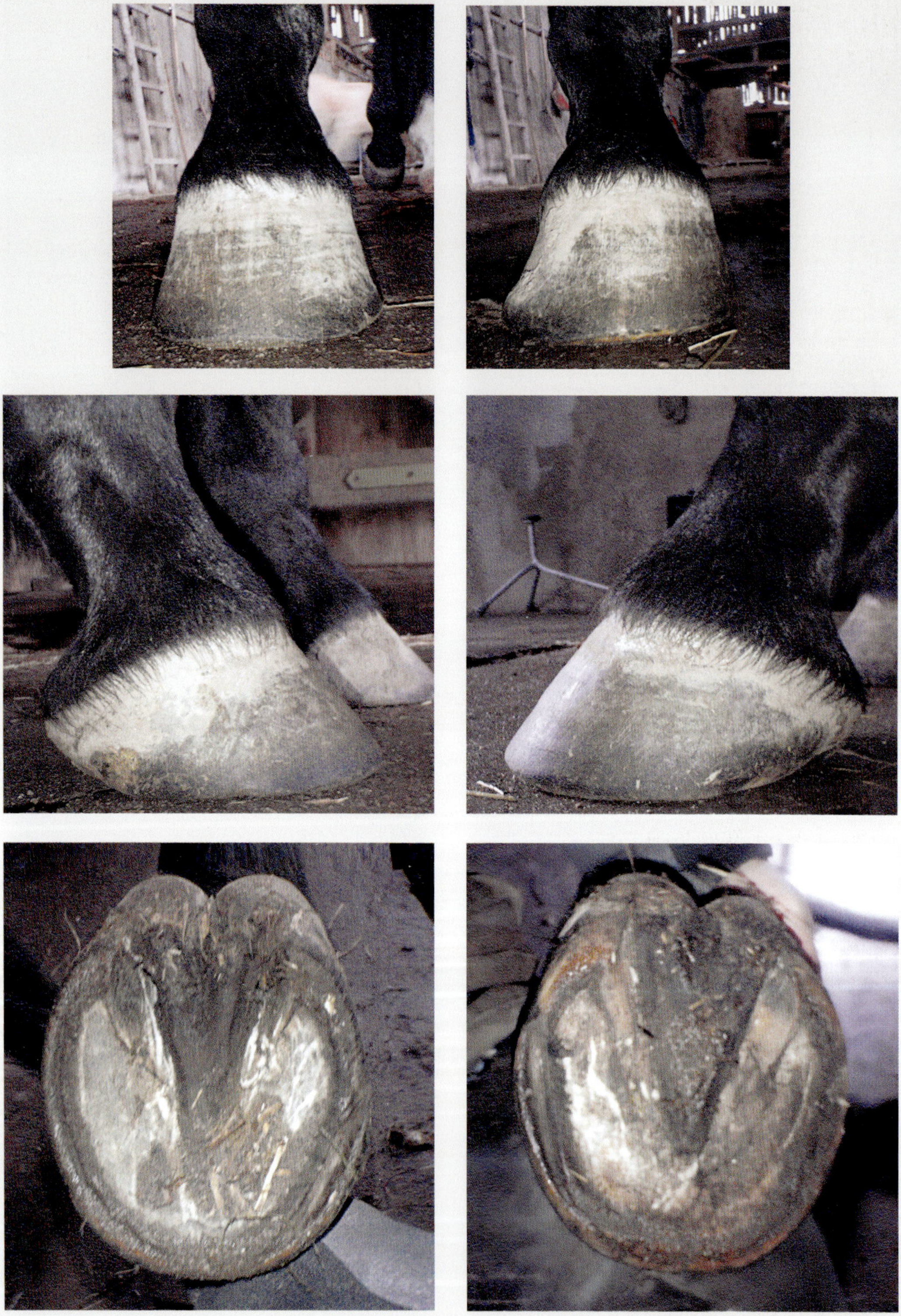

vorne rechts *vorne links*

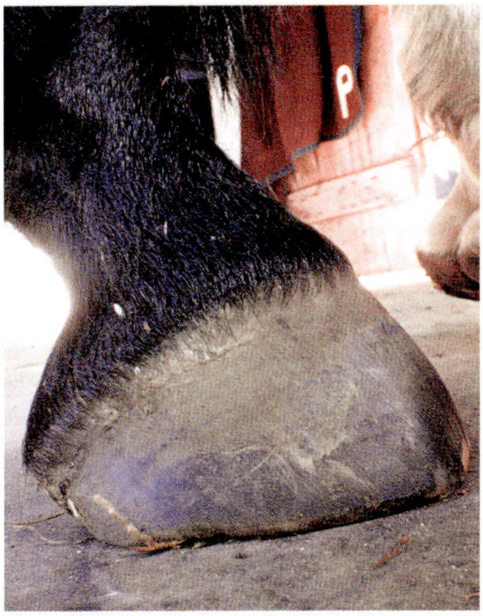

3. März 2011 – Zehe stark abgeschliffen.

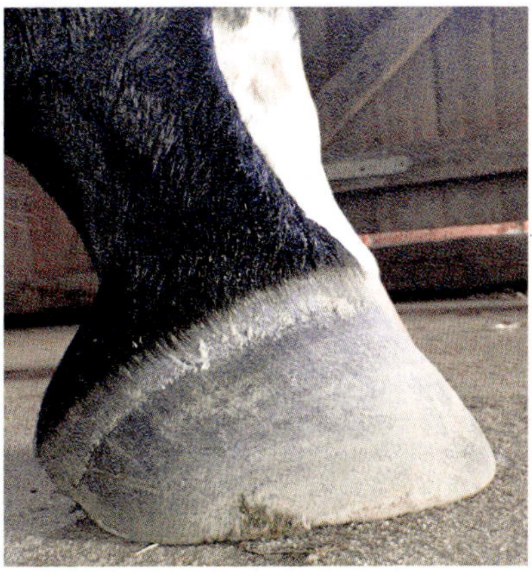

6. Juli 2011 – gerade Zehe ohne übermäßigen Abrieb.

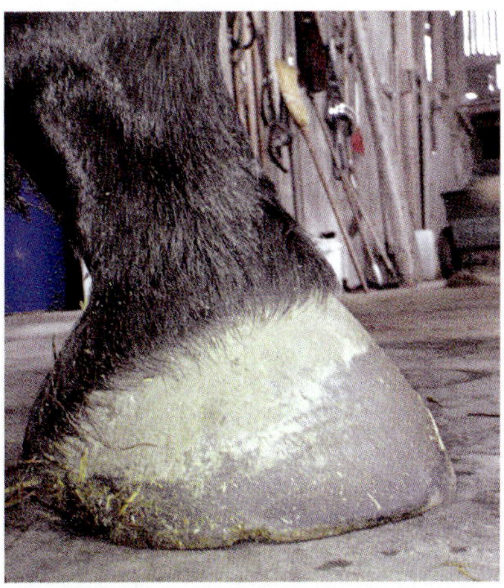

24. April 2012 – Zehe wieder stark abgeschliffen.

Larissa wurde noch ein zweites Mal osteopathisch behandelt und die Hufsituation der Hinterhufe normalisierte sich daraufhin wieder.

Dieser Fall schärft den Blick für die Zusammenhänge und die häufig so notwendige Zusammenarbeit der verschiedenen Fachleute. Larissa ist bei weitem kein Ausnahmefall. Immer wieder werden Hufprobleme verursacht, durch Veränderungen und Probleme weiter oben. Und nicht selten werden Pferde allein aus diesem Grund beschlagen. Das Hufproblem wird auf diese Weise »abgestellt«, allerdings ohne die eigentliche Ursache zu beheben. Das ist leider kurzsichtig und nicht im Sinne des Pferdes und seiner Gesundheit gedacht.

Vernünftiger ist es in jedem Fall, den Dingen zunächst auf den Grund zu gehen und dann auf der Basis der gewonnen Erkenntnisse, die richtige Entscheidung zu fällen.

6.10 Draco – 100%ige Verbesserung durch Barhufumstellung[120]

Steckbrief:

- 18-jähriger Mecklenburger Warmblutwallach
- Frührentner, da die Nutzung aufgrund der Huf- und Gliedmaßenproblematik unmöglich wurde
- seit 15 Jahren rundum beschlagen wegen der Risse in seinen Hufen
- massive Probleme beim Stehen und Gehen, schlechte Hufverfassung mit untergeschobenen Trachten, Hyperextension, Strahlfäule und zahlreichen Rissen
- Vorderhufe beschlagen mit Eiereisen, wobei das rechte Eisen bereits abgetreten war
- letzter Versuch Dracos bemitleidenswerte Situation zu verbessern

Dracos Besitzerin kaufte ihn dreijährig als Freizeitpferd. Wegen der Risse in seinen Hufen riet ihr der Tierarzt sofort zum Beschlag. Auch zwei weitere Tierärzte, die die Besitzerin befragte, hielten einen Beschlag auf allen vier Hufen wegen der zahlreichen Risse für nötig. So wurde Draco bereits als junges Pferd beschlagen, ohne dass die moderate Nutzung als Freizeitpferd wirklich nach einem Abriebschutz verlangte. Die Risse blieben. Was folgte, war ein über Jahre zu beobachtender Verfall von Dracos Hufgesundheit und Gesamtverfassung. Die Besitzerin musste in dieser

Draco im Oktober 2012.

[120] Alle Fotos zu Dracos Geschichte: Birgit Höllmer.

Zeit eine stetige Verschlechterung der Hufsituation konstatieren. Auch Dracos Laufverhalten verschlechterte sich sehr. Der Tierarzt und der Hufschmied sahen jetzt überhaupt keine Chance mehr, dass Draco jemals barhuf gehen könne. Sie hielten vielmehr die Eisen für ganz unerlässlich, um die Hufe in ihrer mittlerweile immer schlechteren Verfassung zumindest stabilisieren zu können. Ohne Eisen hätte Draco gar keine Chance ...

Draco wurde unterdessen immer empfindlicher. Die Trachten wurden immer flacher, die Zehen immer länger, das Stolpern nahm immer mehr zu. Das Beschlagen an der Hinterhand wuchs sich mit der Zeit zum Drama aus und Draco begann mit den Vorderbeinen zu zittern, sobald man nur einen Huf aufhob. Die Besitzerin führte immer wieder Gespräche mit dem Hufschmied, ob und wie die Situation verbessert und Draco geholfen werden könnte. Im Ergebnis dieser Gespräche wurden die Zehen deutlicher als bisher gekürzt. Dracos Situation verbesserte sich dadurch nicht. Der Schmied wurde gewechselt. Der neue Schmied polsterte die Hufe mit geteertem Hanf und Lederplatte, um die Empfindlichkeit und die Strahlfäulnis einzudämmen. Als auch das keine Verbesserung brachte, wusste sich der Hufschmied keinen Rat mehr und empfahl wiederum einen erfahreneren Kollegen. Dieser beschlug Draco mit Rundeisen. Er versprach sich davon eine verbesserte Ruhigstellung der Hufmechanik und damit eine herabgesetzte Empfindlichkeit der Hufe. Es änderte sich jedoch nichts an Dracos Befinden. Ans Reiten war schon lange nicht mehr zu denken.

Im September 2009 bat die Besitzerin eine Huforthopädin im Stall, einen Blick auf Dracos Hufe und den Beschlag zu werfen. Draco war zu dieser Zeit in sehr schlechter Verfassung. Seine Hinterhufe standen sehr weit unter den Körper gestellt. Es war ihm beinahe unmöglich, eines seiner Beine für längere Zeit aufzuheben. Auf die Frage, wie es denn überhaupt gelänge, die Beschläge zu wechseln, sagte die Besitzerin, ja das wäre immer »eine ganz schöne Aktion«. Die Huforthopädin war bestürzt über die Situation und sie war auch einigermaßen skeptisch, ob Draco aus dieser Situation wirklich noch einmal befreit werden könnte. Sie sagte der Besitzerin, dass sie die Ausgangslage als sehr schlecht einschätze. Die Besitzerin drängte sie, es dennoch wenigstens zu versuchen und mit einigen Bauchschmerzen ließ sie sich von ihr dazu überreden, Draco die Eisen abzunehmen und eine Barhufumstellung anzugehen.

Die Eisenabnahme und die erste Hufbearbeitung gestalteten sich noch recht schwierig. Draco war kaum in der Lage, die einzelnen Beine zu geben und mehr als nur einen kurzen Augenblick hochzuhalten. Das wurde jedoch von Mal zu mal besser. Auch lief Draco zum Erstaunen aller ohne die Beschläge gar nicht schlechter als vorher. Die Eisen fehlten ihm keineswegs und sein Gangbild besserte sich zusehends. Auch sein Stehvermögen auf drei Beinen wurde von Monat zu Monat besser. Nach einigen Monaten stand er schon deutlich weniger mit den Hinterbeinen unter dem Körper und auch das Zittern der Vorderbeine ließ nach.

Sehr zu schaffen machte ihm allerdings jedes Mal das Tamponieren der mittleren Strahlfurchen. Diese waren sehr tief und empfindlich. Das regelmäßige Säubern und Pflegen mit milden Strahlpflegemitteln sowie das anschließende Tamponieren ließ Draco nur sehr ungern über sich ergehen. Das machte der Besitzerin die Pflege der Fäulnistaschen schwer und so fehlte es manchmal an der nötigen Intensität der Pflegemaßnahmen. Aber ohne die regelmäßige Durchführung dieser Maßnahmen bestand kaum eine Chance auf eine Verbesserung des an allen Hufen kaum Fingerdicke erreichenden Hornstrahls. Es dauerte auf diese Weise mehr als zwei Jahre, bis sich die tief in den Ballen reichenden mittleren Strahlfurchen endlich schlossen.

Dracos Hufe sowie seine strapazierten Beine am Tag der Eisenabnahme am 11. September 2009:

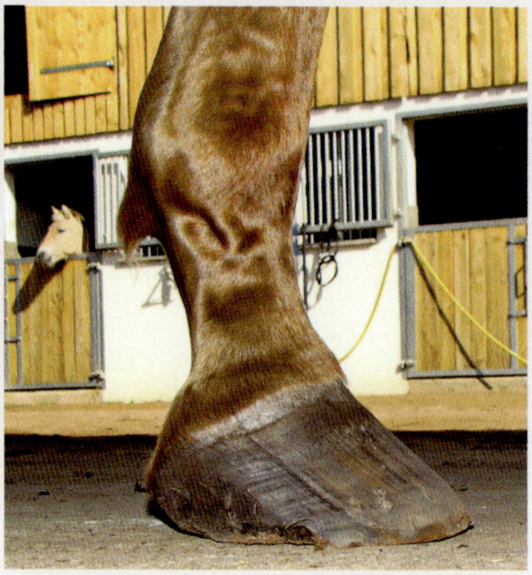

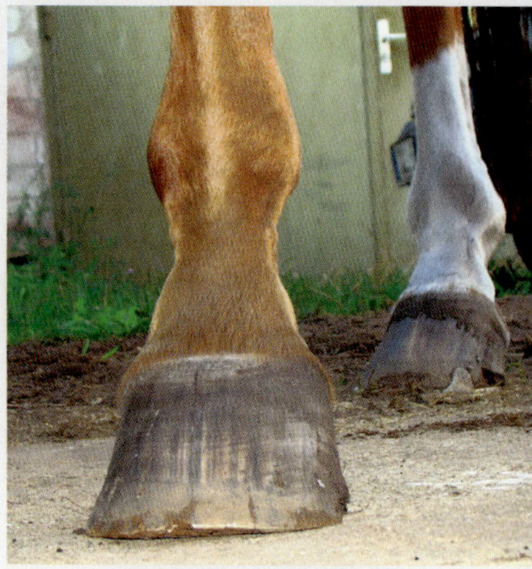

Dracos Hufe zeigten sich in wirklich schlechtem Zustand. Die Trachten aller vier Hufe waren stark untergeschoben. Alle Hufe hatten zahlreiche Risse und enge Strahlfurchen. Die mittleren Strahlfurchen waren bis in den Ballen hoch gespalten. Am rechten Vorderhuf hatte sich Draco das Eisen bereits abgetreten.

vorne rechts

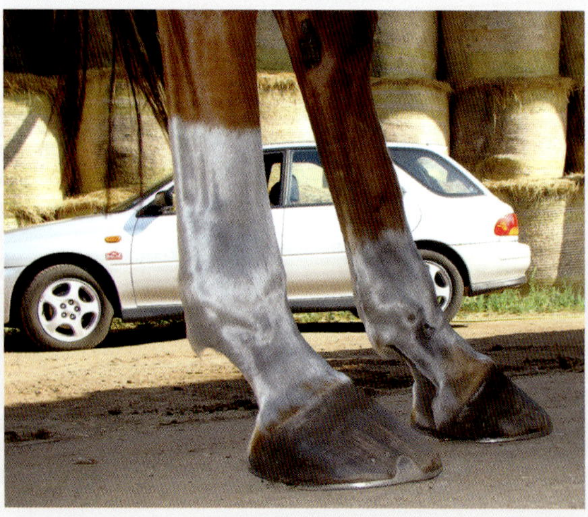

hinten rechts

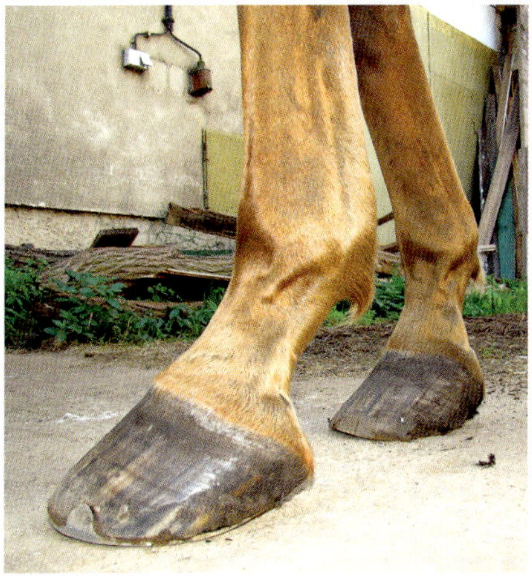

Durch die schlechte Hufsituation waren die Huf-Fessel-Achsen nach hinten gebrochen. Draco konnte kaum stehen. Sobald man ihm ein Bein hochnahm, begann er sofort vor Anstrengung zu zittern.

vorne links

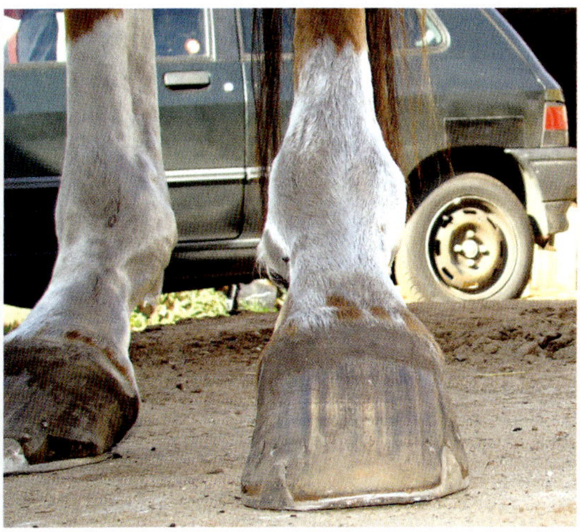

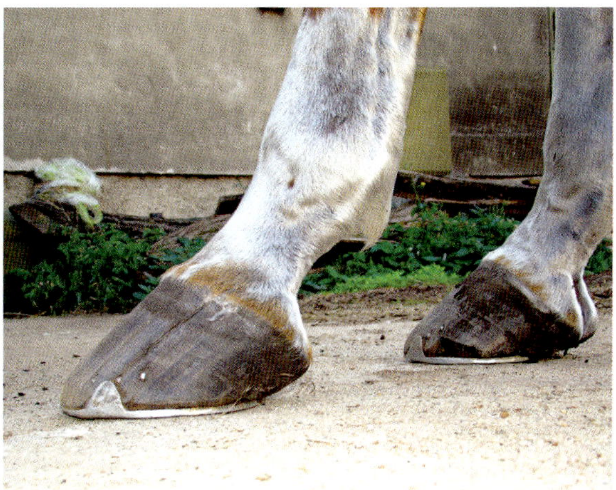

hinten links

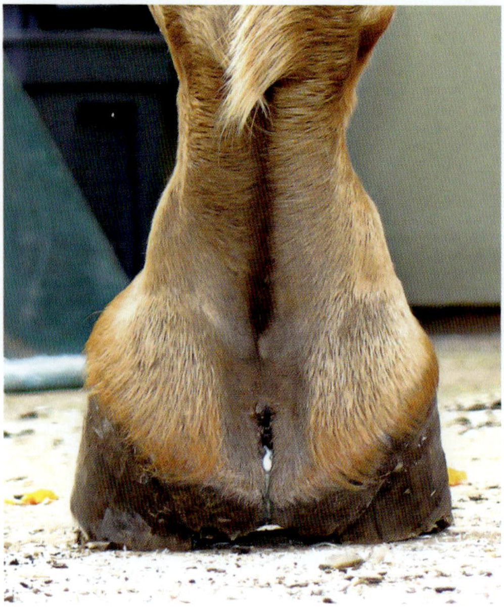

Im September 2009 sind die Ballen aller vier Hufe tief gespalten (Dracos rechter Vorderhuf).

Es brauchte lange Zeit, bis sich die mittleren Strahlfurchen geschlossen haben (derselbe Huf, aufgenommen im November 2012).

Dracos Hufe und seine zwar schmutzigen, aber deutlich gesundeten Beine zwei Jahre nach Beginn der Barhufumstellung, am 19. Dezember 2011.

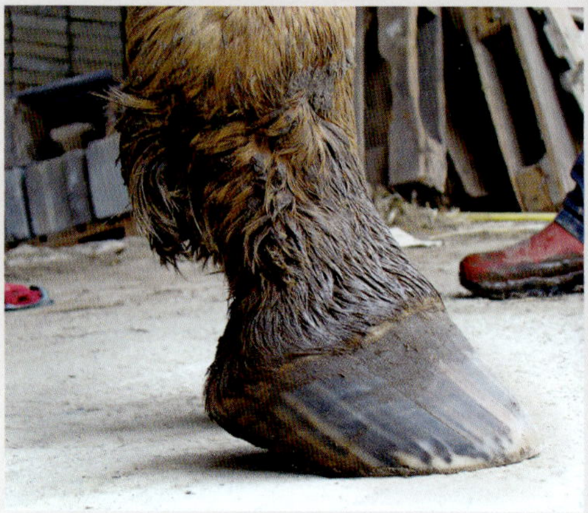

Nunmehr fast ohne Risse.

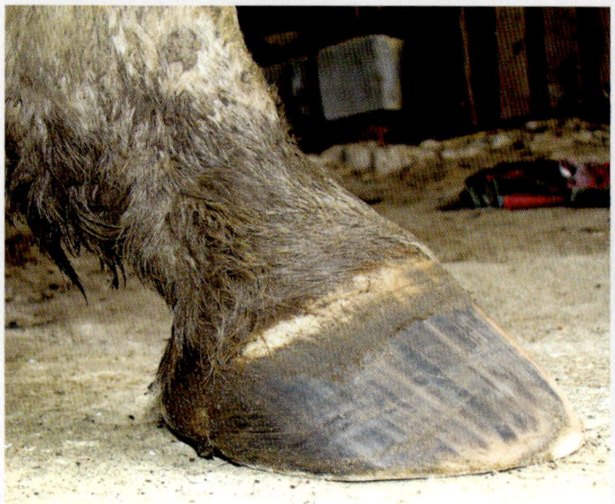

Durch die Umstellung auf Barhuf hat sich für Draco »eine Verbesserung von mindestens 100 % eingestellt«, so das Fazit von Hufbearbeiterin und Besitzerin. Beide sind froh, die Sache trotz der fast aussichtslos scheinenden Ausgangslage in Angriff genommen zu haben. Draco steht heute wie ein ganz normales Pferd, er ist lahmfrei und könnte, wenn es nach ihm ginge, durchaus auch gern öfters geritten werden. Auch die Hufbearbeitung selbst bereitet ihm keine

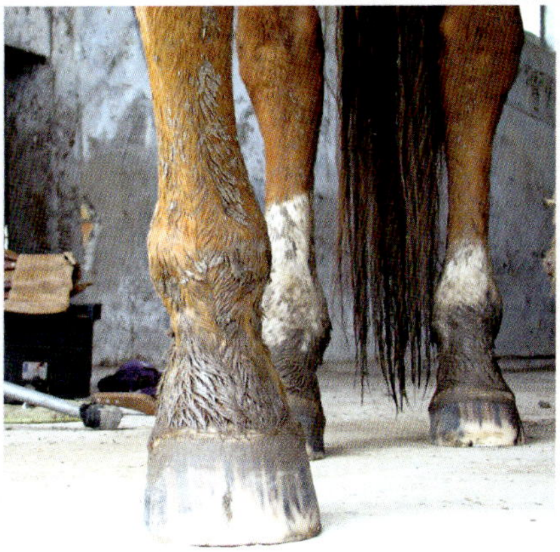

vorne rechts

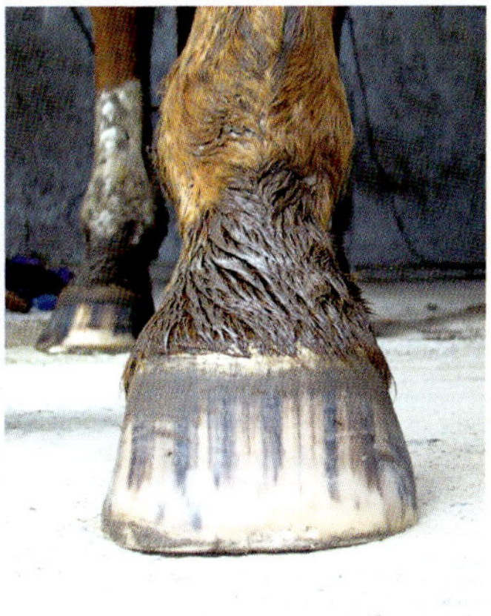

vorne links

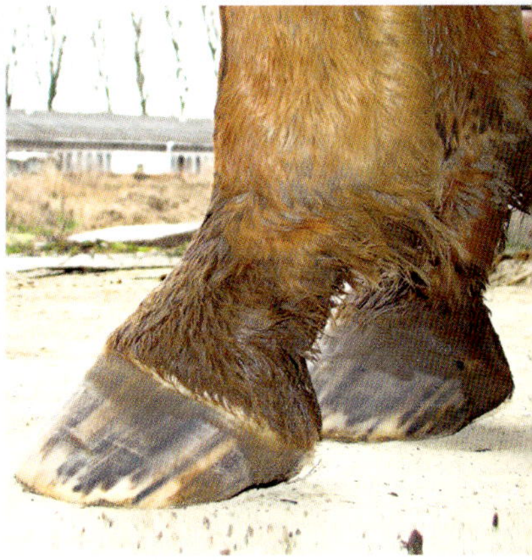

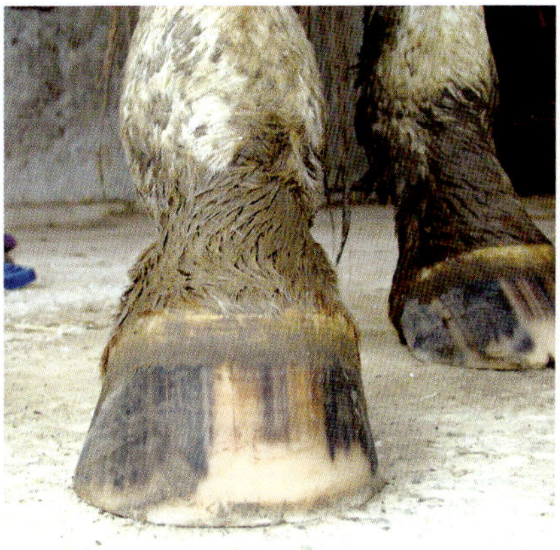

hinten rechts

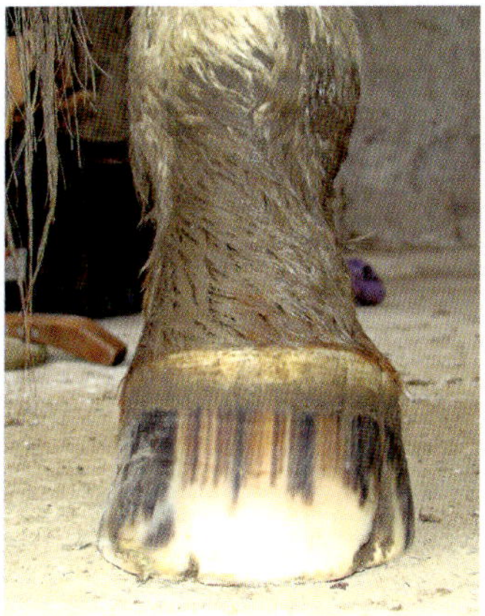

hinten links

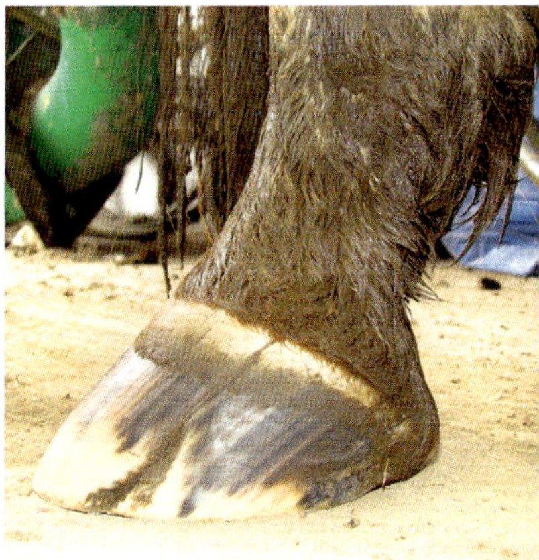

Probleme mehr. Er gibt die Hinterhufe wie andere Pferde auch und steht zur Hufbearbeitung problemlos auf drei Beinen. Ganz selten »erinnert« er sich an frühere Zeiten und beginnt zu zittern, wenn man den rechten Vorderhuf aufhebt.

Heute wird Draco von Zeit zu Zeit spazieren geritten und freut sich ansonsten auf der Koppel seines wiedergewonnenen Pferdelebens.

6.11 Lady – Barhufumstellung eines Distanzpferdes[121]

Steckbrief:

- 9-jährige Traberstute
- Distanzpferd
- rundum beschlagen, Verdacht auf Spat, deshalb orthopädischer Beschlag mit Keilen an den Hinterhufen, später rundum NBS-Beschlag
- weil es ihr ohne Eisen trotz aller Gegenrede der Fachleute eindeutig viel besser ging

Lady, mit eingetragenem Namen Westfalia, lief einige Jahre mit mäßigem Erfolg auf der Trabrennbahn, wurde dann aussortiert und landete 5-jährig bei ihrer jetzigen Besitzerin. Es handelte sich um einen eher ahnungslosen Mitleidskauf; was folgte waren viel Mühe, Energie und reichlich finanzielle Ausgaben, um Lady vom ausrangierten Traber zum Reitpferd aufzupäppeln. Hinzu kamen hohe Kosten für tierärztliche Behandlungen, da Lady sehr oft stürzte und sich dabei immer wieder verletzte. Um die ständigen Blessuren an den Beinen zu verhindern, trug Lady mehr oder weniger rund um die Uhr Stall- bzw. Transportgamaschen. Aber es passierte auch, dass sie beim Ausrutschen andere Pferde verletzte, so bspw. die Stute einer Bekannten, die von den Vidiastiften, die Lady in ihren Eisen trug, eine heftige Wunde und spätere Hornnarbe quer über dem Kronsaum davontrug.

Geritten wurde Lady zu dieser Zeit kaum und ihre Figur glich einem »Drahtkleiderbügel«. Dennoch waren Stallbesitzer und Hufschmied der einhelligen Meinung, dass Lady nicht ohne

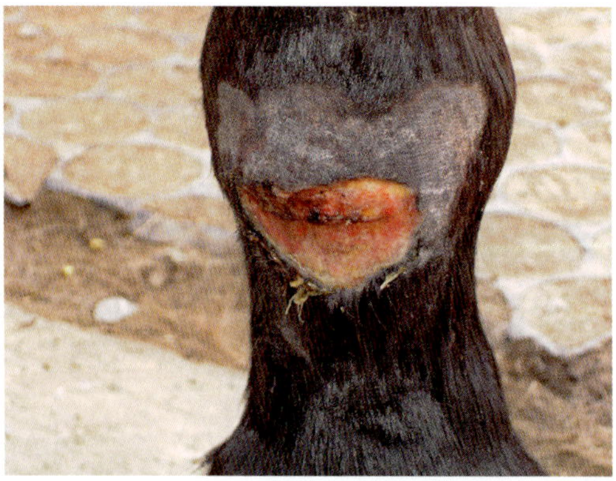

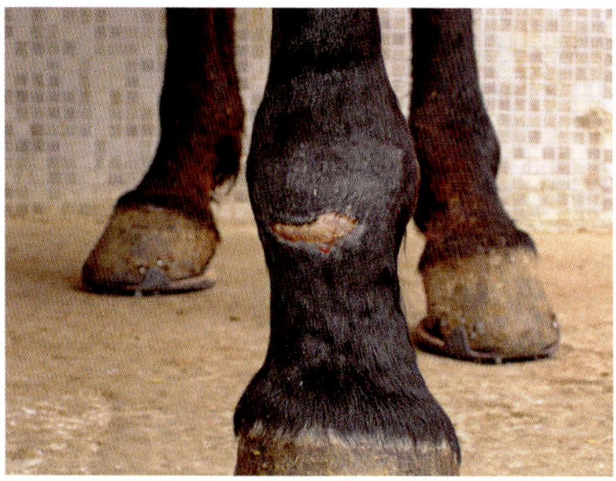

Lady trug in ihrer Eisenzeit ständige Verletzungen an den Beinen, hier im Mai 2010 hatte sie sich das linke Vorderbein durch einen Sturz auf dem Ecoraster des Auslaufs aufgeschlagen. Die rechte Aufnahme zeigt die heilende Wunde drei Wochen später; im Hintergrund die mit »Spateisen« beschlagenen Hinterhufe.

[121] *Alle Fotos zum Fall Lady: Nicole Wülbeck, Sabine Kellner.*

eisernen Hufschutz leben könnte. Die Besitzerin vertraute auf die Meinung der Fachmänner, zumal Lady ja wirklich auch nur leidlich gut lief und auch immer wieder Phasen hatte, in denen sie deutlich lahmte. Während einer solchen Lahmheitsphase im Jahr 2009 »diagnostizierte« der Hufschmied bei Lady Spat und beschlug ihre Hinterhufe ab diesem Zeitpunkt mit Keileisen. Die lahmheitsfreien Phasen wurden als Erfolg dieser Behandlung gewertet. Die Probleme blieben aber auch in Zukunft nicht aus. Die Besitzerin fragte sich immer öfter, ob die Keile wirklich die richtige Lösung darstellten. Sie befürchtete eine negative Wirkung auf die ohnehin schon flachen und untergeschobenen Trachten der Hufe. Da Lady weiterhin auffallend viel stolperte und sich zudem mit schöner Regelmäßigkeit die vorderen Eisen abtrat, bat sie einen anderen Hufschmied um Rat. Dieser schlug ihr vor, Lady besser mit NBS-Eisen zu beschlagen, da diese das Abrollen erleichtern und somit die Gefahr des Stolperns und das Abtreten der Eisen verringert werden kann. So wurde dann auch verfahren und Lady bekam auf allen vier Füßen einen NBS-Beschlag.

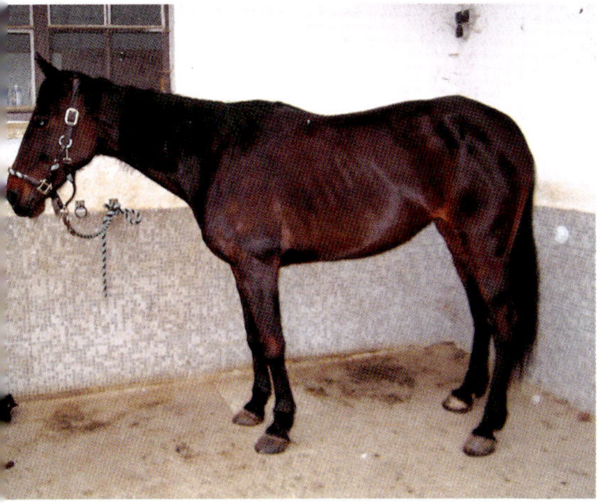

Lady im Juni 2010.

Ein Stallwechsel im Frühjahr 2011 brachte einen neuen Schmied mit sich. Auch dieser war der Meinung, Lady könne nicht ohne Eisen laufen. Er verwendete ebenfalls NBS-Eisen, setzte diese allerdings weiter zurück als sein Vorgänger, um das Problem des Abfußens noch besser zu lösen. Die Eisen blieben ab diesem Zeitpunkt erfolgreich am Huf und wurden nicht mehr abgetreten. Das Stolpern hingegen hielt unvermindert an.

Vor dem Winter 2011 wurde beraten, wie das Problem des Aufstollens im kommenden Schnee gelöst werden sollte – Eisen mit Grip oder im Winter barhuf gehen lassen? Die Besitzerin wünschte sich Barhufe. Allerdings wurde ihr schon beim Abnehmen der Eisen gesagt, dass das Pferd im Frühjahr auf jeden Fall wieder Eisen brauchen würde.

Lady lief unterdessen nach der Eisenabnahme weder fühlig noch folgten irgendwelche Verschlechterungen, wie sie bislang von allen Huffachleuten prognostiziert worden waren. Ganz im Gegenteil, Lady lief den ganzen Winter ohne Zwischenfälle und weitere Lahmheiten. Sie wurde in dieser Zeit nicht geschont, sondern regelmäßig vier Tage die Woche gearbeitet. Auf den Geländeritten trug sie dabei Hufschuhe. Ladys Laufverhalten besserte sich in dieser eisenlosen Zeit ganz erheblich. Die Besitzerin fasste nach und nach den Mut, dass ihre Stute evtl. doch ohne Eisen laufen könnte. Die Hufe wurden in dieser Zeit hauptsächlich durch die Benutzung des Pferdes bearbeitet. Als das Frühjahr anstand, stand die Besitzerin vor der Entscheidung, wie mit den Hufen nun weiter zu verfahren sei.

Eine gute Bekannte, welche die Huf- und Lahmheitsgeschichte der beiden schon seit mehr als einem Jahr mitverfolgt hatte und die sich selbst in der Ausbildung zur Huforthopädin befand, bestärkte Ladys Besitzerin in ihren Überlegungen, ob barhuf nicht doch eine gute Option für Lady sei. Sie riet ihr, bei ihrem Hufschmied einfach noch einmal nachzufragen und sich genau erklären zu lassen, weshalb Lady wieder Eisen bräuchte. Schließlich lief Lady nun seit mehr als drei Monaten völlig lahmfrei. Auch hatte sie seither keinerlei Probleme mehr mit dem Hinfallen und keine Verletzungen mehr an den Beinen.

Das Gespräch der Besitzerin mit dem Schmied verlief so unerfreulich, dass die Besitzerin einen neuen Hufschmied mit dem Ausschneiden der Noch-Barhufe beauftragte.

Als dieser ihr dabei wieder sagte, dass ihr Pferd dringend Eisen bräuchte, verstand sie die Welt nicht mehr. Nun wollte sie es genau wissen, sie befragte jeden weiteren Hufschmied, der in den Stall kam, und alle waren sich in ihrem Urteil einig: Ohne Eisen geht's nicht bei diesem Pferd. Das Warum blieb dabei immer offen, stattdessen erhielt sie die drohende Auskunft, wenn sie sich nicht schnell zu einem Beschlag entschließen würde, dann könne man »vielleicht gar nichts mehr machen«, dann wäre womöglich zu wenig Material da, um überhaupt noch ein Eisen aufnageln zu können.

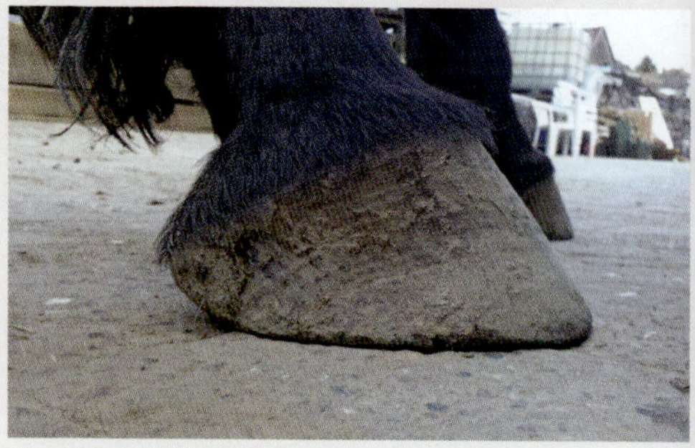

vorne rechts

An diesem Punkt der Geschichte fasste die Besitzerin den Beschluss, Lady auf keinen Fall wieder beschlagen zu lassen. Auch wollte sie ihre Stute von keinem der Schmiede, die ihr ja alle und einhellig zu Eisen rieten, mehr ausschneiden lassen. Sie bat ihre Bekannte und angehende Huforthopädin, Ladys Hufe ab sofort in Pflegschaft zu nehmen. Sie musste hierfür allerdings ein wenig Überredungskunst aufwenden, da die Bekannte allein für Ladys Hufbearbeitung nun regelmäßig eine insgesamt dreistündige Fahrt auf sich nehmen musste. Aber beide Seiten befanden, dass sich der Aufwand dennoch lohne, wenn Lady auf diese Weise ihre Barhufe behalten könne.

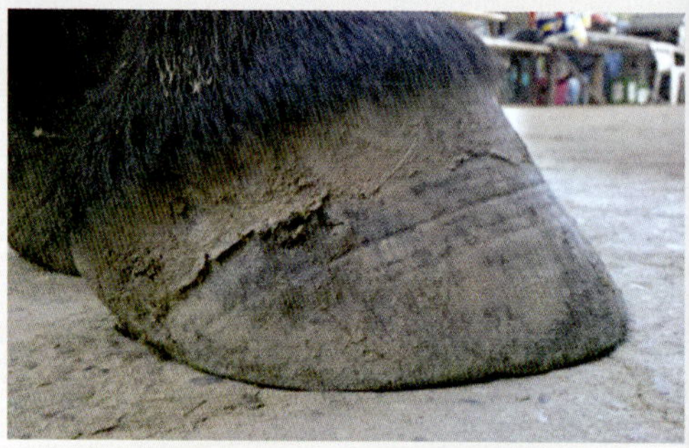

hinten rechts

Im April, drei Tage nach der ersten Bearbeitung durch die angehende Huforthopädin, entstanden die ersten Aufnahmen von Ladys Hufen.

Schon in ihrer Eisenzeit hatte Ladys Besitzerin begonnen, ihre Stute auf Distanzen zu trainieren. Ihren ersten Distanzritt absolvierten die beiden im September 2011 noch mit Eisen. Heute läuft Lady die Strecken je nach Geläuf und Gesamtkilometern mit Hufschuhen oder auch barhuf. Den ersten Ritt in 2012 beispielsweise lief sie die gesamte Strecke über hinten barhuf. Auf den Vorderhufen trug sie auf diesem Ritt für die Hälfte der Strecke Hufschuhe. Die längeren Strecken (die beiden sind jetzt bei 41 km) läuft Lady grundsätzlich mit Hufschuhen. Allerdings ist es hierbei auch schon mal vorgekommen, dass ein Hufschuh kaputt ging und Lady kam dann stets auch problemlos barhuf ins Ziel.

Ladys Hufe vier Monate nach der Eisenabnahme im April 2012:

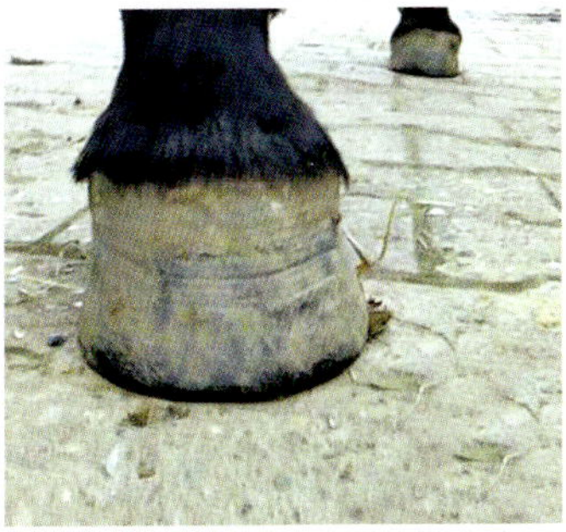
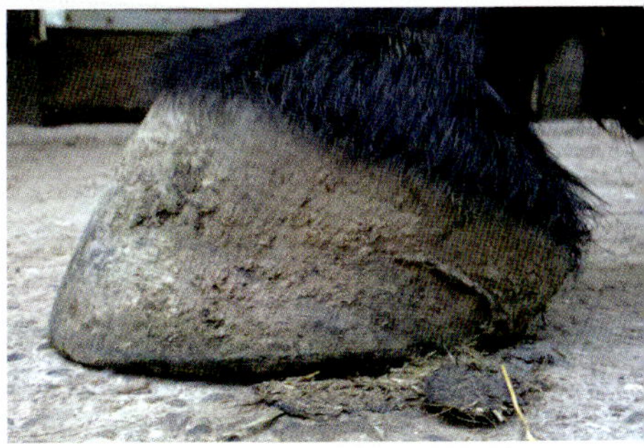
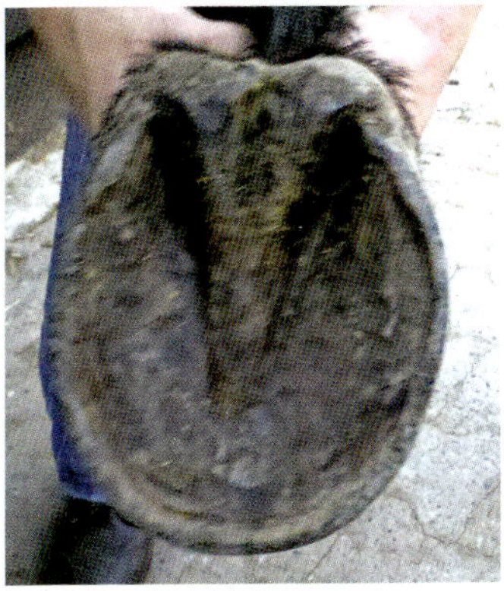
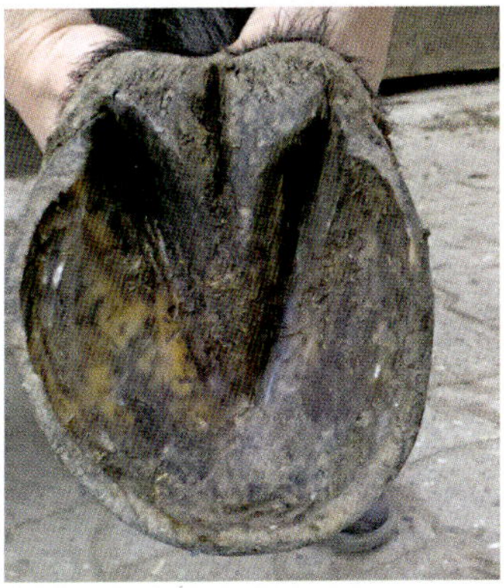

vorne links

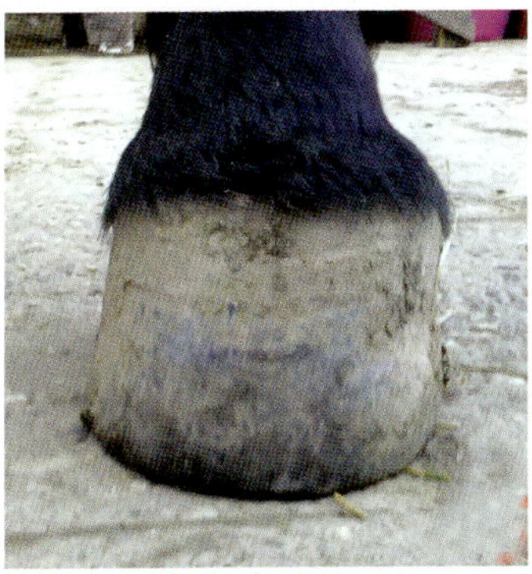
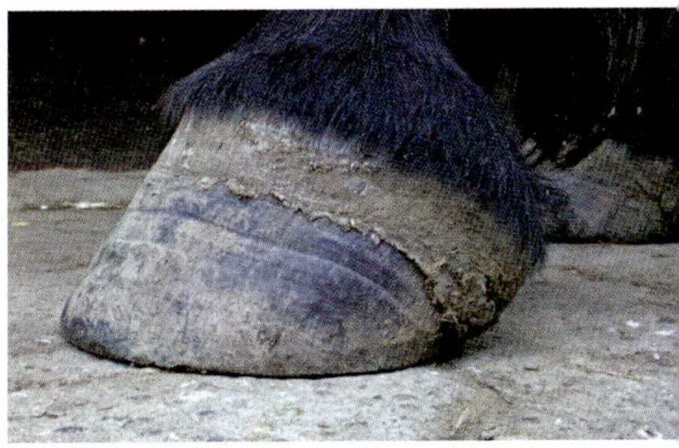
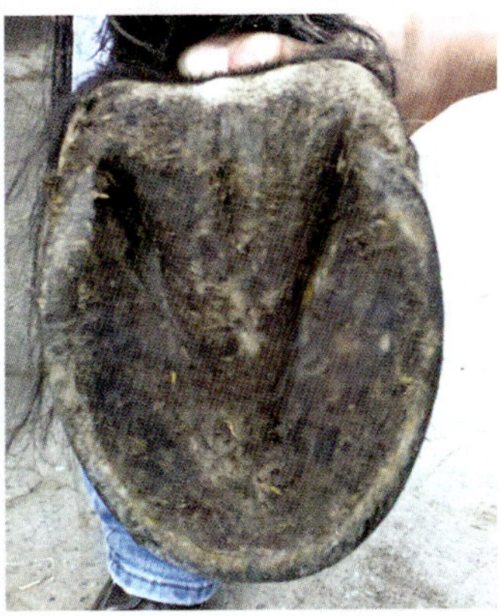
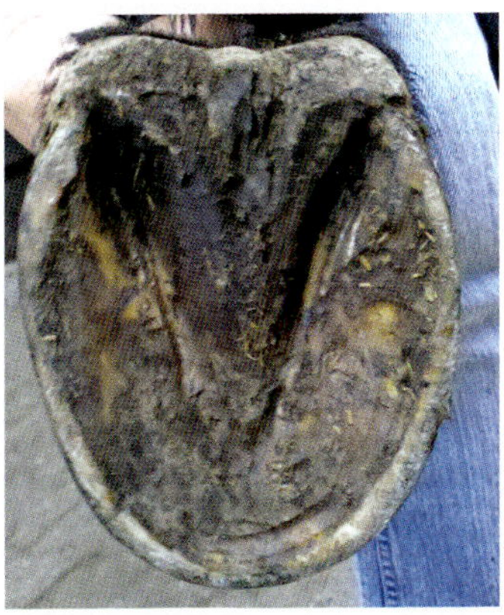

hinten links

Lady im September 2012 auf einem Trainingsritt. (Foto: Sabine Kellner)

Lady passiert selbst nach starker Beanspruchung jeden VetCheck (Streckenkontrolle) mit Bravour. Sie bekommt also ganz regelmäßig von tierärztlicher Seite bestätigt, dass sie problemlos barhuf laufen kann. Das frühere, einhellige Urteil über Lady: »Dieses Pferd braucht in jedem Fall Eisen« wird auf diese Weise immer aufs Neue ad absurdum geführt. Lady läuft nicht nur gut, sie hat wirklich kräftige, leistungsstarke Hufe entwickelt und selbst steinige Böden bereiten ihr keine Probleme.

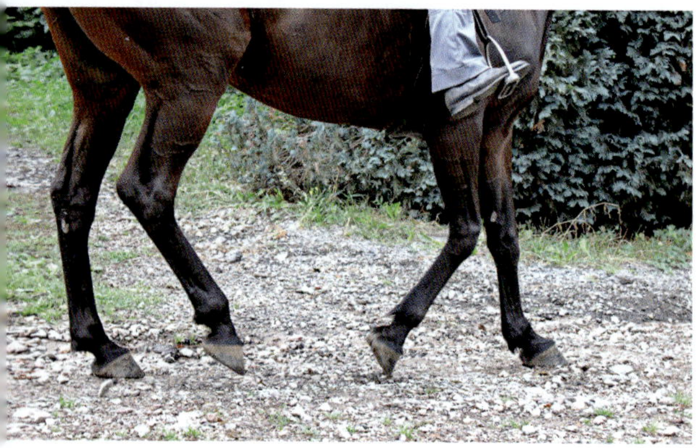

Selbst Schotterwege sind für Ladys Hufe kein Problem, September 2012. (Foto: Sabine Kellner)

Bis zum heutigen Tag hat Lady nicht mehr gelahmt. Es ist nicht nur offensichtlich, dass dieses Pferd sehr wohl ohne Eisen laufen kann. Man kann sogar mit Fug und Recht behaupten, dass die Eisenabnahme für Lady der entscheidende Punkt gewesen ist, der ihr die Gesundheit rettete.

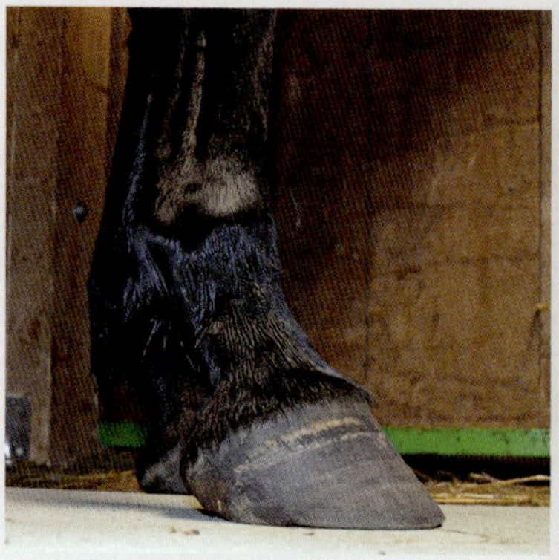

vorne rechts

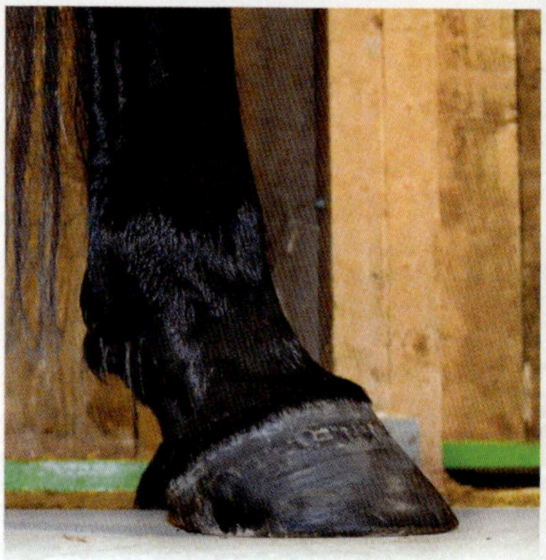

hinten rechts

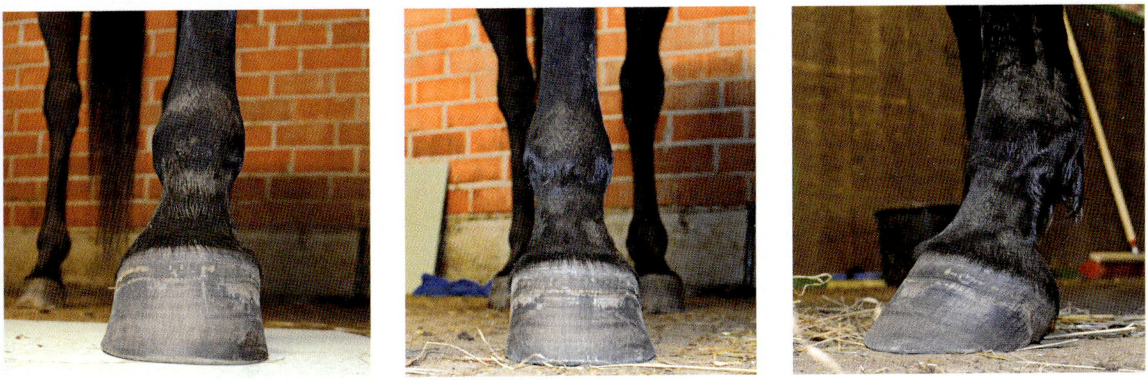

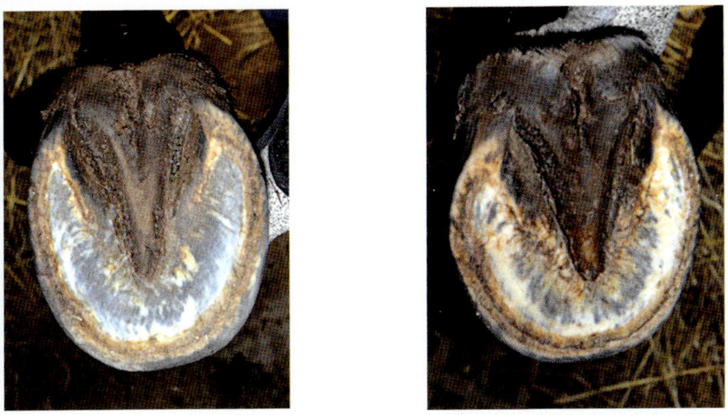

vorne links

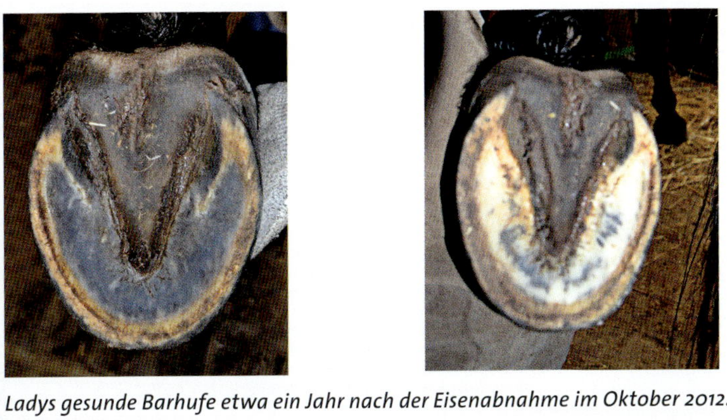

hinten links

Ladys gesunde Barhufe etwa ein Jahr nach der Eisenabnahme im Oktober 2012.

6.12 Nahim – Barhufumstellung wegen Hufkrebs[122]

Steckbrief:

- 12-jähriger Araberwallach
- Freizeitpferd, täglich geritten in Halle, auf Reitplatz oder im Gelände
- plötzliche starke Lahmheit auf dem rechten Vorderhuf,
- Vorderhufe beschlagen mit Eisen, Lederplatte, gepolstert mit geteertem Hanf
- auf beiden Vorderhufen starke Strahlfäulnis und Hufkrebs im Anfangsstadium
- Barhufumstellung wegen einseitiger Lahmheit und zur Bekämpfung von Strahlfäulnis und Hufkrebs

Der 12-jährige Nahim litt seit geraumer Zeit an seinen Vorderhufen unter starker Strahlfäule. Auf Anraten des Hufschmiedes ließ Nahims Besitzerin die Vorderhufe zur Behandlung der Strahlfäule beschlagen. Nahim erhielt Eisen mit Lederplatten, die mit geteertem Hanf ausgepolstert wurden. Man versprach sich hiervon, dass man den Fäulnisprozessen an beiden Hufen effektiver entgegenwirken könne als am Barhuf. Etwa vier Monate später begann Nahim auf seiner linken Vordergliedmaße zu lahmen. Der Tierarzt vermutete zunächst ein Hufgeschwür, aber der Verdacht bestätigte sich nicht. Nahims linke Zehe wurde daraufhin geröntgt, ohne Befund. Es folgte eine Leitungsanästhesie und eine Hufgelenksdruckmessung. Neben einer Injektion ins Gelenk, wobei die Besitzerin nicht mehr weiß, was hierbei injiziert wurde, erhielt Nahim drei Wochen Boxenruhe mit täglichem geführten Schritt verordnet. Die schlechte Ballen- und Strahlsituation wurde vom Tierarzt nicht angesprochen. Sie wurde von ihm auch nicht als eine etwaige Lahmheitsursache in Betracht gezogen.

Da die tierärztliche Therapie keine Besserung erbrachte, bat die Besitzerin eine Huforthopädin zu Nahim. Diese begann Mitte Februar 2012 mit der Behandlung von Nahims Hufen.

Nahims Vorderhufe besaßen schon vorher eine etwas unterschiedliche Form und Winkelung. Die aktuelle Situation hatte diesen Umstand verschärft – denn der linke Huf war seit circa vier Wochen ohne Beschlag, der rechte trug noch seinen (mittlerweile überständigen) Beschlag. Der rechte Huf war jetzt in der Folge nicht nur deutlich kleiner und steiler, er war auch um einiges höher als der linke Partnerhuf. Der massive Höhenunterschied, der dadurch zustande kam, dass der rechte Huf sich auf dem Beschlag weder abreiben konnte noch bearbeitet worden war, war nicht nur bedenklich in Hinsicht auf die gesamte Biomechanik des Pferdes, er wirkte sich auch sehr negativ auf die Hufsituation selbst aus. Die Trachten des rechten Hufes waren stark einzwängt, die Fäulnissituation noch dramatischer als auf der linken Partnergliedmaße. Nach Einschätzung der Huforthopädin lahmte Nahim spätestens zu diesem Zeitpunkt eindeutig auf der rechten Gliedmaße.

[122] *Alle Fotos zu Nahim: Daniela Wegener-Jenichen.*

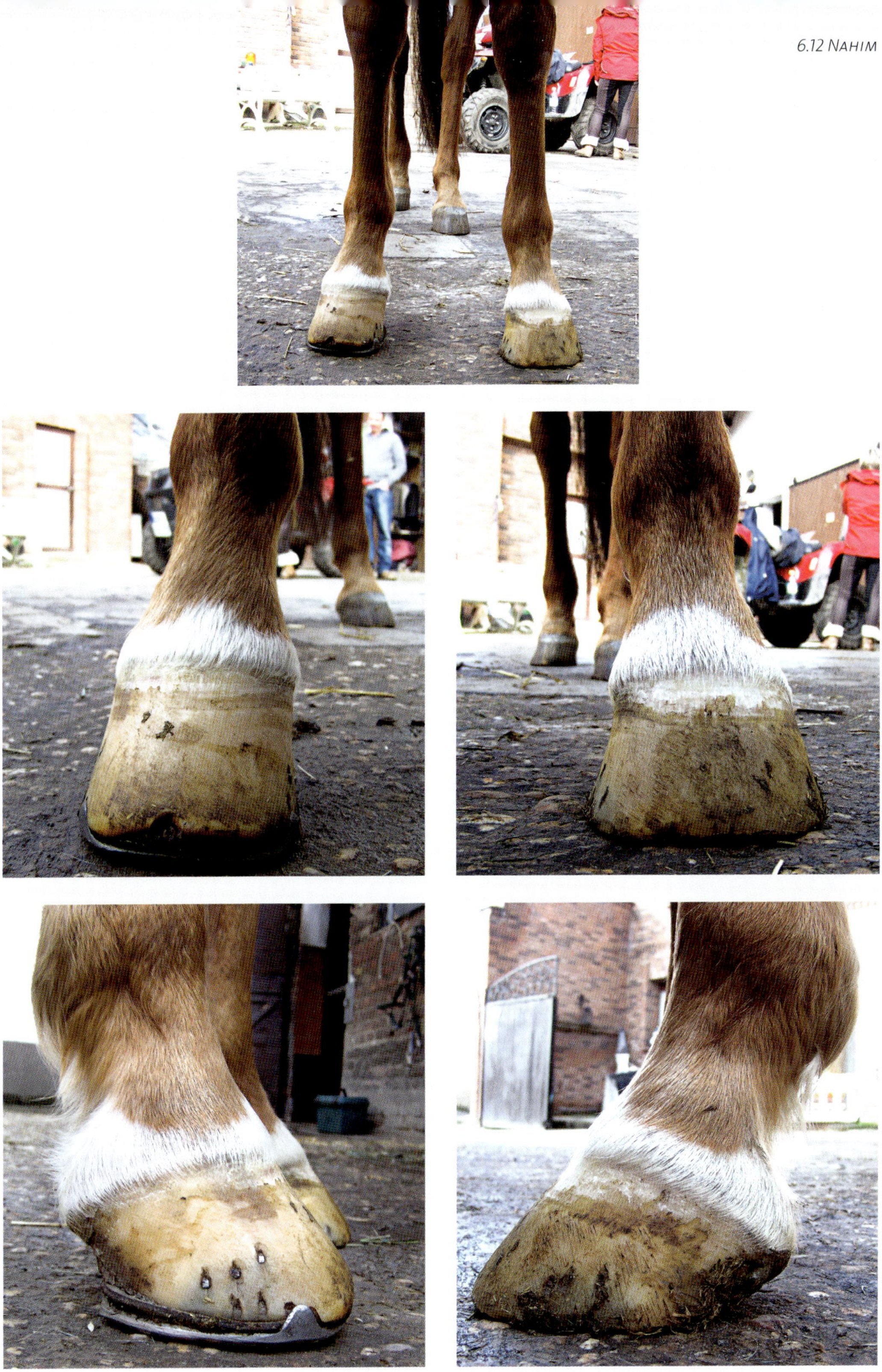

vorne rechts *vorne links*

Nahims Vorderhufe am 14. Februar 2012.

Da Nahim beidseits unter extremer Strahlfäulnis litt und zu diesem Zeitpunkt auch schon die ersten Symptome von Strahlkrebs aufwies, ist es vorstellbar, dass die Lahmheitsproblematik allein schon durch diesen Umstand verursacht wurde. Beide Hufe waren im Strahl- und Ballenbereich sehr schmerzempfindlich und hatten eine hohe Blutungsneigung.

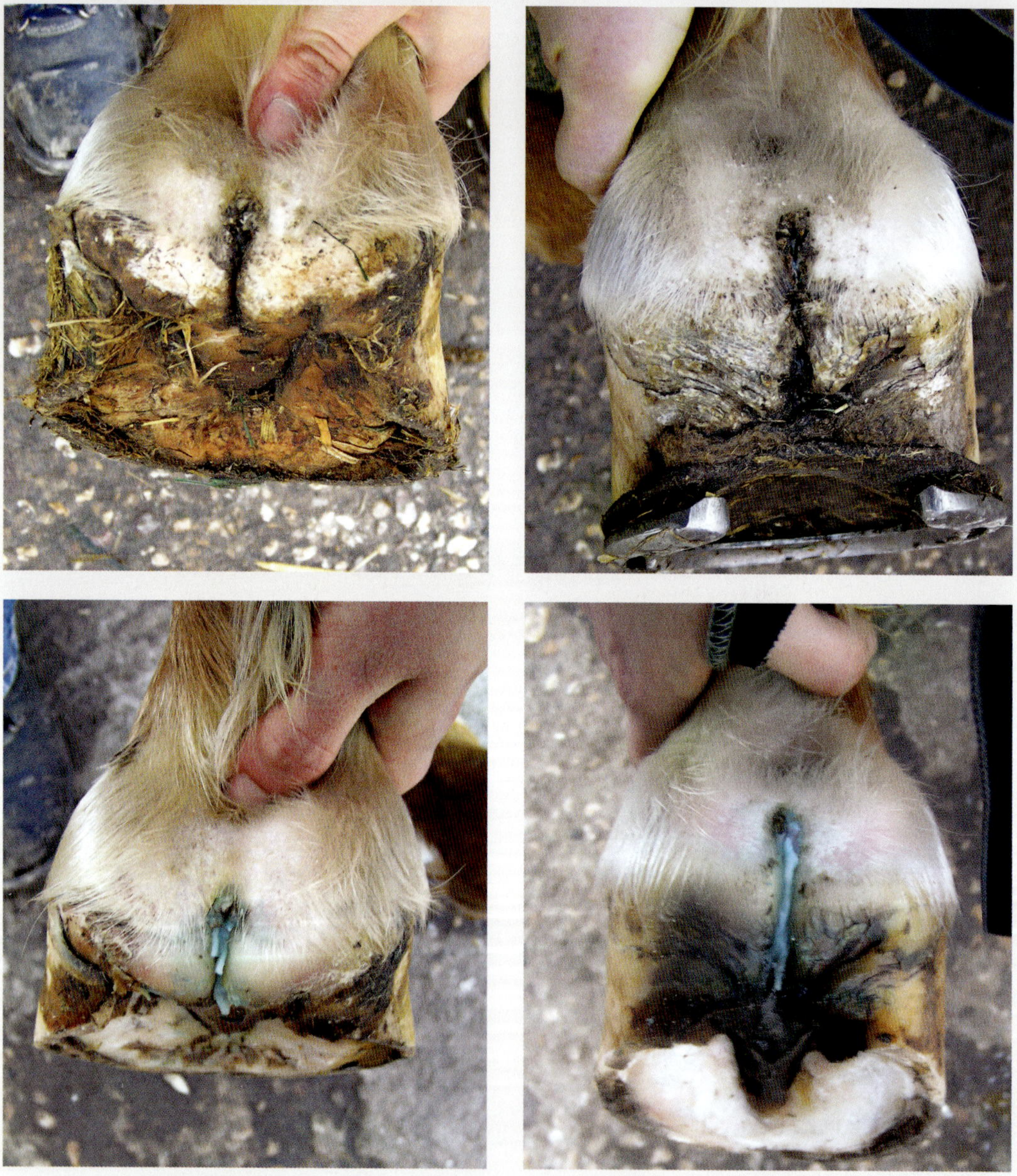

vorne links *vorne rechts*

14. Februar 2012: Nahims Vorderhufe in der Ballenansicht vor (oben) und nach der ersten Hufbearbeitung (untere Bildreihe). Die Strahlfäulnis hat die Ballen der Hufe hoch gespalten. Die Huforthopädin hat die tiefen Ballenfurchen gründlich gereinigt und dann mit getränkten Hornpads tamponiert. Auf diese Weise können sich keine neuen Fäulnisbakterien einnisten und das Horn kann ungestört nachwachsen und die tiefen Furchen verschließen.

Das überfällige Eisen des rechten Vorderhufes wurde entfernt und die Hufe wurden huforthopädisch bearbeitet. Nahims Hinterhufe, die von jeher unbeschlagen waren, wiesen keine besonderen Probleme auf.
Nahim lief nach Abnahme des Eisens nicht schlechter als vorher und es traten auch keine weiteren Komplikationen auf, obwohl er nun auch wieder seinen täglichen Koppelgang genießen durfte. Um seine Hufe für alle Fälle noch zu schonen und weil die Lahmheit auf dem rechten Fuß zunächst noch anhielt, wurde er in den folgenden vier Wochen geschont. Die Lahmheit verschwand in dieser Zeit, so dass Nahims Besitzerin die Arbeit mit ihm nach Ablauf der vier Wochen wieder aufnehmen konnte.

vorne links *vorne rechts*

Nahims Vorderhufe nach der ersten Bearbeitung im Februar 2012 (oberste Bildreihe) und nach der jüngsten Bearbeitung im Oktober 2012 (mittlere und untere Bildreihe). Die Hufe sind in den vergangenen acht Monaten deutlich weiter geworden und haben sich im hinteren Hufbereich entspannt. Strahlfäulnis und Hufkrebs sind Vergangenheit.

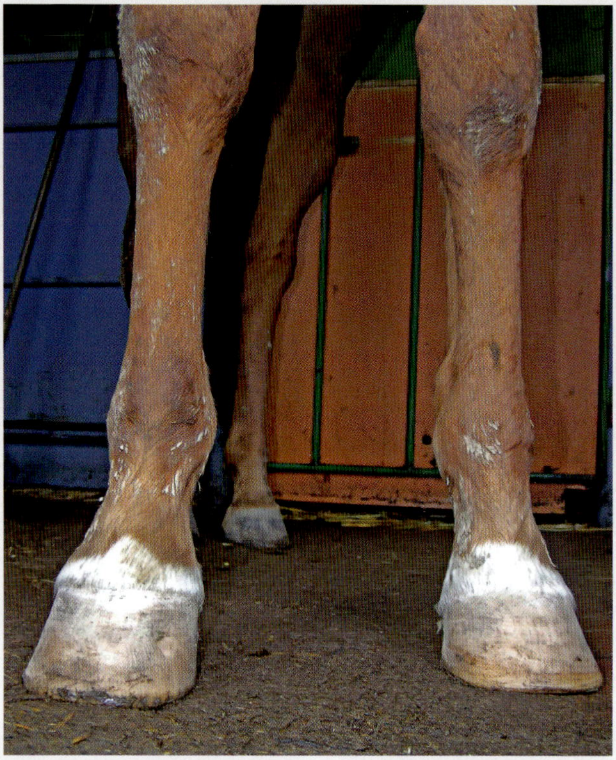

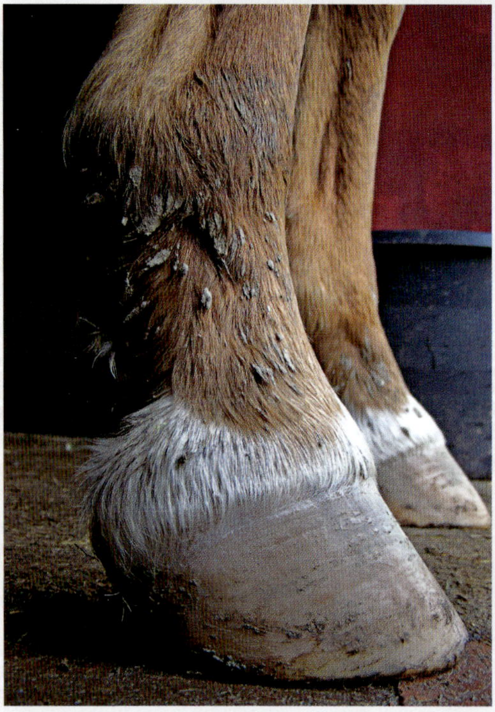

vorne rechts

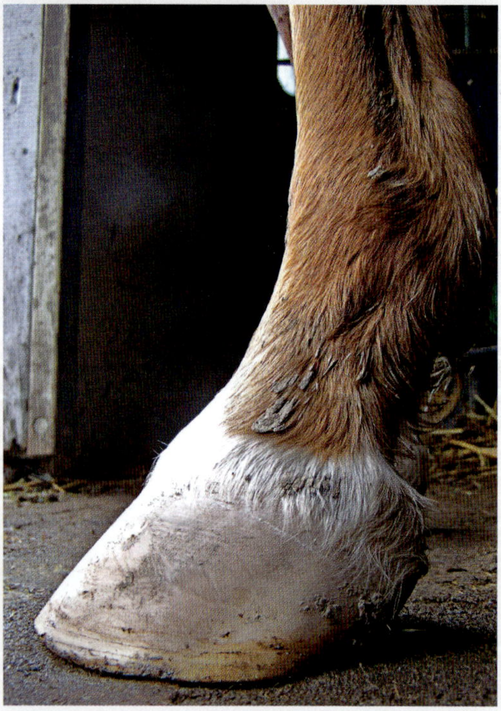

vorne links

Nahims Vorderhufe am 8. November 2012.

Nahim im Oktober 2012.

Nahim ist seither und bis heute barhuf und lahmfrei. Er läuft über jede Art des Bodens und seine Hufe haben sich in den Monaten seit der Umstellung prächtig entwickelt. Die tiefen Furchen in den Ballen haben sich geschlossen, die Trachtensituation beider Hufe hat sich entspannt, die Strahlregionen sind gesund und kräftig, Fäulnis ist seit langem kein Thema mehr.

Nahims rechter Vorderhuf ist nach wie vor etwas kleiner und steiler als der linke, aber der massive Höhenunterschied, wie er zu Beginn der Barhufumstellung bestanden hatte, ist verschwunden. Beide Vorderhufe haben sich, jeder in seiner spezifischen Form, sehr positiv entwickelt.

6.13 Arabella – Barhufumstellung nach Hufrehe mit Hufbeindurchbruch und Zehenwandresektion[123]

Steckbrief:

- 13-jährige Haflingerstute
- Freizeitpferd, sporadische Nutzung
- EMS und Hufrehe mit Hufbeindurchbruch auf beiden Vorderhufen
- schwere Lahmheit seit 12 Monaten
- stark geschädigte Hufe durch orthopädische Rehebehandlung mit Zehenwandresektion, Kunsthornaufbau, Klebeschuhen und umgekehrt aufgebrachten Eisen
- Barhufumstellung zur Behebung der Hufschäden

Arabella mit Eisen und ohne Hufwände im Mai 2010.

Die Haflingerstute Arabella war 12 Jahre alt und barhuf, als sie im Mai 2009 ihren ersten Hufreheschub erlitt. Schon immer leichtfuttrig, war sie unbemerkt von ihrer Besitzerin an EMS erkrankt. Das junge saftige Gras löste deshalb bei ihr im Frühsommer eine Hufrehe aus. Zunächst wurde nur bemerkt, dass Arabella plötzlich schlecht lief, sie ging völlig steif und hatte eine stark verkrampfte Rückenmuskulatur. Die Tierärztin vermutete anfangs lediglich Zerrungen und verordnete Bewegung an der Longe sowie regelmäßiges Reiten im Schritt.

Der Zustand besserte sich nicht. Ende Juni 2009 zeigte sie dann plötzlich eine starke Lahmheit auf beiden Vorderbeinen und die Tierärztin diagnostizierte eine Hufrehe. Zur Therapie erfolgte neben einem Aderlass die Gabe von Schmerzmitteln und Entzündungshemmern. Die Besitzerin wurde angewiesen, die Hufe zu wässern, das Pferd weich aufzustallen und die Hufe zusätzlich in Windeln zu packen. Für 14 Tage wurden vom Hufschmied Gipsverbände angelegt. Die Tierärztin riet der Besitzerin zudem dringend dazu, Arabella abspecken zu lassen.

Nachdem die Gipsverbände abgenommen wurden, wurden Röntgenbilder angefertigt. Diese zeigten, dass zwischen Hufbein und Boden lediglich noch 5 mm Abstand vorhanden waren. Die Diagnose lautete Hufbeinabsenkung. Die Hufe wurden mit Windeln und später Hufschuhen geschützt und ständig kontrolliert. Mittels Keilplatten versuchte man zusätzlich, die Hufe im Trachtenbereich zu erhöhen. Wenig später zeigten sich plötzlich dunkel eingefärbte, weiche Stellen im vorderen Drittel der Hufsohle und kurz darauf kam es zum Hufbeindurchbruch auf beiden Vorderhufen.

Da der Hufschmied zu diesem Zeitpunkt erkrankt war, musste ein neuer Schmied bestellt werden. Dieser ließ sich zunächst schriftlich bestätigen, dass Arabella schon vor seiner Behandlung lahm und krank war. Dann entfernte er bei der ersten Behandlung im November 2009 an beiden Vorderhufen die Zehenwand bis kurz unter den Kronsaum. Hiernach wurde die Zehenwand mit heißem Kleber, einem Trägermaterial und Kunststoff wieder aufgebaut. Diese Behandlung war für Arabella außerordentlich schmerzhaft und es wurden drei Männer benötigt, um sie bei dieser Behandlung kooperativ zu halten. Arabella bekam leichte Beschläge unter die Hufe geschraubt und die Sohlen wurden ebenfalls mit heißem Kleber ausgefüllt. Diese Behandlung – das alte Kunsthorn wurde in der Folge stets abgeraspelt und neues aufgebracht – wurde nunmehr alle vier Wochen wiederholt. Arabella konnte nach jeder dieser Behandlungen für mindestens drei Tage kaum stehen und lag dann überwiegend.

[123] *Alle Fotos zum Fall Arabella: Silke Plantzen.*

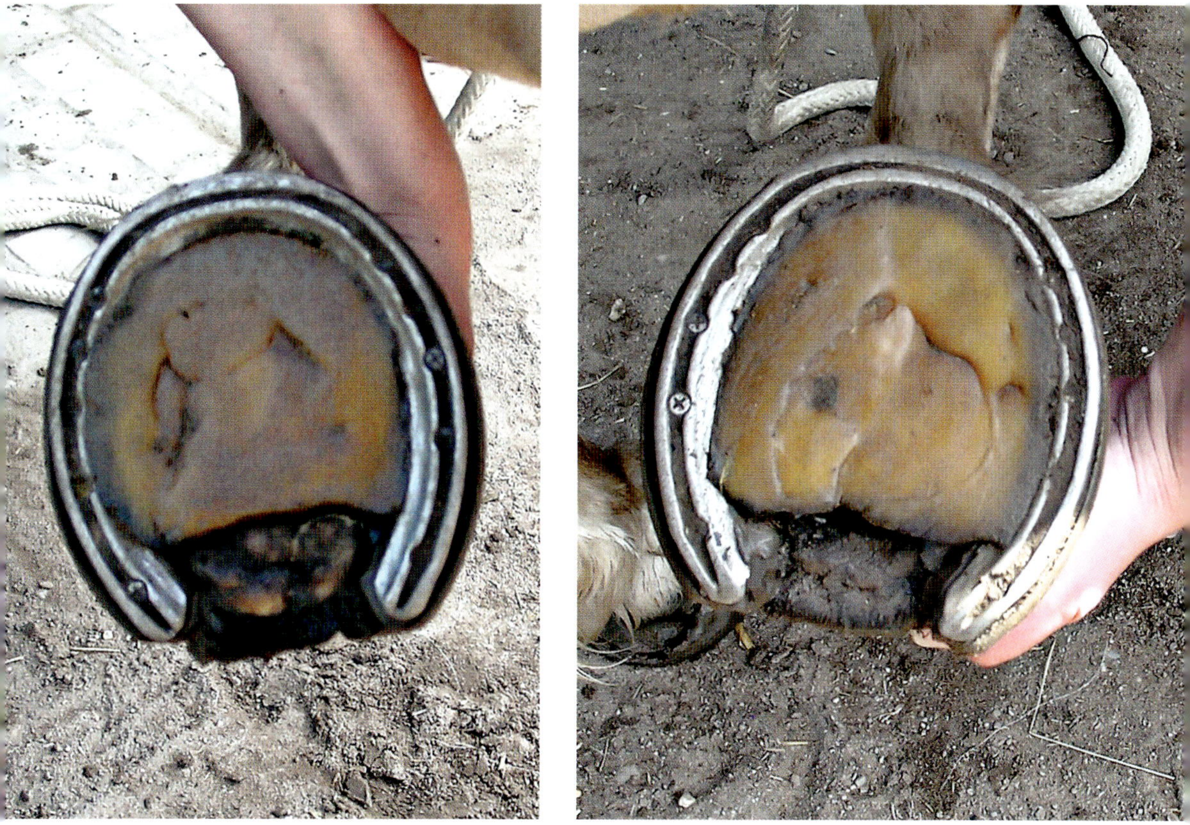

Orthopädische Rehebehandlung mit Wandresektion, Kunsthorn, Klebeschuhen und umgekehrt aufgebrachten Eisen.

So wurde vier Monate lang verfahren, dann ließ sich der behandelnde Hufschmied mit wechselnden Ausreden entschuldigen.
Die Besitzerin versuchte verzweifelt, einen Schmied für Arabella zu finden, aber alle verweigerten die Behandlung. Sie zeigten sich alle mehr oder weniger entsetzt über die Arbeit ihres Kollegen und rieten der Besitzerin zum Einschläfern ihres Pferdes. Arabella ging nach wie vor sehr stark lahm, die Rückenmuskulatur war aufgrund des Dauerschmerzes vollkommen hart und verspannt.

Die Besitzerin suchte weiter verzweifelt nach Hilfe und bat Anfang Mai 2010 eine Tierheilpraktikerin zu Arabella. Diese behandelte Arabella drei Wochen lang täglich mit Horizontaltherapie®. Schon bei der ersten Sitzung mit einer Ganzkörperbehandlung entspannte Arabella ihre verkrampfte Rückenmuskulatur. Diese Therapie wurde von nun an mit wachsenden Abständen bis zum Ende des Sommers 2010 durchgeführt und sie hatte einen sehr positiven Einfluss auf Arabellas Zustand. Von Beginn dieser Behandlung an benötigte Arabella kein Schmerzmittel mehr. Ihr Rücken zeigte sich bereits eine Woche nach Beginn der Therapie nicht mehr berührungsempfindlich.

Ende Mai, als die Huforthopädin ihre Arbeit an Arabellas Hufen begann, war Arabellas Gesamtverfassung dank der tierheilpraktischen Behandlung schon wesentlich gebessert. Die Hufe selbst waren dafür in einem erschreckenden Zustand und ließen sich am treffendsten als »Hufruinen« beschreiben.

vorne rechts

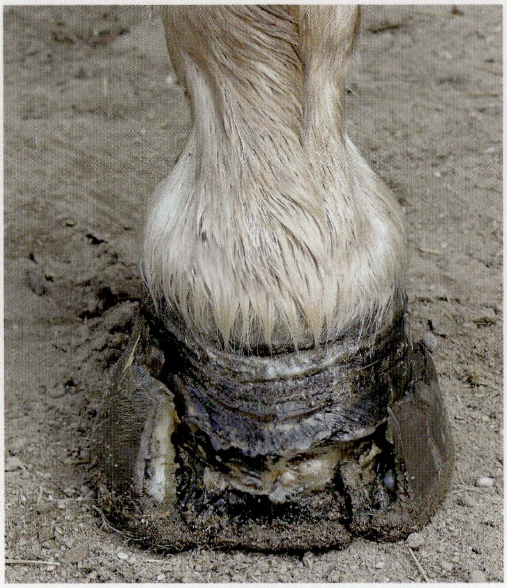

vorne links

Arabellas Vorderhufe vor der Eisenabnahme am 22. Mai 2010.

Die Röntgenbilder, die im April 2010 angefertigt worden waren, zeigen das ganze Ausmaß der Zerstörung der Hornkapsel. Es war nahezu kein tragfähiges Wandhorn mehr vorhanden und es grenzte tatsächlich an ein Wunder, dass die Hufbeine kaum eine sichtbare Schädigung davongetragen hatten. Lediglich die rechte Hufbeinspitze schien etwas verändert. Zu vermuten ist allerdings, dass die empfindlichen Wandlederhautblättchen unter der vorangegangenen Behandlung sehr gelitten haben. Wie stark die Schäden an diesen Lederhautstrukturen sind, konnte zu diesem Zeitpunkt nur gemutmaßt werden. Erst die Zeit würde zeigen, inwieweit sie wieder in die Lage versetzt werden könnten, einen neuen funktionsfähigen Hufbeinträger zu bilden.

Angesichts der schlimmen Situation der Hufe mussten Arabellas Füße zunächst mit Polsterverbänden und Hufschuhen geschützt werden. Nach vier Wochen konnten die Polster weggelassen werden und Arabella kam bereits allein mit den Hufschuhen zurecht. Zu dieser Zeit musste ihr die Horizontaltherapie noch einmal über eine Krise hinweg helfen: Durch die Unachtsamkeit einer Stallkollegin gelangte Arabella auf die Weide, wo sie mehrere Stunden graste, bevor die Panne bemerkt wurde. Arabella zeigte daraufhin wieder Rehesymptome. Tägliche Behandlungen der Tierheilpraktikerin mit Horizontaltherapie® stabilisierten ihren Zustand, der sich bald wieder besserte. Ab Mitte August 2010 lief sie bereits gänzlich barhuf. Es versteht sich von selbst, dass sie in dieser Zeit noch geschont wurde, aber sie bewegte sich die ganze Zeit über mit ihrer kleinen Herde im Offenstall und auf der Weide. Auf letzterer trug sie nun immer einen Maulkorb.

Arabella wurde nun zunehmend bewegungsfreudiger und ihre Hufe erholten sich sehr gut. Das nachwachsende Wandhorn erreichte im Winter den Boden, so dass Arabella nun nicht mehr allein auf der Sohle und dem Strahl laufen musste, sondern wieder über einen Tragrand verfügte. Der anfangs noch etwas dünne, instabile Tragrand wurde in den Folgemonaten schnell kräftiger und Arabella vertrug nun auch wieder viel besser das Laufen auf härteren Böden. Ein Jahr nach der Eisenabnahme begann Arabellas Besitzerin

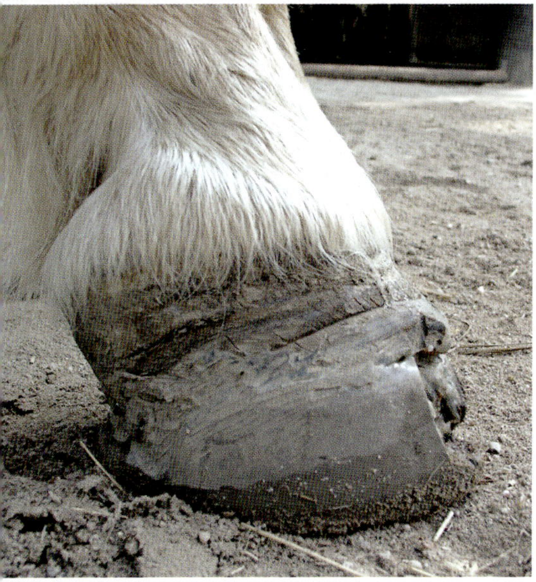

22. Mai 2010

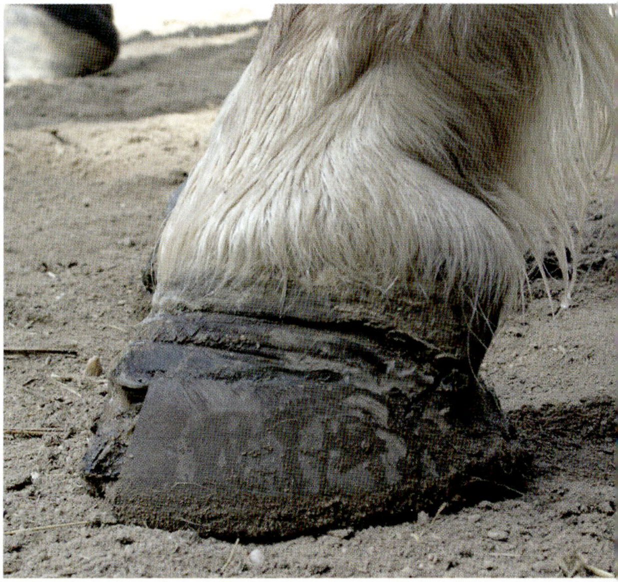

22. Mai 2010

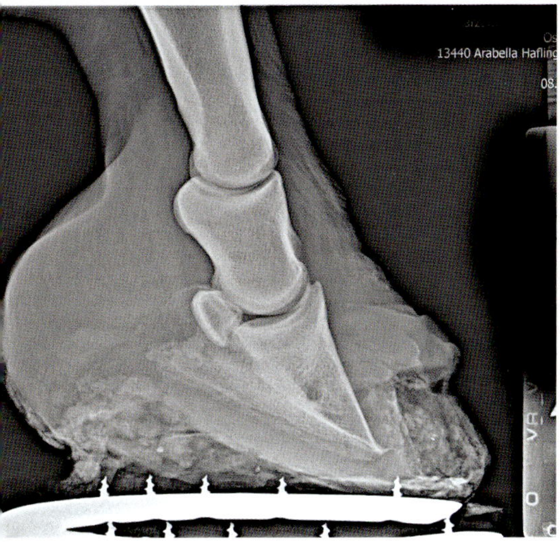

8. April 2010

vorne rechts

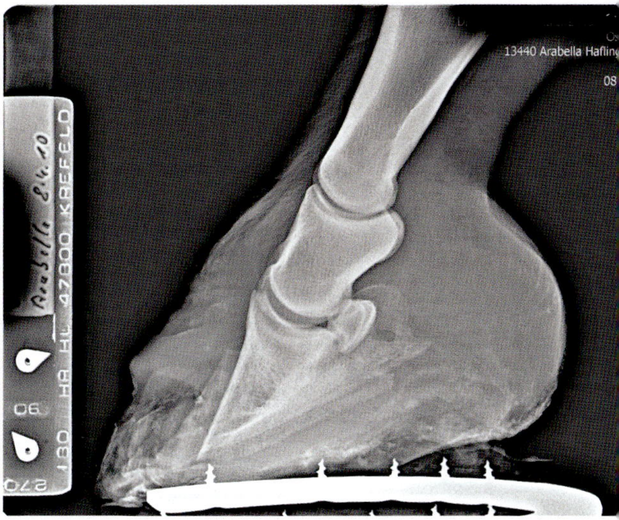

8. April 2010

vorne links

wieder mit dem Reiten. Im übrigen behauptete sich Arabella während der ganzen Zeit ihrer Genesung als Herdenchefin!

Heute sieht man Arabellas Hufen die Reheerkrankung und die damaligen massiven Schäden nicht mehr an. Einzig die etwas geweitete Blättchenschicht im Zehenbereich beider Vorderhufe zeugt davon, wie die Wandlederhäute unter der Zehenwandresektion und der anschließenden Behandlung gelitten haben. Es ist schlicht und einfach unklug, Schäden, die ein Huf infolge einer Hufrehe erlitten hat, ausgerechnet durch die Vergrößerung des Schadens beheben zu wollen. Eine Wandresektion bringt nicht nur die gesamte Hornkapsel aus ihrem (nach einer Rehe ohnehin schon laveden) statischen Gleichge-

Die Entwicklung von Arabellas Vorderhufen nach der Eisenabnahme von Anfang Juni 2010 bis April 2011.

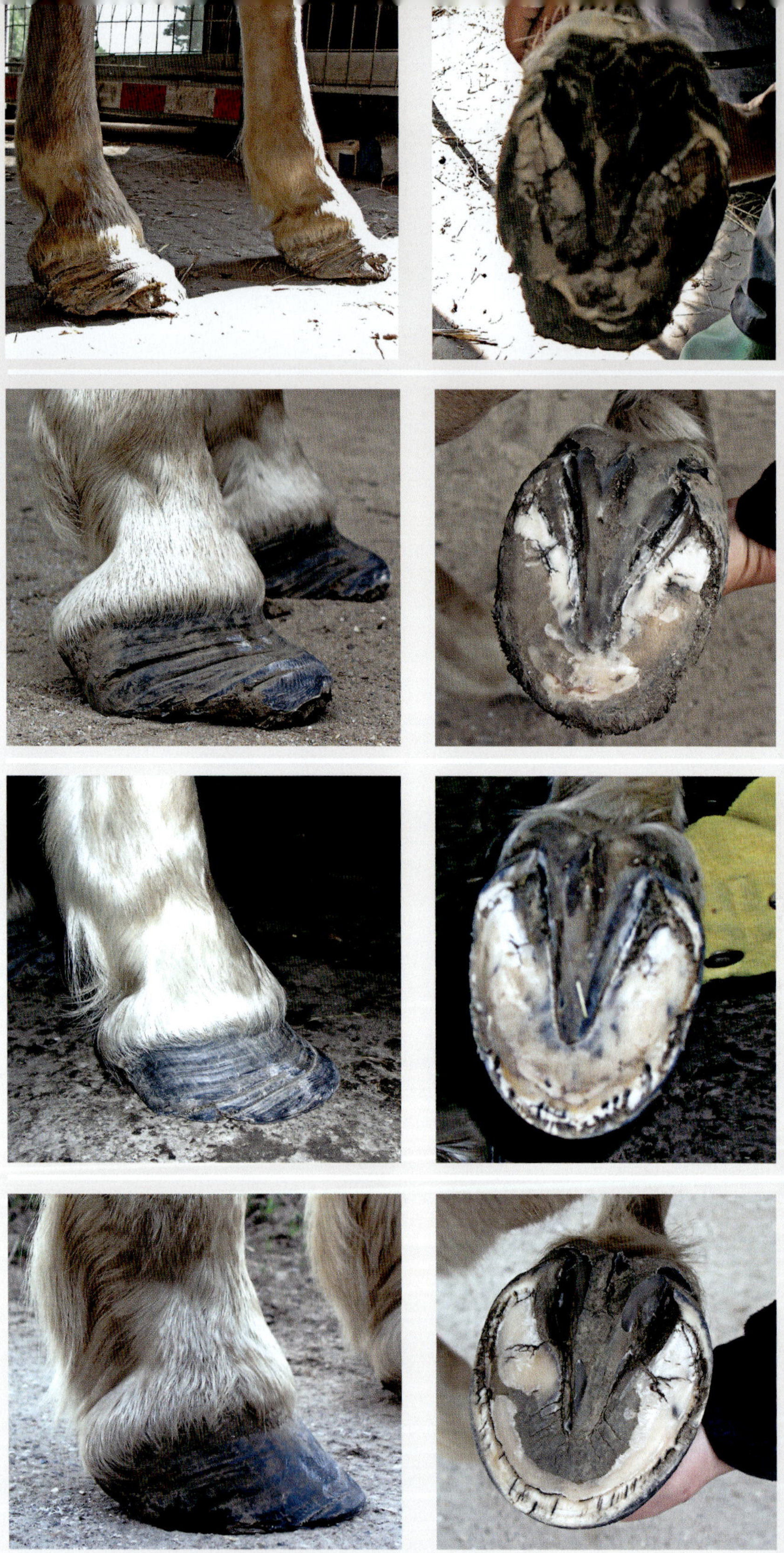

vorne rechts

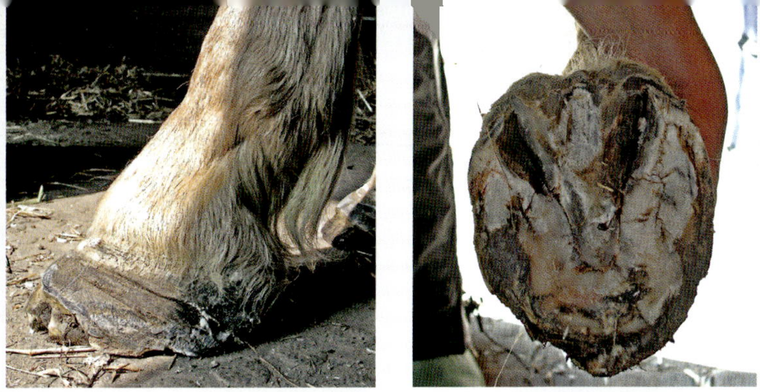

Arabellas Hufe nach 3 Wochen – 7. Juni 2010, ...

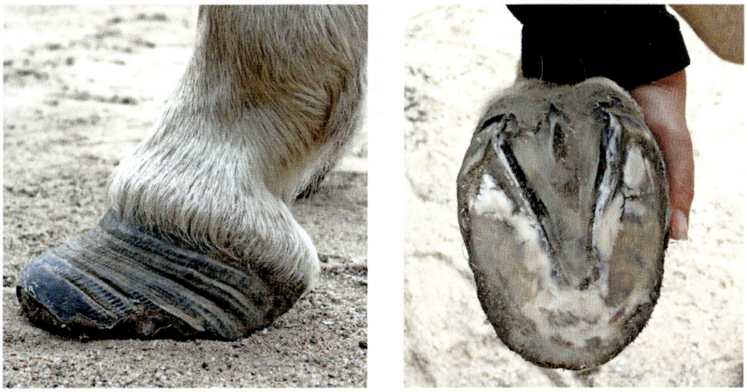

... nach 4 Monaten – 3. September 2010, ...

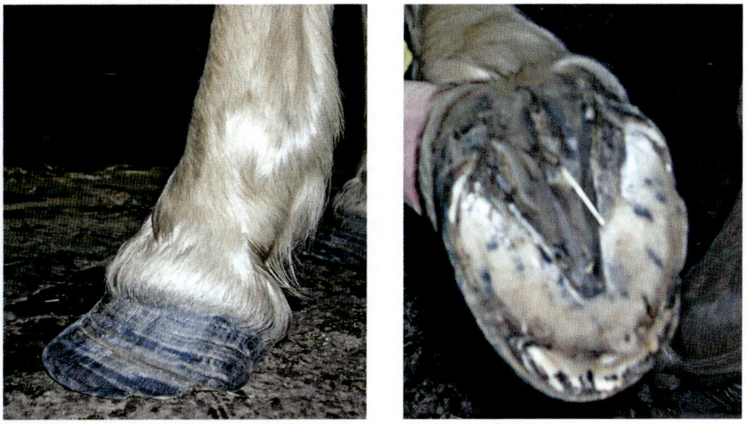

... nach 7 Monaten – 3. Dezember 2010, ...

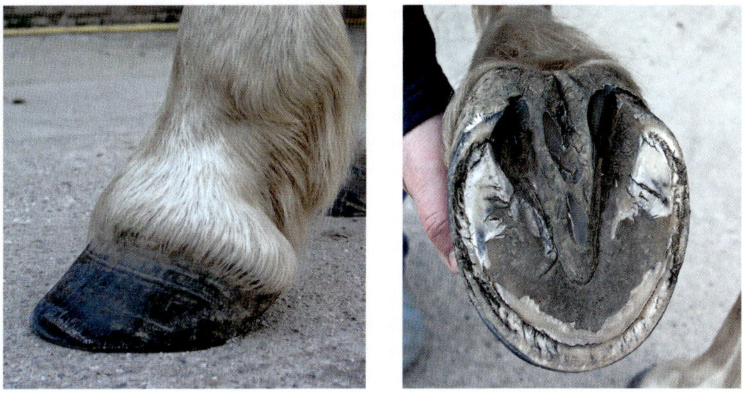

... nach 11 Monaten – 13. April 2011.

vorne links

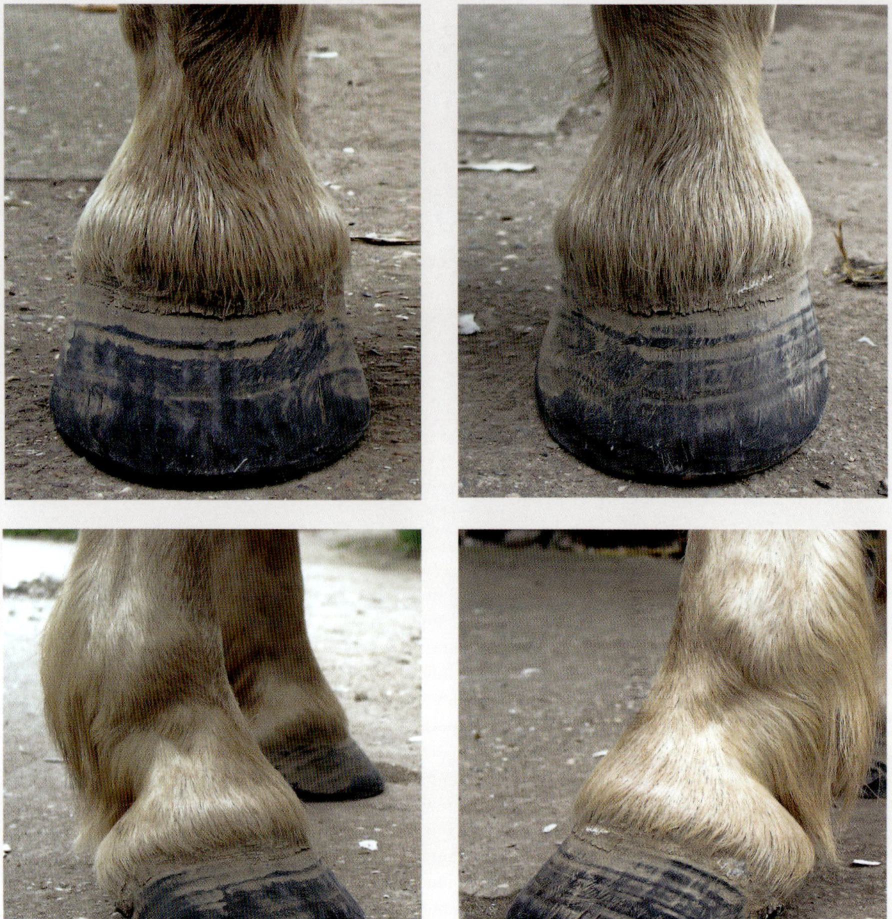

vorne rechts *vorne links*

Arabellas Vorderhufe, zwei Jahre nach der Eisenabnahme, im April 2012.

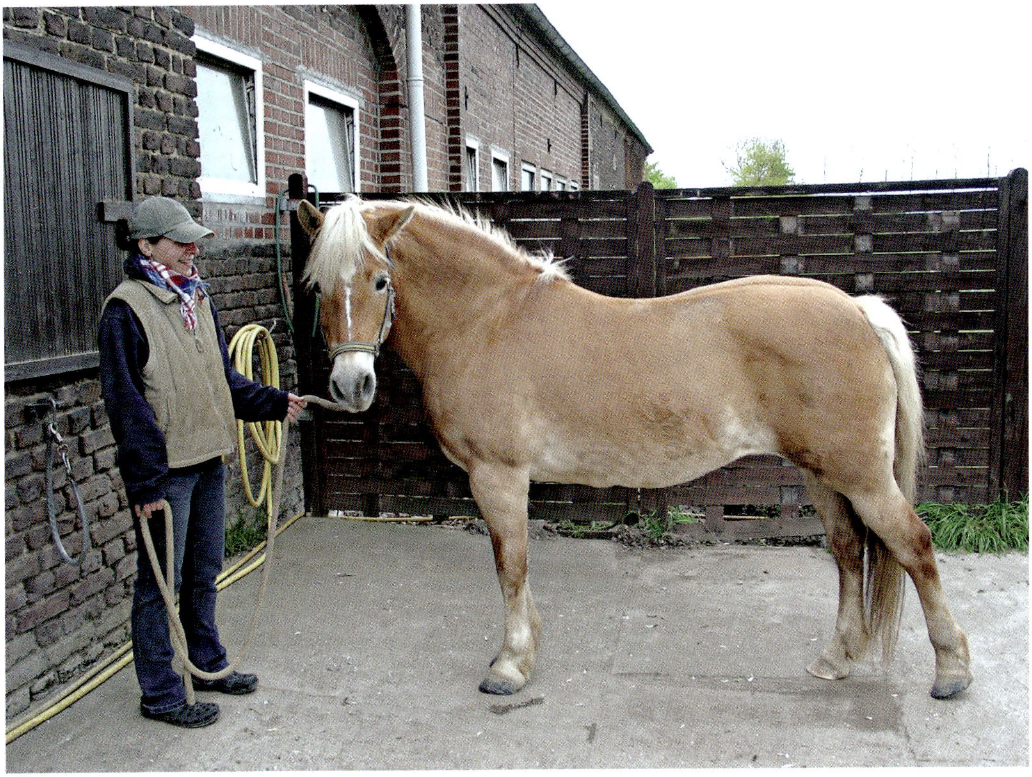

Arabella im April 2012.

wicht; durch die Freilegung des Blättchenhornes und – in Arabellas Fall die Heißverklebung und Abdeckung mit Kunsthorn – wird die Wandlederhaut noch einmal zusätzlich und nachhaltiger geschädigt, als durch den vorausgegangenen Reheschub an sich. Die Reparatur der Reheschäden an Arabellas Hufen wäre deutlich schneller und einfacher vonstatten gegangen, wenn sie keiner solchen unsinnigen Vorbehandlung unterzogen worden wären.

6.14 Lenny – Barhufumstellung wegen ungeklärter einseitiger Lahmheit[124]

Steckbrief:

- 13-jähriger Württemberger Warmblutwallach,
- Landeskaderpferd Voltigieren, tägliches abwechslungsreiches Training
- ungeklärte, immer wiederkehrende Lahmheit auf dem linken Vorderhuf seit acht Monaten
- Vorderhufe beschlagen, offene Eisen mit zwei Aufzügen
- linker Vorderhuf zusätzlich mit Silikonpolster, Netzplatte und Zehenwandresektion
- Barhufumstellung wegen wiederkehrender einseitiger Lahmheit

Lenny in Aktion. (Foto: Melanie Nagel)

Lennys Besitzerin rief mich im Februar 2012 an und bat um Hilfe und Beratung im Fall ihres Pferdes. Lenny, mit richtigem Namen Sir Lanvin, hatte seit Mitte des vergangenen Jahres Probleme mit dem linken Vorderhuf. Begonnen hatte die Geschichte auf den Landesmeisterschaften für Voltigieren im Juli 2011. Eine Woche zuvor war Lenny neu beschlagen worden. Er ging nach diesem Neubeschlag etwas klamm. Das war bislang noch nie passiert. Die Besitzerin erhielt vom Tierarzt den Ratschlag, Lenny in dieser Woche bis zu den Meisterschaften am besten nur noch im Schritt ins Gelände zu reiten.

Sie war beunruhigt, »aber jeder hat auf mich eingeredet, das könnte mal vorkommen, warmer Huf und so ein bisschen klamm laufen nach dem Beschlagen«. Von diesem Zeitpunkt an lahmte Lenny vorn links immer wieder, mal mehr, dann auch mal wieder weniger. Wenn Lenny nicht gerade lahm war, ging er im Schritt und maximal ein wenig Trab ins Gelände.

An einen weiteren Einsatz im Sport war erst einmal nicht zu denken. Die tierärztlichen Untersuchungen ergaben kein befriedigendes Resultat. Die Vermutungen gingen vermehrt in Richtung Belastungsrehe. Letzteres vielleicht vor allem auch deswegen, weil Lenny fünf Jahre zuvor, im Oktober 2006, bereits einmal einen Reheschub erlitten hatte. Er war damals stark übergewichtig und als Auslöser für den Reheschub, der Lenny auf allen vier Hufen traf, galt der Umtrieb auf eine neue, fette Weide.

Die damalige Hufrehe wurde behandelt und Lenny war nach zehn Wochen wiederhergestellt. Mit Ausnahme dieser Reheerkrankung ging Lenny vorher nie lahm.

Nun, seit Juli 2011, litt Lenny also immer wieder unter einer Lahmheit auf seinem linken Vorderfuß, wobei der Huf von der Besitzerin zeitgleich auch immer als etwas warm empfunden wurde. Da der behandelnde Tierarzt nicht weiter kam, brachte die Besitzerin Lenny im Oktober 2011 in eine Tierklinik. Dort wurde der linke Vorderhuf geröntgt und es wurde eine Schere zwischen Hufbeinrücken und Zehenwand festgestellt. Man äußerte den Verdacht, dass es sich tatsächlich um eine einseitige Belastungsrehe handeln könnte und nahm an dem betreffenden Huf eine Zehenwandresektion vor.

[124] *Alle Fotos zu Lenny, so nicht anders benannt: Thomas Lau.*

Lennys Befinden besserte sich nicht. Er bekam nach dem Klinikaufenthalt bis in den Januar 2012 ein Zusatzfutter mit MSM. Es zeigten sich jedoch keinerlei positive Veränderungen. Der betreffende Huf ließ Lenny immer wieder lahmen, ohne dass jemand eine Erklärung hierfür wusste. Nach dem letzten Beschlag im Januar 2012 wurde der Huf wieder vermehrt warm und Lenny lief schlechter, er bekam daraufhin zunächst ASS 500, später dann Schüssler-Salze.

Anfang Februar 2012 rief mich die Besitzerin an. Ich bat darum, mir aussagekräftige Fotos vom Pferd, seinen Hufe und die Röntgenbilder zu schicken. Nach Durchsicht der Fotos und Röntgenbilder hielt ich es für recht wahrscheinlich, dass Lenny einfach unter seiner Hufsituation litt. Ich riet ihr deshalb dazu, die Hufe barhuf sanieren zu lassen.

Natürlich lässt sich aus der Ferne keine sichere Diagnose stellen und ich konnte auch keineswegs ausschließen, dass Lenny nicht auch noch tiefer sitzende Probleme mit seiner linken Gliedmaße hatte. Aber es war auch ganz offensichtlich, dass dieser Huf in einem Zustand war, der hinreichend Schmerzen verursachen konnte. Und ich bin immer dafür, zunächst das Offensichtliche und auf der Hand liegende in Angriff zu nehmen. Hat man dieses ausgeschlossen und besteht die Lahmheit fort, muss man weiter suchen. Aber was spricht dagegen, mit dem Offensichtlichsten und noch dazu Einfachsten zu beginnen? Die Erfahrung gibt mir Recht. Die meisten Lahmheitsprobleme enden, wenn das sichtbare Hufproblem erst einmal beseitigt ist.

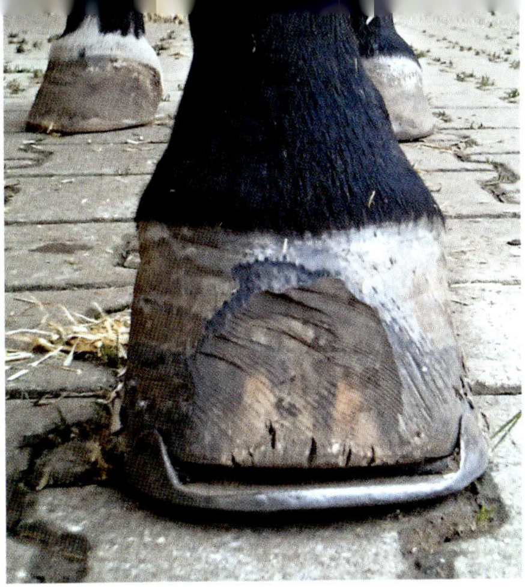

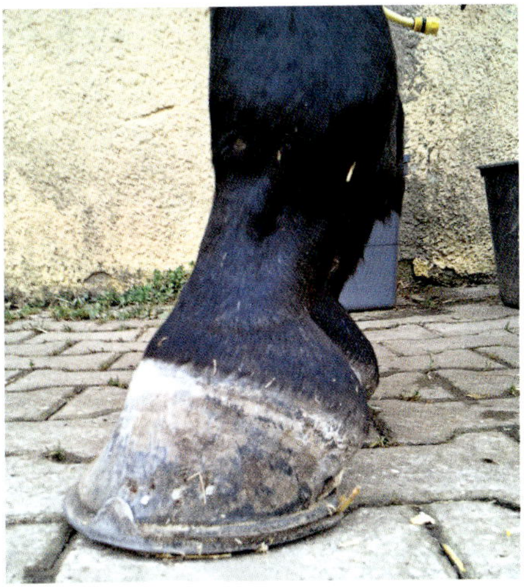

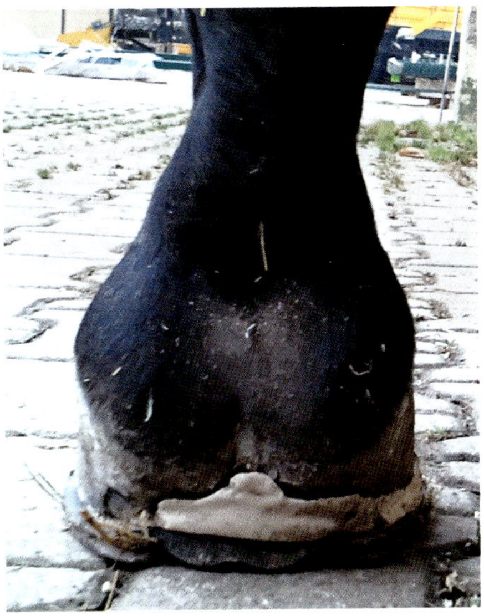

Lennys linker Vorderhuf im Oktober 2011 nach der Entlassung aus der Klinik mit Zehenwandresektion und mit Silikonpolster und Netzplatte beschlagen. (Fotos: Melanie Nagel)

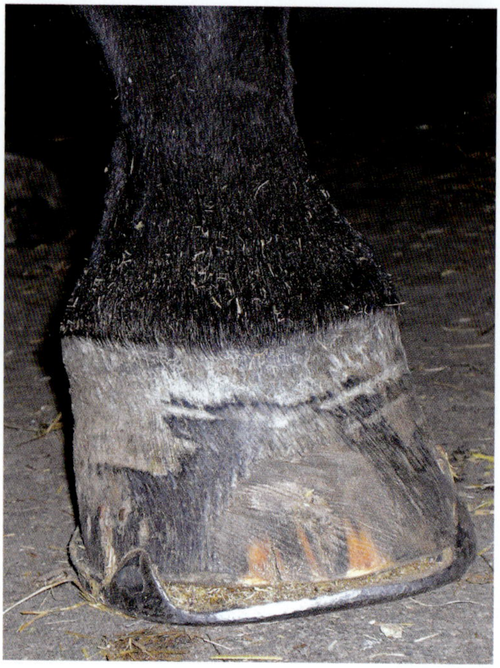

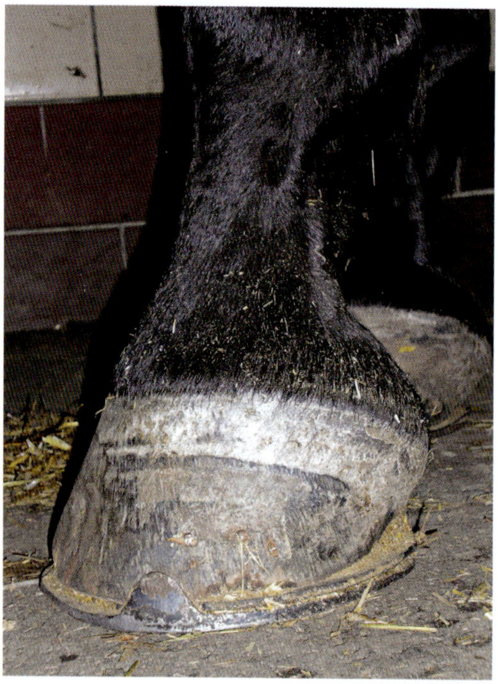

Lennys linker Vorderhuf im Februar 2012. Die Zehenwand weicht nach wie vor vom Hufbeinrücken ab, daran ändert es auch nichts, dass die Zehenwand immer wieder bis auf die Blättchenschicht abgetragen wird. Die Seitenwände des Hufes sind deutlich überlastet und stauchen den Kronsaum nach oben. (Fotos: Melanie Nagel)

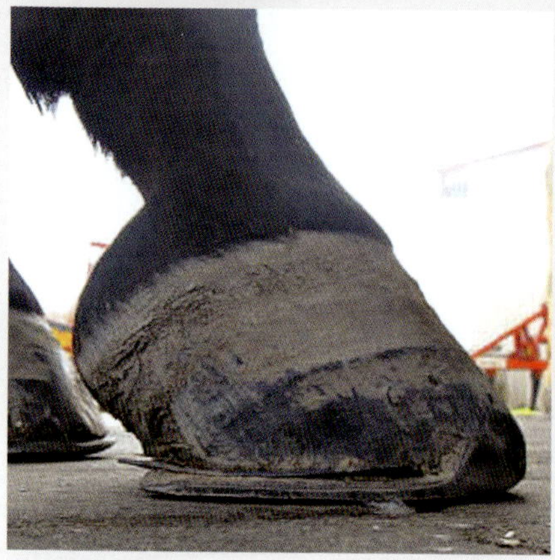

vorne rechts

Lennys Vorderhufe vor der Eisenabnahme am 24. März 2012.

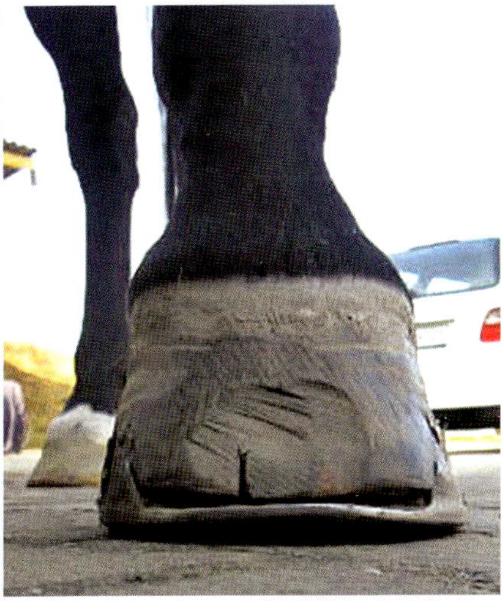

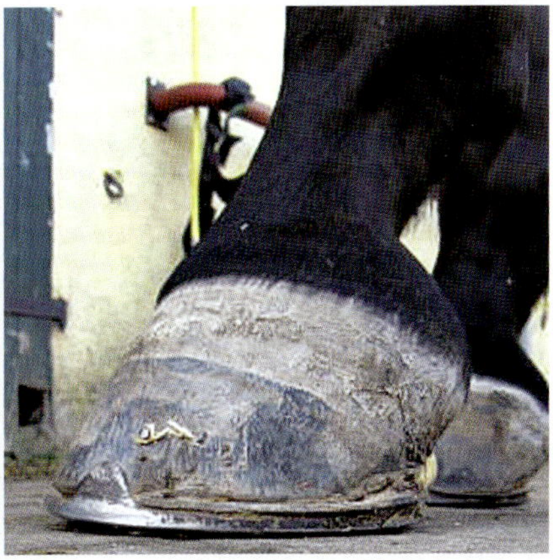

vorne links

Lenny war kurz zuvor frisch beschlagen worden und die Hufe waren entsprechend kurz. Ich empfahl deshalb, mit dem Beginn der Barhufsanierung in jedem Fall noch zwei bis drei Wochen zu warten, bis ausreichend Hornmaterial nachgewachsen wäre. Die Besitzerin nahm in der Zwischenzeit Kontakt zu einem Huforthopäden der DHG e.V. auf und vereinbarte für März einen ersten Termin.

In den ersten Tagen nach der Eisenabnahme lief Lenny ganz problemlos. Nach 14 Tagen jedoch brachen die Hufwände stark aus und Lenny quittierte dies auch schon nach kurzer Zeit mit neuerlicher Lahmheit auf seinem linken Vorderbein. Das Problem war, dass Lenny zeitgleich mit der Eisenabnahme aus seiner eingestreuten Strohbox in einen Offenstall mit Betonauslauf wechseln musste. Der harte Boden und die vermehrte Bewegung, wie sie beim Einleben in einen neuen Offenstall anfällt, war eine Herausforderung, der Lennys frisch gewonnene Barhufe noch nicht gewachsen waren. Besser ist es in einem solchen Fall immer, entweder mit dem Stallwechsel oder aber mit der Umstellung der Hufe zu warten und nicht beides gleichzeitig vorzunehmen.

13. April 2012: Lennys Vorderhufe sind den neuen Haltungsbedingungen noch nicht gewachsen. Besonders der linke Vorderhuf ist im Zehenbereich sehr empfindlich, so dass Lenny wieder lahmt.

Lenny bekam vorübergehend Polster und Hufschuhe, was ihm sichtlich gut bekam. Bereits Anfang Mai konnten die Hufschuhe schon immer mal wieder weggelassen werden, ohne dass Lenny darunter litt. Das Horn seiner Hufe wuchs der Jahreszeit entsprechend kräftig nach und die Hufe wurde von Woche zu Woche unempfindlicher. Ende Mai 2012 war Lenny lahmfrei und das ist er bis zum heutigen Tag.

Warum lahmte Lenny vorher so lange auf seinem linken Bein? Darüber lässt sich im nachhinein leider nur noch spekulieren. Von der Klinik wurde im Oktober 2011 der Verdacht auf eine einseitige Belastungsrehe geäußert. So etwas tritt in der Regel im Zusammenhang mit unterschiedlich gewinkelten Vorderhufen auf. Bei Lenny ist letzteres jedoch nicht der Fall.
Allerdings ist es ein Fakt, dass auch schon die Röntgenaufnahmen aus 2006, die wegen der damaligen Hufrehe angefertigt wurden, eine deutlich größere Zehenwandrotation auf dem linken Huf zeigen.[125] Ob die Hufbeine in 2006 auch einen unterschiedlichen Palmarwinkel aufwiesen, lässt sich anhand der Röntgenbilder leider nicht feststellen.
In jedem Fall waren von der Rehe alle Hufe betroffen und es lag keine besondere Schmerzhaftigkeit des linken Vorderhufes vor. Eventuell hat Lenny diese größere Schere zwischen Hufwand und Hufbeinrücken durch die Jahre beibehalten und im Juni 2011 kam beim Umbeschlagen dann einfach noch ein ungünstiger Umstand hinzu. Bspw. könnte die Umstellung der Hufsituation zu stark gewesen sein.
Die Ursache lässt sich schlussendlich nicht mehr klären. In jedem Fall stellt eine Zehenwandresektion keine geeignete Maßnahme im Sinne einer erfolgreichen Therapie dar, weder für den Fall einer Belastungsrehe noch für die Behandlung einer Lahmheit ungeklärter Ursache. Eine solche Maßnahme genügt lediglich den angelegten optischen Gesichtspunkten (die Schere zwischen Hufbeinrücken und Zehenwand scheint beseitigt, was ein neues Röntgenbild »bestätigt«), nach funktionalen Maßstäben ist die Entfernung der Zehenwand eindeutig und immer als Verschlechterung der Hufsituation einzuordnen. Hilfreicher wäre es stets, dem erkrankten Huf zu einer besseren Form zu verhelfen. Dass Lenny mit der Eisenabnahme ebenfalls vermehrt links Probleme hatte und auf diesem Bein noch einmal kurzzeitig lahmte, ist deshalb auch kein großes Rätsel. Der Gesamtzustand dieses Hufes war durch die wie-

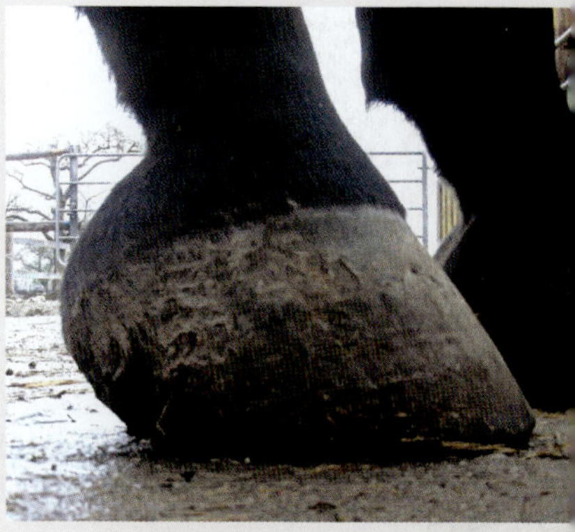

vorne rechts

Lennys Vorderhufe am 7. November 2012.

[125] *Lenny hatte zu diesem Zeitpunkt auf beiden Vorderhufen eine Zehenwandrotation, keine Hufbeinrotation. Diese war auf dem linken Huf stärker ausgeprägt als auf dem rechten Vorderhuf. Die Achse der Zehenknochen war in beiden Fällen gestreckt, die Hufbeine waren nicht rotiert.*

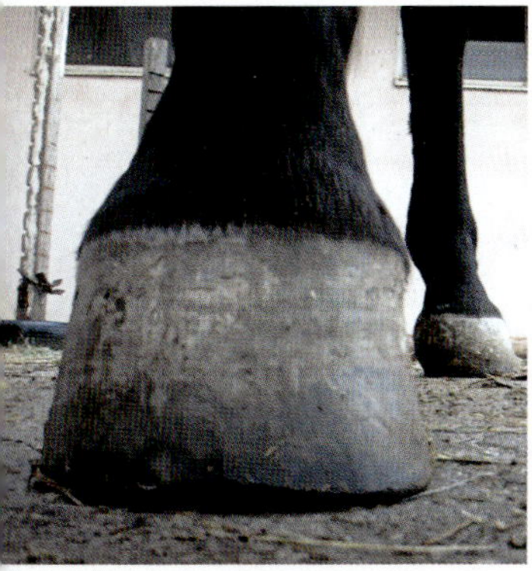
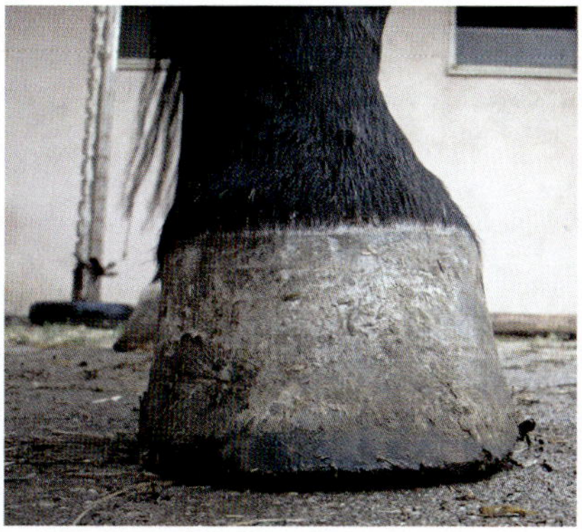
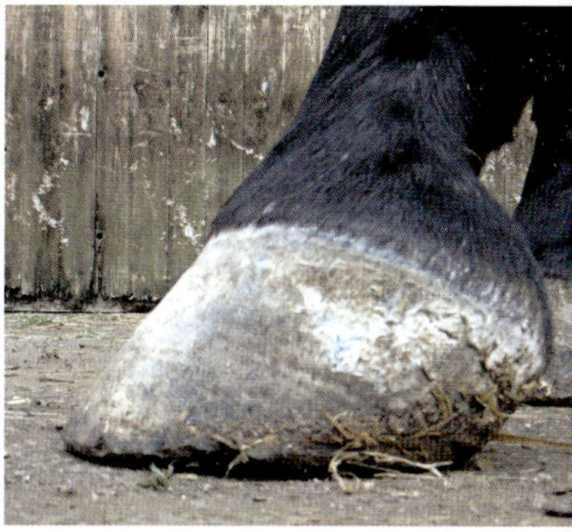
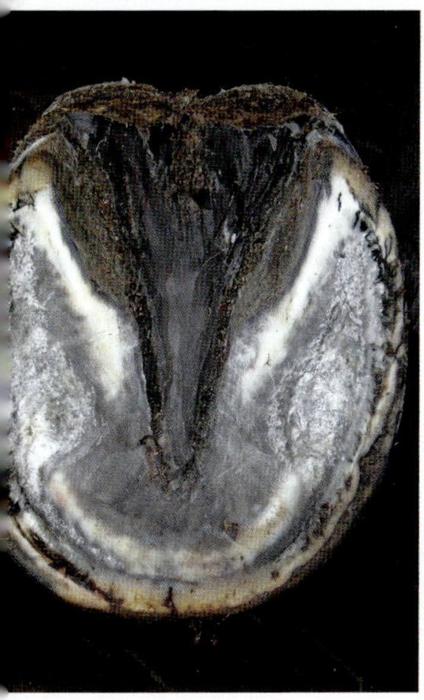
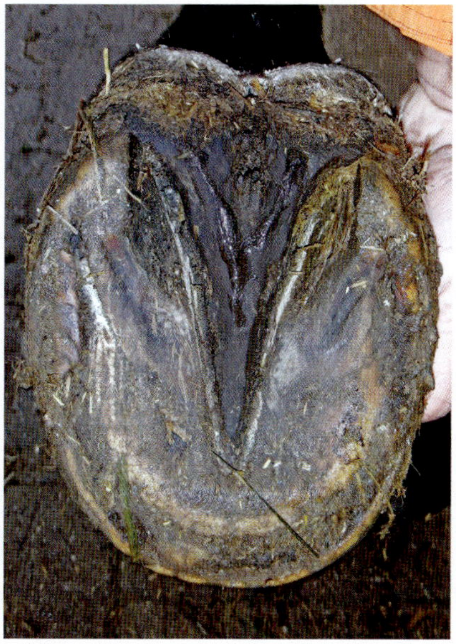
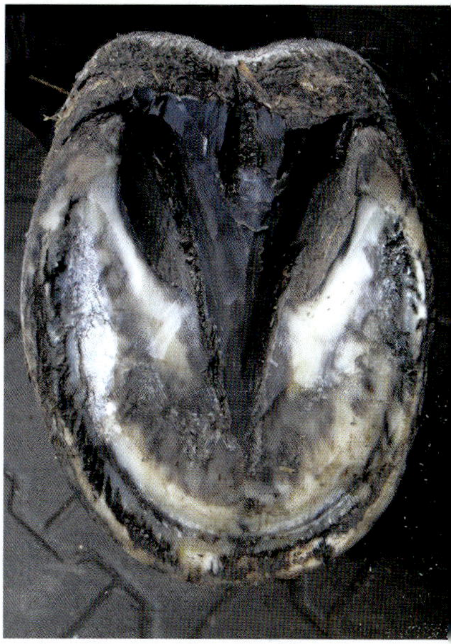

nach der Bearbeitung

vorne links

nach der Bearbeitung

derholte Entfernung der Zehenwand deutlich schlechter, so dass dieser Huf mehr als der andere auf sein Eisen angewiesen war und deshalb nach dem Ausbrechen der Hornwände auch deutlich fühliger wurde.

Mitte Juni nimmt Lennys Besitzerin langsam die Arbeit wieder auf. Begonnen wird mit Spazierengehen zunächst zwei bis dreimal die Woche, dann kommt leichte Longenarbeit und wenig später auch das Ausreiten ins Gelände hinzu. Ab September wird Lenny auch wieder ernsthaft in allen Gangarten in der Reithalle gearbeitet. Für die Ausritte im Gelände benutzt man nach wie vor Hufschuhe, ansonsten läuft Lenny stets barhuf. Lenny gewinnt nach und nach seine Kondition zurück. Als Lenny damals im Sommer 2011 wegen der Lahmheit ausfiel, war er in einem wirklich guten Trainingszustand. Die lange Krankenzeit und die Umgewöhnungsphase ohne Eisen haben ihn natürlich einige seiner Muskeln verlieren lassen. Aber Lenny und seine Besitzerin sind auf dem besten Weg, die alte Leistungsfähigkeit wieder zu erlangen.

Die Baustellen an Lennys Hufen werden immer weniger. Die Seitenwände, die im Tragrandbereich immer sehr stark weggebröselt sind, verbessern sich zunehmend. Der Bearbeitungszeitraum konnte von vier auf fünf Wochen (es ist Winter!) verlängert werden. In den letzten Tagen war Lenny zum ersten Mal ohne Hufschuhe im Gelände. Er geht weiterhin lahmfrei. Man sieht ihm an, dass er wieder richtig Spaß daran hat, sich zu bewegen und er erlangt, laut seiner Besitzerin, langsam aber sicher auch wieder seiner frühere Ausstrahlung zurück. Besitzer und Hufbearbeiter freuen sich gemeinsam über die positive Entwicklung. Das Fazit meines Kollegen zeigt, dass er mit ganzem Herzen bei der Sache war:

(Foto: Melanie Nagel)

»Ich freu mich, dass es eine schöne Geschichte geworden ist, und ich freu mich aber auch für Lenny, der ja wirklich fast zum Schlachter sollte. Zu sehen mit welcher Freude er jetzt wieder läuft und auch wie begeistert die Besitzerin ist, macht mich echt glücklich.«

DANKSAGUNG

Ein großes Dankeschön an alle, die mich beim Schreiben dieses Buches unterstützt haben und die auf die eine oder andere Weise zum Gelingen des Buchprojektes beigetragen haben.
Besonders danken möchte ich meinen Kolleginnen Corinna Meißner, die gefühlte einhundertmal bereitwillig ihr Fotoarchiv für mich geplündert hat, und Astrid Arnold, die nicht gezögert hat, ihren freien Nachmittag wieder einmal in ihrer Präparierwerkstatt zu verbringen, wenn ich ein bestimmtes Präparat benötigt habe. Großen Dank schulde ich auch meinem Kollegen Frank Vicent, der für das fotografische Festhalten der »Schmiedschen Unruhe« ebenfalls einiges seiner knappen Zeit investiert hat.

Dankbar bin ich meinen Kollegen und Kolleginnen Alex Rieck, Birgit Höllmer, Sabine Kellner, Daniela Wegner-Jenichen, Silke Krome und Thomas Lau, die sich die Mühe gemacht haben, ihre eigenen Fälle von Barhufumstellungen zu dokumentieren. Ich danke euch, für eure gute Arbeit an den Hufen und dafür, dass ihr mir eure Dokumentationen für dieses Buch zur Verfügung gestellt habt!

Außerdem möchte ich auch meinen Kolleginnen und Kollegen Susan Rühlemann, Angelika Prange, Ralf Kirschner, Beate Naumann, Jeannine Marbach, Alexander Decker, Birgit Wiener und Markus Gemeinhardt danken, die mit ihren Fotos ebenfalls zur anschaulichen Bebilderung der Aussagen dieses Buches beigetragen haben.
Danke auch dir, Gerd, für deine stete Hilfe und Unterstützung meiner Arbeit, die das »normale« Leben im letzten halben Jahr doch einige Male zum Erliegen gebracht hat!

Mein Dank gilt auch der Unterstützung von Seiten des Verlages: Vor allem danke ich Claudia König für ihr Verständnis und ihren ungebrochenen Glauben an mein Buch – trotz der heillosen Überschreitung aller Fristen durch mich. Aber auch Steffi Gaede und Kornelia Erlewein möchte ich für ihre gute Arbeit in Sachen Lektorat und grafischer Gestaltung des doch schlussendlich recht umfangreichen Werkes herzlich danken.

Nicht zuletzt ein ganz persönliches Dankeschön an Susi, die mir in den schwersten Stunden dieses Jahres mit all ihrer Kraft und Güte beigestanden hat.

A

Abfußabrieb 96, 120ff., 128f., 312f.
Abnehmen alter Eisen 232
Abrieb, einseitiger 82f., 115
Abrieb, fehlender 12, 21, 109
Abrieb, starker 12, 22, 94f., 194
Abrieb, verstärkter der Zehe 96, 123, 148, 312
Abriebsteuerung **65ff.**, 127, 144, 200, 211, 234, 282
Abrollen erleichtern 157, 200, 211, 327
Abstände der Hufbearbeitung 22, **68**, 142, 150, 233
Abtreten der Eisen 180, 202, 206, 216, 284, 322, 327
Achsfehlstellung beim Fohlen 184
Aderlass 338
Aktionsradius der Zehengelenke 26ff.
Akute Hufrehe 169, 177, 339
Akute Hufrehe, Therapie der 236
Akuter Sehnenschaden 164, 286
Aluminiumbeschlag 99
Anastomosen 44
Angussverband 135ff.
Anpassungsleistungen der Gliedmaße 59ff.
Antizipative Hufbearbeitung 68
Arcus terminalis 42f.
Arterien der Pferdezehe 41ff.
Arthrodese 213
Arthrose 65, **210ff.**, 286f., 300
Asymmetrischer Huf 128f.
Atrophie des Hufbeinrandes 176
Ätzende Pflegemittel 153f.
Aufreißen der Blättchenschicht 12, **110**, 125, 128, 169, 266, 274, 289
Auftrittserschütterung 90f.
Aufwuchsbedingungen, Rolle der 9, 57, 149
Aufzüge, seitliche **122**, **131**, 200, 214, 255, 279, 288, 293, 299, 315, 333, 346
Ausbrechen der Hornwand 18, 109ff., 236ff., 280
Ausdünnen der Hufsohle 49, 138
Ausfräsen, Spalten 131
Auslaufgestaltung, huffreundliche 19
Austrocknen der Hufe 18

B

Ballen, gespaltene 224ff., 324, 334
Ballenhorn 11f., 14
Ballenlederhaut 38f.
Bandagen, falsch angewendet 299f.
Bärenfüßigkeit 31
Barhufumstellung, Fehler der Hufbearbeitung bei 229f.
Barhufumstellung, Probleme bei der 224ff., 234ff.
Barrel Race 104
Basalmembran 36
Basalzellschicht **36**, 153
Belastung der Hufrolle **83**, 160, 162f., 202ff., 207, 254
Belastung der Sehnen 166, 168, 183, 193, 195, 206
Belastungsrehe 37, 52, 346
Belavet 135, 233
Beschlag von Rehehufen 168, 172, 207ff., 338f.
Beschlagintervall **68**, 82, 85, 98, 189
Beugesehnen 31
Beugesehnen, Erkrankungen der 164, 204
Bewegungsprogramm, kontrolliertes 165
Biomechanik, des Hufes **53ff.**, 61ff., 88, 112,120
Biotin 114
Blättchenhorn 11f., 15, 39
Blättchenschicht 12, 15
Blockade im Kreuzdarmbeingelenk 317
Blockaden, allgemein 116
Blutegel 166, 236
Bluten aus dem Huf 248f.
Blutergüsse im Horn 11f., 137, 246
Blutige Blättchenschicht 12, 169, 246
Bockhufe 28, 171, 177, 179f.
Bodenparalleles Hufbein 234
Bodenreaktionskraft 58, 116f.
Bodenreaktionskraft, Nutzung der 65ff., 234
Boxenruhe 164, 221, 225, **235**, 268, 293
Bruchfestigkeit des Hufhornes 57f.
Bügeleisen 164
Bursa podotrochlearis 32, 202

C

Canales sesamoidales 159
Canales sesamoidales, veränderte 159f., 198f., 202, 244
Cortison 244
Cushing-Syndrom 173

D

Dauer der Barhufumstellung 223, 229
Dauerfeuchtigkeit, schädliche 19, 114, 138
Dehnungsfähigkeit des Hufhornes 57f.
Denoix-Eisen 206
Desmitis 198
Desmotomie des Unterstützungsbandes der tiefen Beugesehne 180
Diagnostische Anästhesien 161, 198f., 202, 332
Digitalarterien 41ff.
Dilatationsapparat 146
Distanzreiten 102, 194, 326ff.
Doping 106
Dressureisen 104f.
Dressurpferde 91, 104f., 195
Druckbelastbarkeit der Sohle 14
Druckverband 154, 243,
Dünnraspeln der Trachtenwände 49, 145, 158
Durchblutung des Pferdehufes 41ff., 53f., 88f., 236
Durchgehende Hornspalte 122, 255ff.
Durchtrennung der Beugesehne 166f.
Durchtrittigkeitshufeisen 164

E

Eckstreben 12f.
Eckstreben, fehlerhafte Bearbeitung der 124
Eckstrebenaufzüge 50
ECS 173
Eiereisen **160**, 166, 168, **195**, 202f., 204ff., 323f.
Einblutungen 11f., 138f., 246
Einfärbungen in der Hornkapsel 11
Einfetten der Hufe 19
Einflussfaktoren auf die Hornsynthese 21, 109f., 111, 112ff., 189f., 193
Eingefärbte Blättchenschicht 12, 169, 246
Eingetretene Steinchen 110, 128, **140**, 284, 298
Einlagen, stoßbrechende 200, 210f., 214, 346
Einlaufen nach der Hufbearbeitung **64**, 86, 95, 301
Einschläfern 244, 301, 339
Einweichen der Hufe 18f.
Eisen mit Eckstrebenaufzügen 49
Eisenabnahme, Sorgfalt bei der 232
Eisenbeschlag, Geschichte des 73ff.
Eisenbeschlag, Wirkungen des 82 ff.
Eiter, Farbe des 135f.
Elastizität des Pferdehufes 10, **46ff.**, 55f., 89f.
Empfindliche Hufe 18, 51, **86ff.**, 231, 270ff.
EMS 151, 173, 223, 338
Entfernung der Zehenwand **17**, **171f.**, 178, 208, **338ff.**, 346
Epiphysenfugen 43, 184f.
Equines metabolisches Syndrom 151, 173, 223, 338
Erbanlagen 19, **20**, 147, 155
Erkrankung der Hufrolle **157ff.**, 183, **198ff.**, 243f.
Erkrankungen der Gelenke 65, **210ff.**, 286f., 300
Erkrankungen der Sehnen **164ff.**, 183, 195, **204ff.**, 286
Erweiterungseisen 50, 158

F

Falte nach Eisenabnahme, 239f.
Faltenhorn 111ff.
Faulige Blättchenschicht **121**, 266, 274, 289
Fäulnis 19, 110, **141ff.**
Fäulnis, hinter Spalten 131f., 135
Fehler bei Barhufumstellung 192, **218ff.**, 229f.
Fehlstellungen 65, 69, 109, 116, **179ff.**, 279
Fesselbein 27
Fesselbein-Strahlbein-Hufbeinband 26, 30
Fesselringband 33
Fesselstandstheorie 78ff.
Fesseltrageapparat 30ff.
Fesselträger, Belastung des 205f.
Fesselträger, Erkrankung des 164, 204
Fesselträgereisen 206
Feuchtigkeit, des Hufhornes 16ff., 231
Flexion des Hufgelenks 31, **148f.**., 177ff.
Fohlenhufe 8f., 118, **179ff.**
Foramen soleare 42
Formveränderungen des Hufes, auf Beschlag 82ff.
Freilegen von Hufgeschwüren 132
Fühligkeit 18, 86f., 94, **107f.**, 232, 235, 269
Full rolling motion shoe 211f.
Funktionale Anpassung der Gliedmaße **59ff.**, 69, 85f.
Fußungstheorie 78ff.
Futterringe 112
Fütterung, Einfluss der 21, 109f., 112ff.

G

Galopper 106, 273, 278
Gamaschen, wegen ständiger Verletzung 276, 326
Gangpferde 105
Gangverbesserung 91, 104f.
Gefäßkanäle im Strahlbein **159**, **198f.**, 202
Gelenkflächen, unsymmetrische 60f.
Gelenkkapsel 29f.
Gelenkknorpel 26f.
Gelenksversteifung, operative 213
Gemeinsame Strecksehne 32f.
Gemeinsame Strecksehne, Belastung der 205f.
Genetische Veranlagung 19, **20**, 147, 155
Geradeschneiden des Hufes **62f.**, 69ff., **78ff.**, 115, 183, 200, 282, 292
Geschichte des Hufbeschlags 73ff.
Gewicht des Eisens **91**, **104ff.**, 207, 244
Gipsverband 167
Gleichbeinbänder 31
Gleichbeine 28
Gleitschutz 102ff., 193
Grasstellung, lateral versetzte 182, 287
Griffelbeine 28
Griffelbeinfraktur 206
Gruppenhaltung und Barhufumstellung 222

H

Haflinger 151
Hahnenkamm 39
Halbmondeisen 179
Haltebänder des Strahlbeins 26
Haltebänder des Strahlbeins, Erkrankung der 180, 198
Haltungsbedingungen, Einfluss der 114, 182
Haltungsbedingungen für Barhufumstellung 219f.
Hämoglobinverfärbungen im Horn 11f., 138f., 246
Hanf, geteerter mit Lederplatte 321, 332
Hebelwirkung schräger Wände **110**, 123, 274f.
Helle Hufe 20
Hinterhandlahmheit 293f.
Hipposandalen 74
Hornabrieb, fehlender 12
Hornabrieb, starker 12, 94f.
Hornabrieb, Steuerung des **65ff.**, 127, 144, 127, 200, 211, 234, 282
Hornausbrüche 18, **109ff.**, 236ff., 280
Hornblättchen 11f., 15, 37
Hornfarbe 11, 20
Hornkapsel 10ff.

Hornkluft 124
Hornproduktion 36
Hornqualität 19ff., 88f.
Hornqualität, schlechte 113, 189
Hornrisse und Hornspalten 18, 109, **119ff.**, 320f.
Hornröhrchen 11f.
Hornsäule 132
Hornstrukturen, verschiedene 11f.
Hornwachstum 11, **20f.**, **88f.**, 97, 236
Hornwachstum, besseres durch Fütterung 114
Hornwachstum, langsames 189f.
Hornwanddicke 11
Hufbearbeiter, Aufgaben des 65, 118, **232ff.**
Hufbearbeitung, Intervalle 22, **68**, 142, 150, 233
Hufbearbeitungstheorien 50ff., 78ff.
Hufbein 24f.
Hufbein-Strahlbeinband 26
Hufbeindurchbruch 170, 178, 338ff.
Hufbeinformen 59f.
Hufbeinfraktur 250
Hufbeinprellung 225, 235
Hufbeinrotation 170, 177f.
Hufbeinsenkung 170, 177, 338
Hufbeinträger 36f.
Hufbeinträger, Belastung des 149, 170, 183, 208
Hufbeschlagschulen 77
Hufbiomechanik **53ff.**, 88, 148, 162, 230
Hufe, (zu) steile 142, 147f., 171, 179
Hufform 58ff.
Hufform, enge 147ff.
Hufgelenk 25f.
Hufgelenksdruckmessung 244, 332
Hufgelenksentzündung 244, 265
Hufgelenksflexion 31, **148f.**., 177ff.
Hufgeschwüre und -abszesse 109, **132ff.**, 224, 230
Hufgeschwüre, als notwendige Ausleitung 234f.
Hufhorn, minderwertiges 21, 236ff.
Hufhornschäden 111
Hufkapselrotation 177f., 350
Hufkissen 33ff.
Hufknorpel 24, 35
Hufknorpel-Strahlbeinbänder 26
Hufknorpelverknöcherung 25, 56, 65, **212**, 263
Hufkorrektur **61ff.**, **85f.**, 183, 292, 300
Hufkrebs 151ff., 332ff.
Huflahmheiten 197ff.
Hufiederhäute 36, 38f.
Hufmechanismus **46ff.**, 78, 88f., 234
Hufmechanismus, geschwächter 49f.
Hufmechanismus, Nutzen des 48
Huforthopädie 197
Hufpflegeprodukte 19
Hufprobleme 107ff.
Hufpumpe 52, 54
Hufrehe 37, 42, 100, 112, **168ff.**, 207ff., 236, 338ff.
Hufrehe, Gefahr einer 108, **148f.**, 170f., 183, 234
Hufrolle, Erkrankung der **157ff.**, 183, **198ff.**, 243f.
Hufrollenentzündung 244
Hufrollenkomplex 32, 158
Hufrollenschleimbeutel 32, 158
Hufrollenschleimbeutel, Entzündung des 159, 198
Hufrollenschleimbeutels, Anästhesie des 161, 199
Hufsanierung 192f., 209f.
Hufschuhe **99ff.**, 216, 220, 230, 269, 328, 340
Hufsensitivität 18, 51, 57, **86ff.**, 231, 270ff.
Hufsohle 12, 14
Hufsohle, zu dünne 139
Hufstoffwechsel 42f.
Hufsymmetrie 59ff.
Hutkrempe am Hufbein 176, 177, 341
Hyaluronsäure 244
Hyperextension **82f.**, **85**, 98, 158, 163, 168, 244, 288, 292, 300, 320

I

Ideal(maße) des Pferdehufes 50, 59, **64f.**, **79ff.**, 234, 240
Individualität der Hufsituation 59ff.
Infektionen, im Huf 132ff.
Infizierte Hornspalten 131f., 135
Innervation der Pferdezehe 44f., 54
Insulinresistenz 132
Internethufbearbeiter 231
Islandpferde 105

K

Kaltblütige Rassen 155
Kappenhorn 12
Keimbelastung 19, 100, 109, 125, 132ff., 171
Keilbeschlag bei Hufrollendiagnose 158
Keile, Beschlag mit 157f., 166, 201, 204f., 327
Klebeschuhe 100f., 179, 185, 190, 338ff.
Klirrfaktor 90f., 99
Knochen, spezifische Ausformung 59ff.
Knochenumbau 59ff.
Knollhuf bei Rehe 208
Kollateralbänder 30
Kollateralbänder, Erkrankung der 161
Korrektur von Rehehufen 170ff., 338ff.
Kot, Schädigung durch 19, 114, 138, 141
Krankenschuhe 100, 216, 230
Kronbein 27f.
Krongelenk 27f.
Kronlederhaut 11, 36, 38ff.
Kronpolster 34f.
Kronrandspalte 122, 129f.
Kronrandspalte, blutige 243, 255ff.
Kronrinne 11
Kunsthorn 185, 243, 338ff.
Kunststoffbeschlag 99ff., 211

Kurze Hufe 94f.
Kürzen der Trachten **147ff.**, **170f.**, 178, **179f.**, 208, 234
Kürzen, einseitig 71, 115, 183, 200, 211, 282, 292, 300
Kürzen, zu starkes 12
Kutschpferde 102f., 194

L

Lateral grazing 182, 287
Laufen über den Onkel 279
Lederhautentzündung, Behandlung einer 235f.
Lederhautentzündung, Gefahr einer 219ff., 232, 235f.
Lederplatte, mit geteertem Hanf 321, 332
Lehrschmieden 77
Leitungsanästhesie 161, 244, 332
Lollipops, im Strahlbein 202
Lungenprobleme und Barhufumstellung 222

M

Marienfelde Hufstrahlpflege 135, 233
Matratzenstreu 141, 284
Mechanorezeptoren 45, 54
Messungen zum Hufmechanismus 46ff.
Methoden der Hufbearbeitung 50ff.
Mikrozirkulation im Huf 44
Military 104
Mittel gegen Fäulnis 132, 135, 233, 335
Moderne Barhufbearbeitung **65ff.**, 81, 118, 147, 234
Musculus interosseus medius 30f.
Muskulatur, verkrampfte 171, 177, 339
Mustang roll 234

N

Nährstoffversorgung des Hufhornes 42
Nährstoffversorgung und Hufqualität 21, 110f.
Narbenhornkeil 171ff., 208f.
NBS-Eisen 207, 326f.
Nerven der Pferdezehe 45
Nervenschnitt (Neurektomie) 45, 163f., 244
Neurotransmitter 44
Niederschneiden der Trachten **147ff.**, **170f.**, 178, **179f.**, 208, 234
Nozirezeptoren 45, 55

O

Oberes Gleichbeinband 30
Oberflächliche Beugesehne 31
Oberflächliche Beugesehne, Ansatzfläche der 27
Oberflächliche Beugesehne, Erkrankung der 164, 204
Operative Behandlung des Hufkrebses 151ff.
Optimierung der Hufsituation 59, 82, 108, 110, 131, 190, 199
Orthopädischer Beschlag 157, 160, 168, **197ff.**, 243f., 286, 299, 326, 338
Oxspring-Aufnahme 198ff.

P

Pacini-Körperchen 45, 55
Palmar foot syndrom 161
Palmarwinkel des Hufbeins 147f.
Papillomavirus, boviner 155
Pflege bei Strahlfäule 142f.
Pflegemaßnahmen am Huf 132ff., 231, 321
Pigmentierung, des Hornes 11, 20
Plastizität des Hufhornes 58, 70
Platthufe 274f.
Podarthritis 159
Podotrochlose 157ff., 183, 198ff.
Polsterverbände 235, 340
Prädisposition für Hufkrebs 154f.
Prellung des Hufbeins 225, 235
Probleme bei Barhufumstellung 224ff., 234ff.
Processus extensorius 24, 32f.
Propolis 135, 233
Propriozeption 44, 54f.
Provokationsproben 198, 202
Pulsation 135, 216, 244

Q

Qualität des Hornes 19ff., 88f.
Querrinnen, als Spaltherapie 127, 130f.

R

Randexostosen 65
Rehebeschlag 168, 172, **207ff.**, 338f.
Rehegefährdung 108, **148f.**, 170f., 183, 234
Rehegeschädigte Hufe 169ff., 207ff., 338ff.
Reheknollhuf 208
Reining 106, 195f.
Rennpferde 105f.
Resektion der Zehenwand **17, 171f.**, 178, 208, **338ff.**, 346
Retraktion der Sehne 166, 205
Rillen und Falten 111ff.
Rinnen schneiden 49
Rittigkeit, mangelnde 193
Rock'n Roll Eisen 211f.
Röhrbein 28
Röhrchendichte 13
Rotation des Hufbeins 170, 177f.
Rückständige Stellung 301
Ruffini-Körperchen 45, 55
Rutschgefahr mit Eisen 284, 326

S

Sanierung von Rehehufen 209f., 338ff.
Sauerkrautwickel 135
Saumbandentzündung 112f.
Saumhorn 11, 14
Saumlederhaut 38
Saumpolster 35

Schädigung der Wandlederhaut 17
Schädliche Einflüsse auf Hufhorn 19, 111
Schale 65, 210, 212f., 300ff.
Scharniereisen 49
Scheitern der Barhufumstellung 192, 219
Schiefe Hufe 110, **114ff.**, 200
Schiefe Hufe, Ursachen für 70
Schlechtes Laufen nach der Hufbearbeitung 64, 86, 95, 301
Schmerzmittel zur Hufbearbeitung 301
Schmerzrezeptoren 45
Schmiedsche Unruhe **85f.**, 201
Schnabeleisen 181
Schonhaltungen 116
Schulpferd 310ff.
Schutzfunktion der Hufbiomechanik 55f., 88
Schweben anbringen 130
Sedierung zur Hufbearbeitung 273, 279
Sehnen, Erkrankungen der 65, **164ff.**, 183, 195, **204ff.**, 286
Sehnenruptur 165
Seitenbänder der Gelenke 30
Seitengleichbeinband 30
Seitenwandspalte 124ff.
Selbstkorrekturmechanismus 109
Sensorik des Hufes 44f., 54f.
Seven-Nails-System 100
Silikoneinlagen 52, 203, 214, 346
Skyline-Aufnahme 161, 199
Slidingeisen 106, 195f.
Sohlenausreißen 139
Sohlenbinde 33, 161
Sohlenhorn 12, 14
Sohlenhornröhrchen 12, 14
Sohlenlederhaut 37ff.
Solea ferreae 74
Sommerekzem 151
Spaltbehandlung, traditionelle 130f.
Spat 210, 286f., 326f.
Spateisen 326
Sportreiterei 107
Springpferde 104, 193f.
Stallgemeinschaft 221
Stallhygiene 19, 114, 138, 141
Stegeisen 166, 168, 202, 244, 257
Steile Hufwände 110, 140
Steine, Probleme durch 108, 137ff., 191
Steingallen 137ff.
Stellungskorrekturen **62ff.**, **85f.**, 118, **179ff.**, 201, 211, 234, 300
Stelzfuß der tiefen Beugesehne 177, 179f.
Stoffwechselerkrankungen 21, 173
Stoffwechselringe 112f.
Stollen und Griffe 49, **103f.**, 193f.
Stolpern 121, 276, 284, 315, 321, 327
Stoßdämpfung 210f., 214
Stoßkräfte 90f.
Stoßwellentherapie 160, 244
Strahl- und Ballenpolster 34f.
Strahlpolster, bei Hufkrebs-OP beschädigt 153
Strahlbein 25f., 158ff.
Strahlbeinerkrankung 157ff., 183, 198ff.
Strahlbeinkanäle **159**
Strahlbeinkanäle, veränderte 159f., **198f.**, 202, 244
Strahldrüsen 141, 151
Strahlfäule **141ff.**, 224ff., 266, 282, 321, 332ff.
Strahlfäuleringe 113
Strahlfurchen 12
Strahlhorn 12, 14
Strahlkrebs 151ff., 334f.
Strahllederhaut 38ff.
Strahlmilchtaschen 150f.
Straubfuß 155
Streckfortsatz des Hufbeins 32f.
Streichen der Gliedmaßen 276
Synovia 26f.

T

Tangentialaufnahme 161, 199
Tanzmeisterstellung 245
Tastrezeptoren 45, 54f.
Tastsinn des Hufes **54f.**, 88, 98, 101, 168, 191, 195, 207, 292
Tellerhufe 274f.
Tendinitis 200
Terminalbogen (arcus terminalis) 42f.
Terminallagenhorn 12, 39
Terminalpapillen 37f.
Theorien zum Hufmechanismus 46ff.
Theorien zur Hufzubereitung 50ff., 78ff.
Tiefe Beugesehne 31
Tiefe Beugesehne, Ansatzfläche der 24
Tiefe Beugesehne, Belastung der 83, 300
Tiefe Beugesehne, Entlastung der 164, 200, 244
Tiefe Beugesehne, Erkrankung der 164, 204
Tierarzneischulen 76f.
Tildren 244
Tinker 151
Toe rocker 234
Touristikpferde 102, 194
Traber 106, 326
Trachten bei chronischer Hufrehe 147, 170f., 178
Trachten öffnen 50, 234f.
Trachten, (zu) hohe 142, **148f.**, 170f., 179
Trachten, enge 147ff.
Trachten, kollabierte 301f.
Trachten, untergeschobene 162, 202f., 322f., 327
Trachtenendkanten 12
Trachtenerhöhung 157f., 168, 170, 177, 200f.
Trachtenerweiterung 50f., 146
Trachtenwand 11
Trachtenzwang 143ff.

Traditionelle Hufbearbeitung 63, 71
Tragrand 11f.
Traumeel 235
Treibwege 220
Trockene Hufe 18f.

U

Überbeine 278, 315ff.
Überforderung der Barhufe 231f., 236, 349
Übergewicht und Barhufumstellung 222
Umbeschlagen, Abstände **68**, 82, 85f., 98, 189
Umspringen der Lahmheit 162, 199, 244
Umstellungsphase auf Barhuf 218ff.
Umstellungsphase, Dauer der 223, 229
Ungleich steile Vorderhufe **181ff.**, 260, 287, 332f.
Unphysiologische Schiefe der Gliedmaße 69
Untergeschobene Trachten 162, 202f., 322f., 327
Urin, Schädigung durch 19, 114, 138, 141

V

Valgusstellung 184f.
Vegetatives Nervensystem 44
Venen der Pferdezehe 43ff.
Venenklappen 44
Venenplexus 43f.
Verbesserung der Gangart 91, 104ff.
Verbiegung der Zehenwand 149f., 170f., 179ff.
Verklebungen der Sehne 165
Verkürzung der Sehne 166, 205
Verlängerte Eisenschenkel 160, 164, 206
Vertikale Verwindungsfähigkeit des Hufes 56
Vidiastifte, Verletzung durch 326
Vierzipflige Fesselplatte 33
Voltigierpferd 346ff.
Vorschriften für Hufbearbeitung 50ff.

W

Wachstumsgeschwindigkeit, des Hornes 11, 20f., 88f.
Wanderreiten 102, 194
Wandhornröhrchen 13
Wandlederhaut 36ff.
Wandrinne im Hufbein 42
Warzenmauke 155
Wassergehalt, des Hufhornes 16ff.
Wasserstoffperoxid 135
Wässern der Hufe 18f.
Weiche Fessel 30
Weidenrinde 235
Weiße Linie 15
Weiterlegen des Eisens 117
Westernreiten 104, 106
Wildpferdehuf 52, 234

X

X-Bein-Stellung 184f.

Z

Zehe, zu lange 255, 301f., 321ff.
Zehenabrieb, verstärkter 96, 123, 148, 312
Zehenabweiser 120f., 128f.
Zehenachsentheorie 78ff.
Zehennerven 45
Zehenrichtung am Barhuf 120ff., 127f.
Zehenrichtung am Eisen 157f., 200, 207, 201, 210, 315
Zehenrichtung am Hinterhuf 282, 312, 317f.
Zehenseitenarterien 41ff.
Zehenspalte 120ff.
Zehenstrecker 32f.
Zehenstrecker, Belastung des 205f.
Zehenwand, konkave 149f., 170f., 179ff.
Zehenwandresektion **17, 171f.**, 178, 208, **338ff.**, 346
Zeitpunkt für Barhufumstellung 222f.
Zink 114
Zurücklegen des Eisens 157, 207, 244
Zwanghufe 143ff.
Zwanghufeisen 146
Zwischenröhrchenhorn 13ff.
Zyste 161, 199f.

AHLERS, Rupprecht (1940): Untersuchungen über die Gelenkknorpeldicke im Huf- und Krongelenk bei den verschiedenen Gliedmaßenstellungen des Pferdes, Diss., Tierärztliche Hochschule Hannover.

AKERBLOM, Eric (1930): Untersuchungen über den Hufmechanismus des Pferdes, Hannover.

ALBRECHT, Stefanie (2006): Prof. Dr. Hans Jöchle (1892–1968) – Ein Leben für den Hufbeschlag. Quellen und Materialien zur Geschichte der Tierärztlichen Fakultät der Universität München, Diss., Tierärztliche Hochschule Hannover.

APPELBAUM, Friedrich (2001): Untersuchungen zum Hufmechanismus an Präparaten von Pferdegliedmaßen mit Messtastern und der computergestützten 3D-Rekonstruktion auf Basis von computertomographischen Serienschnitten, Diss., Freie Universität Berlin.

ARNOLD, Astrid (2009): Neue Ansichten und Wege in der Behandlung des Hufkrebses, In: 3. Huftagung der DHG e.V. für Tierärzte und Hufbearbeiter, Leipzig 18. April 2009, Tagungsband, S. 7–12.

BALCH, Olin K. (2009): Hufbearbeitung und Hufbeschlag für verschiedene Reitsportdisziplinen In: FLOYD, Andrea E.; MANSMANN, Richard A.: Hufkrankheiten. Diagnostik – Therapie – Orthopädischer Beschlag, München, S. 405–428.

BAUMANN, Ina (2009): Prävalenz und klinische Relevanz von Röntgenbefunden lahmer und lahmfreier Pferde distal im Bereich der Zehe, Diss., Tierärztliche Hochschule Hannover.

BEIN, Luca P. J. (1984): Prüfung eines elastischen Pferdehufbeschlages mit Hilfe ungulographischer Untersuchungen im Vergleich zum Eisenbeschlag, Diss., Universität Zürich.

BILGEN, Franz Haas von (1862): Gedanken über den Huf und dessen Beschläge, Wien.

BLUM, Nadine (2004): Der Einsatz der Extrakorporalen Stoßwellentherapie (ESWT) zur Behandlung des Podotrochlose-Syndroms – Eine Untersuchung zur Wirksamkeit einer neuen Therapiemethode bei der Hufrollenerkrankung des Pferdes, Diss., Justus-Liebig-Universität Gießen.

BOLLIGER, Christian; GEYER, Hans (1992): Zur Morphologie und Histochemie des Pferdehufes, In: Pferdeheilkunde, Heft 5, S. 269–286.

BONGARTZ, Joern (2001): Mechanische Eigenschaften von nativem Hufhorn beim Warmblutpferd: Elastizitätsmodul, Kugeleindruckhärte und Shore D Härte in Abhängigkeit vom Trockensubstanzgehalt und der Position in der Hufkapsel, Diss., Veterinärmedizinische Universität Wien.

BOOTH, Larry; WHITE, Daniel (2009): Erkrankungen der Hornkapsel, In: FLOYD, Andrea E.; MANSMANN, Richard A.: Hufkrankheiten. Diagnostik – Therapie – Orthopädischer Beschlag, München, S. 211-241.

BOSECKERT, Silvia Verena (2004): Funktionell-anatomische Untersuchungen an den Zehengelenken (Articulationes interphalangeae) der Schultergliedmaße des Pferdes, Diss, Ludwig-Maximilians-Universität München.

BOWKER, Robert M. (2009): Innervation, In: FLOYD, Andrea E.; MANSMANN, Richard A.: Hufkrankheiten. Diagnostik – Therapie – Orthopädischer Beschlag, München, S. 47–61.

BRAGULLA, Hermann (1997): Die Entwicklung des Hufes bis zur Geburt, In: 6. Hufbeschlagstagung am 6.11.1997 in Dortmund, Kongressband, ohne Seitenangaben.

BRÜCHER, Paul Richard (1876): Grundzüge der Mechanik des Hufes – und einer darauf gestützten naturgemässen [sic] Diätetik desselben, Hannover, Schmorl & von Seefeld.

BUDA, Silke; BUDRAS Klaus-Dieter (2005): Die segmentspezifische Nervenversorgung am Pferdehuf, In: Pferdeheilkunde, Heft 4, S. 280–284.

BUDRAS, Klaus-Dieter; HIRSCHBERG, Ruth; HINTERHOFER, Christine (2008): Hufrehe – Strukturelle Grundlagen und Therapie, In: Der Praktische Tierarzt, Suppl. 6, S. 13–21.

BUDRAS, Klaus-Dieter (2012): Wie lösen zoogeborene Urwildpferde (Equus Ferus Przewalski) ihre Hufprobleme samt Hufkrankheiten im Semireservat, wo sie permanent barhuf laufend ohne Tierarzt und Hufschmied auskommen? In: 12. Kongress für Pferdemedizin und -chirurgie, 11.–13. Dezember 2012, Tagungsband, S. 13–16.

BUDRAS, Klaus-Dieter; PATAN, Bianca; MÜLLING, Christoph (2002): Raster- und Transmissionselektronenmikroskopische Untersuchungen und physikalische Messungen zur Wasserbindungskapazität am Saumhorn des Pferdeshufes, In: Wiener Tierärztliche Monatsschrift, Heft 7, S. 180–187.

BUDRAS, Klaus-Dieter; PATAN, Bianca (2003): Segmentspezifitäten am Pferdehuf. Teil 1 – Struktur und Funktionsvarianten, In: Pferdeheilkunde, Heft 1, S. 58–64.

BUDRAS, Klaus-Dieter; KÖNIG, Horst E.; MÜLLING, Christoph; REESE, Sven (2009): Zehenendorgan (Organum digtale), In: Anatomie der Haussäugetiere – Lehrbuch und Farbatlas für Studium und Praxis, Hrsg. KÖNIG, Horst E.; LIEBICH, Hans G., Stuttgart, S. 624–653.

BUDRAS, Klaus-Dieter; COENEN, Manfred; HIRSCHBERG, Ruth Maria; ZADOW, Charlotte von (2012): Der Huf, In: Der Huf – Lehrbuch für den Hufbeschlag, Hrsg. LITZKE, Lutz-Ferdinand; RAU, Burkhard, Stuttgart, S. 75–119.

BUDRAS, Klaus-Dieter; RÖCK, Sabine (1994): Atlas der Anatomie des Pferdes – Lehrbuch für Tierärzte und Studierende, Hannover.

CASTELIJNS, Hans (2007): Die Pathogenese und Behandlung von Kronrandhornspalten der Seitenwand. Quantitativbestimmung der vertikalen Mobilität der Hufkapsel an den Trachten, In: 1. Internationaler Equitana-Hufbeschlagskongreß der EDHV e.V. in Essen, Kongressband, oh. Seitenangaben.

CASTELIJNS, Hans (2010): Bequemer Beschlag – wirklich immer? In: Der Huf, Nr. 144, S. 50–54.

CASTELIJNS, Hans (2012): Special an therapeutic shoeing, a rational approach, In: 12. Kongress für Pferdemedizin und -chirurgie, Genf 11.-13. Dezember 2012, Tagungsband, S. 96–106.

CHATEAU, Henry; CAMUS, Mathieu; HOLDEN-DOUILLY, Laurène; POURCELOT, Philippe; FALALA, Sylvain; ROBIN, Damien; DENOIX, Jean-Marie; CREVIER-DENOIX, Nathalie (2012): Le sabot au traivail, In: 12. Kongress für Pferdemedizin und -chirurgie, Genf 11.–13. Dezember 2012, Tagungsband, S. 65–76.

COENEN, Manfred; SPITZLEI, Stefanie (1996): Zur Zusammensetzung des Hufhorns in Abhängigkeit von Alter, Rasse und Hufhornqualität, In: Pferdeheilkunde, Heft 3, S. 279–283.

COENEN, Manfred (2010): Kann man durch die Fütterung Hufprobleme erzeugen oder auch beseitigen? In: 4. Huftagung der DHG e.V. für Tierärzte und Hufbearbeiter, Leipzig 8. Mai 2010, Tagungsband, S. 15–18.

CORBIN, Isabelle (2004): Kinematische Analyse des Bewegungsablaufes bei Pferden mit Gliedmaßenfehlstellungen und deren Behandlung durch Beschlagskorrekturen, Diss., Tierärztliche Hochschule Hannover.

DAVIES, Helen M.S.; PHILIP, Christopher J. (2009): Anatomie, In: FLOYD, Andrea E.; MANSMANN, Richard A.: Hufkrankheiten. Diagnostik – Therapie – Orthopädischer Beschlag, München, S. 3–27.

DAVIES, Helen M.S.; PHILIP, Christopher J.; MERRITT, Jonathan S. (2009): Funktionelle Anatomie, In: FLOYD, Andrea E.; MANSMANN, Richard A.: Hufkrankheiten. Diagnostik – Therapie – Orthopädischer Beschlag, München, S. 29–46.

DOMINIK, Franz (1870): Theoretisch-Practische [sic!] Anleitung zur Ausübung des rationellen Hufbeschlags, Berlin.

DOMINIK, Franz (1890): Einiges über Hufmechanik, In: Zeitschrift für Veterinärkunde, Berlin, S. 12–20.

DOMINIK, Franz (1890): Weiteres über Hufmechanik, In: Zeitschrift für Veterinärkunde, Berlin, S. 387–399.

FINKLER-SCHADE, Christa (1998): Felduntersuchung während der Weideperiode zur Ernährung von Fohlenstuten und Saugfohlen sowie zum Wachstumsverlauf der Fohlen, Diss., Universität Bonn.

FISCHERLEITNER, Franz (1974): Röntgenographische Untersuchungen über den Einfluss der Lageveränderungen des Huf-, Strahl- und Kronbeines auf die Mechanik der Hornkapsel des Pferdes im Belastungsgerät, Diss., Tierärztliche Hochschule Wien.

FRIEDRICH (1924): Über die Beziehung der Huflänge zum Hufmechanismus, In: Archiv für wissenschaftliche und praktische Tierheilkunde, S. 226–234.

FRITZENWANKER, Klaus (1945): Untersuchungen über die Lage des Hufbeins in den Vorderhufen unter Berücksichtigung der statischen Verhältnisse am Huf, Diss., Tierärztliche Hochschule Hannover.

FROHNES, Anne-Katrin; BUDRAS, Klaus-Dieter (2001): Endogene Einflussfaktoren auf die Hornqualität im Sohlen- und Ballen-Strahlsegment des Pferdehufes – Teil 1: Architektur des Hornzellverbandes, In: Pferdeheilkunde, Heft 5, S. 429–436.

GEYER, Petra Sonja (2003): Strahlenschutz und Strahlenschäden beim Umgang mit Röntgenstrahlen in der Veterinärröntgenologie. Eine Untersuchung der deutsch- und englischsprachigen Literatur unter Berücksichtigung der aktuellen Röntgenverordnung, Diss., Freie Universität Berlin.

GIRTLER, Dietrich (2001): Zur Biomechanik der Zehengelenke beim Pferd, In: Pferdeheilkunde, Heft 4, S. 357–360.

GÖSSLING, Andreas (2001): Untersuchung der Wirkung von Oxytetracyclin auf die Mechanik von Sehnen- und Muskelstrukturen des Musculus flexor digitalis profundus beim Pferd, Diss., Tierärztliche Hochschule Hannover.

GRÜN, Anne (2005): Untersuchungen über die Größe des Strahl- und Ballenpolsters des Pferdes bei verschiedenen Hufformen, Diss., Freie Universität Berlin.

GUTENÄCKER, Friedrich (1890): Beitrag zur Hufmechanik, In: Der Hufschmied, 8, S. 7–13.

GUTENÄCKER, Friedrich (1890): Über Steingallen, ihr Wesen, ihre Entstehung und Behandlung, In: Der Hufschmied, 8, S. 33–37.

GUTENÄCKER, Friedrich (1901): Die Hufkrankheiten des Pferdes, Erkennung, Verhütung und Heilung, Stuttgart.

GUTH, Sinja Victoria (2013): Untersuchungen zur Differenzierung equiner, adipogener, mesenchymaler Stammzellen zu Tenozyten, Diss., Justus-Liebig-Universität Gießen.

HABACHER, Ferdinand (1919): Eigene Untersuchungen über die Hufmechanik, In: Der Hufschmied, 37, 136–37.

HACKBARTH, Hansjoachim; LÜCKERT, Annekatrin (2002): Tierschutzrecht: Leitfaden für die Praxis: Praxisorientierter Leitfaden, München/Berlin.

HAMPSON, Brian A. (2011): Die Forschung an Wildpferdehufen und ihre Relevanz für die Veterinärmedizin und für die Hufbearbeitung, In: 5. Huftagung der DHG e.V. für Tierärzte und Hufbearbeiter, Leipzig 7. Mai 2011, Tagungsband, S. 15–29.

HAMPSON, Brian A.; de LAAT, Melody A., MILLS, Paul C.; POLLITT, Christopher C. (2012): Effect of environmental conditions on degree of hoof wall hydration in horses, In: American journal of veterinary research, Heft 3, S. 435–438.

HANSLIAN, Alois (1932): Hufmechanik und Hufbeschlag, In: Der Hufschmied, 50, 173–176.

HARDERS, Thomas (1985): Die elastische Verformung des Pferdehufes – Literaturstudie und eigene Untersuchungen, Diss., Tierärztliche Hochschule Hannover.

HEEL, van Meike; KROEKENSTOEL, Annemarie; DIERENDONCK, van Machteld; WEEREN, van René; BACK, Wim (2006): Uneven feet in a foal may develop as a consequence of lateral grazing behaviour induced by conformational traits, In: Equine Veterinary Journal, Heft 7, S. 646–651.

HEIZER, Isidor (1903): Hufmechanismus und Behandlung fehlerhafter Hufe, In: Österreichische Monatsschrift für Tierheilkunde, Nr. 7, S. 289–301 und 345–368.

HENKE, Frank (1997): Hufbeinträger und Hufmechanismus im Seiten-, Trachten- und Eckstrebenteil des Pferdehufes, Diss,. Freie Universität Berlin.

HENKELS, Paul (1949): Kritik und Vorschlag zum Abschluß des Problems der Sehnenstelzfußbehandlung. In: Deutsche Tierärztliche Wochenschrift, Nr.11/12, Alfeld/Hannover, S. 91–95.

HERTSCH, Bodo (2003): Der Trachtenzwanghuf des weiten und des engen Hufes, In: 11. Hufbeschlagstagung für Hufschmiede und Tierärzte, Berlin, S. 15–19.

HERTSCH, Bodo (2007a): Die Behandlung der Podotrochlose: Was ist neu seit dem 1. Kongress im Jahre 1987? In: 10. Kongress für Pferdemedizin und -chirurgie, Genf 11.–13. Dezember 2007, Tagungsband, S. 4–6.

HERTSCH, Bodo (2007b): Indikationen und Kontraindikationen der Neurektomie einschließlich des Stripping beim Pferd, In: 10. Kongress für Pferdemedizin und -chirurgie, Genf 11.–13. Dezember 2007, Tagungsband, S. 189–191.

HERTSCH, Bodo; HÖPPNER, Stefanie; DALLMER, Helmuth (1996): Der Huf und sein nagelloser Hufschutz, Warendorf.

HERTSCH, Bodo; ZUTHER, Meike (2004): Diagnostische Anästhesien und Druckmessung in Hufgelenk und Bursa podotrochlearis, In: VetMedReport, Organ für tierärztliche Fortbildungskongresse, Sonderausgabe V2, S. 9.

HINTERHOFER, Christine; STANEK, Christian; HAIDER, Heinz (1997): Belastungssimulation an einem aus finiten Elementen konstruierten Computermodell der Hornkapsel des Pferdes, In: Pferdeheilkunde, Heft 4, S. 319–329.

HINTERHOFER, Christine; WEISSBACHER, Norbert; BUCHNER, Hans H.F.; PEHAM, Christian; STANEK, Christian (2006): Motion analysis of hoof wall, sole and frog under cyclic load in vitro: Deformation of the equine hoof shod with regular horse shoe, straight bar shoe and bare hoof, In: Pferdeheilkunde, Heft 3, S. 314–319.

HIRSCHBERG, Ruth M.; BRAGULLA, Hermann H. (2007): Funktionelle Aspekte der Angioarchitektur des Pferdehufs, In: Pferdeheilkunde, Heft 1, S. 27-38.

HÖPPNER, Stefanie (2005): Orthopädische Beschläge bei Sehnenerkrankungen, In: Leipziger Blaue Hefte: Proceedings 5. Leipziger Tierärztekongress – Suppl. Workshops , S. 29–33.

HOLZ, Jan (1999): Zur Wirksamkeit von Propoliszubereitungen bei Otitis externa des Hundes sowie Untersuchungen der antibakteriellen, antiviralen Aktivitäten von ethanolischen Propolisextrakten und deren Wirkung auf Zellkulturen, Diss., Freien Universität Berlin.

IMHOF, Urs (2010): Die Geschichte des Hufbeschlags, In: Schweizer Archiv für Tierheilkunde, Heft 1, Bern, S. 21–29.

KASPER, Armin (1994): Hufkurs für Reiter, Stuttgart.

KAUTZ, Alexandra (2007): Diagnostische Anästhesien der Gelenke und weiterer synovialer Einrichtungen – mögliche Wirkung als perineurale Infiltrationsanästhesie? Diss., Freie Universität Berlin.

KLUNDER, Pascal (2000): Physikalische Auswirkung der Trachtenhochstellung am Huf des Pferdes, Diss., Freie Universität Berlin.

KÖNIG, Bettina (2001): Struktur, Funktion und Qualität des Kronhorns im Pferdehuf, Diss., Freie Universität Berlin.

KÖNIG, Horst E.; MACHER, Rudolf; POLSTERER-HEINDL, Eva; SORA, Mircea-Constantin; HINTERHOFER, Christine; HELMREICH, Magdalena; BÖCK, Peter (2003): Stoßbrechende Einrichtungen am Zehenendorgan des Pferdes, In: Wiener Tierärztliche Monatsschrift, 90, S. 267–273. (kopiert)

KÖNIG, Horst E.; POPESCU, Alexandru, POLSTERER-HEINDL, Eva; HINTERHOFER, Christine (2003): Arteriovenöse Koppelung im Zehenendorgan des Pferdes, In: Pferdeheilkunde, Heft 5, S. 459–462.

KOCK, Claudia (2003): Die Darstellung des Strahlbeines von Warmblutpferden mit der digitalen Röntgenanlage PCR AC3 der Firma Philips, Diss., Tierärztliche Hochschule Hannover.

KRATZ, Thomas (2001): Die Entwicklung des Hufbeschlags im Spiegel der Zeitschrift »Der Hufschmied« (1883–1944), Diss., Tierärztliche Hochschule Hannover.

KRAUSE, Bruno (1926): Die Bearbeitung des Hufes zum Beschlage von Lafosse bis in die Jetztzeit in historisch-kritischer Betrachtung und nach eigenen Erfahrungen, Diss., Tierärztliche Hochschule, Berlin.

KREYENBERG, Kathrin (2003): Zinkserumresponse beim Pferd nach oraler Verabreichung von unterschiedlichen Zinkverbindungen, Diss., Ludwig-Maximilians-Universität München.

KRIEG, Claudius (2001): Untersuchung zur Ätiologie und Pathogenese der gedeckten, distalen Griffelbeinfraktur des Pferdes, Diss., Freie Universität Berlin.

KROON, Henri Margarethus (1915): Die weiße Linie am Huf, In: Berliner Tierärztliche Wochenschrift 51, S. 601–604.

KUMMER, Martin (2005): Quantitative radiologische Untersuchungen am Pferdehuf, Diss., Universität Zürich.

LANGE, Claudia (2011): Die Überprüfung eines Hufdruckmesssystems in Kombination mit dreidimensionalen Hochfrequenzvideoaufnahmen zur Bewegungsanalyse beim Pferd, Diss., Tierärztliche Hochschule Hannover.

LAWSON, Siân E. M.; CHATEAU, Henry; POURCELOT, Philippe; DENOIX, Jean-Marie; CREVIER-DENOIX, Nathalie (2007): Effect of toe and heel elevation on calculated tendon strains in the horse and the influence of the proximal interphalangeal joint, In: Journal of Anatomy, Heft 5, S. 583–591.

LEISERING, August Gottlob Theodor; HARTMANN Heinrich, Moritz

(1893): Der Fuß des Pferdes, 8. Auflage, neu bearb. von Anton LUNGWITZ, Dresden.

LINFORD, Robert L. (1987): A Radiographic, Morphometric, Histolocal and Ultrastructural Investigation of the Lamellar Function, Abnormality and the Associated Radiographic Findings For Sound and Footsore Thoroughbreds, and Horses With Experimentally Induced Traumatic and Alimentary Laminitis, PhD Thesis, University of California, Davis, USA.

LINGENS, Inga (2008): Die Entwicklung der Hufpflege und des Hufbeschlags von der Antike bis zur Neuzeit unter besonderer Berücksichtigung des Hufbeschlags bei der Hufrehe, Diss., Freie Universität Berlin.

LITZKE, Lutz-Ferdinand (2012): Orthopädischer Beschlag bei Erkrankungen des Bewegungsapparates, In: Der Huf – Lehrbuch für den Hufbeschlag, Hrsg. LITZKE, Lutz-Ferdinand; RAU, Burkhard, Stuttgart, S. 218–279.

LUKAS, Uwe (2010): Behandlung des Trachtenzwanges bei engen Hufen, In: Leipziger Blaue Hefte: Proceedings 5. Leipziger Tierärztekongress – Suppl. Workshops , S. 43–48.

LUNGWITZ, Anton (1883): Der gegenwärtige Standpunkt der mechanischen Verrichtungen des Pferdehufes, In: Der Hufschmied, 1, Hannover, S. 4–8 und S. 17–21.

LUNGWITZ, Anton (1890): Die Formveränderung des Pferdehufes unter der Einwirkung der Körperlast, In: Der Hufschmied, 8, Hannover, S. 1–7, S. 22–25 und S. 39–42.

LUNGWITZ, Max (1917): Die stoßbrechende Einrichtung des Hufes, ein Fingerzeig der Natur für die Ausführung des Hufbeschlages, In: Der Hufschmied, 35, Hannover, S. 4–8.

LUTZ, Sebastian Raphael (2011): Intraläsionale Anwendung von autologem, thrombozytenangereicherten Plasma und xenogener, azellulärer porziner Matrix bei Fesselträgerläsionen beim Pferd – eine klinische, vergleichende Studie, Diss., Universität Leipzig.

MALJAARS, Bram (2007): Informationen über ungleiche Hufe bei Reitpferden – Ursachen, Folgen und Vorbeugung. In: Der Huf, Nr. 124, S. 30–34, Malèves-Sainte-Marie.

MEYER, Patric Günter (2003): Genetische Analyse von angeborenen Anomalien der Gliedmaßen und der Osteochondrose (OC) beim Süddeutschen Kaltblut, Diss., Tierärztliche Hochschule Hannover.

MÖLLER, Heinrich (1906): Die Hufkrankheiten des Pferdes, ihre Erkennung, Heilung und Verhütung, 4. umgearb. Aufl., Berlin.

MÜLLER (1885): Die Einführung und Entwicklung des verbesserten Englischen Hufbeschlages in Deutschland, speziell in Sachsen, In: Der Hufschmied, 3, S. 1–5 und 19–23.

MÜLLER, Eduard v. (1913): Untersuchungen über den krummen Huf des Pferdes mit Ausschluß der Hornkapsel, Diss., Universität Leipzig.

MÜLLER, Gudrun (1999): Radiologische Methode zur Beurteilung der Hufzubereitung bei Pferden mit zehenweiter oder zehenenger Gliedmaßenstellung, Diss., Freie Universität Berlin.

MÜLLING, Christoph (2013): Saumhorn und Glasurschicht – Was wissen wir eigentlich? In: 7. Huftagung der DHG e.V. für Tierärzte und Hufbearbeiter, Leipzig 15. Juni 2013, Tagungsband, S. 39–40.

MUNZINGER, Kristin (2005): Die Hufhornqualität von Lipizzanerpferden und Einflüsse von Futterzusätzen und Umgebungsfaktoren. Mehrjährige Verlaufsuntersuchung zum Hufstatus, Diss., Universität Zürich.

NASSAU, Rob van (2006): Hufprobleme beim Pferd, Stuttgart.

NEBEL, Ulrike (2005): In vitro Modelle proliferierender und differenzierender epidermaler Keratinozyten der Rinderklaue, Diss., Freie Universität Berlin.

NICKEL, Richard (1939): Untersuchungen über den Bau des Pferdehufes mit besonderer Berücksichtigung des Hufmechanismus und von Hufkrankheiten, In: Deutsche tierärztliche Wochenschrift, 47, S. 531–524.

NOWAK, Michael; HERTSCH, Bodo; LUKAS, Uwe (2010): Der »chronische Bockhuf« – ein Diskussionsbeitrag, In: Leipziger Blaue Hefte: Proceedings 5. Leipziger Tierärztekongress – Suppl. Workshops , S. 57–61.

PATAN, Bianca; BUDRAS, Klaus-Dieter (2003): Segmentspezifitäten am Pferdehuf. Teil 2 – Zusammenhang zwischen Hornstruktur und mechanisch-physikalischen Horneigenschaften in den verschiedenen Hufsegmenten, In: Pferdeheilkunde, Heft 1, S. 177–184, Stuttgart.

PELLMANN, Ralf (1995): Struktur und Funktion des Hufbeinträgers beim Pferd, Diss., Freie Universität Berlin.

PETERS, Friedrich (1883): Die Formveränderungen des Pferdehufes bei Einwirkung der Last mit besonderem Bezug auf die Ausdehnungs-Theorie, Berlin.

PICK, Maximilian (o.J.): TVT – Tierärztliche Vereinigung für Tierschutz e.V. – Neurektomie und Tierschutz, Merkblatt Nr. 19.

POLLITT, Christopher (1999): Farbatlas Huf. Anatomie und Klinik. Bearbeitet und übersetzt von Klaus-Dieter BUDRAS und Bodo HERTSCH, Hannover.

PÜTZ, Angela Charlotte (2006): Monitoring von saisonalen, haltungs- und domestikationsbedingten Einflüssen auf die Hornqualität des Pferdehufes, Diss., Freie Universität Berlin.

PREYSS, Antonia Katharina von (2008): Verteilung von Hyaluronsäure nach Injektion in die oberflächlichen und tiefen Beugesehnen und des Musculus interosseus medius des Pferdes – eine klinische und experimentelle Studie, Diss., Freie Universität Berlin.

QUAAS, Georg (1913): Untersuchungen über den krummen Huf des Pferdes mit besonderer Berücksichtigung der Hornkapsel, Diss., Universität Leipzig.

RAMEY, David (2006): Shoeing and Trimming on the equine Forelimb with Respect to common clinical Indications – An evidence-based Review, In: Australian Equine Veterinarian, Heft 2, S. 12–18.

RASCH, Konstanze (2009): Zwei paar Stiefel – die Problematik der unterschiedlichen Vorderfußwinkelung beim Pferd, In: 3. Huftagung der DHG e.V. für Tierärzte und Hufbearbeiter, Leipzig 18. April 2009, Tagungsband, S. 29–37.

RASCH, Konstanze (2010a): Diagnose Hufrehe, Stuttgart.

RASCH, Konstanze (2010b): Blutegeltherapie bei Hufrehe der Pferde – Ergebnisse einer bundesweiten Studie, In: Zeitschrift für Ganzheitliche Tiermedizin, Nr.1, 24–29.

RASCH, Konstanze (2012): Boden und Huf – Effekte auf die Pferdegliedmaße, In: Pferd & Freizeit, Heft 1, S. 11–14.

RASCH, Konstanze (2013): Der Hufmechanismus – Die Quintessenz der Biomechanik des Pferdehufes? In: 7. Huftagung der DHG e.V. für Tierärzte und Hufbearbeiter, Leipzig 15. Juni 2013, Tagungsband, S. 17–32.

RAU, Gisela; RAU, Burkhard (2001): Der richtige Hufschutz für mein Pferd, Stuttgart.

RAU, Burkhard; SCHWENDENMANN, Hubert; SCHERER, Melanie (2012): Hufbeschlag nach Verwendungsart, In: Der Huf – Lehrbuch für den Hufbeschlag, Hrsg. LITZKE, Lutz-Ferdinand; RAU, Burkhard, Stuttgart, S. 185–200.

RIEGEL, Ronald J.; HAKOLA, Susan E. (1999): Bild-Text-Atlas zur Anatomie und Klinik des Pferdes – Bewegungsapparat und Lahmheiten. Hannover.

RÖSSNER, Gerhart (1940): Untersuchungen über die Verteilung von Hornröhrchen und Zwischenhorn in der Schutzschicht bei verschiedenen Wandstellungen am Hufe des Pferdes, Diss., Tierärztliche Hochschule Hannover.

ROGERS, Christopher W.; BACK, Wim (2008): Zum Effekt von normalen Eisen, Eiereisen und Eisen mit um 6° erhöhten Schenkeln auf die Verteilung des Drucks unter dem Huf im Schritt, In: Pferdeheilkunde, Heft 1, S. 157–158.

ROGGEL, Florian (2013): Ultrasonographische und histologische Untersuchungen von künstlich erzeugten und mit kultivierten mesenchymalen stromalen Zellen aus Fettgewebe (Adipose Tissue Mesenchymal Stromal Cells, AT-MSCs) behandelten Läsionen der oberflächlichen Beugesehne bei Pferden, Diss., Tierärztliche Hochschule Hannover.

ROONEY, James R. (2009): Funktionelle Anatomie des Hufs, In: FLOYD, Andrea E.; MANSMANN, Richard A.: Hufkrankheiten. Diagnostik – Therapie – Orthopädischer Beschlag, München, Onlineausgabe zum Buch, S. 1–18.

RUDERT, Karl (1921): Hebt oder senkt sich die Sohle des Pferdehufes bei Belastung, In: Der Hufschmied, 39, Hannover, S. 43–45 und S. 75–59.

RUTHE, Hermann (1997): Der Huf: Lehrbuch des Hufbeschlags, 5. überarb. Aufl., Stuttgart, Enke.

RUPPERT, Eberhard (1941): Die Abnutzung des Tragerandes der Vorderhufe auf dem Hufeisen unter Berücksichtigung von Gliedmaßenstellung und Hufform, Diss., Tierärztliche Hochschule Hannover.

SAMBRAUS Hans Hinrich; ZEITLER-FEICHT, Margit H. (2003): Das Harnen von Pferden im Offenlaufstall, In: Pferdeheilkunde, Heft 5, S. 521–524.

SAMBRAUS Hans Hinrich; PIRKELMANN, Heinrich; ZEITLER-FEICHT, Margit H. (2003): Das Defäkationsverhalten von Pferden im Offenlaufstall, Pferdeheilkunde, Heft 5, S. 525–530.

SCHMID, Andreas (2004): Vergleichende Untersuchung der Schneckengewindelochplattenverschraubung und einem konservativen Verfahren der Hornspalttherapie beim Pferd, Diss., LMU München.

SCHMIDT-RIESE, Clemens (1951): Zum Bau der Sohlensubkutis des Hufes und ihrer Beziehungen zum Hufmechanismus, Diss., Tierärztliche Hochschule Hannover.

SCHOSTER, Angelika (2008): Detection of bovine papillomavirus in equine hoof canker, Diss., Veterinärmedizinische Universität Wien.

SCHREYER, Jan (1997): Untersuchungen zum Hufhornwachstum und zur Hufform bei Pferden der Rasse Deutsches Reitpferd, Diss., Universität Leipzig.

SCHROTH, Silke (2000): Anatomische und histologische Untersuchungen an den Hufen von Connemara-Ponys, Irischen Huntern und Englischen Vollblütern, Diss., Universität Leipzig.

SCHWENTZKY, A. (1890): Beitrag zur Hufmechanik, In: Der Hufschmied, 8, Hannover, S.20–22.

SCHWYTER, Hermann (1906): Die Gestaltveränderungen des. Pferdefußes infolge Stellung und Gangart, Bern.

SCHUMACHER, Joel; STEIGER, Rudy; SCHUMACHER, Jim; DE GRAVES, Fred; SCHRAMME, Michael; SMITH, Roger; COKER, Mike (2000): Effects of analgesia of the distal interphalangeal joint or palmar digital nerves on lameness caused by solar pain in horses, In: Veterinary Surgery, Heft 1, S. 54–58.

SMEDEGARD Hans Henrik; VINDRIIS Soren (1995): Der Hufmechanismus, In: Wiener tierärztliche Monatsschrift 82, S. 54–64.

STASHAK, Ted S. (1989): Adams Lahmheit bei Pferden, 4. Aufl., Alfeld/ Hannover.

STRASSER, Hiltrud (2002): Handbuch der Huforthopädie, Kirchentellinsfurt.

STRASSER, Hiltrud (2004) Pferdehufe ganzheitlich behandeln, Stuttgart.

THOMASON, Jeffrey J. (2009): Der Huf – eine »intelligente« Struktur, In: FLOYD, Andrea E.; MANSMANN, Richard A.: Hufkrankheiten. Diagnostik – Therapie – Orthopädischer Beschlag, München, Onlineausgabe zum Buch, S. 6–16.

TULETZKI-GERSTENBERG, Ulrich (2005): Hufmechanismus oder Hufdeformation, Tangendorf.

VICENT, Frank (2010): Neue Techniken im Umgang mit Hornwanddefekten. Minimal-invasiver Eingriff statt großer Hornwandresektion, In: 4. Huftagung der DHG e.V. für Tierärzte und Hufbearbeiter, Leipzig 8. Mai 2010, Tagungsband, S. 41–42.

VILSMEIER, Andrea (2002): Untersuchungen zur Hufform und zum Hufhornwachstum beim Esel (Equus asinus), Diss., Universität Leipzig.

VOLLBACH, Heinrich (1954): Geschichte, Entwicklung und Kritik der Hufzubereitungstheorien, Diss., Tierärztliche Hochschule Hannover.

WAGELS, Rolf (2000): Die Biopsie der oberflächlichen und tiefen Beugesehne des Pferdes – Methodik und klinische Verlaufsuntersuchung, Diss., Tierärztliche Hochschule Hannover.

WALKER, Stefanie (2007): Monitoring zum Wachstum und zu Gliedmaßenveränderungen von Junghengsten in Schleswig-Holstein, Diss., Christian-Albrechts-Universität Kiel.

WALTHER o.V. (1906): Ein Beitrag zu Hufmechanik, In: Österreichische Monatsschrift für Tierheilkunde, 31, Nr. 11, S. 481–490.

WEAVER, Martin P.; SHAW, Darren J.; MUNAIWA, Gondai; FITZPATRICK, David P.; BELLENGER, Christopher R. (2009): Pressure distribution between the deep digital flexor tendon and the navicular bone, and the effect of raising the heels in vitro, In: Veterinary and Comparative Orthopaedics and Traumatology, Heft 4, S. 278–282.

WEBER, Heinz (1957): Untersuchungen über die Beeinflussung der Bewegungsmechanik gesunder Hufe bei Anwendung verschiedener Beschläge, Diss., Humboldt-Universität, Berlin.

WEISHAUPT, Michael A; WALDERN, Nina; BRAUN, Carole (2012): Einfluss des Beschlags auf die Gliedmassenbewegungen [sic] und -belastungen, In: 12. Kongress für Pferdemedizin und -chirurgie, Tagungsband, 11.–13. Dezember 2012, S. 141–142.

WILHELM, Judith; PROBST, Alexander; WITTER, Kirsti; MACHER, Rudolf; TONAR, Zbynek; BUDRAS, Klaus-Dieter; KÖNIG, Horst Erich (2005): Das Hufkissen des Pferdes: Eine federnd-elastische Struktur im Zehenendorgan, In: Pferdeheilkunde, Heft 6, S. 531–537.

WILLEMEN Marten A.; SAVELBERG Hans H.; BARNEVELD, Ali (1999): The effect of orthopaedic shoeing on the force exerted by the deep digital flexor tendon on the navicular bone in horses, In: Equine Veterinary Journal, Heft 1, S. 25–30.

WISSDORF, Horst; GERHARDS, Hartmut; HUSKAMP, Bernhard; DEEGEN, Eckehard; (2002): Hufbereich, In: Praxisorientierte Anatomie und Propädeutik des Pferdes, Hrsg. WISSDORF, Horst; GERHARDS, Hartmut; HUSKAMP, Bernhard; DEEGEN, Eckehard, 2. erg. u. völlig überarb. Aufl., Hannover, S. 365–393.

WOLFER, Rudolf (1948): Die Theorien und Methoden der Hufzubereitung, In: Tierärztliche Umschau, Heft 3, S. 272–279.

ZADOW, Charlotte von (2008): Linea alba unguis (Zona alba) – zur weißen Linie des Pferdehufes, Diss., Freie Universität Berlin.

ZIERMANN, Sandra (2006): Energiesparmechanismen und Stoßdämpferfunktionen am Bewegungsapparat des Pferdes – Eine Literaturrecherche, Diss, Ludwig-Maximilians-Universität München.

Internetquellen:

ABC-NEWS 2012 (Zugriff 13. August 2013)
http://abcnews.go.com/Nightline/video/tennessee-ross-brian-horses-torture-abuse-16365454

ANONYM 2012a,b (Zugriff 1. August 2013):
http://forum.keinhorn.de/viewtopic.php?f=18&t=765&start=10

ANONYM 2012c (Zugriff 9. September 2013):
http://www.pferd.de/threads/599637-arthrose-hufbeschlag-dringend-notwendig/page2

ANONYM 2013 (Zugriff am 15. September 2013)
http://forum.keinhorn.de/viewtopic.php?f=10&t=983

HERDEN, Birgit (2010): Gute Geschäfte mit Plattfüßen (Zugriff am 20. Juni 2013)
http://www.sueddeutsche.de/leben/2.220/orthopaedie-gute-geschaefte-mit-plattfuessen-1.923998

KRUEGER-FRANKE, Michael (2010) (Zugriff am 3. Mai 2013)
http://www.lexikon-orthopaedie.com/pdx.pl?dv=0&id=x_xGelenkkongruenz

NAV (Nomina Anatomica Veterinaria) (2005):
http://www.wava-amav.org/Downloads/nav_2005.pdf

WANDRUSZKA, Nikolai (2011): Hufzubereitung und Hufbeschlag bei Hiltrud Strasser – Wer heilt hat Recht, Fargau. (Zugriff am 10. August 2012) http://www.wandruszka-hufbeschlag.dePDFs/Wer%20heilt%20hat%20Recht.pdf